Swift
逆引きハンドブック

林 晃 ◆ 著

■権利について

- App Store、iPad、iPhone、Mac OS、Objective-C、OS X、Swift、tvOS、Xcodeは、米国および他の国々で登録されたApple Inc.の商標です。
- その他、本書に記述されている社名・製品名などは、一般に各社の商標または登録商標です。
- 本書では™、©、®は割愛しています。

■本書の内容について

- 本書は著者・編集者が実際に操作した結果を慎重に検討し、著述・編集しています。ただし、本書の記述内容に関わる運用結果にまつわるあらゆる損害・障害につきましては、責任を負いませんのであらかじめご了承ください。
- 本書で紹介している操作の画面は、OS X 10.11.2とXcode 7.2を基本にしています。他の環境では、画面のデザインや操作が異なる場合がございますので、あらかじめご了承ください。
- 本書は2015年12月現在の情報で記述しています。

■サンプルについて

- 本書で紹介しているサンプルは、C&R研究所のホームページ(http://www.c-r.com)からダウンロードすることができます。ダウンロード方法については、4ページを参照してください。
- サンプルデータの動作などについては、著者・編集者が慎重に確認しております。ただし、サンプルデータの運用結果にまつわるあらゆる損害・障害につきましては、責任を負いませんのであらかじめご了承ください。
- サンプルデータの著作権は、著者及びC&R研究所が所有します。許可なく配布・販売することは堅く禁止します。

●本書の内容についてのお問い合わせについて

　この度はC&R研究所の書籍をお買いあげいただきましてありがとうございます。本書の内容に関するお問い合わせは、「書名」「該当するページ番号」「返信先」を必ず明記の上、C&R研究所のホームページ(http://www.c-r.com/)の右上の「お問い合わせ」をクリックし、専用フォームからお送りいただくか、FAXまたは郵送で次の宛先までお送りください。お電話でのお問い合わせや本書の内容とは直接的に関係のない事柄に関するご質問にはお答えできませんので、あらかじめご了承ください。

〒950-3122 新潟県新潟市北区西名目所4083-6　株式会社 C&R研究所　編集部
FAX 025-258-2801
「Swift逆引きハンドブック」サポート係

▍PROLOGUE

　本書の執筆に着手したのは、2014年の夏ごろでした。WWDC 2014にて、Swiftという新しいプログラミング言語が発表され、その熱が、まだまだ熱くなっていっているというときでした。著者もすぐに調べ始め、色々な言語の良いところを参考にした仕様に驚きを覚えました。

　それから1年以上が経過し、早くもSwift 2.0、Swift 2.1とメジャーアップデートされました。本書もそれに合わせて内容を何度も書き直しています。これほど、早いペースで言語がアップデートされるとは予想しておらず、予想外の展開に驚きました。最新版のSwiftは十分に実戦投入できる、良い言語に成長し、実際に多くのアプリで採用されています。そして、2015年12月3日、Swiftはオープンソース化され、GitHubでソースコードが公開されました。同時にLinuxへの移植版も登場しました。OS XとiOSだけではなく、watchOS、tvOS、Linuxと活躍の場を広げていっています。

　本書は、「Swiftではどのように書けばよいのか？」ということから調べることできる逆引き辞典です。Swiftの言語機能や標準ライブラリ、「Foundation」フレームワークや「libDispatch」など、コアの機能にフォーカスしています。各項目では「具体的にはどう書くのか？」「実行するとどうなるのか？」ということがわかるように、1つのプログラムとして完結するサンプルコード、もしくは、「Playground」で確認できるサンプルコードを用意しました。Swiftの辞典として使っていただければ幸いです。

　本書は、Swiftの初心者から上級者まで、すべての人の役に立つように書きました。

　CHAPTER 01はSwiftの特徴について紹介しています。CHAPTER 02からCHAPTER 04までは言語機能や構文について解説しています。CHAPTER 05以降はテーマごとに標準ライブラリや「Foundation」フレームワークの機能を解説しています。CHAPTER 13では「libDispatch」の機能を使って、並列処理を行うための方法を解説しています。

　実際のアプリ開発では、本書で解説している事柄だけではなく、各OSのフレームワークに関する広い知識が必要になります。しかし、各アプリ独自の機能を実装するコードでは、本書で解説している事柄が必ず必要となります。そのようなときに本書が役に立つことができれば幸いです。

　Swiftはこれからも大きく成長していく言語だと思います。また、コードを書くことが楽しくなる言語です。ぜひ、コーディングを楽しんでください。

　そして、最後に、本書を執筆するにあたってスタッフの皆様をはじめ、お世話になった皆様に深く感謝を申し上げます。長い執筆期間に及びましたが、粘り強くサポートしていただきました。本書がSwiftを使う読者の皆様に少しでもお役に立てれば、著者としてこれ以上の幸せはありません。Swiftが活躍する場を広げるのと同時に、読者の皆様の開発したアプリが活躍する場も、大きく広がっていくことを心よりお祈り申し上げます。

2015年12月

アールケー開発　代表　林 晃

本書について

開発環境について

本書では、次のような開発環境を前提にしています。
- OS：OS X 10.10.x、OS X 10.11.x
- 開発環境：Xcode 7.0、7.1、7.2

サンプルコード作成時の著者の開発環境は、次の通りです。
- OS：OS X 10.11.1、OS X 10.11.2
- 開発環境：Xcode 7.1、7.2

上記以外の環境では出力結果など、一部、動作が異なる可能性があります。

Swiftのバージョンについて

本書で解説しているSwiftはバージョン2.xです。その他のバージョンでは、構文が異なるため、コードの修正が必要な場合があります。

サンプルコードの中の▼について

本書に記載したサンプルコードは、誌面の都合上、1つのサンプルコードがページをまたがって記載されていることがあります。その場合は▼の記号で、1つのコードであることを表しています。

サンプルファイルのダウンロードについて

本書のサンプルデータは、C&R研究所のホームページからダウンロードすることができます。本書のサンプルを入手するには、次のように操作します。

❶「http://www.c-r.com/」にアクセスします。
❷ トップページ左上の「商品検索」欄に「175-7」と入力し、[検索]ボタンをクリックします。
❸ 検索結果が表示されるので、本書の書名のリンクをクリックします。
❹ 書籍詳細ページが表示されるので、[サンプルデータダウンロード]ボタンをクリックします。
❺ 下記の「ユーザー名」と「パスワード」を入力し、ダウンロードページにアクセスします。
❻「サンプルデータ」のリンク先のファイルをダウンロードし、保存します。

サンプルのダウンロードに必要なユーザー名とパスワード
- ユーザー名：`swiftg`
- パスワード：`8yrk3`

※ユーザー名・パスワードは、半角英数字で入力してください。また、「J」と「j」や「K」と「k」などの大文字と小文字の違いもありますので、よく確認して入力してください。

■ サンプルコードの利用方法

サンプルファイルは、CHAPTERごとのフォルダの中に、項目番号のフォルダに分かれています。サンプルはZIP形式で圧縮してありますので、解凍してお使いください。

それぞれのフォルダ内には、プロジェクトファイルとソースファイルが保存されています。拡張子「.xcodeproj」のプロジェクトファイルをダブルクリックしてXcodeで開き、ツールバーの「Run」ボタンをクックすると、プログラムが作成され、実行されます。実行結果は、デバッグエリア（プロジェクトウインドウの中央の下側部分）に表示される「コンソールエリア」に出力されます。

拡張子「.playground」はPlaygourndファイルです。ダブルクリックして、Xcodeで開いてください。

CONTENTS

CHAPTER 01　Swiftの基礎知識

- 001　Swiftとは ……………………………………………………………………… 30
- 002　開発環境について …………………………………………………………… 33
- 003　「Playground」について …………………………………………………… 35
- 004　プロジェクトについて ……………………………………………………… 41
- 005　デバッガについて …………………………………………………………… 50

CHAPTER 02　Swiftの基本的な構文

- 006　リテラルについて …………………………………………………………… 56
- 007　コメントについて …………………………………………………………… 59
- 008　変数を定義する ……………………………………………………………… 60
  - COLUMN■値渡しと参照渡し
  - COLUMN■ビット長が固定された型の使い分け
- 009　定数を定義する ……………………………………………………………… 66
  - COLUMN■命名規則について
- 010　文字列リテラル内で変数・定数を使う …………………………………… 69
- 011　演算子について ……………………………………………………………… 70
  - COLUMN■「@NSCopying」について
- 012　「if」を使って条件分岐する ……………………………………………… 81
- 013　「switch」を使って条件分岐する ………………………………………… 84
- 014　「guard」を使って必須条件をチェックする …………………………… 96
- 015　「for」を使ったループを行う ……………………………………………… 98
- 016　「while」を使ったループを行う ………………………………………… 104
- 017　「switch」やループにラベルを付ける ………………………………… 107
  - COLUMN■入れ子よりも関数化やメソッド化でシンプルにする
- 018　「defer」を使ってスコープを抜けるときの処理を定義する ………… 110
- 019　関数を定義する …………………………………………………………… 117
- 020　コールバック関数を定義する …………………………………………… 126
- 021　関数を入れ子定義する …………………………………………………… 130
- 022　クロージャーを定義する ………………………………………………… 132
- 023　ビルド設定の確認 ………………………………………………………… 138
- 024　実行環境によって処理を変更する ……………………………………… 140

CHAPTER 03　列挙・構造体・クラス

025　列挙を定義する ……………………………………………144
- ONEPOINT ■ 列挙を定義するには「enum」を使う
- COLUMN ■ 1つの「case」で複数のメンバーを定義するには
- COLUMN ■ C言語の列挙との違い
- COLUMN ■ 列挙を使用するには
- COLUMN ■ 列挙名を省略するには

026　列挙に関連する値を持たせる ………………………148
- ONEPOINT ■ 列挙に関連値を持たせるには「case」文でメンバーを定義するときに「()」で型を指定する
- COLUMN ■ 関連値を複数定義するには
- COLUMN ■ 関連値を設定するには
- COLUMN ■ 「switch」「case」の条件分岐で関連値を取得するには

027　列挙の「Raw Value」を使う ……………………………152
- ONEPOINT ■ 列挙の「Raw Value」を使うには型と値を指定する
- COLUMN ■ 自動的に値がインクリメントするようにするには
- COLUMN ■ 「Raw Value」を取得するには
- COLUMN ■ 「Raw Value」から列挙に変換するには
- COLUMN ■ 「Raw Value」から変換できないときについて

028　構造体やクラスを定義する ……………………………156
- COLUMN ■ クラスとファイル分割

029　プロパティを定義する …………………………………159
- ONEPOINT ■ プロパティを定義するには「struct」や「class」の中で「var」を使う
- COLUMN ■ 型を指定するには
- COLUMN ■ オプショナル変数を使用する
- COLUMN ■ プロパティを使用するには
- COLUMN ■ 定数を使ったプロパティについて
- COLUMN ■ タイププロパティについて
- COLUMN ■ 暗黙的にアンラップされるプロパティ

030　遅延プロパティを定義する ……………………………167
- ONEPOINT ■ 遅延プロパティを定義するには「lazy」を使用する

031　コンピューテッド・プロパティを定義する ……………169
- COLUMN ■ 「self」について
- COLUMN ■ メソッドよりもプロパティを定義する

032　プロパティの変更前後の処理を定義する ……………174
- COLUMN ■ 別のクラスで変更されたことを知りたい場合

033　イニシャライザメソッドを定義する ……………………176

034　メソッドを定義する ………………………………………184

035　構造体のメソッドでプロパティを変更する ……………194
- ONEPOINT ■ 構造体のメソッドでプロパティを変更するには「mutating」を使用する

036　メソッドでインスタンスを差し替える …………………195

CONTENTS

037 サブクラスを定義する …………………………………… 198

038 サブクラスでオーバーライドする ………………………… 200
- ONEPOINT■メソッドをオーバーライドするには「override」を使用する
- COLUMN■オーバーライドする前のスーパークラスのメソッドを呼ぶには
- COLUMN■サブクラスでのオーバーライドを防止するには

039 演算子をオーバーロードする …………………………… 203
- ONEPOINT■演算子をオーバーロードするには「func」を使って演算子の処理を実装する
- COLUMN■左辺と右辺の型について
- COLUMN■前置演算子をオーバーロードするには
- COLUMN■「=」演算子と組み合わせた省略演算子をオーバーロードするには
- COLUMN■インクリメントとデクリメントを定義する
- COLUMN■関係演算子をオーバーロードする
- COLUMN■カスタム演算子を定義するには
- COLUMN■演算子のオーバーロードの使い方には注意

040 サブスクリプトを定義する ……………………………… 212
- ONEPOINT■サブスクリプトを定義するには「subscript」を使う
- COLUMN■複数のインデックス番号に対応する

041 エクステンションを定義する …………………………… 215
- ONEPOINT■エクステンションを定義するには「extension」を使う
- COLUMN■エクステンションで追加可能な定義について
- COLUMN■エクステンションを使ってプロパティを追加するには
- COLUMN■エクステンションを使ってサブスクリプトを追加するには

042 プロトコルを定義する …………………………………… 220
- ONEPOINT■プロトコルを定義するには「protocol」を使用する
- COLUMN■プロトコルはどのような目的で使うのか
- COLUMN■実装が必須ではないメソッドやプロパティを定義するには
- COLUMN■エクステンションを使って既存の型にプロトコルの実装を追加するには
- COLUMN■プロトコルエクステンションを使ってデフォルト実装を定義する
- COLUMN■プロトコルエクステンションの適用を制限する

043 ジェネリック関数を定義する …………………………… 230
- ONEPOINT■ジェネリック関数を定義するにはタイプパラメータを定義する
- COLUMN■タイプパラメータの名称

044 ジェネリックを使った構造体を定義する ……………… 232
- ONEPOINT■ジェネリックを使った構造体を定義するには構造体名の後ろにタイプパラメータを定義する

045 ジェネリックを使ったクラスを定義する ……………… 234
- ONEPOINT■ジェネリックを使ったクラスを定義するにはクラス名の後ろにタイプパラメータを定義する

046 タイプパラメータに制約を付ける ……………………… 238
- ONEPOINT■タイプパラメータに制約を付けるには「where」を使う
- COLUMN■アソシエーテッドタイプと組み合わせる

047 エラー制御を実装する ……………………………………………………… 241
ONEPOINT■エラー制御を実装するには
「do」「catch」「try」「throw」「throws」「ErrorType」を使う
COLUMN■「rethrows」について
COLUMN■エラー制御により投げられたエラーを無視するには
COLUMN■オブジェクトをキャッチするには

048 モジュール分割について ……………………………………………………… 245

CHAPTER 04　オブジェクトの基礎

049 Swiftのインスタンスの確保と解放 ………………………………………… 248

050 インスタンスが指定したクラスかを調べる ……………………………… 252
ONEPOINT■インスタンスが指定したクラスかを調べるには「is」を使う
COLUMN■構造体や列挙に対して調べる
COLUMN■プロトコルに準拠しているかを調べる

051 ダウンキャストを行う …………………………………………………………… 257
ONEPOINT■ダウンキャストを行うには「as?」を使う
COLUMN■確実にダウンキャストができるときには「as!」を使う

052 「AnyObject」と「Any」と「NSObject」クラス …………………………… 259

053 インスタンスがメソッドを実装しているか調べる ……………………… 260
ONEPOINT■インスタンスがメソッドを実装しているか調べるには
「respondsToSelector」メソッドを使う
COLUMN■プロパティを持っているか調べるには
COLUMN■APIが利用可能かチェックする

054 クラス名を取得する ……………………………………………………………… 264
ONEPOINT■クラス名を取得するには「className」プロパティを使う
COLUMN■「NSStringFromClass」を使う方法について
COLUMN■Objective-Cでのクラス名を指定している場合の動作について

055 クラス名からクラスタイプを取得する ……………………………………… 267
ONEPOINT■クラス名からクラスタイプを取得するには
「NSClassFromString」関数を使用する

056 メソッドを文字列化する ………………………………………………………… 269
ONEPOINT■メソッドを文字列化するには
「NSStringFromSelector」関数を使用する
COLUMN■文字列リテラルを使う方法について

057 文字列からメソッドを取得する ……………………………………………… 271
ONEPOINT■文字列からメソッドを取得するには
「NSSelectorFromString」関数を使用する

CONTENTS

058 KVC経由でプロパティにアクセスする …………………………273
- ONEPOINT■KVC経由でプロパティにアクセスするには
「valueForKey:」メソッドを使用する
- COLUMN■KVC経由でプロパティの値を設定する
- COLUMN■キーパスを使用する
- COLUMN■存在しないキーに対して行った場合

059 KVOを使ってプロパティの変更を監視する …………………………278
- ONEPOINT■KVOを使ってプロパティの変更を監視するには
「addObserver」メソッドを使用する

060 型の大きさを取得する …………………………………………281
- ONEPOINT■型の大きさを取得するには「sizeof」関数を使用する
- COLUMN■インスタンスの大きさを取得するには
- COLUMN■配列のインスタンスの大きさの取得について

CHAPTER 05　文字列

061 文字列について ……………………………………………286

062 文字列を結合する ……………………………………………288
- ONEPOINT■文字列を結合するには「+=」演算子を使う
- COLUMN■文字列以外のオブジェクトを結合するには
- COLUMN■メソッドを使って文字列を結合するには
- COLUMN■文字を追加するには
- COLUMN■文字列を途中に挿入するには
- COLUMN■「NSMutableString」クラスを使って文字列を結合・挿入する
- COLUMN■任意のインデックスを取得するには

063 文字列の長さを取得する ……………………………………293
- ONEPOINT■文字列の長さを取得するには「characters」プロパティの
「count」プロパティを使う
- COLUMN■文字列が空かどうかを取得するには
- COLUMN■テキストエンコーディング(文字コード)を指定して長さを取得するには

064 文字列から文字を取得する ……………………………………296
- ONEPOINT■文字列から文字を取得するには「characters」プロパティを使う
- COLUMN■任意の位置の文字を取得するには
- COLUMN■UTF8やUTF16、Unicodeのスカラー値で文字を取得するには

065 文字列からテキストデータを取得する ……………………………299
- ONEPOINT■文字列からテキストデータを取得するには
「dataUsingEncoding」メソッドを使用する
- COLUMN■テキストエンコーディングについて

066 使用可能なテキストエンコーディングを取得する …………………301
- ONEPOINT■使用可能なテキストエンコーディングを取得するには
「availableStringEncodings」メソッドを使用する

CONTENTS

- **067** テキストデータから文字列を作成する …… 303
  - ONEPOINT■テキストデータから文字列を作成するにはテキストデータとテキストエンコーディングを指定して「String」のインスタンスを確保する

- **068** 文字列からC文字列を作成する …… 305
  - ONEPOINT■文字列からC文字列を作成するには「cStringUsingEncoding」メソッドを使う

- **069** C文字列から文字列を作成する …… 307
  - ONEPOINT■C文字列から文字列を作成するにはインスタンス確保時にC文字列を渡す

- **070** 文字列をファイルに書き出す …… 310
  - ONEPOINT■文字列をファイルに書き込むには「writeToFile」メソッドを使用する
  - COLUMN■書き込み先をURLで指定するには

- **071** ファイルから文字列を読み込む …… 312
  - ONEPOINT■ファイルから文字列を読み込むにはファイルパスとテキストエンコーディングを指定してインスタンスを確保する
  - COLUMN■読み込み先をURLで指定するには

- **072** フォーマットを指定して文字列を作る …… 314
  - ONEPOINT■フォーマットを指定して文字列を作るにはフォーマット文字列と値を指定するイニシャライザメソッドを使用する
  - COLUMN■フォーマット指定子について
  - COLUMN■文字列化するときに常に符号を出力するには
  - COLUMN■文字列化するときに桁数を指定するには
  - COLUMN■文字列化するときに小数点以下の桁数を指定するには
  - COLUMN■置き換える値を配列で指定するには
  - COLUMN■書式を指定して文字列を結合するには

- **073** 文字列を大文字に変換する …… 320
  - ONEPOINT■文字列を大文字にするには「uppercaseString」プロパティを使用する

- **074** 文字列を小文字に変換する …… 321
  - ONEPOINT■文字列を小文字に変換するには「lowercaseString」プロパティを使用する

- **075** 文字列の単語ごとの先頭を大文字にする …… 322
  - ONEPOINT■文字列の単語ごとの先頭を大文字にするには「capitalizedString」プロパティを使用する

- **076** プレフィックスを調べる …… 323
  - ONEPOINT■プレフィックスを調べるには「hasPrefix」メソッドを使用する

- **077** サフィックスを調べる …… 324
  - ONEPOINT■サフィックスを調べるには「hasSuffix」メソッドを使用する

- **078** 文字列を指定した文字列で区切った配列を作成する …… 325
  - ONEPOINT■文字列を指定した文字列で区切った配列を作成するには「componentsSeparatedByString」メソッドを使用する
  - COLUMN■指定したキャラクタセットで文字列を分割するには

CONTENTS

079 部分文字列を作成する ……………………………………………328
- ONEPOINT■部分文字列を作成するには「substringWithRange」メソッドを使用する
- COLUMN■先頭から指定した長さの部分文字列を作成する
- COLUMN■指定したインデックス以降の部分文字列を作成する

080 文字がキャラクタセットに含まれるか調べる …………………331
- ONEPOINT■文字がキャラクタセットに含まれるか調べるには「characterIsMember」メソッドを使用する
- COLUMN■定義済みのキャラクタセットを取得するには
- COLUMN■キャラクタセットの内容を変更するには

081 行ごとに処理を行う ………………………………………………334
- ONEPOINT■行ごとに処理を行うには「enumerateLines」メソッドを使用する
- COLUMN■キャラクタセットを使って分割する方法について

082 文字列を検索する …………………………………………………336
- ONEPOINT■文字列を検索するには「rangeOfString」メソッドを使用する
- COLUMN■「NSString」クラスの「rangeOfString」メソッドについて
- COLUMN■検索する方向を指定するには
- COLUMN■前後の文字列を検索するには
- COLUMN■大文字・小文字を無視するには
- COLUMN■正規表現を使って検索するには

083 文字列の一部を置き換える ………………………………………345
- ONEPOINT■文字列の一部を置き換えるには「replaceRange」メソッドや「replaceCharactersInRange」メソッドを使用する
- COLUMN■文字列の一部を削除する

084 文字列を比較する …………………………………………………347
- ONEPOINT■文字列を比較するには「compare」メソッドを使用する
- COLUMN■単純に一致するかどうかを調べるには
- COLUMN■大文字・小文字を区別せずに比較するには
- COLUMN■文字列の一部を比較するには

085 文字列を数値に変換する …………………………………………351
- ONEPOINT■文字列を整数に変換するには文字列を指定して「Int」のインスタンスを確保する
- COLUMN■浮動小数点数に変換するには
- COLUMN■16進数の文字列を数値に変換するには

086 パス文字列をコンポーネントに分割する ………………………355
- ONEPOINT■パス文字列をコンポーネントに分割するには「pathComponents」プロパティを使用する
- COLUMN■コンポーネントを結合してパス文字列を作るには

087 パス文字列の最後のコンポーネントを取得する ………………357
- ONEPOINT■パス文字列の最後のコンポーネントを取得するには「lastPathComponent」プロパティを使用する

088 パス文字列から拡張子を取得する ………………………………359
- ONEPOINT■パス文字列から拡張子を取得するには「pathExtension」プロパティを使用する

CONTENTS

089 パス文字列にコンポーネントを追加する ……………… 361
- ONEPOINT■パス文字列にコンポーネントを追加するには
  「stringByAppendingPathComponent」メソッドを使用する

090 パス文字列に拡張子を追加する ……………… 363
- ONEPOINT■パス文字列に拡張子を追加するには
  「stringByAppendingPathExtension」メソッドを使用する

091 パス文字列のホームディレクトリ文字の置き換えを行う ……… 365
- ONEPOINT■パス文字列のホームディレクトリ文字の置き換えを行うには
  「stringByExpandingTildeInPath」プロパティを使用する

092 パス文字列の最後のコンポーネントを削除する ……………… 367
- ONEPOINT■パス文字列の最後のコンポーネントを削除するには
  「stringByDeletingLastPathComponent」プロパティを使用する
- COLUMN■同じディレクトリ内のファイルやディレクトリへのパスを作る

093 パス文字列の拡張子を削除する ……………… 369
- ONEPOINT■パス文字列の拡張子を削除するには
  「stringByDeletingPathExtension」プロパティを使用する
- COLUMN■拡張子だけが異なるファイルパスを作成する

094 パス文字列を正規化する ……………… 371
- ONEPOINT■パス文字列を正規化するには
  「stringByStandardizingPath」プロパティを使用する

095 文字列のURLエンコーディングを行う ……………… 373
- ONEPOINT■文字列のURLエンコーディングを行うには「stringByAdding
  PercentEncodingWithAllowedCharacters」メソッドを使用する
- COLUMN■URLエンコーディングされた文字列を元に戻すには

CHAPTER 06　コレクション

096 Swiftでのコレクション ……………… 376

097 配列の要素を取得する ……………… 382
- ONEPOINT■配列からオブジェクトを取得するには「[ ]」演算子を使用する
- COLUMN■配列の要素を変更するには
- COLUMN■先頭の要素を取得するには
- COLUMN■最後の要素を取得するには
- COLUMN■空の配列の定義

098 配列の要素数を取得する ……………… 386
- ONEPOINT■配列の要素数を取得するには「count」プロパティを取得する
- COLUMN■配列が空かどうかを判定する

099 配列のサブ配列を作成する ……………… 388
- ONEPOINT■配列のサブ配列を作成するには「[ ]」演算子で範囲を指定する

CONTENTS

100 条件を指定して要素を抽出する …………………………………… 389
　　ONEPOINT■条件を指定して要素を抽出するには「filter」メソッドを使用する
　　COLUMN■条件に合う要素のインデックス番号を取得するには

101 配列に要素を追加する ………………………………………………… 391
　　ONEPOINT■配列に要素を追加するには「+=」演算子を使用する
　　COLUMN■「append」メソッドと「appendContentsOf」メソッドについて
　　COLUMN■配列の途中に挿入するには

102 配列から要素を削除する ……………………………………………… 394
　　ONEPOINT■配列から要素を削除するには「removeAtIndex」メソッドを使用する
　　COLUMN■指定した範囲の要素を削除するには
　　COLUMN■全要素を削除するには
　　COLUMN■最後の要素を削除するには

103 配列の要素を置き換える ……………………………………………… 397
　　ONEPOINT■配列の要素を置き換えるには「replaceRange」メソッドを使用する

104 配列をソートする ……………………………………………………… 398
　　ONEPOINT■配列をソートするには「sortInPlace」メソッドを使用する
　　COLUMN■配列を変更せずにソートされた配列を新規作成するには

105 反転した配列を作る …………………………………………………… 400
　　ONEPOINT■反転した配列を作るには「reverse」メソッドを使用する

106 配列の全要素を加工する ……………………………………………… 402
　　ONEPOINT■配列の全要素を加工するには「map」メソッドを使用する
　　COLUMN■「for in」を使う方法について

107 配列の要素を検索する ………………………………………………… 404
　　ONEPOINT■配列の要素を検索するには「indexOf」メソッドを使用する
　　COLUMN■複数の要素を検索するには
　　COLUMN■部分検索するには

108 ディクショナリの要素を取得する …………………………………… 407
　　ONEPOINT■ディクショナリから要素を取得するには「[]」演算子を使用する

109 ディクショナリの要素数を取得する ………………………………… 408
　　ONEPOINT■ディクショナリの要素数を取得するには「count」プロパティを使用する

110 ディクショナリの要素を設定する …………………………………… 409
　　ONEPOINT■ディクショナリの要素を設定するには
　　　　　　　「updateValue」メソッドを使用する
　　COLUMN■「[]」演算子を使ってディクショナリの要素を設定する

111 ディクショナリの要素を削除する …………………………………… 411
　　ONEPOINT■ディクショナリの要素を削除するには
　　　　　　　「removeValueForKey」メソッドを使用する
　　COLUMN■全要素を削除するには

112 ディクショナリのキーをすべて取得する …………………………… 413
　　ONEPOINT■ディクショナリのキーをすべて取得するには「keys」プロパティを使う

113 ディクショナリの要素をすべて取得する ……………………………… 414
ONEPOINT■ディクショナリの要素をすべて取得するには「values」プロパティを使う
COLUMN■「for」を使ったディクショナリの要素の順次アクセスについて

114 セットを作成する ……………………………………………………… 416
ONEPOINT■セットを作成するには「Set」を使う
COLUMN■セットを使って重複をなくす

115 セットに要素を追加する ……………………………………………… 418
ONEPOINT■セットに要素を追加するには「insert」メソッドを使用する
COLUMN■重複したオブジェクトを削除した配列を作成する

116 セットの要素数を取得する …………………………………………… 420
ONEPOINT■セットの要素数を取得するには「count」プロパティを使う

117 セットに要素が含まれているかを調べる …………………………… 421
ONEPOINT■セットに要素が含まれているかを調べるには
「contains」メソッドを使用する

118 セットから要素を削除する …………………………………………… 422
ONEPOINT■セットから要素を削除するには「remove」メソッドを使用する
COLUMN■セットから全要素を削除するには

119 セットの要素をすべて取得する ……………………………………… 424
ONEPOINT■セットの要素をすべて取得するには「allObjects」プロパティを使う

120 セットから条件に合う要素を取得する ……………………………… 425
ONEPOINT■セットから条件に合う要素を取得するには
「objectsPassingTest」メソッドを使用する

121 2つのセットの両方に含まれる要素を取得する …………………… 426
ONEPOINT■2つのセットの両方に含まれる要素を取得するには
「intersect」メソッドを使用する
COLUMN■2つのセットの両方に含まれる要素があるかを判定するには

122 2つのセットを合成したセットを作成する ………………………… 428
ONEPOINT■2つのセットを合成したセットを作成する

123 セットから別のセットに含まれる要素を削除する ………………… 429
ONEPOINT■セットから別のセットに含まれる要素を削除するには
「subtract」メソッドを使用する

124 2つのセットのいずれかにしか含まれない要素を取得する ……… 431
ONEPOINT■2つのセットのいずれかにしか含まれない要素を取得するには
「exclusiveOr」メソッドを使用する

125 インデックスセットを作る …………………………………………… 433
ONEPOINT■インデックスセットを作るには
「NSIndexSet」クラスのインスタンスを確保する
COLUMN■変更可能なインデックスセットを作るには

126 インデックスセットからインデックス番号を取得する …………… 435
ONEPOINT■インデックスセットからインデックス番号を取得するには
「firstIndex」プロパティと「indexGreaterThanIndex」メソッドを使う
COLUMN■降順にインデックス番号を取得するには

CONTENTS

127 インデックスセットにインデックス番号が含まれるかを調べる ………… 437
- ONEPOINT ■ インデックスセットにインデックス番号が含まれるかを調べるには「containsIndex」メソッドを使う
- COLUMN ■ 指定した範囲のインデックス番号がインデックスセットに含まれるかを調べるには
- COLUMN ■ 指定した範囲のインデックス番号がインデックスセットに一部でも含まれるかを調べるには
- COLUMN ■ 別のインデックスセットに格納されているインデックス番号が含まれるかを調べるには

128 インデックスセットからインデックス番号の個数を取得する ………… 441
- ONEPOINT ■ インデックスセットからインデックス番号の個数を取得するには「count」プロパティを使う
- COLUMN ■ 特定の範囲のインデックス番号の個数を取得する

129 インデックスセットにインデックス番号を追加する ………………… 443
- ONEPOINT ■ インデックスセットにインデックス番号を追加するには「addIndex」メソッドを使う
- COLUMN ■ 範囲を指定してインデックス番号を追加するには
- COLUMN ■ 他のインデックスセットに格納されているインデックス番号を追加するには

130 インデックスセットからインデックス番号を削除する ……………… 446
- ONEPOINT ■ インデックスセットからインデックス番号を削除するには「removeIndex」メソッドを使う
- COLUMN ■ 範囲を指定してインデックス番号を削除するには
- COLUMN ■ 他のインデックスセットに格納されているインデックス番号を削除するには
- COLUMN ■ インデックス番号をすべて削除するには

CHAPTER 07　Objective-CやC言語との組み合わせ

131 トールフリーブリッジについて ………………………………………… 452

132 ブリッジヘッダーファイルの設定 ……………………………………… 454

133 Objective-Cのクラスを呼ぶ …………………………………………… 457
- ONEPOINT ■ Objective-Cのクラスを呼ぶにはブリッジヘッダーファイルでクラスのヘッダーファイルを読み込む
- COLUMN ■ 「init」以外のイニシャライザメソッドを呼ぶには
- COLUMN ■ クラスメソッドを呼ぶには
- COLUMN ■ Objective-C++と組み合わせてC++のコードを実行する

134 C言語の関数を呼ぶ ……………………………………………………… 467
- ONEPOINT ■ C言語の関数を呼ぶにはブリッジヘッダーファイルでC言語のヘッダーファイルを読み込む
- COLUMN ■ C言語の構造体について
- COLUMN ■ 独自の関数で「Core Foundation」フレームワークのオブジェクトを返すには

135 Objective-CのクラスからSwiftのクラスを呼ぶ……474
ONEPOINT ■ Objective-CのクラスからSwiftのクラスを呼ぶには
「プロジェクト名-Swift.h」ファイルを読み込む
COLUMN ■ Objective-CとSwiftでの名前空間について

136 Objective-CのクラスのサブクラスをSwiftで作成する……479
ONEPOINT ■ Objective-CのクラスのサブクラスをSwiftで作成するには
通常のサブクラスを定義する方法で行う
COLUMN ■ SwiftのクラスのサブクラスをObjective-Cで実装することはできない

137 SwiftのプロトコルをObjective-Cのクラスで使用する……482
ONEPOINT ■ SwiftのプロトコルをObjective-Cで使用するには「@objc」を使う

CHAPTER 08 データ

138 データについて……486
139 データを作成する……487
ONEPOINT ■ データを作成するには
「NSMutableData」クラスのインスタンスを確保する
COLUMN ■ ポインタを指定してデータを作成するには
COLUMN ■ 自動管理されないメモリ領域を確保するには

140 データのバッファにアクセスする……490
ONEPOINT ■ データのバッファにアクセスするには
「mutableBytes」プロパティを使用する
COLUMN ■ 読み込み専用のデータの場合

141 データのバッファを配列で指定する……493
ONEPOINT ■ データのバッファを配列で指定するには
「NSData」のイニシャライザに配列のポインタを指定する

142 データを複製する……495
ONEPOINT ■ データを複製するには複製元データを指定してインスタンスを確保する
COLUMN ■ バッファを複製するには
COLUMN ■ 同じバッファを参照するデータを作成するには

143 データから一部分を取り出す……499
ONEPOINT ■ データから一部分を取り出すには
「subdataWithRange」メソッドを使用する

144 データの長さを取得する……500
ONEPOINT ■ データの長さを取得するには「length」プロパティを使う

145 データを追加する……501
ONEPOINT ■ データを追加するには「appendBytes」メソッドを使用する
COLUMN ■ 追加回数が多いときは別の方法を検討する
COLUMN ■ 他のデータに格納されている内容を追加するには

CONTENTS

146 データを置き換える …………………………………… 506
- ONEPOINT■データを置き換えるには「replaceBytesInRange」メソッドを使用する
- COLUMN■データの途中に挿入するには
- COLUMN■データの一部分を削除するには

147 データをファイルに書き出す ………………………… 509
- ONEPOINT■データをファイルに書き出すには「writeToFile」メソッドを使う
- COLUMN■URLを指定して書き出すには

148 ファイルからデータを読み込む ……………………… 511
- ONEPOINT■ファイルからデータを読み込むには
  ファイルパスを指定できるイニシャライザメソッドを使う
- COLUMN■URLを指定して読み込むには

149 データをBase64でエンコードする ………………… 513
- ONEPOINT■データをBase64でエンコードするには
  「base64EncodedStringWithOptions」メソッドを使う
- COLUMN■エンコードするときのオプションについて
- COLUMN■Base64でエンコードされたデータを作るには

150 Base64をデコードしたデータを作る ……………… 516
- ONEPOINT■Base64をデコードしたデータを作るには
  イニシャライザメソッドでBase64の文字列を指定する
- COLUMN■Base64のデータをデコードするには

151 JSONデータを作る …………………………………… 518
- ONEPOINT■JSONデータを作るには「dataWithJSONObject」メソッドを使う
- COLUMN■JSON化できるか確認するには

152 JSONデータを読み込む ……………………………… 521
- ONEPOINT■JSONデータを読み込むには
  「JSONObjectWithData」メソッドを使う
- COLUMN■サポートされている文字コード(テキストエンコーディング)
- COLUMN■読み込みオプションについて

CHAPTER 09　日時・ロケール

153 日時について ………………………………………… 524

154 日時のオブジェクトを作成する ……………………… 525
- ONEPOINT■日時のオブジェクトを作成するには
  「NSDate」クラスのインスタンスを確保する

155 指定した日時のオブジェクトを作成する …………… 526
- ONEPOINT■指定した日時のオブジェクトを作成するには
  「dateFromComponents」メソッドを使用する
- COLUMN■和暦を使用するには
- COLUMN■ユーザーが設定したカレンダーを取得するには

156 指定した日時だけ経過した日時を取得する ……………………………… 529
ONEPOINT■指定した日時だけ経過した日時を取得するには
「dateByAddingComponents」メソッドを使用する
COLUMN■指定したコンポーネント以外に影響させないで日時を取得するには
COLUMN■指定した秒数だけ異なる日時を取得するには

157 日時の情報を取得する ………………………………………………………… 532
ONEPOINT■日時の情報を取得するには「components」メソッドを使う
COLUMN■引数「unitFlags」に指定可能な値について
COLUMN■別のタイムゾーンでの日時を取得する

158 日時を比較する ………………………………………………………………… 536
ONEPOINT■日時を比較するには「compare」メソッドを使用する
COLUMN■「compare」メソッド以外の比較メソッドについて

159 日時を文字列にする …………………………………………………………… 539
ONEPOINT■日時を文字列化するには「stringFromDate」メソッドを使う
COLUMN■「dateStyle」プロパティと「timeStyle」プロパティに
指定可能な値について
COLUMN■使用するカレンダーを変更する
COLUMN■使用するロケールを変更する
COLUMN■使用するタイムゾーンを変更する
COLUMN■書式をカスタムで指定するには

160 日時の差を計算する …………………………………………………………… 545
ONEPOINT■日時の差を計算するには「timeIntervalSinceDate」メソッドを使う
COLUMN■秒単位以外の単位で差を取得するには
COLUMN■現在日時からの差を計算するには
COLUMN■エポックタイムや基準日時からの差を計算するには
COLUMN■エポックタイムや基準日時からの差を指定して日時を作るには

161 ローカルタイムゾーンを取得する …………………………………………… 550
ONEPOINT■ローカルタイムゾーンを取得するには
「localTimeZone」メソッドを使う
COLUMN■システムタイムゾーンを取得するには
COLUMN■デフォルトタイムゾーンについて

162 タイムゾーンの一覧を取得する ……………………………………………… 553
ONEPOINT■タイムゾーンの一覧を取得するには
「knownTimeZoneNames」メソッドを使う

163 指定した名前のタイムゾーンを取得する …………………………………… 555
ONEPOINT■指定した名前のタイムゾーンを取得するには
名前を指定してインスタンスを確保する
COLUMN■省略名を指定してタイムゾーンを取得するには

164 タイムゾーンからGMTオフセットを取得する …………………………… 557
ONEPOINT■タイムゾーンからGMTオフセットを取得するには
「secondsFromGMT」プロパティを使う

165 GMTオフセットを指定してタイムゾーンを取得する …………………… 558
ONEPOINT■GMTオフセットを指定してタイムゾーンを取得するには
GMTオフセットを指定してインスタンスを確保する

CONTENTS

166 タイムゾーンの名前を取得する …………………………………560
- ONEPOINT ■ タイムゾーンの名前を取得するには「name」プロパティを使う
- COLUMN ■ タイムゾーンの省略名を取得するには

167 カレントロケールを取得する …………………………………562
- ONEPOINT ■ カレントロケールを取得するには「autoupdatingCurrentLocale」メソッドを使用する
- COLUMN ■ ロケール識別子について
- COLUMN ■ システムロケールを取得するには

168 ロケールの情報を取得する …………………………………564
- ONEPOINT ■ ロケールの情報を取得するには「objectForKey」メソッドを使う
- COLUMN ■ 定義されているキーについて
- COLUMN ■ 表示用文字列を取得する

169 ISO言語コードの一覧を取得する …………………………………568
- ONEPOINT ■ ISO言語コードの一覧を取得するには「ISOLanguageCodes」メソッドを使う

170 ISO国コードの一覧を取得する …………………………………570
- ONEPOINT ■ ISO国コードの一覧を取得するには「ISOCountryCodes」メソッドを使う

171 ISO通貨コードの一覧を取得する …………………………………572
- ONEPOINT ■ ISO通貨コードの一覧を取得するには「ISOCurrencyCodes」メソッドを使う
- COLUMN ■ ISO共通通貨コードの一覧を取得する

172 ロケール識別子の一覧を取得する …………………………………575
- ONEPOINT ■ ロケール識別子の一覧を取得するには「availableLocaleIdentifiers」メソッドを使う

173 指定した識別子のロケールを取得する …………………………………577
- ONEPOINT ■ 指定した識別子のロケールを取得するにはロケール識別子を指定してインスタンスを確保する

CHAPTER 10　ファイルアクセス

174 ファイルアクセスについて …………………………………580

175 文字列からURLを作成する …………………………………582
- ONEPOINT ■ 文字列からURLを作成するには文字列を指定して「NSURL」クラスのインスタンスを確保する

176 ファイルパスからURLを作成する …………………………………583
- ONEPOINT ■ ファイルパスからURLを作成するにはファイルパスを指定してインスタンスを確保する
- COLUMN ■ ディレクトリかどうかを指定してURLを作成するには

177 相対URLを作成する …………………………………585
- ONEPOINT ■ 相対URLを作成するにはベースURLと相対パスを指定してインスタンスを確保する

178 相対URLから絶対URLを取得する ……………………………………… 586
ONEPOINT■相対URLから絶対URLを取得するには
「absoluteURL」プロパティを取得する

179 URLを構成するパーツに分割する ……………………………………… 587
ONEPOINT■URLを構成するパーツに分割するには対応するプロパティを取得する

180 URLのパスをコンポーネントに分割する ……………………………… 589
ONEPOINT■URLのパスをコンポーネントに分割するには
「pathComponents」プロパティを使う

181 URLのパスから最後のコンポーネントを取得する …………………… 590
ONEPOINT■URLのパスから最後のコンポーネントを取得するには
「lastPathComponent」プロパティを使う

182 URLのパスから拡張子を取得する ……………………………………… 592
ONEPOINT■URLのパスから拡張子を取得するには
「pathExtension」プロパティを使う

183 URLのパスにコンポーネントを追加する ……………………………… 594
ONEPOINT■URLのパスにコンポーネントを追加するには
「URLByAppendingPathComponent」メソッドを使う
COLUMN■追加するコンポーネントがディレクトリかどうかを指定するには

184 URLのパスから最後のコンポーネントを削除する …………………… 596
ONEPOINT■URLのパスから最後のコンポーネントを削除するには
「URLByDeletingLastPathComponent」プロパティを使う

185 URLのパスに拡張子を追加する ………………………………………… 598
ONEPOINT■URLのパスに拡張子を追加するには
「URLByAppendingPathExtension」メソッドを使う

186 URLのパスから拡張子を削除する ……………………………………… 600
ONEPOINT■URLのパスから拡張子を削除するには
「URLByDeletingPathExtension」プロパティを使う

187 URLのパスを正規化する ………………………………………………… 602
ONEPOINT■URLのパスを正規化するには
「URLByStandardizingPath」プロパティを使う

188 ファイルを部分的に書き込む …………………………………………… 604
ONEPOINT■ファイルを部分的に書き込むには
「NSFileHandle」を書き込みモードで使う
COLUMN■ファイルを更新モードで開くには

189 ファイルを部分的に読み込む …………………………………………… 608
ONEPOINT■ファイルを部分的に読み込むには
「readDataOfLength」メソッドを使う
COLUMN■ファイルを読み込みモードで開くには
COLUMN■ファイルを最後まで読み込むには

CONTENTS

190 ファイルを任意の位置で読み書きする …… 611
- ONEPOINT■ファイルを任意の位置で読み書きするには「seekToFileOffset」メソッドを使う
- COLUMN■ファイルポインタの現在位置を取得するには
- COLUMN■ファイルの末尾にファイルポインタを移動するには

191 ファイルポインタ以降を切り捨てる …… 616
- ONEPOINT■ファイルポインタ以降を切り捨てるには「truncateFileAtOffset」メソッドを使う

192 バンドルを取得する …… 618
- ONEPOINT■バンドルを取得するには「mainBundle」メソッドを使う
- COLUMN■バンドルパスを指定してバンドルを取得するには
- COLUMN■URLを指定してバンドルを取得するには
- COLUMN■クラスを指定してバンドルを取得するには
- COLUMN■識別子を指定してバンドルを取得するには

193 バンドルへのディレクトリパスを取得する …… 623
- ONEPOINT■バンドルパスを取得するには「bundlePath」プロパティを使う
- COLUMN■バンドル内の定義済みファイルやディレクトリへのパスやURLを取得するには

194 バンドル内のリソースファイルを取得する …… 626
- ONEPOINT■バンドル内のリソースファイルを取得するには「pathForResource」メソッドを使う
- COLUMN■リソースファイルのURLを取得するには
- COLUMN■拡張子を指定してリソースファイルの配列を取得するには

195 バンドル識別子を取得する …… 631
- ONEPOINT■バンドル識別子を取得するには「bundleIdentifier」プロパティを使う

196 バンドルの情報ディクショナリを取得する …… 632
- ONEPOINT■バンドルの情報ディクショナリを取得するには「infoDictionary」プロパティを使う
- COLUMN■情報ディクショナリの値を取得する
- COLUMN■ローカライズされた情報ディクショナリを取得するには

197 ローカライズ文字列を取得する …… 637
- ONEPOINT■ローカライズ文字列を取得するには「localizedStringForKey」メソッドを使う

198 バンドルが持つローカライズ言語を取得する …… 639
- ONEPOINT■バンドルが持つローカライズ言語を取得するには「localizations」プロパティを使う
- COLUMN■使用するべき言語を取得する

199 指定したディレクトリ内のファイルやサブディレクトリを取得する … 641
- ONEPOINT■指定したディレクトリ内のファイルやサブディレクトリを取得するには「contentsOfDirectoryAtPath」メソッドを使う
- COLUMN■URLで指定したディレクトリ内の項目を取得するには
- COLUMN■順次アクセスしてディレクトリ内の項目を取得するには

CONTENTS

200 ボリュームの一覧を取得する ……………………………………646
- ONEPOINT■ボリュームの一覧を取得するには「mountedVolumeURLs IncludingResourceValuesForKeys」メソッドを使う

201 定義済みのディレクトリを取得する ……………………………648
- ONEPOINT■定義済みのディレクトリを取得するには「URLForDirectory」メソッドを使う
- COLUMN■取得可能なディレクトリについて
- COLUMN■複数のドメインのURLを一括で取得するには
- COLUMN■定義済みのディレクトリのディレクトリパスを取得するには

202 テンポラリディレクトリを取得する …………………………652
- ONEPOINT■テンポラリディレクトリを取得するには「NSTemporaryDirectory」関数を使う
- COLUMN■「ItemReplacementDirectory」を使った方法について

203 ディレクトリを作成する ………………………………………654
- ONEPOINT■ディレクトリを作成するには「createDirectoryAtPath」メソッドを使う
- COLUMN■作成するディレクトリをURLで指定するには

204 ファイルを作成する ……………………………………………656
- ONEPOINT■ファイルを作成するには「createFileAtPath」メソッドを使う

205 シンボリックリンクを作成する ………………………………658
- ONEPOINT■シンボリックリンクを作成するには「createSymbolicLinkAtPath」メソッドを使う
- COLUMN■URLを指定してシンボリックリンクを作成するには

206 シンボリックリンクの指している先を調べる ………………660
- ONEPOINT■シンボリックリンクの指している先を取得するには「destinationOfSymbolicLinkAtPath」メソッドを使う
- COLUMN■シンボリックリンクが指している先をURLで取得するには

207 ファイルやディレクトリの情報を取得する …………………663
- ONEPOINT■ファイルやディレクトリの情報を取得するには「attributesOfItemAtPath」メソッドを使う
- COLUMN■ファイル属性キーについて
- COLUMN■ファイルシステムに関する情報を取得するには
- COLUMN■ファイルやディレクトリの情報を設定するには
- COLUMN■URLで指定したファイルやディレクトリの情報を設定・取得するには

208 ファイルやディレクトリの表示用の名前を取得する …………669
- ONEPOINT■ファイルやディレクトリの表示用の名前を取得するには「displayNameAtPath」メソッドを使う
- COLUMN■URLから表示用の名前を取得するには

209 ファイルやディレクトリをコピーする ………………………671
- ONEPOINT■ファイルやディレクトリをコピーするには「copyItemAtPath」メソッドを使う
- COLUMN■URLで指定したファイルやディレクトリをコピーするには

CONTENTS

210 ファイルやディレクトリを移動する …… 673
- ONEPOINT■ファイルやディレクトリを移動するには「moveItemAtPath」メソッドを使う
- COLUMN■URLで指定したファイルやディレクトリを移動するには

211 ファイルやディレクトリを削除する …… 676
- ONEPOINT■ファイルやディレクトリを削除するには「removeItemAtPath」メソッドを使う
- COLUMN■削除するファイルやディレクトリをURLで指定するには

212 ファイルやディレクトリが存在するか調べる …… 678
- ONEPOINT■ファイルやディレクトリが存在するか調べるには「fileExistsAtPath」メソッドを使う
- COLUMN■指定された項目がディレクトリかどうかを判定するには

213 読み込み可能なファイルかを調べる …… 680
- ONEPOINT■読み込み可能なファイルかを調べるには「isReadableFileAtPath」メソッドを使う
- COLUMN■URLで指定したファイルが読み込み可能かを調べるには
- COLUMN■読み込み権限を外すには

214 書き込み可能なファイルかを調べる …… 682
- ONEPOINT■書き込み可能なファイルかを調べるには「isWritableFileAtPath」メソッドを使う
- COLUMN■URLで指定したファイルが書き込み可能かを調べるには
- COLUMN■書き込み権限を外すには

215 削除可能なファイルかを調べる …… 684
- ONEPOINT■削除可能なファイルかを調べるには「isDeletableFileAtPath」メソッドを使う
- COLUMN■ディレクトリをロックするには

216 実行可能なファイルかを調べる …… 686
- ONEPOINT■実行可能なファイルかを調べるには「isExecutableFileAtPath」メソッドを使う
- COLUMN■URLで指定したファイルが実行可能かを調べるには
- COLUMN■実行権限を付与するには

217 インスタンスをシリアライズする …… 688
- ONEPOINT■インスタンスをシリアライズするには「archivedDataWithRootObject」メソッドを使用する
- COLUMN■シリアライズされたデータについて
- COLUMN■インスタンスをシリアライズしたファイルを作るには

218 シリアライズしたインスタンスを読み込む …… 691
- ONEPOINT■シリアライズしたインスタンスを読み込むには「unarchiveObjectWithData」メソッドを使う
- COLUMN■シリアライズしたファイルを読み込む

219 独自のクラスをアーカイバ対応にする …… 693
- ONEPOINT■独自のクラスをアーカイバ対応にするには「NSCoding」プロトコルを実装する
- COLUMN■情報の読み書きメソッドについて
- COLUMN■派生クラスでもアーカイバに対応した処理を実装するには

220 プロパティリストデータを作成する ……………………………………699
ONEPOINT■プロパティリストデータを作成するには
「dataWithPropertyList」メソッドを使う
COLUMN■プロパティリストファイルを作成するには

221 プロパティリストデータを読み込む ……………………………………701
ONEPOINT■プロパティリストデータを読み込むには
「propertyListWithData」メソッドを使う
COLUMN■プロパティリストファイルを読み込むには

222 プロパティリストに変換可能かを調べる ………………………………703
ONEPOINT■プロパティリストに変換可能かを調べるには
「propertyList」メソッドを使う

CHAPTER 11　ネットワークアクセス

223 ネットワークアクセスについて……………………………………………706
224 URLへの接続要求を作成する　……………………………………………708
ONEPOINT■URLへの接続要求を作成するには「NSURLRequest」クラスを使う
COLUMN■HTTPのヘッダを設定するには
COLUMN■HTTPのメソッドを設定するには
COLUMN■HTTPのボディデータを設定するには
COLUMN■接続時のタイムアウトやキャッシュポリシーを指定するには

225 ダウンロードタスクを使ってダウンロードする　………………………712
ONEPOINT■ダウンロードタスクを使ってダウンロードするには
「downloadTaskWithRequest」メソッドを使用する
COLUMN■セッションの作成について
COLUMN■レスポンスのHTTPステータスコードを取得するには
COLUMN■App Transport Security（ATS）への対応について

226 アップロードタスクを使ってアップロードする　………………………716
ONEPOINT■アップロードタスクを使ってアップロードするには
「uploadTaskWithRequest」メソッドを使う
COLUMN■アップロードタスクのテスト環境を構築するには

227 データタスクを使って通信を行う　………………………………………719
ONEPOINT■データタスクを使って通信を行うには
「dataTaskWithRequest」メソッドを使う

CHAPTER 12　ユーザーデフォルト・ノーティフィケーション

228 設定情報をユーザーデフォルトに保存する　……………………………722
ONEPOINT■設定情報をユーザーデフォルトに保存するには
「NSUserDefaults」クラスの設定メソッドを使う
COLUMN■プロパティリストに対応していないオブジェクトを保存するには
COLUMN■ストレージに即時書き込みするには

CONTENTS

229 設定情報をユーザーデフォルトから取得する ……………… 724
　ONEPOINT ■ 設定情報をユーザーデフォルトから取得するには
　　　　　　「NSUserDefaults」クラスの取得メソッドを使う
　COLUMN ■ 保存していないキーで読み込んだときに取得される値について

230 初期値をユーザーデフォルトに登録する ……………………… 726
　ONEPOINT ■ 初期値をユーザーデフォルトに登録するには
　　　　　　「registerDefaults」メソッドを使う

231 設定情報を削除する ……………………………………………… 728
　ONEPOINT ■ 設定情報を削除するには「removeObjectForKey」メソッドを使う

232 設定情報をディクショナリにして取得する …………………… 730
　ONEPOINT ■ 設定情報をディクショナリにして取得するには
　　　　　　「dictionaryRepresentation」メソッドを使う

233 ノーティフィケーションを投げる ……………………………… 732
　ONEPOINT ■ ノーティフィケーションを投げるには
　　　　　　「postNotificationName」メソッドを使う
　COLUMN ■ ノーティフィケーションとデリゲート
　COLUMN ■ ノーティフィケーションとスレッド

234 ノーティフィケーションを受信する …………………………… 734
　ONEPOINT ■ ノーティフィケーションを受信するには「addObserver」メソッドを使う
　COLUMN ■ 受信設定の解除について
　COLUMN ■ 追加情報を取得するには
　COLUMN ■ ノーティフィケーションを投げたオブジェクトでフィルタリングするには

CHAPTER 13　ランループ・タイマー・並列処理

235 ランループを取得する …………………………………………… 742
　ONEPOINT ■ ランループを取得するには「currentRunLoop」メソッドを使う
　COLUMN ■ メインランループを取得するには

236 ランループを手動で実行する …………………………………… 744
　ONEPOINT ■ ランループを手動で実行するには「runUntilDate」メソッドを使う
　COLUMN ■ モードを指定して手動実行するには

237 タイマーを作成する ……………………………………………… 747
　ONEPOINT ■ タイマーを作成するには
　　　　　　「scheduledTimerWithTimeInterval」メソッドを使う
　COLUMN ■ 作成時に指定した追加情報を取得するには
　COLUMN ■ 任意のランループで任意のランループモードで
　　　　　　タイマーをセットするには
　COLUMN ■ 遅延処理の実装にタイマーを使う

238 タイマーを停止する ……………………………………………… 755
　ONEPOINT ■ タイマーを停止するには「invalidate」メソッドを使う

CONTENTS

239 オペレーションキューを作成する …………………………………… 757
- ONEPOINT■オペレーションキューを作成するには「NSOperationQueue」クラスのインスタンスを作成する
- COLUMN■iOSやOS Xでの非同期並列処理について
- COLUMN■メインオペレーションキューを取得するには

240 オペレーションキューにオペレーションを追加する …………………… 760
- ONEPOINT■オペレーションキューにオペレーションを追加するには「addOperationWithBlock」メソッドを使う
- COLUMN■オペレーションクラスのサブクラスでオペレーションの処理を実装する

241 オペレーションキューのオペレーション完了まで待機する ………… 765
- ONEPOINT■オペレーションキューのオペレーション完了まで待機するには「waitUntilAllOperationsAreFinished」メソッドを使う
- COLUMN■追加したオペレーションが完了するまで待機する
- COLUMN■特定のオペレーションが完了するまで待機する

242 オペレーションキューのオペレーションをキャンセルする …………… 771
- ONEPOINT■オペレーションキューのオペレーションをキャンセルするには「cancelAllOperations」メソッドを使う
- COLUMN■特定のオペレーションをキャンセルするには
- COLUMN■オペレーションの状態を取得するプロパティ

243 オペレーションキューで並列実行されるオペレーション数を制限する …… 776
- ONEPOINT■オペレーションキューで並列実行されるオペレーション数を制限するには「maxConcurrentOperationCount」プロパティを使う

244 スレッドをスリープさせる ……………………………………………… 778
- ONEPOINT■スレッドをスリープさせるには「sleepForTimeInterval」メソッドを使う
- COLUMN■指定した日時までスリープさせるには

245 ロックを使って排他制御を行う ………………………………………… 780
- ONEPOINT■ロックを使って排他制御を行うには「NSLock」クラスを使う
- COLUMN■ロックできるまでのタイムアウトを指定するには
- COLUMN■Objective-Cの「@synchronized」について

246 再帰ロックを使って排他制御を行う …………………………………… 785
- ONEPOINT■再帰ロックを使って排他制御を行うには「NSRecursiveLock」クラスを使う

247 コンディションロックを使って排他制御を行う ………………………… 788
- ONEPOINT■コンディションロックを使って排他制御を行うには「NSConditionLock」クラスを使う

248 ディスパッチキューを作成する ………………………………………… 791
- ONEPOINT■ディスパッチキューを作成するには「dispatch_queue_create」関数を使う
- COLUMN■GCDとは
- COLUMN■メインキューやグローバルキューを取得するには

249 ディスパッチキューで同期実行する …………………………………… 794
- ONEPOINT■ディスパッチキューで同期実行するには「dispatch_sync」関数を使う

CONTENTS

250 ディスパッチキューで非同期実行する ……………………………795
ONEPOINT■ディスパッチキューで非同期実行するには
「dispatch_async」関数を使う
COLUMN■乱数について
COLUMN■特定のタイミングでコンカレントキュー上の処理の完了を待機するには

251 ディスパッチキューで遅延実行する ……………………………799
ONEPOINT■ディスパッチキューで遅延実行するには「dispatch_after」関数を使う

252 一度しか実行されない処理を作成する ……………………………801
ONEPOINT■一度しか実行されない処理を作成するには
「dispatch_once」関数を使う

●索引…………………………………………………………………803

CHAPTER 01
Swiftの基礎知識

SECTION-001

Swiftとは

▐ Swiftの概要

　Swiftは2014年のアップル社のWWDCの基調講演で紹介された新しいプログラミング言語です。iOSやOS X、watchOS、tvOSのプログラムを開発するのに使用します。Swift自身は、1人のエンジニアの個人的なプロジェクトとして始まりました。Swiftはさまざまなプログラミング言語のアイデアを積極的に取り込んでいます。Objective-Cとは明らかに異なる見た目ですが、Objective-Cと深いレベルで混在させることができ、Objective-Cでの経験や知識も活かすことができるプログラミング言語です。

　Swift 2.0でオープンソース化も発表され、2015年12月3日、発表通りオープンソース化が実際に行われました。Swiftのコンパイラやツールだけではなく、標準ライブラリやFoundationフレームワークなどの基本的なライブラリ群などのソースコードがGitHubにて公開されました。ディスカッションはメーリングリストで行われており、オープンな開発スタイルに移行されました。オープンソース化と同時に、Linuxへの移植版も公開され、複数のプラットフォームへ対応するための大きな一歩となりました。

▶ オブジェクト指向

　Swiftは、Objective-CやC++などと同様に、オブジェクト指向な言語です。構造体やクラス、列挙、関数、整数など、すべてオブジェクトになっています。クラスは他の言語と同様に親クラス（スーパークラス）を継承した子クラス（サブクラス）を作成することができ、子クラスでメソッドのオーバーライドなども可能です。特に列挙はC言語にもありますが、Swiftの列挙はC言語の列挙とは明らかに異なり、高度な表現が可能になっています。

▶ ネイティブコード

　Swiftは、Objective-CやC言語と同様に、コンパイルしてネイティブコードに変換されて、実行ファイルが作成されます。実行時にコードが解釈されながら実行されるインタープリタ型の言語でありません。ネイティブコードに変換されるので、インタープリタ型の言語と比較して高速に実行することが可能です。

▶ 配列や辞書のリテラル表記

　Objective-Cでもアップデートによりできるようになりましたが、Swiftでも配列や辞書（ディクショナリ）を作成するリテラル表記が可能です。簡単な表記法で、簡単に配列や辞書のインスタンスを作成することができます。

▶ ARCを使ったメモリ管理

　Swiftのクラスや構造体、列挙のインスタンスは、ARCを使って管理されます。ARCは、「Automatic Reference Counting」の略称で、コンパイラによって自動的にインスタンスの確保、解放、保持するためのコードが挿入され、開発者が自分でインスタンスのメモリ管理を行わないでいいようにする技術です。Objective-Cでも利用されています。ARCが利用可能になるまでは、開発者が自分で注意しながらこれらの管理を行う必要がありました。現在でも、

▶タプル

　Swiftの特徴的なものの1つに「タプル」があります。タプルは、1つのインスタンスに複数の値を格納することができるものです。誤解を恐れずに書けば、複数のインスタンスを格納した配列のようなものです。タプルを利用することで、関数の戻り値で複数の値を返すことなどが可能になっています。タプルがないObjective-Cでも配列を使えば、同様のことは可能ですが、言語機能としてタプルがあることで、戻り値として単純に使うという場面以外でも、さまざまな場面で複数のインスタンスのセットを使うことができるようになっています。効果的に使うことができれば、シンプルな見た目でパワフルなコードを記述することができるでしょう。

▶安全性を重視した設計

　Swiftの設計で重点が置かれている点の1つに「安全性」という点があります。Swiftでは変数はすべて使用される前に初期化され、配列や整数のオーバーフローのチェックも行われます。変数ひとつを見ても、通常の変数とオプショナル変数の2種類があります。通常の変数には「nil」を代入することができません。オプショナル変数であれば代入することができます。このように使い分けをすることで、『「nil」かもではなく』、『「nil」はここでは使用しない』ということを宣言し、コンパイル時に検出できるので、コンパイル時点でエラーとして指摘してくれます。他の言語であれば、「安全性を考えれば、こう書いた方がよい」という事柄を強制的に行わせるような言語ルールになっているところもあり、コードの書き方でも安全性を重視した形を強制されるような特徴が見られます。

▶インタラクティブ

　インタープリタ型の言語の強みに、書いたその場で結果がわかるという点が上げられます。すべてのケースでそうであるとは言えませんが、コンパイル型の言語に比べて、書いてから確認するまでのステップが短いと言えると思います。Swiftは、コンパイル型の言語であるにもかかわらず、インタープリタ言語のように、書いたその場で結果を見ることできます。これは、言語というよりもツールセットに依存している特徴です。Xcode 6で「Playground」という機能が入りました。この機能を使うと、Swiftで書いたコードの結果が1行ずつ、書いているその場で表示されます。内部ではコンパイルと実行が行われているのだと思いますが、すぐに表示されます。単純な文字列の出力だけではなく、グラフィカルな処理や連続した変化をグラフ化して表示するなどもできます。

　もう1つ「REPL」と呼ばれる機能があります。「REPL」は「Read-Eval-Print-Loop」の略称です。「REPL」を使うと対話的にSwiftを実行することができます。ターミナルで「xcrun swift」と入力すると起動します。「REPL」では、Swiftのコードを打つと、入力する度に実行されて、結果が表示されます。「:help」と入力するとヘルプが表示され、「:quit」と入力すると終了します。

▶ クロージャー

　Swiftでは、関数やメソッドもオブジェクトとして扱うことができ、関数オブジェクトして渡された関数を実行することもできます。クロージャーは関数オブジェクトとして渡す関数のコードをインラインで記述することができます。Objective-Cではブロック、他の言語では無名関数やラムダ式などに相当します。

▶ ジェネリック

　ジェネリックは関数の引数や戻り値の型や、構造体のプロパティの型を特定の型を指定しないで記述し、使用するときに任意の型を指定してインスタンス化する仕組みです。C++のテンプレートに相当します。

▶ エラー制御

　エラー制御はSwift 2.0で導入されたものです。プログラムの実行時にはさまざまなエラーが起きます。その中には、関数の戻り値などでアプリ側が制御可能なエラーの他にも、Swiftであれば、nilが代入されたオプショナル変数を使おうとしたときなど予期しない実行時エラーが起きることがあります。そのようなときに、エラーを投げて、捉えて、必要な処理を行うための仕組みです。アプリ自身が投げるエラー以外にも、CocoaやCocoa touchが投げるエラーもあり、これらを捉えて、必要な処理を行うことができます。Objective-CやC++の例外機構のような仕組みです。

▶ Objective-Cとの深い関係

　SwiftとObjective-Cはちょっと関係があるというレベルではなく、非常に深い関係がある言語です。SwiftとObjective-Cは、1つのアプリ内で混在させて使用することができます。これだけであれば、Objective-CがC++のクラスを利用できるというのと同じようなことのようですが、SwiftとObjective-Cは、クラス階層を混ぜることが可能です。つまり、Objective-Cのクラスのサブクラスを、Swiftで作ることができます。Objective-CのプロトコルをSwiftのクラスで実装することも可能です。Objective-Cの「NSString」クラスはSwiftのStringに自動的にマッピングされます。その他のクラスの中にも自動的にマッピングされるものがあります。

　このような特徴により、Objective-Cで書かれているコード資産はSwiftを使った開発でも無駄にすることなく、利用することができるようになっています。

SECTION-002

開発環境について

Swiftの開発環境について

　Swiftは、入力したソースコードをSwift対応のコンパイラでコンパイルし、ネイティブコードを生成し、リンカがそれらを結合して、アプリを生成します。そのため、Swiftを使った開発では、Swiftに対応したコンパイラやリンカなどが必要です。Swift対応のコンパイラやリンカなど、必要なプログラムは、OS XではXcodeと同時にインストールされます。

　本書の執筆時点では、Swiftを使って開発するにはOS Xが必要です。オープンソース化されたことにより、Linux版も登場しましたので、LinuxでもSwiftを使うことはできるようになりましたが、OS XのアプリやiOSアプリなどの開発にはOS Xが必要になります。OS XでSwiftを使って開発されるプログラムは、iOS、OS X、watchOS、tvOS上で動作します。

Xcodeについて

　Xcodeは、アップル社が開発している統合開発環境です。統合開発環境とは、プログラムの開発に必要なテキストエディタやコンパイラ、リンカ、デバッガなどの機能を持ったソフトウェアです。コンパイラやリンカはそれぞれ個別のプログラムになっており、Xcodeは内部でこれらのプログラムを呼び出して必要な処理を行います。これらのプログラムはGUIを持たず、ターミナルやスクリプトから実行するプログラムですが、Xcodeから使うことで、複雑なコマンドラインオプションを直接、書かずに、GUI上でコンパイルやアプリのビルドを行うことができます。ビルドとは、コンパイルやリンクなどの一連の処理を行ってアプリを生成する機能です。

▶ Xcodeのインストール

　XcodeはMac App Storeから無償でダウンロードできます。以前は有償だったときもありますが、本書の執筆時点では無償になっています。次のように操作してインストールします。

❶「App Store」アプリを起動し、検索ボックスに「Xcode」と入力します。
❷「Xcode」の「入手」ボタンをクリックします。
❸「アプリケーション」フォルダに「Xcode」がインストールされます。

　初回起動時は使用許諾の確認や追加コンポーネントのインストールが行われることがあります。画面の指示に従って操作してください。

▶ Apple Developer Programについて

　iOSアプリやOS Xアプリ、watchOSアプリ、tvOSアプリを本格的に開発する場合には、Apple Developer Programへの登録が必要です。Apple Developer Programは有料ですが、登録するとベータ版のOSが提供されたり、App Storeでの配布が可能になります。Swiftを学習するだけであれば、Xcodeをインストールするだけでも構いませんが、本格的に開発する場合にはApple Developer Programを検討してください。

■ SECTION-002 ■ 開発環境について

Apple Developer Programについては、次のWebサイトなどを参照してください。
- Apple Developer Program
  URL https://developer.apple.com/programs/jp/

■ 開発したアプリの動作環境について

Swiftを使って開発したアプリの動作環境は公式には次のようになっています。

OS	動作環境
iOS	iOS 7およびiOS 8以降
OS X	OS X Mavericks(OS X 10.9.x)およびOS X Yosemite(OS X 10.10.x)以降
watchOS	watchOS 1.0以降。ただし、watchOS上で動作するネイティブアプリを開発するにはwatchOS 2.0以降
tvOS	tvOS 9.0以降
Linux	オープンソース版。本書の執筆時点では64ビット版のUbuntu 14.0.4、または、Ubuntu 15.10

これよりも古い環境でも動作するアプリやプログラムを開発する場合には、Swiftは使用できませんので注意してください。

Linuxについては、ソースが公開されているため、他の環境でもソースからビルドすれば、使える可能性があります。

SECTION-003
「Playground」について

「Playground」とは

　Xcode 6から「Playground」という機能が入りました。「Playground」は、Swiftで書いたコードをリアルタイムに実行して、その結果を1行ずつ表示してくれる機能です。単純な行単位の結果を表示すると言うだけではなく、ループならばその値がどのように変化していくかをグラフで表示してくれるなど、情報の視覚化も行ってくれます。

　「Playground」は、Swiftの学習やアルゴリズムの検討やテスト、新しいAPIの確認などに利用することを想定して作られています。従来であれば、これらの作業は通常のアプリ開発と同じように、プロジェクトを作成して、ソースファイルを作成し、アプリをビルドして、実行した結果を調査するというものでした。うまく動作しなければ、どこで値がおかしいのかは、デバッガで追いかけて探したり、変数の値の変化をログに書き出すなどして探っていきます。「Playground」を使えば、どこでどのように値が変化していくかは、リアルタイムに見ることができます。途中でコードを変更すれば、それに追従して結果の表示エリアもリアルタイムに変わります。デバッガで追いかけていく方法やログに書き出して調査する方法に比べると、効率的な作業になることでしょう。Swiftの学習に使用すれば、書いたコードによって何が起こるのかが1行ずつリアルタイムに見えるというのは、コードの動きを理解するのに大きな助けになると思います。Playgroundで検証したコードを本来のソースファイルにコピーして使用します。

　このように書くと、敵なしの万能ツールに見えますが、いくつかできないことや不得手なことがあります。コードはSwiftで記述する必要があるので、その他の言語では書くことができません。アルゴリズムの動作速度の検証には使用することができません。開発したフレームワークなどがあり、それらの機能を呼び出すようなことはできません。しかし、Xcode 7からは、「Playground」内で使用する関数やクラスなど、補助するためのコードを書いたソースファイルを参照させることはできるようになりました。

　このような弱点はありますが、本書のサンプルコードを動かしてみたり、少し変更したときにどのように動作が変わるのかといったことを試すのには、とても良い道具になると思います。本書では、主にコンソールプログラムとしてプロジェクトを作成してはいますが、ほとんどのサンプルコードは「Playground」で実行できますので、ぜひ、「Playground」でも試してみてください。

「Playground」の使用方法

　「Playground」を使用するには、Xcode 6以降で次のように操作します。

❶ 「File」メニューから「New」→「Playground」を選択します。
❷ ファイル名とプラットフォームを選択するシートが表示されるので、任意の名前を入力し、プラットフォームを選択して「Next」ボタンをクリックします。

■ SECTION-003 ■ 「Playground」について

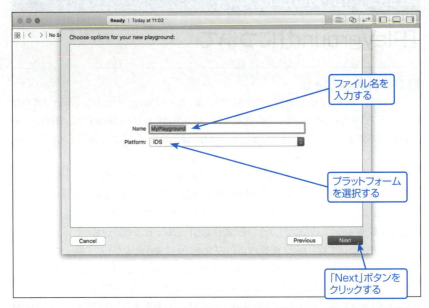

❸ Playgroundファイルの保存場所を指定するシートが表示されるので、任意の場所を選択して「Create」ボタンをクリックします。

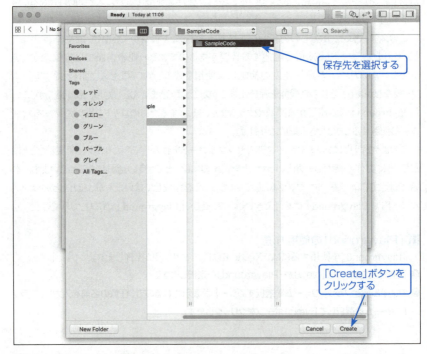

❹ Playgroundウインドウが表示されます。

■ SECTION-003 ■「Playground」について

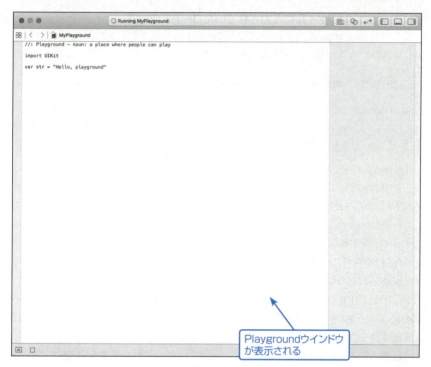

Playgroundウィンドウが表示される

　Playgroundファイルは、Playgroundの情報を保存するファイルです。入力したコードもこのファイルに保存されます。後から再開したい場合もこのファイルを開くことで再開することができます。なお、Playgroundファイルの実体は、「playground」という拡張子を持ったパッケージになっています。Swiftのソースファイルと情報ファイルなどで構成されています。「Finder」上で、Playgroundファイルを「Control」キーを押しながらクリック（もしくは右クリック）し、「パッケージの内容を表示」を選択すると実体を確認することができます。

「Hello World!」を表示してみる

　Playgroundウィンドウの最後に次のようなコードを入力してみましょう。

```
var str2 = "Hello, World!"
```

　すると、Playgroundウィンドウの右側部分の色が少し異なっている領域の最後の行に、次のように出力されます。

```
"Hello, World!"
```

　このコードは、「str2」という変数を定義し、定義した変数に「Hello, World!」という文字列を代入するというコードです。このコードには、その内容を出力するという命令はありません。それにもかかわらず、「"Hello, World!"」と出力されたのはPlaygroundの機能です。Playgroundは、変数に値が代入されると、その値をサイドバーに出力します。

■ SECTION-003 ■ 「Playground」について

Playgroundファイルに入力されていたコードについて

ここでは、Playgroundファイルに入力されていたコードを見てみましょう。Playgroundファイルには次のようなコードが最初から入力されています。

```
//: Playground - noun: a place where people can play

import UIKit

var str = "Hello, playground"
```

1行目はコメントです。Swiftでは「//」から行末まではコメントとして扱われます。コメントはコードではありませんので、コンパイル時には無視されます。当然、Playground上でも無視されます。コメントには、コードの意味や前提条件など、書いておくと後から見たときに、何をしているのかということがわかりやすくなります。ファイルの先頭などでは、何のソースファイルなのかや、誰が書いたコードなのかなどを書く場合もあります。

2行目は空白行になっています。空白行は何もせず、無視されます。コードをすべて詰めて書くと、読みにくくなりますので、適度に空白行を入れるとよいでしょう。

3行目は「UIKit」フレームワークを読み込んでいます。「UIKit」はiOSのアプリを作るためのフレームワークです。この時点で入力しているコードには「UIKit」フレームワークで提供されるAPIは使っていないので、この行は必須ではありません。

1行空いて5行目は37ページで行ったことと同じです。「str」という変数を定義して「"Hello, playground"」という文字列を代入しています。

Swiftのコードはこのような形で記述します。

▶「;」について

Objective-CやC言語、C++での経験がある方には、Swiftのコードの行末に違和感を感じる方もいることでしょう。著者も最初は違和感を覚えました。それは「;」(セミコロン)がないことです。Objective-CやC言語、C++は行末に必ず「;」を書き、ステップを終了します。しかし、Swiftでは「;」を書かず、改行することでステップを終了しています。

実はSwiftでも「;」を書くことはできます。行末の「;」はオプションという扱いになっていて、書いても書かなくともよいことになっています。しかし、一般的には書かないようです。

Swiftでも「;」を書くことでできるようになることがあります。それは、1行に複数のステップを書きたいときには、各ステップを「;」で区切ります。たとえば、次のコードは、1行で2つの変数の定義と代入を行っています。

```
var str2 = "Hello, World!";var str3 = "Hello2"
```

このコードをPlaygroundで書くと、サイドバーに次のように表示され、変数の内容が表示されません。そのため、Playgroundでは、「;」で区切って複数のステップを書くよりも、行単位でステップを書いた方が便利に使えるでしょう。

```
(2 times)
```

Playgroundウインドウについて

　Playgroundウインドウは左右2つのエリアに分かれています。左側のエリアはコードを入力するエリアです。右側の背景色が異なるサイドバーのエリアはコードの実行結果が出力されるエリアです。

▶ 値の履歴の表示

　ループなどでの値の変化を見たいときは、サイドバーに表示された出力の右側に表示された「Show Result」ボタンをクリックします。

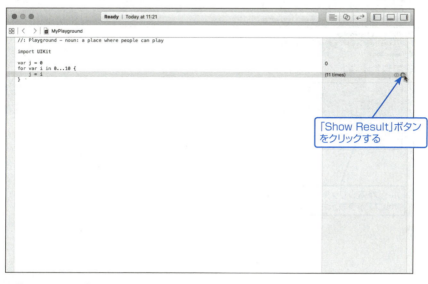

「Show Result」ボタンをクリックする

「Show Result」ボタンをクリックすると、値の変化がグラフで表示されます。

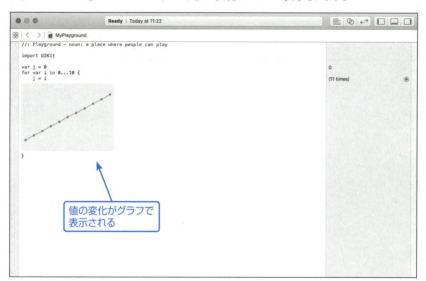

値の変化がグラフで表示される

■ SECTION-003 ■「Playground」について

　グラフの各ポイントをクリックすると、各ポイントでの値がポップアップ表示されます。ここでは、次のようなコードが入力されているので、値は「0」「1」「2」「3」「4」……と変化していることが確認できます。

```
var j = 0
for var i in 0...10 {
    j = i
}
```

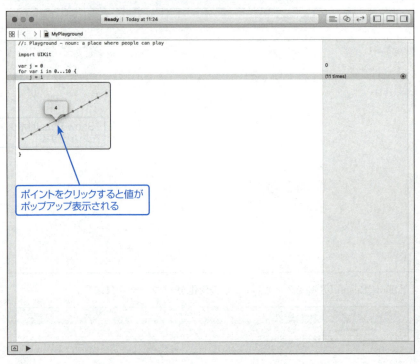

ポイントをクリックすると値がポップアップ表示される

SECTION-004
プロジェクトについて

プロジェクトとは
Xcodeでアプリなどのプログラムを作成するには、プロジェクトを作成する必要があります。プロジェクトは、作成するプログラムの情報やソースファイルを管理します。通常、プログラムは1つのソースファイルだけでは完結しません。複数のソースファイルを作成します。ソースファイルやクラス単位や関連する関数などの単位で分割します。ソースファイルだけではなく、アプリのアイコンや表示する画像ファイル、効果音などのサウンドファイルなどのリソースファイルも使用します。これらのファイルはプロジェクトに登録して使用します。

プロジェクトを作成する
Xcodeでプロジェクトを作成するには、次のように操作します。
❶ 「File」メニューから「New」→「Project」を選択します。
❷ プロジェクトのテンプレートを選択するシートが表示されるので、作成したいプログラムに最も近いテンプレートを選択します。本書のサンプルでは、GUIを持たずにコマンドラインに出力することを目的にしますので、シート左側のカテゴリから「OS X」の「Application」を選択し、シート右側のテンプレートから「Command Line Tool」を選択して、「Next」ボタンをクリックします。

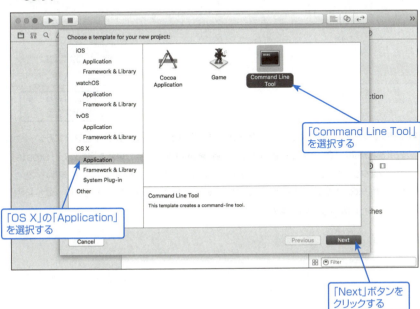

■ SECTION-004 ■ プロジェクトについて

❸ プロジェクトのオプションを設定するシートが表示されます。「Product Name」に作成するプログラム名、「Organization Name」に組織名、「Organization Identifier」にバンドル識別子のプレフィックス、「Language」から主に使用するプログラミング言語を選択します。今回は、次の表のように設定を行い、「Next」ボタンをクリックします。

項目	設定内容
Product Name	HelloWorld
Organization Name	(空欄にする)
Organization Identifier	private.mycompany
Language	Swift

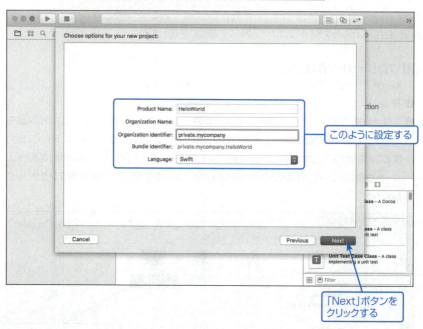

このように設定する

「Next」ボタンをクリックする

❹ プロジェクトファイルおよびソースファイル一式を入れたフォルダの作成先を選択するシートが表示されます。「Create Git repository on」をOFFにし、任意の場所を選択して、「Create」ボタンをクリックします。「Create Git repository on」チェックボックスは、使用中のマシンにGitのリポジトリを作成するオプションです。使用中のマシン内でGitを使ってソースコード管理を行いたい場合はONにします。

■ SECTION-004 ■ プロジェクトについて

❺ 指定した場所に新しいフォルダが作成され、プロジェクトファイル一式が保存されます。プロジェクトファイルは、プロジェクトの設定情報を保存するファイルです。このファイルを開くことで、いつでもそのプロジェクトを再開することができます。

▶「Organization Identifier」について

　OS Xのアプリやフレームワーク、iOSアプリなどはバンドル識別子（「Bundle Identifier」）という識別子を持ちます。OS XやiOSではアプリやフレームワークは、実体は拡張子を持ったフォルダになっています。このようなフォルダのことを「バンドル」と呼びます。アプリは「app」という拡張子を持ち、「Finder」で見るとファイルのように見えます。このように、バンドルであるにもかかわらず、ファイルのように表示される特別なバンドルを「パッケージ」と呼びます。

　バンドル識別子は、他のバンドルと重複しないようにします。通常は、所有するドメインを逆方向から記載したものを使用し、その後に、アプリ名を付けます。このときのアプリ名は英語名を使用します。App Storeで配布するアプリの場合には、Member Centerに登録します。このドメインを逆に書いた部分を「Organization Identifer」として使用します。たとえば、著者のWebサイトのドメインは「rk-k.com」ですが、これを例にすると、「com.rk-k」となります。アプリ名が「HelloWorld」だとすると、バンドル識別子は「com.rk-k.HelloWorld」となります。

43

■ SECTION-004 ■ プロジェクトについて

プロジェクトウインドウについて

41ページの手順でプロジェクトを作成すると、すぐにプロジェクトウインドウが表示されます。初期状態では、次のように表示されます。

●プロジェクトウインドウ

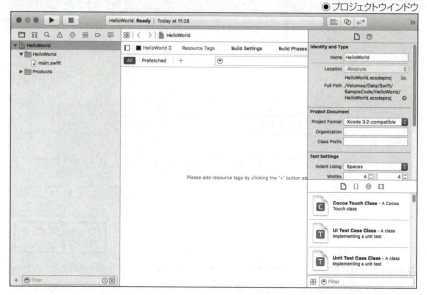

▶ ツールバー

プロジェクトウインドウはいくつかのエリアに分かれています。上側のツールバーには、プロジェクトの実行ボタン、停止ボタン、ターゲットやスキームを選択するポップアップボタンなどが並んでいます。ツールバーの中央部分にはコンパイル状況などが表示されるエリアがあります。左側に並んでいるボタンは、6つのボタンは順に、エディタ表示、アシスタントエディタ表示、バージョンエディタ表示、ナビゲータエリアの開閉ボタン、デバッグエリアの開閉ボタン、ユーティリティエリアの開閉ボタンです。それぞれ、どのように動くは実際にクリックしてみてください。

実際の開発中には、著者の場合は、アシスタントエディタ表示で行うことが多いです。右側に参照したいコードを表示します。また、スクリーンサイズが狭い場合には、ユーティエリティエリアを閉じることで作業領域が広くなるので、作業に合わせて、随時、開閉してください。

▶ ナビゲータエリア

プロジェクトウインドウの左側のエリアです。編集領域に表示するものを選択するというエリアです。ナビゲータにはいくつか種類があり、ナビゲータエリアの上部に表示されたボタンや「View」メニューの「Navigators」から表示したいナビゲータを選択するなどして、表示を切り替えます。次の表のような種類があります。

■ SECTION-004 ■ プロジェクトについて

ナビゲータの種類	説明
プロジェクトナビゲータ	プロジェクトに登録されたファイルを表示する
シンボルナビゲータ	プロジェクトに登録されたソースファイル内のシンボルがリストアップされる
検索ナビゲータ	複数ファイル検索などを行う
イシューナビゲータ	コンパイルエラーや警告などが表示される
テストナビゲータ	ユニットテストの項目が表示される
デバッグナビゲータ	デバッグゲージなどが表示される。デバッグゲージはCPUの使用率やメモリの使用量などが表示される
ブレークポイントナビゲータ	ブレークポイントがリストアップされる(ブレークポイントについては50ページを参照)
レポートナビゲータ	ビルドログなどが表示される

▶編集エリア

　ナビゲータエリアで選択した対象を編集するためエディタが表示されます。たとえば、ソースファイルであればテキストエディタが表示され、Storyboardファイル(ユーザーインターフェイスの情報を格納したファイル)であれば専用の編集画面、プロジェクトであればプロジェクトオプションの編集画面が表示されます。他にも、さまざまな種類の編集画面があります。

▶ユーティリティエリア

　編集エリアで選択している項目の設定を行うためのインスペクタや、編集画面に配置することができるオブジェクトなどが表示されます。たとえば、Storyboardファイルの編集画面が表示されていて、配置されたボタンを選択している場合には、ボタンのプロパティを設定することができるインスペクタなどが表示されます。

プロジェクトにファイルを追加する

　ソースファイルをビルド対象に含めるには、プロジェクトに追加する必要があります。

▶新規ファイルを作成して追加する

　新規ファイルを作成して、プロジェクトに追加するには、次のように操作します。

❶「File」メニューから「New」→「File」を選択します。
❷作成するファイルのテンプレートを選択するシートが表示されるので、作成したいファイルのテンプレートを選択し、「Next」ボタンをクリックします。Swiftのソースファイルであれば、シート左側のカテゴリから、作りたい対象のOSの「Source」を選択し、「Swift File」を選択して、「Next」ボタンをクリックします。

■ SECTION-004 ■ プロジェクトについて

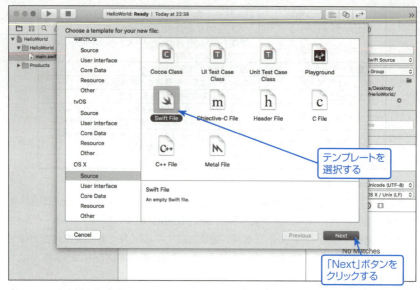

❸ ファイル名と保存先を選択するシートが表示されるので、任意に設定して「Create」ボタンをクリックします。デフォルト状態では、保存先はナビゲータエリアで選択していた項目の保存場所が選択されます。通常は、その場所をそのまま使用します。ファイル名は拡張子を含まない名称を入力します。

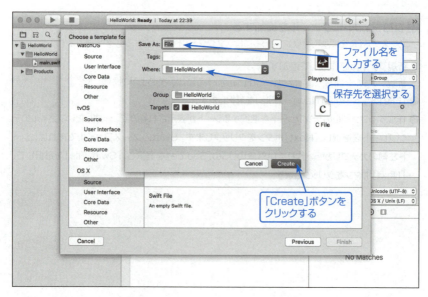

　新規作成されたソースファイルには、「swift」という拡張子が付きます。Swiftで記述するソースファイルには、このように「swift」という拡張子を使用します。

▶既存のファイルを追加する

既存ファイルをプロジェクトに追加するには、次のように操作します。

❶「File」メニューから「Add Files to "Project Name"」を選択します。「Project Name」にはプロジェクトの名前が表示されます。

❷ 追加するファイルを選択し、「Add」ボタンをクリックします。オプションは「Options」ボタンをクリックすると表示されます。

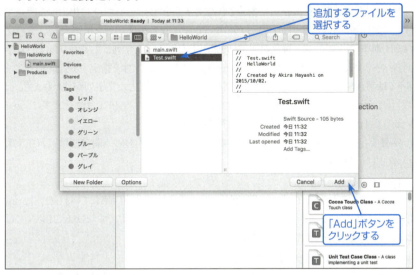

▶ターゲットについて

プロジェクトはターゲットを持ちます。ターゲットは、作成するアプリやフレームワークなど、作成対象ごとに作成します。プロジェクトを作成すると、テンプレートに合わせたターゲットが1つ作成されています。必要に応じて、1つのプロジェクトに複数のターゲットを作成して、組み合わせます。

プロジェクトをビルドして実行する

プロジェクトをビルドして、アプリを実行するには、次のいずれかの方法で行います。

- ツールバーの実行ボタンをクリックする
- 「Product」メニューから「Run」を選択する

41ページで作成したプロジェクトを実行すると、デバッグエリアのコンソールエリアに次のように出力されます。

```
Hello, World!
Program ended with exit code: 0
```

ウインドウの幅が小さい場合にはコンソールエリアが表示されない場合があります。その場合はウインドウの幅を広げてください。

▶コンソールエリア

コンソールエリアは、プログラムから出力したログが表示されるエリアです。コンソールエリアにログを出力するには、「print」関数を使用します。

```
public func print(items: Any...,
    separator: String = default, terminator: String = default)
```

「print」関数は引数「items」に指定された文字列をコンソールエリアに出力する関数です。引数「items」は可変引数というものになっており、複数の文字列を指定すると、その文字列を順番に出力します。複数の文字列を指定したときは、文字列と文字列の間は「 」(半角スペース)で区切られます。引数「separator」はこの区切り文字を指定する引数で、デフォルトでは半角スペースですが、他の文字列を指定すると、指定した文字列が使われます。引数「terminator」は文字列の最後に出力する文字列です。デフォルトでは改行文字になっているので、「print」関数を呼び出す度に改行されます。

本書でも多くのサンプルコードで使用しています。実際のプログラム開発時は実装中やデバッグ中に、活躍することが多い関数です。

▶「println」関数について

Swift 1.2までは、「println」という関数が「print」関数とは別に用意されていました。「println」関数の動作は、Swift 2.0の「print」関数のデフォルト動作と同じです。Swift 2.0以降では「println」関数は「print」関数に置き換えてください。

▶「print」関数以外のログ出力関数について

Swiftでコンソールエリアにログを出力する関数は、「print」関数だけではありません。「NSLog」関数や「CFShow」関数を使ってもコンソールに出力することができます。

```
public func NSLog(format: String, _ args: CVarArgType...)
```

```
public func CFShow(obj: AnyObject!)
```

「NSLog」関数はObjective-Cで使われているログの出力関数です。「print」関数とは違い、出力したときの日時なども出力されるので、デバッグには「print」関数よりも向いていると思います。「CFShow」関数は、Core Foundationのオブジェクトを出力するための関数です。

なお、「print」関数は標準出力に文字列を出力しています。「NSLog」関数と「CFShow」関数は標準エラーに文字列を出力しています。「freopen」関数を使い、標準出力や標準エラーの出力先を変更すると、「print」関数などの出力先も変更することができます。たとえば、次のコードは、標準出力と標準エラーの出力先を、デスクトップにファイルを作るように変更するという例です。

```
import Foundation

// 標準出力の出力先
var path1 = NSString(string: "~/Desktop/stdout.txt").stringByExpandingTildeInPath
```

```
// 標準エラーの出力先
var path2 = NSString(string: "~/Desktop/stderr.txt").stringByExpandingTildeInPath

// 標準出力と標準エラーの出力先を変更する
_ = freopen(path1, "w", stdout)
_ = freopen(path2, "w", stderr)

// 文字列を出力する
print("print function")
NSLog("NSLog function")
CFShow("CFShow function")
```

　このコードを実行すると、デスクトップに「stdout.txt」ファイルと「stderr.txt」ファイルが作られ、次のような内容が出力されます。

●「stdout.txt」ファイル

```
print function
```

●「stderr.txt」ファイル

```
2015-11-23 16:34:27.335 AutoreleasePool[4391:1112302] NSLog function
CFShow function
```

SECTION-005

デバッガについて

■ デバッガとは

　デバッガは開発したプログラムに不具合（バグ）があるときなどに、原因を調べるための機能です。Xcodeはデバッガを内蔵しています。デバッガを使うと、コードの指定した行でプログラムを一時停止して、そのときの変数の内容やメモリの状況を調べたり、1ステップずつコードを実行して、その変化を観察することができます。実行しようとするメソッドの中に潜って、メソッドのコードも1ステップずつ実行することなどもできます。

　デバッガは不具合の原因を自動的に見つけて修復するということはできませんが、このように1ステップずつ実行しながら、変数がどのように変わっていくかや、画面がどのように変化するか、プログラムがどのように振る舞うかを観察して、原因を追及することができる便利な機能です。

■ Xcodeでのデバッグ方法

　不具合を調べるために、デバッガやその他の不具合調査を手助けするツールを使って、不具合の原因を調べて、修復することを「デバッグ」と呼びます。Xcodeでデバッガを使ってデバッグするには、次のような操作を行います。

- ブレークポイントを設定してプログラムを一時停止させる
- デバッガの機能を使って変数やメモリの内容を調べる
- デバッガの機能を使ってコードを少しずつ実行する

▶ ブレークポイントの設定

　ブレークポイントはプログラムを一時停止する場所を指定する機能です。ブレークポイントが設定された行やメソッドを実行する直前で、プログラムを一時停止します。プログラムが一時停止すると、デバッガを使って変数の内容を確認したり、変更したりすることができるようになります。

　ブレークポイントを設定するには、次のように操作します。

❶ Xcodeでブレークポイントを設定したいコードを表示します。
❷ ブレークポイントを設定したい行の左側の領域をクリックします。ブレークポイントのアイコンが表示され、ブレークポイントが設定されます。

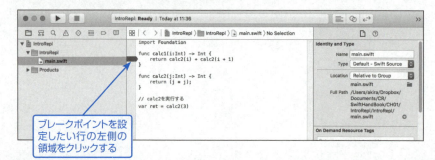

ブレークポイントは個別に一時的に無効にするということができます。ブレークポイントの有効・無効を切り替えるには、変更したいブレークポイントをクリックします。クリックするたびに、無効と有効が切り替わります。

　ブレークポイントを移動する場合は、ブレークポイントをドラッグして移動します。ブレークポイントを、ブレークポイントの表示エリア外までドラッグして離すと、ブレークポイントを削除することもできます。

▶ ステップ実行の制御

　このブレークポイントが設定された状態で、「Product」メニューから「Run」を選択してプログラムを実行すると、ブレークポイント設定した行を実行する直前でプログラムが一時停止します。一時停止しているときは、1ステップずつ実行することや、残りのコードを一気に実行するなどの制御を行うことができます。

　ステップ実行を制御するには、デバッグエリアに表示されたボタンを使用します。デバッグエリアは編集エリアの下側の部分に表示されます。Xcode上からプログラムを実行すると自動的に表示されます。次のいずれかの操作でデバッグエリアを開閉することもできます。自動的に表示されなかったときにも、この操作で表示することができます。

- デバッグエリアの左端の開閉ボタンをクリックする
- 「View」メニューから「Debug Area」→「Show Debug Area」もしくは「Hide Debug Area」を選択する

　デバッグエリアのボタンの役割は次の表の通りです。

ボタン	説明
開閉ボタン	デバッグエリアを開閉する
ブレークポイントの有効・無効ボタン	ブレークポイントの有効・無効を設定する。ブレークポイントは個別に一時的に無効にするということができるが、このボタンで設定されるのは、それを無視して全ブレークポイントの有効・無効の設定になる
コンティニューボタン	残りのコードを実行する
ステップオーバーボタン	コードを1ステップ実行する
ステップインボタン	実行しようとしているコードがメソッドや関数ならば、その中に入る。それ以外の場合はステップオーバーボタンと同様に、1ステップ実行する
ステップアウトボタン	実行しているメソッドや関数の残りのコードを実行する

SECTION-005 デバッガについて

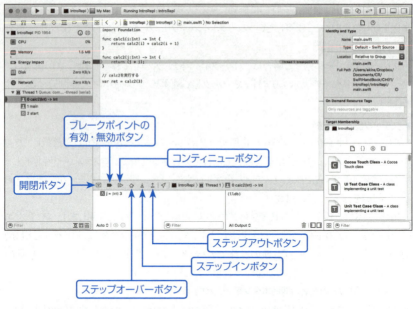

▶変数の確認

デバッガを使用すると変数に格納された値を確認することができます。値を確認するには、デバッグエリアの変数ビューを参照します。変数ビューには、現在使用可能な変数とリストアップされます。値も同時に表示されます。クラスや構造体などは、変数名の左側に表示されたディスクロージャーボタンを開くことで、メンバー変数の値を表示することができます。

■ SECTION-005 ■ デバッガについて

▶ コールスタックの確認

コールスタックは、実行中のメソッドや関数がどのような経路で呼ばれたのかを表示しています。デバッグナビゲータに表示されます。次の図は、「calc2」という関数の中にブレークポイントを設定し、一時停止させた例です。デバッグナビゲータに表示されたコールスタックでも、「start」→「main」→「calc2」という経路で、「calc2」関数が呼ばれていることがわかります。

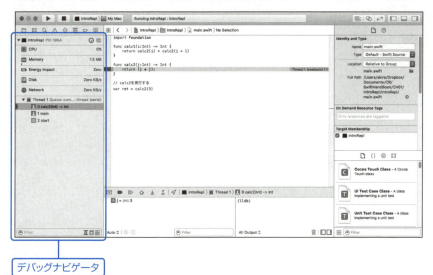

デバッグナビゲータ

CHAPTER 02

Swiftの基本的な構文

SECTION-006

リテラルについて

Swiftのリテラル

リテラルは、コードに直接、記述することができる値です。Swiftには、次のようなリテラルがあります。

- 数値
- ブーリアン
- 文字
- 文字列
- 配列
- ディクショナリ

▶ 数値

数値は、10進数、2進数、8進数、16進数が使用可能です。数値リテラルを書くときのプレフィックスで、何進数で書くかを指定することができます。

プレフィックス	説明
なし	10進数で記述する
0b	2進数で記述する
0o	8進数で記述する
0x	16進数で記述する

```
20          // 整数
-10         // 負の整数
0b0101      // 2進数で記述した5
-0o11       // 8進数で記述した-9
0xf4        // 16進数で記述した244
1.2345      // 浮動小数点数
```

Playgroundでこのコードを入力すると、サイドバーには次のように表示されます。

```
20
-10
5
-9
244
1.2345
```

数値は指数表記で書くこともできます。10の累乗を使って表記する場合は「e」を使用し、2の累乗を使って表記する場合は「p」を使用します。10の累乗は10進数に対して使用し、2の累乗は16進数に対して使用します。

```
1.234e4     // 1.234 * 10の4乗
```

```
0xFFp-2      // 255 * 2の-2乗
```

Playgroundでこのコードを入力すると、サイドバーには次のように表示されます。

```
12340
63.75
```

▶ブーリアン

ブーリアンは「真」と「偽」という2つの状態を表現する値です。ある条件が「成り立つ」「成り立たない」などといったときに使用します。ブーリアンは「Bool」という型を使用します。「真」と「偽」という2つの値は、次の表のような2つのキーワードを使って記述します。なお、「型」については、《**変数を定義する**》(p.60)を参照してください。

キーワード	説明
true	「真」を表す。条件式が成り立つことを意味する
false	「偽」を表す。条件式が成り立たないことを意味する

▶文字

文字は「Character」という型を使用します。Swiftでは、「"」で囲んで文字を記述します。SwiftはUnicodeで文字を処理します。日本語や絵文字も使用可能です。

```
let char1:Character = "a"     // アルファベットの小文字の「a」
let char2:Character = "あ"    // ひらがなの「あ」
```

Swiftでは文字も文字列も「"」を使って記述します。記述方法は同じでも「Character」型で宣言している場合には、文字なので、当然ながら複数の文字を記述することはできません。たとえば、次のように記述するとエラーになります。

```
let char3:Character = "ab"
```

▶文字列

文字列は「String」型を使用します。Swiftでは、「"」で囲んで文字列を記述します。文字列は文字の集合であり、Unicodeを使って処理しますので、日本語や絵文字も使用可能です。

```
let str1:String = "1234abc"    // 数字とアルファベットの文字列
let str2:String = "あいうえお"  // ひらがなの文字列
```

▶配列リテラル

配列リテラルを記述するには「[ ]」で要素を囲み、「,」で要素を区切って列挙します。また、配列型を宣言するには、「[ ]」で型を囲んで記述します。

```
// 「Int」型の配列
let array1:[Int] = [1, 2, 3, 4]

// 「String」型の配列
let array2:[String] = ["abc", "cde", "fgh"]
```

■ SECTION-006 ■ リテラルについて

▶ ディクショナリリテラル

ディクショナリリテラルを記述するには、「[ ]」で要素を囲み、「,」で要素を区切って記述します。各要素は、キーと値を「:」で区切って記述します。

```
// キーが「String」型、値が「Int」型のディクショナリ
let dic1:[String:Int] = ["first":1, "second":2]


// キーが「Int」型、値も「Int」型のディクショナリ
let dic2:[Int:Int] = [1:100, 2:10000]
```

▶ デバッグに便利なリテラル

通常の処理には使いませんが、デバッグ時や障害対応用のログ作成時に便利なリテラルも用意されています。次のようなものがあります。

リテラル	型	説明
__FILE__	String	ソースファイルのファイルパス
__LINE__	Int	現在の行番号
__COLUMN__	Int	現在の列番号(行の中で何文字目か)
__FUNCTION__	String	現在の関数名

```
// 関数を定義する
func debugLiterals() {
    // ソースファイルの名前を出力する
    print("__FILE__     = \(__FILE__)")

    // 行番号を出力する
    print("__LINE__     = \(__LINE__)")

    // 列番号を出力する
    print("__COLUMN__   = \(__COLUMN__)")

    // 関数名を出力する
    print("__FUNCTION__ = \(__FUNCTION__)")
}

// 関数を実行する
debugLiterals()
```

このコードを実行すると、次のように出力されます。

```
__FILE__     = /Volumes/Data/Documents/CR/SwiftHandBook/CH02/01_07_literal/literal/main.swift
__LINE__     = 7
__COLUMN__   = 29
__FUNCTION__ = debugLiterals()
```

関連項目 ▶ ▶ ▶

- 変数を定義する ··· p.60

SECTION-007

コメントについて

■ コメントの役割
　Swiftでも他のプログラミング言語と同様に、ソースコード中にコメントを書くことができます。コメントは、そのコードが何を行っているのかや、前提条件、使うときの注意点などを書くことで、後からコードを見たときに、そのコードが何を行っているのかということをわかるようにしておく役割があります。コードを見ただけでは、なぜそうするのかがわからないようなものもあります。そのようなときにも、設計上の理由や、なぜこのように記述しているのかなどを書いておくとよいでしょう。

　後からコードを見るのは自分だけとは限りません。他人が見ることもあります。オープンソースやSDKとして提供するソースファイルなどの場合には、大勢の目に触れることになります。このようなときにもわかりやすいコメントを書いておくことが重要になってきます。

■ コメントの記述方法
　Swiftでコメントを記述するには、2つの記述方法があります。1つは「//」を使う方法で、「//」を書いた以降は行末までがコメントとして扱われ、コンパイラは無視します。

　もう1つの記述方法は、「/*」と「*/」で囲むという方法です。「//」と異なり、行末でコメント終了とはならず、「*/」が現れるまで、複数行であってもコメントとして扱われます。

```
let a = 10          // これ以降はコメントして扱われる

/* コメント開始
ここもコメントです。
ここまでがコメントです。 */
```

■ コメントの入れ子
　Swiftではコメントを入れ子にすることができます。C言語では「/*」と「*/」で囲んだ範囲に「/*」が現れても、それは単純にコメントの一部として扱われ、コメントを開始する命令文とは解釈されません。しかし、Swiftでは、コメント中に書かれた「/*」もコメント開始として扱われ、ペアとなる「*/」はコメント終了となります。

```
/* ここからコメント開始です
/* ここから入れ子にします。
ペアが1つ終わります */
もう1つのペアが終わりです */
```

　上記のように記述すると、C言語やObjective-Cでは、最後の行はコメントとして扱われません。しかし、Swiftでは最後の行までコメントとして扱われます。

SECTION-008

変数を定義する

■ 変数について

　変数は数値や文字、クラスのインスタンスなど、値を入れておくことができる場所です。プログラムを実行中にはさまざまな状態が変化していきますが、それらも値として変数に格納します。変数に入れた値は、その変数を利用可能なところで取り出して使用します。また、変数の値をチェックすることで、プログラムの流れを変更するなどの条件分岐にも使用します。

■ Swiftでの変数の定義方法

　Swiftで変数を定義するには、「var」キーワードを使用し、次のような構文で記述します。

```
var 変数名 = 初期値
```

　たとえば、次のように書くと、変数「i」には「10」という整数が入り、変数「f」には「0.1」、変数「str」には「abcd」という文字列が格納されます。

```
// 初期値を「10」にして、変数「i」を定義する
var i = 10

// 初期値を「0.1」にして、変数「f」を定義する
var f = 0.1

// 初期値を「abcd」にして、変数「str」を定義する
var str = "abcd"
```

　Swiftでは、整数も浮動小数点数も文字列も、すべてオブジェクトになっています。オブジェクトには無効な状態を表す「nil」というものが用意されています。変数の値が「nil」ならば、その変数の値は無効な状態ということを意味します。しかし、上記のような形で定義した変数には「nil」を代入することができません。言い換えると、これらの変数は常に何かしらの有効な値を持つということになります。有効な値を持つので、変数を使おうとしたときに、「nil」ではないかというチェックが不要になります。「nil」を代入することができるのは、オプショナル変数だけです。オプショナル変数については62ページを参照してください。

▶ 複数の変数を一度に定義する

　複数の変数を定義するときに「,」で区切って、一度に定義することもできます。次のような構文で記述します。

```
var 変数名 = 初期値, 変数名=初期値, ...
```

　たとえば、変数「i」と「j」を定義し、初期値を「0」にするときは次のように記述します。

```
// 変数「i」と「j」を定義する
var i = 0, j = 0
```

▶変数への代入

変数は後から値を代入して、変数が持つ値を変更することができます。変数へ値を代入するには「=」演算子を使用し、次の構文で記述します。

```
変数名 = 代入する値
```

たとえば、次のコードは、変数「i」を初期値「0」で定義し、その後「10」を代入しています。

```
// 変数「i」を定義する
var i = 0

// 「10」を代入する
i = 10
```

また、別の項目で解説する関数の戻り値やインスタンスを確保するときなど、必ず値をどこかに代入する必要はあるが、その値は使わないというときには、特定の変数に代入する代わりに、次のように「_」に代入するというようなコードを書いて、値そのものは破棄するというこうともできます。

```
_ = someFunction()
```

▶型の宣言

変数は型を指定することができます。型というのは、整数や文字列など、その変数に格納される値の形です。変数は格納される値の形に対応するものを使う必要があります。たとえば、整数を入れている変数に、文字列を格納することはできません。Swiftでは、型が異なる変数に値を代入しようとするとエラーになります。

変数の型を指定するには、次のような構文で記述します。「:」の後ろのスペースは見やすくするために入れていますので、必須ではありません。

```
var 変数名: 型 = 初期値
```

ここまで、型を指定しないで変数を定義してきました。型を指定しない場合には、初期値から型が推論されて、その値を格納可能な型が暗黙的に選択されています。

次のコードは「UInt8」を型に指定しています。

```
// 構造体「UInt8」の変数を定義する。初期値は「0x80」を指定している
var u: UInt8 = 0x80
```

▶オプショナル変数

オプショナル変数は、値が「nil」になる可能性がある変数です。次のように、型名の後ろに「?」を付けて定義します。

```
var 変数名: 型? = 初期値
```

オプショナル変数の場合は初期値の定義を省略することもできます。省略した場合は「nil」が代入されます。たとえば、次のコードは「String」を型に指定したオプショナル変数を定義しています。

```
// オプショナル変数「firstName」を定義する。初期値は「Nana」。
var firstName: String? = "Nana"

// オプショナル変数「lastName」を定義する。初期値は省略
var lastName: String?

// 変数「firstName」に「nil」を代入する
firstName = nil
```

▶オプショナル変数のアンラップ

オプショナル変数を通常の変数に変換することをアンラップと呼びます。オプショナル変数をアンラップするには「!」演算子を使用します。次のようなコードを記述すると、アンラップされたことの確認ができます。

```
// 文字列のオプショナル変数を定義する
var optionalStr: String? = "ABCD"
print(optionalStr)

// 変数「optionalStr」をアンラップ
let normalStr: String = optionalStr!
print(normalStr)
```

このコードをビルドして実行すると、次のようにコンソールに出力されます。オプショナル変数はコンソールに出力したときに「Optional」というプレフィックスが付き、「()」で囲まれています。アンラップされた変数は、文字列のみが出力されます。

```
Optional("ABCD")
ABCD
```

▶オプショナル・チェイニング

強制アンラップではなく、オプショナル・チェイニング(Optional Chaining)という方法を使用すると、値が有効(「nil」以外の値)なら使用し、無効(値が「nil」)なら何もしないというコードを書くことができます。「!」を使った強制アンラップは、「nil」に対して実行するとクラッシュしてしまいますが、オプショナル・チェイニングはクラッシュせずに実行できます。ただし、次のサンプルコードのように、プロパティの値を取得すると、本来は通常の変数が返ってくるプロパティ

でも、オプショナル変数が返ってくることには注意してください。

オプショナル・チェイニングは、次のように「?」を使った構文で記述します。

オプショナル変数?

次のコードは、オプショナル変数「name1」と「name2」について、値が有効なら「capitalizedString」プロパティの値を取得するという例です。「capitalizedString」プロパティについては、《文字列の単語ごとの先頭を大文字にする》(p.322)を参照してください。

```
import Foundation

// オプショナル変数を定義する
var name1: String?
var name2: String?

// 変数「name1」に代入する
name1 = "the programming language swift"

// 変数が「nil」以外なら「capitalizedString」プロパティを取得する
var cap1 = name1?.capitalizedString
var cap2 = name2?.capitalizedString

// コンソールに値を出力する
print("cap1 : \(cap1)")
print("cap2 : \(cap2)")
```

このコードを実行すると、次のように出力されます。

```
cap1 : Optional("The Programming Language Swift")
cap2 : nil
```

▶ 値の型を取得する

値の型を取得するには、「dynamicType」を使用します。次のように記述すると値の型を取得できます。

値.dynamicType

取得した型を使用してタイプメソッドを実行することや、「sizeof」と組み合わせて、型の大きさを取得するなどができます。タイプメソッドについては《メソッドを定義する》(p.184)を参照してください。「sizeof」については、《型の大きさを取得する》(p.281)を参照してください。

代表的な型

代表的な型には次のようなものあります。Objective-Cなどではプリミティブな型(言語機能に組み込まれている基本的な型)ですが、Swiftでは構造体として定義されています。そのため、値は、その構造体のインスタンスになります。

■ SECTION-008 ■ 変数を定義する

型	説明
String	文字列
Bool	ブーリアン
Int	符号付き整数。32ビット環境では32ビットの符号付き整数、64ビット環境では64ビットの符号付き整数
Int8	8ビットの符号付き整数
Int16	16ビットの符号付き整数
Int32	32ビットの符号付き整数
Int64	64ビットの符号付き整数
UInt	符号なし整数。32ビット環境では32ビットの符号なし整数、64ビット環境では64ビットの符号なし整数
UInt8	8ビットの符号なし整数
UInt16	16ビットの符号なし整数
UInt32	32ビットの符号なし整数
UInt64	64ビットの符号なし整数
Float	32ビットの浮動小数点数
Double	64ビットの浮動小数点数

次のコードを実行すると、各型の最小値と最大値を表示することができます。各型の最小値は「min」プロパティに格納されており、最大値は「max」プロパティに格納されています。

```
import Foundation

print("Int   : " + Int.min.description + " , " + Int.max.description)
print("Int8  : " + Int8.min.description + " , " + Int8.max.description)
print("Int16: " + Int16.min.description + " , " + Int16.max.description)
print("Int32: " + Int32.min.description + " , " + Int32.max.description)
print("Int64: " + Int64.min.description + " , " + Int64.max.description)

print("UInt  : " + UInt.min.description + " , " + UInt.max.description)
print("UInt8 : " + UInt8.min.description + " , " + UInt8.max.description)
print("UInt16: " + UInt16.min.description + " , " + UInt16.max.description)
print("UInt32: " + UInt32.min.description + " , " + UInt32.max.description)
print("UInt64: " + UInt64.min.description + " , " + UInt64.max.description)
```

実行すると、次のように出力されます。

```
Int   : -9223372036854775808 , 9223372036854775807
Int8  : -128 , 127
Int16: -32768 , 32767
Int32: -2147483648 , 2147483647
Int64: -9223372036854775808 , 9223372036854775807
UInt  : 0 , 18446744073709551615
UInt8 : 0 , 255
UInt16: 0 , 65535
UInt32: 0 , 4294967295
UInt64: 0 , 18446744073709551615
```

COLUMN 値渡しと参照渡し

「=」演算子で変数に値を代入するとき、代入の行われ方には2つの種類があります。「値渡し」と「参照渡し」です。値渡しは、代入する値そのものがコピーされて代入されます。参照渡しでは、オブジェクトの実体（インスタンス）への参照が代入され、オブジェクトの実体そのものはコピーされません。

これら2つの使い分けは、Swiftの中で決められたルールに従って行われています。クラスのインスタンスを代入するときは参照渡しになり、それ以外のときは値渡しになっています。クラスや構造体についてはCHAPTER 03を参照してください。

COLUMN ビット長が固定された型の使い分け

Swiftには、整数を表す型だけでも、次のような数種類があります。

- Int
- Int8
- Int16
- Int32
- Int64
- UInt
- UInt8
- UInt16
- UInt32
- UInt64

これらの型は符号付き整数と符号なし整数の2つに分類することができますが、別の見方をすると、ビット長が固定された型と、アーキテクチャによってビット長が変わる型に分かれます。「Int」と「UInt」はビット長がアーキテクチャによって32ビットと64ビットのいずれかに変わります。Swiftの標準ライブラリなどではビット長が変わる方が使われています。これは、アーキテクチャによって効率が良い方が使われるようにするためです。

一方でハードウェアとの通信処理を書いているときや画像処理、暗号化アルゴリズム、ファイルの長さやオフセット位置など、アーキテクチャによって変わってしまっては問題があるときには、ビット長が固定されているものを使用します。

このように、何を実装するのかによって、ビット長が固定されている型を使うか、ビット長が変わる型を使うか使い分けるとよいでしょう。

関連項目 ▶▶▶

- リテラルについて …………………………………………………………… p.56
- 定数を定義する …………………………………………………………… p.66
- 構造体やクラスを定義する …………………………………………………… p.156

SECTION-009

定数を定義する

定数について

　定数は値を変更できない変数です。プログラム中では特定の値を常に使うということがあります。それらを定数として定義します。もちろん、定数として定義せず、使う場所で直接、数値や文字列を書くこともできます。しかし、値を変更しなければいけなくなったときに、直接、数値などを書いていると、すべての場所を変更する必要があります。また、数値や文字列のみが書かれていると、それが何なのかということがわかりにくくなります。

　定数として定義するということは、値に名前を付けるようなものです。その値を使うときは、値を直接、記述するのではなく、定数を使用することで、定数の名前から値の意味がわかり、コードも見やすくなります（これには、もちろん、わかりやすい名前を付けるということも重要です）。変更するときも、定数の定義を変更するだけで、使っているところもすべて新しい値になります。

Swiftでの定数の定義方法

　Swiftで定数を定義するには、「let」キーワードを使用し、次のような構文で記述します。

```
let 定数名 = 値
```

　たとえば、次のコードは「kDefaultName」という定数を定義し、「Untitled」という文字列を代入しています。

```
let kDefaultName = "Untitled"
```

　定数を使うときは、変数などと同じようにリテラルの代わりに定数を記述します。次のコードは、2つの定数を定義して、コンソールに出力するという例です。

```
// 定数「kFirstName」を定義する
let kFirstName = "Akira"

// 定数「kLastName」を定義する
let kLastName = "Hayashi"

// コンソールに定数を出力する
print(kFirstName + " " + kLastName)
```

　このコードをコマンドラインツールとしてビルドして実行するとコンソールに次のように出力されます。

```
Akira Hayashi
```

■ SECTION-009 ■ 定数を定義する

▶ 複数の定数を一度に定義する

複数の定数を一度に定義するには「,」で区切って記述します。次のような構文で記述します。

```
let 定数名 = 値, 定数名 = 値, ...
```

たとえば、次のコードは「kMinValue」と「kMaxValue」という定数を定義しています。

```
let kMinValue = 10, kMaxValue = 100
```

もちろん、「let」文を複数書いて定義するのでも問題ありません。個人的には、複数の「let」文を書く方がわかりやすいと思います。また、関連する複数の定数を定義するときには、「enum」を使って列挙を定義する方が適切な場合もあります。列挙については《列挙を定義する》(p.144)を参照してください。

▶ 型の宣言

定数は型を指定することができます。変数と同様に型を省略している場合は、格納される値に対応して適切な型推論されて選択されます。次のような構文で記述します。

```
let 定数名:型 = 値
```

たとえば、次のコードは型に「UInt8」を指定して2つの定数を定義しています。

```
// 定数「kMaxLevel」を定義する
let kMaxLevel:UInt8 = 100

// 定数「kMinLevel」を定義する
let kMinLevel:UInt8 = 20
```

代表的な型については63ページを参照してください。また、型を定義した定数は値を後から代入することができます。定数を定義するときには値を設定せず、後から計算した値を設定するなど、変更不可能でありながら、プログラム中で動的に値を設定するという使い方ができます。ただし、値を代入可能なのは一度だけです。定数を定義するのと同時に値を設定している場合には、代入できません。また、値を設定した直後に別の値に差し替えるというようなこともできないので、代入する最終的な数値が決定するまでは代入しないようにしてください。

```
// 定数「kMaxLevel」を定義する
let kMaxLevel: UInt8

// 定数「kMaxLevel」の値を代入する
kMaxLevel = 0xFF
```

■ SECTION-009 ■ 定数を定義する

COLUMN	命名規則について

　コード中で定数だということがすぐにわかるようにするために、名前の付け方を工夫するという方法があります。よく使われる方法には次のような方法があります。

1. 小文字の「k」で始め、単語区切りごとに大文字を使用する（「kMyValue」など。「Core Foundation」などで使われている）
2. 大文字で記述し、単語区切りに「_」を使用する（「MY_VALUE」など）
3. 先頭にプロジェクト単位のプレイフィックスを付けて、単語区切りに大文字を使用する（「NSOrderedSame」など）

　Swiftの場合には、暗黙的なネームスペース（名前空間）があるので、3の方法で先頭にプレフィックスを付けないという方法も多く見られます。

　このような名前の付け方に関するルールを命名規則と言います。命名規則は定数だけではなく、変数名やクラス名、構造体名などもあります。どのような命名規則を使うかは、プロジェクトやチーム、組織など、それぞれの開発スタイルによって決めてよいと思います。著者個人は、1と3を併用することが多いです。1つのソースファイル内専用の定数は、ソースファイル内で定義して、1の方法で名前を付けます。プロジェクト全体で使うものや、公開インターフェイス（広く公開するという意味ではなく、他のモジュールも参照するという意味です）では、3の方法で記述します。

　また、本書の執筆時点ではSwiftは2.1が最新版ですが、すでにSwift 3.0に向けた開発が始まっています。Swift 3.0に向けて「API Design Guidelines」が公開されました。この中で、Swift 3.0での命名規則についても公開されています。どのような命名規則が標準ライブラリなどには適用されているのか、参考になるでしょう。

- Swift.org - API Design Guidelines
  - URL　https://swift.org/documentation/api-design-guidelines.html

関連項目 ▶▶▶	
● リテラルについて	p.56
● 変数を定義する	p.60
● 列挙を定義する	p.144

SECTION-010

文字列リテラル内で変数・定数を使う

文字列リテラル内で変数・定数を使うには

　Swiftは、変数や定数を文字列リテラルの中に入れて、1つの文字列を作るということが簡単にできるようになっています。次のような構文で記述します。

```
"文字列\(変数・定数)"
```

　文字列リテラル内で上記のように「\(変数・定数)」と記述すると、文字列に変換されます。たとえば、次のようなコードを記述します。

```swift
// 定数を定義する
let firstMonth = 1
let lastMonth = 12

// 変数を定義する
var month = 5

// 文字列を作る
var str = "Month (\(firstMonth) - \(lastMonth)) = \(month)"
```

　Playgroundで、このコードを入力するとサイドバーの変数「str」の行には次のように表示されます。

```
"Month (1 - 12) = 5"
```

　なお、「\()」を使った文字列化は定数や変数に限定されません。「()」には任意の式やコードを書くことができ、その評価結果が文字列化されます。

関連項目 ▶ ▶ ▶
- リテラルについて ……………………………………………………………………… p.56
- 変数を定義する ………………………………………………………………………… p.60
- 定数を定義する ………………………………………………………………………… p.66

SECTION-011

演算子について

Swiftでの演算子について

　Swiftにはさまざまな演算子が用意されています。Objective-Cよりも安全性を考慮したために、いくつかObjective-Cとは挙動が異なるものがあります。Swift独自の演算子も導入されています。

　演算子には優先順位が決まっています。数学では乗算は加算や減算よりも先に処理されます。Swiftでも同様です。その他にも優先順位が決まっていますが、著者の個人的な意見では、優先させたい部分は演算子の優先順位を考えるよりも「()」で囲んで明示的に優先させることを書いた方がトラブルが少ないと思います。また、後からコードを見たときでもわかりやすいと思います。

算術演算子について

　算術演算子は一般的な記法で記述します。Swiftでは次のような算術演算子が用意されています。

演算子	説明
*	乗算
/	除算
+	加算
-	減算
%	余りを計算

```
let a = 10 + 3 * 4 - 2      // 20と計算され、定数「a」に代入される
let b = a % 3 * (a + 2)     // 「a + 2」が先に計算される。計算の結果44となり、定数「b」に代入される
let c = 0.1 * 0.2 * 10      // 浮動小数点数の演算も整数と同じ
```

▶「+」演算子を使った文字列の結合

　算術演算子の「+」は、数値の足し算だけではなく、文字列の結合を行うこともできます。

```
let firstName = "Akira"
let lastName = "Hayashi"

let message = "My Name is " + firstName + " " + lastName + "."
```

　このコードをPlaygroundで入力すると、サイドバーの定数「message」の行には次のように表示され、文字列が結合されたことがわかります。

```
"My Name is Akira Hayashi."
```

インクリメント・デクリメントについて

インクリメントは、変数の値を1増やし、デクリメントは変数の値を1減らす演算子です。インクリメントは「++」と記述し、デクリメントは「--」と記述します。

```
// 変数を定義する
var i = 10

// インクリメントする
++i

// デクリメントする
--i
```

このコードをPlaygroundで入力すると、次のように値が変化することが確認できます。

```
10
11
10
```

▶前置と後置

インクリメントとデクリメントには、前置と後置の2種類があります。名前の通り、変数の前に記述する場合が前置で、「前置インクリメント」や「前置デクリメント」などと呼びます。後置は、その逆で、変数の後に記述します。「後置インクリメント」や「後置デクリメント」などと呼びます。この2つの違いは値を評価するタイミングにあります。たとえば、次のようなコードを記述し、コンソールプログラムとして実行すると違いが確認できます。

```
// 変数「i」に値を定義する
var i = 10

// 前置インクリメントを実行し、変数「j」に代入する
var j = ++i

// 変数「i」と変数「j」の値を出力する
print("i=\(i), j=\(j)")

// 変数を戻す
i = 10

// 後置インクリメントを実行し、変数「k」に代入する
var k = i++

// 変数「i」と変数「k」の値を出力する
print("i=\(i), k=\(k)")
```

実行すると、次のように表示され、変数「j」と変数「k」に格納されている値が異なります。これは、前置の場合は変数「j」への代入はインクリメントが実行後に行われますが、後置の場

■ SECTION-011 ■ 演算子について

合は変数「k」への代入はインクリメントの実行前に行われるからです。言い換えると、変数の値が評価・参照されるタイミングがそれぞれ、後か先かというタイミングの違いになっています。また、どちらもインクリメントは実行されるので、その次のステップで変数「i」の値を参照すると、値が1増えていることも確認できます。

```
i=11, j=11
i=11, k=10
```

論理演算子と関係演算子について

論理演算子は、演算子の右辺と左辺の値について、AND、OR、NOTを求める演算子です。関係演算子は、演算子の右辺と左辺を比較して、その結果を「真」(true)、「偽」(false)で返す演算子です。

演算子	説明
==	左辺と右辺が等しいときに「真」。文字列や配列、ディクショナリなどでは内容まで比較する
!=	左辺と右辺が異なるときに「真」。文字列や配列、ディクショナリなどでは内容まで比較する
<	左辺が右辺未満のときに「真」
<=	左辺が右辺以下のときに「真」
>	左辺が右辺超過のときに「真」
>=	左辺が右辺以上のときに「真」
===	左辺と右辺が等しいときに「真」。この演算子は「AnyObject」プロトコルに対応しているクラスのインスタンスで参照が等しいかどうかを評価する。参照先の内容は評価しない
!==	左辺と右辺が異なるときに「真」。この演算子は「AnyObject」プロトコルに対応しているクラスのインスタンスで参照が異なるかどうかを評価する。参照先の内容は評価しない
&&	左辺と右辺のANDを求める。左辺と右辺がどちらも「真」ならば「真」
||	左辺と右辺のORを求める。左辺と右辺のどちらか片方、もしくは、両方が「真」ならば「真」
!	右辺のNOTを求める。右辺が「真」ならば「偽」、「偽」ならば「真」

▶「isEqual:」メソッドについて

Swiftでは等しいことを評価する演算子で「==」演算子と「===」演算子という2つの演算子があります。同様に異なることを評価する演算子についても「!=」演算子と「!==」演算子という2つの演算子があります。この違いは、内容を評価するかどうかですが、Objective-Cのクラスとして実装すると動作の違いがわかりやすいです。Objective-Cで書かれた「MyObject」というクラスがあり、このコードが次のようになっていたとします。

SAMPLE CODE　「MyObject.h」(Objective-Cのコード)

```
#import <Foundation/Foundation.h>

@interface MyObject : NSObject
@property (assign) NSInteger intValue;
@end
```

■ SECTION-011 ■ 演算子について

SAMPLE CODE 「MyObject.m」(Objective-Cのコード)

```objc
#import "MyObject.h"

@implementation MyObject
@synthesize intValue;

// インスタンスの比較を行うメソッド
// ここでは、プロパティ「intValue」の値が等しいインスタンスを
// 等しいインスタンスとする
- (BOOL)isEqual:(id)object
{
    NSLog(@"-[MyObject isEqual:] called");
    return (self.intValue == ((MyObject *)object).intValue);
}

@end
```

SAMPLE CODE 「Operator-Bridging-Header.h」(ブリッジヘッダファイル)

```objc
#import "MyObject.h"
```

そして、これを使用するSwiftのコードが次のようになっていたとします。

SAMPLE CODE 「main.swift」(Swiftのコード)

```swift
import Foundation

// 「MyObject」クラスのインスタンスを2つ作る
var obj1 = MyObject()
var obj2 = MyObject()

// 両方のインスタンスのプロパティ「intValue」に同じ値を設定する
obj1.intValue = 10
obj2.intValue = 10

// 「==」演算子で比較する
print("With '==' operator")
print(obj1 == obj2)

// 「===」演算子で比較する
print("With '===' operator")
print(obj1 === obj2)
```

このコードを実行すると、次のように表示され、変数「obj1」と変数「obj2」は内容は同じですが、別のインスタンスなので、「===」演算子での比較結果は「false」になります。内容は同じなので「==」演算子での比較結果は「true」になります。

「==」演算子での比較は内容の比較なので、「isEqual:」メソッドが呼ばれています。しかし「===」演算子での比較は参照の比較なので「isEqual:」メソッドが呼ばれていません。

■ SECTION-011 ■ 演算子について

```
With '==' operator
2015-10-04 09:27:56.870 Operator[1191:67902] -[MyObject isEqual:] called
true
With '===' operator
false
```

ビット演算子について

ビット演算子はビット単位で演算を行うための演算子です。次のようなものがあります。

演算子	説明
<<	左にビットシフトさせる
>>	右にビットシフトさせる
&	左辺と右辺のAND(論理積)を計算する
|	左辺と右辺のOR(論理和)を計算する
^	左辺と右辺のXOR(排他的論理和)を計算する
~	右辺のNOT(否定)を計算する

```
// 「Foundation」フレームワークを使用する
import Foundation

let x = 0b0110
let y = 0b0010
var z = 0
var str: String?


// 左ビットシフトを行う
z = x << 1
str = String(format: "0x%02X << 1 = 0x%02X", x, z)
print(str!)


// 右ビットシフトを行う
z = x >> 1
str = String(format: "0x%02X >> 1 = 0x%02X", x, z)
print(str!)


// ANDを計算する
z = x & y
str = String(format: "0x%02X & 0x%02X = 0x%02X", x, y, z)
print(str!)


// ORを計算する
z = x | y
str = String(format: "0x%02X | 0x%02X = 0x%02X", x, y, z)
print(str!)
```

```
// XORを計算する
z = x ^ y
str = String(format: "0x%02X ^ 0x%02X = 0x%02X", x, y, z)
print(str!)


// NOTを計算する
z = ~x
str = String(format: "~0x%02X = 0x%02X", x, z)
print(str!)
```

このコードをビルドして実行すると、次のようにコンソールに出力されます。

```
0x06 << 1 = 0x0C
0x06 >> 1 = 0x03
0x06 & 0x02 = 0x02
0x06 | 0x02 = 0x06
0x06 ^ 0x02 = 0x04
~0x06 = 0xFFFFFFF9
```

省略演算子について

演算子には、省略形式で記述することができる演算子があります。たとえば、「a += 1」は、「a = a + 1」の省略形式です。このような省略形式で記述することができる演算子には、次のようなものがあります。

省略した形式	省略前の形式
x += y	x = x + y
x -= y	x = x - y
x *= y	x = x * y
x /= y	x = x / y
x %= y	x = x % y
x <<= y	x = x << y
x >>= y	x = x >> y
x &= y	x = x & y
x |= y	x = x | y
x ^= y	x = x ^ y

アンダーフロー・オーバーフロー演算子について

Swiftでは、オーバーフローとアンダーフローはエラーになります。アンダーフローやオーバーフローを意図して書いているコードで、Objective-CやC言語のようにエラーにならずに実行させたいときには、アンダーフロー演算子やオーバーフロー演算子を使用します。アンダーフロー演算子やオーバーフロー演算子は、次のように「&」を演算子に付けた形です。

演算子	説明
&*	乗算
&+	加算
&%	余りを計算

■ SECTION-011 ■ 演算子について

　古い仕様では、「%/」や「%%」もありましたが、本書の執筆時点での最新版では仕様から削除されました。

```
// 定数、変数を定義する
let maxValue: Int = Int.max
let minValue: Int = Int.min
var res: Int = 0

// 乗算
res = maxValue &* maxValue
print("maxValue &* minValue = \(res)")

// 加算
res = maxValue &+ 1
print("maxValue &+ 1 = \(res)")
```

　このコードをビルドして実行すると、次のように表示されます。また、各オーバーフロー演算子・アンダーフロー演算子を通常の演算子にすると、エラーとなり、プログラムがクラッシュすることも確認できます。

```
maxValue &* minValue = 1
maxValue &+ 1 = -9223372036854775808
```

三項演算子

　三項演算子は、次のような構文で記述する演算子です。

```
条件式 ? 成り立つときの値 : 成り立たないときの値
```

　「if」を使った条件分岐で、条件式を判断して、値を変更するというのが通常ですが、「変数が1なら10にして、0なら-10」というような、1行で書けてしまうような単純なケースでは、「if」を使うよりもわかりやすいコードになることがあります。このようなときに使用します。

　「if」を使った条件分岐については《「if」を使って条件分岐する》(p.81)を参照してください。

「??」演算子

　三項演算子に少し似ている演算子で「??」演算子があります。「nil coalescing」演算子と呼びます。「??」演算子は、左辺値が「nil」以外ならば左辺値を使い、「nil」ならば右辺値を使うという演算子です。次のような構文で記述します。

```
左辺値 ?? 右辺値
```

```
import UIKit

var str: String?
var str2 = "Second"
```

```
var result = str ?? str2
```

このコードをPlaygroundで実行すると、変数「str」は「nil」のため、変数「str2」の値が使われ、変数「result」には変数「str2」の値が代入されます。結果表示エリアには次の値が出力されます。

```
Second
```

「&」を使ったポインタ参照について

SwiftでもObjective-CやC言語などと同様にポインタを使うことができます。Swiftでポインタを取得するには「&」演算子を使用します。また、ポインタを格納する型は、「UnsafePointer<T>」および「UnsafeMutablePointer<T>」を使用します。「UnsafePointer」および「UnsafeMutablePointer」はジェネリックを使った構造体になっています。ジェネリックを使った構造体については《ジェネリックを使った構造体を定義する》(p.232)を参照してください。

```
import Foundation

// 読み込み専用のポインタを引数にした関数
func printPointer(pointer: UnsafePointer<Void>) {
    print("Readonly Pointer: \(pointer)")
}

// 読み書き可能なポインタを引数にした関数
func printMutablePointer(pointer: UnsafeMutablePointer<Void>) {
    print("ReadWrite Pointer: \(pointer)")
}

var intValue: UInt32 = 10

// 「intValue」へのポインタを読み込み専用のポインタとして取得する
printPointer(&intValue)

// 「intValue」へのポインタを読み書き可能なポインタとして取得する
printMutablePointer(&intValue)
```

このコードを実行すると、次のように出力されます。変数の格納されているアドレスは同じなので、同じ値が取得されますが、「UnsafePointer」と「UnsafeMutablePointer」を使い分けることで、変更可能かどうかを明示しています。

```
Readonly Pointer: 0x00000001002cf1c0
ReadWrite Pointer: 0x00000001002cf1c0
```

■ SECTION-011 ■ 演算子について

　「UnsafePointer」と「UnsafeMutablePointer」の関係は、C言語やC++流で書くと次のようになります。

言語	対応	
Swift	UnsafePointer<Void>	UnsafeMutablePointer<Void>
C/C++	const void*	void*

▶配列のポインタを取得するには

　読み込み専用のポインタを引数にしたメソッドに、配列を渡すと、メソッドには配列のポインタが渡されます。他の構造体と同様に「&」演算子でポインタを渡しても同様です。読み書き可能なポインタとして渡したい場合は、「&」演算子を使用する必要があります。

```
import Foundation

// 読み込み専用のポインタを引数にした関数
func printPointer(pointer: UnsafePointer<UInt8>, len: Int) {
    print("Readonly Pointer: \(pointer)")
    var str = "　"
    for i in 0 ..< len {
        str += String(format: "%02X ", pointer[i])
    }
    print(str)
}

// 読み書き可能なポインタを引数にした関数
func printMutablePointer(pointer: UnsafeMutablePointer<UInt8>, len: Int) {
    print("ReadWrite Pointer: \(pointer)")
    var str = "　"
    for i in 0 ..< len {
        str += String(format: "%02X ", pointer[i])
    }
    print(str)
}

// ポインタを取得する配列を定義する
var array: [UInt8] = [1, 2, 3, 4]

// 読み込み専用のポインタを取得して、関数を呼び出す
printPointer(array, len: 4)
printPointer(&array, len: 4)

// 読み書き可能なポインタを取得して、関数を呼び出す
printMutablePointer(&array, len: 4)
```

　このコードを実行すると、次のように出力されます。

```
Readonly Pointer: 0x0000000100706710
   01 02 03 04
Readonly Pointer: 0x0000000100706710
   01 02 03 04
ReadWrite Pointer: 0x0000000100706710
   01 02 03 04
```

▶ ポインタのキャストを行うには

ポインタのキャストを行うには「unsafeBitCast」関数を使用します。「unsafeBitCast」関数は、クラスの継承関係などを考慮せずに、強制的に別の型として扱うメソッドです。

```
func unsafeBitCast<T, U>(x: T, _: U.Type) -> U
```

「UnsafeBitCast」関数は引数「x」に指定したオブジェクトを、2番目の引数に指定したオブジェクトの型に変換します。

次のコードは、「Void」へのポインタを「UInt8」へのポインタや、「UInt16」へのポインタ、「UInt32」へのポインタに変換しているコードです。

```
import Foundation

func printPointer(pointer: UnsafePointer<Void>, len: Int) {
    // 「UInt8」のポインタに変換する
    let p = unsafeBitCast(pointer, UnsafePointer<UInt8>.self)
    
    // コンソールに出力する
    var str = ""
    for i in 0 ..< len {
        str += String(format: "0x%02X ", p[i])
    }
    
    print(str)
    
    // 「UInt16」へのポインタに変換する
    let p2 = unsafeBitCast(pointer, UnsafePointer<UInt16>.self)
    
    // コンソールに出力する
    str = ""
    for i in 0 ..< (len / sizeof(UInt16)) {
        str += String(format: "0x%04X ", p2[i])
    }
    
    print(str)
    
    // 「UInt32」へのポインタに変換する
    let p3 = unsafeBitCast(pointer, UnsafePointer<UInt32>.self)
```

■ SECTION-011 ■ 演算子について

```
    // コンソールに出力する
    str = ""
    for i in 0 ..< (len / sizeof(UInt32)) {
        str += String(format: "0x%08X ", p3[i])
    }
    
    print(str)
}

// ポインタを取得する配列を定義する
var array: [UInt16] = [0x1234, 0x5678, 0x9ABC, 0xDEF0]

// 「Void」へのポインタを取得して、関数を実行する
printPointer(array, len: array.count * sizeof(UInt16))
```

このコードを実行すると、次のように出力されます。

```
0x34 0x12 0x78 0x56 0xBC 0x9A 0xF0 0xDE
0x1234 0x5678 0x9ABC 0xDEF0
0x56781234 0xDEF09ABC
```

COLUMN 「@NSCopying」について

　Objective-Cでは、プロパティへのインスタンスの格納方法で、「copy」という属性を指定することができます。この属性を指定されたプロパティは、参照渡しでインスタンスが格納されるのではなく、「copy」メソッドを使って複製したインスタンスが格納されます。Swiftでは、「@NSCopying」という属性を付けることで、同じ動作をするプロパティを定義できます。

```
@NSCopying public var プロパティ名: プロパティの型
```

　この属性が付けられたプロパティは、「NSCopying」プロトコルを実装する必要があります。

SECTION-012

「if」を使って条件分岐する

■ 条件分岐とは

　条件分岐は、プログラム内で特定の条件のときは、この処理、別の条件の時は、こっちの処理を実行するなどのように、条件によってプログラムの動作を変更するという命令です。もし、条件分岐が存在しなかったら、プログラムは常に同じ動作をするだけのものになってしまいます。

　Swiftには、「if」を使った条件分岐と「switch」を使った条件分岐があります。また、Swift 2.0からは必須条件を明示して確認するために「guard」も加わりました。

■ 「if」について

　「if」は、「もし、この条件なら」ということを意味する条件分岐です。次のような構文で記述します。

```
if 条件式1
{
    条件式1が成り立つときの処理
}
else
{
    条件式1が成り立たないときの処理
}
```

　Objective-CやC言語では、条件が成り立つときの処理が1ステップのときは「{}」を省略することができますが、Swiftでは省略することはできません。

　条件式が成り立たないときの処理は「else」を使って記述します。特に指定するものがないときには、「else」以下は省略することもできます。

```
let x = 101
var str:String?

if x % 2 != 0
{
    str = "x is an odd number"
}
else
{
    str = "x is an even number"
}
```

　このコードをPlaygroundで入力すると、サイドバーに次のように表示されます。

```
"x is an odd number"
```

■ SECTION-012 ■ 「if」を使って条件分岐する

▶ 複数の条件分岐を行うには

複数の「if」を使って、複数の条件分岐を記述することもできます。

```
if 条件式1
{
    条件式1が成り立つときの処理
}
else if 条件式2
{
    条件式2が成り立つときの処理
}
else if 条件式3
{
    条件式3が成り立つときの処理
}
else
{
    いずれの条件式も成り立たないときの処理
}
```

```
// 関数を定義する
func foo(i: Int) -> String
{
    if i > 0
    {
        // 変数「i」が0よりも大きい
        return "Plus"
    }
    else if i < 0
    {
        // 変数「i」が0よりも小さい
        return "Minus"
    }
    else
    {
        // その他(変数「i」は0)
        return "Zero"
    }
}

// 引数を変えながら関数を呼び出す
foo(-5)
foo(10)
foo(5 - 5)
```

このコードをPlaygroundで入力すると、サイドバーに次のように表示されます。サンプルコードの中で関数を定義しています。関数については《関数を定義する》(p.117)を参照してください。

```
"Minus"
"Plus"
"Zero"
```

定数の定義と組み合わせる

　Swiftでは、オプショナル変数に有効なオブジェクトが格納されているかどうかをチェックして処理を行う方法として、「if」と定数の定義を組み合わせる方法と、「guard」を使う方法があります。ここでは「if」を使う方法について解説します。「guard」を使う方法については《「guard」を使って必須条件をチェックする》(p.96)を参照してください。

　「if」を使う方法は、Swift 2.0未満でも使用可能な方法です。次のような構文で記述します。

```
if let 定数 = オプショナル変数 {
    実行する処理
}
```

　このようにして定義された定数は、「‖」の中でのみ有効な定数となります。また、オプショナル変数のアンラップが行われるので、もし、オプショナル変数が「nil」のときは、条件が成り立たないと判断され、処理は実行されません。アンラップと同時に「nil」チェックも行われるという構文です。これにより、「‖」の中ではオプショナル変数に代入された値を使用するときに、有効な値が格納されていることが保証されます。

```
var x: Int?
var y: Int? = 10

if let i = x {
    print("x = \(i)")
}

if let i = y {
    print("y = \(i)")
}
```

　このコードをビルドして実行すると、次のように表示され、変数「x」は「nil」なので処理が実行されませんが、変数「y」は「10」が入っているので実行されることが確認できます。

```
y = 10
```

関連項目 ▶▶▶

- 変数を定義する ……………………………………………………………… p.60
- 定数を定義する ……………………………………………………………… p.66
- 「switch」を使って条件分岐する …………………………………………… p.84
- 「guard」を使って必須条件をチェックする ………………………………… p.96
- 関数を定義する ……………………………………………………………… p.117

SECTION-013

「switch」を使って条件分岐する

「switch」について

　「switch」も条件分岐を行うための命令の1つです。「switch」は指定した変数や式の値を列挙して、その各値のときの処理を指定するという条件分岐です。「if」を使った条件分岐でも複数の値に対する、複数の条件分岐を記述することができますが、「switch」を使った方がシンプルに記述できます。

　「switch」を使った条件分岐は、次のような構文で記述します。

```
switch 判定する値や式 {
case 値1:
    値1のときの処理
case 値2:
    値2のときの処理
case 値3:
    値3のときの処理
default:
    その他の値のときの処理
}
```

```
// 関数を定義する
func printNum(i:Int) {
    // 変数「i」によって分岐する
    switch i {
    case 1:
        // 1のときは「First」と出力する
        print("First")

    case 2:
        // 2のときは「Second」と出力する
        print("Second")

    case 3:
        // 3のときは「Third」と出力する
        print("Third")

    default:
        // その他のとき
        print("Other")
    }
}
```

```
// 上で定義した関数を引数を変えながら出力する
printNum(1)
printNum(2)
printNum(3)
printNum(4)
```

このコードをビルドして実行すると、コンソールに次のように出力されます。サンプルコードの中で関数を定義しています。関数については《関数を定義する》(p.117)を参照してください。

```
First
Second
Third
Other
```

▶「case」について

分岐する値ごとに「case」を記述します。「switch」に指定した変数の値や式の結果が、「case」で指定した値のときに、その「case」の処理が実行されます。例では整数を使っていますが、文字列を使うこともできます。

▶「default」について

「default」は、指定した「case」のいずれにも当てはまらないときに実行する処理です。Objective-CやC言語では省略することができますが、Swiftでは省略することができません。「switch」を使った条件分岐では、取り得る値すべてについて、その処理を網羅する必要があります。そのため、「case」で指定していない値についても、実行する処理を指定する必要があり、「default」を記述します。「enum」で定義した列挙値のときには、取り得る値を「case」で網羅できることがあります。この場合には「default」は必要ありません。

また、「default」で行う処理が何もないときには「break」を書きます。Swiftでは何も書かれていない「case」はエラーになります。同様に「default」も何も書かれていないときはエラーになってしまいますので、「break」を書いて、「switch」を終了するということだけを書きます。

複数の値にヒットする「case」について

複数の値で同じ処理を実行したいときには、「case」の後ろに値を列挙することで、複数の値にヒットする「case」を作ることができます。各値は「,」で区切ります。

```
// 関数を定義する
func printStr(season: String) {
    // 引数「season」によって分岐する
    switch season {
    case "spring", "summer":
        // 「spring」「summer」のいずれかのとき
        print("The First Half Of The Year")
        
    case "fall", "winter":
```

■ SECTION-013 ■ 「switch」を使って条件分岐する

```
        // 「fall」「winter」のいずれかのとき
        print("The Latter Half Of The Year")

    default:
        // その他のとき
        print("Unknown")
    }
}

// 引数を変えながら関数を呼び出す
printStr("spring")
printStr("summer")
printStr("fall")
printStr("winter")
```

このコードをビルドして実行すると、次のように出力されます。

```
The First Half Of The Year
The First Half Of The Year
The Latter Half Of The Year
The Latter Half Of The Year
```

▶ C言語やObjective-Cとの違い

　C言語やObjective-Cでは、「break」が現れるまで、次の「case」が現れても、そのまま処理が続行されました。Swiftでは、「break」を使わずに、「case」が「break」も兼ねているようになりました。つまり、次の「case」が現れると、そこで前の処理は終了となります。そのため、複数の値にヒットさせる「case」として「,」で区切る構文が入っています。

　C言語やObjective-Cでは、次のように書いて、値によって特別な処理を行って、その後は、共通のような書き方ができましたが、Swiftではできなくなっています。

```
switch (...) {
case A:
    // Aのときだけ行う処理

case B:
    // AとB共通で行う処理

    break;
}
```

　この方法は便利なのですが、使い方を誤ると、わかりにくい不具合を生みます。Swiftでは危険性を排除することが言語設計の中心にあるので、この書き方をデフォルトではできないようにしたのではないかと考えられます。

　何らかの理由があり、C言語のような動作をさせたいときは「fallthrough」という命令を使用します。

```swift
// 関数を定義する
func printNumber(i: Int) {
    switch i {
    case 0:
        print("Zero")
        // このまま次の「case」を実行する
        fallthrough
        
    case 1:
        print("One")
        // このまま次の「case」を実行する
        fallthrough
        
    case 2:
        print("Two")
        // ここには「fallthrough」がないので、次の「case」は実行しない
    case 3:
        print("Tree")
        
    default:
        print("Default")
    }
}

// 0を指定するので、「printNumber」関数は
// 0のとき、1のとき、2のときの処理まで行う
printNumber(0)
```

このコードを実行すると、次のように表示されます。

```
Zero
One
Two
```

▶「case」の途中で処理を中断するには

　Swiftでは「case」が「break」も兼ねているので、明示的に「break」を使うことは減りましたが、使うこともできます。「case」の中で「break」を使うと、「case」で実行している処理を途中で中断することができます。

範囲にヒットする「case」について

　ある範囲の値にヒットする「case」を作りたいときは、範囲演算子を使用します。

▶範囲演算子について

　範囲演算子は、値の範囲を表す演算子です。次の2種類があります。

■ SECTION-013 ■ 「switch」を使って条件分岐する

演算子	構文	説明
...	A ... B	A以上B以下を表す
..<	A ..< B	A以上B未満を表す

▶「case」と範囲演算子を組み合わせる

「case」で値を記述する代わりに、範囲演算子で範囲を記述すると、範囲にヒットする「case」になります。

```
// 関数を定義する
func printStr(i: Int) {
    // 値によって分岐する
    switch i {
    case 0...5:
        // 0以上5以下のとき
        print("The First Half (\(i))")

    case 6..<10:
        // 0以上10未満のとき
        print("The Second Half (\(i))")

    default:
        // その他
        print("Unknown (\(i))")
    }
}

// 引数を変えながら関数を呼び出す
printStr(4)
printStr(9)
printStr(10)
```

このコードをビルドして実行すると、次のように表示されます。

```
The First Half (4)
The Second Half (9)
Unknown (10)
```

タプルにヒットする「case」について

値の組み合わせを条件として、ヒットさせるにはタプルと組み合わせます。

▶タプルについて

タプルは複数の値の組み合わせを持つことができる型です。これを使用することで、値の組み合わせを条件とする「case」を作ることや、関数の戻り値として複数の値を戻すことなどができます。他にも通常の変数や定数などを使っているところでもタプルを使用することができます。

タプルを定義するには、次のように「()」で囲み、「,」で区切って値を列挙します。

(値1, 値2, … , 値N)

　格納する値の型は、それぞれ異なっていても構いません。たとえば、「Int」と「String」の組み合わせなどもできますので、エラーコードとエラーメッセージを入れるなどの使い方ができます。
　タプルに格納されている値を取り出すには、次のように「.」の後ろにインデックス番号を書きます。インデックス番号は0から始まり、何番目の値かを意味します。先頭は0です。

```
// タプルを入れた定数を定義する
let t = (0, 1, 2, 3, 4)

// インデックス番号3の値を出力する
print(t.3)
```

このコードをビルドして実行すると、次のように表示されます。

```
3
```

▶「case」とタプルを組み合わせる

　「case」で値を記述する代わりに、タプルを記述すると、タプルで指定した値の組み合わせにヒットする「case」になります。

```
// 関数を定義する
func printStr(pair: (Int, String)) {
    // 「num」と「name」の組み合わせで分岐させる
    switch pair {
    case (0, ""):
        // 0と空文字のとき
        print("New Name")
    
    case (1, "Akira"):
        // 1と「Akira」のとき
        print("Akira Hayashi (First Name)")
    
    case (1, "Hayashi"):
        // 1と「Hayashi」のとき
        print("Akira Hayashi (Last Name)")
    
    default:
        // その他
        print("Unknown")
    }
}

// 引数を変えながら関数を呼び出す
printStr((0, ""))
printStr((1, "Akira"))
```

SECTION-013 「switch」を使って条件分岐する

```
printStr((1, "Hayashi"))
printStr((1, "Other"))
```

このコードをビルドして実行すると、次のように表示されます。

```
New Name
Akira Hayashi (First Name)
Akira Hayashi (Last Name)
Unknown
```

▶ 値のバインディング

タプルと「case」を組み合わせるときに、タプルに格納されている値を「case」で実行する処理で使いたい場合には、インデックス番号を使って取り出すことができます。そのときに、バインディングと呼ばれる方法を使うと、もっとわかりやすいコードにすることができます。次のような構文で記述すると、バインディングが行われ、タプルに格納されている値が変数に代入されます。この変数は各「case」でのみ有効となります。

```
switch tuple {
case let (i, j):
    // 変数「i」に「tuple.0」、変数「j」に「tuple.1」が格納される
}
```

```
// 関数を定義する
func printStr(t: (Int, Int)) {
    // 引数「t」で分岐する
    switch t {
    case let (i, j):
        print("i=\(i), j=\(j)")
    }
}

// 引数を変えながら関数を呼び出す
printStr((0, 0))
printStr((1, 2))
printStr((4, 3))
```

このコードをビルドして実行すると、次のように表示されます。

```
i=0, j=0
i=1, j=2
i=4, j=3
```

上記のコードには「default」がありません。Swiftでの「switch」は網羅していることが必須条件です。そのため、今までのサンプルコードでは「default」を使い、「case」で指定していない残りの条件の処理を指定していました。しかし、このサンプルコードのようにバインディングを

■ SECTION-013 ■ 「switch」を使って条件分岐する

使うと、すべての値の組み合わせを、この「case」が満たすため、この「switch」は値の組み合わせを網羅している状態になります。そのため、「default」は使っていません。

このバインディングをさらに応用して、一部をバインディングさせて、一部を固定させるというような、少し複雑な条件分岐を行うことができます。たとえば、タプルの最初の値が「0」のときのみヒットさせるなどということができます。

```swift
// 関数を定義する
func printStr(t: (Int, Int)) {
    // 引数「t」で分岐する
    switch t {
    case (0, let j):
        // タプルの最初の値が0のとき
        print("j=\(j)")

    case (let i, 0):
        // タプルの2番目の値が0のとき
        print("i=\(i)")

    case let (i, j):
        print("i=\(i), j=\(j)")
    }
}

// 引数を変えながら関数を呼び出す
printStr((0, 2))
printStr((4, 0))
printStr((2, 3))
printStr((0, 0))
```

このコードを実行すると、次のように表示されます。

```
j=2
i=4
i=2, j=3
j=0
```

上記のコードで「printStr((0, 0))」と記述しているところがあります。「(0, 0)」という値は、「case (0, let j):」と「case (let i, 0):」のどちらにもヒットする値です。この場合は、先にヒットした方が使われます。そのため、「j=0」が表示され、最初の条件のコードが実行されています。

▶範囲とタプルを組み合わせる

範囲とタプルを組み合わせると、さらに強力な条件を記述することができます。次のコードは、タプルにX座標とY座標を格納しています。条件分岐のときに、範囲とタプルを組み合わせて、原点(0, 0)から見て、どこにある座標かを表示します。

■ SECTION-013 ■ 「switch」を使って条件分岐する

```swift
// 関数を定義する (ここでは(-10, -10)-(10, 10)という範囲に限定している)
// 座標系は、X座標は右方向が正、Y座標は下方向が正としている
func printArea(t: (Int, Int)) {
    // 値によって分岐する
    switch t {
        // X座標、Y座標が0
        case (0, 0):
            // 原点
            print("Origin (\(t.0), \(t.1))")
        
        case (0, _):
            // X座標がライン上
            print("On the Line (\(t.0), \(t.1))")
        
        case (_, 0):
            // Y座標がライン上:
            print("On the Line (\(t.0), \(t.1))")
        
        case (-10..<0, -10..<0):
            // X座標は-10以上0未満、Y座標は-10以上0未満
            print("Upper Left (\(t.0), \(t.1))")
        
        case (-10..<0, 0...10):
            // X座標は-10以上0未満、Y座標は0以上10以下
            print("Lower Left (\(t.0), \(t.1))")
        
        case (0...10, -10..<0):
            // X座標は0以上10以下、Y座標は-10以上0未満
            print("Upper Right (\(t.0), \(t.1))")
        
        case (0...10, 0...10):
            // X座標、Y座標ともに0以上10以下
            print("Lower Right (\(t.0), \(t.1))")
        
        default:
            // 外側
            print("Outside (\(t.0), \(t.1))")
    }
}

// 引数を変えながら関数を呼び出す
printArea((0, 0))
printArea((0, 10))
printArea((-4, 0))
printArea((2, 3))
printArea((2, -3))
printArea((-2, -3))
```

```
printArea((-2, 3))
printArea((11, 11))
```

このコードをビルドして実行すると、次のように表示されます。

```
Origin (0, 0)
On the Line (0, 10)
On the Line (-4, 0)
Lower Right (2, 3)
Upper Right (2, -3)
Upper Left (-2, -3)
Lower Left (-2, 3)
Outside (11, 11)
```

2番目と3番目の「case」で、値を格納する変数を書くところで「_」と書いています。これは、変数に値をバインディングで格納しても、その変数を「case」の中では使わないため、変数を省略するための記述方法です。

複雑な条件にヒットする「case」について

範囲とタプルを組み合わせることで、複雑な条件を記述できるようになっていますが、演算も行うようなもっと複雑な条件分岐を行うこともできます。条件に条件式を組み合わせるには「where」を使用して、次のような構文で記述します。

```
switch 評価する値 {
    case let バインディングする変数 where 条件式
        ヒットしたときに行う処理
}
```

```
// 関数を定義する
func printSignedValue(i: Int) {
    switch i {
    case let i where i > 0:
        // 正の値 (iが0よりも大きい)
        print("+\(i)")

    case let i where i < 0:
        // 負の値 (iが0よりも小さい)
        print(i)

    case 0:
        // 0のとき
        print("Zero")

    default:
```

```
        // その他
        // 網羅できているはずだが「where」の解釈を
        // コンパイラが完全にはできないため必要
        print("Other")
    }
}

// 引数を変更しながら呼び出す
printSignedValue(-10)
printSignedValue(10)
printSignedValue(0)
```

このコードをビルドして実行すると、次のように表示されます。

```
-10
+10
Zero
```

条件式では任意の関数を使用することもでき、タプルも使用できます。たとえば、次のようなコードを書くと、タプルの最初の値と2番目の値がどちらも偶数なら「Both Even Number」、どちらも奇数ならば「Both Odd Number」と出力します。

```
// 偶数かどうかを判定する関数を定義する
func isEven(i: Int) -> Bool {
    // 2で割って余りが0なら偶数
    return ((i % 2) == 0)
}


// 関数を定義する
func printEvenOddNumber(t: (Int, Int)) {
    switch t {
    case let (i, j) where (isEven(i) && isEven(j)):
        // 「i」と「j」がどちらも偶数のとき
        print("Both Even Number (\(i),\(j))")


    case let (i, j) where (!isEven(i) && !isEven(j)):
        // 「i」と「j」がどちらも奇数のとき
        print("Both Odd Number (\(i),\(j))")


    case let (i, j):
        // その他のとき
        print("Mixed Number (\(i),\(j))")
    }
}
```

```
// 引数を変えながら関数を呼び出す
printEvenOddNumber((2, 2))
printEvenOddNumber((5, 5))
printEvenOddNumber((2, 5))
printEvenOddNumber((5, 2))
```

このコードをビルドして実行すると、次のように表示されます。

```
Both Even Number (2,2)
Both Odd Number (5,5)
Mixed Number (2,5)
Mixed Number (5,2)
```

関連項目 ▶ ▶ ▶

- 変数を定義する …………………………………………………………………… p.60
- 定数を定義する …………………………………………………………………… p.66
- 「if」を使って条件分岐する ………………………………………………………… p.81
- 「guard」を使って必須条件をチェックする ……………………………………… p.96
- 「switch」やループにラベルを付ける …………………………………………… p.107
- 関数を定義する …………………………………………………………………… p.117

SECTION-014

「guard」を使って必須条件をチェックする

■「guard」について

「guard」はSwift 2.0で登場した構文です。次のような構文で記述し、条件式が成立しないときに行う処理を指定します。一般的には関数やメソッドの必須条件をチェックし、成立しないときは「return」で関数を抜けたり、「break」や「continue」などで、以降の処理を中断する、「throw」でエラーを投げて、エラー制御に遷移するなどの使い方を想定しています。

```
guard 条件式 else {
    条件式が成立しないときに行う処理
}
条件式が成立するときに行われる処理
```

■「guard」を使ってオプショナル変数のアンラップを行う

関数やメソッドを実行するために、オプショナル変数に有効な値が入っていることが必須なときに、オプショナル変数のアンラップとチェックに「guard」を使うことができます。Swift 1.0では、このようなときは「if」で行っていましたが、実行するために必須な変数の場合には、Swift 2.0以降では「guard」を使った方が、コードの意味を明示していてわかりやすくなると思います。もちろん、「guard」を使わずに、「if」を使っても同様の処理は記述できます。

```
import Foundation

// 関数を定義する
func check(value: Int?) {
    // 「value」をアンラップして代入する
    guard let i = value else {
        // nilのとき
        print("value is nil")
        
        // 関数を抜ける
        return
    }
    // 値をコンソールに出力する
    print("value is '\(i)'")
}

var x: Int?
var y: Int? = 10

// 関数を実行する
check(x)
check(y)
```

このコードを実行すると、次のように出力され、関数「check」に変数「x」を渡したときは処理が中断され、変数「y」を渡したときは最後まで実行されることが確認できます。

```
value is nil
value is '10'
```

「guard」を使って必須条件を満たしているかをチェックする

「guard」の条件式は、「if」などと同様に任意のコードを指定することや関数呼び出しを指定することも可能です。たとえば、次のコードは、値が偶数のときだけ処理するようにしている例です。

```
import Foundation

// 偶数のみ出力する関数
func printEvenValue(values: [Int]) {
    for i in values {
        // 偶数かどうかをチェックする
        guard i % 2 == 0 else {
            // 偶数ではなかったので、次の要素を処理する
            continue
        }
        print("Even Value: \(i)")
    }
}

// 関数を呼ぶ
let values = [1, 2, 3, 4, 5, 6]
printEvenValue(values)
```

このコードを実行すると、次のように出力されます。

```
Even Value: 2
Even Value: 4
Even Value: 6
```

関連項目 ▶▶▶

- 変数を定義する ……………………………………………………………………… p.60
- 定数を定義する ……………………………………………………………………… p.66
- 「if」を使って条件分岐する ………………………………………………………… p.81
- 「switch」を使って条件分岐する ………………………………………………… p.84
- 「for」を使ったループを行う ……………………………………………………… p.98
- 「defer」を使ってスコープを抜けるときの処理を定義する ……………… p.110
- 関数を定義する ……………………………………………………………………… p.117
- エラー制御を実装する ……………………………………………………………… p.241

SECTION-015

「for」を使ったループを行う

ループについて

　プログラムの中で特定の処理を繰り返させることをループと呼びます。たとえば同じ処理を10回、実行させたいときにはループを使って、10回、処理を繰り返させます。Swiftでは、「for」を使ったループと「while」を使ったループがあります。どちらも同じことを行うことができますが、それぞれ特徴があり、適切な方を使うことで、よりシンプルに記述することができます。

「for」を使ったループについて

　「for」を使ったループには、次のような2種類の構文があります。

```
for 初期化; ループ条件; ループ変数の更新 {
    ループさせる処理
}

for バインディング in コレクションなど {
    ループさせる処理
}
```

　ここでは、まず、前者の構文について解説します。

　この構文では、ループ開始前に行う初期化処理、ループを行う条件（条件が成り立つ間ループする）、ループ条件で使う変数の値更新という3つの処理を指定します。たとえば、次のコードでは、変数「i」を0で初期化し、繰り返すたびにインクリメントしていき、変数「i」が10以上になったらループ終了という処理になっています。

```
for var i = 0; i < 10; i++ {
    print("i = \(i)")
}
```

　このコードをビルドして実行すると、次のように出力されます。

```
i = 0
i = 1
i = 2
i = 3
i = 4
i = 5
i = 6
i = 7
i = 8
i = 9
```

　初期化では複数の変数を初期化することや既存の変数の値を変更することもできます。ま

た、条件式については「&&」演算子などを使って複雑な条件にすることも可能です。値更新についても、インクリメントには限定されません。任意のコードを実行可能です。

▶ループを中断させるには

「for」で指定した条件式が成り立たなくなる前に、ループしている途中で、ループを中断させたい場合には「break」を使用します。ループ処理の中で「break」が現れると、そこでループを中断させます。

```
for var i = 0; i < 5; i++ {
    // 「BEFORE BREAK」を出力
    print("BEFORE BREAK")

    // ループ中断
    break

    // 「AFTER BREAK」を出力。ただし、「break」の後なので実行されない
    print("AFTER BREAK")
}
```

このコードをビルドして実行すると、次のように表示され、「break」以降のコードが実行されないことが確認できます(「break」以降が実行されると、「AFTER BREAK」という文字列が出力されます)。また、「BEFORE BREAK」という文字列が1回しか出力されないので、ループが中断されたということも確認できます。

```
BEFORE BREAK
```

なお、このコードをビルドすると、「Code after 'break' will never be executed」という警告が表示されます。「break」によって中断されるために警告されている行のコードは実行されないという意味ですので、この警告からも「break」より後が実行されないことが確認できます。

▶途中以降の処理をスキップするには

ループを中断するのではなく、途中以降の処理をスキップして、次の繰り返し処理を実行させるには「continue」を使用します。ループ処理の中で「continue」が現れると、それ以降の処理をスキップして、次の繰り返し処理を始めます。

```
for var i = 0; i < 5; i++ {
    // 「BEFORE CONTINUE」を出力
    print("BEFORE CONTINUE")

    // 残りの処理をスキップ
    continue

    // 「AFTER CONTINUE」を出力。ただし、「continue」の後なので出力されない
    print("AFTER CONTINUE")
}
```

■ SECTION-015 ■ 「for」を使ったループを行う

　このコードをビルドして実行すると、次のように表示され、「continue」以降のコードが実行されないことが確認できます（「continue」以降が実行されると、「AFTER CONTINUE」という文字列が出力されます）。また、「BEFORE CONTINUE」という文字列が5回出力されるので、ループは中断されていないことが確認できます。

```
BEFORE CONTINUE
BEFORE CONTINUE
BEFORE CONTINUE
BEFORE CONTINUE
BEFORE CONTINUE
```

　なお、このコードをビルドすると、「Code after 'continue' will never be executed」という警告が表示されます。「continue」によって警告されている行のコードが実行されないという意味ですので、この警告からも「continue」より後が実行されないことが確認できます。

▶ 無限ループを行う

　ループ条件を指定しないで「for」ループを実行すると、無限ループになります。ただし、本当に何もしないと永久にループが終わらなくなってしまいますので、何らかの条件を設けて、「break」を実行し、ループを中断するようにします。たとえば、5秒間実行するという処理であれば、5秒経過したら「break」を実行するようにします。

```swift
// 変数を定義する
var i = 0

// 無限ループ
// (ループ条件を指定していない)
for ;; {
    // カウントを増やしつつ、文字列を出力
    print("\(i++):LOOP")
}
```

　このコードを実行すると、カウントを増やしながら文字列を出力します（このコードには、終了条件を作っていないので、Xcodeの「Stop」ボタンでプログラムを停止してください）。

```
0:LOOP
1:LOOP
2:LOOP
3:LOOP
4:LOOP
... 以下、省略 ...
```

||| 「for in」を使ったループについて

　ここでは、「for」ループのもう1つの構文である、次の構文について解説します。

```
for バインディング in コレクションなど {
    ループさせる処理
}
```

「for in」を使ったループは、「in」の後ろに書いたコレクションから、要素を1つずつ取り出しながらループ処理を行います。取り出した要素は、「バインディング」部分に書いた変数に格納されます。コレクションに格納されている全要素に対して、処理を行いたいというときに便利な構文です。

```
// 整数の配列を定義する
let intArray: [Int] = [10, 20, 30, 40, 50]

// ループ処理
for i in intArray {
    // 「i」に格納された値を出力する
    print(i)
}
```

このコードをビルドして実行すると、次のように表示されます。配列「intArray」に格納した要素（整数）が順番に取り出されて処理が行われていることが確認できます。

```
10
20
30
40
50
```

▶「for in」を使ったループの中断とスキップ

「for in」を使ったループで中断やスキップをさせたいときにも「break」と「continue」を使用します。

```
// 配列を定義する
let intArray = [0, 1, 2, 3, 4, 5, 6, 7, 8, 9]

// ループ
for i in intArray {
    // 「i」の値を出力する
    print(i)
    
    // iが4よりも大きくなったら中断する
    if i > 4 {
        break
    }
    
    // 残りの処理をスキップ
    continue
```

■ SECTION-015 ■ 「for」を使ったループを行う

```
    // 文字列を出力。ただし、「continue」の後なので実行されない
    print("AFTER CONTINUE")
}
```

このコードを実行すると、配列の途中までループ処理を行い、途中で中断していることが確認できます。また、「AFTER CONTINUE」が出力されていないことから、ループが途中でスキップしていることも確認できます。

```
0
1
2
3
4
5
```

なお、このコードをビルドすると、「Code after 'continue' will never be executed」という警告が表示され、警告されている行のコードが実行されないことが、この警告からも確認できます。

▶ディクショナリに対するループについて

ディクショナリに対して、「for in」を使ったループを行うと、キーと値のペアごとにループが行われます。キーと値はペアごとにタプルに格納されます。

```
// ディクショナリを定義する
let dict = ["First":1, "Second":2, "Third":3]

// ループ
for (key, value) in dict {
    // キーは変数「key」、値は変数「value」に格納される
    print("\(key):\(value)")
}
```

このコードをビルドして実行すると、キーと値のペアが出力されます。

```
Second:2
First:1
Third:3
```

上記の実行例でも確認できますが、ディクショナリから「for in」で全要素を取り出すとき、その順番はディクショナリに格納した順番とは異なりますので、注意してください。順番も重要なときは、ディクショナリから全キーを取得して、キーを取得したい順番にソートし、1つずつ取り出すようにします。全キーを取得する方法については《ディクショナリのキーをすべて取得する》(p.413)を参照してください。

▶範囲を指定してループさせる

カウンタとなる変数を使ってループさせたいときに、範囲演算子を使って、値の範囲を指定

してループさせることができます。

```
// 変数「i」の値を、100から110まで変化させながらループさせる
for i in 100 ... 110 {
    print("i = \(i)")
}
```

このコードを実行すると、次のように表示され、変数「i」の値が、「in」の後ろに指定した範囲で変化することが確認できます。

```
i = 100
i = 101
i = 102
i = 103
i = 104
i = 105
i = 106
i = 107
i = 108
i = 109
i = 110
```

▶バインディングを省略したループについて

「for in」ループで、要素を格納する変数を「_」で省略すると、値の取得は行いませんが、ループだけはするという動作になります。範囲を指定した「for in」ループや、コレクション（配列やディクショナリなど）を指定した「for in」ループのどちらででも使用できます。

```
// 5回ループする
for _ in 0 ..< 5 {
    print("Loop")
}
```

このコードを実行すると、次のように表示されます。

```
Loop
Loop
Loop
Loop
Loop
```

関連項目 ▶▶▶	
●変数を定義する	p.60
●定数を定義する	p.66
●「switch」を使って条件分岐する	p.84
●「while」を使ったループを行う	p.104
●「switch」やループにラベルを付ける	p.107

SECTION-016

「while」を使ったループを行う

■「while」を使ったループについて

Swiftでは「for」を使ったループの他に、「while」を使ったループもあります。「while」を使ってループ処理を行うには、次のような構文でコードを記述します。

```
while 条件式 {
    ループさせる処理
}
```

「while」を使ったループでは、指定した条件式が「真」(true)になる間、ループ処理を行います。「for」と違い、「while」の構文にはループの条件式の結果に影響を与える変数の変化を指定する部分がありません。そのため、ループさせる処理の中などで、条件式で使用する変数の値を変更しないと、無限ループになってしまうので、注意が必要です。

ループを始めるときに、ループ回数が明確に定まらないときは、「for」を使うよりも「while」を使う方が、自然なコードになると思います。

```
// 合計を入れる変数
var sum = 0

// カウンタ
var i = 0

// ループさせる
// 変数「sum」が30未満の間、ループする
while sum < 30 {
    // 合計を計算
    sum += i

    // 現在の値を出力する
    print("\(i):\(sum)")

    // カウンタをインクリメント
    i++
}
```

このコードを実行すると、次のように表示され、変数「sum」の値が30未満の間、ループしていることが確認できます。

```
0:0
1:1
2:3
3:6
```

```
4:10
5:15
6:21
7:28
8:36
```

▶「while」を使ったループの中断とスキップ

「for」を使ったループと同様に、「while」を使ったループでも、「break」を使って中断、「continue」を使って残りの処理をスキップさせることができます。

```
// 変数を定義する
var i = 0

// 変数「i」が10未満の間ループする
while i < 10 {
    // 文字列を出力する
    print("i = (\(i))")
    
    // 変数「i」が3未満ならば、残りの処理をスキップする
    // 同時に変数「i」をインクリメントしている。
    // 前置インクリメントなので、「if」での変数の評価が終わった後に
    // 値がインクリメントされる
    if i++ < 3 {
        continue
    }
    
    // 文字列を出力する
    print("break")
    
    // ループを中断する
    break
}
```

このコードを実行すると、次のように表示されます。変数「i」が3未満のときは、「continue」以降をスキップするので、「break」が呼ばれず、ループしますが、変数「i」が3になると、「break」を実行するので、ループが中断されることが確認できます。

```
i = (0)
i = (1)
i = (2)
i = (3)
break
```

「for」を使った場合については、《「for」を使ったループを行う》(p.98)を参照してください。

■ 「repeat」と組み合わせたループについて

「while」を使ったループには、もう1つバリエーションがあります。それは「repeat」と組み合わせたループです。「repeat」を組みあわせた構文はSwift 2.0で登場しました。Swift 2.0未満では「repeat」の代わりに「do」を使っていましたが、Swift 2.0以降では「do」は「while」との組み合わせには使えなくなりました。次のような構文で記述します。

```
repeat {
    ループさせる処理
} while 条件式
```

「while」だけを使ったループとの違いは、条件式を評価するタイミングです。「while」だけを使ったループでは、ループさせる処理を実行する前に条件式を評価します。「repeat」と組み合わせたループでは、ループさせる処理を実行した後に条件式を評価します。これにより、最初から条件式が「偽」(false)となるときに、「while」のみを使ったループでは、一度も処理を実行しませんが、「repeat」と組み合わせたループでは、最低一度は実行するという動作になります。どちらを使用するかは、そのコードの使用目的によって異なりますので、使用目的によって使い分けるとよいでしょう。

```
// 条件式で使う変数
var index = 10

// 「while」のみを使ったループ
while index < 10 {
    print("while")
}

// 「repeat」と組み合わせたループ
repeat {
    print("repeat - while")
} while index < 10
```

このコードを実行すると、次のように表示されます。最初から条件式は「偽」になりますので、「while」のみを使ったループの処理は、実行されていないことが確認できます。

```
repeat - while
```

関連項目 ▶▶▶

- 変数を定義する …………………………………………………………………… p.60
- 定数を定義する …………………………………………………………………… p.66
- 「if」を使って条件分岐する ………………………………………………………… p.81
- 「switch」を使って条件分岐する …………………………………………………… p.84
- 「for」を使ったループを行う ……………………………………………………… p.98
- 「switch」やループにラベルを付ける ……………………………………………… p.107

SECTION-017

「switch」やループにラベルを付ける

■ ループや「switch」の入れ子について

　Swiftでも、他の言語と同様に「for」ループや「while」ループの中に、ループをさらに入れ子にすることや、「switch」の条件分岐の中に「switch」を入れて、条件分岐を入れ子にすることもできます。また、「switch」の条件分岐の中で、「for」ループを作るなどもできます。

　このようなときに、少し困るのが、「break」や「continue」です。Objective-CやC言語では、「break」や「continue」は、現在のスコープに対して効きます。Swiftの場合も同様で、通常は現在のスコープに対して適用されます。その外側のスコープに対しては適用されないので、外側のスコープに対して適用するには、外側のスコープでも「break」や「continue」を使う必要があります。

```
// 変数を定義する
var i = 0, j = 0

while i < 10 {
    while j < 10 {
        // ループを中断する
        break

        // 中断されたので、この行は実行されない
        j++;
    }

    // この行は実行される
    i++;
}

// 変数「i」と「j」の値を出力する
print("i=\(i), j=\(j)")
```

　このコードを実行すると、次のように表示され、内側のループは中断されても、外側のループは中断されていないことが確認できます。

```
i=10, j=0
```

　なお、このコードをビルドすると、「Code after 'break' will never be executed」という警告が表示され、警告されている行のコードが実行されないことが、この警告からも確認できます。

■ 「switch」やループにラベルを付ける

　入れ子にしたループや「switch」で、任意のループや「switch」に対して「break」を行うには、次のような構文で、「switch」やループにラベルを付けます。ラベルを使うことで、現在のスコープではないループや「switch」に対して、「break」を適用することができます。

```
ラベル: switch 値 {
}

ラベル: for 初期化; 条件式; 値更新 {
}

ラベル: for バインディング in コレクション {
}

ラベル: while 条件式 {
}

ラベル: do {
} while 条件式
```

　適用するラベルを指定するには、「break」や「continue」の後ろに、次のような構文でラベルを書きます。

```
break ラベル
continue ラベル

// 変数を定義する
var i = 0, j = 0

outer: while i < 10 {
    iner: while j < 10 {
        // 外側のループを中断する
        break outer

        // 中断されたので、この行は実行されない
        j++;
    }

    // この行は実行される
    i++;
}

// 変数「i」と「j」の値を出力する
print("i=\(i), j=\(j)")
```

このコードを実行すると、次のように表示されます。内側のループの「break」で、外側のループに付けられたラベルを指定しているので、外側のループも中断され、変数「i」と「j」がどちらもインクリメントされずに終了していることが確認できます。

```
i=0, j=0
```

なお、このコードをビルドすると、「Code after 'break' will never be executed」という警告が表示され、警告されている行のコードが実行されないことが、この警告からも確認できます。

> **COLUMN　入れ子よりも関数化やメソッド化でシンプルにする**
>
> 　ループや「switch」の入れ子が悪いわけではありませんが、著者自身は単純なケースを除けば、入れ子になる処理はできるだけ、関数化やメソッド化を行った方がよいと思っています。Swiftでは、このセクションで解説したようにラベルを付けることで外側の処理を中断するなど柔軟性はありますが、入れ子にした処理は見通しが悪く、メンテナンスがやりにくいコードになりがちです。「if」文も深くなってしまうとわかりにくいコードになります。
>
> 　パフォーマンス面の問題がなければ、ループなどが多重に入れ子になるよりは、入れ子になるループごとに関数やメソッドを定義し、1つの関数やメソッド内では多重に入れ子にはならないようにした方がよいと思います。

関連項目 ▶▶▶

- 「switch」を使って条件分岐する ……………………………………………………… p.84
- 「for」を使ったループを行う …………………………………………………………… p.98
- 「while」を使ったループを行う ………………………………………………………… p.104

SECTION-018
「defer」を使ってスコープを抜けるときの処理を定義する

■「defer」について

「defer」は、スコープを抜けるときに実行される処理を定義します。Swift 2.0から使用可能で、次の構文で記述します。

```
defer {
    // スコープを抜けるときの処理
}
```

たとえば、次のコードは、関数を抜けるときの処理を定義しています。

```
import Foundation

// 関数を定義する
func testDefer(i: Int) {
    // このスコープを抜けるときの処理
    defer {
        print("Exit testDefer function")
    }
    
    // 「i」が0なら即座に終了
    if (i == 0) {
        return
    }
    
    // コンソールに値を出力
    print("i = \(i)")
}

// 関数を呼ぶ
testDefer(10)
testDefer(0)
```

このコードを実行すると、次のように出力され、関数を先頭の方で抜けているときも、最後まで実行されたときのどちらでも、「defer」で定義した処理が実行されていることが確認できます。

```
i = 10
Exit testDefer function
Exit testDefer function
```

▶「defer」が有効になるタイミング

「defer」を定義する場所は、スコープ内のどこでもよいのですが、注意点があります。それは、「defer」の動作は、「defer」が現れたときにコードをすぐに実行するのではなく、スコープを抜けるときまで遅延させるという動作です。そのため、「defer」よりも手前でスコープを抜けてしまうと、「defer」で定義した処理は実行されません。

```
import Foundation

// 関数を定義する
func testDefer(i: Int) {
    // コンソールに値を出力
    print("i = \(i)")
    
    // 「i」が0なら即座に終了
    if (i == 0) {
        return
    }
    
    // このスコープを抜けるときの処理
    defer {
        print("Exit testDefer function")
    }
}

// 関数を呼ぶ
testDefer(1)
testDefer(0)
```

このコードを実行すると次のように出力され、関数「testDefer」に0を渡したときは、「defer」よりも手前でスコープを抜けるため、「defer」内の処理は実行されず、「1」を渡した場合は「defer」内の処理が実行されていることが確認できます。

```
i = 1
Exit testDefer function
i = 0
```

▶複数の「defer」について

1つのスコープ内で複数の「defer」がある場合には、後方の「defer」から順番に呼ばれます。

```
import Foundation

// 関数を定義する
func sum(i: Int) {
    
    var ret = 0
```

■ SECTION-018 ■ 「defer」を使ってスコープを抜けるときの処理を定義する

```
    for x in 1 ... i {
        ret += x
        defer {
            print("defer for (\(x))")
        }
    }

    print(ret)

    defer {
        print("defer 1")
    }
    defer {
        print("defer 2")
    }
    defer {
        print("defer 3")
    }
}

// 関数を呼ぶ
sum(10)
```

このコードを実行すると次のように出力され、関数「testDefer」の最後に書かれた3つの「defer」は、後方から順番に呼ばれていることが確認できます。また、「for」ループ内に書かれた「defer」は、1回ループする度にスコープが終了するため、ループする度に呼ばれており、ループにより複数回現れる場合には、他のループ内に書かれた変数と同様に扱われることも確認できます。

```
defer for (1)
defer for (2)
defer for (3)
defer for (4)
defer for (5)
defer for (6)
defer for (7)
defer for (8)
defer for (9)
defer for (10)
55
defer 3
defer 2
defer 1
```

▶「guard」と組み合わせる

「guard」と「defer」を組み合わせると、「guard」により必須条件をチェックした結果、処理を中断しなければいけないときの後始末を確実に行うことができるので、効果的です。

```swift
import Foundation

func printLog(log: String, message: String? = nil) {
    
    // ファイルパスを取得する
    var path = ("~/Desktop/Log.txt" as NSString).stringByExpandingTildeInPath
    
    // ファイルがなければ空のファイルを作る
    let fm = NSFileManager()
    if !fm.fileExistsAtPath(path) {
        fm.createFileAtPath(path, contents: nil, attributes: nil)
    }
    
    // ファイルを開く
    // 開けなかったときは終了
    print("Open the log file")
    guard let fh = NSFileHandle(forUpdatingAtPath: path) else {
        print("Couldn't open the log file")
        return
    }
    
    // ファイルポインタを末端に移動
    fh.seekToEndOfFile()
    
    // ファイルを開けたので、これ以降は、スコープを抜けるときはファイルを閉じる
    defer {
        // スコープを抜けるときはファイルを閉じる
        print("Close the log file")
        fh.closeFile()
    }
    
    // 「log」の内容を出力する
    var data = log.dataUsingEncoding(NSUTF8StringEncoding)
    guard data != nil else {
        // UTF-8のデータを取得できなかった
        print("Couldn't encode with UTF-8")
        return
    }
    fh.writeData(data!)
    
    // 「message」の内容を出力する
    guard let msgStr = message else {
```

```
        // 「message」が指定されていない
        return
    }
    
    data = msgStr.dataUsingEncoding(NSUTF8StringEncoding)
    guard data != nil else {
        // UTF-8のデータを取得できなかった
        print("Couldn't encode with UTF-8")
        return
    }
    
    fh.writeData(data!)
}

// 関数を呼ぶ
printLog("Log 1\n")
printLog("Log 2: ", message:"Message\n")
```

　このコードを実行すると、次のように出力されます。「guard」により途中で関数を中断しても、「defer」を使うことで、関数の始めの方で開いたファイルを確実に閉じることができます。

```
Open the log file
Close the log file
Open the log file
Close the log file
```

　また、デスクトップに作れたファイルには、次のように出力されます。

```
Log 1
Log 2: Message
```

▶エラー制御と組み合わせる

　エラー制御と「defer」の組み合わせも効果的です。エラー制御により、処理を中断する場合にも「defer」で定義した処理は実行されます。

```
import Foundation

// エラーを定義する
enum Errors: ErrorType {
    case SrcFileIsNotFound
    case SrcFileIsEmpty
    case DstFileError
}

func copyFileContents(srcPath: String, dstPath: String) throws {
```

```swift
// 出力先のファイルを作成する
let fm = NSFileManager()
if !fm.fileExistsAtPath(dstPath) {
    fm.createFileAtPath(dstPath, contents: nil, attributes: nil)
}

var numOfBytes = 0

// これ以降は失敗した場合はファイルを削除する
defer {
    if numOfBytes == 0 {
        print("Remove File")
        // ファイルを削除する
        try! fm.removeItemAtPath(dstPath)
    }
}

// 出力先のファイルを開く
guard let fhDst = NSFileHandle(forWritingAtPath: dstPath) else {
    throw Errors.DstFileError
}

// これ以降はスコープを抜けるときにファイルを閉じる
defer {
    print("close file")
    fhDst.closeFile()
}

// 入力元のファイルを読み込む
guard let data = NSData(contentsOfFile: srcPath) else {
    // ファイルが存在しない
    print("Error, SrcFileIsNotFound")
    throw Errors.SrcFileIsNotFound
}

guard data.length != 0 else {
    // 入力元が空
    print("Error, SrcFileIsEmpty")
    throw Errors.SrcFileIsEmpty
}

// 読み込んだデータをファイルに出力する
fhDst.writeData(data)
numOfBytes += data.length
print("Write data")
}
```

■ SECTION-018 ■ 「defer」を使ってスコープを抜けるときの処理を定義する

```
// 入力ファイルのパス
let srcPath = ("~/Desktop/TestSrc.txt" as NSString).stringByExpandingTildeInPath

// 出力ファイルのパス
let dstPath = ("~/Desktop/TestDst.txt" as NSString).stringByExpandingTildeInPath

do {
    // 関数を呼ぶ
    try copyFileContents(srcPath, dstPath: dstPath)
} catch {

}
```

　デスクトップに「TestSrc.txt」というファイルを置いてから実行すると、「TestDst.txt」というファイルが作成され、「TestSrc.txt」の内容がコピーされます。「TestSrc.txt」ファイルを置かずに実行した場合や空のファイルを置いた場合には、「TestDst.txt」ファイルは削除されて残りません。関数の始めの方で「TestDst.txt」ファイルは作成されますが、失敗した場合は削除するという「defer」内のコードにより削除されるからです。

関連項目 ▶▶▶
●「guard」を使って必須条件をチェックする ……………………………………………… p.96
● エラー制御を実装する………………………………………………………………… p.241
● 文字列からテキストデータを取得する ………………………………………………… p.299
● ファイルを部分的に書き込む ………………………………………………………… p.604
● ファイルを任意の位置で読み書きする ………………………………………………… p.611
● ファイルやディレクトリの情報を取得する …………………………………………… p.663
● ファイルを作成する …………………………………………………………………… p.656

SECTION-019

関数を定義する

▌関数について

よく使用する処理や、他のところからも使いたい処理は関数として定義すると便利です。関数として定義した処理は、関数を呼び出すことで実行できます。再利用可能なコードは、できるだけ関数やクラスのメソッドにして、使いたいところから呼び出すようにするとよいでしょう。そのようにすることで、修正が必要なときは関数を修正するだけで、その関数を呼び出している機能のすべてが修正されることになります。また、コードもシンプルになり、見通しが良くなります。クラスのメソッドについては、《メソッドを定義する》(p.184)を参照してください。

▶関数の定義方法

関数は次のような構文で定義します。関数名は、重複しなければ任意のものを使用可能です。Swiftでは、さまざまなフレームワーク(SDKが提供しているクラスや関数などを定義している)がありますが、これらによって定義されているものと重複するこもできませんので、注意してください。

```
// 戻り値がない関数
func 関数名(引数の定義) {
    関数で行う処理
}

// 戻り値がある関数
func 関数名(引数の定義) -> 戻り値の型 {
    関数で行う処理
}
```

▶戻り値について

戻り値は、関数が処理した結果で、関数を呼び出したコードに返される値です。たとえば、長方形の面積を求める関数があるとします。このとき、関数には幅と高さを引数として渡します。すると、関数は渡された幅と高さから面積を計算し、戻り値として面積を返します。すると、関数を呼び出したコードは、計算された面積を受け取ることができます。

関数の戻り値は、変数と同様にどのような形式かを型として指定します。たとえば、面積であれば、浮動小数点数になる可能性がありますので、「Float」や「Double」で返します。

戻り値の型を定義するには、上記の関数の定義方法に記載しているように、「->」という後ろに、戻り値の型を書きます。関数の中で、「return」を使って戻り値を返します。関数の中では複数の「return」を使うことができますが、「return」で戻り値を返すのと同時に、関数も終了します。そのため、「return」よりも後ろにコードを書いても実行されません。これを利用して、「if」で条件分岐し、エラーなら「return」でエラー内容を返して関数を中断するという使い方もできます。

■ SECTION-019 ■ 関数を定義する

▶引数について

　引数は、関数を呼び出すときに、関数に渡す値です。関数は引数に渡された値を使って処理を行います。たとえば、長方形の面積を求める関数であれば、幅と高さが引数になります。関数は渡された幅と高さを掛けて面積を求めて、戻り値として返します。このように引数を使って面積を計算する関数を定義すれば、幅と高さが変わっても、関数自体は何も変更せずに、呼び出すときの引数を変更するだけで面積を求めることができます。

　引数は、複数定義することもできます。関数が必要とするだけ定義します。逆に、引数が1つも必要ない関数であれば、引数を定義しないということもできます。

　引数を定義するには、次のように変数や定数を定義するのと同じ構文で定義します。引数が複数必要なときは、「,」で区切ります。引数が必要ない関数のときは「()」の中を空にします。

```
// 引数がない関数
func 関数名() {
}

// 引数が1つある関数
func 関数名(引数1: 引数1の型) {
}

// 引数が2つある関数
func 関数名(引数1: 引数1の型, 引数2: 引数2の型) {
}
```

　関数を呼ぶには、次のように関数名を書き、「()」内に渡す引数を書きます。

```
// 引数がない関数
func 関数名()

// 引数が1つある関数
func 関数名(引数)

// 引数が2つある関数
func 関数名(引数1, 引数2の外部引数名: 引数2)
```

　Swift 2.0で関数の外部引数名の扱いが変わりました。Swift 1.xでは、特に指定しない場合には、関数を呼び出すときは引数の値だけを列挙しました。外部引数名を使いたいときは、外部引数名を使わせるための構文で記述する必要がありました。しかし、Swift 2.0からは、特に指定しない場合でも2番目以降の引数は外部引数名を指定して呼び出す必要があり、外部引数名には関数定義時の引数の名前が使われます。なお、外部引数名を使わせない構文や外部引数名を指定する構文などはSwift 1.xと同様に使用可能ですが、「#」を使って、内部引数名と外部引数名を同じにするという構文は使えなくなりました。「#」を使わなくても、特に指定しなければ内部引数名と外部引数名は同じになります。

■ SECTION-019 ■ 関数を定義する

次のコードでは2つの関数を定義しています。関数「circle」は円の面積を求めます。引数は1つだけで、円の半径です。関数「trapezoid」は台形の面積を求めます。引数は3つで、上底の長さ、下底の長さ、高さです。

```swift
// 円の面積を求める関数
// 円の面積を求める公式は、半径 * 半径 * 円周率
func circle(r: Double) -> Double {
    // 円周率を定義する
    let PI = 3.14159265359
    
    // 面積を求める
    let res = r * r * PI
    
    // 面積を戻す
    return res
}

// 台形の面積を求める関数
// (上底 + 下底) * 高さ / 2
func trapezoid(upper: Double, lower: Double,
    height: Double) -> Double {
        // 面積を求める
        let res = (upper + lower) * height / 2.0
        
        // 面積を戻す
        return res
}

// 半径が2の円の面積を求める
let c1 = circle(2)
print("circle(2) = \(c1)")

// 半径が11の円の面積を求める
let c2 = circle(11)
print("cicle(11) = \(c2)")

// 上底2,下底3,高さ4の台形の面積を求める
let t1 = trapezoid(2, lower: 3, height: 4)
print("trapezoid(2, 3, 4) = \(t1)")

// 上底1,下底5,高さ11.5の台形の面積を求める
let t2 = trapezoid(1, lower: 5, height: 11.5)
print("trapezoid(1, 5, 11.5) = \(t2)")
```

このコードをビルドして実行すると、次のように表示されます。

```
circle(2) = 12.56637061436
cicle(11) = 380.13271108439
trapezoid(2, 3, 4) = 10.0
trapezoid(1, 5, 11.5) = 34.5
```

複数の値を返す

関数の機能によっては複数の値を返したいということがあります。このようなとき、Objective-Cでは、引数でポインタを受け取って、そこに書き込むという方法や、構造体を使う方法、クラスのインスタンスで返すという方法があります。Swiftでも同様の方法は使えますが、タプルを使って複数の値を返すという方法もあります。タプルについては、88ページを参照してください。

```
// 関数を定義する
// ここでは、3つの浮動小数点数を返している
func cubeSize() -> (Double, Double, Double) {
    return (1.2, 2.3, 3.4)
}

// 関数を呼び出す
var s = cubeSize()

// 受け取った値を出力する
print("Cube Size = \(s.0) * \(s.1) * \(s.2)")
```

このコードを実行すると、次のように出力されます。

```
Cube Size = 1.2 * 2.3 * 3.4
```

引数に値を返す

戻り値以外に、関数を呼び出した側に、関数から値を戻す方法として、引数に値を入れるという方法があります。タプルを使った方法とどちらを使うべきかというのは特にありませんが、関数の機能や戻す値の意味合いよって、わかりやすい方法を使うのがよいでしょう。

関数内で引数に値を設定したときに、呼び出し側でもそれを受け取れるようにするには、引数名の前に「inout」というキーワードを付けます。

```
func 関数名(inout 引数名:引数の型) {
}
```

関数を呼び出すときは、変数の前に「&」を付けて呼び出します。

```
関数名(&変数名)
```

```
// 関数を定義する
func inoutFunc(inout j:Int) {
    // 引数に値を設定する
    j = 10
}

// 変数を定義する
var i:Int = 0
print("BEFORE : \(i)")

// 関数を呼び出す
inoutFunc(&i)
print("AFTER  : \(i)")
```

 このコードを実行すると、次のように表示され、引数「j」に設定した値は、関数の呼び出し側でも受け取れていることがわかります。

```
BEFORE : 0
AFTER  : 10
```

 なお、「inout」を付けていない引数に対して、値を設定しようとするとコンパイルエラーになります。

外部引数名について

 Objective-Cのメソッドでは、引数のラベルを定義することができますが、Swiftでも同様に関数の引数にラベルを使用します。このラベルのことを「外部引数名（External Parameter Name）」と呼びます。外部引数名は関数を呼び出す側が使うもので、適切に使用すると、関数を呼び出す側のコードが英文のようになり、何をしているのかがわかりやすくなります。

 外部引数名は、関数の内部で使用する引数名ではありません。関数の内部で使用する引数名は「内部引数名（Local Parameter Name）」と呼びます。

 外部引数名を使用するときは、次のような構文で定義します。118ページでも解説しましたが、Swift 2.0から扱いが変わり、外部引数名を省略した場合には、2番目以降の引数は、引数名が外部引数名として使われます。外部引数名を指定すると、指定した外部引数名が使われます。

```
func 関数名(外部引数名 内部引数名:型) {
}
```

```
// 関数を定義する
func printArea(name n: String, width w: Double, height h: Double) {
    // 関数内で使用するのは、内部引数名
    print("The Area of '\(n)' is \(w * h)")
}
```

■ SECTION-019 ■ 関数を定義する

```
// 関数を呼び出す
// 関数を呼び出す側で使用するのは、外部引数名
printArea(name: "Free Space", width: 11, height: 22)
```

　このコードを実行すると、次のように表示されます。このコードからも見られるように、外部引数名を使用すると、引数に指定する値が、何を指定しているのか、呼び出し側でもわかるようになります。コードを書いているときには、引数が何を指定しているのかということは把握していますが、後からコードを見るときには、関数の引数の意味を覚えていなければ、その都度、関数の定義を調べる必要がありますが、外部引数名を使うと、呼び出しているコードを見ただけでも引数の意味を把握することができます（当然ですが、適切な記述を行っていなければいけません）。

```
The Area of 'Free Space' is 242.0
```

　外部引数名を使わないようにするには、「_」を使います。詳しくは189ページを参照してください。

▶ Swift 1.xの外部引数名と内部引数名を同じ名称にする構文について

　外部引数名を定義するとき、最も多いのは、外部引数名と内部引数名が同じというケースではないでしょうか。著者自身も、Objective-Cで長くコードを書いていますが、外部引数名と内部引数名を同じにするということは頻繁に行ってきました。Swift 1.xでは「#」を使って次のような構文で定義することで内部引数名と外部引数名が同じであることを指定していましたが、Swift 2.0では外部引数名を指定しなければ同じになるため、この構文は削除されました。

```
func 関数名(#引数名: 型) {
}
```

引数のデフォルト値を定義する

　引数にはデフォルト値を定義することができます。関数を呼び出すときに、引数の値を指定しないとデフォルト値が使われます。デフォルト値が指定されていない引数の場合は、省略するとエラーとなり、関数を呼び出すことができません。引数のデフォルト値を定義するには、次のような構文で関数を定義します。

```
func 関数名(引数1:引数の型 = デフォルト値) {
}
```

　なお、デフォルト値の定義は、中間の引数などでもできますが、最後の引数とすると、関数を定義するときの引数の順番と、使うときの順番が一致するので、わかりやすくなります。
　関数を呼び出すときには、デフォルト値を使用する場合は引数を省略します。デフォルト値が指定されている引数の値を指定するときは、次のように外部引数名を付けて呼び出します。外部引数名を指定していない場合には引数名がそのまま使われます。外部引数名については、121ページを参照してください。

SECTION-019 関数を定義する

関数名(引数名:引数の値)

```swift
// 関数を定義する
// 引数を2つ定義する。デフォルト値は10とする
func printParam(i: Int = 10, j: Int = 10) {
    // 引数の値を出力する
    print("i = \(i), j = \(j)")
}

// 一部の引数のみデフォルト値を定義する
func printParam2(fname: String, lname: String,
    mname: String = "") {
        // 文字列を出力する
        print("\(fname) \(mname) \(lname)")
}

// 引数を2つとも省略して呼び出す
printParam()

// 引数「j」を省略する
printParam(123)

// 引数「i」を省略する
printParam(j:500)

// 引数を省略しない
printParam(123, j:500)

// 一部のみ引数を省略した関数呼び出し
printParam2("Akira", lname: "Hayashi")

// 省略せずに呼び出し
printParam2("Akira", lname: "Hayashi", mname: "M")
```

このコードを実行すると、次のように出力されます。

```
i = 10, j = 10
i = 123, j = 10
i = 10, j = 500
i = 123, j = 500
Akira  Hayashi
Akira M Hayashi
```

▶ フレームワークのデフォルト値について

　SDKのフレームワークや、Swiftで独自に作成したフレームワークなどで、引数のデフォルト値を定義した場合、そのフレームワークを使う側には値は公開されません。代わりに次のように「default」というキーワードが表示されます。

```
public class MyObject : NSObject {
    public func something(name: String = default)
}
```

　この例は次のようなコードを書いたフレームワークをビルドした場合の例です。

```
public class MyObject: NSObject {
    public func something(name: String = "ABC") {
        print(name)
    }
}
```

　フレームワークの実装コードでは、上記のように「ABC」というデフォルト値を書いていますが、ビルド後のフレームワークでは「default」というキーワードに置き換わっています。

■ 可変引数を定義する

　可変引数は、引数の個数を、呼び出し側で決めることができる定義です。次のように「...」を使った構文で記述します。関数内では、可変引数は配列として渡されます。

```
func 関数名(引数名: 型...) {
}
```

　可変引数は1つだけ定義可能で、最後の引数として定義します。複数の可変引数が必要なときには、可変引数を使うよりも、複数の配列を引数に取る関数を定義するとよいでしょう。

```
// 関数を定義する
func createNameList(names: String...) -> String {
    var i = 0
    // 渡された文字列を1つずつ取り出す
    var str:String = ""
    for name in names {
        // 文字列を結合する
        str += "\(i++): \(name)\n"
    }
    // 作った文字列を返す
    return str
}

// 関数を呼び出す
var str = createNameList()
print("* EMPTY *")
```

```
print(str)

// 3件指定して呼び出す
str = createNameList("Apple", "Car", "Tree")
print("* 3 items *")
print(str)
```

このコードを実行すると、次のように出力されます。

```
* EMPTY *

* 3 items *
0: Apple
1: Car
2: Tree
```

関連項目 ▶ ▶ ▶

- 変数を定義する ……………………………………………………………………… p.60
- 定数を定義する ……………………………………………………………………… p.66
- 「switch」を使って条件分岐する ………………………………………………… p.84
- コールバック関数を定義する ……………………………………………………… p.126
- 関数を入れ子定義する ……………………………………………………………… p.130
- クロージャーを定義する …………………………………………………………… p.132
- メソッドを定義する ………………………………………………………………… p.184

SECTION-020

コールバック関数を定義する

■ コールバック関数とは

　通常の関数呼び出しは、コードの中で関数を呼び出すコードを書き、直接、関数を呼び出します。コールバック関数では、間接的な呼び出しを行います。関数を実行するコードでは、呼び出す関数が何なのかということはわかりません（正確にはわかる方法がありますが、一般的に関数を限定しません）。別の処理の中で、呼び出す関数を設定しておき、それが実行されます。これを使って、何らかの時間がかかる関数があり、その中で定期的に実行してほしい関数を、関数を呼び出す側で設定するという使い方ができます。この間接的に実行させる関数のことをコールバック関数と呼びます。

■ Swiftでの関数オブジェクトについて

　Swiftでは、関数も関数オブジェクトという1つのオブジェクトになります。これを利用して、コールバック関数の仕組みを実現できます。
　関数オブジェクトの型は次のような構文で記述します。

```
// 戻り値がある関数オブジェクト
var 変数名: (引数の定義) -> 戻り値の型

// 戻り値がない関数オブジェクト
var 変数名: (引数の定義) -> Void
```

　戻り値がない関数オブジェクトについては、戻り値の型に「Void」を指定します。「Void」は空を示す命令です。
　別の関数の引数として使用するときも、同じような形式で記述できます。

```
// 戻り値があるとき
func 関数名(引数名: (引数の定義) -> 戻り値の型) {
}

// 戻り値がないとき
func 関数名(引数名: (引数の定義) -> Void) {
}
```

　つまり、「Int」などの型を記述していた場所で、関数を定義するような構文で記述することで、関数オブジェクトの変数や引数を定義することができます。
　関数オブジェクトを実行するときは、通常の関数呼び出しのような形で記述します。関数名を記述する代わりに、関数オブジェクトを格納した引数や変数を記述します。
　次のコードは、ループで繰り返す処理の中で、引数に渡された関数オブジェクトを実行しています。

■ SECTION-020 ■ コールバック関数を定義する

```swift
// 関数「printArray」が呼び出す関数
// インデックス番号も出力する
func printItemWithIndex(index: Int, item: Any) {
    // 項目を1つ出力する
    print("  [\(index)] = '\(item)'")
}

// 関数「printArray」が呼び出す関数
// インデックス番号を出力しない
func printItem(index: Int, item: Any) {
    // 項目を1つ出力する
    print("  \(item)")
}

// コールバック関数を使って、項目を出力する関数を定義する
func printArray(itemArray: [Any],
    itemWriter: (Int, Any) -> Void) {
        // アイテム数を出力する
        print("item count = \(itemArray.count)")

        // 各アイテムを関数オブジェクトを使って出力する
        var index: Int = 0
        for item in itemArray {
            // 関数オブジェクトを使って、項目を出力する
            itemWriter(index++, item)
        }
}

// 出力する配列を定義する
let array: [Any] = [1, "A", "B", 5, 0.2]

// インデックス番号を出力しない関数オブジェクトを指定して出力する
printArray(array, itemWriter: printItem)

// インデックス番号を出力する関数オブジェクトを指定して出力する
printArray(array, itemWriter: printItemWithIndex)
```

このコードを実行すると、次のように表示されます。指定する関数オブジェクトを変更することで、処理を変更することができ、関数オブジェクトを使って、間接的に関数が実行されていることが確認できます。

```
item count = 5
  1
  A
  B
  5
```

```
    0.2
item count = 5
  [0] = '1'
  [1] = 'A'
  [2] = 'B'
  [3] = '5'
  [4] = '0.2'
```

次のコードは、関数オブジェクトが返した値を取得するコードです。関数オブジェクトを使って、配列の中に格納した値を変形させています。

```
// 関数オブジェクトを使って配列の内容を変形させる関数
// 「Int」の配列を引数にとる。
// 変形関数は「Int」を受け取り、「Int」を返す関数としている。
func transformArray(srcArray: [Int], t: (Int) -> Int) -> [Int] {
    // 変形後の配列
    var dstArray: [Int] = [Int]()

    // 配列の内容を変形する
    for i in srcArray {
        // 関数オブジェクトを呼び出す
        let j = t(i)

        // 変形後の値を配列に入れる
        dstArray.append(j)
    }

    // 変形後の配列を返す
    return dstArray
}

// 値を3乗する関数を定義する
func cube(i: Int) -> Int {
    return i * i * i
}

// 絶対値を返す関数を定義する
func absInt(i: Int) -> Int {
    return i < 0 ? -i : i
}

// 変形させる配列を定義する
let array1 = [-1, 2, -3, 4, -5]

// 値を3乗させた配列を作る
let array2 = transformArray(array1, t: cube)
```

```
// 絶対値を入れた配列を作る
let array3 = transformArray(array1, t: absInt)

// 各配列を出力する
print("array1=\(array1)")
print("array2=\(array2)")
print("array3=\(array3)")
```

このコードを実行すると、次のように出力されます。

```
array1=[-1, 2, -3, 4, -5]
array2=[-1, 8, -27, 64, -125]
array3=[1, 2, 3, 4, 5]
```

関連項目 ▶▶▶
- 関数を定義する ……………………………………………………………… p.117
- クロージャーを定義する …………………………………………………… p.132

SECTION-021

関数を入れ子定義する

関数の入れ子定義について

　Swiftでは、関数を入れ子で定義することができます。関数内で定義された関数は、その関数専用の関数となり、定義した関数よりも外側からは呼び出すことができません。

　関数を入れ子で定義するには、次のように、関数の中で、通常の関数を定義する構文で関数を定義します。

```
func 関数() {
    func 入れ子関数(引数の定義) {
        入れ子関数の処理
    }
}
```

　次のコードでは、「sumArray」と「averageArray」という関数を入れ子で定義しています。関数「sumArray」は、関数「calcArray」の中で2回使用しています（関数「average」内での呼び出しと、関数「calcArray」内で直接、呼び出し）。このように入れ子関数を使うと、1つの関数の中で複数回行う処理を独立させることができます。通常の関数でも同様のことはできますが、この入れ子関数を持っている関数以外では使わない関数のときなどには、邪魔になります。入れ子で定義すれば、そのようなこともありません。

```
// 関数を定義する
func calcArray(targetArray: [Int]) -> (Int, Double) {

    // 合計を計算する
    func sumArray(intArray: [Int]) -> Int {
        var sum: Int = 0
        for i in intArray {
            sum += i
        }
        return sum
    }

    // 平均を計算する
    func averageArray(intArray: [Int]) -> Double {
        // 関数「sumArray」を使って合計を計算する
        // 平均は浮動小数点数になる可能性があるので「Double」で計算する
        let sum:Double = Double(sumArray(intArray))
        let average = sum / Double(intArray.count)
        return average
    }
```

```
    // 合計を計算する
    let sum = sumArray(targetArray)

    // 平均を計算する
    let average = averageArray(targetArray)

    // 結果を返す
    return (sum, average)
}


// 配列を定義する
let intArray: [Int] = [1, 2, 3, 4, 5, 6]

// 関数を実行する
let res = calcArray(intArray)

// 結果を出力する
print("sum = \(res.0)")
print("average = \(res.1)")
```

このコードを実行すると、次のように出力されます。

```
sum = 21
average = 3.5
```

関連項目 ▶▶▶

- 関数を定義する ……………………………………………………………………… p.117

SECTION-022

クロージャーを定義する

クロージャーについて

クロージャーは、関数内で決められない処理を、関数を呼び出す側で指定する方法の1つです。クロージャーを使うと、関数オブジェクトを引数に取るところで、関数を指定するのではなく、直接、実行させるコードを書くことができます。クロージャーは次のような構文で記述します。

```
{ (引数の定義) -> 戻り値の型 in
    クロージャーの処理内容
}
```

関数オブジェクトについては《コールバック関数を定義する》(p.126)を参照してください。

関数の引数でクロージャーを使用する

関数の引数でクロージャーを受け取り、それを実行する関数は、関数オブジェクトを引数に取るように定義し、渡された関数オブジェクトを実行するようにします。クロージャーと関数のオブジェクトの違いは、実行する側ではなく、呼び出す側の記述方法にあります。

次のコードは《コールバック関数を定義する》(p.126)のサンプルコードをクロージャーを使って書き直したコードです。

```swift
// 関数オブジェクトを使って配列の内容を変形させる関数
// 「Int」の配列を引数にとる
// 変形関数は「Int」を受け取り、「Int」を返す関数としている
func transformArray(srcArray: [Int], t: (Int) -> Int) -> [Int] {
    // 変形後の配列
    var dstArray: [Int] = [Int]()
    
    // 配列の内容を変形する
    for i in srcArray {
        // 関数オブジェクトを呼び出す
        let j = t(i)
        
        // 変形後の値を配列に入れる
        dstArray.append(j)
    }
    
    // 変形後の配列を返す
    return dstArray
}

// 値を3乗する関数を定義する
func cube(i: Int) -> Int {
```

```
        return i * i * i
}

// 絶対値を返す関数を定義する
func absInt(i: Int) -> Int {
        return i < 0 ? -i : i
}

// 変形させる配列を定義する
let array1 = [-1, 2, -3, 4, -5]

// 値を3乗させた配列を作る
// 値を3乗させる処理はクロージャーで指定する
let array2 = transformArray(array1, t: { (i: Int) -> Int in
        return i * i * i
})

// 絶対値を入れた配列を作る
// 絶対値を求める処理はクロージャーで指定する
let array3 = transformArray(array1, t: { (i: Int) -> Int in
        return i < 0 ? -i : i
})

// 各配列を出力する
print("array1=\(array1)")
print("array2=\(array2)")
print("array3=\(array3)")
```

このコードを実行すると、次のように表示されます。

```
array1=[-1, 2, -3, 4, -5]
array2=[-1, 8, -27, 64, -125]
array3=[1, 2, 3, 4, 5]
```

このように、クロージャーを使うと、ちょっとしたユーザー定義処理やコールバック関数で行うような処理を、その場で記述することができます。長い処理でも指定できます（コードの見通しの良さという点では、クロージャーで長い処理を書くのは問題があるように著者個人は思います）。Swiftのクロージャーは、Objective-Cのブロックや他の言語でラムダ式、無名関数と呼ばれるものとよく似ています。

クロージャーを変数に入れて使用する

クロージャーで記述したコードは変数に格納することができます。変数に格納するときに指定した引数も含めて保持されます。

■ SECTION-022 ■ クロージャーを定義する

```swift
// クロージャーを入れた変数を定義する
// ここでは、「Int」型の引数を2つとり、「String」型の戻り値を持つ
// クロージャーを変数に入れている
var func1 = { (i: Int, j: Int) -> String in
    return "\(i) + \(j) = \(i + j)"
}

// 変数「func1」に入れたクロージャーを実行し、戻り値を出力する
print(func1(1, 2))
print(func1(3, 4))
```

このコードを実行すると、次のように表示されます。

```
1 + 2 = 3
3 + 4 = 7
```

▶値の参照保持とスコープ

クロージャー内では、クロージャーの外側にある変数なども参照することができます。この特徴により非常に柔軟なコードを書くことができます。ただし、注意しなければいけないこともあります。クロージャーは、クロージャーの外側にある変数を使用するために、その変数への参照を保持します。強い参照関係で保持するので、保持されているオブジェクトは解放されません。これが原因でメモリリークになる可能性もあります。この特徴は、関数オブジェクトであっても同様です。

```swift
// 関数を定義する
// この関数は関数オブジェクトを返す
// 関数オブジェクトは「Double」を2つ入れたタプルを返す
func makeDriver(dx dx: Double, dy: Double) -> (() -> (Double, Double)) {

    // 座標を保持する
    var x: Double = 0;
    var y: Double = 0;

    // 移動後の座標設定する
    func move() -> (Double, Double) {
        // 変数「x」と変数「y」を使っている
        // これにより変数「x」と変数「y」への参照が強い参照関係で
        // 関数「move」に保持される
        x += dx
        y += dy
        return (x, y)
    }

    return move
```

▼

```
    // 関数が完了するので、本来であれば変数「x」と変数「y」は解放される
    // しかし、関数「move」が保持しており、関数「move」はこの関数の
    // 戻り値として返されるので、解放されない。
    // そのため、変数「x」と「y」も解放されない
}

// 関数「makeDriver」が返した関数オブジェクトを変数にいれる
// つまり、ここでは関数「move」への関数オブジェクトが返される。
var driver = makeDriver(dx: 2, dy: 2)

// 変数「driver」に格納された関数を実行する
var res = driver()
print("res = \(res.0), \(res.1)")

// 変数「driver」に格納された関数を実行する
// 変数「driver」内の関数オブジェクトが保持している変数は解放されていないので
// 前回値よりも増やされる
res = driver()
print("res = \(res.0), \(res.1)")
```

このコードを実行すると、次のように表示されます。

```
res = 2.0, 2.0
res = 4.0, 4.0
```

引数を省略定義

クロージャーでは、引数の定義と「in」を省略することができます。型が自明であり、クロージャーの処理内容が単純なものであれば、コードがシンプルになります。引数省略時は、$0や$1のように「$」の後ろに引数のインデックス番号を書いて、引数を参照することができます。

次のコードは、整数の配列の要素の中で、10よりも大きい値のみ出力して、10以下の値は空文字を返すというコードです。

```
// 関数を定義する
// 引数「writer」は、「Int」受け取り「String」を返す関数オブジェクト
func printIntArray(intArray: [Int], writer: (Int) -> String) {
    for i in intArray {
        // 「writer」の戻り値を出力する
        print(writer(i))
    }
}

// 配列を定義する
let intArray = [1, 11, 9, 13]
// 10より大きいときのみ出力する
printIntArray(intArray, writer: { return ($0 > 10) ? "\($0)" : "" })
```

■SECTION-022 ■クロージャーを定義する

このコードを実行すると、次のように表示されます。

```
11
13
```

■トレイリングクロージャー(Trailing Closure)

関数オブジェクトを引数に取る関数を定義したときに、呼び出す関数オブジェクトをクロージャーを使って記述する場合、クロージャーのコードが長くなると、コードがわかりにくくなります。このようなときによいのが、トレイリングクロージャーです。トレイリングクロージャーは、関数オブジェクトを引数に取る関数を定義するときに、関数オブジェクトを最後の引数にすると、関数の引数の外側で、実行するクロージャーを記述することができる構文です。トレイリングクロージャーで記述したときと、通常の方法で記述したときとを並べると次のようになります。

```
// トレイリングクロージャーを使った場合
関数名(関数オブジェクト以外の引数) { クロージャー }

// トレイリングクロージャーを使っていない場合
関数名(関数オブジェクト以外の引数 , { クロージャー })
```

```swift
// 関数を定義する
func printIntArray(intArray: [Int], writer: (Int) -> String) {
    for i in intArray {
        // 関数オブジェクト「writer」を使って文字列を作る
        let str = writer(i)
        print(str)
    }
}

// 整数の配列を作る
let intArray = [1, 2, 3, 4, 5]

// クロージャーを指定して配列を出力する
printIntArray(intArray) { (i: Int) -> String in
    // 空の文字列を作る
    var str:String = String()
    
    // 変数「i」の個数だけ変数「i」を出力する
    for j in 0 ..< i {
        str += "\(i) "
    }
    
    return str
}
```

このコードを実行すると、次のように表示されます。

```
1
2 2
3 3 3
4 4 4 4
5 5 5 5 5
```

関連項目 ▶▶▶
- 関数を定義する ………………………………………………………………… p.117
- コールバック関数を定義する ………………………………………………… p.126

SECTION-023

ビルド設定の確認

ビルド設定について

　Objective-CやC言語では、プリプロセッサディレクティブを使って、コンパイル時に、ビルド設定によってコードを切り替えることができます。しかし、Swiftでは、プリプロセッサディレクティブはサポートされていません。

　しかし、完全に何もできないということではありません。コンパイラの「-D」オプションで定義されたシンボルの確認を行い、それによってコードを変更することだけはできるようになっています。

```
#if ビルド設定の条件式
    ビルド設定の条件式が「真」のときのコード
#elseif ビルド設定2の条件式
    ビルド設定2の条件式が「真」のときのコード
#else
    それ以外のときのコード
#endif
```

　ビルド設定の条件式では次の演算子を使用できます。

演算子	説明
&&	AND。左辺と右辺がどちらも「真」なら「真」
||	OR。左辺と右辺のどちらかが「真」なし「真」
!	NOT。右辺が「真」なら「偽」、「偽」なら「真」

▶ シンボルの定義

　ビルド設定でシンボルを定義するには、コンパイラの「-D」オプションを使用します。Xcode上では、ビルド設定の画面で、「Swift Compiler - Custom Flags」内の「Other Swift Flags」に記述します。

　次のコードは、「DEBUG」が定義されているときは「DEBUG MODE」と出力します。

ビルド設定	値
Other Swift Flags	-DDEBUG

```
#if DEBUG
print("DEBUG MODE")
    #else
print("RELEASE MODE")
#endif
```

　ビルド設定で「DEBUG」を定義している状態で、このコードを実行すると、次のように表示されます。

```
DEBUG MODE
```

▶OSとアーキテクチャによる切り替え

ビルド対象のOSやアーキテクチャによって、コードを切り替えるということがありますが、「#if」と次のような関数を組み合わせることで、Swiftでも切り替えを行うことができます。

関数名	説明
os()	OSを判定する。「#if os(iOS)」のように使用する。本書の執筆時点で指定可能な値は「OSX」「iOS」「watchOS」「tvOS」の4種類
arch()	アーキテクチャを判定する。指定可能な値は「x86_64」「arm」「arm64」「i386」の4種類

```
// OSの判定
#if os(OSX)
print("os = OS X")
    #elseif os(iOS)
print("os = iOS")
    #else
print("os = Unknown")
#endif

// アーキテクチャの判定
#if arch(x86_64)
print("arch = x86_64")
    #elseif arch(arm)
print("arch = arm")
    #elseif arch(arm64)
print("arch = arm64")
    #elseif arch(i386)
print("arch = i386")
    #else
print("arch = Unknown")
#endif
```

このコードをOS X用のコードで実行すると、次のように表示されます。

```
os = OS X
arch = x86_64
```

関連項目 ▶▶▶

- 実行環境によって処理を変更する ……………………………………………… p.140

SECTION-024

実行環境によって処理を変更する

■ 実行環境にって処理を変更するには

　プログラムの実行時に、プログラムを実行しているOSのバージョンなど、実行環境によって処理を変更したい場合には「#available」を使用します。「#available」はSwift 2.0から使用可能になりました。「#available」は次の構文で記述します。複数の条件を指定する場合には「,」で区切ります。

```
// 条件が1つのとき
#available(OS version, *)

// 条件が2つのとき
#available(OS version, OS2 version, *)
```

　指定した条件が成り立つときには、「真」(true)が返ります。実行時の判定なので、「if」や「guard」などで処理を分岐させます。
　「OS」に指定可能な値は執筆時点では次のものが定義されています。

- iOS
- iOSApplicationExtension
- OSX
- OSXApplicationExtension
- watchOS
- watchOSApplicationExtension
- tvOS
- tvOSApplicationExtension

　たとえば、次のコードは、iOS 9.0およびOS X 10.11以降かを判定しています。

```
import Foundation

// iOS 9.0以降、および、OS X 10.11以降かを判定する
if #available(iOS 9.0, OSX 10.11, *) {
    print("iOS 9.0, OS X 10.11 or laters")
} else {
    print("Less than iOS 8.0 or OS X 10.11")
}
```

　このコードをiOS 9.0以降およびOS X 10.11以降で実行すると、次のように出力されます。

```
iOS 9.0, OS X 10.11 or laters
```

iOS 9.0未満およびOS X 10.11未満で実行すると、次のように出力されます。

```
Less than iOS 8.0 or OS X 10.11
```

なお、プログラムのビルド設定の中には実行可能なOSの最低バージョンを指定する「Deployment Target」という設定があります。この設定が「#available」で判定するバージョンとかみ合っていない場合、ビルド時に警告が出ます。たとえば、「Deployment Target」の設定が「OS X 10.11」の場合に、前ページのサンプルコードをビルドすると、OS X 10.11未満は実行できない設定になっているため、警告が表示されます。

独自のコードで実行可能環境を指定するには

プログラム内で定義している関数の実行可能な実行環境を定義するには、「@available」を使用します。次のように関数定義の直前で記述します。

```
@available(OS version, *)
func 関数名() {
}
```

次のコードは、iOS 9.0およびOS X 10.11以降で使用可能であることを定義しています。

```
import Foundation

// iOS 9.0以降、および、OS X 10.11以降で実行可能
@available(iOS 9.0, OSX 10.11, *)
func myFunction() {
    print("myFunction")
}

// 関数を呼ぶ
myFunction()
```

「@available」で実行可能なOSを指定すると、「Deployment Target」の設定によってビルドエラーが発生し、ビルド時に実行環境のチェックが必要な場所が洗い出されます。たとえば、上記のサンプルコードはiOS 9.0以降およびOS X 10.11以降を指定しています。このコードをビルドするプロジェクトの「Deployment Target」の設定が「OS X 10.11」のときは何もエラーが表示されません。しかし、設定を「OS X 10.10」に変更すると次のようなビルドエラーが表示され、「#available」を使って実行時に動作環境を確認するように修正する必要があると表示されます。

```
'myFunction()' is only available on OS X 10.11 or newer
Fix-it Add 'if #available' version check
```

関連項目 ▶▶▶

- ビルド設定の確認 ……………………………………………………………… p.138

CHAPTER 03
列挙・構造体・クラス

SECTION-025

列挙を定義する

ここでは、列挙を定義する方法を解説します。

SAMPLE CODE
```
// 列挙「SignalColor」を定義する
enum SignalColor {
    case Red        // 赤
    case Yellow     // 黄
    case Blue       // 青
}
```

ONEPOINT　列挙を定義するには「enum」を使う

列挙は、あるものについて、取り得る値を定義するときに使用します。たとえば、信号の色を表す列挙を定義するとしたら、「赤」「青」「黄」という3つの色を、列挙で定義するということが考えられます。

列挙を定義するには「enum」を使用し、次のような構文で定義します。

```
enum 列挙の名称 {
    case メンバー(列挙で定義する値)1
    case メンバー(列挙で定義する値)2
    ... 以下、必要な個数だけ繰り返し
}
```

COLUMN　1つの「case」で複数のメンバーを定義するには

1つの「case」文で複数のメンバーを定義することもできます。次のように、「,」で区切って列挙します。

```
enum 列挙の名称 {
    case 列挙で定義する値1, 列挙で定義する値2, ... 以下、必要な個数だけ繰り返し
}
```

たとえば、次のように記述します。

```
// 列挙「SignalColor」を定義する
enum SignalColor {
    case Red, Yellow, Blue
}
```

■ SECTION-025 ■ 列挙を定義する

| COLUMN | C言語の列挙との違い |

　C言語やObjective-Cでの列挙と比較すると、Swiftの列挙には大きな違いが見れます。Swiftの列挙は整数との暗黙的な等価性がありません。たとえば、C言語やObjective-Cでは、次のように列挙を定義します。

```
enum {
    Red,
    Yellow,
    Blue
};
```

　このとき、「Red」の値は整数の「0」となり、「Yellow」は「1」、「Blue」は「2」です。また、次のように記述して、値を直接、割り当てることもあります。

```
enum {
    Red = 0x01,
    Yellow = 0x02,
    Blue = 0x03
};
```

　つまり、C言語やObjective-Cでの列挙は、あくまで数値を定数として定義したものとなります。しかし、Swiftの列挙は数値の定数ではなく、オブジェクトです。そのため最初に登場したSwiftのコードでの「Red」は「0」でありません。使用する目的によってはC言語のように数値を割り当てた方が都合がよい場合もあります。C言語やObjective-Cのような形で列挙を使用したい場合については、《列挙の「Raw Value」を使う》(p.152)を参照してください。

| COLUMN | 列挙を使用するには |

　定義した列挙は変数や関数の引数などとして使用できます。列挙で定義されているメンバーを参照するには、次のように「.」演算子を使います。

列挙名.メンバー名

　次のコードは、列挙「SignalColor」を定義し、関数の引数として使用します。関数「printColor」は、渡された列挙の値に対応する文字列を出力します。

```
// 列挙を定義する
enum SignalColor {
    case Red
    case Yellow
    case Blue
}
```

145

■ SECTION-025 ■ 列挙を定義する

```swift
// 関数を定義する
func printColor(c: SignalColor) {
    // 値によって分岐する
    switch (c) {
    case SignalColor.Red:
        // 値が「Red」のとき
        print("Red")

    case SignalColor.Yellow:
        // 値が「Yellow」のとき
        print("Yellow")

    case SignalColor.Blue:
        // 値が「Blue」のとき
        print("Blue")
    }
}

// 引数を変えながら関数を実行する
printColor(SignalColor.Red)
printColor(SignalColor.Yellow)
printColor(SignalColor.Blue)
```

このコードをビルドして実行すると、次のように出力されます。

```
Red
Yellow
Blue
```

　このコードでは、「switch」文に「default」がありません。Swiftの列挙は整数との暗黙的な等価性がないので、列挙「SignalColor」は「case」で定義された以外には存在しません。そのため、このサンプルコードの「switch」は「SignalColor」の取り得る値を網羅できています。そのため、「default」文は使っていません。

COLUMN　列挙名を省略するには

　使用する列挙が確実にわかるような自明のときには、列挙名を省略することができます。たとえば、前のCOLUMNのコードは次のように書くことができます。

```swift
// 列挙を定義する
enum SignalColor {
    case Red
    case Yellow
    case Blue
}

// 関数を定義する
func printColor(c: SignalColor) {
    // 値によって分岐する
    // 次の「switch」文の「case」は「SignalColor」の
    // メンバーであることが確実なため省略可能
    switch (c) {
    case .Red:
        // 値が「Red」のとき
        print("Red")

    case .Yellow:
        // 値が「Yellow」のとき
        print("Yellow")

    case .Blue:
        // 値が「Blue」のとき
        print("Blue")
    }
}

// 引数を変えながら関数を実行する
// この関数の引数は「SignalColor」として定義されている
// そのため、引数に指定している値は「SignalColor」のメンバーであることが
// 確実なため、省略可能
printColor(.Red)
printColor(.Yellow)
printColor(.Blue)
```

関連項目 ▶▶▶

- 列挙に関連する値を持たせる ……………………………………………………… p.148
- 列挙の「Raw Value」を使う ……………………………………………………… p.152

SECTION-026

列挙に関連する値を持たせる

ここでは、列挙に関連値を持たせる方法について解説します。

SAMPLE CODE

```swift
// 列挙を定義する
enum Status {
    case Undefined
    case Success

    // 値が「Error」のときだけ、「Int」の関連値を持つ
    case Error(Int)
}
```

ONEPOINT 列挙に関連値を持たせるには
「case」文でメンバーを定義するときに「()」で型を指定する

Swiftの列挙には、関連値を持たせることができます。関連値は、列挙の値を補うような値です。関連値はインスタンスごとに独立して格納されます。関連値を持たせるには、次のように「case」文でメンバーを定義するときに「()」で型を指定します。

```swift
enum 列挙の名称 {
    case メンバー1(関連値の型の定義)
    case メンバー2(関連値の型の定義)
}
```

COLUMN 関連値を複数定義するには

関連値を複数定義するときは「,」で区切って列挙します。次のコードは、列挙で3つの状態を定義し、「Error」のときは「Int」型と「String」型の関連値を持たせるように定義しています。それぞれ、エラーコードとエラーメッセージを入れることを想定しています。

```swift
// 列挙を定義する
enum Status {
    case Undefined
    case Success

    // 値が「Error」のときだけ、「Int」と「String」の関連値を持つ
    case Error(Int, String)
}
```

■ SECTION-026 ■ 列挙に関連する値を持たせる

COLUMN　関連値を設定するには

　関連値を持つように設定した列挙に対して、関連値を設定するには、次のようなコードを書きます。

```
// 列挙を定義する
enum Status {
    case Undefined
    case Success

    // 値が「Error」のときだけ、「Int」と「String」の関連値を持つ
    case Error(Int, String)
}

// 「Error」を格納する。関連値も同時に設定する
// 関連値は次のように「()」で囲んで指定する
var status = Status.Error(-1, "Uknown Error")

// 「Success」を格納する
var status2 = Status.Success
```

COLUMN　「switch」「case」の条件分岐で関連値を取得するには

　「switch」と「case」を使って条件分岐を行うときに、同時に関連値も取得するには、次のように「let」や「var」を組み合わせて、変数や定数に格納させるようにします。

```
// 列挙を定義する
enum Status {
    case Undefined
    case Success

    // 値が「Error」のときだけ、「Int」と「String」の関連値を持つ
    case Error(Int, String)
}

// 関数を定義する
func printStatus(status: Status) {
    // 「status」の値によって分岐する
    switch status {
    case .Undefined:
        // 「status」が「Undefined」のとき
        print("Undefined")

    case .Success:
```

149

■SECTION-026 ■ 列挙に関連する値を持たせる

```
        // 「status」が「Success」のとき
        print("Success")

    case .Error(let code, let msg):
        // 「status」が「Error」のとき
        // 関連値は定数「code」と「msg」に格納する
        // 記述する順番は、列挙を定義したときの順番と同じ
        print("Error : \(code), \(msg)")
    }
}

// 「Error」を格納する。関連値も同時に設定する
// 関連値は次のように「()」で囲んで指定する
var status = Status.Error(-1, "Uknown Error")

// 「Success」を格納する
var status2 = Status.Success

// 引数を変えながら関数を呼ぶ
printStatus(status)
printStatus(status2)
```

このコードをビルドして実行すると、次のように表示されます。

```
Error : -1, Uknown Error
Success
```

　また、関連値の格納先がすべて定数である場合や変数である場合には、関連値ごとに「let」や「var」を書かずに、「case」の後に書いて一括で定義することもできます。この書き方で上記のサンプルコードを書くと、次のようになります。実行結果も同じです。

```
// 列挙を定義する
enum Status {
    case Undefined
    case Success

    // 値が「Error」のときだけ、「Int」と「String」の関連値を持つ
    case Error(Int, String)
}

// 関数を定義する
func printStatus(status: Status) {
    // 「status」の値によって分岐する
    switch status {
    case .Undefined:
        // 「status」が「Undefined」のとき
        print("Undefined")
```

```
        case .Success:
            // 「status」が「Success」のとき
            print("Success")

        case let .Error(code, msg):
            // 「status」が「Error」のとき
            // 関連値は定数「code」と「msg」に格納する
            // 記述する順番は、列挙を定義したときの順番と同じ
            print("Error : \(code), \(msg)")
        }
    }

    // 「Error」を格納する。関連値も同時に設定する
    // 関連値は次のように「()」で囲んで指定する
    var status = Status.Error(-1, "Uknown Error")

    // 「Success」を格納する
    var status2 = Status.Success

    // 引数を変えながら関数を呼ぶ
    printStatus(status)
    printStatus(status2)
```

関連項目 ▶▶▶

- 変数を定義する …………………………………………………………………… p.60
- 定数を定義する …………………………………………………………………… p.66
- 「switch」を使って条件分岐する ………………………………………………… p.84
- 列挙を定義する …………………………………………………………………… p.144
- 列挙の「Raw Value」を使う ……………………………………………………… p.152

SECTION-027

列挙の「Raw Value」を使う

ここでは、列挙の「Raw Value」を使う方法について解説します。

SAMPLE CODE
```
// 列挙の型を「Int」にして定義する
enum DayOfWeek: Int {
    case Sun = 0
    case Mon = 1
    case Tue = 2
    case Wed = 3
    case Thu = 4
    case Fri = 5
    case Sat = 6
}
```

ONEPOINT 列挙の「Raw Value」を使うには型と値を指定する

　列挙を使用するときは、一連の関連する定数を定義する目的で使用することが多くあります。たとえば、エラーコードや特定の文字などです。このようなときは、列挙による識別が目的であるとの同時に、その実際の値が大きな意味を持ちます。少し言い換えると、「let」を使った定数定義を一気に行いたいというようなときです。このようなときには、列挙の「Raw Value」を使用すると便利です。

　「Raw Value」を使った列挙を定義するには、次のような構文で記述します。

```
enum 列挙の名称: 列挙の型 {
    case メンバー1 = 値1
    case メンバー2 = 値2
    ... 以下、必要な定義を記述する
}
```

　サンプルコードのように定義すると、C言語やObjective-Cの列挙のような、整数と等価な列挙を定義することができます。

■ SECTION-027 ■ 列挙の「Raw Value」を使う

COLUMN 自動的に値がインクリメントするようにするには

　C言語やObjective-Cの列挙のように自動的に値がインクリメントしていくような定義も行うことができます。「Raw Value」を使うように定義した列挙で、値を省略すると、「前の値 + 1」という値が割り当てられます。また、「Raw Value」の指定を省略すると、Objective-Cなどと同様に0から割り当てられます。たとえば、列挙「DayOfWeek」の定義は次のように書くこともできます。

```
// 列挙の型を「Int」にして定義する
enum DayOfWeek: Int {
    case Sun = 0, Mon, Tue, Wed, Thu, Fri, Sat
}
```

COLUMN 「Raw Value」を取得するには

　列挙のメンバーから「Raw Value」を取得するには、「rawValue」プロパティを使用します。

```
// 列挙を定義する
enum DayOfWeek: Int {
    case Sun = 0, Mon, Tue, Wed, Thu, Fri, Sat
}

// 列挙の「Raw Value」を出力する
var d = DayOfWeek.Sun
var i = d.rawValue
print("DayOfWeek.Sun = \(i)")

// 別の値を出力する
d = DayOfWeek.Fri
i = d.rawValue
print("DayOfWeek.Fri = \(i)")
```

　このコードを実行すると、次のように出力され、「Raw Value」の値が取得できていることが確認できます。

```
DayOfWeek.Sun = 0
DayOfWeek.Fri = 5
```

COLUMN 「Raw Value」から列挙に変換するには

「rawValue」プロパティとは逆に、「Raw Value」から列挙に変換するイニシャライザも用意されています。「Raw Value」から列挙のメンバーに変換するには、次のイニシャライザを使用します。

```
init(rawValue: n)
```

```
// 列挙を定義する
enum DayOfWeek: Int {
    case Sun = 0, Mon, Tue, Wed, Thu, Fri, Sat
}

// 数値(「Raw Value」)から列挙のメンバーに変換する
var d = DayOfWeek(rawValue: 3)

// 「Wed」に変換できたか「if」で確認する
if d == DayOfWeek.Wed {
    print("d is DayOfWeek.Wed")
}
```

このコードを実行すると、次のように表示され、「3」という数値から列挙「DayOfWeek」の「Wed」に変換できたことが確認できます。

```
d is DayOfWeek.Wed
```

COLUMN 「Raw Value」から変換できないときについて

「Raw Value」を指定したイニシャライザで、定義されていない数値を使うと変換ができないため、「nil」が返ってきます。そのため、確実に変換ができると保証されている場所以外では、「nil」になる可能性があるということを前提にしたコードにする必要があります。たとえば、次のようなコードを記述します。

```
// 列挙を定義する
enum SignalColor: Int {
    case Red, Yellow, Blue
}

// 値を変化させながら列挙に変換できたかをチェックする
for var i = 0; i < 4; ++i {
    var colorName: String?
    
    // 変換と同時に「nil」チェックを行う
    if let color = SignalColor(rawValue: i) {
```

```
        // 変換できたとき(「nil」以外)
        // 列挙の値によって分岐
        switch color {
        case .Red:
            colorName = "Red"
        case .Yellow:
            colorName = "Yellow"
        case .Blue:
            colorName = "Blue"
        }
    } else {
        // 変換できなかったとき(「nil」になったとき)
        colorName = "---"
    }
    
    // 結果を出力
    print("fromRaw(\(i)) = \(colorName!)")
}
```

このコードをビルドして実行すると、次のように出力されます。

```
fromRaw(0) = Red
fromRaw(1) = Yellow
fromRaw(2) = Blue
fromRaw(3) = ---
```

関連項目 ▶▶▶

- 列挙を定義する ………………………………………………………………… p.144
- 列挙に関連する値を持たせる …………………………………………………… p.148

SECTION-028

構造体やクラスを定義する

構造体やクラスについて

　プログラムは、さまざまな情報を変数や定数に入れますが、単純な整数だけを持つものや文字列を持つものだけではなく、実際には値を組み合わせて1つのものを表現するということの方が多くあります。たとえば、物の大きさを表現したいときには、幅と高さ、奥行きという3つの情報が必要です。このように複数の情報を組み合わせて、1つの情報を表現するときに使用するのが構造体やクラスです。たとえば、幅と高さ、奥行きを3つの「Int」で表現する代わりに、1つの「Size」という構造体もしくはクラスを作り、「Size」の中に、3つの「Int」を持たせるということができます。

　SwiftのSDKにも多くのクラスや構造体が定義されています。たとえば「String」や「Int」は構造体として定義されています。本書の別のCHAPTERで取り上げる「NSURL」クラスはSDKが提供しているクラスの1つです。また、iOSアプリを作るときには、iOS SDKが提供しているクラスや構造体を使ってアプリの機能を作ります。

▶クラスの定義方法

　クラスを定義するには「class」キーワードを使用し、次のような構文で記述します。

```
class クラス名 {

    // クラスのプロパティやメソッドなどを定義する

}
```

　たとえば、「Box」というクラスは次のように定義します（ここでは、クラスが持つプロパティやメソッドについては省略しています）。

```
class Box {
}
```

▶構造体の定義方法

　構造体を定義するには「struct」キーワードを使用し、次のような構文で記述します。

```
struct 構造体名 {

    // 構造体のプロパティやメソッドなどを定義する

}
```

　たとえば、「Point」という構造体は次のように定義します（ここでは、構造体が持つプロパティやメソッドについては省略しています）。

```
struct Point {
}
```

▶ **インスタンスについて**

　構造体やクラスは型になります。実際にはインスタンスという実体を作って使用します。本書のサンプルコードでも使用してきた「Int」や「String」で例えると、構造体やクラスというのは「Int」や「String」に相当します。インスタンスは、「10」や「ABC」などの実体に相当します。

▶ **プロパティについて**

　構造体やクラスは、インスタンスごとに独立した変数や定数を持つことができます。これをプロパティと呼びます。構造体やクラスで表現したいものの属性や情報を格納する目的で使用します。たとえば、物の大きさを表現する構造体やクラスであれば、「幅」「高さ」「奥行き」のようなプロパティを定義します。

　プロパティの定義方法については、《**プロパティを定義する**》(p.159)を参照してください。

▶ **メソッドについて**

　構造体やクラスは関数を持つことができます。これらの関数をメソッドと呼びます。メソッドには、構造体やクラス単位で独立しているメソッドとインスタンスごとに独立しているメソッドがあります。クラスや構造体ごとに独立しているメソッドを「タイプメソッド」と呼び、インスタンスごとに独立しているメソッドを「インスタンスメソッド」と呼びます。

　インスタンスメソッドは、インスタンスに関連付けられているので、そのインスタンスが格納しているプロパティを使用することができますが、タイプメソッドでは直接はできません。タイプメソッドは、インスタンスとは関係なく、型に関連付けられているからです。

　メソッドの定義方法については、《**メソッドを定義する**》(p.184)を参照してください。

構造体とクラスの違いについて

　構造体とクラスは、どちらも同じような情報を表現できます。これは、どちらを使っても同じというように捉えられてしまいますが、構造体とクラスは使い分けることが重要です。構造体の目的は、単純な情報をひとまとめにカプセル化して扱いやすくすることです。シンプルなものを表現することに向いています。一方、クラスは複雑なデータ表現などもできるようになっています。

　上記のような、もともとの考え方の違いの他に、機能としても次のような違いがあります。

- インスタンスを別の変数に代入するときに、構造体は値渡し、クラスは参照渡しになる
- クラスは、別のクラスを継承したサブクラス（子クラス）を作ることができる
- クラスのインスタンスは実行時にクラスをチェックすることができる
- クラスは、インスタンスが解放されるときの処理を書くことができる

　値渡しと参照渡しについては65ページ、クラスの継承については《**サブクラスを定義する**》(p.198)、実行時のクラスチェックについては《**インスタンスが指定したクラスかを調べる**》(p.252)、インスタンス解放時の後処理については180ページをそれぞれ参照してください。

■ SECTION-028 ■ 構造体やクラスを定義する

■ インスタンスを確保する

　クラスや構造体は、タイプメソッドを使うとき以外は、インスタンスを確保して、そのインスタンスを使います。クラスや構造体のインスタンスを確保するには、次のような構文で記述します。

> クラス名(イニシャライザメソッドが定義する引数)

　イニシャライザメソッドは、インスタンスを初期化するために使用されるメソッドです。イニシャライザメソッドが引数を指定していなければ、「()」の中は空になります。イニシャライザメソッドについては《**イニシャライザメソッドを定義する**》(p.176)を参照してください。

　確保したインスタンスは、どこかに入れなければ使えません。たとえば、次のように記述して、変数に入れて使用したり、関数やメソッドの引数に指定するなどして使用します。

```
// クラスを定義する
class Box {

}

// クラス「Box」のインスタンスを引数とする関数を定義する
func printBox(box1: Box, box2: Box, box3: Box) {
    // ここでは何もしない
}

// クラス「Box」のインスタンスを確保して、変数「aBox」に代入する
var aBox = Box()
// クラス「Box」のインスタンスをもう1つ確保して、変数「aBox2」に代入する
var aBox2 = Box()
// 関数「printBox」の引数にして渡す。
// 同時に、新しいインスタンスを確保して3番目の引数として渡している
printBox(aBox, box2: aBox2, box3: Box())
```

COLUMN　**クラスとファイル分割**

　本書のサンプルコードでは、誌面や説明の都合で1つのソースファイルに複数のクラスを記述していますが、実際にアプリを開発するときには、クラスごとにソースファイルを分割することが一般的です。メンテナンスの都合やコードの複雑化を避ける上でもクラス単位で分割した方がよいでしょう。

関連項目 ▶▶▶
- 変数を定義する ……………………………………………………………… p.60
- プロパティを定義する ……………………………………………………… p.159
- イニシャライザメソッドを定義する ………………………………………… p.176
- メソッドを定義する ………………………………………………………… p.184
- サブクラスを定義する ……………………………………………………… p.198
- インスタンスが指定したクラスかを調べる ………………………………… p.252

SECTION-029

プロパティを定義する

ここでは、プロパティを定義する方法について解説します。

SAMPLE CODE

```
// 構造体「ShapeSize」を定義する
// ここでは3つのプロパティを初期値0で定義している
struct ShapeSize {
    var width = 0
    var height = 0
    var depth = 0
}

// 構造体「ShapeLocation」を定義する
// ここでは3つのプロパティを初期値0で定義している
struct ShapeLocation {
    var x = 0
    var y = 0
    var z = 0
}

// クラス「ShapeBox」を定義する
// ここでは2つのプロパティを持ち、初期値としてインスタンスを新規確保している
class ShapeBox {
    var size = ShapeSize()
    var loc = ShapeLocation()
}
```

ONEPOINT プロパティを定義するには「struct」や「class」の中で「var」を使う

構造体やクラスのプロパティを定義するには、次のように「struct」や「class」の中で「var」を使って変数を定義します。

```
struct 構造体名 {
    var プロパティ名 = 初期値
}

class クラス名 {
    var プロパティ名 = 初期値
}
```

SECTION-029 ● プロパティを定義する

COLUMN 型を指定するには

プロパティは初期値から型が推論されて決定されています。しかし、明示的に型を宣言したい場合もあります。型を宣言したいときは、変数で型を指定するときと同様に次のような構文で記述します。

```
struct 構造体名 {
    var プロパティ名: 型 = 初期値
}

class クラス名 {
    var プロパティ名: 型 = 初期値
}
```

次のコードは159ページのコードに型の宣言を追加したコードです。

```
// 構造体「ShapeSize」を定義する
// ここでは3つのプロパティを初期値0で定義している
struct ShapeSize {
    var width: Double = 0
    var height: Double = 0
    var depth: Double = 0
}


// 構造体「ShapeLocation」を定義する
// ここでは3つのプロパティを初期値0で定義している
struct ShapeLocation {
    var x: Double = 0
    var y: Double = 0
    var z: Double = 0
}


// クラス「ShapeBox」を定義する
// ここでは2つのプロパティを持ち、初期値としてインスタンスを新規確保している
class ShapeBox {
    var size: ShapeSize = ShapeSize()
    var loc: ShapeLocation = ShapeLocation()
}
```

COLUMN オプショナル変数を使用する

　プロパティでも「nil」になる可能性があるときには、オプショナル変数を使うことができます。構文は、通常のオプショナル変数の定義と同じで次のように記述します。

```
struct 構造体名 {
    var プロパティ名: 型?
}

class クラス名 {
    var プロパティ名: 型?
}
```

　次のコードは160ページのコードで、クラス「ShapeBox」のプロパティをオプショナル変数に変えた場合のコードです。

```
// 構造体「ShapeSize」を定義する
// ここでは3つのプロパティを初期値0で定義している
struct ShapeSize {
    var width: Double = 0
    var height: Double = 0
    var depth: Double = 0
}

// 構造体「ShapeLocation」を定義する
// ここでは3つのプロパティを初期値0で定義している
struct ShapeLocation {
    var x: Double = 0
    var y: Double = 0
    var z: Double = 0
}

// クラス「ShapeBox」を定義する
// ここでは2つのプロパティを持ち、初期値を指定していない(つまり「nil」)
class ShapeBox {
    var size: ShapeSize?
    var loc: ShapeLocation?
}
```

SECTION-029 プロパティを定義する

COLUMN プロパティを使用するには

プロパティに値を代入したり、プロパティの値を取得するには、次のように「.」演算子を使用します。

```
// プロパティに値を代入する
インスタンス.プロパティ名 = 代入する値

// プロパティの値を参照する(取得する)
インスタンス.プロパティ名
```

次のコードは、プロパティへの値の代入と取得を行っているコードです。プロパティ「size」と「loc」はオプショナル変数なので、そのプロパティを参照するときに「?」を付ける必要がある点には注意が必要です。また、このコードでは「Optional」という文字列が出力されないようにするために「!」を使って、オプショナル変数から通常の変数に変換してから文字列化しています。なお、ここでは、例として示すために「?」を付けていますが、実際には「nil」かどうかをチェックするため、「if」や「guard」を使って、オプショナル変数のアンラップを行った方がわかりやすいコードになるでしょう。

```
// 構造体「ShapeSize」を定義する
// ここでは3つのプロパティを初期値0で定義している
struct ShapeSize {
    var width: Double = 0
    var height: Double = 0
    var depth: Double = 0
}

// 構造体「ShapeLocation」を定義する
// ここでは3つのプロパティを初期値0で定義している
struct ShapeLocation {
    var x: Double = 0
    var y: Double = 0
    var z: Double = 0
}

// クラス「ShapeBox」を定義する
// ここでは2つのプロパティを持ち、初期値を指定していない(つまり「nil」)
class ShapeBox {
    var size: ShapeSize?
    var loc: ShapeLocation?
}

// クラス「ShapeBox」のプロパティを取得する関数を定義する
func printBox(aBox: ShapeBox) {
```

```
    // プロパティ「size」の値を出力する
    print("size = (\((aBox.size?.width)!), " +
        "\((aBox.size?.height)!), \((aBox.size?.depth)!))")
    // プロパティ「loc」の値を出力する
    print("loc  = (\((aBox.loc?.x)!), " +
        "\((aBox.loc?.y)!), \((aBox.loc?.z)!))")
}


// 構造体のインスタンスを確保して値を代入する
var size = ShapeSize()
size.width = 10
size.height = 20
size.depth = 30

var loc = ShapeLocation()
loc.x = 1
loc.y = 2
loc.z = 3

// クラスのインスタンスを確保して、構造体を代入する
var aBox = ShapeBox()
aBox.loc = loc
aBox.size = size

// プロパティの値を取得して出力する
printBox(aBox)
```

このコードをビルドして実行すると、次のように出力されます。

```
size = (10.0, 20.0, 30.0)
loc  = (1.0, 2.0, 3.0)
```

COLUMN 定数を使ったプロパティについて

プロパティは変数だけではなく、「let」を使って定数として定義することができます。定数なので変更することはできませんが、読み込み専用のプロパティとして使うことができます。

```
// 構造体を定義する
struct Rectangle {
    // 読み込み専用のプロパティを定数で定義する
    let numOfLines = 4
}
```

```
// インスタンスを確保する
var rt = Rectangle()

// プロパティの値を出力する
print("numOfLines = \(rt.numOfLines)")
```

このコードを実行すると、次のように出力されます。

```
numOfLines = 4
```

COLUMN　タイププロパティについて

　プロパティは通常はインスタンスに関連付けられますが、Swiftでは、構造体などの型に関連付けられたプロパティを定義することができます。このようなプロパティをタイププロパティと呼びます。構造体やクラス、列挙のタイププロパティを定義するには「var」の前に「static」を付けて定義します。

　タイププロパティに値を参照したり、その値を取得するには、型名（クラス名、構造体名、列挙名）の後ろに「.」を付けて参照します。

```
// 構造体を定義する
struct Rectangle {
    // タイププロパティを定義する
    static var numOfVertexes: Int = 4
    
    // その他のプロパティを定義する
    var x = 0
    var y = 0
    var w = 0
    var h = 0
}

// 列挙を定義する
enum SignalColor {
    // タイププロパティを定義する
    static var numOfColors = 3
    
    // 列挙のメンバーを定義する
    case Red, Yellow, Blue
}

// 構造体のタイププロパティを出力する
print("Rectangle.numOfVertexes=\(Rectangle.numOfVertexes)")
```

```
// 構造体のタイププロパティのを変更し、出力する
Rectangle.numOfVertexes = 1
print("Rectangle.numOfVertexes=\(Rectangle.numOfVertexes)")

// 列挙のタイププロパティを出力する
print("SignalColor.numOfColors=\(SignalColor.numOfColors)")

// 列挙のタイププロパティを変更し、出力する
SignalColor.numOfColors = 1
print("SignalColor.numOfColors=\(SignalColor.numOfColors)")
```

このコードを実行すると、次のように出力されます。

```
Rectangle.numOfVertexes=4
Rectangle.numOfVertexes=1
SignalColor.numOfColors=3
SignalColor.numOfColors=1
```

COLUMN 暗黙的にアンラップされるプロパティ

　iOSアプリやOS Xのアプリを作るときに使用する、アウトレットなど、初期状態は「nil」になり、何らかの処理を行った後に有効な値が代入され、そのプロパティを使用するところでは、オプショナル変数を使ったプロパティではなく、通常の変数を使ったプロパティとして使用したいというときには、暗黙的にアンラップされるプロパティを使用します。

　暗黙的にアンラップされるプロパティを定義するには、次のように型に「!」を付けて定義します。

var プロパティ名: 型!

　次のコードは、「setup」メソッドが呼ばれるまではプロパティ「message」は「nil」になっていますが、「setup」メソッドを呼び出した後に実行する「printMessage」メソッド内では、通常の変数を使ったプロパティとして使用しているという例です。

```
import Foundation

// クラスを定義する
class MyObject : NSObject {
    // 暗黙的にアンラップされるプロパティを定義する
    var message: String!

    // メッセージを初期化するメソッド
    func setup() {
        self.message = "OK"
    }
```

■ SECTION-029 ■ プロパティを定義する

```
    // メッセージを出力するメソッド
    func printMessage() {
        print(self.message)
    }
}

// インスタンスを確保する
let obj = MyObject()

// メソッドを呼ぶ
obj.setup()
obj.printMessage()
```

このコードを実行すると、次のように出力されます。

```
OK
```

　なお、暗黙的にアンラップされるプロパティを使うときに、有効な値が代入されておらず、「nil」になっている場合には、クラッシュします。必ず値を代入してから使用するようにしてください。

関連項目 ▶▶▶
- 変数を定義する …………………………………………………………………………… p.60
- 定数を定義する …………………………………………………………………………… p.66
- 構造体やクラスを定義する ……………………………………………………………… p.156

SECTION-030

遅延プロパティを定義する

ここでは、遅延プロパティを定義する方法について解説します。

SAMPLE CODE

```swift
// クラスを定義する
class MyCollection {
    // 通常のプロパティを定義する
    var item1 = MyItem1()

    // 遅延プロパティを定義する
    lazy var item2 = MyItem2()
}

class MyItem1 {
    // イニシャライザを定義する
    init() {
        print("MyItem1")
    }
}

class MyItem2 {
    // イニシャライザを定義する
    init() {
        print("MyItem2")
    }
}

// クラス「MyCollection」のインスタンスを作る
// この時点で、プロパティ「item1」は初期化されるのでインスタンスが確保される
print("Allocate MyCollection")
var collection = MyCollection()

// 次にプロパティ「item1」「item2」を取得する
// ここで「item2」は初期化される
print("Get properties")
var item1 = collection.item1
var item2 = collection.item2
```

このコードを実行すると、次のように出力されます。クラス「MyCollection」のインスタンスを確保した時点では、遅延プロパティは初期化されないことが確認できます。

```
Allocate MyCollection
MyItem1
```

■ SECTION-030 ■ 遅延プロパティを定義する

```
Get properties
MyItem2
```

HINT
インスタンスが確保されたときにコンソールに出力するために、イニシャライザメソッドを定義しています。イニシャライザメソッドについては《イニシャライザメソッドを定義する》(p.176)を参照してください。

ONEPOINT　遅延プロパティを定義するには「lazy」を使用する

　遅延プロパティは、実際にプロパティを使用するときまで初期化処理が行われないというプロパティです。初期値でクラスのインスタンスを確保するときに、インスタンス確保そのものは時間がかかる場合や、メモリを多く使うときに、必要なければ実行したくないときなどに使用します。遅延プロパティはクラスだけではなく、構造体でも使用可能です。

　遅延プロパティを定義するには、次のように「var」の前に「lazy」を書きます。

```
class クラス名 {
    lazy var プロパティ名 = 初期値
}
```

関連項目 ▶▶▶
- プロパティを定義する ……………………………………………………………… p.159
- イニシャライザメソッドを定義する …………………………………………… p.176

SECTION-031

コンピューテッド・プロパティを定義する

コンピューテッド・プロパティについて

コンピューテッド・プロパティは、値を単純に格納しておくのではなく、設定処理や取得処理をコードで記述するプロパティです。実際には変数に格納する場合であっても、コンピューテッド・プロパティを使うことで、格納される方法を独自に定義したり、格納されている状態と取得できる値とで変換を行うことなどもできます。なお、値が単純に格納される通常のプロパティのことを「ストアド・プロパティ」と呼びます。

コンピューテッド・プロパティの定義方法

コンピューテッド・プロパティを定義するには、次のような構文で記述します。構文はクラスでも構造体でも同じです。

```
class クラス名 {
    var プロパティ名: プロパティの型 {
        get {
            // プロパティの値を取得する処理

            return プロパティの値
        }
        set(新しい値を入れる引数) {
            // プロパティの値を設定する処理
        }
    }
}
```

次のコードは、原点(プロパティ「origin」)とサイズ(プロパティ「size」)が通常のプロパティで、プロパティ「botRight」は、この2つのプロパティを使ったコンピューテッド・プロパティで実装しています。

```
// 点を表す構造体を定義する
struct Point {
    var x = 0.0
    var y = 0.0
}

// 大きさを表す構造体を定義する
struct Size {
    var width = 0.0
    var height = 0.0
}
```

SECTION-031 コンピューテッド・プロパティを定義する

```swift
// 矩形を表す構造体を定義する
struct Rect {
    // 原点を格納するプロパティ
    var origin = Point()

    // 大きさを格納するプロパティ
    var size = Size()

    // 右下の座標を表すプロパティ
    var botRight: Point {
        get {
            var pt = Point()
            pt.x = self.origin.x + self.size.width
            pt.y = self.origin.y + self.size.height
            return pt
        }
        set(pt) {
            self.size.width = pt.x - self.origin.x
            self.size.height = pt.y - self.origin.y
        }
    }
}

// 矩形のインスタンスを確保する
var rt = Rect()

// 原点を設定する
rt.origin.x = 10
rt.origin.y = 10

// 大きさを設定する
rt.size.width = 40
rt.size.height = 30

// 右下の座標を取得する
var pt = rt.botRight
print("rt.botRight.x = \(pt.x)")
print("rt.botRight.y = \(pt.y)")

// 右下の座標を変更する
pt.x += 40
pt.y += 30
rt.botRight = pt

// 右下の座標を取得する
var pt2 = rt.botRight
print("rt.botRight.x = \(pt2.x)")
```

```
print("rt.botRight.y = \(pt2.y)")
```

このコードを実行すると、次のように出力されます。

```
rt.botRight.x = 50.0
rt.botRight.y = 40.0
rt.botRight.x = 90.0
rt.botRight.y = 70.0
```

▶プロパティの値を取得する処理について

　プロパティの値を取得する処理は、「get」を使って記述します。他のプロパティの値を参照して計算して求めたり、ファイルから読み込むなど、プロパティによって異なる取得処理を行います。最終的にプロパティの値として返す値は「return」を使って呼び出し元に返します。

▶プロパティの値を設定する処理について

　プロパティの値を設定する処理は、「set」を使って記述します。計算して値を変換して、必要なプロパティに設定したり、ファイルに書き込むなど、プロパティによって異なる設定処理を行います。新しい値を入れる引数を省略した場合は、デフォルトで「newValue」という名前の引数が指定されたものとして動作します。

読み込み専用のプロパティについて

　プロパティの値が読み込み専用の場合は、「set」を省略します。「get」のみが記述されているときは、読み込み専用のプロパティとなります。読み込み専用のプロパティの場合には、次のように「get」も省略した構文で記述することもできます。

```
class クラス名 {
    var プロパティ名: プロパティの型 {
        // プロパティの値を取得する処理

        return プロパティの値
    }
}

// 点を表す構造体を定義する
struct Point {
    var x = 0.0
    var y = 0.0
}

// 大きさを表す構造体を定義する
struct Size {
    var width = 0.0
    var height = 0.0
}
```

■ SECTION-031 ■ コンピューテッド・プロパティを定義する

```
// 矩形を表す構造体を定義する
struct Rect {
    // 原点を格納するプロパティ
    var origin = Point()

    // 大きさを格納するプロパティ
    var size = Size()

    // 右下の座標を表すプロパティ
    var botRight: Point {
        var pt = Point()
        pt.x = self.origin.x + self.size.width
        pt.y = self.origin.y + self.size.height
        return pt
    }
}

// 矩形のインスタンスを確保する
var rt = Rect()

// 原点を設定する
rt.origin.x = 10
rt.origin.y = 10

// 大きさを設定する
rt.size.width = 40
rt.size.height = 30

// 右下の座標を取得する
var pt = rt.botRight
print("rt.botRight.x = \(pt.x)")
print("rt.botRight.y = \(pt.y)")
```

このコードをビルドして実行すると、次のように出力されます。

```
rt.botRight.x = 50.0
rt.botRight.y = 40.0
```

■ SECTION-031 ■ コンピューテッド・プロパティを定義する

> **COLUMN**　「self」について
>
> 　「self」は、メソッドが書かれているクラスや構造体のインスタンス自身を表すキーワードです。169ページのサンプルコードでは「self.origin.x」というように、自分自身のプロパティ「origin」のプロパティ「x」を参照するときに使用しました。この「self」は、重複する変数などがなく、プロパティのことだと明確に判断できる場合には、省略することも可能です。

> **COLUMN**　メソッドよりもプロパティを定義する
>
> 　Swiftでは、標準ライブラリを参考にすると、値を取得するという処理はメソッドではなく、プロパティとして定義するのが一般的です。変数に入っている値を単純に返すという処理だけではなく、何らかの計算処理やファイルアクセスなどを伴うものでも、読み込み専用のプロパティになっているということが多く見られます。もちろん、値を取得するのにあたって、パラメータを必要とするものはメソッドで定義する必要があります。独自に実装するコードでも同様にしなければいけないということはありませんが、標準ライブラリがどのようなものをプロパティにしているのかについては、参考になると思います。

関連項目 ▶▶▶

- プロパティを定義する ……………………………………………………………… p.159

SECTION-032

プロパティの変更前後の処理を定義する

プロパティの変更前後の処理を定義するには

プロパティが変更される直前や直後に特定の処理を行いたいときには、プロパティ監視を使用します。プロパティ監視は次のように「willSet」と「didSet」という2つの部分で構成されます。

```
class クラス名 {
    var プロパティ名: プロパティの型 = 初期値 {
        willSet(変更後の値を入れる変数) {
            // プロパティが変更される直前に呼ばれる処理
        }
        didSet(変更前の値を入れる変更す) {
            // プロパティが変更された直後に呼ばれる処理
        }
    }
}
```

次のコードは、プロパティの変更前と変更直後でそれぞれコンソールに値を出力するコードです。

```
// クラスを定義する
class Signal {
    // プロパティを定義する
    var colorIndex: Int = 0 {
        
        willSet {
            // プロパティ変更前の処理
            // コンソールに出力する
            print("willSet   \(self.colorIndex) -> \(newValue)")
        }
        didSet {
            // プロパティ変更後の処理
            // コンソールに出力する
            print("didSet    \(self.colorIndex) <- \(oldValue)")
        }
    }
}

// インスタンスを確保する
var aSignal = Signal()

// プロパティを変更する
aSignal.colorIndex = 1
```

■ SECTION-032 ■ プロパティの変更前後の処理を定義する

```
// プロパティをもう一度変更する
aSignal.colorIndex = 5
```

このコードを実行すると、次のように出力されます。

```
willSet   0 -> 1
didSet    1 <- 0
willSet   1 -> 5
didSet    5 <- 1
```

▶プロパティが変更される直前の処理

　プロパティが変更される直前に行う処理は「willSet」に記述します。変更後の値を代入する変数を省略した場合は「newValue」という変数が指定されたものとして実行されます。

▶プロパティが変更された直後の処理

　プロパティが変更された直後に行う処理は「didSet」に記述します。変更前の値を代入する変数を省略した場合は「oldValue」という変数が指定されたものとして実行されます。

> **COLUMN** 別のクラスで変更されたことを知りたい場合
>
> 　別のクラスで、プロパティが変更されたときに処理を実行したい場合には、このセクションで解説しているプロパティ監視から、変更されたときに実行したい処理を呼び出したり、関数オブジェクトを実行する、ノーティフィケーションを使って通知するなどの方法があります。他にもKVOという方法を使って変更を監視することもできます。関数オブジェクトについては《コールバック関数を定義する》(p.126)、ノーティフィケーションについては《ノーティフィケーションを投げる》(p.732)、KVOについては《KVOを使ってプロパティの変更を監視する》(p.278)を参照してください。

関連項目 ▶▶▶
- コールバック関数を定義する ……………………………………………………… p.126
- プロパティを定義する ……………………………………………………………… p.159
- コンピューテッド・プロパティを定義する ……………………………………… p.169
- KVOを使ってプロパティの変更を監視する ……………………………………… p.278
- ノーティフィケーションを投げる ………………………………………………… p.732

SECTION-033

イニシャライザメソッドを定義する

■ イニシャライザメソッドについて

　構造体やクラスのプロパティの初期化など、インスタンスを確保したときに必ず実行するべき処理というものがあります。これらの処理を実行するためのメソッドがイニシャライザメソッドです。

　イニシャライザメソッドは、インスタンスを確保するときに自動的に呼ばれます。イニシャライザメソッドは引数を変更することで複数、定義することができます。どのイニシャライザメソッドが呼ばれるかは、インスタンスを確保するときに指定する引数によって変わります。インスタンスを確保するときに指定した引数に合わせて適切なイニシャライザメソッドが呼ばれます。適切なイニシャライザメソッドがないときには、コンパイルエラーとなります。

■ イニシャライザメソッドの定義方法

　イニシャライザメソッドを定義するには、次のように「init」という名前で定義します。

```
class クラス名 {
    init() {
        // イニシャライザメソッドで実行する処理
    }

    init(引数の定義) {
        // 引数が異なるイニシャライザメソッドで実行する処理
    }
}
```

```
// 構造体「Point」を定義する
struct Point {
    var x: Double = 0.0
    var y: Double = 0.0

    // 座標を引数にとるイニシャライザメソッドを定義する
    init(x: Double, y: Double) {
        self.x = x
        self.y = y
    }
}

// クラス「Shape」を定義する
class Shape {
    // 名前を入れる定数プロパティ
    let name: String
```

```
    // 構造体「Point」の配列を入れるプロパティ
    var pointArray: [Point] = []

    // デフォルトのイニシャライザメソッド
    init() {
        // プロパティ「name」に「Empty」と代入する
        name = "Empty"
    }

    // 2つの引数を取るイニシャライザメソッド
    init(pt1: Point, pt2: Point) {
        // プロパティ「name」に「Line」と代入する
        name = "Line"

        // プロパティ「pointArray」に新しい配列を代入する
        pointArray = [pt1, pt2]
    }
}

// インスタンスを確保する
var empty = Shape()
var line = Shape(pt1:Point(x: 0, y: 0), pt2:Point(x: 10, y: 10))

// 確保したインスタンスのプロパティ「name」を出力して
// どちらのイニシャライザメソッドが実行されたか確認する
print("empty.name = \(empty.name)")
print("line.name = \(line.name)")
```

このコードを実行すると、次のように出力されます。

```
empty.name = Empty
line.name = Line
```

▶ 定数プロパティを変更する

サンプルコードでは、「let」を使って定義した定数プロパティをイニシャライザメソッド内で変更しています。通常は変更することができない定数を使ったプロパティですが、初期化処理中は一度だけ設定することが可能です。初期化処理の中で値が決まるようなときには非常に便利な特徴です。ただし、あくまで一度だけ設定可能なため、初期化処理中であっても、再変更はできません。また、プロパティを定義するときに初期値を指定している場合も設定できません。

▶ 外部引数名を省略する

イニシャライザメソッドで引数を付けた場合、サンプルコードのように外部引数名として、引数名を指定して呼び出す必要があります。引数が1つだけのときや、引数の意味が単純なときなど、外部引数名を記述しない方がコードとして見やすいということがあります。このようなときに、次のように「_」を使うと呼び出す側で外部引数名を省略することができます。

■ SECTION-033 ■ イニシャライザメソッドを定義する

```
// 構造体「Point」を定義する
struct Point {
    var x: Double = 0.0
    var y: Double = 0.0

    // 座標を引数にとるイニシャライザメソッドを定義する
    // 外部引数名を省略したいので「_」を付ける
    init(_ x: Double, _ y: Double) {
        self.x = x
        self.y = y
    }
}

// クラス「Shape」を定義する
class Shape {
    // 名前を入れる定数プロパティ
    let name: String

    // 構造体「Point」の配列を入れるプロパティ
    var pointArray: [Point] = []

    // 2つの引数を取るイニシャライザメソッド
    // 外部引数名を省略したいので「_」を付ける
    init(_ pt1: Point, _ pt2: Point) {
        // プロパティ「name」に「Line」と代入する
        name = "Line"

        // プロパティ「pointArray」に新しい配列を代入する
        pointArray = [pt1, pt2]
    }
}

// インスタンスを確保する
var line = Shape(Point(0, 0), Point(10, 10))

// 確保したインスタンスのプロパティ「name」を出力する
print("line.name = \(line.name)")
```

▶ 親クラスのイニシャライザメソッドについて

　クラスを継承して作成した子クラスでは、親クラスのイニシャライザメソッドを最初に呼び出す必要があります。親クラスのイニシャライザメソッドを呼び出すには、「super」を使って次のように記述します。

```
// 構造体「Point」を定義する
struct Point {
    var x: Double = 0.0
```

```
    var y: Double = 0.0

    // 座標を引数にとるイニシャライザメソッドを定義する
    // 外部引数名を省略したいので「_」を付ける
    init(_ x: Double, _ y: Double) {
        self.x = x
        self.y = y
    }
}

// クラス「Shape」を定義する
class Shape {
    // 構造体「Point」の配列を入れるプロパティ
    var pointArray: [Point] = []

    // イニシャライザメソッド
    init() {
        // コンソールに出力する
        print("Shape.init()")
    }

    // 2つの引数を取るイニシャライザメソッド
    // 外部引数名を省略したいので「_」を付ける
    init(_ pt1: Point, _ pt2: Point) {
        // プロパティ「pointArray」に新しい配列を代入する
        pointArray = [pt1, pt2]
    }
}

// クラス「Circle」を、クラス「Shape」の子クラスとして定義する
class Circle: Shape {
    // 半径を入れるプロパティ
    var radius: Double = 0.0

    // イニシャライザメソッド
    override init() {
        // 親クラスのイニシャライザメソッドを実行する
        super.init()

        // 自分の初期化を行う
        self.radius = 10
        self.pointArray = [Point(0, 0)]

        // コンソールに出力する
        print("Circle.init()")
    }
}
```

■ SECTION-033 ■ イニシャライザメソッドを定義する

```
// インスタンスを確保する
var circle = Circle()
```

このコードを実行すると、次のように出力され、親クラスの「init」メソッドが呼ばれたことが確認できます。

```
Shape.init()
Circle.init()
```

親クラスのイニシャライザメソッドの中で、どのメソッドを呼び出すかは、子クラスが呼び出すときの引数によって変わります。複数のイニシャライザメソッドが定義されているときに、どれを実行するべきかはコードによって異なります。子クラスを実装するときに、併せて検討してください。

また、メソッドのオーバーライドと同様に、親クラスのイニシャライザメソッドをオーバーライドしたときも「override」と記述する必要があります。メソッドのオーバーライドについては**《サブクラスを定義する》**(p.198)を参照してください。

「memberwiseイニシャライザ」について

構造体は、プロパティの初期値を指定することができるイニシャライザメソッドが、自動的に生成されます。このイニシャライザメソッドのことを「memberwiseイニシャライザ」と呼びます。「memberwiseイニシャライザ」は、次のようにプロパティ名を外部引数名としたイニシャライザメソッドです。

```
// 構造体を定義する
struct Point3D {
    var x: Double = 0.0
    var y: Double = 0.0
    var z: Double = 0.0
}

// インスタンスを確保する
var pt = Point3D(x: 10, y: -10, z: 0)

// プロパティの値を出力する
print("x=\(pt.x), y=\(pt.y), z=\(pt.z)")
```

このコードを実行すると、次のように出力されます。

```
x=10.0, y=-10.0, z=0.0
```

インスタンス解放時の後処理を定義する

クラスでは、イニシャライザメソッドとは逆に、インスタンスが解放されるときに実行される、後処理を定義することができます。後処理は、次のように「deinit」を使って記述します。

■ SECTION-033 ■ イニシャライザメソッドを定義する

```
class クラス名 {
    deinit {
        // インスタンスが解放されるときに実行する処理
    }
}
```

次のコードは、イニシャライザメソッドと後処理のそれぞれでコンソールに出力します。

```
// クラスを定義する
class MyObject {
    // イニシャライザメソッド
    init() {
        print("init()")
    }
    
    // 後処理
    deinit {
        print("deinit")
    }
}

// 関数を定義する
func foo() {
    // インスタンスを確保する
    // このインスタンスは、この関数を抜けるときに解放される
    _ = MyObject()
}

// 関数を実行する
foo()
```

このコードを実行すると、次のように出力されます。

```
init()
deinit
```

▌「Convenienceイニシャライザ」について

イニシャライザメソッドには次のような2つの種類があります。

- Designated Initializer
- Convenience Initializer

このセクションで、これまで解説してきたイニシャライザメソッドは、前者「Designated Initializer」というイニシャライザメソッドです。このイニシャライザメソッドは、プロパティをすべて初期化するという位置付けのイニシャライザメソッドです。通常の初期化処理となります。しかし、プロパティの数が多くなってきたり、使用方法によって必要なプロパティが異なるクラ

SECTION-033 ■ イニシャライザメソッドを定義する

スなど、初期化そのものが複雑化する場合があります。このようなときのために、複数のイニシャライザメソッドを定義できますが、もっと手軽な位置付けで十分な場合があります。指定がなければデフォルト値で良いときなどです。このようなときに使用するのが「Convenience Initializer」です。

「Convenience Initializer」は、デフォルト値を使って「Designated Initializer」を呼び出すという形で実装されます。次のような構文で定義します。

```
class クラス名 {
    convenience init(引数) {
        // 初期化処理
    }
}
```

```
// クラス「Circle」を定義する
class Circle {
    var x: Double = 0.0
    var y: Double = 0.0
    var r: Double = 0.0
    
    // 「Designated Initializer」を定義する
    // ここでは、すべて指定するものとする
    init(x: Double, y: Double, r: Double) {
        self.x = x
        self.y = y
        self.r = r
        
        // 引数を出力する
        print("x=\(x), y=\(y), r=\(r)")
    }
    
    // 「Convenience Initializer」を定義する
    // ここでは、「r」のみを引数にする
    convenience init(r: Double) {
        // デフォルト値と引数の組み合わせで、
        // 「Designated Initializer」を呼ぶ
        self.init(x:0.0, y:0.0, r:r)
    }
}

// インスタンスを確保する
var c1 = Circle(x: 10, y: 10, r: 10)
var c2 = Circle(r: 20)
```

このコードを実行すると、次のように表示されます。

```
x=10.0, y=10.0, r=10.0
x=0.0, y=0.0, r=20.0
```

関連項目 ▶▶▶
- 構造体やクラスを定義する …………………………………………………………… p.156
- サブクラスを定義する ………………………………………………………………… p.198

SECTION-034

メソッドを定義する

■ メソッドとは

メソッドは、クラスや構造体、列挙が持つ関数のことです。インスタンスメソッドとタイプメソッドの2種類があり、インスタンスメソッドは、インスタンスに関連付けられます。タイプメソッドは、クラスや構造体、列挙といった型に関連付けられます。インスタンスプロパティとタイププロパティの関係と同じです。タイププロパティについては、164ページを参照してください。

■ メソッドの定義方法

メソッドを定義するには、次のようにクラスや構造体、列挙の中で「func」を使って関数を定義します。関数の定義については《関数を定義する》(p.117)を参照してください。

```
enum 列挙名 {
    func メソッド名(引数の定義) -> 戻り値の型 {
        // メソッドの内容
    }
}

struct 構造体名 {
    func メソッド名(引数の定義) -> 戻り値の型 {
        // メソッドの内容
    }
}

class クラス名 {
    func メソッド名(引数の定義) -> 戻り値の型 {
        // メソッドの内容
    }
}
```

戻り値がないメソッドのときは、次のように「-> 戻り値の型」を省略できます。

```
class クラス名 {
    func メソッド名(引数の定義) {
        // メソッドの内容
    }
}
```

メソッドを呼び出すときは、次のように「.」を使って呼び出します。

インスタンス.メソッド名(引数)

次のコードは、列挙、構造体、クラスのそれぞれでメソッドを定義し、それらを呼び出しているコードです。

```swift
// 列挙を定義する
enum Color {
    
    // メンバーを定義する
    case Red, Yellow, Blue
    
    // メソッドを定義する
    func name() -> String {
        // 自分自身が何であるかを知るには、「self」を使う
        switch self {
        case Red:
            return "Red"
        case Yellow:
            return "Yellow"
        case Blue:
            return "Blue"
        }
    }
}

// 構造体を定義する
struct Point {
    var x: Double = 0.0
    var y: Double = 0.0
    
    // メソッドを定義する
    func stringValue() -> String {
        return "x = \(x), y = \(y)"
    }
}

// クラスを定義する
class ShapeLine {
    var points: [Point] = []
    var color: Color = Color.Red
    
    init(x1: Double, y1: Double, x2:Double, y2:Double ) {
        self.points = [Point(x: x1, y: y1), Point(x: x2, y: y2)]
    }
    
    // メソッドを定義する
    func printDescription() {
        // 列挙のメソッドを呼ぶ
        print("lineColor is \(self.color.name())")
        print("Points:")
        for pt in self.points {
```

SECTION-034 メソッドを定義する

```
            // 構造体のメソッドを呼ぶ
            print("   " + pt.stringValue())
        }
    }
}

// インスタンスを確保する
var line = ShapeLine(x1: 0.0, y1: 0.0, x2: 10.0, y2: 10.0)

// クラスのメソッドを呼ぶ
line.printDescription()
```

このコードを実行すると、次のように出力されます。

```
lineColor is Red
Points:
   x = 0.0, y = 0.0
   x = 10.0, y = 10.0
```

外部引数名について

複数の引数を持つメソッドは、先頭の引数以外は外部引数名を持ちます。先頭の引数は外部引数名を持ちません。そのため、メソッド名から先頭の引数が何であるのかをわかるように工夫するということが意図されています。このような考え方はObjective-Cと同じです。外部引数名をメソッド呼び出し時に使うということもObjective-Cのメソッド呼び出しと同じです。メソッド名の付け方、外部引数名の付け方を工夫することで、まるで英文を読むようなコードを書くことができます。そのように工夫して書かれたコードは、何をしているのかということが語りかけてくるように感じられ、後から見てもわかりやすいコードになり、メンテナンス性も向上します。

次のコードは、引数を複数持つメソッドの定義例です。

```
// クラス「Rect」を定義する
class Rect {
    // プロパティを定義する
    var x: Double = 0.0
    var y: Double = 0.0
    var width: Double = 0.0
    var height: Double = 0.0

    // イニシャライザメソッドを定義する
    init(x: Double, y: Double, width: Double, height: Double) {
        self.x = x
        self.y = y
        self.width = width
        self.height = height
    }
```

SECTION-034 メソッドを定義する

```
// 指定したサイズだけ広げるメソッドを定義する
func expandWidthBy(widthBy: Double, heightBy: Double) {
    self.x -= widthBy / 2.0
    self.width += widthBy
    self.y -= heightBy / 2.0
    self.height += heightBy
}
}

// インスタンスを確保する
var rt = Rect(x: 0, y: 0, width: 10, height: 10)

// 変更前のプロパティを出力する
print("rt = {\(rt.x), \(rt.y), \(rt.width), \(rt.height)}")

// メソッドを呼ぶ
rt.expandWidthBy(10, heightBy: 10)

// 変更後のプロパティを出力する
print("rt = {\(rt.x), \(rt.y), \(rt.width), \(rt.height)}")
```

このコードを実行すると、次のように出力されます。

```
rt = {0.0, 0.0, 10.0, 10.0}
rt = {-5.0, -5.0, 20.0, 20.0}
```

▶外部引数名を変更するには

外部引数名とローカル引数名（メソッド内部で使用する引数の名称。内部引数名とも呼びます）で、異なる名前を使うには、次のように引数の前に外部引数名を書いてメソッドを定義します。

```
class クラス名 {
    func メソッド名(外部引数名 ローカル引数名: 引数の型) {

    }
}
```

　この方法で定義すると、先頭の引数でも外部引数名を使うことができます。通常はメソッド名を工夫することで、先頭の引数は外部引数名を必要としませんが、あえて指定したい場合には、このように外部引数名を明示するという方法があります。
　外部引数名を指定するときには、すべての引数について指定する必要はありません。必要な引数のみ指定します。そのため、先頭の引数で指定しなければ、先頭の引数は外部引数名を使わないで、2番目以降の引数は、外部引数名とローカル引数名とを区別して書くということもできます。

SECTION-034 メソッドを定義する

```swift
// クラス「Rect」を定義する
class Rect {
    // プロパティを定義する
    var x: Double = 0.0
    var y: Double = 0.0
    var width: Double = 0.0
    var height: Double = 0.0

    // イニシャライザメソッドを定義する
    init(x: Double, y: Double, width: Double, height: Double) {
        self.x = x
        self.y = y
        self.width = width
        self.height = height
    }

    // 指定したサイズだけ広げるメソッドを定義する
    // 2番目の引数は外部引数名とローカル引数名を別々の名称にしている
    // 外部引数名は「heightBy」を使い、ローカル引数名は「dy」を使用する
    func expandWidthBy(dx: Double, heightBy dy: Double) {
        self.x -= dx / 2.0
        self.width += dx
        self.y -= dy / 2.0
        self.height += dy
    }
}

// インスタンスを確保する
var rt = Rect(x: 0, y: 0, width: 10, height: 10)

// 変更前のプロパティを出力する
print("rt = {\(rt.x), \(rt.y), \(rt.width), \(rt.height)}")

// メソッドを呼ぶ
// メソッドの定義で、外部引数名を「heightBy」にしているので
// メソッドを呼び出すときにも「heightBy」を指定する
rt.expandWidthBy(10, heightBy: 10)

// 変更後のプロパティを出力する
print("rt = {\(rt.x), \(rt.y), \(rt.width), \(rt.height)}")
```

このコードを実行すると、次のように出力されます。

```
rt = {0.0, 0.0, 10.0, 10.0}
rt = {-5.0, -5.0, 20.0, 20.0}
```

■ SECTION-034 ■ メソッドを定義する

▶外部引数名を使わないようにするには

外部引数名を使わない方が見やすいコードもあります。そのようなときに、外部引数名を使わないようにするには、引数名の前に「_ 」(アンダースコアと半角スペース)を書きます。

```
// クラス「Point」を定義する
class Point {
    // プロパティを定義する
    var x: Double = 0.0
    var y: Double = 0.0

    // イニシャライザメソッドを定義する
    // 外部引数名を使わないようにするため「_ 」を付けて定義する
    init(_ x: Double, _ y: Double) {
        self.x = x
        self.y = y
    }

    // 座標をリセットするメソッドを定義する
    // 外部引数名を使わないようにするため、「_ 」を付けて定義する
    // 最初の引数はもともと外部引数名を使わないので付けていない
    func reset(dx: Double, _ dy: Double) {
        self.x += dx
        self.y += dy
    }
}

// インスタンスを確保する
var pt = Point(0, 0)

// 変更前のプロパティを出力する
print("pt = {\(pt.x), \(pt.y)}")

// メソッドを呼ぶ
// メソッドの定義で「_ 」を付けているので、外部引数名を使わない
pt.reset(10, 10)

// 変更後のプロパティを出力する
print("pt = {\(pt.x), \(pt.y)}")
```

このコードを実行すると、次のように出力されます。

```
pt = {0.0, 0.0}
pt = {10.0, 10.0}
```

■ SECTION-034 ■ メソッドを定義する

関数オブジェクトを引数に取るメソッドの定義

　クラスや構造体に属さない関数と同様に、メソッドも引数に関数オブジェクトを指定することができます。また、関数オブジェクトを引数に取るメソッドを呼び出すときに、関数オブジェクトを指定する代わりに、クロージャーを使ってインラインで処理内容を書くこともできます。定義方法は関数と同じです。関数オブジェクトについては《コールバック関数を定義する》(p.126)、クロージャーについては《クロージャーを定義する》(p.132)を参照してください。

```
// クラス「MyArray」を定義する
class MyArray {
    // プロパティを定義する
    var intArray: [Int] = []
    
    // 引数に指定した関数オブジェクトを使って
    // 配列を変形するメソッドを定義する
    func transform(t: (Int) -> Int) {
        // ここでは、「Int」を引数に取り、「Int」を返す関数オブジェクトを
        // 定義している
        // プロパティ「intArray」に格納している要素に対して
        // 引数「t」を実行する
        var newArray: [Int] = []
        
        for i in self.intArray {
            // 引数「t」の関数オブジェクトを実行する
            let j = t(i)
            
            // 戻り値を配列に追加する
            newArray.append(j)
        }
        
        // プロパティを新しい配列で置き換える
        self.intArray = newArray
    }
    
    // プロパティ「intArray」の内容を出力するメソッドを定義する
    func printElements() {
        // 出力する文字列を作る
        var line = "[ "
        for i in intArray {
            line += "\(i) "
        }
        line += "]"
        
        // コンソールに出力する
        print(line)
    }
}
```

■ SECTION-034 ■ メソッドを定義する

```
// インスタンスを確保する
var array = MyArray()
array.intArray = [1, 2, 3, 4, 5, 6, 7, 8, 9]

// メソッド「transform」を使って、要素を2乗する
// 2乗する処理はクロージャーで記述する
array.transform() { (i) -> Int in
    return i * i
}

// 要素を出力する
array.printElements()
```

このコードを実行すると、次のように出力されます。

```
[ 1 4 9 16 25 36 49 64 81 ]
```

タイプメソッドについて

　メソッドには、インスタンスメソッドとタイプメソッドの2種類があります。このセクションで解説してきたメソッドは、インスタンスメソッドです。インスタンスメソッドは、特定のインスタンスに関連付けられたメソッドです。インスタンスごとに独立していますので、インスタンスのプロパティを使った処理を行うことができます。一方、タイプメソッドは、構造体や列挙、クラスといった型に関連付けられたメソッドです。特定のインスタンスと関連付けられていないので、インスタンスプロパティを使った処理は行うことができません。たとえば、インスタンスには依存しない、ユーティリティ的な処理を実装したいときなどに便利なメソッドです。

▶ タイプメソッドを定義するには

　構造体と列挙のタイプメソッドを定義するには、「func」の前に「static」を書きます。クラスのタイプメソッドを定義するには、「func」の前に「class」を書きます。「static」を使うこともできますが、「class」を使うとタイプメソッドをオーバーライドすることも可能になります。次のコードは、列挙、構造体、クラスのそれぞれでタイプメソッドを定義し、それを実行するというコードです。

```
// 列挙を定義する
enum SignalColor {
    case Red, Yellow, Blue
    
    // 次の色を返すタイプメソッドを定義する
    static func nextColor(curColor: SignalColor) -> SignalColor {
        switch curColor {
        case .Red:
            return .Blue
        case .Yellow:
            return .Red
```

```swift
        case .Blue:
            return .Yellow
        }
    }
}

// 構造体を定義する
struct RGBColor {
    var red = 0
    var green = 0
    var blue = 0

    // 特定の色を返すタイプメソッドを定義する
    // ここで黄色を返すメソッドを定義する
    static func yellow() -> RGBColor {
        return RGBColor(red: 255, green: 255, blue: 0)
    }
}

// クラスを定義する
class Point {
    var x = 0
    var y = 0

    // 2点の差を計算するタイプメソッドを定義する
    class func differFrom(pt1: Point, toPoint: Point) -> (Int, Int) {
        return (toPoint.x - pt1.x, toPoint.y - pt1.y)
    }
}

// 列挙のタイプメソッドを実行する
let nextOfRed = SignalColor.nextColor(SignalColor.Red)
switch nextOfRed {
case SignalColor.Red:
    print("Red")
case SignalColor.Yellow:
    print("Yellow")
case SignalColor.Blue:
    print("Blue")
}

// 構造体のタイプメソッドを実行する
let yellow = RGBColor.yellow()
print("yellow=(\(yellow.red), \(yellow.green), \(yellow.blue))")

// クラスのタイプメソッドを実行する
var pt1 = Point()
```

```
var pt2 = Point()
pt2.x = 40
pt2.y = 30

let diff = Point.differFrom(pt1, toPoint: pt2)
print("diff=(\(diff.0), \(diff.1))")
```

このコードを実行すると、次のように出力されます。

```
Blue
yellow=(255, 255, 0)
diff=(40, 30)
```

関連項目 ▶▶▶

- 関数を定義する ……………………………………………………………… p.117
- クロージャーを定義する …………………………………………………… p.132
- プロパティを定義する ……………………………………………………… p.159

SECTION-035

構造体のメソッドでプロパティを変更する

ここでは、構造体のメソッドでプロパティを変更する方法について解説します。

SAMPLE CODE

```swift
// 構造体「Point」を定義する
struct Point {
    // プロパティを定義する
    var x: Double = 0.0
    var y: Double = 0.0

    // 構造体のプロパティを変更するメソッドを定義する
    mutating func moveTo(x: Double, _ y: Double) {
        self.x = x
        self.y = y
    }
}

// 構造体のインスタンスを確保する
var pt = Point()
pt.moveTo(10, 20)

// プロパティをコンソールに出力する
print("pt=(\(pt.x),\(pt.y))")
```

このコードを実行すると、次のように出力され、メソッドを使って、自身のプロパティを変更できたことが確認できます。

```
pt=(10.0,20.0)
```

ONEPOINT 構造体のメソッドでプロパティを変更するには「mutating」を使用する

構造体のメソッドは、自身のプロパティを変更しようとすると、そのままではコンパイルエラーになってしまい、変更することができません。Swiftの構造体は、デフォルト状態では読み込み専用として動くようになっています。

構造体のメソッドで、自身のプロパティを変更するには、サンプルコードのように「func」の前に「mutating」を付けて定義します。

関連項目 ▶▶▶

- プロパティを定義する ……………………………………………………………… p.159
- メソッドでインスタンスを差し替える ……………………………………………… p.195

SECTION-036

メソッドでインスタンスを差し替える

■ メソッドによるインスタンスの差し替えについて

「mutating」を付けたプロパティを変更可能なメソッドは、自分自身のインスタンスを差し替えるということができます。たとえば、特定のメソッドで構造体の内容（プロパティ）を置き換えるようなときに、1つずつプロパティに値を設定していくのが一般的ですが、「self」プロパティに新しいインスタンスを設定すると、新しいインスタンスのプロパティの値に、自身のインスタンスプロパティの値を置き換えます。

「mutating」は、構造体と列挙で使用可能です。

▶ 構造体での差し替えについて

次のコードは、座標を表す構造体で、指定した量だけ移動するというメソッドです。プロパティに新しい値を設定するときに、インスタンスの差し替えを行っています。

```
// 構造体「Point」を定義する
struct Point {
    var x = 0
    var y = 0
    
    // 座標を移動するメソッドを定義する
    mutating func moveByX(dx: Int, byY dy: Int) {
        // 新しい座標を入れたインスタンスを確保する
        let pt = Point(x: self.x + dx, y: self.y + dy)
        // インスタンスを差し替える
        self = pt
    }
}

// インスタンスを確保する
var pt = Point(x: 0, y: 0)

// プロパティを出力する
print("pt=(\(pt.x), \(pt.y))")

// 座標を移動するメソッドを呼び出す
pt.moveByX(-10, byY: 10)

// プロパティを出力する
print("pt=(\(pt.x), \(pt.y))")
```

このコードを実行すると次のように出力され、インスタンスが差し替わったことが確認できます。

```
pt=(0, 0)
pt=(-10, 10)
```

■ SECTION-036 ■ メソッドでインスタンスを差し替える

▶列挙での差し替えについて

　列挙でのインスタンス差し替えも、構造体と同様に「mutating」を付けたメソッドで、「self」プロパティに新しいインスタンスを設定することで行います。次のコードは、信号の色を表す列挙で、「next」メソッドを呼び出すと、次の色に変わるというコードです。

```
// 列挙「SignalColor」を定義する
enum SignalColor {
    case Red, Yellow, Blue
    
    // 次の色に差し替えるメソッドを定義する
    mutating func nextColor() {
        // 現在の色によって、次の色が異なる
        switch self {
        case .Red:
            self = .Blue
        case .Yellow:
            self = .Red
        case .Blue:
            self = .Yellow
        }
    }
    
    // 現在の色を出力するメソッドを定義する
    func printColor() {
        switch self {
        case .Red:
            print("Red")
        case .Yellow:
            print("Yellow")
        case .Blue:
            print("Blue")
        }
    }
}

// 青から開始する
var color = SignalColor.Blue

for i in 0...3 {
    // 色を出力する
    color.printColor()
    
    // 次の色に変える
    color.nextColor()
}
```

■ SECTION-036 ■ メソッドでインスタンスを差し替える

　このコードを実行すると、次のように出力されます。インスタンスが差し替わり、列挙の値が変わったことが確認できます。

```
Blue
Yellow
Red
Blue
```

関連項目 ▶▶▶
- メソッドを定義する ……………………………………………………………………… p.184
- 構造体のメソッドでプロパティを変更する ……………………………………………… p.194

SECTION-037

サブクラスを定義する

■ クラス階層とは

　Swiftでは、構造体とクラスは非常によく似た機能を持っていますが、クラスにしかない機能の1つに、継承があります。継承は、あるクラスから、そのクラスの機能を持ったまま、別のクラスを作ることができる機能です。このとき、継承元のクラスのことを、「親クラス」や「スーパークラス」と呼びます。継承されて生まれたクラスのことを「子クラス」や「サブクラス」と呼びます。また、サブクラスのサブクラスなども含めて、あるクラスから派生しているクラスのことを「派生クラス」などとも呼びます。

　継承によって、サブクラスを作ると、親と子というクラスの階層が生まれます。このことをクラス階層と呼びます。階層は、サブクラスのさらにサブクラスを作るなど、深くしていくことができます。

　クラス階層が深くなると、スーパークラスのスーパークラスというような関係が生まれてきます。クラス階層を、スーパークラスが上、サブクラスが下という階層で考えると、最も上にあるクラスの機能を、最も下のクラスも持っています。最も下の階層のサブクラスであっても、最も上のスーパークラスとして使うことも可能です。

▶ サブクラスの特徴

　サブクラスは、スーパークラスとして振る舞うこともでき、「オーバーライド」と呼ばれる機能を使って、スーパークラスのメソッドの内容を置き換えることもできます。これにより、呼び出し元は単純にメソッドを呼ぶだけにもかかわらず、その処理内容はサブクラスによって自由に変えることができるという特徴が生まれます。

　このような特徴を活かして、機能によって異なる処理を局所的な変更のみで実現するようにしていくと、変更に強く、メンテナンスも行いやすいコードになっていきます。また、条件により複雑に変化する機能や機能の追加も、行いやすくなります。高機能になればなるほど、変更を局所化するのは難しくなりますが、できるだけ意識して取り組むべきです。

　オーバーライドについては、《**サブクラスでオーバーライドする**》(p.200)を参照してください。

■ サブクラスを定義するには

　サブクラスを定義するには、次のような構文で記述します。

```
class サブクラス名 : スーパークラス名 {

}
```

　次のコードは、「Point2D」というクラスのサブクラスとして、「Point3D」というクラスを定義しているというコードです。

■ SECTION-037 ■ サブクラスを定義する

```
// スーパークラスを定義する
class Point2D {
    var x = 0
    var y = 0
}

// サブクラスを定義する
class Point3D : Point2D {
    var z = 0
}

// クラス「Point2D」のインスタンスを引数に取る関数を定義する
func printPoint(pt: Point2D) {
    // プロパティ「x」と「y」の値を出力する
    print("Point=(\(pt.x), \(pt.y))")
}

// クラス「Point3D」のインスタンスを作る
var pt3d = Point3D()

// クラス「Point3D」はクラス「Point2D」のサブクラスなので
// クラス「Point2D」が持っているプロパティも持っている
pt3d.x = 10
pt3d.y = 20

// クラス「Point2D」のインスタンスを引数に取る関数を呼び出す
// クラス「Point3D」はクラス「Point2D」のサブクラスなので
// クラス「Point2D」のインスタンスとして使用することができる
printPoint(pt3d)
```

このコードを実行すると、次のように出力されます。サブクラスのインスタンスを、スーパークラスのインスタンスとして使えることが確認できます。

```
Point=(10, 20)
```

関連項目 ▶ ▶ ▶
- 構造体やクラスを定義する ………………………………………………………… p.156

SECTION-038

サブクラスでオーバーライドする

　ここでは、サブクラスでスーパークラスのメソッドをオーバーライドする方法について解説します。

SAMPLE CODE
```swift
// スーパークラスを定義する
class MySuperClass {
    // クラス名を出力するメソッドを定義する
    func printClassName() {
        print("MySuperClass")
    }
}

// サブクラスを定義する
class MySubClass : MySuperClass {
    // メソッド「printClassName」をオーバーライドする
    override func printClassName() {
        print("MySubClass")
    }
}

// スーパークラスとサブクラス、それぞれのインスタンスを確保する
var superClass = MySuperClass()
var subClass = MySubClass()

// メソッドを呼び出す
superClass.printClassName()
subClass.printClassName()
```

　このコードを実行すると次のように表示され、メソッドのオーバーライドによって、サブクラスがスーパークラスのメソッドの内容を書き換えたことが確認できます。

```
MySuperClass
MySubClass
```

■ SECTION-038 ■ サブクラスでオーバーライドする

ONEPOINT　メソッドをオーバーライドするには「override」を使用する

　サブクラスでメソッドをオーバーライドするには、「func」の前に「override」を付けて定義します。オーバーライドとは、スーパークラスやそのスーパークラスなど、クラス階層で上位にあるクラスの処理をサブクラスで置き換える機能です。Swiftでは、メソッドの他に、プロパティやサブスクリプトのオーバーライドが可能です。プロパティについては《**プロパティを定義する**》(p.159)、サブスクリプトについては《**サブスクリプトを定義する**》(p.212)を参照してください。

COLUMN　オーバーライドする前のスーパークラスのメソッドを呼ぶには

　メソッドをオーバーライドしたときには、置き換えるだけではなく、スーパークラスのメソッドを実行した後に、オーバーライドした処理を実行したいという場合が多くあります。また、多くのケースでは、スーパークラスの処理も呼ばなければ正しく動かないということがあり、オーバーライドしたときには、スーパークラスの処理を実行後に、オーバーライドした処理を実行するという実装方法が一般的です。

　Swiftで、スーパークラスの処理を呼ぶには、次のように「super」プロパティに対してメソッドを実行します。

```swift
// スーパークラスを定義する
class MySuperClass {
    // クラス名を返すメソッドを定義する
    func className() -> String {
        return "MySuperClass"
    }
}

// サブクラスを定義する
class MySubClass : MySuperClass {
    // メソッドをオーバーライドする
    override func className() -> String {
        // スーパークラスのメソッドを実行する
        var str = super.className()
        
        // サブクラスの処理を実行する
        str += "->MySubClass"
        
        return str
    }
}
```

SECTION-038 ■ サブクラスでオーバーライドする

```
// サブクラスのインスタンスを確保して、メソッドを実行する
var subClass = MySubClass()
var className = subClass.className()

// コンソールに出力する
print(className)
```

　このコードを実行すると、次のように出力されます。スーパークラスの処理の後にサブクラスの処理を実行していることが確認できます。

```
MySuperClass->MySubClass
```

COLUMN　サブクラスでのオーバーライドを防止するには

　サブクラスでオーバーライドすることを防止することも可能です。処理内容がデリケートな場合や、オーバーライドによって変更されると正しく動作しなくなる可能性が高い処理などでは、オーバーライドを防止したいというケースがあります。
　サブクラスでオーバーライドすることを防止するには、次のように「final」を付けて定義します。

```
class MySuperClass {
    // クラス名を返すメソッドを定義する
    final func className() -> String {
        return "MySuperClass"
    }
}
```

　「final」を付けたメソッドやプロパティなどをオーバーライドしようとすると、コンパイルエラーになります。また、次のようにクラスに「final」を付けると、クラスの継承も禁止できます。

```
final class MySuperClass {
}
```

関連項目 ▶▶▶

- 構造体やクラスを定義する ……………………………………………………………… p.156
- プロパティを定義する …………………………………………………………………… p.159
- メソッドを定義する ……………………………………………………………………… p.184
- サブクラスを定義する …………………………………………………………………… p.198
- サブスクリプトを定義する ……………………………………………………………… p.212

SECTION-039

演算子をオーバーロードする

ここでは、演算子をオーバーロードする方法について解説します。

SAMPLE CODE

```swift
// 構造体を定義する
struct Volume {
    // プロパティを定義する
    var strength = 0
    var name = ""
}

// 「+」演算子をオーバーロードして、構造体「Volume」を足し算できるようにする
func + (vol: Volume, vol2: Volume) -> Volume {
    // プロパティの足し算を行って、新しいインスタンスに代入して返す
    return Volume(strength: vol.strength + vol2.strength,
        name: "\(vol.name) + \(vol2.name)")
}

// 「-」演算子をオーバーロードして、構造体「Volume」を引き算できるようにする
func - (vol: Volume, vol2: Volume) -> Volume {
    // プロパティの引き算を行って、新しいインスタンスに代入して返す
    return Volume(strength: vol.strength - vol2.strength,
        name: "\(vol.name) - \(vol2.name)")
}

// インスタンスを2つ確保する
var v = Volume(strength:5, name:"CH1")
var v2 = Volume(strength: 3, name:"CH2")

// オーバーロードした「+」演算子を使う
var v3 = v + v2

// オーバーロードした「-」演算子を使う
var v4 = v - v2

// 計算結果を出力する
print("\(v3.name) = \(v3.strength)")
print("\(v4.name) = \(v4.strength)")
```

このコードをビルドして実行すると、次のように出力され、「+」演算子と「-」演算子の処理を定義できたことが確認できます。

```
CH1 + CH2 = 8
CH1 - CH2 = 2
```

■ SECTION-039 ■ 演算子をオーバーロードする

> **ONEPOINT** 演算子をオーバーロードするには
> 「func」を使って演算子の処理を実装する

　演算子をオーバーロードするには、「func」を使って通常の関数を定義するように、演算子の処理を定義します。このとき、関数名を演算子にすることで、演算子のオーバーロードができます。どの関数が呼ばれるかは、引数の型によって決まります。型を変更すれば、異なる型通しの演算子も定義できます。

COLUMN　左辺と右辺の型について

　左辺と右辺がある演算子（「+」や「-」など）で、左辺と右辺が異なる構造体やクラスなど、型が異なるときには、引数を書く順番も重要です。関数のオーバーロードは、次のようになっています。

```
func 演算子 (左辺値: 左辺の型, 右辺値: 右辺の型) {

}
```

　左辺と右辺が逆になっても動作するような演算子にしたい場合には、内容はほぼ同じでも、引数を逆にして演算子のオーバーロードを書く必要があります。片方だけのときは、上記のルールに従って、その順番に書いたときだけ演算子が処理されるようになります。

COLUMN　前置演算子をオーバーロードするには

　「-」を頭に付けると値の正負が逆になるというように、前置演算子を定義するには、「prefix」を使い、次のような構文で定義します。

```
prefix func 演算子 (引数) {
}
```

　たとえば、次のようなコードを記述します。

```swift
// 構造体を定義する
struct Volume {
    // プロパティを定義する
    var strength = 0
    var name = ""
}

//「-」演算子をオーバーロードして、正負を逆にする
// 前置なので「prefix」を付けて定義する
prefix func - (vol: Volume) -> Volume {
    return Volume(strength: -vol.strength,
        name: "-\(vol.name)")
```

```
}

// インスタンスを確保する
var v = Volume(strength: 10, name: "CH")

// オーバーロードした演算子を呼び出す
var v2 = -v

// 計算結果を出力する
print("\(v2.name) = \(v2.strength)")
```

このコードを実行すると、次のように出力されます。

```
-CH = -10
```

逆に後置演算子を定義したいときは「prefix」の代わりに「postfix」を使います。

COLUMN　「=」演算子と組み合わせた省略演算子をオーバーロードするには

「+=」や「-=」など、「=」と組み合わせた省略演算子をオーバーロードするには、次のような構文で定義します。

```
func 演算子 (inout 左辺値: 左辺値の型, 右辺値: 左辺値の型) {
}
```

「=」と組み合わせた省略演算子をオーバーロードしたときには、戻り値で結果を返すのではなく、左辺値となる引数に「inout」を付けて、引数に結果を返します。「inout」については、120ページを参照してください。

次のコードは、「+=」をオーバーロードして、「Volume += Volume」をできるようにするコードです。

```
// 構造体を定義する
struct Volume {
    // プロパティを定義する
    var strength = 0
    var name = ""
}

// 「+」演算子をオーバーロードして、構造体「Volume」を足し算できるようにする
func + (vol: Volume, vol2: Volume) -> Volume {
    // プロパティの足し算を行って、新しいインスタンスに代入して返す
    return Volume(strength: vol.strength + vol2.strength,
        name: "\(vol.name) + \(vol2.name)")
}
```

■ SECTION-039 ■ 演算子をオーバーロードする

```
// 「+=」演算子をオーバーロードする
// 戻り値ではなく、引数に結果を返すので
// 左辺値になる引数には「inout」を付ける
func += (inout vol: Volume, vol2: Volume) {
    // オーバーロードした「+」演算子を使う
    vol = vol + vol2
}

// インスタンスを確保する
var v = Volume(strength: 10, name: "CH1")
var v2 = Volume(strength: 5, name: "CH2")

// オーバーロードした演算子を呼び出す
v += v2

// 計算結果を出力する
print("\(v.name) = \(v.strength)")
```

　このコードを実行すると、次のように出力され、「+=」演算子をオーバーロードできたことが確認できます。

```
CH1 + CH2 = 15
```

COLUMN　インクリメントとデクリメントを定義する

　インクリメントとデクリメントを定義するには、次のような構文で定義します。

```
// 前置インクリメント
prefix func ++ (inout 引数: 引数の型) -> 戻り値の型 {
    // インクリメントの処理
    return インクリメント後の値
}

// 前置デクリメント
prefix func ++ (inout 引数: 引数の型) -> 戻り値の型 {
    // デクリメントの処理
    return デクリメント後の値
}

// 後置インクリメント
postfix func ++ (inout 引数: 引数の型) -> 戻り値の型 {
    // インクリメントの処理
    return インクリメント前の値
}
```

■ SECTION-039 ■ 演算子をオーバーロードする

```
// 後置デクリメント
postfix func ++ (inout 引数: 引数の型) -> 戻り値の型 {
    // デクリメントの処理
    return デクリメント前の値
}
```

インクリメントおよびデクリメントは、前置か後置かによって動作が異なります。前置と後置の動作の違いについては71ページを参照してください。

演算子をオーバーロードするときも、この動作の違いを実現するために、前置のときは、変更後の値を返します。後置のときは、変更前の値を返すようにします。このとき、どちらも値自体は変更する必要がありますので、「inout」を付けた引数に変更後の値を設定します。

次のコードは前置インクリメントと後置インクリメントの実装例です。

```
// 構造体を定義する
struct Volume {
    // プロパティを定義する
    var strength = 0
    var name = ""
}

// 「+」演算子をオーバーロードして、構造体「Volume」を足し算できるようにする
func + (vol: Volume, vol2: Volume) -> Volume {
    // プロパティの足し算を行って、新しいインスタンスに代入して返す
    return Volume(strength: vol.strength + vol2.strength,
        name: "\(vol.name) + \(vol2.name)")
}

// 「+=」演算子をオーバーロードする
// 戻り値ではなく、引数に結果を返すので
// 左辺値になる引数には「inout」を付ける
func += (inout vol: Volume, vol2: Volume) {
    // オーバーロードした「+」演算子を使う
    vol = vol + vol2
}

// 「++」演算子をオーバーロードする
// 前置インクリメントをオーバーロードするので「prefix」を付ける
prefix func ++ (inout vol: Volume) -> Volume {
    // 1足すことでインクリメントする
    vol += Volume(strength: 1, name: "(Pre Increment)")
    return vol
}
```

■ SECTION-039 ■ 演算子をオーバーロードする

```
// 「++」演算子をオーバーロードする
// 後置インクリメントをオーバーロードするので「postfix」を付ける
postfix func ++ (inout vol: Volume) -> Volume {
    // 後置インクリメントは、インクリメントを行い、値を加算するが、使うのは
    // 加算前の値なので、加算前の値を戻り値にする
    let ret = vol
    vol += Volume(strength: 1, name: "(Post Increment)")
    return ret
}

// 構造体「Volume」のプロパティを出力する関数を定義する
func printVolume(vol: Volume) {
    print("\(vol.name) = \(vol.strength)")
}

// インスタンスを確保する
var v = Volume(strength: 1, name: "START")
printVolume(v)

// オーバーロードした演算子を呼び出す
printVolume(++v)
printVolume(v)

printVolume(v++)
printVolume(v)
```

このコードを実行すると、次のように出力され、前置インクリメントと後置インクリメントとで、それぞれ値の変更は同じように行われていますが、取得できる値が異なるようにできたことが確認できます。

```
START = 1
START + (Pre Increment) = 2
START + (Pre Increment) = 2
START + (Pre Increment) = 2
START + (Pre Increment) + (Post Increment) = 3
```

SECTION-039 演算子をオーバーロードする

COLUMN 関係演算子をオーバーロードする

　2つの値を比較する関係演算子をオーバーロードすることもできます。関係演算子をオーバーロードすることで、独自の2つの型の比較を行う処理を、メソッドではなく、演算子で表現できます。関係演算子をオーバーロードするには、戻り値の型を「Bool」にして結果を返します。

```
// 構造体を定義する
struct Volume {
    // プロパティを定義する
    var strength = 0
    var name = ""
}

// 等しいかどうかを返す演算子をオーバーロードする
func == (vol: Volume, vol2: Volume) -> Bool {
    // プロパティがどちらも等しいかどうかを返す
    return (vol.strength == vol2.strength &&
        vol.name == vol2.name)
}

// 等しくないことを返す演算子をオーバーロードする
func != (vol: Volume, vol2: Volume) -> Bool {
    // プロパティのいずれかが等しくないかを返す
    return (vol.strength != vol2.strength ||
        vol.name != vol2.name)
}

// 結果表示用の関数を定義する
func printResult(msg: String, result: Bool) {
    let str = result ? "true" : "false"
    print("\(msg) : \(str)")
}

// インスタンスを確保する
var v1 = Volume(strength: 0, name: "CH")
var v2 = Volume(strength: 0, name: "CH")
var v3 = Volume(strength: 1, name: "CH")
var v4 = Volume(strength: 0, name: "ch")

printResult("v1 == v2", result: v1 == v2)
printResult("v1 == v3", result: v1 == v3)
printResult("v1 == v4", result: v1 == v4)

printResult("v1 != v2", result: v1 != v2)
printResult("v1 != v3", result: v1 != v3)
```

■SECTION-039■ 演算子をオーバーロードする

```
printResult("v1 != v4", result: v1 != v4)
```

このコードを実行すると、次のように出力されます。サンプルコードでは、条件分岐で使わず、関数の引数にしていますが、「if」文などの条件分岐で使用することができます。

```
v1 == v2 : true
v1 == v3 : false
v1 == v4 : false
v1 != v2 : false
v1 != v3 : true
v1 != v4 : true
```

COLUMN カスタム演算子を定義するには

Swiftでは、演算子のオーバーロードだけではなく、演算子を新規に定義することも可能です。カスタム演算子を定義するときは、演算子の前に「operator」を付けて定義します。

```
// 前置演算子を定義する
prefix operator 演算子 {}


// 後置演算子を定義する
postfix operator 演算子 {}


// 左辺と右辺を持つ演算子
infix operator 演算子 {}
```

カスタム演算子を定義したら、その実装は、演算子のオーバーロードと同じ方法で定義します。演算子は使える文字に制限があります。数字やアルファベットは使えませんので注意してください。次のコードは、「**」という演算子を定義しています。「i ** n」で「iのn乗」という動作を定義しています。

```
// 「**」という演算子を定義する
// ここでは「i ** n」で「iのn乗とする」
infix operator ** {}


// 「Int」に対する演算子をオーバーロードする
func ** (i: Int, n: Int) -> Int {
    var ret = 1
    
    for _ in 0 ..< n {
        ret *= i
    }
```

```
        return ret
    }

print("2 ** 0 = \(2 ** 0)")
print("2 ** 1 = \(2 ** 1)")
print("2 ** 2 = \(2 ** 2)")
print("2 ** 3 = \(2 ** 3)")
```

　このコードを実行すると、次のように出力され、カスタム演算子が定義できたことが確認できます。

```
2 ** 0 = 1
2 ** 1 = 2
2 ** 2 = 4
2 ** 3 = 8
```

COLUMN	演算子のオーバーロードの使い方には注意

　演算子のオーバーロードは強力な機能です。正しく使えば、とても高機能なコードをシンプルにできたり、わかりやすいコードにもなります。その一方で使い方を誤れば、何をしているのか意味不明な、デバッグしにくいコードにもなります。その演算子がもともと定義している意味から外れた使い方をしないようにしましょう。

関連項目 ▶ ▶ ▶

- 演算子について ……………………………………………………………… p.70
- 関数を定義する ……………………………………………………………… p.117
- メソッドを定義する ………………………………………………………… p.184
- サブスクリプトを定義する ………………………………………………… p.212

SECTION-040

サブスクリプトを定義する

ここでは、サブスクリプトを定義する方法について解説します。

SAMPLE CODE

```
// コレクションのアイテムを入れる構造体
struct Person {
    var name = ""
}

// 独自のコレクションクラスを定義する
class PeopleList {
    var peopleArray: [Person] = []

    // 情報を追加するメソッド
    func addPersonWithName(name: String) {
        peopleArray.append(Person(name: name))
    }

    // インデックス番号で操作できるようにサブスクリプトを定義する
    subscript(ind: Int) -> Person {
        get {
            // 取得用の処理
            // クラス「PeopleList」は、配列に入れているだけなので配列から取得する
            return self.peopleArray[ind]
        }
        set (newPerson) {
            // 設定用の処理
            // クラス「PeopleList」は、配列にいているだけなので単純に配列の要素を置き換える
            // 引数「newPerson」は省略すると「newValue」という名前で定義される
            self.peopleArray[ind] = newPerson
        }
    }
}

// インスタンスを確保する
var list = PeopleList()

// 情報を追加する
list.addPersonWithName("Nana")
list.addPersonWithName("Akira")

// インデックス番号で情報を取得する
var p = list[1]
print("1: \(p.name)")
```

▼

```
// インデックス番号で指定した情報を置き換える
p = Person(name: "Hayashi")
list[1] = p

// インデックス番号で情報を取得する
var p2 = list[1]
print("1: \(p2.name)")
```

このコードを実行すると、次のように出力され、独自のクラスに対して「[ ]」演算子でアクセスできることが確認できます。

```
1: Akira
1: Hayashi
```

> **ONEPOINT** サブスクリプトを定義するには「subscript」を使う
>
> サブスクリプトを定義すると、クラス内で持っている情報に、配列と同じように「[ ]」演算子を使ってアクセスできるようになります。
>
> サブスクリプトを定義するには「subscript」を使い、次のような構文で取得用の処理と設定用の処理を実装します。
>
> ```
> subscript(インデックス番号を格納する引数) {
>     get {
>         // 取得用の処理を実装する
>         // 「return」で値を返す
>     }
>     set (新しい値を格納する引数) {
>         // 設定用の処理を実装する
>         // 新しい値を格納する引数は省略すると「newValue」という引数が使われる
>     }
> }
> ```
>
> サブスクリプトは何かの情報を複数管理するようなクラスを実装したときに定義するとよいでしょう。

> **COLUMN** 複数のインデックス番号に対応する
>
> 多次元の配列を表す配列やクラスを定義したときに、それに対応するサブスクリプトを定義することもできます。多次元の配列を表すには、サブスクリプトを定義するときに複数の引数を使用します。
>
> ```
> // 2次元配列を持つ構造体を定義する
> struct TwoDimensionInt {
> ```

■ SECTION-040 ■ サブスクリプトを定義する

```
// 要素数を定義する
let NumOfRow = 10
let NumOfCol = 10

// 値を入れる配列
var intArray:[Int] = []

// イニシャライザ
init() {
    intArray.appendContentsOf(0 ..< NumOfRow * NumOfCol)
}

// サブスクリプトを定義する
subscript(row: Int, col: Int) -> Int {
    get {
        // 取得用の処理
        return intArray[row * NumOfCol + col]
    }
    set {
        // 設定用の処理
        intArray[row * NumOfCol + col] = newValue
    }
}
}

// インスタンスを確保する
var array = TwoDimensionInt()

// 値を取得する
var i = array[4, 4]
print("array[4, 4] = \(i)")

// 値を設定する
array[4, 4] = 0

// 値を取得する
i = array[4, 4]
print("array[4, 4] = \(i)")
```

このコードを実行すると、次のように出力されます。

```
array[4, 4] = 44
array[4, 4] = 0
```

関連項目 ▶▶▶

- 演算子をオーバーロードする ………………………………………………… p.203

SECTION-041

エクステンションを定義する

ここでは、エクステンションを定義する方法について解説します。

SAMPLE CODE

```swift
import Foundation

// 構造体「String」にエクステンションを使って「initial」という
// メソッドを追加する
extension String {
    func initial() -> String {
        // スペースで文字列を分割する
        let words = self.componentsSeparatedByString(" ")
        
        // 分割した文字列の先頭文字を「.」で区切って列挙する
        var ret = ""
        for word: String in words {
            // 先頭の文字以外は「.」を追加する
            if !ret.isEmpty {
                ret += "."
            }
            
            // 「word」の先頭文字を追加する
            let c: Character = word[word.startIndex]
            ret.append(c)
        }
        
        return ret
    }
}

// 「initial」メソッドを使ってイニシャルを取得する
let baseStr = "Akira Hayashi"
let initialStr = baseStr.initial()

// コンソールに出力する
print("baseStr: \(baseStr)")
print("baseStr.initial(): \(initialStr)")
```

このコードを実行すると、次のように出力され、メソッドを追加できたことがわかりました。

```
baseStr: Akira Hayashi
baseStr.initial(): A.H
```

■ SECTION-041 ■ エクステンションを定義する

ONEPOINT　エクステンションを定義するには「extension」を使う

　エクステンションは、既存のクラスや構造体、列挙に対して、メソッドやプロパティを追加する機能です。次のような構文で定義します。

```
extension 型名 {
    // 追加するメソッドなどの定義
}
```

　「型名」には、クラス名や構造体名、列挙名などを指定します。サンプルコードでは、エクステンションを使って既存の構造体である「String」に「initial」というメソッドを追加しています。追加したメソッドは、スペースで文字列を分割し、分割した文字列の先頭文字「.」で結んで新しい文字列を作っています。

COLUMN　エクステンションで追加可能な定義について

　エクステンションを使うと次のような定義を既存のクラスや構造体、列挙に追加することができます。
- メソッド
- イニシャライザメソッド
- プロパティ(コンピューテッド・プロパティのみ)
- サブスクリプト
- プロトコルの実装
- 入れ子となる型

　クラスの場合にはサブクラスを作ってメソッドを追加することもできますが、内容によってはエクステンションを使って追加する方がよいケースも多くあります。サブクラスを作るということは、そのスーパークラスが満たすべき事項を、サブクラスも当然、満たさなければいけません。多くの場所で使われるクラスであればあるほど、複雑さを加味する必要があります。単純に便利な処理を追加するという目的であれば、サブクラスを作るよりも、エクステンションを定義して、クラスを拡張する方がよいでしょう。

COLUMN　エクステンションを使ってプロパティを追加するには

　エクステンションを使ってプロパティを追加する方法は、メソッドを追加する方法と同じです。次のような構文で定義します。

```
extension 型名 {
    var プロパティ名: プロパティの型 {
```

```
        get {
            // 取得処理
        }
        set(新しい値を代入する引数) {
            // 設定処理
        }
    }
}
```

次のコードは、読み込み専用のプロパティ「initial」を「String」に追加しています。

```
import Foundation

// 構造体「String」にエクステンションを使って「initial」という
// 読み込み専用のプロパティを追加する
extension String {

    var initial: String {
        get {
            // スペースで文字列を分割する
            let words = self.componentsSeparatedByString(" ")

            // 分割した文字列の先頭文字を「.」で区切って列挙する
            var ret = ""
            for word: String in words {
                // 先頭の文字以外は「.」を追加する
                if !ret.isEmpty {
                    ret += "."
                }

                // 「word」の先頭文字を追加する
                let c: Character = word[word.startIndex]
                ret.append(c)
            }

            return ret
        }
    }
}

// 「initial」メソッドを使ってイニシャルを取得する
let baseStr = "Akira Hayashi"
let initialStr = baseStr.initial

// コンソールに出力する
print("baseStr: \(baseStr)")
print("baseStr.initial: \(initialStr)")
```

SECTION-041 ■ エクステンションを定義する

このコードを実行すると、次のように出力されます。

```
baseStr: Akira Hayashi
baseStr.initial: A.H
```

なお、コンピューテッド・プロパティを定義する方法については《コンピューテッド・プロパティを定義する》(p.169)を参照してください。

COLUMN　エクステンションを使ってサブスクリプトを追加するには

エクステンションを使ってサブスクリプトを追加するには、次のような構文で記述します。

```
extension 型名 {
    subscript(引数) {
        get {
            // 取得する処理
        }
        set(新しい値を代入する引数) {
            // 設定する処理
        }
    }
}
```

次のコードはクラス「CharacterList」を定義し、エクステンションを使ってクラス「CharacterList」にサブスクリプトを追加しています。

```
// クラス「CharacterList」を定義する
class CharacterList {
    // プロパティを定義する
    var array: [Character] = []

    // イニシャライザメソッドを定義する
    init(str: String) {
        // 文字列から1文字ずつ取得してプロパティに代入する
        for c in str.characters {
            array.append(c)
        }
    }

    // 文字数を返すプロパティを定義する
    var count: Int {
        get {
            return array.count
        }
    }
```

▼

SECTION-041 ■ エクステンションを定義する

```swift
}

// エクステンションを定義する
extension CharacterList {
    // サブスクリプトを定義する
    subscript(index: Int) -> Character {
        get {
            // 文字を取得する処理
            return self.array[index]
        }
        set {
            // 文字を設定する処理
            self.array[index] = newValue
        }
    }
}

// インスタンスを確保する
var list = CharacterList(str: "Swift")

// エクステンションで定義したサブスクリプトを使って文字を取得して出力する
for index in 0 ..< list.count {
    // 文字を取得する
    let c = list[index]

    // コンソールに出力する
    print(c)
}
```

このコードを実行すると、次のように出力されます。

```
S
w
i
f
t
```

なお、サブスクリプトを定義する方法については《**サブクラスを定義する**》(p.198)を参照してください。

関連項目 ▶▶▶

- 列挙を定義する …………………………………………………………… p.144
- 構造体やクラスを定義する ……………………………………………… p.156
- プロパティを定義する …………………………………………………… p.159
- メソッドを定義する ……………………………………………………… p.184
- サブスクリプトを定義する ……………………………………………… p.212

SECTION-042

プロトコルを定義する

ここでは、プロトコルを定義する方法について解説します。

SAMPLE CODE

```
// プロトコル「IndexList」を定義する
protocol IndexList {
    // 読み込み専用のプロパティ「count」を定義する
    var count: Int { get }
    
    // 読み書き可能なプロパティ「title」を定義する
    var title: String { get set }
    
    // メソッド「addIndex」を定義する
    mutating func addIndex(i: Int)
    
    // メソッド「getAllIndexes」を定義する
    func getAllIndexes() -> [Int]
}

// プロトコル「IndexList」を実装するクラス「IndexListImp」を定義する
class IndexListImp : IndexList {
    // プロパティを定義する
    var internalArray: [Int] = []
    
    // プロトコルで定義されているプロパティ「count」を定義する
    var count: Int {
        get {
            return internalArray.count
        }
    }
    
    // プロトコルで定義されているプロパティ「title」を定義する
    var title: String = "Untitled"
    
    // プロトコルで定義されているメソッド「addIndex」を定義する
    func addIndex(i: Int) {
        self.internalArray.append(i)
    }
    
    // プロトコルで定義されているメソッド「getAllIndexes」を定義する
    func getAllIndexes() -> [Int] {
        return internalArray
    }
}
```

```
// プロトコル「IndexList」を実装したクラスや構造体を代入する変数を定義する
// プロトコルは型として使用可能
// ここではクラス「IndexListImp」のインスタンスを代入する
var list: IndexList = IndexListImp()

// プロトコルで定義されているプロパティやメソッドを使用する
list.title = "INDEXES LIST"
list.addIndex(0)
list.addIndex(1)

// プロパティの値を出力する
print(list.title)
print(list.count)
print(list.getAllIndexes())
```

このコードを実行すると、次のように出力されます。

```
INDEXES LIST
2
[0, 1]
```

ONEPOINT プロトコルを定義するには「protocol」を使用する

プロトコルは、クラスや構造体、列挙などが実装する必要がある、メソッド、プロパティなどをひとまとめにして定義する構文です。プロトコルを実装する（プロトコルに準拠する）クラスや構造体、列挙は、プロトコルに定義されているものをすべて実装しなければコンパイルエラーになります。

プロトコルを定義するには「protocol」を使用して、次のような構文で記述します。

```
protocol プロトコル名 {
    // プロトコルの定義
}
```

プロトコルを実装するクラス、構造体、列挙は、次のようにして宣言します。

```
class クラス名 : プロトコル {
}

struct 構造体名 : プロトコル {
}

enum 列挙名 : プロトコル {
}
```

| COLUMN | プロトコルはどのような目的で使うのか |

　プロトコルは、あるインスタンスや型が、必要なメソッドやプロトコルといった要件を満たすことを指定するために定義します。たとえば、ある関数に渡されるインスタンスのクラスは、何を使っても構わないが、「addObject」と「removeObject」というメソッドは持っている必要があるというときなどです。

　プロトコルは、サンプルコードのように型として使うことができますので、使う側は必要なものさえ定義されていれば、何のインスタンスでも構わないという使い方ができます。

　たとえば、インターネットで使われている「HTTP」は通信を行うための1つのプロトコルです。サーバー側で動いているソフトとクライアント側で使用しているブラウザは、どちらもさまざまなものがあり、その組み合わせを、もし、列挙すれば無数に存在します。このとき必要な条件は「HTTP」というプロトコルに従った通信を行うということです。この場合、プロトコルは通信の手順やその上でやり取りされるデータのルールを定めています。Swiftのプロトコルも同じです。プロトコルを使う側とプロトコルを実装する側に必要なことは、プロトコルで定義した手順（メソッドやプロパティなど）に従うということです。実装する側が従うために必要なことは、プロトコルで定義されているメソッドやプロパティを実装するということです。

| COLUMN | 実装が必須ではないメソッドやプロパティを定義するには |

　プロトコルは定義したメソッドやプロパティを必ず実装しなければいけないとなっていますが、場合によっては必須ではなく、必要なら定義するという位置付けのメソッドやプロパティもあります。このようなときは「optional」を付けて定義します。また、「optional」を使うときには「@objc」を付けてプロトコルを定義する必要があります。「@objc」はObjective-Cでのクラス名などを指定するキーワードですが、Objective-Cと組み合わせないときでも、「optional」を使うときには付ける必要があります。また、「@objc」を付けて定義したプロトコルはクラスに対してのみ適用可能です。構造体や列挙には適用できなくなりますので注意してください。

　次のコードは、プロトコル「Appearance」に定義したメソッドやプロパティを、「AppearanceClass」クラスは定義していませんが、コンパイルエラーになりません。定義していないメソッドやプロパティは「optional」を付けて定義されているため、必須ではないという扱いになっています。

```
// 「@objc」を使うには「Foundation」フレームワークをインポートする
import Foundation


// プロトコル「Appearance」を定義する
@objc protocol Appearance {
    optional var color: Int { get }
```

```
    optional func invert()
}

// プロトコルに準拠したクラスを定義する
class AppearanceClass : Appearance {

}

// インスタンスを確保する
var obj = AppearanceClass()
```

　一部のメソッドやプロパティがこのように定義されていない可能性があるときには、プロトコルを使う側は、使うときにメソッドやプロパティが定義されているのかを調べる必要があります。調べる方法については《インスタンスがメソッドを実装しているか調べる》(p.260)を参照してください。

> **COLUMN** エクステンションを使って既存の型にプロトコルの実装を追加するには
>
> 　既存のクラスに、エクステンションを使って、プロトコルを実装する宣言を追加し、プロトコルで定義されているメソッドやプロパティを追加することもできます。
> 　次のコードは、プロトコルを定義し、そのプロトコルをエクステンション使って「String」に追加実装しているコードです。

```
import Foundation

// プロトコルを定義する
protocol Point2D {
    // プロトコルを定義する
    var x: Int { get }
    var y: Int { get }

    // メソッドを定義する
    mutating func setX(X: Int, Y: Int)
}

// エクステンションを使って、「String」にプロトコル「Point2D」の実装を追加する
extension String : Point2D {
    var x: Int {
        get {
            // 「,」で分割した文字列を取り出す
            let tokens = self.componentsSeparatedByString(",")

            // 1番目の文字列を整数にして返す
            if !tokens.isEmpty {
```

```swift
                if let i = Int(tokens[0]) {
                    // 整数に変換できたので、変換した値を返す
                    return i
                }
            }

            // 文字列が取得できなかったとき、もしくは、整数に変換できなかったとき
            return 0
        }
    }

    var y: Int {
        get {
            // 「,」で分割した文字列を取り出す
            let tokens = self.componentsSeparatedByString(",")

            // 2番目の文字列を整数にして返す
            if tokens.count > 1 {
                if let i = Int(tokens[1]) {
                    // 整数に変換できたので、変換した値を返す
                    return i
                }
            }

            // 文字列が取得できなかったとき、もしくは、整数に変換できなかったとき
            return 0
        }
    }

    // X座標とY座標を文字列にして代入する
    mutating func setX(X: Int, Y: Int) {
        // 「,」区切りの文字列とする
        self = "\(X),\(Y)"
    }
}

// 空の文字列を作る
var str = ""

// プロトコル「Point2D」で定義されているメソッドを使う
str.setX(10, Y: 20)

// 文字列を出力する
print("str = \(str)")

// プロパティを使って値を取得する
let x = str.x
```

```
    let y = str.y

    // 出力する
    print("str.x = \(x)")
    print("str.y = \(y)")
```

このコードを実行すると、次のように出力されます。

```
str = 10,20
str.x = 10
str.y = 20
```

> **COLUMN** プロトコルエクステンションを使ってデフォルト実装を定義する
>
> プロトコルもエクステンションを使って拡張することができ、このエクステンションをプロトコルエクステンションと呼びます。プロトコルエクステンションを使うと、プロトコルで定義したメソッドやプロパティについて、デフォルトの実装を定義することができます。プロトコルを実装するクラスのほとんどで同じ処理にもかかわらず、デフォルトの実装がないために、同じコードをコピーするというようなことを防ぐことができます。デフォルトの実装を定義するには、次のようにエクステンションを使って定義します。
>
> ```
> extension プロトコル名 {
>     // デフォルトの実装を記述する
> }
> ```
>
> なお、デフォルトの実装を定義するときには、デフォルト実装をメソッドとして定義し、それを呼び出すようにした方が、コードの自由度が上がります。メソッドとして定義することで、デフォルトの実装をオーバーライドするときでも、先に独自の処理を行ってから、デフォルトの実装を呼び出したり、デフォルトの実装を呼び出してから、独自の処理を行うということも容易にできるようになります。
>
> 次のコードは、「Shape」というプロトコルで定義したプロパティ「asText」のデフォルト実装を定義している例です。デフォルトの実装ではメソッド「asDefaultText」を呼び出すようにしています。
>
> ```
> import Foundation
>
> // 座標を表す構造体を定義する
> struct Point2D {
>     var x: Double
>     var y: Double
> }
> ```

```swift
// 図形を表すプロトコルを定義する
protocol Shape {
    var shapeName: String { get }
    var vertexes: [Point2D] { get }
    var asText: String { get }
}

// プロトコル「Shape」のデフォルト実装を定義する
extension Shape {
    
    func asDefaultText() -> String {
        return "\(self.shapeName) has \(self.vertexes.count) vertexes."
    }
    
    // プロパティ「asText」のデフォルト実装
    var asText: String {
        return asDefaultText()
    }
}

// プロトコルを実装するクラスを定義
class Triangle : Shape {
    var vertexes: [Point2D]
    
    var shapeName: String {
        return "Triangle"
    }
    
    init() {
        vertexes = [Point2D(x: 10, y: 10),
            Point2D(x: 30, y: 10),
            Point2D(x: 20, y: 0)];
    }
}

class Rectangle : Shape {
    var width: Double
    var height: Double
    var originX: Double
    var originY: Double
    
    init() {
        width = 10
        height = 10
        originX = 0
        originY = 0
    }
```

```
    var vertexes: [Point2D] {
        return [Point2D(x: originX, y: originY),
        Point2D(x: originX + width, y: originY),
        Point2D(x: originX + width, y: originY + height),
            Point2D(x: originX, y: originY + height)]
    }

    var shapeName: String {
        return "Rectangle"
    }
}

// インスタンスを確保する
var triangle = Triangle()
var rectangle = Rectangle()

// コンソールに出力する
print(triangle.asText)
print(rectangle.asText)
```

このコードを実行すると、次のように出力されます。

```
Triangle has 3 vertexes.
Rectangle has 4 vertexes.
```

COLUMN　プロトコルエクステンションの適用を制限する

プロトコルエクステンションは、「where」を使うことで適用を制限することができます。たとえば、次のコードはSwift標準ライブラリのプロトコル「CollectionType」に「asText」メソッドを追加しています。要素はプロトコル「Shape」を実装していることを条件にしています。

```
import Foundation

// 座標を表す構造体を定義する
struct Point2D {
    var x: Double
    var y: Double
}

// 図形を表すプロトコルを定義する
protocol Shape {
    var shapeName: String { get }
    var vertexes: [Point2D] { get }
```

SECTION-042 プロトコルを定義する

```swift
    var asText: String { get }
}

// プロトコル「Shape」のデフォルト実装を定義する
extension Shape {
    
    func asDefaultText() -> String {
        return "\(self.shapeName) has \(self.vertexes.count) vertexes."
    }
    
    // プロパティ「asText」のデフォルト実装
    var asText: String {
        return asDefaultText()
    }
}

// プロトコルを実装するクラスを定義
class Triangle : Shape {
    var vertexes: [Point2D]
    
    var shapeName: String {
        return "Triangle"
    }
    
    init() {
        vertexes = [Point2D(x: 10, y: 10),
            Point2D(x: 30, y: 10),
            Point2D(x: 20, y: 0)];
    }
}

// プロトコル「CollectionType」を拡張して、「asText」メソッドを追加する
// 要素がプロトコル「Shape」を実装しているものに制限する
extension CollectionType where Generator.Element : Shape {
    func asText() -> String {
        var ret = ""
        for item in self {
            ret += item.asText + "\n"
        }
        return ret
    }
}

// 「Triangle」クラスの配列を作る
var shapes = [Triangle(), Triangle(), Triangle()]
```

```
// コンソールに出力する
print(shapes.asText())
```

このコードを実行すると、次のように出力されます。また、配列内にプロトコル「Shape」を実装していないオブジェクト(たとえば、文字列)を入れると、ビルド時にエラーになることも確認できます。

```
Triangle has 3 vertexes.
Triangle has 3 vertexes.
Triangle has 3 vertexes.
```

関連項目 ▶▶▶

- 構造体やクラスを定義する …………………………………………………… p.156
- サブクラスを定義する ………………………………………………………… p.198
- エクステンションを定義する ………………………………………………… p.215
- インスタンスがメソッドを実装しているか調べる …………………………… p.260

SECTION-043

ジェネリック関数を定義する

ここでは、ジェネリック関数を定義する方法について解説します。

SAMPLE CODE
```swift
// 2つの値を比較して大きい方を返すジェネリック関数を定義する
// 引数に指定した2つの値は、大小の比較を行うので、プロトコル「Comparable」に
// 準拠している必要がある
func greaterValue<T: Comparable>(v1: T, _ v2: T) -> T {
    if v2 > v1 {
        return v2
    } else  {
        return v1
    }
}

//「Int」を引数にして実行する
let v1: Int = 5
let v2: Int = 10
let i = greaterValue(v1, v2)

print("greaterValue(\(v1), \(v2)) = \(i)")

//「Double」を引数にして実行する
let v3: Double = 2.5
let v4: Double = 1.4
let f = greaterValue(v3, v4)

print("greaterValue(\(v3), \(v4)) = \(f)")
```

このコードを実行すると、次のように出力されます。

```
greaterValue(5, 10) = 10
greaterValue(2.5, 1.4) = 2.5
```

■ SECTION-043 ■ ジェネリック関数を定義する

ONEPOINT ジェネリック関数を定義するにはタイプパラメータを定義する

　関数を定義するときには、引数の型や戻り値の型が何になるのかを定義します。しかし、関数の内容によっては複数の型に対応したものを作るときに、コードはまったく同じにもかかわらず、型だけを変更して定義すればよいということがあります。このようなときに、関数を呼び出す側で、使用する型を指定できるのが「ジェネリック関数」です。C++のテンプレートと同様です。

　ジェネリック関数を定義するには、次のような構文で、タイプパラメータを定義し、呼び出し側に依存する型の情報を指定します。

```
func 関数名<タイプパラメータ>(引数) -> 戻り値の型 {
    // 関数の実装
}
```

　タイプパラメータは「パラメータ名: 型」という構文で記述します。サンプルコードでは、2つの引数を比較するので、「>」「<」などの演算子を定義しているプロトコル「Comparable」に準拠していることを指定しています。このように、タイプパラメータでは、使用可能な型のプロトコルやクラスなどを指定することができます。構造体は指定できません。また、コードによっては、何も制限がない場合があります。そのようなときには「: 型」を省略します。

　定義したタイプパラメータは、通常の型と同じように使うことができます。引数や戻り値だけではなく、関数内で定義する変数や定数に使うこともできます。また、複数定義するときには、「,」で区切って必要な数を定義します。

COLUMN タイプパラメータの名称

　タイプパラメータの名称については、大文字で始めて、単語の区切りごとに大文字を使うというのが望ましいとされています。また、具体的な名称を使うこともできます。たとえば「NameType」や「ValueType」のような名称を使うと、関数を呼び出す側にとってもわかりやすいでしょう。

関連項目 ▶▶▶

- 関数を定義する ……………………………………………………………………… p.117
- メソッドを定義する ………………………………………………………………… p.184
- サブクラスでオーバーライドする ………………………………………………… p.200
- ジェネリックを使った構造体を定義する ………………………………………… p.232
- ジェネリックを使ったクラスを定義する ………………………………………… p.234
- タイプパラメータに制約を付ける ………………………………………………… p.238

SECTION-044

ジェネリックを使った構造体を定義する

ここでは、ジェネリックを使った構造体を定義する方法について解説します。

SAMPLE CODE

```
// 座標を入れるプロパティの型を呼び出し側が指定する構造体を定義する
struct Point2D<T: IntegerType> {
    // 座標を代入するプロパティを定義する
    var x: T
    var y: T

    // 座標を移動するメソッドを定義する
    mutating func moveByX(X: T, byY: T) {
        self.x += X
        self.y += byY
    }

    // 座標をコンソールに出力するメソッドを定義する
    func printProperty(msg: String) {
        print("\(msg)\t(\(x),\(y))")
    }
}

// インスタンスを確保する
var pt = Point2D(x: 10, y: 20)
pt.printProperty("pt")

// 型を明示してインスタンスを確保する
var pt2 = Point2D<UInt32>(x: 5, y: 10)
pt2.printProperty("pt2")

// メソッドを実行する
pt.moveByX(10, byY: 10)
pt2.moveByX(5, byY: 5)

pt.printProperty("pt")
pt2.printProperty("pt2")
```

このコードを実行すると、次のように出力されます。

```
pt    (10,20)
pt2   (5,10)
pt    (20,30)
pt2   (10,15)
```

■SECTION-044■ ジェネリックを使った構造体を定義する

| ONEPOINT | ジェネリックを使った構造体を定義するには
構造体名の後ろにタイプパラメータを定義する |

ジェネリックを使った構造体を定義するには、次のような構文でタイプパラメータを定義します。

```
// 準拠するプロトコルの指定がないとき
struct 構造体名<タイプパラメータ> {
    // 構造体の定義
}

// 準拠するプロトコルの指定があるとき
struct 構造体名<タイプパラメータ> : 準拠するプロトコル {
    // 構造体の定義
}
```

タイプパラメータの定義は、ジェネリック関数と同様に「タイプパラメータ名: 型」という構文で記述します。複数定義するときは「,」で区切ります。詳しくは《ジェネリック関数を定義する》(p.230)を参照してください。

定義したタイプパラメータは、構造体の中では通常のクラスや構造体、プロトコルと同様に使うことができます。プロパティやメソッドの引数、戻り値などで使用可能です。

ジェネリックを使った構造体を使用するときは、次のような構文でタイプパラメータに使用する型(構造体、または、プロトコル)を指定します。

```
var v = 構造体名<使用する型の定義>()
```

上記はイニシャライザメソッドに引数がない場合です。通常の構造体と同様に定義されているイニシャライザメソッドを使用します。

サンプルコードのように、イニシャライザメソッドから型が明確になる場合には、使用する型の定義を省略することもできます。

関連項目 ▶▶▶

- 構造体やクラスを定義する ……………………………………………………… p.156
- ジェネリック関数を定義する …………………………………………………… p.230
- ジェネリックを使ったクラスを定義する ……………………………………… p.234
- タイプパラメータに制約を付ける ……………………………………………… p.238

SECTION-045

ジェネリックを使ったクラスを定義する

ここでは、ジェネリックを使ったクラスを定義する方法について解説します。

SAMPLE CODE

```
// クラス「Item」を定義する
class Item <ValueType> {
    // 値を格納するプロパティ
    var value: ValueType
    
    // 次のアイテムへの参照
    var next: Item?
    
    // イニシャライザメソッドを定義する
    init(v: ValueType) {
        self.value = v
    }
}

// クラス「LinkedList」を定義する
class LinkedList<ValueType> {
    // 先頭のアイテム
    var firstItem: Item<ValueType>?
    
    // 最後のアイテム
    var lastItem: Item<ValueType>? {
        get {
            var item = self.firstItem
            while item != nil {
                if item?.next == nil {
                    // これが最後のアイテム
                    return item
                }
                // 次のアイテムを取得する
                item = item?.next
            }
            // 見つからなかったとき
            return nil
        }
    }
    
    // イニシャライザメソッドを定義する
    init() {
        
    }
```

SECTION-045 ジェネリックを使ったクラスを定義する

```swift
        // アイテムを追加する
        func addValue(v: ValueType) {
            // インスタンスを確保する
            let item = Item(v:v)

            // 先頭のアイテムか？
            if self.firstItem == nil {
                self.firstItem = item
            } else {
                // 最後のアイテムを取得する
                if let lastItem = self.lastItem {
                    lastItem.next = item
                }
            }
        }

        // 全アイテムの値をコンソールに出力する
        func printAllValue() {
            // 最初のアイテムを取得する
            var item = self.firstItem
            while item != nil {
                // 値を出力する
                print("\((item?.value)!)")
                // 次のアイテムを取得する
                item = item?.next
            }
        }
}

// インスタンスを確保する
var list = LinkedList<Int>()

// 値を追加する
list.addValue(1)
list.addValue(2)
list.addValue(3)

// コンソールに出力する
list.printAllValue()

// 別の型でインスタンスを確保する
var list2 = LinkedList<String>()

// 値を追加する
list2.addValue("ABC")
list2.addValue("DEF")
```

■ SECTION-045 ■ ジェネリックを使ったクラスを定義する

```
list2.addValue("GHI")

// コンソールに出力する
list2.printAllValue()
```

このコードを実行すると、次のように出力されます。

```
1
2
3
ABC
DEF
GHI
```

> **ONEPOINT** ジェネリックを使ったクラスを定義するには
> クラス名の後ろにタイプパラメータを定義する
>
> 　ジェネリックを使ったクラスを定義するには、次のような構文で記述し、タイプパラメータを定義します。
>
> ```
> // スーパークラスやプロトコルへの準拠がないとき
> class クラス名<タイプパラメータ> {
>     // クラスの定義
> }
>
> // スーパークラスやプロトコルへの準拠があるとき
> class クラス名<タイプパラメータ> : スーパークラスやプロトコル {
>     // クラスの定義
> }
> ```
>
> 　タイプパラメータの定義は、ジェネリック関数と同様に「タイプパラメータ名: 型」という構文で記述します。複数定義するときは「,」で区切ります。詳しくは《ジェネリック関数を定義する》(p.230)を参照してください。
>
> 　定義したタイプパラメータは、クラスの中では通常のクラスや構造体、プロトコルと同様に使うことができます。プロパティやメソッドの引数、戻り値などで使用可能です。
>
> 　ジェネリックを使ったクラスを使用するときは、次のような構文でタイプパラメータに使用する型（構造体、または、プロトコル）を指定します。
>
> ```
> var v = クラス名<使用する型の定義>()
> ```
>
> 　上記はイニシャライザメソッドに引数がない場合です。通常のクラスと同様にクラスが定義しているイニシャライザを使用します。

■SECTION-045■ ジェネリックを使ったクラスを定義する

関連項目 ▶▶▶
- 構造体やクラスを定義する …………………………………………………………… p.156
- サブクラスを定義する ………………………………………………………………… p.198
- ジェネリック関数を定義する ………………………………………………………… p.230
- ジェネリックを使った構造体を定義する …………………………………………… p.232
- タイプパラメータに制約を付ける …………………………………………………… p.238

SECTION-046

タイプパラメータに制約を付ける

ここでは、ジェネリック関数のタイプパラメータに制約を付ける方法について解説します。

SAMPLE CODE
```swift
// 大きい方の値を出力するジェネリック関数を定義する
// タイプパラメータ「T」に次の制約を持たせる
//    プロトコル「Comparable」に準拠している
//    プロトコル「IntegerType」に準拠している
func printGreater<T where
    T: Comparable, T: IntegerType>(v1: T, _ v2: T) {
        // 「v1」と「v2」を比較する
        if v1 > v2 {
            print(v1.description)
        } else if v1 == v2 {
            print("\(v1.description) == \(v2.description)")
        } else {
            print(v2.description)
        }
}

// 関数を実行する
printGreater(123, -100)
// 「Double」はプロトコル「IntegerType」に準拠していないのでエラーになる
printGreater(0.1, 0.2)
```

このコードは、最後の行で次のようなコンパイルエラーが表示されます。

```
Cannot invoke 'printGreater' with an argument list of type '(Double, Double)'
```

指定した制約に従うと「Double」は使用できないのでエラーになります。「Double」はプロトコル「IntegerType」に準拠していません。プロトコル「IntegerType」は整数の型を表すプロトコルです。

ONEPOINT　**タイプパラメータに制約を付けるには「where」を使う**

タイプパラメータに制約を付けるには「where」を使い、次のような構文で記述します。

```
func 関数名<タイプパラメータ where 制約>(引数の定義) -> 戻り値の型 {
}
```

制約は、関数だけではなく、ジェネリックを使うところでは同様に定義することができます。制約を複数持たせるには、「,」で区切って記述します。制約は次のような構文で記述します。

```
// プロトコルに準拠しているかどうか
タイプパラメータ: プロトコル

// タイプパラメータ1とタイプパラメータ2が等しいかどうか
タイプパラメータ1 == タイプパラメータ2

// タイプパラメータ1とタイプパラメータ2が異なるかどうか
タイプパラメータ1 != タイプパラメータ2
```

　タイプパラメータの型指定では、1つしか指定できませんが、この方法では複数のプロトコルへの準拠をチェックすることができます。

　ジェネリックを使うと、本来の用途からは意図しないクラスなどが使われてしまう可能性があります。どのような型でも動くようになっていれば問題ないのですが、そのようになっていないときに、コードの内容によっては、制約を指定して、ガードを付けることが必要になるでしょう。

COLUMN　アソシエーテッドタイプと組み合わせる

　Swiftでは、「typealias」を使ってタイプの別名定義を行うことができます。

```
struct Point2D {
    // 座標の値の型を「ValueType」という別名で定義する
    typealias ValueType = Int

    // プロパティを定義する
    var x: ValueType
    var y: ValueType
}
```

　プロトコルの中では、実際の型は何になるかを定義せずに、名前だけを定義するということができます。これをアソシエーテッドタイプ（Associated Type）と呼びます。アソシエーテッドタイプを使うとジェネリックを使ってプロトコルを定義するような感覚でプロトコルを定義できます。さらにアソシエーテッドタイプとタイプパラメータの制約は組み合わせることができます。

```
// プロトコル「MyValue」を定義する
protocol MyValue {
    typealias ValueType
    var value: ValueType { get }
}

// プロコトル「MyValue」に準拠する構造体を定義する
struct IntValue : MyValue {
```

■ SECTION-046 ■ タイプパラメータに制約を付ける

```swift
    // 「ValueType」を「Int」にする
    typealias ValueType = Int

    // プロパティを定義する
    var value: ValueType = 0
}

struct DoubleValue : MyValue {
    // 「ValueType」を「Double」にする
    typealias ValueType = Double

    // プロパティを定義する
    var value: ValueType = 0.0
}

// プロトコル「MyValue」に準拠した構造体の値が等しいかをチェックする関数
func isEqualMyValue<T1: MyValue, T2: MyValue where
    T1.ValueType == T2.ValueType,
    T1.ValueType: Equatable>(v1: T1, _ v2: T2) -> Bool {
        return v1.value == v2.value
}

// インスタンスを確保する
var v1: IntValue = IntValue()
var v2: IntValue = IntValue()
var v3: DoubleValue = DoubleValue()

// 関数「isEqualMyValue」を呼び出す
isEqualMyValue(v1, v2)
// 次の行は、アソシエーテッドタイプが異なるため、コンパイルエラーになる
isEqualMyValue(v1, v3)
```

　このコードをビルドすると、最後の行は、アソシエーテッドタイプが異なるのでコンパイルエラーになり、制約によるチェックができていることが確認できます。また、関数「isEqualMyValue」の制約から「T1.ValueType: Equatable」を削除すると、プロパティ「value」がプロトコル「Equatable」に準拠している保証がなくなるため、「==」演算子を使った比較処理の行でコンパイルエラーになります。このように制約の指定は、単なる安全性チェックだけではなく、機能が使えるかどうかのチェックもビルド時に行うという、非常に強力なものになっています。

関連項目 ▶▶▶	
● プロトコルを定義する	p.220
● ジェネリック関数を定義する	p.230
● ジェネリックを使った構造体を定義する	p.232
● ジェネリックを使ったクラスを定義する	p.234

SECTION-047

エラー制御を実装する

ここでは、エラー制御を実装する方法について解説します。

SAMPLE CODE

```swift
import Foundation

// エラーを定義する
enum MyError: ErrorType {
    case OutOfBounds
}

// 配列の指定した範囲内の合計を計算する関数
func sum(values: [Int], index: Int, length: Int) throws -> Int {
    // 指定された範囲が、配列の有効範囲内かどうかを判定する
    if (index < 0 || (index + length) > values.count)
    {
        // 範囲外
        throw MyError.OutOfBounds
    }
    
    var ret = 0
    for i in 0 ..< length {
        ret += values[i + index]
    }
    return ret
}

// 配列を定義する
let values = [1, 2, 3, 4, 5]
// エラー制御開始
do {
    // 正常な範囲を指定した場合
    var ret = try sum(values, index: 1, length: 3)
    print(ret)
    
    // 無効な範囲を指定した場合
    ret = try sum(values, index: 10, length: 3)
    print(ret)
    
} catch MyError.OutOfBounds {
    print("Out Of Bounds")
} catch {
    print("Unknown Error")
}
```

■SECTION-047■ エラー制御を実装する

　このコードを実行すると、次のように出力されます。2番目の呼び出しは範囲外のため、関数が呼び出し元に戻らずに「catch MyError.OutOfBounds」のスコープにジャンプしたことが確認できます。

```
9
Out Of Bounds
```

> **ONEPOINT** エラー制御を実装するには
> 「do」「catch」「try」「throw」「throws」「ErrorType」を使う
>
> 　エラー制御を実装するには、「do」「catch」「try」「throw」「throws」「ErrorType」を使用します。まず、「ErrorType」プロトコルを使ってエラーを定義します。サンプルコードでは「enum」を使って「OutOfBounds」というエラーを定義しています。次に、エラーを投げる関数を次のように「throws」というキーワードを付けて定義します。
>
> ```
> func 関数名(引数) throws -> 戻り値の型
> ```
>
> 　「throws」はエラーを投げる可能性があるということを宣言するキーワードで、エラーを投げる関数やメソッドでは、必ず定義する必要があります。次に、エラーになるかをチェックし、エラーになる場合には「throw」を使ってエラーを投げます。エラーを投げた時点で関数から抜けます。エラーチェックは「if」や「guard」などを使って行います。また、抜けたときに何らかの処理を行いたいときには「defer」を使用します。「throw」は次の構文で使用します。
>
> ```
> throw エラー
> ```
>
> 　エラーを投げる可能性がある関数やメソッドを呼び出す側は、次のように「do」というスコープの中で「try」を付けて呼び出し、エラーが起きたときの処理を「catch」で記述します。
>
> ```
> do {
>     try エラーを投げる可能性がある関数やメソッド
> } catch エラー1 {
>     エラー1に対する処理
> } catch エラー2 {
>     エラー2に対する処理
> } catch {
>     上記まででキャッチされなかったエラーの処理
> }
> ```

COLUMN 「rethrows」について

　関数オブジェクトを引数に取る関数やメソッドで、その引数の関数オブジェクトが「throws」を付けて宣言される場合は、「rethrows」を付けて宣言する必要があります。つまり、引数に指定した関数オブジェクトが投げたエラーを、さらに投げるということを宣言します。次のような構文で記述します。

```
func 関数名(引数:（関数オブジェクトの引数）throws -> 関数オブジェクトの戻り値の型)
rethrows {
    try 関数オブジェクト()
}
```

　たとえば、「Int」を引数に取る関数オブジェクトを引数にする関数の定義は次のようになります。

```
func calc(i: Int, f: (Int) throws -> Void) rethrows {
    // 引数「i」を引数「f」に渡して実行する
    try f(i)
}
```

COLUMN エラー制御により投げられたエラーを無視するには

　エラーを投げる可能性がある関数で、エラーが投げられることを無視したいときには、次のように「try!」を付けて関数やメソッドを呼び出します。

try! エラーを投げる可能性がある関数やメソッド

　次のコードはこのセクションのサンプルコードを「try!」で呼び出すように変更した例です。「do」「catch」がなくてもビルドできるようになりますが、実際にはエラーが投げられ、それがキャッチされないという動作になるため、実行するとクラッシュします。「try!」が行うのは、「do」「catch」がなくてもビルドできるというだけで、エラーを投げることは変わりません。誰かがキャッチして処理する必要があります。

```
import Foundation

// エラーを定義する
enum MyError: ErrorType {
    case OutOfBounds
}

// 配列の指定した範囲内の合計を計算する関数
func sum(values: [Int], index: Int, length: Int) throws -> Int {
```

```
        // 指定された範囲が、配列の有効範囲内かどうかを判定する
        if (index < 0 || (index + length) > values.count)
        {
            // 範囲外
            throw MyError.OutOfBounds
        }

        var ret = 0
        for i in 0 ..< length {
            ret += values[i + index]
        }
        return ret
}

// 配列を定義する
let values = [1, 2, 3, 4, 5]

// 正常な範囲を指定した場合
var ret = try! sum(values, index: 1, length: 3)
print(ret)

// 無効な範囲を指定した場合
ret = try sum(values, index: 10, length: 3)
print(ret)
```

COLUMN　オブジェクトをキャッチするには

　iOSやwatchOS、tvOS、OS Xなどの機能を使うためのフレームワークは、エラー発生時に「NSError」クラスのインスタンスを投げる場合があります。このようにオブジェクトが投げられたときに、それをキャッチするには、次のような構文で「catch」文を記述します。

```
catch let 変数 as オブジェクトの型
```

　たとえば、「NSError」をキャッチするには、次のように記述します。

```
do {
    // エラーが投げられる可能性がある処理
} catch let error as NSError {
    // エラー取得時の処理
}
```

関連項目 ▶▶▶

- 「guard」を使って必須条件をチェックする …………………………………… p.96
- 「defer」を使ってスコープを抜けるときの処理を定義する ………………… p.110

SECTION-048

モジュール分割について

■ Swiftでのモジュール分割について

アプリが大きくなってくると、クラスを実行する側に直接は使わせないクラスなど、ある程度、コードを利用可能な範囲について制御する必要が出てきます。Swiftでは、同じソースファイル内に定義されているクラスや構造体は自由に使えますが、他のソースファイルに定義されている構造体やクラスについては、実装側で使用可能にするかを制御できます。

たとえば、次のコードは、構造体「Rect」のプロパティ「origin」と「size」は「private」に指定されているので、ソースファイル「point.swift」の外からは参照したり、設定したりすることができません。値を読み書きするには、用意されているメソッド「getOrigin」「resize」「move」を使用します。

SAMPLE CODE 「point.swift」ファイル

```swift
public struct Point2D {
    var x = 0
    var y = 0
}
public struct Size2D {
    var w = 0
    var h = 0
}

public struct Rect {
    // プロパティは内部専用
    private var origin: Point2D = Point2D()
    private var size: Size2D = Size2D()

    // 位置とサイズを取得する
    func getOrigin(inout pt: Point2D, inout sz: Size2D) {
        pt = self.origin
        sz = self.size
    }

    // 大きさを変更する
    mutating func resize(width width: Int, height: Int) {
        self.size.w = width
        self.size.h = height
    }

    // 移動する
    mutating func move(byX byX: Int, byY: Int) {
        self.origin.x = byX
        self.origin.y = byY
```

245

■SECTION-048■ モジュール分割について

```
    }
}
```

SAMPLE CODE 「main.swift」ファイル
```
// インスタンスを確保する
var rt = Rect()

// 位置と大きさを設定
rt.move(byX: 10, byY: 10)
rt.resize(width: 100, height: 100)

// 設定後の位置と大きさを取得する
var pt: Point2D = Point2D()
var sz: Size2D = Size2D()
rt.getOrigin(&pt, sz: &sz)
```

Swiftでは次のようなアクセスレベルが定義されています。

アクセス権	説明
public	任意ソースファイルや外部モジュールからアクセス可能
internal	任意のソースファイルからアクセス可能だが、同一モジュールに限られる。フレームワークなどのライブラリを作成したときに、ライブラリの外からはアクセスできないという設定になる
private	定義されているソースファイル内のみアクセス可能

アクセスレベルは、構造体やクラス、プロパティなどさまざまなものに対して設定できるようになっています。アクセス可能な範囲を限定することで、使いやすいライブラリやわかりやすいライブラリにすることができます。

▶組み合わせに注意

アクセスレベルを構造体やクラスに設定したときには、その組み合わせにも注意が必要です。たとえば、「public」を指定した関数の戻り値として「private」に設定されている構造体のインスタンスを指定することはできません。「public」に指定されている関数は、外部のソースファイルから使われる可能性がありますが、使おうとしたときに戻り値の構造体が「private」になっていれば使えません。このようなときにはコンパイルエラーになります。

アクセスレベルを指定したときには、その組み合わせも考慮して設計するのがよいでしょう。

CHAPTER 04
オブジェクトの基礎

SECTION-049

Swiftのインスタンスの確保と解放

■ Swiftのインスタンスの確保と解放について

　Swiftでは、文字列や文字、整数、浮動小数点数、構造体、クラス、列挙、関数など、あらゆるものがオブジェクトになっています。これらのオブジェクトは、実際にはインスタンスを確保して使用します。

　たとえば、リテラルで「123」と整数を書いた場合でも、「Int」のインスタンスが確保され、「123」という値を持っています。

　C言語やC++、ARCを使用していないときのObjective-Cなどでは、インスタンスの確保と保持、解放はプログラマの責任で行っていました。SwiftではARCによってインスタンスの保持と解放などのメモリ管理が自動化されています。ARCは、Automatic Reference Countingの略です。ARCは、ビルド時にインスタンスを保持する処理と解放する処理を自動的に挿入します。

▶ Swiftでのメモリ管理モデル

　Swiftでのメモリ管理は、参照カウンタ方式です。スマートポインタとも呼ばれます。参照カウンタ方式は、名前の通り、「参照カウンタ」と呼ばれるカウンタがあります。このカウンタは、インスタンスの参照数を記録しています。この参照数が0になったときにメモリは解放・破棄されます。これにより、複数の場所から使われているインスタンスがあるときに、その中のどれかが必要としなくなったときにはまだ解放されないようにし、すべての場所から必要としなくなったときに解放するということができるようになります。

▶ 確保・保持・解放・破棄について

　参照カウンタを使用したメモリ管理モデルは、確保はメモリ領域を確保して、参照カウンタを1にする動作となります。保持は、そのメモリ領域を必要とするところが、解放されないようにするために、参照カウンタを1増やすという動作です。解放は、そのメモリ領域を必要としなくなったときに、参照カウンタを1減らすという動作です。破棄は、参照カウンタが0になったときに、そのメモリ領域を解放し、他の処理から使えるようにするという動作です。

　ARCは、この保持、解放、破棄を自動的に行う仕組みです。

▶ 解放されるタイミング

　ARCでは解放されるタイミングを、インスタンスが使われなくなるタイミングとしています。具体的には次のようなタイミングがあります。

- 定義されたスコープ（「{」と「}」で囲まれた範囲）を抜けたとき。たとえば、「if」を抜けたときや、関数やメソッドを抜けたときなど。
- 別のインスタンスを変数に代入したとき。代入される前のインスタンスが解放されるタイミングになる。
- 構造体やクラスが破棄されるとき。このとき、プロパティが解放されるタイミングになる。

■ SECTION-049 ■ Swiftのインスタンスの確保と解放

▶ 自動解放のタイミングを作る

　ARCではインスタンスが使われなくなるときに解放されますが、複雑なコードの場合やライブラリなどとの組み合わせによっては、システムに制御が戻るまで、自動解放されるはずのオブジェクトが残っていることがあります。Objective-Cでは、「@autoreleasepool」という構文や「NSAutoreleasePool」クラスを使って、指定した区間に確保された自動解放オブジェクトが、区間を抜けるときに解放される（正確には参照カウンタを1減らす）ように指定するという方法を使って、途中でメモリ不足にならないようにする、という対策を行いました。

　Swiftでもこれに相当する「autoreleasepool」という関数が用意されています。

```
public func autoreleasepool(@noescape code: () -> ())
```

　「autoreleasepool」関数は引数に指定した関数オブジェクトを実行して、その間に確保された自動解放オブジェクトを解放するというような動作になります。しかし、どのようなオブジェクトも必ず解放されるということではなく、その動作は自動解放プールの仕様に依存しています。また、本書を執筆している時点での最新版のOSでは、ARCもだいぶ優秀になり、明示的に使用しないでも期待した形で解放されるというケースが多く、古いOSではARCでも解放されなかったようなパターンを試しても解放されました。使用する機会は減っているかもしれませんが、複雑な処理や大量のメモリを使用するような処理をループさせるときに、メモリ不足が危惧される場合には、利用するとよいでしょう。本書では、《ランループを手動で実行する》(p.744)など、ランループを手動実行させるところなど、どのような処理が行われるかがわからないときに使用しています。

▶ 循環参照の問題

　参照カウンタ方式には、使い方を間違えると、永久に解放されなくなることがあります。たとえば、次のようなケースです。

1 インスタンスAとインスタンスBを確保する。

2 インスタンスAのプロパティにインスタンスBを設定する。このとき、インスタンスAはインスタンスBを保持する。

3 インスタンスBのプロパティにインスタンスAを設定する。このとき、インスタンスBはインスタンスAを保持する。

4 インスタンスAの解放処理の中でインスタンスBを代入したプロパティを解放する。

5 インスタンスBの解放処理の中でインスタンスAを代入したプロパティを解放する。

　上記は一見すると正しいように思えます。インスタンスを保持して、必要なくなったら解放するという処理が行われています。しかし、上記の通りに行うと2つのインスタンスは永久に解放されません。

　4 の処理を行うには、インスタンスAが解放される必要があります。しかし、インスタンスAの解放処理はインスタンスBの解放処理の中です。しかし、インスタンスBの解放処理はインスタンスAの解放処理の中です。つまり、どちらかが解放されなければ、解放処理は始まらないのですが、お互いに持ち合っているため、解放処理が始まらないのです。このような状態を循

249

■ SECTION-049 ■ Swiftのインスタンスの確保と解放

環参照と呼びます。上記のように書くとわかりやすいので、そのような状態にはならないと考えがちですが、クロージャーの中で、クロージャーを保持するオブジェクトのインスタンスを使っているときや、間接的に参照されてしまうことなどもあり、ARCを使っているのにメモリリーク（メモリが解放されずにどんどん増えていく）という状態になってしまいます。

循環参照を避けるには、弱い参照関係を使うなどの工夫が必要です。

強い参照関係と弱い参照関係

参照カウンタ方式では、強い参照関係と弱い参照関係という2種類の参照方法があります。

▶ 強い参照関係

強い参照関係は、参照カウンタを1増やして、保持してから、そのインスタンスを保持するという参照方式です。Swiftでは、弱い参照関係になるように指定していない変数や定数に、インスタンスを代入すると、強い参照関係で変数に代入されます。メソッドや関数の引数も強い参照関係です。クロージャーでコードを書いたときに、クロージャーの中で使用している、クロージャーの外部にあるインスタンスも強い参照関係で、クロージャーによって保持されます。

▶ 弱い参照関係

弱い参照関係は、参照カウンタを変更せずに、そのインスタンスを変数に代入するという参照方式です。Swiftでは、次のように「weak」を付けて定義した変数やプロパティに、インスタンスを代入すると、弱い参照関係で代入されます。

```swift
// クラスを定義する
class MyObject {
    // 区別するための名前を代入するプロパティ
    var name = ""
    
    // 確保されたときにメッセージを表示する
    init(name: String) {
        self.name = name
        print("  \(self.name) allocated")
    }
    
    // 解放されたときにメッセージを表示する
    deinit {
        print("  \(self.name) deallocated")
    }
}

// インスタンスを確保して、2つの変数に代入する
// 強い参照関係で持つ変数
var strongObj: MyObject?

// 弱い参照関係で持つ変数
weak var weakObj: MyObject?
```

■ SECTION-049 ■ Swiftのインスタンスの確保と解放

```swift
// インスタンスを2つ確保して、上記の変数に代入する関数
func allocInstance() {
    let obj1 = MyObject(name: "Strong Object")
    let obj2 = MyObject(name: "Weak Object")
    
    strongObj = obj1
    weakObj = obj2
}

// インスタンスを確保して代入する関数を呼ぶ
print("start allocInstance()")
allocInstance()
print("end allocInstance()")
```

　このコードを実行すると、次のように出力され、弱い参照関係の変数に代入したインスタンスは、関数の外側で変数が定義されていても、関数が完了するときに解放されています。しかし、強い参照関係の変数に代入したインスタンスは、関数の外側で変数が定義されているため、関数が完了した時点では解放されていません。

　このサンプルコードでは、グローバル変数でインスタンスを持っているため、プログラムが終了するときにも解放処理は行われていません。OSの仕組み上、使用していたメモリはプログラムが終了されると破棄されますが、「deinit」で定義した処理は実行されずに破棄されます。そのため、「deinit」で終了時に行う必要がある処理を書いていると実行されないということになりますので注意が必要です。

```
start allocInstance()
  Strong Object allocated
  Weak Object allocated
  Weak Object deallocated
end allocInstance()
```

▶ 構造体や列挙について

　弱い参照関係は、クラスのインスタンスを代入するときのみ使用可能です。構造体や列挙は値渡しのため、代入するときは参照カウンタを増やすのではなく、新しいインスタンスが確保されて、内容がコピーされるからです。値渡しと参照渡しについては65ページを参照してください。

SECTION-050

インスタンスが指定したクラスかを調べる

ここでは、インスタンスが、指定したクラスかを調べる方法について解説します。

SAMPLE CODE

```swift
// クラス「MyObject」を定義する
class MyObject {

}

// クラス「MyObject」のサブクラス「MySubObject」を定義する
class MySubObject : MyObject {

}

// クラス「OtherObject」を定義する
class OtherObject {

}

// 引数に渡されたインスタンスのクラスをチェックする関数
func checkInstance(obj: AnyObject) {
    print("  obj is MyObject : \(obj is MyObject)")
    print("  obj is MySubObject : \(obj is MySubObject)")
    print("  obj is OtherObject : \(obj is OtherObject)")
}

// 各クラスのインスタンスを確保する
var myObj = MyObject()
var mySubObj = MySubObject()
var otherObj = OtherObject()

// 各インスタンスに対して、「is」を使ったクラスチェックを行う
print("myObj")
checkInstance(myObj)
print("mySubObj")
checkInstance(mySubObj)
print("otherObj")
checkInstance(otherObj)
```

このコードを実行すると、次のように出力され、インスタンスが指定したクラスのインスタンスかどうかをチェックできていることが確認できます。

```
myObj
  obj is MyObject : true
```

```
    obj is MySubObject : false
    obj is OtherObject : false
mySubObj
    obj is MyObject : true
    obj is MySubObject : true
    obj is OtherObject : false
otherObj
    obj is MyObject : false
    obj is MySubObject : false
    obj is OtherObject : true
```

> **ONEPOINT**　インスタンスが指定したクラスかを調べるには「is」を使う

　インスタンスが指定したクラスのインスタンスかどうかを調べるには「is」演算子を使用します。「is」は、左辺に指定されたインスタンスが、右辺に指定されたクラスのインスタンスならば「true」、そうでないなら「false」を返します。サブクラスのインスタンスに対して、スーパークラスを指定した場合にも「true」を返します。

> **COLUMN**　構造体や列挙に対して調べる

　演算子「is」は、クラスだけではなく、構造体や列挙にも使うことができます。次のコードは、型が「Any」になっている変数に格納されている構造体や列挙のインスタンスに対して、「is」を使って型のチェックを行っています。

```
// 構造体「Point2D」を定義する
struct Point2D {

}

// 構造体「Point3D」を定義する
struct Point3D {

}

// 列挙「Signal」を定義する
enum Signal {
    case ON
    case OFF
}

// 列挙「Color」を定義する
enum Color {
    case Black
```

■ SECTION-050 ■ インスタンスが指定したクラスかを調べる

```
        case White
        case Red
        case Blue
        case Yellow
}

// 引数に渡されたインスタンスのクラスをチェックする関数
func checkInstance(obj: Any) {
    print("   obj is struct Point2D : \(obj is Point2D)")
    print("   obj is struct Point3D : \(obj is Point3D)")
    print("   obj is enum Signal : \(obj is Signal)")
    print("   obj is enum Color : \(obj is Color)")
}

// 構造体のインスタンスを確保する
var pt2d = Point2D()
var pt3d = Point3D()

// 各インスタンスに対して、「is」を使った型チェックを行う
print("pt2d")
checkInstance(pt2d)
print("pt3d")
checkInstance(pt3d)
print("Signal.ON")
checkInstance(Signal.ON)
print("Color.Red")
checkInstance(Color.Red)
```

このコードを実行すると、次のように出力されます。

```
pt2d
   obj is struct Point2D : true
   obj is struct Point3D : false
   obj is enum Signal : false
   obj is enum Color : false
pt3d
   obj is struct Point2D : false
   obj is struct Point3D : true
   obj is enum Signal : false
   obj is enum Color : false
Signal.ON
   obj is struct Point2D : false
   obj is struct Point3D : false
   obj is enum Signal : true
   obj is enum Color : false
Color.Red
   obj is struct Point2D : false
```

```
    obj is struct Point3D : false
    obj is enum Signal : false
    obj is enum Color : true
```

COLUMN プロトコルに準拠しているかを調べる

「is」演算子はプロトコルを実装しているクラスかどうかを調べるのにも使用することができます。次のコードは、インスタンスがプロトコルに準拠しているかどうかを調べて、コンソールに出力する例です。

```
import Foundation

// プロトコル「Shape」を定義する
protocol Shape {

}

// プロトコル「Oval」を定義する
protocol Oval : Shape {

}

// プロトコル「Circle」を定義する
protocol Circle : Oval {

}

// プロトコル「Shape」を実装したクラスを定義する
class ShapeClass : Shape {

}

// プロトコル「Oval」を実装したクラスを定義する
class OvalClass : Oval {

}

// プロトコル「Circle」を実装したクラスを定義する
class CircleClass : Circle {

}

// 各クラスのインスタンスを確保する
let objects: [Any] = [ShapeClass(), OvalClass(), CircleClass()]
```

■SECTION-050■ インスタンスが指定したクラスかを調べる

```
// 各クラスのインスタンスが、各プロトコルに準拠しているかを出力する
for obj in objects {
    let isShape = obj is Shape
    let isOval = obj is Oval
    let isCircle = obj is Circle

    print("\(obj) is Shape : \(isShape)")
    print("\(obj) is Oval : \(isOval)")
    print("\(obj) is Circle : \(isCircle)")
}
```

このコードを実行すると、次のように出力されます。

```
Protocol.ShapeClass is Shape : true
Protocol.ShapeClass is Oval : false
Protocol.ShapeClass is Circle : false
Protocol.OvalClass is Shape : true
Protocol.OvalClass is Oval : true
Protocol.OvalClass is Circle : false
Protocol.CircleClass is Shape : true
Protocol.CircleClass is Oval : true
Protocol.CircleClass is Circle : true
```

関連項目 ▶▶▶

- ダウンキャストを行う ……………………………………………………………… p.257
- 「AnyObject」と「Any」と「NSObject」クラス ……………………………………… p.259
- クラス名を取得する ………………………………………………………………… p.264

SECTION-051

ダウンキャストを行う

ここでは、ダウンキャストについて解説します。

SAMPLE CODE
```swift
class MySuperClass {

}

class MySubClass : MySuperClass {
    func printMessage() {
        print("Message from MySubClass")
    }
}

// 関数を定義する
func printMessage(obj: AnyObject) {
    // 引数「obj」を、「AnyObject」から「MySubClass」に変換する
    let sub = obj as? MySubClass
    if sub != nil {
        sub?.printMessage()
    } else {
        print("obj is not an instance of MySubClass")
    }
}

// インスタンスを確保する
var obj1: AnyObject = MySuperClass()
var obj2: AnyObject = MySubClass()

// 関数を呼ぶ
printMessage(obj1)
printMessage(obj2)
```

このコードを実行すると、次のように出力されます。

```
obj is not an instance of MySubClass
Message from MySubClass
```

ONEPOINT ダウンキャストを行うには「as?」を使う

　ダウンキャストは、スーパークラスや「Any」、「AnyObject」などから、指定したタイプとして値を取得する操作です。ダウンキャストを行うには「as?」を使用します。「as?」は左辺のインスタンスを右辺に指定したタイプのインスタンスとして取得します。指定したタイプ

と関係がないインスタンスで、ダウンキャストが行えないときは「nil」を返します。

サンプルコードでは、「obj1」と「obj2」という2つのインスタンスを確保しています。「obj1」は「MySubClass」のインスタンスではないため、最初の「printMessage」関数の呼び出しは「nil」になります。2番目の呼び出しはダウンキャストできるので「nil」ではない値が返されています。

COLUMN　確実にダウンキャストができるときには「as!」を使う

確実にダウンキャストができるとわかっているときには、「as!」を使うことができます。「as?」はオプショナル変数を返しますが、「as!」は通常の変数を返します。

```swift
// 構造体を定義する
struct Point2D {
    var x = 0
    var y = 0
}
// 座標を出力する関数
func printPoint(points: [Any]) {
    // 配列の要素を取得する
    for item in points {
        // 「Any」を「Point2D」としてダウンキャストする
        let pt = item as! Point2D
        print("\(pt.x), \(pt.y)")
    }
}
// インスタンスを確保して配列に入れる
var points: [Any] = [Point2D(x:10, y:10),
    Point2D(x:20, y:20)]
// 関数を呼ぶ
printPoint(points)
```

このコードを実行すると、次のように出力されます。

```
10, 10
20, 20
```

なお、「as!」を使うときは確実にダウンキャストができるときに限定してください。ダウンキャストができないにもかかわらず「as!」を使用すると、実行時エラーとなりクラッシュします。確実に行えるかわからないときには「as?」を使うようにしてください。

関連項目 ▶▶▶

- インスタンスが指定したクラスかを調べる ……………………………………… p.252
- 「AnyObject」と「Any」と「NSObject」クラス ……………………………………… p.259

SECTION-052
「AnyObject」と「Any」と「NSObject」クラス

■ 「AnyObject」と「Any」について

　Swiftには汎用的に使えるタイプとして、「AnyObject」と「Any」という2つのタイプが定義されています。この2つには次のような違いがあります。

▶AnyObject

　「AnyObject」は任意のクラスのインスタンスに使うことができるタイプです。「AnyObject」は構造体のインスタンスなどには使えません。Objective-Cの「NSArray」や「NSDictionary」は、「AnyObject」を格納する形で定義されています。Objective-Cの「NSArray」や「NSDictionary」は、必ず「NSObject」もしくは「NSObject」のサブクラスのインスタンスのみ格納可能なので、Swiftでは「AnyObject」のインスタンスが格納されているものとして扱われます。

　Objective-Cとの組み合わせについてはCHAPTER 07を参照してください。

▶Any

　「Any」はSwiftで使えるあらゆるオブジェクトに対して使えます。構造体などにも使用可能です。Swiftで完結する処理で、汎用的なタイプが必要なときに使うのがよいでしょう。ただし、Objective-Cの「NSArray」クラスや「NSDictionary」クラスと組み合わせるときには、「Any」ではなく「AnyObject」を使用します。

■ 「NSObject」クラスについて

　「NSObject」クラスはさまざまなクラスの基本となるクラスです。「NSObject」クラスは、クラスとしての基本的な機能を実装しています。SDKの多くのクラスも「NSObject」クラスの派生クラスとなっています。「NSObject」クラスの派生クラスにすると、Objective-Cからも使えるようになります。また、「NSObject」クラスが提供している便利な機能も使えるようになります。

関連項目 ▶▶▶
- インスタンスが指定したクラスかを調べる ……………………………………………… p.252
- ダウンキャストを行う …………………………………………………………………… p.257

SECTION-053
インスタンスがメソッドを実装しているか調べる

ここでは、インスタンスが指定したメソッドを実装しているか調べる方法について解説します。

SAMPLE CODE

```swift
// 「NSObject」クラスを使うので「Foundation」をインポートする
import Foundation

// 「NSObject」クラスのサブクラスとして定義する
class Point2D : NSObject {
    // プロパティを定義する
    var x = 0
    var y = 0
    
    // 引数がないメソッドを定義する
    func reset() {
        self.x = 0
        self.y = 0
    }
    
    // 引数があるメソッドを定義する
    func moveToX(toX: Int, toY: Int) {
        self.x = toX
        self.y = toY
    }
}

// インスタンスを確保する
var pt = Point2D()

// メソッド「reset」を実装しているか調べる
if pt.respondsToSelector("reset") {
    print("pt responds to 'reset'")
} else {
    print("pt doesn't respond to 'reset'")
}

// メソッド「moveToX」を実装しているか調べる
// 引数のラベルも指定する必要がある
if pt.respondsToSelector("moveToX:toY:") {
    print("pt responds to 'moveToX:toY:'")
} else {
    print("pt doesn't respond to 'moveToX'")
}
```

▼

SECTION-053 ■ インスタンスがメソッドを実装しているか調べる

```
// メソッド「moveToX」を実装しているか調べる
// ラベルを指定しないと別のメソッドとして扱われてしまうので認識できない
if pt.respondsToSelector("moveToX") {
    print("pt responds to 'moveToX'")
} else {
    print("pt doesn't respond to 'moveToX'")
}
```

このコードを実行すると次のように出力されます。

```
pt responds to 'reset'
pt responds to 'moveToX:toY:'
pt doesn't respond to 'moveToX'
```

> **ONEPOINT** インスタンスがメソッドを実装しているか調べるには
> 「respondsToSelector」メソッドを使う

インスタンスがメソッドを実装しているか調べるには、「NSObject」クラスの「respondsToSelector」メソッドを使用します。調べるメソッドをセレクタ（Objective-Cでメソッドを表すタイプ）として記述し、引数に指定します。

Swiftでは、セレクタは構造体「Selector」になっています。Swiftでは、セレクタは文字列で記述します。記述する構文は、Objective-Cと同じで、引数を「:」で連結して記述します。

```
// Objective-Cの場合
@selector(moveToX:toY:)

// Swiftの場合
Selector("moveToX:toY:")
```

サンプルコードのように、構造体「Selector」を使うことが明白なときには、単なる文字列のように書くことも可能です。

なお、「respondsToSelector」メソッドを使うには、「NSObject」クラスの派生クラスにする必要があります。

■SECTION-053■ インスタンスがメソッドを実装しているか調べる

COLUMN	プロパティを持っているか調べるには

プロパティは対応するアクセサメソッドが自動的に定義されています。このメソッドが定義されているかを調べることで、プロパティを持っているか調べることができます。アクセッサメソッドの名前は次のようになっています。

メソッドの種類	メソッド名
取得用メソッド	プロパティ名
設定用メソッド	setプロパティ名:

設定用メソッドのプロパティ名の部分は先頭文字のみ大文字に変更されて定義されています。また、Objective-Cでは、アクセッサメソッドの名前を定義時に変更できますので、変更されている場合には、変更後の名前を使います。次のコードは、プロパティが定義されているか調べているコードです。

```
// 「NSObject」クラスを使うので「Foundation」をインポートする
import Foundation

// 「NSObject」クラスのサブクラスとして定義する
class Point3D : NSObject {
    // プロパティを定義する
    var locX = 0

    // 読み込み専用プロパティにする
    var locY: Int {
        get {
            return 0
        }
    }
}

// プロパティの実装状況を返す関数
func implementStatus(obj: AnyObject,
    getSel: Selector, setSel: Selector) -> String {
        if obj.respondsToSelector(getSel) &&
            obj.respondsToSelector(setSel) {
                return "Read Write"
        } else if obj.respondsToSelector(getSel) {
            return "Read Only"
        } else {
            return "Not Implemented"
        }
}

// インスタンスを確保する
var pt = Point3D()
```

```
// プロパティ「locX」「locY」「locZ」について取得用メソッドと
// 設定用メソッドが定義されているかを調べる
// プロパティ「locX」について調べる
var status = implementStatus(pt, getSel: "locX", setSel: "setLocX:")
print("pt.locX : " + status)

// プロパティ「locY」について調べる
status = implementStatus(pt, getSel: "locY", setSel: "setLocY:")
print("pt.locY : " + status)

// プロパティ「locZ」について調べる
status = implementStatus(pt, getSel: "locZ", setSel: "setLocZ:")
print("pt.locZ : " + status)
```

このコードを実行すると、次のように出力されます。

```
pt.locX : Read Write
pt.locY : Read Only
pt.locZ : Not Implemented
```

COLUMN　APIが利用可能かチェックする

CocoaやCocoa touchが提供するAPIなど、OSのバージョンで判定すれば、利用可能かどうかを判断できる場合には、「#available」を使って実行環境によってコードを切り替えることも可能です。「#available」については、《実行環境によって処理を変更する》(p.140)を参照してください。

関連項目 ▶▶▶

- 実行環境によって処理を変更する ……………………………………………… p.140
- メソッドを定義する ……………………………………………………………… p.184
- プロトコルを定義する …………………………………………………………… p.220

SECTION-054

クラス名を取得する

ここでは、クラス名を取得する方法について解説します。

SAMPLE CODE

```
// 「NSObject」クラスを使うので「Foundation」をインポートする
import Foundation

// クラスを定義する
class Point : NSObject {

}

class Size : NSObject {

}

// インスタンスを確保する
var pt = Point()
var sz = Size()

// クラス名を出力する
print("pt is \(pt.className)")
print("sz is \(sz.className)")
```

このコードを実行すると、次のように出力されます。

```
pt is Class.Point
sz is Class.Size
```

ONEPOINT クラス名を取得するには「className」プロパティを使う

クラス名を取得するには、「className」プロパティを使用します。「className」プロパティは次のような構文で文字列を返します。

Class.クラス名

なお、「className」プロパティは「NSObject」クラスで定義されているので、「NSObject」クラスの派生クラスにする必要があります。

■SECTION-054■ クラス名を取得する

COLUMN 「NSStringFromClass」を使う方法について

　Objective-Cでは「NSStringFromClass」という関数が定義されており、この関数をSwiftでも使うことができます。「NSStringFromClass」関数はクラスタイプを引数に指定すると、クラス名を「Class.クラス名」の構文で返します。「NSStringFromClass」関数は、「NSObject」クラスの派生クラス以外にも使用可能です。

```swift
// 「NSObject」クラスを使うので「Foundation」をインポートする
import Foundation

// クラスを定義する
class Point {

}

// インスタンスを確保する
var pt = Point()

// インスタンスからクラス名を取得する
var str1 = NSStringFromClass(pt.dynamicType)

// クラスタイプを指定してクラス名を取得する
var str2 = NSStringFromClass(Point)

// 取得した名前を出力する
print("str1 = \(str1)")
print("str2 = \(str2)")
```

　このコードを実行すると、次のように出力されます。

```
str1 = Class.Point
str2 = Class.Point
```

■ SECTION-054 ■ クラス名を取得する

| COLUMN | Objective-Cでのクラス名を指定している場合の動作について |

　「@objc」を使い、Objective-Cでのクラス名を指定している場合には、「Class.」という名前空間が付かずに、Objective-Cでのクラス名が取得されます。「className」プロパティでも、「NSStringFromClass」関数でも同様の動作です。名前空間については476ページを参照してください。

```
// 「NSObject」クラスを使うので「Foundation」をインポートする
import Foundation

// クラスを定義する
@objc(Point)
class Point : NSObject {

}

@objc(Size)
class Size : NSObject {

}

// インスタンスを確保する
var pt = Point()
var sz = Size()

// クラス名を出力する
print("pt is \(pt.className)")
print("sz is \(NSStringFromClass(sz.dynamicType))")
```

　このコードを実行すると、次のように出力されます。

```
pt is Point
sz is Size
```

関連項目 ▶▶▶

- クラス名からクラスタイプを取得する …………………………………… p.267
- メソッドを文字列化する …………………………………………………… p.269
- 文字列からメソッドを取得する …………………………………………… p.271
- Objective-CのクラスからSwiftのクラスを呼ぶ ………………………… p.474

SECTION-055

クラス名からクラスタイプを取得する

ここでは、クラス名からクラスタイプを取得する方法について解説します。

SAMPLE CODE

```swift
// 「NSObject」クラスを使うので「Foundation」をインポートする
import Foundation

// クラスを定義する
class Point : NSObject {
    // プロパティを定義する
    var x = 0
    var y = 0

    // イニシャライザメソッドを定義する
    init(x: Int, y: Int) {
        self.x = x
        self.y = y
    }

    // 「Point」のインスタンスを作るタイプメソッド
    class func newPoint(x x: Int, y: Int) -> Point {
        return Point(x:x, y:y)
    }
}

// クラス名から「Point」クラスのクラスタイプを取得する
if let classType = NSClassFromString("Class.Point") as? Point.Type {
    // クラスメソッド「newPoint」を使ってインスタンスを確保する
    var pt = classType.newPoint(x: 5, y: 10)

    // プロパティを参照して値を取得する
    print("pt = (\(pt.x), \(pt.y))")
}
```

このコードを実行すると次のように出力されます。

```
pt = (5, 10)
```

■ SECTION-055 ■ クラス名からクラスタイプを取得する

ONEPOINT クラス名からクラスタイプを取得するには
「NSClassFromString」関数を使用する

　クラス名からクラスタイプを取得するには、「NSClassFromString」関数を使用します。「NSClassFromString」関数はObjective-Cの関数です。クラス名は「Class.クラス名」という構文で指定します。「@objc」でObjective-Cでのクラス名を定義している場合には、「@objc」で指定したクラス名を指定します。「NSClassFromString」関数は「AnyClass」というタイプを返します。返された値を使うとタイプメソッドを呼び出すことができます。サンプルコードでは、インスタンスを確保するタイプメソッドを定義してあるので、そのメソッドを使ってインスタンスを確保しています。サンプルコードでは「NSObject」クラスのサブクラスにしていますが、「NSObject」クラスの派生クラス以外のクラスでも確保することができます。

関連項目 ▶▶▶
- クラス名を取得する ……………………………………………………………… p.264
- メソッドを文字列化する ………………………………………………………… p.269
- 文字列からメソッドを取得する ………………………………………………… p.271

SECTION-056

メソッドを文字列化する

ここでは、メソッドを文字列化する方法について解説します。

SAMPLE CODE

```
// 「Foundation」の機能を使う
import Foundation

class MyClass : NSObject {

    // インスタンスメソッドを定義する
    func calc(x: Int, y: Int, z: Int) -> Int {
        return (x + y + z)
    }

    // タイプメソッドを定義する
    class func typeMethod() {

    }

}

// メソッド(セレクタ)を文字列にする
var method1 = NSStringFromSelector("calc:y:z:")
var method2 = NSStringFromSelector("typeMethod")

print(method1)
print(method2)
```

このコードを実行すると、次のように出力されます。

```
calc:y:z:
typeMethod
```

ONEPOINT メソッドを文字列化するには「NSStringFromSelector」関数を使用する

メソッドを文字列化するには「NSStringFromSelector」関数を使用します。「NSStringFromSelector」関数は引数にセレクタを指定すると、それを文字列にして返します。セレクタは、Objective-Cでのメソッドを表現するタイプでSwiftでは「Selector」という構造体になります。Objective-Cと同様に「:」で引数を連結した形で文字列のように表記すると「Selector」構造体を確保できます。

■SECTION-056■ メソッドを文字列化する

> **COLUMN 文字列リテラルを使う方法について**
>
> 　Swiftには「\(オブジェクト)」という構文を使って文字列リテラルの中で文字列化するという方法がありますが、セレクタに対しても有効です。そのため、「NSStringFromSelector」関数を使わずに、文字列リテラルの中で「\()」を使って文字列化することも可能です。《**文字列からメソッドを取得する**》(p.271)ではこの方法を使ってコンソールに文字列を出力しています。

関連項目 ▶▶▶

- インスタンスがメソッドを実装しているか調べる ……………………………………… p.260
- クラス名を取得する ……………………………………………………………………… p.264
- クラス名からクラスタイプを取得する …………………………………………………… p.267
- 文字列からメソッドを取得する …………………………………………………………… p.271

SECTION-057

文字列からメソッドを取得する

ここでは、文字列からメソッドを取得する方法について解説します。

SAMPLE CODE

```swift
// 「Foundation」の機能を使う
import Foundation

class MyClass : NSObject {
    
    // インスタンスメソッドを定義する
    func calc(x: Int, y: Int, z: Int) -> Int {
        return (x + y + z)
    }
    
    // タイプメソッドを定義する
    class func typeMethod() {
        print("Called typeMethod()")
    }
    
}

// 文字列からメソッド(セレクタ)を取得する
var sel = NSSelectorFromString("calc:y:z:")
var sel2 = NSSelectorFromString("typeMethod")

// インスタンスを確保する
var obj = MyClass()

// インスタンスメソッドが実装されているか調べる
if obj.respondsToSelector(sel) {
    print("obj responds to \(sel)")
} else {
    print("obj doesn't respond to \(sel)")
}

// タイプメソッドが実装されているか調べる
if obj.dynamicType.respondsToSelector(sel2) {
    print("type of obj responds to \(sel2)")
} else {
    print("type of obj doesn't respond to \(sel2)")
}
```

■ SECTION-057 ■ 文字列からメソッドを取得する

このコードを実行すると、次のように出力します。

```
obj responds to calc:y:z:
type of obj responds to typeMethod
```

> **ONEPOINT** 文字列からメソッドを取得するには
> 「NSSelectorFromString」関数を使用する
>
> 　文字列からメソッドを取得するには、「NSSelectorFromString」関数を使用します。「NSSelectorFromString」関数はObjective-C由来の関数で、引数に指定した文字列からメソッドを表すセレクタを返します。返されたセレクタは、「NSObject」クラスのメソッドなど、セレクタを使用する関数やメソッドに使用できます。サンプルコードでは、「respondsToSelector:」メソッドを使って、メソッドを実装しているかどうかを調べています。Objective-Cではセレクタを使ってメソッドを実行することができますが、Swiftでは安全性を重視しているため、用意されていません。

関連項目 ▶▶▶

- インスタンスメソッドがメソッドを実装しているか調べる ………………………………… p.260
- クラス名を取得する ………………………………………………………………………… p.264
- クラス名からクラスタイプを取得する ……………………………………………………… p.267
- メソッドを文字列化する …………………………………………………………………… p.269

SECTION-058

KVC経由でプロパティにアクセスする

ここでは、KVC経由でプロパティにアクセスする方法について解説します。

SAMPLE CODE

```swift
// 「Foundation」の機能を使う
import Foundation

class Point2D : NSObject {
    // プロパティを定義する
    var x = 0
    var y = 0
}

// インスタンスを確保する
var pt = Point2D()
pt.x = 10
pt.y = 20

// KVCを使ってプロパティの値を取得する
var x = pt.valueForKey("x") as! Int?
var y = pt.valueForKey("y") as! Int?

// コンソールに出力する
print("x = \(x!)")
print("y = \(y!)")
```

このコードを実行すると、次のように出力します。

```
x = 10
y = 20
```

ONEPOINT　KVC経由でプロパティにアクセスするには「valueForKey:」メソッドを使用する

KVCは、「Key Value Coding」の略で、文字列でプロパティを指定する方法です。Swiftでは、Objective-Cと比べると機能が限定されており、一部が動作します。

KVCでプロパティの値を取得するには、「NSObject」クラスの次のメソッドを使用します。

```swift
func valueForKey(key: String) -> AnyObject?
```

「valueForKey」メソッドは、引数に文字列で指定したプロパティの値を返します。ただし、KVCを使ったプロパティアクセスは、プロパティがオプショナル変数になっているときには使用できませんので注意してください。

■ SECTION-058 ■ KVC経由でプロパティにアクセスする

COLUMN　KVC経由でプロパティの値を設定する

　KVC経由でプロパティを設定するには、「NSObject」クラスの「setValue」メソッドを使用します。

```
func setValue(value: AnyObject?, forKey key: String)
```

　「setValue」メソッドは引数「value」に指定した値を、引数「key」に指定したプロパティに設定します。

```swift
// 「Foundation」の機能を使う
import Foundation

class Point2D : NSObject {
    // プロパティを定義する
    var x = 0
    var y = 0
}

// インスタンスを確保する
var pt = Point2D()

// KVCを使ってプロパティを変更する
pt.setValue(15, forKey: "x")
pt.setValue(20, forKey: "y")

// プロパティの値を取得する
var x = pt.x
var y = pt.y

// コンソールに出力する
print("x = \(x)")
print("y = \(y)")
```

　このコードを実行すると、次のように出力します。

```
x = 15
y = 20
```

COLUMN キーパスを使用する

　キーパスは、参照するプロパティまでをたどるための文字列です。プロパティの返した値のプロパティというように、多段階にプロパティを指定できます。キーパスは次のように「.」でプロパティ名を連結した文字列です。

プロパティ1.プロパティ2.プロパティ3

　キーパスを使って、プロパティの取得・設定を行うには、「NSObject」クラスの次のメソッドを使用します。

```
// キーパスを使って値を取得する
func valueForKeyPath(keyPath: String) -> AnyObject?

// キーパスを使って値を設定する
func setValue(value: AnyObject?, forKeyPath keyPath: String)
```

　メソッド「valueForKeyPath」は引数に指定したキーパスが指すプロパティの値を返します。メソッド「setValue」は引数「value」に設定した値を、引数「keyPath」が指すプロパティに設定します。

```
// 「Foundation」の機能を使う
import Foundation

class Point2D : NSObject {
    // プロパティを定義する
    var x = 0
    var y = 0
}

class Line2D : NSObject {
    // プロパティを定義する
    var startPoint = Point2D()
    var endPoint = Point2D()
}

// インスタンスを確保する
var line = Line2D()

// キーパスを使って値を設定する
line.setValue(1, forKeyPath: "startPoint.x")
line.setValue(2, forKeyPath: "startPoint.y")
line.setValue(3, forKeyPath: "endPoint.x")
line.setValue(4, forKeyPath: "endPoint.y")
```

▼

SECTION-058 KVC経由でプロパティにアクセスする

```swift
// キーパスを使ってプロパティの値を取得する
var x1 = line.valueForKeyPath("startPoint.x") as! Int?
var y1 = line.valueForKeyPath("startPoint.y") as! Int?
var x2 = line.valueForKeyPath("endPoint.x") as! Int?
var y2 = line.valueForKeyPath("endPoint.y") as! Int?

// コンソールに出力する
print("(\(x1!), \(y1!)) - (\(x2!), \(y2!))")
```

このコードを実行すると、次のように出力されます。

```
(1, 2) - (3, 4)
```

COLUMN 存在しないキーに対して行った場合

存在しないキー(存在しないプロパティ)に対して、KVCを使ってアクセスすると、デフォルトの実装では例外が投げられます。存在しないキーに対するアクセスが起こりえる可能性がある場合には、「NSObject」クラスの次のメソッドをオーバーライドして、適切な値を返すようにします。

```swift
func valueForUndefinedKey(key: String) -> AnyObject?
```

```swift
// 「Foundation」の機能を使う
import Foundation

class Point2D : NSObject {
    // プロパティを定義する
    var x = 0
    var y = 0

    // イニシャライザメソッドを定義する
    override init() {
        super.init()
    }

    // 定義されていないキー用の設定
    override func valueForUndefinedKey(key: String) -> AnyObject? {
        switch key {
        case "LOC_X":
            // プロパティ「x」を返す
            return self.x
        case "LOC_Y":
            // プロパティ「y」を返す
            return self.y
```

```
            case "LOC_Z":
                return 0;
            default:
                // それ以外のときはスーパークラスの処理を呼ぶ
                return super.valueForUndefinedKey(key)
        }
    }
}

// インスタンスを確保する
var pt = Point2D()
pt.x = 10
pt.y = 20

// KVC経由でプロパティを取得する
var x = pt.valueForKey("LOC_X") as! Int?
var y = pt.valueForKey("LOC_Y") as! Int?
var z = pt.valueForKey("LOC_Z") as! Int?

// 取得した値を出力する
print("\(x!), \(y!), \(z!)")
```

このコードを実行すると、次のように出力します。

```
10, 20, 0
```

関連項目 ▶▶▶

- プロパティを定義する ……………………………………………………………… p.159
- コンピューテッド・プロパティを定義する ……………………………………… p.169

SECTION-059

KVOを使ってプロパティの変更を監視する

ここでは、KVOを使ってプロパティの変更を監視する方法について解説します。

SAMPLE CODE

```swift
// 「Foundation」の機能を使う
import Foundation

// 変更を通知するクラスを定義する
class Notifier : NSObject {
    // プロパティを定義する
    dynamic var intValue: Int = 0
    deinit {
        print("deinit")
    }
}

// 変更を監視するクラスを定義する
class Observer : NSObject {

    // 監視しているプロパティが変更されたときに呼ばれるメソッド
    override func observeValueForKeyPath(keyPath: String?,
        ofObject object: AnyObject?, change: [String : AnyObject]?,
        context: UnsafeMutablePointer<Void>) {

            guard let changeDict = change else {
                return
            }

            // 変更前の値を取得する
            let prevValue = changeDict[NSKeyValueChangeOldKey] as! Int?

            // 変更後の値を取得する
            let newValue = changeDict[NSKeyValueChangeNewKey] as! Int?

            // コンソールに出力する
            print("\(keyPath) = \(prevValue) => \(newValue)")
    }

    deinit {
        print("deinit")
    }
}
```

■ SECTION-059 ■ KVOを使ってプロパティの変更を監視する

```swift
// インスタンスを確保する
var notifier = Notifier()
var observer = Observer()

// 「notifier」のプロパティ「intValue」の変更を
// 「observer」が監視するように設定する
print("*** register ***")
notifier.addObserver(observer, forKeyPath: "intValue",
    options: [.New, .Old],
    context: nil)

print("*** change to 10 ***")
notifier.intValue = 10

// 監視をやめる
print("*** remove observer ***")
notifier.removeObserver(observer,
    forKeyPath: "intValue", context: nil)

print("*** change to 20 ***")
notifier.intValue = 20
```

このコードを実行すると、次のように出力されます。

```
*** register ***
*** change to 10 ***
Optional("intValue") = Optional(0) => Optional(10)
*** remove observer ***
*** change to 20 ***
```

> **ONEPOINT** KVOを使ってプロパティの変更を監視するには「addObserver」メソッドを使用する

KVOは「Key Value Observing」の略です。キーパスで指定したプロパティの変更を監視し、変更されたときに特定の処理を行うことができます。

KVOを使ってプロパティをの変更を監視するには、監視されるプロパティを持つクラスと、変更されたときの呼び出される処理を実装しているクラスが、どちらも「NSObject」クラスの派生クラスになっている必要があります。次のような手順で設定を行います。

❶ 監視されるプロパティを「dynamic」を付けて定義します（これによりKVOが有効になります）。
❷ 変更されたときの処理を「NSObject」クラスの次のメソッドをオーバーライドして実装します。

```swift
func observeValueForKeyPath(keyPath: String,
    ofObject object: AnyObject, change: [NSObject : AnyObject],
```

■ SECTION-059 ■ KVOを使ってプロパティの変更を監視する

```
    context: UnsafeMutablePointer<Void>)
```

❸ 監視するプロパティを持つインスタンスに変更されたときの処理を実装しているクラスのインスタンスを次のメソッドを使って登録します。

```
func addObserver(observer: NSObject, forKeyPath keyPath: String,
    options: NSKeyValueObservingOptions,
    context: UnsafeMutablePointer<Void>)
```

❹ 監視する必要がなくなったら、次のメソッドを使って解除します。

```
func removeObserver(observer: NSObject,
    forKeyPath keyPath: String, context: UnsafeMutablePointer<Void>)
```

❷の処理で登録するときに引数「options」には、「observeValueForKeyPath」メソッドの引数「change」に格納する値の種類を指定することができます。次のような値が指定でき、引数「change」のディクショナリから該当するキーを使って値を取り出すことができます。複数の値を指定したい場合には、サンプルコードのように配列で記述します。

「options」の値	「change」で取得するときのキー	説明
New	NSKeyValueChangeNewKey	変更後の値
Old	NSKeyValueChangeOldKey	変更前の値
Initial	NSKeyValueChangeNewKey	監視を始めたときの初期値

関連項目 ▶▶▶

- プロパティを定義する ……………………………………………………………… p.159
- プロパティの変更前後の処理を定義する ……………………………………… p.174
- KVC経由でプロパティにアクセスする ………………………………………… p.273

SECTION-060

型の大きさを取得する

ここでは、型の大きさを取得する方法について解説します。

SAMPLE CODE

```swift
import Foundation

// 構造体を定義する
struct Rect {
    var x: Int32
    var y: Int32
    var w: Int32
    var h: Int32
}
// 整数型と構造体の大きさを取得する
var size1 = sizeof(UInt8)
var size2 = sizeof(UInt16)
var size3 = sizeof(UInt32)
var size4 = sizeof(Rect)
// コンソールに出力する
print("sizeof(UInt8) = \(size1)")
print("sizeof(UInt16) = \(size2)")
print("sizeof(UInt32) = \(size3)")
print("sizeof(Rect) = \(size4)")
```

このコードを実行すると、次のように出力されます。

```
sizeof(UInt8) = 1
sizeof(UInt16) = 2
sizeof(UInt32) = 4
sizeof(Rect) = 16
```

ONEPOINT 型の大きさを取得するには「sizeof」関数を使用する

型の大きさを取得するには「sizeof」関数を使用します。

```swift
public func sizeof<T>(_: T.Type) -> Int
```

「sizeof」関数は、引数に指定された型の大きさをバイト単位で返します。サンプルコードでは、「UInt8」「UInt16」「UInt32」は、それぞれ、8ビット=1バイト、16ビット=2バイト、32ビット=4バイトなので、「1」「2」「4」という値が出力されています。「Rect」構造体は、4つの「Int32」で構成されている構造体なので、4バイト × 4 = 16バイトになるので、「16」が出力されています。

SECTION-060 型の大きさを取得する

COLUMN インスタンスの大きさを取得するには

インスタンスの大きさを取得するには、「sizeofValue」関数を使用します。

```
public func sizeofValue<T>(_: T) -> Int
```

「sizeofValue」関数は、引数に指定したインスタンスの型の大きさをバイト単位で返します。

```
import Foundation

// 構造体を定義する
struct Rect {
    var x: Int32
    var y: Int32
    var w: Int32
    var h: Int32
}

// サイズを取得する型のインスタンスを確保する
var i = UInt8(1)
var j = UInt16(2)
var k = UInt32(3)
var rt = Rect(x: 4, y: 5, w: 6, h: 7)

// 各インスタンスの型のサイズ大きさを取得する
var size1 = sizeofValue(i)
var size2 = sizeofValue(j)
var size3 = sizeofValue(k)
var size4 = sizeofValue(rt)

// コンソールに出力する
print("sizeofValue(i) = \(size1)")
print("sizeofValue(j) = \(size2)")
print("sizeofValue(k) = \(size3)")
print("sizeofValue(rt) = \(size4)")
```

このコードを実行すると、次のように出力されます。

```
sizeofValue(i) = 1
sizeofValue(j) = 2
sizeofValue(k) = 4
sizeofValue(rt) = 16
```

COLUMN 配列のインスタンスの大きさの取得について

配列のインスタンスの大きさは、「sizeof」関数や「sizeofValue」関数を単純に使用するだけでは取得できません。たとえば「sizeofValue」を使い、次のようなコードを書くと、取得できるのは「UInt16」の配列型の大きさであり、配列の内容を入れるのに必要な容量にはなりません。

```
import Foundation

// 配列を定義する
var array: [UInt16] = [1, 2, 3, 4, 5, 6, 7, 8 , 9 , 10]

// インスタンスの大きさを取得する
// (この方法では取得できない)
var size = sizeofValue(array)

// コンソールに出力する
print(size)
```

このコードを実行すると、次のように出力されます。

```
8
```

配列のインスタンスの内容を入れるのに必要な大きさを取得するには、各要素の大きさを取得し、その合計を求める必要があります。

また、配列に格納されている要素がすべて同じ型ならば、次のように、1つの要素の大きさを取得して、個数をかけるだけでも求められます。

```
import Foundation

// 配列を定義する
var array: [UInt16] = [1, 2, 3, 4, 5, 6, 7, 8 , 9 , 10]

// 配列の大きさを取得する
var size = sizeof(UInt16) * array.count

// コンソールに出力する
print(size)
```

このコードを実行すると、次のように出力されます。

```
20
```

関連項目 ▶▶▶
- 変数を定義する ……………………………………………………………… p.60

CHAPTER 05
文字列

SECTION-061

文字列について

Swiftでの文字列について

Swiftでは文字列は「String」という構造体として定義されています。「String」が持つ多くのメソッドは、エクステンションとして定義されています。非常に多くのメソッドがあり、関連するメソッドやプロパティごとにエクステンションが定義されています。

Objective-Cの「NSString」クラスとの関係

Swiftの「String」とObjective-Cの「NSString」クラスとはブリッジ関係にあります。そのため、「NSString」クラスを使用する場所ではSwiftの「String」を使うことができます。また、「Foundation」フレームワークをインポートすると、「String」は「NSString」クラスが提供しているメソッドの多くを使うことができます。本書でも「NSString」クラス由来のメソッドを多く紹介しています。

代入演算子でのコピー動作

構造体として定義されているため「=」演算子を使った代入は値のコピーとなります。Objective-Cの「NSString」クラスは参照渡しですので、この点は大きく異なるところです。たとえば、次のようなSwiftのコードでは、値がコピーされるので、変数「a」と「b」が格納している文字列は異なったものになります。

```
import Foundation

// 変数に文字列リテラルを代入する
var a = "Programming Language"

// 変数「b」を定義して「a」を代入する
var b = a

// 変数「a」を変更する
for c in " Swift".characters {
    a.append(c)
}

// 変数の内容を出力する
print("a = '\(a)'")
print("b = '\(b)'")
```

このコードを実行すると、次のように出力されます。

```
a = 'Programming Language Swift'
b = 'Programming Language'
```

前ページのSwiftのコードと同様のObjective-Cのコードが次のものです。Objective-Cでは参照渡しなので、変数「a」と「b」が格納している文字列は同じものになります。

```objc
#import <Foundation/Foundation.h>

int main(int argc, const char * argv[])
{
    @autoreleasepool
    {
        // 変数に可変文字列を代入する
        NSMutableString *a = [NSMutableString stringWithString:
                              @"Programming Language"];
        // 変数「b」を定義して「a」を代入する
        NSMutableString *b = a;
        // 変数「a」を変更する
        [a appendString:@" Objective-C"];
        // 変数の内容を出力する
        NSLog(@"a = '%@'", a);
        NSLog(@"b = '%@'", b);
    }
    return 0;
}
```

このコードを実行すると、次のように出力されます。

```
2015-10-24 09:13:45.347 String[729:141968] a = 'Programming Language Objective-C'
2015-10-24 09:13:45.348 String[729:141968] b = 'Programming Language Objective-C'
```

■ エスケープ文字

キーボードから直接入力することができない文字や、「"」のように単純には文字列リテラル内で書くことができない文字などを記述するには、エスケープ文字を使用します。エスケープ文字には次のものがあります。

エスケープ文字	説明
\0	NULL文字
\\	バックスラッシュ
\t	タブ
\n	改行（ラインフィード）
\r	キャリッジリターン
\"	「"」（ダブルクォート）
\'	「'」（シングルクォート）
\u{n}	Unicode文字。「n」の部分にコードを16進数で記述する

関連項目 ▶▶▶

- リテラルについて ……………………………………………………………… p.56
- 文字列リテラル内で変数・定数を使う ………………………………………… p.69

SECTION-062

文字列を結合する

ここでは、文字列を結合する方法について解説します。

SAMPLE CODE
```
// 変数を定義する
var str = ""

// 「Programming」を追加する
str += "Programming"

// 「 Language」を追加する
str += " Language"

// 変数の内容を出力する
print(str)
```

このコードを実行すると、次のように出力されます。

```
Programming Language
```

ONEPOINT 文字列を結合するには「+=」演算子を使う

文字列を結合するには「+=」演算子を使用します。この演算子は、「a = a + b」の省略形ですので、結合した新しい文字列を作って、変数に代入するという動作になっています。単純に「+」演算子を使った場合には、新しい結合した文字列を作ることができます。

COLUMN 文字列以外のオブジェクトを結合するには

「+=」演算子と「+」演算子が結合可能なオブジェクトは、文字列だけです。そのため、文字列以外のオブジェクトを文字列にして結合したい場合には、文字列に変換してから結合します。

```
// 変数を定義する
var str = ""

// 「String」のコンストラクタで文字列化して追加する
str += String(123)

// 文字列リテラルを使って文字列化して追加する
str += ", \(1.234)"
```

▼

```
// コンソールに出力する
print(str)
```

このコードを実行すると、次のように出力されます。

```
123, 1.234
```

COLUMN　メソッドを使って文字列を結合するには

「+=」演算子や「+」演算子を使った方法の他に、「String」の「appendContentsOf」メソッドを使って文字列を結合することもできます。

```
public mutating func appendContentsOf(other: String)
```

```
// 変数を定義する
var str = "Programming "

// 「appendContentsOf」メソッドを使って追加する
str.appendContentsOf("Language")

// コンソールに出力する
print(str)
```

このコードを実行すると、次のように出力されます。

```
Programming Language
```

COLUMN　文字を追加するには

文字を追加するには、「append」メソッドを使用します。「append」メソッドは、「Character」もしくは「UnicodeScalar」を指定することができます。

```
public mutating func append(x: UnicodeScalar)
public mutating func append(c: Character)
```

```
import Foundation

// 空の文字列を定義する
var str = ""

// 「A」を追加する
str.append(Character("A"))
```

```swift
// 手の右矢印アイコンを追加する
str.append(UnicodeScalar(0x261E))

// 「a」を追加する
str.append(Character("a"))

// コンソールに出力する
print(str)
```

このコードを実行すると、次のように出力されます。

```
A☞a
```

COLUMN 文字列を途中に挿入するには

文字列の途中に文字列を追加するには、「insertContentsOf」メソッドを使用します。

```swift
// 文字列を挿入する
public mutating func insertContentsOf<S : CollectionType where
    S.Generator.Element == Character>(newElements: S, at i: Index)

// 文字を挿入する
public mutating func insert(newElement: Character, atIndex i: Index)
```

「insertContentsOf」メソッドは、引数「newElements」に指定した「Character」の配列を、引数「i」で指定した位置に挿入します。このCOLUMNのサンプルコードでは挿入位置を指定するために「Swift」という文字列を検索して、その先頭位置を指定しています。また、挿入する文字列の「Character」の配列を取得するため、「characters」プロパティを使っています。「characters」プロパティは文字列の文字の配列を取得します。文字列を検索する方法については《**文字列を検索する**》(p.336)を参照してください。文字を挿入したい場合には「insert」メソッドを使用します。「insert」メソッドは、引数「newElement」に指定した文字を、引数「i」で指定した位置に挿入します。

```swift
import Foundation

var str = "Programming Swift"

// 「Language 」を「Swift」の前に挿入する
// 「Swift」を検索する
var range = str.rangeOfString("Swift")

// 見つかった位置に挿入する
str.insertContentsOf("Language ".characters, at: range!.startIndex)
```

■ SECTION-062 ■ 文字列を結合する

```
// 先頭に「"」を挿入する
str.insert(Character("\""), atIndex: str.startIndex)

// 末尾に「"」を追加する
str.append(Character("\""))

// コンソールに出力する
print(str)
```

このコードを実行すると、次のように出力されます。

```
"Programming Language Swift"
```

COLUMN 「NSMutableString」クラスを使って文字列を結合・挿入する

　構造体「String」のメソッドを使って文字列を結合・挿入する方法の他に、Objective-Cの「NSMutableString」クラスを使って文字列を結合・挿入するという方法もあります。次のコードは「NSMutableString」クラスと「String」を使った場合のそれぞれで同じ処理を行う例です。

```
import Foundation

// 文字列を「NSMutableString」クラスで確保する
var str = NSMutableString(string: "Programming Swift")

// 「String」で確保する
var str2 = "Programming Swift"

// 「Language 」を「Swift」の前に挿入する。「Swift」はインデックス番号12の位置
str.insertString("Language ", atIndex: 12)
str2.insertContentsOf("Language ".characters,
    at: str2.startIndex.advancedBy(12))

// 先頭に「"」を挿入する
str.insertString("\"", atIndex: 0)
str2.insert("\"", atIndex: str2.startIndex)

// 末尾に「"」を追加する
str.appendString("\"")
str2.append(Character("\""))

// コンソールに出力する
print(str)
print(str2)
```

このコードを実行すると、次のように出力されます。

```
"Programming Language Swift"
"Programming Language Swift"
```

「NSMutableString」クラスの「insertString」メソッドと「appendString」メソッドは次のように定義されています。

```
// 文字列を挿入する
public func insertString(aString: String, atIndex loc: Int)
```

```
// 文字列を追加する
public func appendString(aString: String)
```

COLUMN　任意のインデックスを取得するには

「String」は、要素の位置を表すのにインデックスを使用します。インデックスは、「NSString」クラスや「NSMutableString」クラスでは整数が使われていますが、「String」では「String」内で定義された構造体「Index」を使っています。他のコレクションを表す構造体やクラスも同様の構成になっています。任意の位置を表すインデックスを取得するには、先頭のインデックス番号や末尾のインデックスを取得し、そこからの差を指定して取得します。「String」では、先頭と末尾のインデックスを取得する、次のプロパティが定義されています。

```
// 先頭のインデックスを取得する
public var startIndex: Index { get }
// 末尾のインデックスを取得する
public var endIndex: Index { get }
```

任意のインデックスからの差を指定して、インデックスを取得するには、「Index」の次のメソッドを使用します。

```
typealias Distance : _SignedIntegerType = Int

public func advancedBy(n: Self.Distance) -> Self
```

これらのプロパティとメソッドの組み合わせにより、任意のインデックスを取得することができます。

関連項目 ▶▶▶

- リテラルについて ……………………………………………………………………… p.56
- 文字列リテラル内で変数・定数を使う ………………………………………………… p.69
- 文字列を検索する ……………………………………………………………………… p.336

SECTION-063

文字列の長さを取得する

ここでは、文字列の長さを取得する方法について解説します。

SAMPLE CODE
```
import Foundation

// 空の文字列を定義する
var emptyStr = ""

// アルファベット5文字の文字列
var alphabetStr = "Swift"

// 日本語を含む文字列
var text = "プログラミング言語Swift"

// 各文字列の長さをコンソールに出力する
print("\(emptyStr) : \(emptyStr.characters.count)")
print("\(alphabetStr) : \(alphabetStr.characters.count)")
print("\(text) : \(text.characters.count)")
```

このコードを実行すると、次のように出力されます。

```
 : 0
Swift : 5
プログラミング言語Swift : 14
```

ONEPOINT 文字列の長さを取得するには「characters」プロパティの「count」プロパティを使う

文字列の長さを取得するには、「String」の「characters」プロパティを使い、キャラクタビューを取得します。

```
public var characters: String.CharacterView { get }
```

「CharacterView」は、プロトコル「CollectionType」を実装しており、「count」プロパティを使用して長さを取得します。

```
public var count: Self.Index.Distance { get }
```

■ SECTION-063 ■ 文字列の長さを取得する

COLUMN　文字列が空かどうかを取得するには

　文字列が空かどうかを取得するには、文字列の長さが「0」かどうかを判定するという方法もありますが、「String」の「isEmpty」プロパティが「true」かどうかで判定できます。

```
import Foundation

// 空の文字列を定義する
var emptyStr = ""

// アルファベット5文字の文字列
var alphabetStr = "Swift"

// 「isEmpty」プロパティの値をコンソールに出力する
print("emptyStr.isEmpty : \(emptyStr.isEmpty)")
print("alphabetStr.isEmpty : \(alphabetStr.isEmpty)")
```

　このコードを実行すると次のように出力されます。

```
emptyStr.isEmpty : true
alphabetStr.isEmpty : false
```

COLUMN　テキストエンコーディング(文字コード)を指定して長さを取得するには

　日本語などの多バイト文字は、テキストデータにしたときには、テキストエンコーディング(文字コード)によって長さが異なります。特定のテキストエンコーディングでの文字列の長さを取得するには、「lengthOfBytesUsingEncoding:」メソッドを使用します。

```
public func lengthOfBytesUsingEncoding(encoding: NSStringEncoding) -> Int
```

　引数にテキストエンコーディングを指定します。指定可能な値については《文字列からテキストデータを取得する》(p.299)を参照してください。「lengthOfBytesUsingEncoding」メソッドは、指定されたテキストエンコーディングでの長さをバイト数で返します。
　次のコードは、日本語を含む文字列で、テキストエンコーディングを変更したときの長さをコンソールに出力します。

```
import Foundation

// 日本語を含む文字列を代入する
var str = "プログラミング言語Swift"

// UTF-8での長さを取得する
let lenInUTF8 = str.lengthOfBytesUsingEncoding(NSUTF8StringEncoding)
```

▼

```
// UTF-16での長さを取得する
let lenInUTF16 = str.lengthOfBytesUsingEncoding(NSUTF16StringEncoding)

// Shift JISでの長さを取得する
let lenInSJIS = str.lengthOfBytesUsingEncoding(NSShiftJISStringEncoding)

// コンソールに出力する
print("lenInUTF8 : \(lenInUTF8)")
print("lenInUTF16: \(lenInUTF16)")
print("lenInSJIS : \(lenInSJIS)")
```

このコードを実行すると、次のように出力されます。

```
lenInUTF8 : 32
lenInUTF16: 28
lenInSJIS : 23
```

関連項目 ▶▶▶

- 文字列からテキストデータを取得する ……………………………………………………… p.299

SECTION-064

文字列から文字を取得する

ここでは、文字列から文字を取得する方法について解説します。

SAMPLE CODE

```swift
import Foundation

// 文字列を代入する
let str = "プログラミング言語Swift"

// 文字を順番に取得する
for c in str.characters {
    // 取得した文字をコンソールに出力する
    print(c)
}
```

このコードを実行すると、次のように出力されます。

```
プ
ロ
グ
ラ
ミ
ン
グ
言
語
S
w
i
f
t
```

ONEPOINT　文字列から文字を取得するには「characters」プロパティを使う

文字列から文字を取得するには、「characters」プロパティを使用し、キャラクタビューを取得します。

```
public var characters: String.CharacterView { get }
```

キャラクタビューは、文字のコレクションです。サンプルコードでは「for in」ループを使用して、先頭から順番に文字を取得しています。文字は「Character」という構造体で返されます。

SECTION-064 文字列から文字を取得する

COLUMN 任意の位置の文字を取得するには

任意の位置の文字を取得するには、キャラクタビューからインデックスを指定して文字を取得します。任意のインデックスを取得するには、292ページと同様に、「startIndex」プロパティと「advancedBy」メソッドを組み合わせます。

```
import Foundation

// 文字列を代入する
let str = "プログラミング言語Swift"

// 先頭と2番目の文字を取得する
var index = str.characters.startIndex
let c1 = str.characters[index]
let c2 = str.characters[index.advancedBy(1)]

// コンソールに出力する
print(c1)
print(c2)
```

このコードを実行すると、次のように出力されます。

```
プ
ロ
```

COLUMN UTF8やUTF16、Unicodeのスカラー値で文字を取得するには

文字を取得するときに使用したキャラクタビューと同様に、「String」には、UTF8、UTF16、Unicodeスカラー値にアクセスするためのビューも用意されています。

```
// UTF8のビューを取得する
public var utf8: String.UTF8View { get }

// UTF16のビューを取得する
public var utf16: String.UTF16View { get }

// Unicodeスカラー値のビューを取得する
public var unicodeScalars: String.UnicodeScalarView
```

次のコードは、同じ文字列をUTF8、UTF16、Unicodeスカラー値でそれぞれ取得する例です。

```
import Foundation

// 文字列を代入する
```

SECTION-064 文字列から文字を取得する

```
let str = "言語"

// UTF8で文字を取得する
print("*** UTF8 ***")
for c in str.utf8 {
    // コンソールに出力する
    print(c)
}

// UTF16で文字を取得する
print("*** UTF16 ***")
for c in str.utf16 {
    // コンソールに出力する
    print(c)
}

// Unicodeスカラ値で文字を取得する
print("*** Unicode Scalar ***")
for c in str.unicodeScalars {
    // コンソールに出力する
    print(c)
}
```

このコードを実行すると、次のように出力されます。

```
*** UTF8 ***
232
168
128
232
170
158
*** UTF16 ***
35328
35486
*** Unicode Scalar ***
言
語
```

関連項目 ▶▶▶

- 文字列からテキストデータを取得する ……………………………………………… p.299

SECTION-065

文字列からテキストデータを取得する

ここでは、文字列からテキストデータを取得する方法について解説します。

SAMPLE CODE

```swift
import Foundation

// 文字列を定義する
var str = "プログラミング言語Swift"

// テキストエンコーディングをEUCにしたテキストデータを作成する
var text = str.dataUsingEncoding(NSJapaneseEUCStringEncoding,
    allowLossyConversion: false)

// デスクトップに書き出す
let path = NSString(string: "~/Desktop/Test.txt").stringByExpandingTildeInPath
text?.writeToFile(path, atomically: true)
```

このコードを実行するとデスクトップに「プログラミング言語Swift」という文字列が入ったテキストファイルが保存されます。保存されるテキストファイルのテキストエンコーディング(文字コード)は「EUC」になります。

ONEPOINT　文字列からテキストデータを取得するには「dataUsingEncoding」メソッドを使用する

文字列からテキストデータを取得するには「String」の「dataUsingEncoding」メソッドを使用します。

```swift
public func dataUsingEncoding(encoding: NSStringEncoding,
    allowLossyConversion: Bool = default) -> NSData?
```

「dataUsingEncoding」メソッドは、引数「encoding」に指定したテキストエンコーディングでエンコードされたテキストデータを作成して返します。作成できないときは「nil」を返します。引数「allowLossyConversion」はロスあり変換を行うかどうかです。指定したテキストエンコーディングによっては、文字列に含まれる文字をすべて符号化できるとは限りません。「false」にすると、そのようなときに、エラーとして変換を中断します。「true」にすると、削除するか、別の文字に置き換えて変換を続行します。

■ SECTION-065 ■ 文字列からテキストデータを取得する

| COLUMN | テキストエンコーディングについて |

　テキストエンコーディングは、文字列をテキストデータにするときのルールです。テキストエンコーディングには次のようなものが定義されています。

- NSASCIIStringEncoding
- NSISO2022JPStringEncoding
- NSISOLatin1StringEncoding
- NSISOLatin2StringEncoding
- NSJapaneseEUCStringEncoding
- NSNonLossyASCIIStringEncoding
- NSShiftJISStringEncoding
- NSSymbolStringEncoding
- NSUTF16BigEndianStringEncoding
- NSUTF16LittleEndianStringEncoding
- NSUTF16StringEncoding
- NSUTF32BigEndianStringEncoding
- NSUTF32LittleEndianStringEncoding
- NSUTF32StringEncoding
- NSUTF8StringEncoding
- NSUnicodeStringEncoding
- NSWindowsCP1250StringEncoding
- NSWindowsCP1251StringEncoding
- NSWindowsCP1252StringEncoding
- NSWindowsCP1253StringEncoding
- NSWindowsCP1254StringEncoding

　上記に定義されているもの以外にも使用可能なテキストエンコーディングがあります。システムから使用可能なテキストエンコーディングを取得する方法については《使用可能なテキストエンコーディングを取得する》(p.301)を参照してください。

関連項目 ▶▶▶

- 文字列の長さを取得する……………………………………………………………p.293
- 文字列から文字を取得する…………………………………………………………p.296
- 使用可能なテキストエンコーディングを取得する………………………………p.301
- テキストデータから文字列を作成する……………………………………………p.303
- 文字列からC文字列を作成する……………………………………………………p.305
- C文字列から文字列を作成する……………………………………………………p.307
- 文字列をファイルに書き出す………………………………………………………p.310
- ファイルから文字列を読み込む……………………………………………………p.312

SECTION-066
使用可能なテキストエンコーディングを取得する

ここでは、使用可能なテキストエンコーディングを取得する方法について解説します。

SAMPLE CODE

```swift
import Foundation

// 使用可能なテキストエンコーディングを取得する
var encodings = String.availableStringEncodings()

// エンコーディングごとにループ
for enc in encodings {
    // エンコーディングの名前を取得する
    let name = String.localizedNameOfStringEncoding(enc)
    
    // コンソールに出力する
    print(name)
}
```

このコードを実行すると、次のように出力されます。

```
Western (Mac OS Roman)
Japanese (Mac OS)
Traditional Chinese (Mac OS)
Korean (Mac OS)
Arabic (Mac OS)
Hebrew (Mac OS)
Greek (Mac OS)
Cyrillic (Mac OS)
Devanagari (Mac OS)
Gurmukhi (Mac OS)
Gujarati (Mac OS)
Thai (Mac OS)
Simplified Chinese (Mac OS)
Tibetan (Mac OS)
Central European (Mac OS)
Symbol (Mac OS)
Dingbats (Mac OS)
Turkish (Mac OS)
Croatian (Mac OS)
Icelandic (Mac OS)
Romanian (Mac OS)
Celtic (Mac OS)
Gaelic (Mac OS)
... 中略 ...
```

■ SECTION-066 ■ 使用可能なテキストエンコーディングを取得する

```
Chinese (GB 18030)
Japanese (ISO 2022-JP)
Japanese (ISO 2022-JP-2)
Japanese (ISO 2022-JP-1)
Chinese (ISO 2022-CN)
Korean (ISO 2022-KR)
Japanese (EUC)
Simplified Chinese (GB 2312)
Traditional Chinese (EUC)
Korean (EUC)
Japanese (Shift JIS)
Cyrillic (KOI8-R)
Traditional Chinese (Big 5)
Western (Mac Mail)
Simplified Chinese (HZ GB 2312)
Traditional Chinese (Big 5 HKSCS)
Ukrainian (KOI8-U)
Traditional Chinese (Big 5-E)
Western (NextStep)
Non-lossy ASCII
Western (EBCDIC Latin Core)
Western (EBCDIC Latin 1)
```

ONEPOINT 使用可能なテキストエンコーディングを取得するには「availableStringEncodings」メソッドを使用する

使用可能なテキストエンコーディングのリストを取得するには、「String」の「availableStringEncodings」メソッドを使用します。

```
public static func availableStringEncodings() -> [NSStringEncoding]
```

「availableStringEncodings」メソッドは、使用可能なテキストエンコーディングを「NSStringEncoding」の配列で返します。返された値から名前を取得するには「String」の「localizedNameOfStringEncoding」メソッドを使用します。

```
public static func localizedNameOfStringEncoding(encoding: NSStringEncoding) -> String
```

サンプルコードではこの2つのメソッドを組み合わせて使用可能なテキストエンコーディングをリスト表示しています。

関連項目 ▶▶▶

- 文字列の長さを取得する……………………………………………………… p.293
- 文字列からテキストデータを取得する ……………………………………… p.299
- テキストデータから文字列を作成する ……………………………………… p.303
- 文字列をファイルに書き出す ………………………………………………… p.310
- ファイルから文字列を読み込む ……………………………………………… p.312

SECTION-067

テキストデータから文字列を作成する

ここではテキストデータから文字列を作成する方法について解説します。

SAMPLE CODE

```
import Foundation

// デスクトップに置いた「Test.txt」ファイルのデータを読み込む
let path = NSString(string: "~/Desktop/Test.txt").stringByExpandingTildeInPath

// 読み込んだデータから文字列を取得する
if let data = NSData(contentsOfFile: path) {
    // 文字列を作成する
    var str = String(data: data, encoding: NSShiftJISStringEncoding)
    
    if str != nil {
        // コンソールに出力する
        print(str!)
    }
}
```

このコードを実行すると、次のように出力されます。

```
プログラミング言語Swift
```

HINT
この実行結果はデスクトップに置いた「Test.txt」ファイルに「プログラミング言語Swift」と書き、シフトJISコードで保存した場合の実行例です。

ONEPOINT テキストデータから文字列を作成するにはテキストデータとテキストエンコーディングを指定して「String」のインスタンスを確保する

テキストデータから文字列を作成するには、テキストデータとテキストエンコーディングを指定して、「String」のインスタンスを確保します。指定するには、次のイニシャライザを使用します。

```
public init?(data: NSData, encoding: NSStringEncoding)
```

テキストデータは引数「data」に指定し、引数「encoding」にテキストエンコーディングを指定します。指定したテキストエンコーディングで、テキストデータの読み込みに成功すると、「String」のインスタンスを返します。読み込めない場合には「nil」が返ります。

■ SECTION-067 ■ テキストデータから文字列を作成する

関連項目 ▶▶▶

- 文字列からテキストデータを取得する …………………………………………………… p.299
- 使用可能なテキストエンコーディングを取得する ………………………………………… p.301
- 文字列からC文字列を作成する …………………………………………………………… p.305
- C文字列から文字列を作成する …………………………………………………………… p.307
- 文字列をファイルに書き出す ……………………………………………………………… p.310
- ファイルから文字列を読み込む …………………………………………………………… p.312

SECTION-068

文字列からC文字列を作成する

ここでは、文字列からC文字列を作成する方法について解説します。

SAMPLE CODE 「String.h」ファイル

```c
#ifndef __CString__String__
#define __CString__String__

#include <stdio.h>

// 文字列をコンソールに出力する関数
void printMessage(const char *cstr);

#endif /* defined(__CString__String__) */
```

SAMPLE CODE 「String.c」ファイル

```c
#include "String.h"

void printMessage(const char *cstr)
{
    // 渡されたC文字列を出力する
    printf("cstr = '%s'\n", cstr);
}
```

SAMPLE CODE 「CString-Bridging-Header.h」ファイル

```c
#include "String.h"
```

SAMPLE CODE 「main.swift」ファイル

```swift
import Foundation

// C言語の関数にC文字列として渡す文字列
var str = "The String From Swift"

// UTF-8のC文字列として取得する
var cstr = str.cStringUsingEncoding(NSUTF8StringEncoding)

if cstr != nil {
    // C文字列を引数に取るC言語の関数を呼ぶ
    printMessage(cstr!)
}
```

■ SECTION-068 ■ 文字列からC文字列を作成する

このコードを実行すると、次のように出力されます。

```
cstr = 'The String From Swift'
```

HINT
このコードを実行するには、ブリッジヘッダファイルの設定が必要です。ブリッジヘッダファイルについては《ブリッジヘッダーファイルの設定》(p.454)を参照してください。

ONEPOINT 文字列からC文字列を作成するには
「cStringUsingEncoding」メソッドを使う

文字列からC文字列を作成するには、「String」の「cStringUsingEncoding」メソッドを使用します。

```
public func cStringUsingEncoding(encoding: NSStringEncoding) -> [CChar]?
```

「cStringUsingEncoding」メソッドは、引数「encoding」に指定されたテキストエンコーディング（文字コード）で、C文字列を作成します。指定されたテキストエンコーディングでは表現できない文字が含まれるときなど、作成できないときは、「nil」が返ります。

作成されたC文字列は「CChar」の配列になっています。この配列は、サンプルコードのように、C文字列を引数に取るC言語の関数にそのまま渡すことができます。また、テキストエンコーディングを指定する必要がないときには、「cStringUsingEncoding」メソッドを使わずに、文字列を引数にそのまま渡すことも可能です。

関連項目 ▶▶▶
- 文字列からテキストデータを取得する ………………………………………… p.299
- 使用可能なテキストエンコーディングを取得する……………………………… p.301
- テキストデータから文字列を作成する …………………………………………… p.303
- C文字列から文字列を作成する ……………………………………………………… p.307
- C言語の関数を呼ぶ…………………………………………………………………… p.467

SECTION-069

C文字列から文字列を作成する

ここでは、C文字列からSwiftの文字列を作成する方法について解説します。

SAMPLE CODE　「String.h」ファイル

```c
#ifndef __CString__String__
#define __CString__String__

#include <stdio.h>

// メッセージ文字列を確保して返す
const char * createNewMessage();

// メッセージ文字列を破棄する
void freeMessage(const char *str);

#endif /* defined(__CString__String__) */
```

SAMPLE CODE　「String.c」ファイル

```c
#include "String.h"

#include <string.h>
#include <stdlib.h>

// 返すメッセージ
#define kMessage "C styled string from the C function."

// メッセージ文字列を確保して返す
const char * createNewMessage()
{
    // メッセージ文字列をC文字列で格納するのに必要な容量を確保する
    char * str = (char *)malloc(strlen(kMessage) + 1);
    
    if (str) {
        // 文字列を定数からコピーする
        strcpy(str, kMessage);
    }
    
    return str;
}

// メッセージ文字列を破棄する
void freeMessage(const char *str)
{
```

SECTION-069 ■ C文字列から文字列を作成する

```
    if (str) {
        // バッファを解放する
        free((void *)str);
    }
}
```

SAMPLE CODE 「CString-Bridging-Header.h」ファイル

```
#include "String.h"
```

SAMPLE CODE 「main.swift」ファイル

```swift
import Foundation

// C言語の関数を呼び出して、C文字列を受け取る
var cstr = createNewMessage()

// C文字列からSwiftの文字列を作成する
var str = String(CString: cstr, encoding: NSUTF8StringEncoding)

// コンソールに出力する
print(str)

// 必要なくなったC文字列を解放する
freeMessage(cstr)
```

このコードを実行すると、次のように出力されます。

```
Optional("C styled string from the C function.")
```

HINT
このコードを実行するには、ブリッジヘッダーファイルの設定が必要です。ブリッジヘッダーファイルについては《ブリッジヘッダーファイルの設定》(p.454)を参照してください。

ONEPOINT C文字列から文字列を作成するには
インスタンス確保時にC文字列を渡す

　C文字列からSwiftの文字列を作成するには、次のイニシャライザメソッドを使用し、「String」のインスタンス確保時に、C文字列とテキストエンコーディングを渡します。

```
public init?(CString: UnsafePointer<CChar>, encoding enc: NSStringEncoding)
```

　このイニシャライザメソッドは、引数「CString」に指定されたC文字列から文字をコピーして、文字列を作ります。引数「CString」に指定したC文字列のテキストエンコーディングは、引数「enc」に指定します。

■SECTION-069■ C文字列から文字列を作成する

関連項目 ▶▶▶

- 文字列からテキストデータを取得する ……………………………………… p.299
- 使用可能なテキストエンコーディングを取得する………………………… p.301
- テキストデータから文字列を作成する ……………………………………… p.303
- 文字列からC文字列を作成する ……………………………………………… p.305
- C言語の関数を呼ぶ…………………………………………………………… p.467

SECTION-070

文字列をファイルに書き出す

ここでは、文字列をファイルに書き出す方法について解説します。

SAMPLE CODE
```
import Foundation

// 書き込む文字列を定義する
let str = "Swift逆引きハンドブック"

// 書き込み先のファイルパス
let path = NSString(string: "~/Desktop/SJIS.txt").stringByExpandingTildeInPath

do {
    // シフトJISでファイルに書き込む
    try str.writeToFile(path, atomically: true, encoding: NSShiftJISStringEncoding)
    print("Successed")
} catch let error as NSError {
    // 書き込みに失敗したとき
    print("Failed: \(error)")
}
```

このコードを実行すると、デスクトップに「SJIS.txt」というファイルが作成され、「Swift逆引きハンドブック」と書き込まれます。

> **ONEPOINT** 文字列をファイルに書き込むには「writeToFile」メソッドを使用する
>
> 文字列をファイルに書き込むには、「String」の「writeToFile」メソッドを使用します。
>
> ```
> public func writeToFile(path: String, atomically useAuxiliaryFile: Bool,
>     encoding enc: NSStringEncoding) throws
> ```
>
> 「writeToFile」メソッドは書き込み先のファイルをファイルパスで指定し、引数「enc」に指定したテキストエンコーディングで書き込みます。すでにファイルが存在する場合には新しいファイルで置き換えられます。書き込みに失敗するとエラーが投げられます。投げられたエラーは「NSError」クラスになっているので、サンプルコードのように「catch」で取得することができます。引数「atomically」は書き込み時に一時ファイルを使うかどうかです。「true」にすると、一時ファイルを作成し、成功したら書き込み先に一時ファイルを移動します。「false」にすると、書き込み先に直接書き込み処理を行います。
>
> 文字列をファイルに書き込む方法には、このような専用のメソッドを使う以外にも《文字列からテキストデータを取得する》(p.299)のように、テキストデータを作って、それを書き込むという方法もあります。使用場所に合わせて、都合の良い方法を使うとよいでしょう。

■ SECTION-070 ■ 文字列をファイルに書き出す

| COLUMN | 書き込み先をURLで指定するには |

　文字列の書き込み先をファイルパスではなく、URLで指定するメソッドも用意されています。

```
public func writeToURL(url: NSURL, atomically useAuxiliaryFile: Bool,
    encoding enc: NSStringEncoding) throws
```

「writeToURL」メソッドは、引数「url」に指定されたURLにファイルを作成します。ただし、このURLはファイルへのURLのみサポートされています。

```
import Foundation

// 書き込む文字列を定義する
let str = "Swift逆引きハンドブック"

// 書き込み先のURL
let path = NSString(string: "~/Desktop/SJIS_URL.txt").stringByExpandingTildeInPath
let url = NSURL(fileURLWithPath: path, isDirectory: false)

do {
    // シフトJISでファイルに書き込む
    try str.writeToURL(url, atomically: true, encoding: NSShiftJISStringEncoding)
    print("Successed")
} catch let error as NSError {
    print("Failed: \(error)")
}
```

　このコードを実行すると、デスクトップに「SJIS_URL.txt」というファイルが作成され、「Swift逆引きハンドブック」と書き込まれます。

関連項目 ▶▶▶
- 文字列からテキストデータを取得する ……………………………………………… p.299
- 使用可能なテキストエンコーディングを取得する ……………………………… p.301
- テキストデータから文字列を作成する ……………………………………………… p.303
- ファイルから文字列を読み込む ……………………………………………………… p.312

SECTION-071

ファイルから文字列を読み込む

ここでは、ファイルから文字列を読み込む方法について解説します。

SAMPLE CODE

```swift
import Foundation

// 読み込み先のファイルパス
let path = NSString(string: "~/Desktop/SJIS.txt").stringByExpandingTildeInPath

// シフトJISでファイルから読み込む
do {
    var str = try String(contentsOfFile: path,
        encoding: NSShiftJISStringEncoding)
    
    // コンソールに出力する
    print(str)
} catch let error as NSError {
    // 失敗したとき
    print("Failed: \(error)")
}
```

このコードを実行すると、次のように出力されます。

```
Swift逆引きハンドブック
```

HINT

この実行結果はデスクトップに置いた「SJIS.txt」ファイルに「Swift逆引きハンドブック」と書き、シフトJISコードで保存した場合の実行例です。

ONEPOINT ファイルから文字列を読み込むにはファイルパスとテキストエンコーディングを指定してインスタンスを確保する

ファイルから文字列を読み込むには、ファイルパスとテキストエンコーディングを指定することができる、次のイニシャライザメソッドを使ってインスタンスを確保します。

```swift
public init(contentsOfFile path: String, encoding enc: NSStringEncoding) throws
```

このイニシャライザメソッドは、引数「path」に指定したファイルの内容を読み込んで文字列を確保します。読み込みに成功すると「String」のインスタンスを返し、失敗するとエラーを投げます。投げるエラーは「NSError」クラスのインスタンスになっており、「catch」を使って取得します。

■ SECTION-071 ■ ファイルから文字列を読み込む

| COLUMN | 読み込み先をURLで指定するには |

　読み込み先のファイルを、ファイルパスではなくURLで指定する場合には、次のイニシャライザメソッドを使用します。

```
public init(contentsOfURL url: NSURL, encoding enc: NSStringEncoding) throws
```

　このメソッドは引数「url」に指定したファイルから文字列を読み込みます。

```
import Foundation

// 読み込み先のURL
let path = NSString(string: "~/Desktop/SJIS.txt").stringByExpandingTildeInPath
var url = NSURL(fileURLWithPath: path, isDirectory: false)

do {
    // シフトJISでファイルから読み込む
    var str = try String(contentsOfURL: url,
        encoding: NSShiftJISStringEncoding)

    // コンソールに出力する
    print(str)
} catch let error as NSError {
    // 失敗したとき
    print("Failed: \(error)")
}
```

　このコードを実行すると、次のように出力されます（この実行結果はデスクトップに置いた「SJIS.txt」ファイルに「Swift逆引きハンドブック」と書き、シフトJISコードで保存した場合の実行例です）。

```
Swift逆引きハンドブック
```

関連項目 ▶▶▶

- 文字列からテキストデータを取得する ……………………………………………… p.299
- 使用可能なテキストエンコーディングを取得する ……………………………… p.301
- テキストデータから文字列を作成する ……………………………………………… p.303
- 文字列をファイルに書き出す ………………………………………………………… p.310

SECTION-072

フォーマットを指定して文字列を作る

ここでは、フォーマットを指定して文字列を作る方法について解説します。

SAMPLE CODE

```
import Foundation

// 10進数と16進数で整数を文字列化するフォーマットを指定する
let format = "Dec %d, Hex 0x%04X"
let value = 12
let str = String(format: format, value, value)

// コンソールに出力する
print(str)
```

このコードを実行すると、次のように出力されます。

```
Dec 12, Hex 0x000C
```

ONEPOINT フォーマットを指定して文字列を作るには
フォーマット文字列と値を指定するイニシャライザメソッドを使用する

フォーマットを指定して文字列を作るには、フォーマット文字列と値を指定するイニシャライザメソッドを使って「String」のインスタンスを確保します。

```
public init(format: String, _ arguments: CVarArgType...)
```

フォーマット文字列は、作成する文字列の内容を指定する文字列です。「%」で始まる文字列がフォーマット指定子と呼ばれるもので、引数「arguments」に指定した変数や定数、リテラルが文字列に変換されて置き換えられる場所を示しています。同時に、どのように文字列化するということも指定しています。サンプルコードでは、最初のフォーマット指定子は10進数で文字列化することを指定しており、2番目のフォーマット指定子は、16進数で文字列化することを指定しています。フォーマット指定子については次のCOLUMNを参照してください。

引数「arguments」は可変引数になっています。フォーマット指定子を使用した個数だけ、引数を「,」で区切って指定してください。

■ SECTION-072 ■ フォーマットを指定して文字列を作る

| COLUMN | フォーマット指定子について |

　フォーマット指定子は、Objective-Cの「NSString」クラスで使われているものと同じ仕様で、「IEEE printf specification」に準拠しています。よく使われるものには次の表のものがあります。表に掲載されていない指定子については、「IEEE printf specification」や、Xcodeから参照できるSDKのリファレンスの「String Programming Guide」などを参照してください。

● IEEE printf specification

URL http://www.opengroup.org/onlinepubs/009695399/functions/printf.html

フォーマット指定子	説明
%@	Objective-CのオブジェクトやCore Foundationの「CFTypeRef」を文字列化する。文字列は「descriptionWithLocale:」メソッドや「description」メソッドの戻り値が使われる。「CFTypeRef」については、「CFCopyDescription」の戻り値が使われる。Swiftのクラスの場合は、「description」メソッドの戻り値が使われる。Swiftの文字列にも、このフォーマット指定子を使用する。独自のクラスで実装したい場合には「NSObject」クラスの派生クラスにする必要がある
%%	「%」を出力する
%d, %D	32ビットの符号付き整数を出力する。「%lld」のように「ll」を付けると64ビット符号付き整数を出力する
%u, %U	32ビットの符号なし整数を出力する。「%llu」のように「ll」を付けると64ビットの符号なし整数を出力する
%x, %X	32ビットの符号なし整数を16進数で出力する。大文字と小文字の違いは、16進数のアルファベット部分を大文字にするか小文字にするかを示す
%o, %O	32ビット符号なし整数を8進数で出力する
%f	64ビットの浮動小数点数を出力する
%e, %E	64ビットの浮動小数点数を指数表記で出力する
%g, %G	64ビットの浮動小数点数を出力する。「%f」もしくは「%e」(「%E」)で、適切に短く表現できるものを使用する
%c	8ビットの文字を出力する。Swiftでは「CChar」を文字として出力するときに使用する。「Character」の出力に使用することはできない。「Character」を出力したい場合は「String」に変換してから「%@」を使って出力する
%C	16ビットのUnicode文字を出力する。Swiftでは「UniChar」や「unichar」「UTF16Char」など16ビット変数をUnicode文字として出力するときに使用する
%s	8ビットのC言語の文字列を出力するときに使用する。Swiftの文字列の出力には「%@」を使用するので、「%s」はSwift内で作成した文字列ではなく、C言語の関数が作成した文字列を出力したいときなどに使用する
%S	16ビットのUnicodeで記述されたC言語の文字列を出力するときに使用する

　また、フォーマット指定子では、数値を変換するときの数値の有無や桁数、小数点以下の桁数の指定なども組み合わせることができます。

■ SECTION-072 ■ フォーマットを指定して文字列を作る

COLUMN 文字列化するときに常に符号を出力するには

　数値を文字列化するときに常に符号を出力するには、次のように「%」の後ろに「+」を付けて指定します。

```
import Foundation

// フォーマット
let format = "%+d, %+d, %+d"

// 文字列化する定数
let value = -1
let value2 = 0
let value3 = 1

// 文字列を作成する
var str = String(format: format, value, value2, value3)

// コンソールに出力する
print(str)
```

　このコードを実行すると、次のように出力されます。

```
-1, +0, +1
```

COLUMN 文字列化するときに桁数を指定するには

　文字列化するときに桁数を指定するには、次のようにフォーマット指定子の文字部分の前に桁数を書きます。文字列が桁数よりも少ないときには、右揃えで出力されます。また、桁数の前に「0」を書くと、足りない桁に「0」を出力します。

```
import Foundation

// フォーマット
let format = "%4d\n%04d"

// 文字列化する定数
let value = 10
let value2 = 10

// 文字列を作成する
var str = String(format: format, value, value2)

// コンソールに出力する
print(str)
```

このコードを実行すると、次のように出力されます。

```
10
0010
```

COLUMN 文字列化するときに小数点以下の桁数を指定するには

文字列化するときに小数点以下の桁数を指定するには、次のようにフォーマット指定子の中で「.桁数」という書式で桁数を記述します。

```
import Foundation

// フォーマット
let format = "%.1f\n%.2f\n%f"

// 文字列化する定数
let value = 1.234

// 文字列を作成する
var str = String(format: format, value, value, value)

// コンソールに出力する
print(str)
```

このコードを実行すると、次のように出力されます。

```
1.2
1.23
1.234000
```

COLUMN 置き換える値を配列で指定するには

フォーマットを指定して文字列を作成するときに、文字列内に埋め込む値を可変引数ではなく、配列で指定したい場合には、次のようなイニシャライザメソッドを使ってインスタンスを確保します。

```
public init(format: String, arguments: [CVarArgType])
```

このイニシャライザメソッドは引数「arguments」に渡された配列の要素を使って文字列を作成します。

```
import Foundation
```

■ SECTION-072 ■ フォーマットを指定して文字列を作る

```
// フォーマット
let format = "Dec %d\nHex 0x%X"

// 文字列化する値を入れた配列
let valueArray: [CVarArgType] = [128, 255]

// 文字列を作成する
var str = String(format: format, arguments: valueArray)

// コンソールに出力する
print(str)
```

このコードを実行すると、次のように出力されます。

```
Dec 128
Hex 0xFF
```

COLUMN 書式を指定して文字列を結合するには

フォーマットを指定した文字列を結合したいときには、フォーマットを指定して文字列を作ってから結合する方法と、次のようなメソッドを使う方法があります。

```
// フォーマットを指定した文字列を結合した新しい文字列を作る「String」のメソッド
public func stringByAppendingFormat(format: String,
    _ arguments: CVarArgType...) -> String
```

新しい文字列を作るのではなく、インスタンスが持つ文字列を変更していく形で行いたいときには、「NSMutableString」クラスのインスタンスを確保し、「NSMutableString」クラスの次のメソッドを使用します。

```
public func appendFormat(format: NSString, _ args: CVarArgType...)
```

次のコードは、上記の2つのメソッドを使って、フォーマットを指定した文字列の結合を行っています。

```
import Foundation

// フォーマット
let format = "\tDec %d\tHex 0x%X"

// 元の文字列を作る
var str = "String"
var str2 = NSMutableString(string: "MutableString")
```

■ SECTION-072 ■ フォーマットを指定して文字列を作る

```
// 文字列を結合した新しい文字列を作る
str = str.stringByAppendingFormat(format, 128, 255)

// 「str2」の内容を変更して結合する
str2.appendFormat(format, 128, 255)

// コンソールに出力する
print(str)
print(str2)
```

このコードを実行すると、次のように出力されます。

```
String        Dec 128      Hex 0xFF
MutableString           Dec 128     Hex 0xFF
```

文字列を作ってから結合する方法については《**文字列を結合する**》(p.288)を参照してください。

関連項目 ▶▶▶

- 文字列を結合する ……………………………………………………………… p.288

SECTION-073

文字列を大文字に変換する

ここでは、文字列を大文字に変換する方法について解説します。

SAMPLE CODE
```
import Foundation

// 元の文字列を定義する
let srcStr = "SwIfT 1.1"

// 文字列を大文字にする
let newStr = srcStr.uppercaseString

// コンソールに出力する
print(newStr)
```

このコードを実行すると、次のように出力されます。

```
SWIFT 1.1
```

ONEPOINT 文字列を大文字にするには「uppercaseString」プロパティを使用する

文字列を大文字にするには、「String」の「uppercaseString」プロパティを使用します。「uppercaseString」プロパティは、文字列内のアルファベットをすべて大文字にした文字列を取得します。

```
public var uppercaseString: String { get }
```

関連項目 ▶▶▶
- 文字列を小文字に変換する……………………………………………………………… p.321
- 文字列の単語ごとの先頭を大文字にする ……………………………………………… p.322

SECTION-074

文字列を小文字に変換する

ここでは、文字列を小文字に変換する方法について解説します。

SAMPLE CODE

```
import Foundation

// 元の文字列を定義する
let srcStr = "SwIfT 1.1"

// 文字列を小文字にする
let newStr = srcStr.lowercaseString

// コンソールに出力する
print(newStr)
```

このコードを実行すると、次のように出力されます。

```
swift 1.1
```

ONEPOINT 文字列を小文字に変換するには
「lowercaseString」プロパティを使用する

　文字列を小文字に変換するには、「String」の「lowercaseString」プロパティを使用します。「lowercaseString」プロパティは、文字列内のアルファベットをすべて小文字にした文字列を取得します。

```
public var lowercaseString: String { get }
```

関連項目 ▶▶▶

- 文字列を大文字に変換する……………………………………………………… p.320
- 文字列の単語ごとの先頭を大文字にする ……………………………………… p.322

SECTION-075

文字列の単語ごとの先頭を大文字にする

ここでは、文字列の単語ごとの先頭を大文字にする方法について解説します。

SAMPLE CODE

```
import Foundation

// 元の文字列を定義する
let srcStr = "SwIfT 1.0 and swift 1.1"

// 単語ごとの先頭を大文字にする
let newStr = srcStr.capitalizedString

// コンソールに出力する
print(newStr)
```

このコードを実行すると次のように出力されます。

```
Swift 1.0 And Swift 1.1
```

ONEPOINT　文字列の単語ごとの先頭を大文字にするには「capitalizedString」プロパティを使用する

文字列の単語ごとの先頭を大文字にするには、「String」の「capitalizedString」プロパティを使用します。「capitalizedString」プロパティは、文字列の中で単語ごとに分割されたときの先頭文字がアルファベットなら大文字にします。また、先頭外のアルファベットは小文字に変換されます。

```
public var capitalizedString: String { get }
```

関連項目 ▶▶▶

- 文字列を大文字に変換する…………………………………………………p.320
- 文字列を小文字に変換する…………………………………………………p.321

SECTION-076

プレフィックスを調べる

ここでは、プレフィックスを調べる方法について解説します。

SAMPLE CODE

```swift
import Foundation

// 調べる文字列を定義する
let str = "Programming Language"

// プレフィックスが「Programming」かを調べる
var b = str.hasPrefix("Programming")
print("hasPrefix(\"Programming\") = \(b)")

// プレフィックスが「Language」かを調べる
b = str.hasPrefix("Language")
print("hasPrefix(\"Language\") = \(b)")

// プレフィックスが「programming」かを調べる
b = str.hasPrefix("programming")
print("hasPrefix(\"programming\") = \(b)")
```

このコードを実行すると、次のように出力されます。

```
hasPrefix("Programming") = true
hasPrefix("Language") = false
hasPrefix("programming") = false
```

ONEPOINT プレフィックスを調べるには「hasPrefix」メソッドを使用する

プレフィックスを調べるには「String」の「hasPrefix」メソッドを使用します。

```swift
public func hasPrefix(prefix: String) -> Bool
```

「hasPrefix」メソッドは、引数「prefix」に指定した文字列から始まっているかどうかを調べて、始まっている場合には「true」を返します。「hasPrefix」メソッドは大文字・小文字を区別します。そのため、サンプルコードの3番目の呼び出しは、「programming」の先頭の「p」が、大文字と小文字で異なっているため、「false」が返されています。

関連項目 ▶▶▶
- サフィックスを調べる p.324

SECTION-077

サフィックスを調べる

ここでは、サフィックスを調べる方法について解説します。

SAMPLE CODE

```swift
import Foundation

// 調べる文字列を定義する
let str = "Programming Language"

// サフィックスが「Language」かを調べる
var b = str.hasSuffix("Language")
print("hasSuffix(\"Language\") = \(b)")

// サフィックスが「Programming」かを調べる
b = str.hasSuffix("Programming")
print("hasSuffix(\"Programming\") = \(b)")

// サフィックスが「language」かを調べる
b = str.hasSuffix("language")
print("hasSuffix(\"language\") = \(b)")
```

このコードを実行すると、次のように出力されます。

```
hasSuffix("Language") = true
hasSuffix("Programming") = false
hasSuffix("language") = false
```

ONEPOINT サフィックスを調べるには「hasSuffix」メソッドを使用する

サフィックスを調べるには、「String」の「hasSuffix」メソッドを使用します。

```swift
public func hasSuffix(suffix: String) -> Bool
```

「hasSuffix」メソッドは、文字列の末尾が引数「suffix」で指定した文字列かどうかを調べて、指定した文字列ならば「true」を返します。「hasSuffix」メソッドは大文字・小文字を区別しますので、サンプルコードの3番目で指定している「language」の先頭文字の「l」が、大文字と小文字で異なりますので、「false」が返されています。

関連項目 ▶▶▶

- プレフィックスを調べる ･････････････････････････････････ p.323

SECTION-078
文字列を指定した文字列で区切った配列を作成する

ここでは、文字列を指定した文字列で区切って、配列化する方法について解説します。

SAMPLE CODE

```swift
import Foundation

// 分割元の文字列を定義する
let str = "1 Programming,2 Swift,3 逆引き,4 ハンドブック,5 Book"

//「,」で文字列を分割する
let components = str.componentsSeparatedByString(",")

// 分割した配列をコンソールに出力する
for component in components {
    print(component)
}
```

このコードを実行すると、次のように出力されます。

```
1 Programming
2 Swift
3 逆引き
4 ハンドブック
5 Book
```

> **ONEPOINT** 文字列を指定した文字列で区切った配列を作成するには
> 「componentsSeparatedByString」メソッドを使用する
>
> 文字列を指定した文字列で区切った配列を作成するには、「String」の「componentsSeparatedByString」メソッドを使用します。
>
> ```swift
> public func componentsSeparatedByString(separator: String) -> [String]
> ```
>
> 「componentsSeparatedByString」メソッドは、引数「separator」に指定した文字列で、対象の文字列を分割し、各トークン(分割した文字列)を配列にして返します。各トークンには、引数「separator」に指定した文字列は含まれません。また、1文字ではなく、2文字以上の文字列を指定した場合には、指定した複数の文字を1つの区切りとして分割します。たとえば、「,,」を指定した場合には、「,」では分割されず、「,,」と2文字並んだときのみ分割されるという動きになります。「,,」のように指定して、「,」もしくは「.」で分割したいというようなときには、次のCOLUMNで解説している「componentsSeparatedByCharactersInSet」メソッドを使用します。

■SECTION-078 ■文字列を指定した文字列で区切った配列を作成する

COLUMN　指定したキャラクタセットで文字列を分割するには

　指定したキャラクタセットで文字列を分割するには、「componentsSeparatedByCharactersInSet」メソッドを使用します。

```
public func componentsSeparatedByCharactersInSet(separator: NSCharacterSet) -> [String]
```

　「componentsSeparatedByCharactersInSet」メソッドは、引数「separator」に指定したキャラクタセットに属する文字を区切り文字として、対象の文字列を分割します。たとえば、キャラクタセットが「,.」で構成されている場合には、「,」もしくは「.」が現れたところで文字列が分割されます。次のサンプルコードは、ホワイトスペース文字と「,」を区切り文字として文字列を分割しています。

```
import Foundation

// 分割元の文字列を定義する
let str = "1 Programming,2 Swift,3 逆引き,4 ハンドブック,5 Book"

//「,」もしくはホワイトスペース文字で文字列を分割するため、
// ホワイトスペース文字のキャラクタセットを取得する
// このサンプルでは、このキャラクタセットに「,」を追加するため、
//「NSMutableCharacterSet」を使用している
var charSet = NSMutableCharacterSet.whitespaceCharacterSet()

//「,」を追加する
charSet.addCharactersInString(",")

// 作ったキャラクタセットで文字列を分割する
let components = str.componentsSeparatedByCharactersInSet(charSet)

// 分割した配列をコンソールに出力する
for component in components {
    print(component)
}
```

　このコードを実行すると、次のように出力されます。

```
1
Programming
2
Swift
3
逆引き
4
ハンドブック
5
```

■SECTION-078■ 文字列を指定した文字列で区切った配列を作成する

Book

　キャラクタセットの作り方については、《文字がキャラクタセットに含まれるか調べる》(p.331)を参照してください。

関連項目 ▶▶▶
- 部分文字列を作成する …………………………………………………………… p.328
- 文字がキャラクタセットに含まれるか調べる ………………………………… p.331

SECTION-079

部分文字列を作成する

ここでは、部分文字列を作成する方法について解説します。

SAMPLE CODE
```swift
import Foundation

// 元の文字列を定義する
let srcStr = "Swift逆引きハンドブック"

// インデックス番号5から3文字抜き出す
let str = srcStr.substringWithRange(
    Range(start: srcStr.startIndex.advancedBy(5),
        end: srcStr.startIndex.advancedBy(8)))

// 抜き出した文字列を出力する
print(str)
```

このコードを実行すると、次のように出力されます。

```
逆引き
```

ONEPOINT 部分文字列を作成するには「substringWithRange」メソッドを使用する

部分文字列を作成するには、「String」の「substringWithRange」メソッドを使用します。

```swift
public func substringWithRange(aRange: Range<Index>) -> String
```

このメソッドは、引数「aRange」に指定した範囲の文字を抜き出した文字列を作成します。この文字列を部分文字列と呼びます。範囲は「Range」構造体で指定し、開始位置と終了位置を指定するには、次のイニシャライザを使用します。

```swift
public init(start: Element, end: Element)
```

サンプルコードでは、インデックス番号5の位置から3文字なので、引数「start」に「5」、引数「end」に「8」を指定しています。引数「end」に指定した位置の文字は部分文字列には含まれません。引数の型は「Element」なので、「startIndex」プロパティで先頭のインデックスを取得し、「advancedBy」メソッドを使って、任意のインデックスを取得しています。

■ SECTION-079 ■ 部分文字列を作成する

COLUMN　先頭から指定した長さの部分文字列を作成する

先頭から指定した長さの部分文字列を作成するには、「String」の「substringToIndex」メソッドを使用します。

```
public func substringToIndex(index: Index) -> String
```

このメソッドは、先頭から引数「index」に指定したインデックスの手前までの文字を入れた部分文字列を作成します。

```
import Foundation

// 元の文字列を定義する
let srcStr = "Swift逆引きハンドブック"

// 先頭から5文字を抜き出す
let str = srcStr.substringToIndex(srcStr.startIndex.advancedBy(5))

// 抜き出した文字列をコンソールに出力する
print(str)
```

このコードを実行すると、次のように出力されます。

```
Swift
```

COLUMN　指定したインデックス以降の部分文字列を作成する

指定したインデックス以降の部分文字列を作成するには、「String」の「substringFromIndex」メソッドを使用します。

```
public func substringFromIndex(index: Index) -> String
```

このメソッドは引数「index」に指定したインデックスを先頭に、末尾までの文字を入れた部分文字列を作成します。

```
import Foundation

// 元の文字列を定義する
let srcStr = "Swift逆引きハンドブック"

// 先頭から8以降を抜き出す
let str = srcStr.substringFromIndex(
    srcStr.startIndex.advancedBy(8))
```

■SECTION-079 ■部分文字列を作成する

```
// 抜き出した文字列をコンソールに出力する
print(str)
```

このコードを実行すると、次のように出力されます。

```
ハンドブック
```

関連項目 ▶▶▶
- 文字列を指定した文字列で区切った配列を作成する ……………………………… p.325
- 文字列を検索する ……………………………………………………………………… p.336

SECTION-080

文字がキャラクタセットに含まれるか調べる

ここでは、文字がキャラクタセットに含まれるか調べる方法について解説します。

SAMPLE CODE

```swift
import Foundation

// 調べる対象の文字列を定義する
let str = "A0$"

// 数字に対するキャラクタセットを取得
var charSet = NSCharacterSet.decimalDigitCharacterSet()

// 1文字ずつチェックする
for c in str.utf16 {
    // キャラクタセットに含まれるか調べる
    let b = charSet.characterIsMember(c)

    // コンソールに出力する
    print("\(c) \(b)")
}
```

このコードを実行すると、次のように出力されます。

```
65 false
48 true
36 false
```

■ SECTION-080 ■ 文字がキャラクタセットに含まれるか調べる

ONEPOINT 文字がキャラクタセットに含まれるか調べるには「characterIsMember」メソッドを使用する

　文字がキャラクタセットに含まれるか調べるには、「NSCharacterSet」クラスの「characterIsMember」メソッドや「longCharacterIsMember」メソッドを使用します。

```
public func characterIsMember(aCharacter: unichar) -> Bool
public func longCharacterIsMember(theLongChar: UTF32Char) -> Bool
```

　「characterIsMember」メソッドは、引数「aCharacter」に指定された文字がキャラクタセットに含まれる場合には「true」を返します。文字は「unichar」で渡すようになっており、「unichar」は「UInt16」と定義されているので、UTF16で文字を渡します。サンプルコードでは、UTF16の文字を取得するために「utf16」プロパティを使っています。
　「longCharacterIsMember」メソッドは、引数「theLongChar」に指定した文字がキャラクタセットに含まれる場合には「true」を返します。文字はUTF32の値で渡します。
　また、このサンプルコードは、文字が数字かどうかをチェックするため、「decimalDigitCharacterSet」メソッドを使ってキャラクタセットを取得しています。調べたい文字の種類によって取得するキャラクタセットを変更する、もしくは、作成するなどして、調べる文字の種類を決定します。

COLUMN 定義済みのキャラクタセットを取得するには

　「NSCharacterSet」クラスには定義済みのキャラクタセットがあります。定義済みのキャラクタセットを取得するには、次のようなメソッドを使用します。

```
public class func controlCharacterSet() -> NSCharacterSet
public class func whitespaceCharacterSet() -> NSCharacterSet
public class func whitespaceAndNewlineCharacterSet() -> NSCharacterSet
public class func decimalDigitCharacterSet() -> NSCharacterSet
public class func letterCharacterSet() -> NSCharacterSet
public class func lowercaseLetterCharacterSet() -> NSCharacterSet
public class func uppercaseLetterCharacterSet() -> NSCharacterSet
public class func nonBaseCharacterSet() -> NSCharacterSet
public class func alphanumericCharacterSet() -> NSCharacterSet
public class func decomposableCharacterSet() -> NSCharacterSet
public class func illegalCharacterSet() -> NSCharacterSet
public class func punctuationCharacterSet() -> NSCharacterSet
public class func capitalizedLetterCharacterSet() -> NSCharacterSet
public class func symbolCharacterSet() -> NSCharacterSet
public class func newlineCharacterSet() -> NSCharacterSet
```

COLUMN　キャラクタセットの内容を変更するには

　定義されていない独自のキャラクタセットを使いたいときや、定義済みのキャラクタセットをベースにして、変更したキャラクタセットを使いたいときは「NSMutableCharacterSet」クラスを使用し、「NSMutableCharacterSet」クラスの次のようなメソッドを使用します。

```
// キャラクタコードの範囲を指定して作成する
public init(range aRange: NSRange)

// 文字列に含まれる文字で構成する
public init(charactersInString aString: String)

// 指定した範囲の文字を追加する
public func addCharactersInRange(aRange: NSRange)

// 指定した範囲の文字を削除する
public func removeCharactersInRange(aRange: NSRange)

// 文字列内の文字を追加する
public func addCharactersInString(aString: String)

// 文字列内の文字を削除する
public func removeCharactersInString(aString: String)

// 引数のキャラクタセットを追加する
public func formUnionWithCharacterSet(otherSet: NSCharacterSet)

// 引数のキャラクタセットと重複する文字のみにする
public func formIntersectionWithCharacterSet(otherSet: NSCharacterSet)

// キャラクタセットを反転させる
public func invert()
```

関連項目 ▶▶▶

- 文字列を指定した文字列で区切った配列を作成する ……………………………………… p.325

SECTION-081

行ごとに処理を行う

ここでは、行ごとに処理を行う方法について解説します。

SAMPLE CODE
```swift
import Foundation

// 複数行で構成された文字列を定義する
let srcStr = "Line 1\nLine 2\nLine 3\nLine 4"

// 行ごとに処理を行う
srcStr.enumerateLines { (line, stop) -> () in
    // 「"」で囲んで出力する
    print("\"\(line)\"")
}
```

このコードを実行すると、次のように出力されます。

```
"Line 1"
"Line 2"
"Line 3"
"Line 4"
```

ONEPOINT 行ごとに処理を行うには「enumerateLines」メソッドを使用する

文字列を行ごとに分割して処理を行うには「String」の「enumerateLines」メソッドを使用します。

```swift
public func enumerateLines(body: (line: String, inout stop: Bool) -> ())
```

「enumerateLines」メソッドは文字列を行ごとに分割し、行単位で引数「body」に指定した関数オブジェクトを実行します。分割された文字列は引数「line」に代入されます。サンプルコードでは「"」で囲んで出力するという処理を行っています。処理を途中で中断したい場合には引数「stop」に「true」を代入します。

COLUMN　キャラクタセットを使って分割する方法について

　文字列を行ごとに分割して処理するには、「enumerateLines」メソッドを使用する方法の他に、アプリ側で文字列を行単位で分割して、その分割した文字列単位で処理を実行するという方法もあります。文字列を行ごとに分割するには、改行文字で構成されたキャラクタセットを作成し、作成したキャラクタセットを使って、文字列を分割して配列を作成し、各要素に対して処理を行います。こちらの方法の方が、任意の方法で分割ができ、配列として全体を扱うこともできるので、柔軟性があります。

```
import Foundation

// 複数行で構成された文字列を定義する
let srcStr = "Line 1\nLine 2\nLine 3\nLine 4"

// 改行文字で構成されたキャラクタセット
var charSet = NSCharacterSet.newlineCharacterSet()

// キャラクタセットを使って分割する
var lines = srcStr.componentsSeparatedByCharactersInSet(charSet)

// 行ごとに処理を行う
for line in lines {
    // 「"」で囲んで出力する
    print("\"\(line)\"")
}
```

　このコードを実行すると、次のように出力されます。

```
"Line 1"
"Line 2"
"Line 3"
"Line 4"
```

関連項目 ▶▶▶
- 文字列を指定した文字列で区切った配列を作成する ……………………………………… p.325
- 文字がキャラクタセットに含まれるか調べる ……………………………………………… p.331

SECTION-082

文字列を検索する

ここでは、文字列を検索する方法について解説します。

SAMPLE CODE
```swift
import Foundation

// 文字列を定義する
let text = "Swift逆引きハンドブック"

// 「逆引き」を検索する
var range = text.rangeOfString("逆引き")

// 「iOS」を検索する
var range2 = text.rangeOfString("iOS")

// 検索結果を出力する
print("逆引き  \(range)")
print("iOS  \(range2)")
```

このコードを実行すると、次のように出力されます。

```
逆引き  Optional(Range(5..<8))
iOS  nil
```

ONEPOINT 文字列を検索するには「rangeOfString」メソッドを使用する

文字列を検索するには、「String」の「rangeOfString」メソッドを使用します。

```
public func rangeOfString(aString: String,
    options mask: NSStringCompareOptions = default,
    range searchRange: Range<Index>? = default,
    locale: NSLocale? = default) -> Range<Index>?
```

「rangeOfString」メソッドは、引数「aString」に指定した文字列を検索して、見つかった場所の範囲を返します。見つからないときは「nil」を返します。引数は「aString」以外は省略可能です。引数「mask」には、検索時のオプションを指定します。検索の方向や大文字・小文字を無視するなどのオプションが定義されています。引数「searchRange」は、検索する範囲を指定します。引数「locale」はロケール情報です。

SECTION-082 文字列を検索する

COLUMN 「NSString」クラスの「rangeOfString」メソッドについて

　Cocoa touchのクラスと組み合わせて使うときや既存のライブラリと組み合わせるときなどには「NSRange」で扱いたい場合があります。このようなときには、「NSString」クラスの「rangeOfString」メソッドを使用します。

```
public func rangeOfString(searchString: String) -> NSRange

public func rangeOfString(searchString: String,
    options mask: NSStringCompareOptions) -> NSRange

public func rangeOfString(searchString: String,
    options mask: NSStringCompareOptions,
    range searchRange: NSRange) -> NSRange

public func rangeOfString(searchString: String,
    options mask: NSStringCompareOptions,
    range searchRange: NSRange,
    locale: NSLocale?) -> NSRange
```

　「NSString」クラスの「rangeOfString」メソッドは、「NSRange」で見つかった場所を返します。「NSRange」の「location」プロパティに見つかった位置が格納されます。見つからなかったときは「NSNotFound」が代入されます。この「location」プロパティは「Int」なので、整数として扱うことができます。また、長さは「length」プロパティに格納されます。こちらも「Int」になっています。

```
import Foundation

// 文字列を定義する（「NSString」クラスとして扱う）
let text: NSString = "Swift逆引きハンドブック"

// 「逆引き」を検索する
var range = text.rangeOfString("逆引き")

// 「iOS」を検索する
var range2 = text.rangeOfString("iOS")

// 検索結果を出力する
if range.location != NSNotFound {
    print("逆引き  location=\(range.location), length=\(range.length)")
} else {
    print("逆引き  location=NSNotFound")
}

if range2.location != NSNotFound {
    print("iOS  location=\(range2.location), length=\(range2.length)")
```

SECTION-082 文字列を検索する

```
} else {
    print("iOS  location=NSNotFound")
}
```

このコードを実行すると、次のように出力されます。

```
逆引き  location=5, length=3
iOS  location=NSNotFound
```

COLUMN　検索する方向を指定するには

　「String」の「rangeOfString」メソッドで検索する方向を指定するには、引数「options」に「BackwardsSearch」を指定して検索します。検索範囲を指定しないで実行すると、末尾から検索します。次のCOLUMNで解説している、検索範囲を組み合わせると、1つ前を検索するということもできます。

　「NSString」クラスの「rangeOfString」メソッドで検索する方向を指定するときも同様で、引数「options」に「BackwardsSearch」を指定します。

```
import Foundation

// 文字列を定義する
let text = "Swift Swift Swift"
let text2: NSString = "Swift Swift Swift"

// 「Swift」を末尾から検索する
var range = text.rangeOfString("Swift",
    options: NSStringCompareOptions.BackwardsSearch)

var range2 = text2.rangeOfString("Swift",
    options: NSStringCompareOptions.BackwardsSearch)

// 結果を取得する
print(range)
print(range2)
```

このコードを実行すると、次のように出力されます。

```
Optional(Range(12..<17))
(12,5)
```

■ SECTION-082 ■ 文字列を検索する

COLUMN 前後の文字列を検索するには

　前後の文字列を検索するには、検索する範囲を限定するようにします。「String」や「NSString」クラスの「rangeOfString」メソッドで検索する範囲を指定するには、引数「searchRange」に検索する範囲を指定します。次のコードは先頭から順番に見つからなくなるまで検索を繰り返します。

```
import Foundation

// 文字列を定義する
let text = "Swift Swift Swift"
let text2: NSString = "Swift Swift Swift"

// 最初は全体を検索範囲にする
var range = Range(start: text.startIndex, end: text.endIndex)

// 「break」するまでループする
while true {
    // 変数「range」の範囲を検索する
    var found = text.rangeOfString("Swift",
        options: NSStringCompareOptions(), range: range)

    // 見つからなかったらループ中断
    if found == nil {
        break
    }

    // 見つかった位置を出力
    print(found)

    // 検索範囲の開始位置を、直前に見つかった位置の後ろに設定する
    range.startIndex = found!.endIndex
    if range.startIndex != range.endIndex {
        // 1つ後ろにずらす
        range.startIndex = range.startIndex.successor()
    } else {
        // 末尾に到達
        break
    }
}

// 「NSString」クラスの場合
// 最初は全体を検索範囲にする
var range2 = NSMakeRange(0, text2.length)
```

339

■ SECTION-082 ■ 文字列を検索する

```swift
// 「break」するまでループする
while true {
    // 変数「range2」の範囲を検索する
    var found = text2.rangeOfString("Swift",
        options: NSStringCompareOptions(), range: range2)
    
    // 見つからなかったらループ中断
    if found.location == NSNotFound {
        break
    }
    
    // 見つかった位置を出力
    print(found)
    
    // 検索範囲の開始位置を、直前に見つかった位置の後ろに設定する
    range2.location = found.location + found.length
    range2.length = text2.length - range2.location
}
```

このコードを実行すると、次のように出力されます。

```
Optional(Range(0..<5))
Optional(Range(6..<11))
Optional(Range(12..<17))
(0,5)
(6,5)
(12,5)
```

前のCOLUMNで解説している「BackwardsSearch」と組み合わせると、1つ前の文字列を検索するということもできます。次のコードは、末尾から先頭に向かって、見つからなくなるまで検索を繰り返します。

```swift
import Foundation

// 文字列を定義する
let text = "Swift Swift Swift"
let text2: NSString = "Swift Swift Swift"

// 最初は全体を検索範囲にする
var range = Range(start: text.startIndex, end: text.endIndex)

// 「break」するまでループする
while true {
    // 変数「range」の範囲を検索する
    var found = text.rangeOfString("Swift",
        options: .BackwardsSearch, range: range)
```

```
    // 見つからなかったらループ中断
    if found == nil {
        break
    }
    
    // 見つかった位置を出力
    print(found)
    
    // 検索範囲の終了位置を、見つかった位置の先頭に設定する
    range.endIndex = found!.startIndex
}

// 「NSString」クラスの場合
// 最初は全体を検索範囲にする
var range2 = NSMakeRange(0, text2.length)

// 「break」するまでループする
while true {
    // 変数「range2」の範囲を検索する
    var found = text2.rangeOfString("Swift",
        options: .BackwardsSearch, range: range2)
    
    // 見つからなかったらループ中断
    if found.location == NSNotFound {
        break
    }
    
    // 見つかった位置を出力
    print(found)
    
    // 検索範囲の終了位置を、見つかった位置の先頭に設定する
    range2.length = found.location
}
```

このコードを実行すると、次のように出力されます。

```
Optional(Range(12..<17))
Optional(Range(6..<11))
Optional(Range(0..<5))
(12,5)
(6,5)
(0,5)
```

■ SECTION-082 ■ 文字列を検索する

| COLUMN | 大文字・小文字を無視するには |

　大文字・小文字を無視して検索するには、引数「options」に「CaseInsensitiveSearch」を指定します。

```
import Foundation

// 文字列を定義する
let text = "swift SWIFT Swift"
let text2: NSString = "swift SWIFT Swift"

// 最初は全体を検索範囲にする
var range = Range(start: text.startIndex, end: text.endIndex)

// 「break」するまでループする
while true {
    // 変数「range」の範囲を検索する
    // 大文字小文字を無視するので「CaseInsensitiveSearch」を指定する
    var found = text.rangeOfString("Swift",
        options: .CaseInsensitiveSearch, range: range)
    
    // 見つからなかったらループ中断
    if found == nil {
        break
    }
    
    // 見つかった位置を出力
    print(found)
    
    // 検索範囲の開始位置を更新する
    range.startIndex = found!.endIndex
    if range.startIndex != range.endIndex {
        // 1つ後ろにずらす
        range.startIndex = range.startIndex.successor()
    } else {
        // 末尾に到達
        break
    }
}

// 「NSString」クラスの場合
// 最初は全体を検索範囲にする
var range2 = NSMakeRange(0, text2.length)

// 「break」するまでループする
while true {
```

```
        // 変数「range2」の範囲を検索する
        // 大文字小文字を無視するので「CaseInsensitiveSearch」を指定する
        var found = text2.rangeOfString("Swift",
            options: .CaseInsensitiveSearch, range: range2)

        // 見つからなかったらループ中断
        if found.location == NSNotFound {
            break
        }

        // 見つかった位置を出力
        print(found)

        // 検索範囲の開始位置を更新する
        range2.location = found.location + found.length
        range2.length = text2.length - range2.location
}
```

このコードを実行すると、次のように出力されます。

```
Optional(Range(0..<5))
Optional(Range(6..<11))
Optional(Range(12..<17))
(0,5)
(6,5)
(12,5)
```

■ SECTION-082 ■ 文字列を検索する

COLUMN 正規表現を使って検索するには

　正規表現を使って文字列を検索するには、引数「options」に「RegularExpression Search」を指定します。正規表現は文字列のパターンを記述することができる、表現方法です。正規表現についての詳細は本書の範囲を超えてしまいますので、他書やWebサイトなどを参照してください。

```
import Foundation

// 文字列を定義する
let text = "abc 1234 def"
let text2: NSString = "abc 1234 def"

// 正規表現を使って数字を検索する
var range = text.rangeOfString("[0-9]+", options: .RegularExpressionSearch)
var range2 = text2.rangeOfString("[0-9]+", options: .RegularExpressionSearch)

// 結果を出力する
print(range)
print(range2)
```

　このコードを実行すると、次のように出力されます。

```
Optional(Range(4..<8))
(4,4)
```

関連項目 ▶ ▶ ▶
- 文字列の一部を置き換える……………………………………………………… p.345
- 文字列を比較する ……………………………………………………………… p.347

SECTION-083

文字列の一部を置き換える

ここでは、文字列の一部を置き換える方法について解説します。

SAMPLE CODE

```
import Foundation

// 置き換え前の文字列を定義する
var str1 = "Objective-C逆引きハンドブック"
var str2 = NSMutableString(string: "Objective-C逆引きハンドブック")

//「Objective-C」を検索する
var range = str1.rangeOfString("Objective-C")

// 見つかった範囲を「Swift」に置き換える
if range != nil {
    str1.replaceRange(range!, with: "Swift")
}

//「NSMutableString」クラスの場合
//「Objective-C」を検索する
var range2 = str2.rangeOfString("Objective-C")

// 見つかった範囲を「Swift」に置き換える
if range2.location != NSNotFound {
    str2.replaceCharactersInRange(range2, withString: "Swift")
}

// 結果を出力する
print(str1)
print(str2)
```

このコードを実行すると、次のように出力されます。

```
Swift逆引きハンドブック
Swift逆引きハンドブック
```

ONEPOINT 文字列の一部を置き換えるには「replaceRange」メソッドや「replaceCharactersInRange」メソッドを使用する

文字列の一部を置き換えるには、「String」の場合は「replaceRange」メソッドを使用し、「NSMutableString」クラスの場合は「replaceCharactersInRange」メソッドを使用します。

SECTION-083 ■ 文字列の一部を置き換える

```swift
// 「String」の一部を置き換えるメソッド
public mutating func replaceRange(subRange: Range<Index>, with newElements: String)

// 「NSMutableString」クラスの一部を置き換えるメソッド
public func replaceCharactersInRange(range: NSRange, withString aString: String)
```

COLUMN 文字列の一部を削除する

文字列の一部を削除するには、空の文字列と置き換えるようにします。

```swift
import Foundation

// 置き換え前の文字列を定義する
var str1 = "Objective-CSwift逆引きハンドブック"
var str2 = NSMutableString(string: "Objective-CSwift逆引きハンドブック")

// 「Objective-C」を検索する
var range = str1.rangeOfString("Objective-C")
// 見つかった範囲を空文字列に置き換える
if range != nil {
    str1.replaceRange(range!, with: "")
}

// 「NSMutableString」クラスの場合
// 「Objective-C」を検索する
var range2 = str2.rangeOfString("Objective-C")
// 見つかった範囲を空文字列に置き換える
if range2.location != NSNotFound {
    str2.replaceCharactersInRange(range2, withString: "")
}

// 結果を出力する
print(str1)
print(str2)
```

このコードを実行すると、次のように出力され、文字列の一部が削除されたことが確認できます。

```
Swift逆引きハンドブック
Swift逆引きハンドブック
```

関連項目 ▶▶▶

- 文字列を検索する p.336
- 文字列を比較する p.347

SECTION-084

文字列を比較する

ここでは、文字列を比較する方法について解説します。

SAMPLE CODE

```
import Foundation

// 「NSComparisonResult」を文字列で返す関数
func strOfResult(result: NSComparisonResult) -> String {
    switch result {
    case .OrderedAscending:
        return "OrderedAscending"
    case .OrderedDescending:
        return "OrderedDescending"
    case .OrderedSame:
        return "OrderedSame"
    }
}

// 比較する文字列を定義する
var str1 = "apple"
var str2 = "book"
var str3 = "car"
var str4 = "book"

// 各文字列と比較する
var result = str2.compare(str1)
var result2 = str2.compare(str3)
var result3 = str2.compare(str4)

// コンソールに出力する
print("str2.compare(str1) = \(strOfResult(result))")
print("str2.compare(str3) = \(strOfResult(result2))")
print("str2.compare(str4) = \(strOfResult(result3))")
```

このコードを実行すると、次のように出力されます。

```
str2.compare(str1) = OrderedDescending
str2.compare(str3) = OrderedAscending
str2.compare(str4) = OrderedSame
```

SECTION-084 ■ 文字列を比較する

ONEPOINT 文字列を比較するには「compare」メソッドを使用する

文字列を比較するには、「String」の「compare」メソッドを使用します。

```
public func compare(aString: String,
    options mask: NSStringCompareOptions = default,
    range: Range<Index>? = default,
    locale: NSLocale? = default) -> NSComparisonResult
```

「compare」メソッドは、引数「aString」に渡された文字列と比較した結果を「NSComparisonResult」で返します。「NSComparisonResult」は比較結果を表す列挙で、「compare」メソッドで返される値としては、次のような意味を持っています。

値	説明
OrderedAscending	引数「aString」に渡された文字列が辞書順で後ろに来る
OrderedDescending	引数「aString」に渡された文字列が辞書順で前に来る
OrderedSame	引数「aString」に渡された文字列は同じ文字列

それ以外の引数は省略可能です。引数「options」は比較処理の動作を変更するためのオプションを指定できます。引数「range」は比較する範囲を指定します。引数「locale」はロケール情報です。

COLUMN 単純に一致するかどうかを調べるには

文字列が単純に一致するかどうかを調べたいときには、「==」演算子を使うことも可能です。

```
import Foundation

// 比較する文字列を定義する
var str1 = "Apple"
var str2 = "Swift"
var str3 = "Apple"
// 各文字列を比較する
var result = (str1 == str2)
var result2 = (str1 == str3)
// 結果を出力する
print("str1 == str2 -> \(result)")
print("str1 == str3 -> \(result2)")
```

このコードを実行すると、次のように出力されます。

```
str1 == str2 -> false
str1 == str3 -> true
```

SECTION-084 文字列を比較する

COLUMN 大文字・小文字を区別せずに比較するには

　大文字・小文字を区別せずに文字列を比較するには、「compare」メソッドの引数「options」に「CaseInsensitiveSearch」を指定するという方法と、「caseInsensitiveCompare」メソッドを使う方法があります。

```
public func caseInsensitiveCompare(aString: String) -> NSComparisonResult
```

　「caseInsensitiveCompare」メソッドは、「compare」メソッドの引数「options」に「CaseInsensitiveSearch」を指定したときと同じ動作をします。

```
import Foundation

// 「NSComparisonResult」を文字列で返す関数
func strOfResult(result: NSComparisonResult) -> String {
    switch result {
    case .OrderedAscending:
        return "OrderedAscending"
    case .OrderedDescending:
        return "OrderedDescending"
    case .OrderedSame:
        return "OrderedSame"
    }
}

// 比較する文字列を定義する
var str1 = "SWIFT"
var str2 = "swift"

// 大文字小文字を無視して比較する
var result = str1.compare(str2, options: .CaseInsensitiveSearch)
var result2 = str1.caseInsensitiveCompare(str2)

// 結果を出力する
print("compare -> \(strOfResult(result))")
print("caseInsensitiveCompare -> \(strOfResult(result2))")
```

　このコードを実行すると、次のように出力されます。

```
compare -> OrderedSame
caseInsensitiveCompare -> OrderedSame
```

■ SECTION-084 ■ 文字列を比較する

| COLUMN | 文字列の一部を比較するには |

　文字列全体ではなく、文字列の一部分だけを比較したい場合には、「compare」メソッドの引数「range」に比較したい範囲を指定します。

```
import Foundation

// 「NSComparisonResult」を文字列で返す関数
func strOfResult(result: NSComparisonResult) -> String {
    switch result {
    case .OrderedAscending:
        return "OrderedAscending"
    case .OrderedDescending:
        return "OrderedDescending"
    case .OrderedSame:
        return "OrderedSame"
    }
}

// 比較する文字列を定義する
var str = "1. Swift"

// インデックス番号3から5文字の範囲を比較する
var range = Range(start: str.startIndex.advancedBy(3),
    end: str.startIndex.advancedBy(8))

// 比較する
var result = str.compare("Swift",
    options: NSStringCompareOptions(),
    range: range)

// 結果を出力する
print(strOfResult(result))
```

　このコードを実行すると、次のように出力されます。

```
OrderedSame
```

関連項目 ▶▶▶

- プレフィックスを調べる …………………………………………………………… p.323
- サフィックスを調べる ……………………………………………………………… p.324
- 文字列を検索する ………………………………………………………………… p.336
- 文字列の一部を置き換える……………………………………………………… p.345

SECTION-085

文字列を数値に変換する

ここでは、文字列を数値に変換する方法について解説します。

SAMPLE CODE

```swift
import Foundation

// 変換前の文字列を定義する
var a = "123"
var b = "1g"
var c = "g10"

// それぞれ整数化する
var i = Int(a)
var j = Int(b)
var k = Int(c)

// コンソールに出力する
print("Int(\(a)) -> \(i)")
print("Int(\(b)) -> \(j)")
print("Int(\(c)) -> \(k)")
```

このコードを実行すると、次のように出力されます。

```
Int(123) -> Optional(123)
Int(1g) -> nil
Int(g10) -> nil
```

ONEPOINT 文字列を整数に変換するには
文字列を指定して「Int」のインスタンスを確保する

文字列を整数に変換するには、「Int」の次のイニシャライザメソッドを使用して、新スタンスを確保します。

```swift
public init?(_ text: String, radix: Int = default)
```

引数「text」に数値化したい文字列を指定します。引数「radix」には基数を指定します。10進数以外の文字列を変換したいときに使用し、たとえば「16」を指定すると、文字列を16進数の文字列として読み込みます。数値化できないときには「nil」が返ります。

また、64ビット整数に変換したいときや符号なし整数に変換したいときなど、「Int」以外の構造体に変換したいときには、それぞれの構造体に用意された同様のイニシャライザメソッドを使用します。

■ SECTION-085 ■ 文字列を数値に変換する

| COLUMN | 浮動小数点数に変換するには |

　文字列を浮動小数点数に変換したい場合には、「Double」や「Float」の次のイニシャライザメソッドを使ってインスタンスを確保します。

```
public init?(_ text: String)
```

　このイニシャライザメソッドは、引数「text」に指定した文字列を読み込んで浮動小数点数に変換します。変換できない場合には「nil」を返します。

```
import Foundation

// 変換前の文字列を定義する
var a = "1.23"
var b = "1.50g"
var c = "g2.2"

// それぞれ「Double」に変換する
var i = Double(a)
var j = Double(b)
var k = Double(c)

// コンソールに出力する
print("Double(\(a)) -> \(i)")
print("Double(\(b)) -> \(j)")
print("Double(\(c)) -> \(k)")
```

　このコードを実行すると、次のように出力されます。

```
Double(1.23) -> Optional(1.23)
Double(1.50g) -> nil
Double(g2.2) -> nil
```

COLUMN　16進数の文字列を数値に変換するには

　16進数の文字列を数値に変換するには、「Int」などの整数の構造体のイニシャライザメソッドで、引数「radix」に16を指定するという方法の他に、「NSScanner」クラスを使う方法もあります。「NSScanner」クラスは文字列を解析して、整数や浮動小数点数に変換することができるクラスです。「Double」や「Float」は16進数の文字列からインスタンスを作ることができませんが、「NSScanner」クラスは変換することができます。

　「NSScanner」クラスを使うには、インスタンスを確保するときにイニシャライザメソッドの引数「string」に、解析対象の文字列を渡します。その後、解析するためのメソッドを呼び出します。16進数を読み込むメソッドには次のようなものがあります。

```
public func scanHexInt(result: UnsafeMutablePointer<UInt32>) -> Bool
public func scanHexLongLong(result: UnsafeMutablePointer<UInt64>) -> Bool
public func scanHexFloat(result: UnsafeMutablePointer<Float>) -> Bool
public func scanHexDouble(result: UnsafeMutablePointer<Double>) -> Bool
```

　各メソッドの戻り値は「Bool」になっており、解析に成功すると「true」、失敗すると「false」を返します。

```
import Foundation

// 変換前の文字列を定義する
var a = "0xFF"
var b = "g"

// 「NSScanner」を確保
var scanner = NSScanner(string: a)

// 16進数として読み込む
var u: UInt32 = 0

if scanner.scanHexInt(&u) {
    // 成功
    print("\(a) -> \(u)")
} else {
    // 失敗
    print("\(a) -> Failed")
}

// 「NSScanner」を確保
scanner = NSScanner(string: b)

// 16進数として読み込む
if scanner.scanHexInt(&u) {
```

```
    // 成功
    print("\(b) -> \(u)")
} else {
    // 失敗
    print("\(b) -> Failed")
}
```

このコードを実行すると、次のように出力されます。

```
0xFF -> 255
g -> Failed
```

他にも、整数を読み込むメソッドなども用意されています。

```
public func scanInt(result: UnsafeMutablePointer<Int32>) -> Bool
public func scanInteger(result: UnsafeMutablePointer<Int>) -> Bool
public func scanLongLong(result: UnsafeMutablePointer<Int64>) -> Bool
public func scanUnsignedLongLong(result: UnsafeMutablePointer<UInt64>) -> Bool
public func scanFloat(result: UnsafeMutablePointer<Float>) -> Bool
public func scanDouble(result: UnsafeMutablePointer<Double>) -> Bool
```

関連項目 ▶▶▶

- フォーマットを指定して文字列を作る……………………………………………………p.314

SECTION-086

パス文字列をコンポーネントに分割する

　ここでは、ファイルパスやディレクトリパスなどのパス文字列をコンポーネントに分割する方法について解説します。

SAMPLE CODE
```
import Foundation

// 操作対象のファイルパスを定義する
var path = NSString(string: "/Directory/SubDirectory/File.txt")

// コンポーネントの配列を取得する
var components = path.pathComponents

// コンソールに出力する
print(components)
```

　このコードを実行すると、次のように出力されます。

```
["/", "Directory", "SubDirectory", "File.txt"]
```

ONEPOINT　パス文字列をコンポーネントに分割するには「pathComponents」プロパティを使用する

　ファイルパスやディレクトリパスなどのパス文字列を、パスを構成するコンポーネントに分割するには、「NSString」クラスの「pathComponents」プロパティを使用します。

```
public var pathComponents: [String] { get }
```

　「pathComponents」プロパティは、パスを構成するコンポーネントの配列を取得します。

■ SECTION-086 ■ パス文字列をコンポーネントに分割する

> **COLUMN　コンポーネントを結合してパス文字列を作るには**
>
> 　パス文字列を構成するコンポーネントを指定して、パス文字列を作成するには、「NSString」クラスの「pathWithComponents」メソッドを使用します。
>
> ```
> public class func pathWithComponents(components: [String]) -> String
> ```
>
> 　「pathWithComponents」メソッドは、引数「components」に指定されたコンポーネントの配列を結合して、パス文字列を作ります。
>
> ```
> import Foundation
>
> // パスを作るコンポーネントの配列を定義する
> var components = ["/", "Directory", "SubDirectory", "File.txt"]
>
> // コンポーネントの配列からパスを作る
> var path = NSString.pathWithComponents(components)
>
> // コンソールに出力する
> print(path)
> ```
>
> 　このコードを実行すると、次のように出力されます。
>
> ```
> /Directory/SubDirectory/File.txt
> ```

関連項目 ▶▶▶

- 文字列を指定した文字列で区切った配列を作成する ……………………………………… p.325
- パス文字列の最後のコンポーネントを取得する ………………………………………… p.357
- パス文字列から拡張子を取得する ………………………………………………………… p.359
- パス文字列にコンポーネントを追加する ………………………………………………… p.361
- パス文字列に拡張子を追加する …………………………………………………………… p.363
- パス文字列のホームディレクトリ文字の置き換えを行う ……………………………… p.365
- パス文字列の最後のコンポーネントを削除する ………………………………………… p.367
- パス文字列の拡張子を削除する …………………………………………………………… p.369
- パス文字列を正規化する …………………………………………………………………… p.371
- URLのパスをコンポーネントに分割する ………………………………………………… p.589
- URLのパスから最後のコンポーネントを取得する ……………………………………… p.590
- URLのパスから拡張子を取得する ………………………………………………………… p.592
- URLのパスにコンポーネントを追加する ………………………………………………… p.594
- URLのパスから最後のコンポーネントを削除する ……………………………………… p.596
- URLのパスに拡張子を追加する …………………………………………………………… p.598
- URLのパスから拡張子を削除する ………………………………………………………… p.600
- URLのパスを正規化する …………………………………………………………………… p.602

SECTION-087

パス文字列の最後のコンポーネントを取得する

ここでは、ファイルパスやディレクトリパスなどのパス文字列から、最後のコンポーネントを取得する方法について解説します。

SAMPLE CODE

```swift
import Foundation

// パス文字列を定義する
var path = NSString(string: "/Directory/SubDirectory/File.txt")

// 最後のコンポーネントを取得する
var fileName = path.lastPathComponent

// コンソールに出力する
print(fileName)
```

このコードを実行すると、次のように出力されます。

```
File.txt
```

ONEPOINT　パス文字列の最後のコンポーネントを取得するには「lastPathComponent」プロパティを使用する

パス文字列の最後のコンポーネントを取得するには、「NSString」クラスの「lastPathComponent」プロパティを使用します。

```swift
public var lastPathComponent: String { get }
```

「lastPathComponent」プロパティを取得すると、文字列がパス文字列のときに最後のコンポーネントを取得できます。このプロパティを使用する他に、「pathComponents」プロパティの最後の要素を参照するという方法もあります。「pathComponents」プロパティについては《パス文字列をコンポーネントに分割する》(p.355)を参照してください。

■ SECTION-087 ■ パス文字列の最後のコンポーネントを取得する

関連項目 ▶▶▶

- 文字列を指定した文字列で区切った配列を作成する ………………………………… p.325
- パス文字列をコンポーネントに分割する ………………………………………………… p.355
- パス文字列から拡張子を取得する ………………………………………………………… p.359
- パス文字列にコンポーネントを追加する ………………………………………………… p.361
- パス文字列のホームディレクトリ文字の置き換えを行う ……………………………… p.365
- パス文字列の最後のコンポーネントを削除する ………………………………………… p.367
- パス文字列の拡張子を削除する …………………………………………………………… p.369
- パス文字列を正規化する …………………………………………………………………… p.371
- URLのパスをコンポーネントに分割する ………………………………………………… p.589
- URLのパスから最後のコンポーネントを取得する ……………………………………… p.590
- URLのパスから拡張子を取得する ………………………………………………………… p.592
- URLのパスにコンポーネントを追加する ………………………………………………… p.594
- URLのパスから最後のコンポーネントを削除する ……………………………………… p.596
- URLのパスに拡張子を追加する …………………………………………………………… p.598
- URLのパスから拡張子を削除する ………………………………………………………… p.600
- URLのパスを正規化する …………………………………………………………………… p.602

SECTION-088

パス文字列から拡張子を取得する

ここでは、ファイルパスやディレクトリパスなどのパス文字列から拡張子を取得する方法について解説します。

SAMPLE CODE

```
import Foundation

// パス文字列を定義する
var path = NSString(string: "/Directory/SubDirectory/File.txt")
var path2 = NSString(string: "/Directory/SubDirectory/File.txt.jpg")
var path3 = NSString(string: "/Directory/SubDirectory/File")

// 拡張子を取得する
var ext = path.pathExtension
var ext2 = path2.pathExtension
var ext3 = path3.pathExtension

// コンソールに出力する
print("\(path) -> \(ext)")
print("\(path2) -> \(ext2)")
print("\(path3) -> \(ext3)")
```

このコードを実行すると、次のように出力されます。

```
/Directory/SubDirectory/File.txt -> txt
/Directory/SubDirectory/File.txt.jpg -> jpg
/Directory/SubDirectory/File -> 
```

ONEPOINT パス文字列から拡張子を取得するには「pathExtension」プロパティを使用する

パス文字列から拡張子を取得するには、「NSString」クラスの「pathExtension」プロパティを使用します。

```
public var pathExtension: String { get }
```

「pathExtension」プロパティを取得すると、文字列がパス文字列のときに、拡張子を取得することができます。サンプルコードの変数「path2」のように、拡張子が複数連続するときには、最後の拡張子が正しく取得されます。また、変数「path3」のように拡張子がないときには、空の文字列が取得されます。

■ SECTION-088 ■ パス文字列から拡張子を取得する

関連項目 ▶▶▶

- パス文字列をコンポーネントに分割する …………………………………………… p.355
- パス文字列の最後のコンポーネントを取得する ………………………………… p.357
- パス文字列にコンポーネントを追加する ………………………………………… p.361
- パス文字列に拡張子を追加する…………………………………………………… p.363
- パス文字列のホームディレクトリ文字の置き換えを行う ……………………… p.365
- パス文字列の最後のコンポーネントを削除する ………………………………… p.367
- パス文字列の拡張子を削除する…………………………………………………… p.369
- パス文字列を正規化する…………………………………………………………… p.371
- URLのパスをコンポーネントに分割する ………………………………………… p.589
- URLのパスから最後のコンポーネントを取得する ……………………………… p.590
- URLのパスから拡張子を取得する………………………………………………… p.592
- URLのパスにコンポーネントを追加する ………………………………………… p.594
- URLのパスから最後のコンポーネントを削除する ……………………………… p.596
- URLのパスに拡張子を追加する …………………………………………………… p.598
- URLのパスから拡張子を削除する………………………………………………… p.600
- URLのパスを正規化する ………………………………………………………… p.602

SECTION-089

パス文字列にコンポーネントを追加する

ここでは、ディレクトリパスやファイルパスなどのパス文字列に、コンポーネント(ファイル名やディレクトリ名)を追加する方法について解説します。

SAMPLE CODE

```
import Foundation

// 追加するコンポーネントの配列
var components = ["/", "Directory", "SubDirectory", "File.txt"]

// パス文字列
var path = ""

// 配列に格納されているコンポーネントを順番に追加する
for component in components {
    // コンポーネントを追加する
    path = (path as NSString).stringByAppendingPathComponent(component)
    
    // コンソールに出力する
    print(path)
}
```

このコードを実行すると、次のように出力されます。

```
/
/Directory
/Directory/SubDirectory
/Directory/SubDirectory/File.txt
```

ONEPOINT パス文字列にコンポーネントを追加するには「stringByAppendingPathComponent」メソッドを使用する

パス文字列にコンポーネントを追加するには「NSString」クラスの「stringByAppendingPathComponent」メソッドを使用します。

```
public func stringByAppendingPathComponent(str: String) -> String
```

「stringByAppendingPathComponent」メソッドは、パス文字列にコンポーネントを追加した新しいパス文字列を返します。

■ SECTION-089 ■ パス文字列にコンポーネントを追加する

関連項目 ▶▶▶

- パス文字列をコンポーネントに分割する ……………………………………………… p.355
- パス文字列の最後のコンポーネントを取得する ……………………………………… p.357
- パス文字列から拡張子を取得する ……………………………………………………… p.359
- パス文字列に拡張子を追加する ………………………………………………………… p.363
- パス文字列のホームディレクトリ文字の置き換えを行う …………………………… p.365
- パス文字列の最後のコンポーネントを削除する ……………………………………… p.367
- パス文字列の拡張子を削除する ………………………………………………………… p.369
- パス文字列を正規化する ………………………………………………………………… p.371
- URLのパスをコンポーネントに分割する ……………………………………………… p.589
- URLのパスから最後のコンポーネントを取得する …………………………………… p.590
- URLのパスから拡張子を取得する ……………………………………………………… p.592
- URLのパスにコンポーネントを追加する ……………………………………………… p.594
- URLのパスから最後のコンポーネントを削除する …………………………………… p.596
- URLのパスに拡張子を追加する ………………………………………………………… p.598
- URLのパスから拡張子を削除する ……………………………………………………… p.600
- URLのパスを正規化する ………………………………………………………………… p.602

SECTION-090

パス文字列に拡張子を追加する

ここでは、ディレクトリパスやファイルパスなどのパス文字列に、拡張子を追加する方法について解説します。

SAMPLE CODE

```swift
import Foundation

// パス文字列を定義する
var path = NSString(string: "/Directory/SubDirectory/File")

// 拡張子を追加する
var path2 = path.stringByAppendingPathExtension("txt")
var path3 = path.stringByAppendingPathExtension(".txt")
var path4 = path.stringByAppendingPathExtension("")

// コンソールに出力する
print("'\(path2)'")
print("'\(path3)'")
print("'\(path4)'")
```

このコードを実行すると、次のように出力されます。

```
'Optional("/Directory/SubDirectory/File.txt")'
'Optional("/Directory/SubDirectory/File..txt")'
'Optional("/Directory/SubDirectory/File.")'
```

ONEPOINT パス文字列に拡張子を追加するには「stringByAppendingPathExtension」メソッドを使用する

パス文字列に拡張子を追加するには、「NSString」クラスの「stringByAppendingPathExtension」メソッドを使用します。

```swift
public func stringByAppendingPathExtension(str: String) -> String?
```

「stringByAppendingPathExtension」は引数に指定された文字列を拡張子として追加します。指定する文字列には「.」を含めないようにします。「.」を含めてしまうと、サンプルコードの変数「path3」のように「..」が二重になったパス文字列になってしまいます。また、空の文字列が指定されると、変数「path4」のように「.」で終わる文字列が作られてしまうので、注意してください。

■ SECTION-090 ■ パス文字列に拡張子を追加する

関連項目 ▶▶▶

- パス文字列をコンポーネントに分割する ……………………………………… p.355
- パス文字列の最後のコンポーネントを取得する ……………………………… p.357
- パス文字列から拡張子を取得する ……………………………………………… p.359
- パス文字列にコンポーネントを追加する ……………………………………… p.361
- パス文字列のホームディレクトリ文字の置き換えを行う …………………… p.365
- パス文字列の最後のコンポーネントを削除する ……………………………… p.367
- パス文字列の拡張子を削除する ………………………………………………… p.369
- パス文字列を正規化する ………………………………………………………… p.371
- URLのパスをコンポーネントに分割する ……………………………………… p.589
- URLのパスから最後のコンポーネントを取得する …………………………… p.590
- URLのパスから拡張子を取得する ……………………………………………… p.592
- URLのパスにコンポーネントを追加する ……………………………………… p.594
- URLのパスから最後のコンポーネントを削除する …………………………… p.596
- URLのパスに拡張子を追加する ………………………………………………… p.598
- URLのパスから拡張子を削除する ……………………………………………… p.600
- URLのパスを正規化する ………………………………………………………… p.602

SECTION-091
パス文字列のホームディレクトリ文字の置き換えを行う

ここでは、ディレクトリパスやファイルパスなどのパス文字列に含まれる「~」をホームディレクトリのディレクトリパスに置き換える方法について解説します。

SAMPLE CODE

```
import Foundation

// パス文字列を定義する
var path = NSString(string: "~/File.txt")

// ホームディレクトリパスの置き換えを行う
var path2 = path.stringByExpandingTildeInPath

// コンソールに出力する
print(path2)
```

このコードを実行すると、次のように出力されます(本書の実行例は、ホームディレクトリパスが「/Users/akira」の場合です。実行環境やサンドボックスの状態によって変わります)。

```
/Users/akira/File.txt
```

ONEPOINT パス文字列のホームディレクトリ文字の置き換えを行うには「stringByExpandingTildeInPath」プロパティを使用する

パス文字列に含まれるホームディレクトリ文字「~」を、実際のホームディレクトリのディレクトリパスに置き換えるには、「NSString」クラスの「stringByExpandingTildeInPath」プロパティを使用します。

```
public var stringByExpandingTildeInPath: String { get }
```

「stringByExpandingTildeInPath」プロパティを取得すると、実行時のホームディレクトリのディレクトリパスが取得されます。通常はホームディレクトリ下に配置されるドキュメントディレクトリなど、定義済みのディレクトリのパスを取得したい場合には、このプロパティのパス文字列を元に作成することもできますが、専用のメソッドを使った方が望ましいです。未定義のディレクトリやユーザーが入力したパス文字列の展開などには、このプロパティを使うのがよいでしょう。定義済みのディレクトリのパスを取得する方法については《定義済みのディレクトリを取得する》(p.648)を参照してください。

■ SECTION-091 ■ パス文字列のホームディレクトリ文字の置き換えを行う

関連項目 ▶▶▶

- ●パス文字列をコンポーネントに分割する ……………………………………………… p.355
- ●パス文字列の最後のコンポーネントを取得する ……………………………………… p.357
- ●パス文字列から拡張子を取得する ……………………………………………………… p.359
- ●パス文字列にコンポーネントを追加する ……………………………………………… p.361
- ●パス文字列に拡張子を追加する ………………………………………………………… p.363
- ●パス文字列の最後のコンポーネントを削除する ……………………………………… p.367
- ●パス文字列の拡張子を削除する ………………………………………………………… p.369
- ●パス文字列を正規化する ………………………………………………………………… p.371
- ●URLのパスをコンポーネントに分割する ……………………………………………… p.589
- ●URLのパスから最後のコンポーネントを取得する …………………………………… p.590
- ●URLのパスから拡張子を取得する ……………………………………………………… p.592
- ●URLのパスにコンポーネントを追加する ……………………………………………… p.594
- ●URLのパスから最後のコンポーネントを削除する …………………………………… p.596
- ●URLのパスに拡張子を追加する ………………………………………………………… p.598
- ●URLのパスから拡張子を削除する ……………………………………………………… p.600
- ●URLのパスを正規化する ………………………………………………………………… p.602
- ●定義済みのディレクトリを取得する …………………………………………………… p.648

SECTION-092

パス文字列の最後のコンポーネントを削除する

ここでは、ディレクトリパスやファイルパスなどのパス文字列から、最後のコンポーネントを削除する方法について解説します。

SAMPLE CODE

```swift
import Foundation

// パス文字列を定義する
var path = NSString(string: "/Directory/SubDirectory/File.txt")
var path2 = NSString(string: "/Directory/SubDirectory/")

// 最後のコンポーネントを削除する
var path3 = path.stringByDeletingLastPathComponent
var path4 = path2.stringByDeletingLastPathComponent

// コンソールに出力する
print(path3)
print(path4)
```

このコードを実行すると、次のように出力されます。

```
/Directory/SubDirectory
/Directory
```

ONEPOINT パス文字列の最後のコンポーネントを削除するには「stringByDeletingLastPathComponent」プロパティを使用する

パス文字列の最後のコンポーネントを削除した、パス文字列を取得するには、「NSString」クラスの「stringByDeletingLastPathComponent」プロパティを使用します。

```swift
public var stringByDeletingLastPathComponent: String { get }
```

「stringByDeletingLastPathComponent」プロパティを取得すると、パス文字列から最後のパスコンポーネントを削除したパス文字列が取得されます。パス文字列が「/」で終わっているときには、サンプルコードの変数「path4」のように、最後の「/」までを含めて、コンポーネントとして扱い（ディレクトリ名として扱います）、削除した文字列を返します。

■ SECTION-092 ■ パス文字列の最後のコンポーネントを削除する

| COLUMN | 同じディレクトリ内のファイルやディレクトリへのパスを作る |

アプリの中では、同じディレクトリにある別のファイルへのファイルパスやディレクトリパスを作りたいということが多くあります。このようなときにも、「stringByDeletingLastPathComponent」プロパティが便利です。「stringByAppendingPathComponent」メソッドと組み合わせて、次のようなコードを書くことができます。

```
import Foundation

// パス文字列を定義する
var path = NSString(string: "/Directory/SubDirectory/File.txt")

// ファイル名を「Image.jpg」に変えたファイルパスを作る
var path2 = path.stringByDeletingLastPathComponent
path2 = (path2 as NSString).stringByAppendingPathComponent("Image.jpg")

// コンソールに出力する
print(path2)
```

このコードを実行すると、次のように出力されます。

```
/Directory/SubDirectory/Image.jpg
```

「stringByAppendingPathComponent」メソッドについては、《パス文字列にコンポーネントを追加する》(p.361)を参照してください。

関連項目 ▶▶▶

- パス文字列をコンポーネントに分割する …………………………………………… p.355
- パス文字列の最後のコンポーネントを取得する ………………………………… p.357
- パス文字列から拡張子を取得する ………………………………………………… p.359
- パス文字列にコンポーネントを追加する ………………………………………… p.361
- パス文字列に拡張子を追加する …………………………………………………… p.363
- パス文字列のホームディレクトリ文字の置き換えを行う ……………………… p.365
- パス文字列の拡張子を削除する …………………………………………………… p.369
- パス文字列を正規化する …………………………………………………………… p.371
- URLのパスをコンポーネントに分割する ………………………………………… p.589
- URLのパスから最後のコンポーネントを取得する ……………………………… p.590
- URLのパスから拡張子を取得する ………………………………………………… p.592
- URLのパスにコンポーネントを追加する ………………………………………… p.594
- URLのパスから最後のコンポーネントを削除する ……………………………… p.596
- URLのパスに拡張子を追加する …………………………………………………… p.598
- URLのパスから拡張子を削除する ………………………………………………… p.600
- URLのパスを正規化する …………………………………………………………… p.602

SECTION-093

パス文字列の拡張子を削除する

ここでは、ディレクトリパスやファイルパスなどのパス文字列から、拡張子を削除する方法について解説します。

SAMPLE CODE

```swift
import Foundation

// パス文字列を定義する
var path = NSString(string: "/Directory/SubDirectory/File.txt")

// 拡張子を削除する
var path2 = path.stringByDeletingPathExtension

// コンソールに出力する
print(path2)
```

このコードを実行すると、次のように出力されます。

```
/Directory/SubDirectory/File
```

ONEPOINT パス文字列の拡張子を削除するには「stringByDeletingPathExtension」プロパティを使用する

パス文字列の拡張子を削除するには、「NSString」クラスの「stringByDeletingPathExtension」プロパティを使用します。

```swift
public var stringByDeletingPathExtension: String { get }
```

「stringByDeletingPathExtension」プロパティを取得すると、拡張子を削除したパス文字列が取得されます。パス文字列に拡張子がないときは、そのまま、同じ文字列が取得されます。

■ SECTION-093 ■ パス文字列の拡張子を削除する

| COLUMN | 拡張子だけが異なるファイルパスを作成する |

　アプリの中では、拡張子だけが異なるファイルにアクセスしたいときが多くあります。拡張子だけが異なるファイルパスを作りたいときにも、「stringByDeletingPathExtension」プロパティが便利です。「stringByAppendingPathExtension」メソッドと組み合わせて、次のようなコードを書くことができます。

```
import Foundation

// パス文字列を定義する
var path = NSString(string: "/Directory/SubDirectory/File.txt")

// 拡張子を「jpg」に変更したファイルパスを作る
var path2 = (path.stringByDeletingPathExtension as
    NSString).stringByAppendingPathExtension("jpg")

// コンソールに出力する
print(path2)
```

　このコードを実行すると、次のように出力されます。

```
Optional("/Directory/SubDirectory/File.jpg")
```

　「stringByAppendingPathExtension」メソッドについては《パス文字列に拡張子を追加する》(p.363)を参照してください。

関連項目 ▶▶▶

- パス文字列をコンポーネントに分割する ……………………………………… p.355
- パス文字列の最後のコンポーネントを取得する ……………………………… p.357
- パス文字列から拡張子を取得する ……………………………………………… p.359
- パス文字列にコンポーネントを追加する ……………………………………… p.361
- パス文字列に拡張子を追加する ………………………………………………… p.363
- パス文字列のホームディレクトリ文字の置き換えを行う …………………… p.365
- パス文字列の最後のコンポーネントを削除する ……………………………… p.367
- パス文字列を正規化する ………………………………………………………… p.371
- URLのパスをコンポーネントに分割する ……………………………………… p.589
- URLのパスから最後のコンポーネントを取得する …………………………… p.590
- URLのパスから拡張子を取得する ……………………………………………… p.592
- URLのパスにコンポーネントを追加する ……………………………………… p.594
- URLのパスから最後のコンポーネントを削除する …………………………… p.596
- URLのパスに拡張子を追加する ………………………………………………… p.598
- URLのパスから拡張子を削除する ……………………………………………… p.600
- URLのパスを正規化する ………………………………………………………… p.602

SECTION-094

パス文字列を正規化する

　ここでは、ディレクトリパスやファイルパスなどのパス文字列を、正規化する方法について解説します。

SAMPLE CODE
```
import Foundation

// パス文字列を定義する
var path = NSString(string: "/Directory/SubDirectory/../File.txt")

// パス文字列を正規化する
var path2 = path.stringByStandardizingPath

// コンソールに出力する
print(path2)
```

　このコードを実行すると、次のように出力されます。

```
/Directory/File.txt
```

> **ONEPOINT　パス文字列を正規化するには「stringByStandardizingPath」プロパティを使用する**
>
> 　「..」など、相対的な位置を示す文字列が含まれるパス文字列を正規化するには、「NSString」クラスの「stringByStandardizingPath」プロパティを使用します。
>
> ```
> public var stringByStandardizingPath: String { get }
> ```
>
> 　サンプルコードの変数「path」には「..」という1つ上のディレクトリを指す文字列が含まれています。「stringByStandardizingPath」プロパティを取得すると、「..」に従って「SubDirectory」の部分を削除したパス文字列が取得されます。

■ SECTION-094 ■ パス文字列を正規化する

関連項目 ▶▶▶

- パス文字列をコンポーネントに分割する …………………………………………… p.355
- パス文字列の最後のコンポーネントを取得する ………………………………… p.357
- パス文字列から拡張子を取得する ………………………………………………… p.359
- パス文字列にコンポーネントを追加する ………………………………………… p.361
- パス文字列に拡張子を追加する …………………………………………………… p.363
- パス文字列のホームディレクトリ文字の置き換えを行う ……………………… p.365
- パス文字列の最後のコンポーネントを削除する ………………………………… p.367
- パス文字列の拡張子を削除する …………………………………………………… p.369
- URLのパスをコンポーネントに分割する ………………………………………… p.589
- URLのパスから最後のコンポーネントを取得する ……………………………… p.590
- URLのパスから拡張子を取得する ………………………………………………… p.592
- URLのパスにコンポーネントを追加する ………………………………………… p.594
- URLのパスから最後のコンポーネントを削除する ……………………………… p.596
- URLのパスに拡張子を追加する …………………………………………………… p.598
- URLのパスから拡張子を削除する ………………………………………………… p.600
- URLのパスを正規化する …………………………………………………………… p.602

SECTION-095

文字列のURLエンコーディングを行う

ここでは、文字列に対してURLエンコーディングを行う方法について解説します。

SAMPLE CODE

```
import Foundation

// 文字列を定義する
var str = "/ディレクトリ/ファイル 1"

// URLエンコーディングを行う
var str2 = str.stringByAddingPercentEncodingWithAllowedCharacters(
    NSCharacterSet.URLQueryAllowedCharacterSet())

// コンソールに出力する
print(str2)
```

このコードを実行すると、次のように出力されます。

```
Optional("/%E3%83%87%E3%82%A3%E3%83%AC%E3%82%AF%E3%83%88%E3%83%AA/
%E3%83%95%E3%82%A1%E3%82%A4%E3%83%AB%201")
```

ONEPOINT 文字列のURLエンコーディングを行うには「stringByAddingPercentEncodingWithAllowedCharacters」メソッドを使用する

文字列のURLエンコーディングを行うには、「String」の「stringByAddingPercentEncodingWithAllowedCharacters」メソッドを使用します。

```
public func stringByAddingPercentEncodingWithAllowedCharacters(
    allowedCharacters: NSCharacterSet) -> String?
```

「stringByAddingPercentEncodingWithAllowedCharacters」メソッドは、URLで直接、使用できないマルチバイト文字やスペース文字などを、「%」を使って数値化します。数値化する必要がある文字と必要ない文字列などもあり、使用可能な文字を引数「allowedCharacters」に「NSCharacterSet」クラスで指定します。サンプルコードでは「NSCharacterSet」クラスの「URLQueryAllowedCharacterSet」メソッドを使って、URLのクエリーとして使用可能な文字セットを指定しています。

```
public class func URLQueryAllowedCharacterSet() -> NSCharacterSet
```

■ SECTION-095 ■ 文字列のURLエンコーディングを行う

| COLUMN | URLエンコーディングされた文字列を元に戻すには |

URLエンコーディングされている文字列を元に戻すには、「String」の「stringByRemovingPercentEncoding」プロパティを使用します。

```
public var stringByRemovingPercentEncoding: String? { get }
```

このプロパティは、文字列がUTF8でURLエンコーディングされたものとして読み込み、「%コード」の部分を文字に変換します。

```
import Foundation

// 文字列を定義する
var str = "/%E3%83%87%E3%82%A3%E3%83%AC%E3%82%AF" +
"%E3%83%88%E3%83%AA/%E3%83%95%E3%82%A1%E3%82%A4%E3%83%AB%201"

// URLエンコーディングをデコードする
var str2 = str.stringByRemovingPercentEncoding

// コンソールに出力する
print(str2)
```

このコードを実行すると、次のように出力されます。

```
Optional("/ディレクトリ/ファイル 1")
```

関連項目 ▶▶▶

- 文字列からテキストデータを取得する ……………………………………………… p.299
- 使用可能なテキストエンコーディングを取得する……………………………………… p.301
- 文字列からURLを作成する ……………………………………………………… p.582

CHAPTER 06
コレクション

SECTION-096

Swiftでのコレクション

▌コレクションについて

　コレクションは、複数のオブジェクトを格納できる、配列やディクショナリ、セットの総称です。Swiftでは、Swift自身が定義している配列やディクショナリ、セットの他、Objective-Cでも使われている「Foundation」フレームワークが定義しているコレクションや、「Core Foundation」フレームワークが定義しているC言語のインターフェイスを持ったコレクションも使えます。iOSアプリやOS Xのアプリ開発では、Objective-Cと共通で使用するフレームワークを使うことが必須です。これらのフレームワークでは、Swiftにビルトインされているコレクションだけではなく、「Foundation」フレームワークが定義するコレクションも利用しています。Swiftからもこれらのコレクションを使ってコードを記述する必要があります。

　コレクションには次のようなものがあります。

▶配列

　配列は複数のオブジェクトを順番に格納するコレクションです。順番にオブジェクトが並んでいるようなイメージです。格納されている各オブジェクトは、インデックス番号で参照可能です。インデックス番号は0から始まり、2番目のオブジェクトは1となる番号です。Swiftの配列は「Array」構造体として定義され、「Array」構造体のプロパティやメソッドを使うことができます。

　Swiftでは、次のように配列に格納するオブジェクトのタイプを「[]」で囲んで定義します。格納するオブジェクトは、「[]」で囲んで定義します。複数のオブジェクトを指定するには、「,」で区切ります。配列リテラルについては、57ページを参照してください。

```
// 「Int」を格納する配列「array」を定義する
// 配列には「1」「2」「3」「4」の4つの整数を格納する
let array:[Int] = [1, 2, 3, 4]
```

　Swiftの配列は、「Foundation」フレームワークの「NSArray」クラスや「Core Foundation」フレームワークの「CFArrayRef」とトールフリーブリッジ関係になっています。それにより、「NSArray」クラスや「CFArrayRef」を使うところで、Swiftの配列を渡すことができます。逆も可能です。ただし、Swiftの配列は「NSObject」クラスのサブクラスではないクラスや構造体も格納することができますが、「NSArray」クラスは、それらを扱うことができません。「NSArray」クラスとして使うときは、「NSObject」クラスやそのサブクラス、「Core Foundation」のオブジェクトのみが格納されている配列を使うようにしてください。Swiftの文字列など「Foundation」フレームワークや「Core Foundation」フレームワークのオブジェクトと、トールフリーブリッジ関係になっているものも使用可能です。

▶ディクショナリ

　ディクショナリは、キーと値をペアで格納するコレクションです。キーおよび値は任意のオブジェクトを使用可能です。連想配列とも呼ばれます。配列では常にインデックス番号は格納し

た順番になりますが、ディクショナリではインデックス番号の代わりにキーを使います。格納されているオブジェクトを参照するにはキーを指定します。キーは重複できません。そのため、同じキーに対して複数のオブジェクトを格納したいときには、値に配列などのコレクションを格納するようにするなど、工夫する必要があります。Swiftのディクショナリは「Dictionary」構造体として定義され、「Dictionary」構造体のプロパティやメソッドを使うことができます。

ディクショナリもリテラル表記が可能です。ディクショナリリテラルについては、58ページを参照してください。

```
// キーが「String」型、値が「Int」型のディクショナリ
let dic1:[String:Int] = ["first":1, "second":2]
```

Swiftのディクショナリは、「Foundation」フレームワークの「NSDictionary」クラスや「Core Foundation」フレームワークの「CFDictionaryRef」とトールフリーブリッジ関係になっています。それにより、「NSDictionary」クラスや「CFDictionaryRef」を使うところで、Swiftのディクショナリを渡すことができます。逆も可能です。ただし、Swiftのディクショナリは「NSObject」クラスのサブクラスではないクラスや構造体も格納することができますが、「NSDictionary」クラスは、それらを扱うことができません。「NSDictionary」クラスとして使うときは、「NSObject」クラスやそのサブクラス、「Core Foundation」のオブジェクトのみが格納されているディクショナリを使うようにしてください。Swiftの文字列など「Foundation」フレームワークや「Core Foundation」フレームワークのオブジェクトと、トールフリーブリッジ関係になっているものも使用可能です。

▶ セット

セットは配列と同様に複数のオブジェクトを格納するコレクションですが、順番は維持されません。また、同じ値を複数、格納することもできないコレクションです。セットは、オブジェクトが格納されているということを管理したいときに使用します。Swiftのセットは「Set」構造体として定義され、Swift 2.0で追加されました。

セットには専用のリテラル表記は用意されていませんが、配列リテラルと組み合わせて次のように記述することができます。

```
let mySet: Set<Int> = [1, 2, 3, 4]
```

また、このサンプルコードのように格納するオブジェクトの型が明白なときには、次のように省略表記することも可能です。

```
let mySet: Set = [1, 2, 3, 4]
```

Swiftのセットは、「Foundation」フレームワークの「NSSet」や「Core Foundation」フレームワークの「CFSetRef」とトールフリーブリッジ関係になっています。それにより、「NSSet」や「CFSetRef」を使うところで、Swiftのセットを渡すことができます。逆も可能です。ただし、Swiftのセットは「NSObject」クラスのサブクラスではないクラスや構造体も格納することができますが、「NSSet」クラスはそれらを扱うことができません。「NSSet」クラスとして使うときは、

「NSObject」クラスやそのサブクラス、「Core Foundation」のオブジェクトのみが格納されているセットを使うようにしてください。Swiftの文字列など「Foundation」フレームワークや「Core Foundation」フレームワークのオブジェクトと、トールフリーブリッジ関係になっているものも使用可能です。

▶「NSArray」クラスと「NSMutableArray」クラス

「Foundation」フレームワークが定義している配列クラスです。「NSArray」クラスは読み込み専用です。インスタンス確保時に格納するオブジェクトを指定します。「NSMutableArray」クラスは変更可能です。

▶「NSDictionary」クラスと「NSMutableDictionary」クラス

「Foundation」フレームワークが定義しているディクショナリクラスです。「NSDictionary」クラスは読み込み専用です。インスタンス確保時に格納するオブジェクトを指定します。「NSMutableDictionary」クラスは変更可能です。

▶「NSSet」クラスと「NSMutableSet」クラス

「Foundation」フレームワークが定義しているセットクラスです。「NSSet」クラスは読み込み専用です。格納するオブジェクトをインスタンス確保時に指定します。「NSMutableSet」クラスは変更可能です。「Core Foundation」の「CFSetRef」および「CFMutableSetRef」とトールフリーブリッジ関係にあります。

▶「NSIndexSet」クラスと「NSMutableIndexSet」クラス

「Foundation」フレームワークが定義しているセットクラスの1つで、インデックス番号を格納します。「NSIndexSet」クラスは読み込み専用です。格納するインデックス番号をインスタンス確保時に指定します。「NSMutableIndexSet」クラスは変更可能です。

▶「CFArrayRef」と「CFMutableArrayRef」

「Core Foundation」が定義している配列オブジェクトです。「CFArrayRef」は読み込み専用で、オブジェクト確保時に格納するオブジェクトを指定します。「CFMutableArrayRef」は変更可能です。

▶「CFDictionaryRef」と「CFMutableDictionaryRef」

「Core Foundation」が定義しているディクショナリオブジェクトです。「CFDictionaryRef」は読み込み専用で、オブジェクト確保時に格納するオブジェクトを指定します。「CFMutableDictionaryRef」は変更可能です。

▶「CFSetRef」と「CFMutableSetRef」

「Core Foundation」が定義しているセットオブジェクトです。「CFSetRef」は読み込み専用で、オブジェクト確保時に格納するオブジェクトを指定します。「CFMutableSetRef」は変更可能です。

配列およびディクショナリの複製について

Swiftでは、配列およびディクショナリを複製したいときは、「=」演算子を使用します。「=」演算子を使って別の変数に代入すると、参照ではなく、格納されている値がコピーされ、新

しい配列もしくはディクショナリが作成されます。次のコードは、複製した配列とディクショナリを変更したときに、元の配列やディクショナリに影響が出ないことを確認しています。

```
import Foundation

// 配列を定義する
var srcArray = [1, 2, 3]

// ディクショナリを定義する
var srcDict = ["1":"a", "2":"b", "3":"c"]

// 配列とディクショナリを複製する
var newArray = srcArray
var newDict = srcDict

// 複製した配列とディクショナリに要素を追加する
newArray.append(4)
newDict["4"] = "d"

// コンソールに出力する
print("srcArray = \(srcArray)")
print("newArray = \(newArray)")
print("srcDict  = \(srcDict)")
print("newDict  = \(newDict)")
```

このコードを実行すると、次のように出力されます。

```
srcArray = [1, 2, 3]
newArray = [1, 2, 3, 4]
srcDict  = ["2": "b", "1": "a", "3": "c"]
newDict  = ["4": "d", "2": "b", "1": "a", "3": "c"]
```

▶「Foundation」フレームワークのコレクションの複製について

「Foundation」フレームワークのコレクションは、Swiftではクラスとして実装されています。そのため、値渡しではなく参照渡しになるため、「＝」演算子では複製されません。「Foundation」フレームワークのコレクションを複製するには、次のメソッドを使います。

```
public func copy() -> AnyObject
public func mutableCopy() -> AnyObject
```

「copy」メソッドは複製後のオブジェクトを読み込み専用にします。「mutableCopy」メソッドは、複製後のオブジェクトを変更可能にします。次のコードは、「NSMutableArray」クラスと「NSMutableDictionary」クラスを複製する例です。

```
import Foundation
```

■ SECTION-096 ■ Swiftでのコレクション

```
// 配列を定義する
var srcArray = NSMutableArray(array: [1, 2, 3])

// ディクショナリを定義する
var srcDict = NSMutableDictionary(dictionary: ["1":"a", "2":"b", "3":"c"])

// 配列とディクショナリを複製する
var newArray = srcArray.mutableCopy() as! NSMutableArray
var newDict = srcDict.mutableCopy() as! NSMutableDictionary

// 複製した配列とディクショナリに要素を追加する
newArray.addObject(4)
newDict.setObject("d", forKey: "4")

// コンソールに出力する
print("srcArray = \(srcArray)")
print("newArray = \(newArray)")
print("srcDict  = \(srcDict)")
print("newDict  = \(newDict)")
```

このコードを実行すると、次のように出力されます。

```
srcArray = (
    1,
    2,
    3
)
newArray = (
    1,
    2,
    3,
    4
)
srcDict  = {
    1 = a;
    2 = b;
    3 = c;
}
newDict  = {
    1 = a;
    2 = b;
    3 = c;
    4 = d;
}
```

なお、「Core Foundation」フレームワークのコレクションオブジェクトも「=」演算子では複製できません。それぞれのコレクションオブジェクトごとに複製するための関数が用意されている

ので、それを使用する必要があります。

配列およびディクショナリの比較について

配列やディクショナリを比較するには、整数などと同様に比較演算子を使用します。Swiftでは配列やディクショナリの内容に基づいた比較も、比較演算子で行えます。

次のコードは配列を内容で比較しているコードです。

```
import Foundation

// 配列を定義する
var array1 = [1, 2, 3]
var array2 = [1, 2, 3]
var array3 = [1, 2, 4]

// 比較する
print("array1 == array2 -> \(array1 == array2)")
print("array1 == array3 -> \(array1 == array3)")
```

このコードを実行すると、次のように出力されます。

```
array1 == array2 -> true
array1 == array3 -> false
```

次のコードは、配列と同様にディクショナリを内容で比較しているコードです。

```
import Foundation

// ディクショナリを定義する
var dict1 = ["A":"Apple", "B":"Book"]
var dict2 = ["A":"Apple", "B":"Book"]
var dict3 = ["A":"Apple", "B":"Bird"]

// 比較する
print("dict1 == dict2 -> \(dict1 == dict2)")
print("dict1 == dict3 -> \(dict1 == dict3)")
```

このコードを実行すると、次のように出力されます。

```
dict1 == dict2 -> true
dict1 == dict3 -> false
```

関連項目 ▶▶▶

- リテラルについて …………………………………………………………… p.56
- 演算子について …………………………………………………………… p.70

SECTION-097

配列の要素を取得する

ここでは、配列の要素を取得する方法について解説します。

SAMPLE CODE
```swift
import Foundation

// 配列を定義する
var strArray = ["Swift", "Objective-C", "C++"]

// 先頭のオブジェクトを取得する
var str = strArray[0]

// コンソールに出力する
print(str)
```

このコードを実行すると、次のように出力されます。

```
Swift
```

> **ONEPOINT** 配列からオブジェクトを取得するには「[ ]」演算子を使用する
>
> 配列に格納されているオブジェクトを取得するには、次のように「[ ]」演算子を使用し、取得したいオブジェクトのインデックス番号を指定します。
>
> array[インデックス番号]
>
> インデックス番号は0から始まる番号で、最大値は「配列の要素数 - 1」です。範囲外の値を指定すると、クラッシュしてしまいます。必ず範囲内の値になるように、要素数が不明な場合には、要素数を取得して、チェックする処理なども行ってください。
> また、配列内の要素に順番にアクセスして処理を行いたいときは、「for in」ループを使用します。詳しくは《「for」を使ったループを行う》(p.98)を参照してください。

■SECTION-097■ 配列の要素を取得する

| COLUMN | 配列の要素を変更するには |

　格納済みの配列の要素を変更するときにも「[ ]」演算子を使用し、次のように記述します。

```
array[インデックス番号] = 新しい値
```

　次のコードは、2番目の要素を変更するという例です。

```swift
import Foundation

// 配列を定義する
var strArray = ["Swift", "Objective-C", "C++"]

// コンソールに出力する
print(strArray)

// 2番目の要素を変更する
strArray[1] = "ObjC"

// コンソールに出力する
print(strArray)
```

　このコードを実行すると、次のように出力されます。

```
["Swift", "Objective-C", "C++"]
["Swift", "ObjC", "C++"]
```

　なお、取得する場合と同様に範囲外の値を指定して追加するということはできません。配列に値を追加する方法については《配列に要素を追加する》(p.391)を参照してください。

SECTION-097 配列の要素を取得する

COLUMN 先頭の要素を取得するには

配列の先頭の要素を取得するには、「Array」の「first」プロパティを取得します。

```
public var first: Self.Generator.Element? { get }
```

配列が空のときは「nil」が返ります。

```
import Foundation

// 配列を定義する
var strArray = ["Swift", "Objective-C", "C++"]

// 先頭のオブジェクトを取得する
var str = strArray.first

// コンソールに出力する
print(str)
```

このコードを実行すると、次のように出力されます。

```
Optional("Swift")
```

COLUMN 最後の要素を取得するには

配列の最後の要素を取得するには、「Array」の「last」プロパティを取得します。

```
public var last: Self.Generator.Element? { get }
```

配列が空のときは「nil」が返ります。

```
import Foundation

// 配列を定義する
var strArray = ["Swift", "Objective-C", "C++"]

// 最後のオブジェクトを取得する
var str = strArray.last

// コンソールに出力する
print(str)
```

このコードを実行すると、次のように出力されます。

```
Optional("C++")
```

■ SECTION-097 ■ 配列の要素を取得する

COLUMN　空の配列の定義

　空の配列を定義するときですが、何を格納する配列かを定義しないと、「Array」構造体ではなく、「NSArray」クラスとして扱われます。その場合、「NSArray」クラスには「first」プロパティがないため、コンパイルエラーになることがあります。たとえば、次のコードはコンパイルエラーになります。

```
import Foundation

// 配列を定義する
// 型の定義がないため、「NSArray」として扱われる
var strArray = []

// 先頭のオブジェクトを取得する
// 「NSArray」クラスには「first」プロパティはないため、コンパイルエラーになる
var str = strArray.first

// コンソールに出力する
print(str)
```

　配列を定義するときに、次のように「String」の配列であることを定義すると、「Array<String>」として扱われ、コンパイルエラーが消えます。

```
import Foundation

// 配列を定義する
// 「String」の配列であることを型定義する
var strArray: [String] = []

// 先頭のオブジェクトを取得する
var str = strArray.first

// コンソールに出力する
print(str)
```

　このコードを実行すると、次のように表示されます。

```
nil
```

関連項目 ▶▶▶

- リテラルについて ……………………………………………………………………… p.56
- 「for」を使ったループを行う ………………………………………………………… p.98
- 配列に要素を追加する…………………………………………………………………… p.391

SECTION-098

配列の要素数を取得する

ここでは、配列の要素数を取得する方法について解説します。

SAMPLE CODE
```swift
import Foundation

// 配列を定義する
var strArray = ["Swift", "Objective-C", "C++"]

// 要素数を取得する
var n = strArray.count

// コンソールに出力する
print("strArray.count = \(n)")
```

このコードを実行すると、次のように出力されます。

```
strArray.count = 3
```

ONEPOINT 配列の要素数を取得するには「count」プロパティを取得する

配列の要素数を取得するには、「Array」の「count」プロパティを取得します。

```swift
public var count: Int { get }
```

■ SECTION-098 ■ 配列の要素数を取得する

| COLUMN | 配列が空かどうかを判定する |

　配列が空かどうかを判定するには、要素数を取得して、0かどうかを判定するという方法の他に、「isEmpty」プロパティを取得する方法があります。「isEmpty」プロパティは配列が空なら「true」、空でなければ「false」になるプロパティです。

```
public var isEmpty: Bool { get }
```

　次のコードは「isEmpty」プロパティを使って、2つの配列をチェックしています。

```
import Foundation

// 配列を定義する
var notEmptyArray = [1, 2, 3]
var emptyArray: [Int] = []

// 空かどうかをチェックする
var b1 = notEmptyArray.isEmpty
var b2 = emptyArray.isEmpty

// コンソールに出力する
print("notEmptyArray.isEmpty = \(b1)")
print("emptyArray.isEmpty = \(b2)")
```

　このコードを実行すると、次のように出力されます。

```
notEmptyArray.isEmpty = false
emptyArray.isEmpty = true
```

関連項目 ▶ ▶ ▶

● 配列の要素を取得する ……………………………………………………………… p.382

SECTION-099

配列のサブ配列を作成する

ここでは、サブ配列を作成する方法について解説します。

SAMPLE CODE

```
import Foundation

// 配列を定義する
var baseArray = [0, 1, 2, 3, 4, 5, 6, 7, 8, 9]

// 範囲を指定してサブ配列を作成する
var subArray = baseArray[1..<5]
var subArray2 = baseArray[6...9]

// コンソールに出力する
print("subArray = \(subArray)")
print("subARray2= \(subArray2)")
```

このコードを実行すると、次のように出力されます。

```
subArray = [1, 2, 3, 4]
subARray2= [6, 7, 8, 9]
```

ONEPOINT 配列のサブ配列を作成するには「[]」演算子で範囲を指定する

配列の一部を取り出した、サブ配列を作成するには、要素を取得するときと同様に「[]」演算子を使用し、インデックス番号の代わりに配列の範囲を指定します。範囲は「..<」演算子、もしくは「...」演算子を使用します。指定した範囲のオブジェクトだけが格納された配列が返されます。

関連項目 ▶▶▶

- 条件を指定して要素を抽出する ……………………………………………………… p.389

SECTION-100

条件を指定して要素を抽出する

ここでは、条件を指定して、配列から要素を抽出する方法について解説します。

SAMPLE CODE

```swift
import Foundation

// 配列を定義する
var srcArray = [1, 2, 3, 4, 5, 6, 7, 8, 9]

// 偶数を抽出する
var even = srcArray.filter { (i) -> Bool in
    return (i % 2 == 0)
}

// コンソールに出力する
print("Even Numbers -> \(even)")
```

このコードを実行すると、次のように出力されます。

```
Even Numbers -> [2, 4, 6, 8]
```

ONEPOINT 条件を指定して要素を抽出するには「filter」メソッドを使用する

条件を指定して要素を抽出するには、「Array」の「filter」メソッドを使用します。

```
public func filter(@noescape includeElement:
    (Self.Generator.Element) throws -> Bool) rethrows -> [Self.Generator.Element]
```

「filter」メソッドは引数に指定された関数オブジェクトに、配列の要素を1つずつ渡し、「true」が返された要素のみを格納した配列を返すメソッドです。つまり、抽出する条件は、引数の関数オブジェクトで指定します。サンプルコードでは、偶数のみを抽出するように、偶数が渡されると「true」を返す処理をクロージャーで記述しています。

COLUMN 条件に合う要素のインデックス番号を取得するには

条件を指定して、要素を抽出するのではなく、そのインデックス番号を知りたい場合には、「for」を使って全要素をチェックするという方法の他、「NSArray」クラスの「indexesOfObjectsPassingTest」メソッドを使う方法があります。

```
public func indexesOfObjectsPassingTest(predicate:
    (AnyObject, Int, UnsafeMutablePointer<ObjCBool>) -> Bool) -> NSIndexSet
```

「indexesOfObjectsPassingTest」メソッドは、配列内の全要素に対して引数「predicate」に指定した関数オブジェクトを実行します。関数オブジェクトは、適用する要素、インデックス番号、中断するかを格納する変数を引数に取ります。条件に合う場合は「true」を返します。「indexesOfObjectsPassingTest」メソッドは、引数「predicate」が「true」を返したインデックス番号を格納したインデックスセットを返します。インデックスセットからインデックス番号を取得する方法については《インデックスセットからインデックス番号を取得する》(p.435)を参照してください。

次のコードは、偶数のインデックス番号を取得しています。

```
import Foundation

// 配列を定義する
var srcArray = [1, 2, 3, 4, 5, 6, 7, 8, 9]

// 偶数のインデックス番号を取得する
var idxes = (srcArray as NSArray).indexesOfObjectsPassingTest {
    (obj, idx, stop) -> Bool in
    if let i = obj as? Int {
        return i % 2 == 0
    } else {
        return false
    }
}

// コンソールに出力する
print("Indexes -> \(idxes)")
```

このコードを実行すると、次のように出力されます。

```
Indexes -> <NSIndexSet: 0x1024070f0>[number of indexes: 4 (in 4 ranges), indexes: (1 3 5 7)]
```

関連項目 ▶▶▶

- 配列のサブ配列を作成する ……………………………………………………………… p.388
- 配列の要素を検索する …………………………………………………………………… p.404
- インデックスセットからインデックス番号を取得する ………………………………… p.435

SECTION-101

配列に要素を追加する

ここでは、配列に要素を追加する方法について解説します。

SAMPLE CODE

```swift
import Foundation

// 配列を定義する
var array = [1, 2, 3]

// コンソールに出力する
print(array)

// 配列の末尾に「5」を追加する
array += [5]

// コンソールに出力する
print(array)

// 配列の末尾に「10, 20, 30」を追加する
array += [10, 20, 30]

// コンソールに出力する
print(array)
```

このコードを実行すると、次のように出力されます。

```
[1, 2, 3]
[1, 2, 3, 5]
[1, 2, 3, 5, 10, 20, 30]
```

ONEPOINT 配列に要素を追加するには「+=」演算子を使用する

配列に要素を追加するには「+=」演算子を使います。配列に対して「+=」演算子を使用すると、演算子の右辺に指定した配列に格納されているオブジェクトを左辺の配列に追加します。

また、「A += B」は「A = A + B」の省略形です。省略する前の形も有効であり、「C = A + B」のように記述すれば、配列に要素を追加した新しい配列を作成するということも可能です。

■ SECTION-101 ■ 配列に要素を追加する

| COLUMN | 「append」メソッドと「appendContentsOf」メソッドについて |

　配列に要素を追加する方法には、「+=」演算子を使用する方法の他に、「Array」の「append」メソッドや「appendContentsOf」メソッドを使う方法もあります。

```
public mutating func append(newElement: Element)

public mutating func appendContentsOf<S : SequenceType where
    S.Generator.Element == Element>(newElements: S)

public mutating func appendContentsOf<C : CollectionType where
    C.Generator.Element == Element>(newElements: C)
```

　「append」メソッドは、末尾に要素を1つ追加します。「appendContentsOf」メソッドは、末尾に複数の要素を追加します。次のコードは、「+=」演算子ではなく、「append」メソッドと「appendContentsOf」メソッドを使って要素を追加しています。

```
import Foundation

// 配列を定義する
var array = [1, 2, 3]

// コンソールに出力する
print(array)

// 配列の末尾に「5」を追加する
array.append(5)

// コンソールに出力する
print(array)

// 配列の末尾に「10, 20, 30」を追加する
array.appendContentsOf([10, 20, 30])

// コンソールに出力する
print(array)
```

　このコードを実行すると、次のように出力されます。

```
[1, 2, 3]
[1, 2, 3, 5]
[1, 2, 3, 5, 10, 20, 30]
```

> **COLUMN** 配列の途中に挿入するには
>
> 配列の途中に要素を追加するには、「Array」の「insert」メソッドを使用します。
>
> ```
> public mutating func insert(newElement: Element, atIndex i: Int)
> ```
>
> 「insert」メソッドは、引数「newElement」に指定した値を、引数「i」の位置に挿入します。次のコードは、「insert」メソッドを使って、配列の途中に要素を追加しています。
>
> ```
> import Foundation
>
> // 配列を定義する
> var array = [1, 2, 3]
>
> // コンソールに出力する
> print(array)
>
> // インデックス番号1の位置に「10」を挿入する
> array.insert(10, atIndex: 1)
>
> // コンソールに出力する
> print(array)
> ```
>
> このコードを実行すると、次のように出力されます。
>
> ```
> [1, 2, 3]
> [1, 10, 2, 3]
> ```

関連項目 ▶▶▶

- 演算子について ……………………………………………………………………… p.70
- 配列から要素を削除する……………………………………………………………p.394
- 配列の要素を置き換える……………………………………………………………p.397

SECTION-102

配列から要素を削除する

ここでは、配列から要素を削除する方法について解説します。

SAMPLE CODE
```swift
import Foundation

// 配列を定義する
var array = [0, 1, 2, 3, 4]

// コンソールに出力する
print(array)

// インデックス番号2の要素を削除する
var ret = array.removeAtIndex(2)

// コンソールに出力する
print(array)
print("Returned Value = \(ret)")
```

このコードを実行すると、次のように出力されます。

```
[0, 1, 2, 3, 4]
[0, 1, 3, 4]
Returned Value = 2
```

ONEPOINT 配列から要素を削除するには「removeAtIndex」メソッドを使用する

配列から要素を削除するには、「Array」の「removeAtIndex」メソッドを使用します。

```swift
public mutating func removeAtIndex(index: Int) -> Element
```

「removeAtIndex」メソッドは、引数「index」に指定したインデックス番号の要素を削除し、削除した要素を返します。範囲外のインデックス番号を指定すると例外が発生してクラッシュしてしまうので、確実なとき以外は、配列のサイズを調べて、範囲外を指定しないようにしてください。配列のサイズを調べる方法については《配列の要素数を取得する》(p.386)を参照してください。

COLUMN 指定した範囲の要素を削除するには

指定した範囲の要素を削除するには、「Array」の「removeRange」メソッドを使用します。

```
public mutating func removeRange(subRange: Range<Self.Index>)
```

「removeRange」メソッドは引数「subRange」に指定した範囲の要素を削除します。次のコードは、インデックス番号1から3までの範囲を削除しています。

```
import Foundation

// 配列を定義する
var array = [0, 1, 2, 3, 4]

// コンソールに出力する
print(array)

// インデックス番号1から3までの範囲を削除する
array.removeRange(Range(start: 1, end: 4))

// コンソールに出力する
print(array)
```

このコードを実行すると、次のように出力されます。

```
[0, 1, 2, 3, 4]
[0, 4]
```

COLUMN 全要素を削除するには

配列から全要素を削除するには、「Array」の「removeAll」メソッドを使用します。

```
public mutating func removeAll(keepCapacity keepCapacity: Bool = default)
```

「rmeoveAll」メソッドは配列から全要素を削除します。削除後に要素を入れておくメモリ領域を残すかどうかを引数「capacity」に指定します。「true」にするとメモリ領域を残し、「false」にするとメモリ領域も開放します。

```
import Foundation

// 配列を定義する
var array = [0, 1, 2, 3, 4]

// コンソールに出力する
print(array)

// 全要素を削除する
array.removeAll(keepCapacity: false)
```

■ SECTION-102 ■ 配列から要素を削除する

```
// コンソールに出力する
print(array)
```

このコードを実行すると、次のように出力されます。

```
[0, 1, 2, 3, 4]
[]
```

COLUMN　最後の要素を削除するには

配列の最後の要素を削除するには、「Array」の「removeLast」メソッドを使用します。

```
public mutating func removeLast() -> Element
```

「removeLast」メソッドは、配列内の最後の要素を削除します。配列が空の状態で呼び出すとクラッシュしてしまうので、配列が空かどうか不明なときは、配列内の要素数をチェックするようにしてください。

```
import Foundation

// 配列を定義する
var array = [0, 1, 2, 3, 4]

// コンソールに出力する
print(array)

// 最後の要素を削除する
array.removeLast()

// コンソールに出力する
print(array)
```

このコードを実行すると、次のように出力されます。

```
[0, 1, 2, 3, 4]
[0, 1, 2, 3]
```

関連項目 ▶▶▶

- 配列の要素数を取得する　……………………………………………………… p.386
- 配列のサブ配列を作成する……………………………………………………… p.388
- 条件を指定して要素を抽出する………………………………………………… p.389
- 配列に要素を追加する…………………………………………………………… p.391
- 配列の要素を置き換える………………………………………………………… p.397

SECTION-103

配列の要素を置き換える

ここでは、配列の要素を置き換える方法について解説します。

SAMPLE CODE

```
import Foundation

// 配列を定義する
var array = [1, 2, 3, 4, 5]

// コンソールに出力する
print(array)

// 先頭と2番目の要素を置き換える
array.replaceRange(Range(start: 0, end: 2), with: [10, 11])

// コンソールに出力する
print(array)
```

このコードを実行すると、次のように出力されます。

```
[1, 2, 3, 4, 5]
[10, 11, 3, 4, 5]
```

ONEPOINT 配列の要素を置き換えるには「replaceRange」メソッドを使用する

配列の要素を置き換えるには、「Array」の「replaceRange」メソッドを使用します。

```
public mutating func replaceRange<C : CollectionType where
    C.Generator.Element == _Buffer.Element>(subRange: Range<Int>, with newElements: C)
```

「replaceRange」メソッドは、引数「subRange」に指定された範囲の要素を、引数「newElements」に指定した配列で置き換えます。引数「subRange」に指定された要素数と引数「newElements」に指定された配列の要素数は異なっていても構いません。空の配列を指定した場合には、指定した範囲の要素が削除されます。

関連項目 ▶▶▶

- 配列の要素数を取得する …………………………………………………………… p.386
- 条件を指定して要素を抽出する …………………………………………………… p.389
- 配列に要素を追加する ……………………………………………………………… p.391
- 配列から要素を削除する …………………………………………………………… p.394

SECTION-104

配列をソートする

ここでは、配列をソートする方法について解説します。

SAMPLE CODE
```swift
import Foundation

// 配列を定義する
var array = [1, 5, 3, 4, 6, 0]

// コンソールに出力する
print(array)

// ソートする
array.sortInPlace { (val1, val2) -> Bool in
    // 要素の比較処理。引数「val1」が引数「val2」よりも前になるかどうかを返す
    return val1 < val2
}

// コンソールに出力する
print(array)
```

このコードを実行すると、次のように出力されます。

```
[1, 5, 3, 4, 6, 0]
[0, 1, 3, 4, 5, 6]
```

ONEPOINT 配列をソートするには「sortInPlace」メソッドを使用する

配列をソートするには、「Array」の「sortInPlace」メソッドを使用します。

```swift
public mutating func sortInPlace(@noescape isOrderedBefore:
    (Self.Generator.Element, Self.Generator.Element) -> Bool)
```

「sortInPlace」メソッドは、引数「isOrderedBefore」に指定した関数オブジェクトを使ってソートを行います。引数に指定する関数オブジェクトは、最初の引数が2番目の引数よりも前方になる場合は「true」を返し、逆になる場合は「false」を返すように実装します。サンプルコードでは、数値を昇順でソートするようにしているので、引数「val1」の値が、引数「val2」よりも小さいかどうかを返しています。

■ SECTION-104 ■ 配列をソートする

COLUMN 配列を変更せずにソートされた配列を新規作成するには

　ソート前の配列を変更せずに、ソートされた配列を新規作成するには、「Array」の「sort」メソッドを使用します。

```
public func sort(@noescape isOrderedBefore:
(Self.Generator.Element, Self.Generator.Element) -> Bool) -> [Self.Generator.Element]
```

　「sort」メソッドは、引数「isOrderedBefore」に指定された関数オブジェクトを使って要素の比較を行い、ソートされた配列を作るメソッドです。引数に指定する関数オブジェクトは「sort」メソッドと同じです。最初の引数が、2番目の引数よりも前方になる場合は「true」を返すように実装します。なお、Swift 2.0未満では「sort」メソッドは配列の内容を変更するメソッドでしたので、動作が変わっています。既存のコードを移植するときには注意が必要です。

```
import Foundation

// 配列を定義する
var array = ["Computer", "Tech", "Business", "Art"]

// コンソールに出力する
print(array)

// ソートした配列を作る
var newArray = array.sort { (val1, val2) -> Bool in
    return val1 < val2
}

// コンソールに出力する
print(newArray)
```

　このコードを実行すると、次のように出力されます。

```
["Computer", "Tech", "Business", "Art"]
["Art", "Business", "Computer", "Tech"]
```

関連項目 ▶▶▶

- 反転した配列を作る ………………………………………………………………… p.400

SECTION-105

反転した配列を作る

ここでは、反転した配列を作る方法について解説します。

SAMPLE CODE
```
import Foundation

// 配列を定義する
var array = [1, 2, 3, 4, 5]

// コンソールに出力する
var str = ""
for i in array {
    str.appendContentsOf("\(i) ")
}
print(str)

// 反転した配列を作る
var newArray = array.reverse()

// コンソールに出力する
str = ""
for i in newArray {
    str.appendContentsOf("\(i) ")
}
print(str)

// 配列そのものを出力する
print(array)
print(newArray)
```

このコードを実行すると、次のように出力されます。

```
1 2 3 4 5
5 4 3 2 1
[1, 2, 3, 4, 5]
ReverseRandomAccessCollection<Array<Int>>(_base: [1, 2, 3, 4, 5])
```

■ SECTION-105 ■ 反転した配列を作る

| ONEPOINT | 反転した配列を作るには「reverse」メソッドを使用する |

反転した配列を作るには「Array」の「reverse」メソッドを使用します。

```
public func reverse() -> ReverseRandomAccessCollection<Self>
```

「reverse」メソッドは要素の順番を逆にした配列を作ります。ただし、Swift 2.0未満では反転した内容が入った新しい配列が作られていましたが、Swift 2.0では、元の配列を持ち、逆順に情報を取得する「ReverseRandomAccessCollection」構造体になります。そのため、サンプルコードのように順番に要素を取得すると確かに反転しているのですが、そのままコンソールに出力してみると、逆順の配列ではなく、元の配列を持った「ReverseRandomAccessCollection」構造体になっていることが確認できます。

関連項目 ▶▶▶
- 配列をソートする ……………………………………………………………………… p.398

SECTION-106

配列の全要素を加工する

ここでは、配列の全要素を加工する方法について解説します。

SAMPLE CODE
```swift
import Foundation

// 配列を定義する
var array = [1, 2, 3, 4, 5]

// コンソールに出力する
print(array)

// 全要素を加工した配列を作る
var newArray = array.map { (val) -> Int in
    // 要素を2乗する
    return val * val
}

// コンソールに出力する
print(newArray)
```

このコードを実行すると、次のように出力されます。

```
[1, 2, 3, 4, 5]
[1, 4, 9, 16, 25]
```

ONEPOINT 配列の全要素を加工するには「map」メソッドを使用する

配列の全要素を加工するには、「Array」の「map」メソッドを使用します。

```
public func map<T>(@noescape transform:
    (Self.Generator.Element) throws -> T) rethrows -> [T]
```

「map」メソッドは、配列の全要素に対して、引数「transform」に指定した関数オブジェクトを実行します。要素は関数オブジェクトの引数に渡されます。関数オブジェクトは、新しい配列に代入する値を戻り値として返します。サンプルコードでは、引数に渡された値を2乗した値を返すことで、全要素を2乗した配列を作っています。

■ SECTION-106 ■ 配列の全要素を加工する

COLUMN 「for in」を使う方法について

　全要素に対して、加工処理を行って新しい配列を作るときに、「map」メソッドではなく、「for in」を使って自分でループしながら新しい配列に要素を追加していくという方法もあります。要素によって代入しない場合があるときには、「map」メソッドよりも、こちらを使った方がよいでしょう。次のコードは、値が10未満のときは格納せず、10以上のときは2乗した値を代入しています。

```swift
import Foundation

// 配列を定義する
var array = [10, 2, 3, 32, 23]

// コンソールに出力する
print(array)

// 新しい配列を作る
var newArray: [Int] = []

for val in array {
    // 値が10以上のときのみ適用する
    if val >= 10 {
        // 2乗した値を追加
        newArray.append(val * val)
    }
}

// コンソールに出力する
print(newArray)
```

　このコードを実行すると、次のように出力されます。

```
[10, 2, 3, 32, 23]
[100, 1024, 529]
```

関連項目 ▶▶▶

- 「for」を使ったループを行う ……………………………………………………… p.98

SECTION-107

配列の要素を検索する

ここでは、配列の要素を検索する方法について解説します。

SAMPLE CODE

```
import Foundation

// 配列を定義する
var array = ["Tree", "Forest", "Mountain", "River"]

// 「Forest」を検索する
var idx = array.indexOf("Forest")

// 「Hill」を検索する
var idx2 = array.indexOf("Hill")

// 結果をコンソールに出力する
print(array)
print("Index (Forest): \(idx)")
print("Index (Hill):   \(idx2)")
```

このコードを実行すると、次のように出力されます。

```
["Tree", "Forest", "Mountain", "River"]
Index (Forest): Optional(1)
Index (Hill):   nil
```

ONEPOINT 配列の要素を検索するには「indexOf」メソッドを使用する

配列の要素を検索するには、「Array」の「indexOf」メソッドを使用します。

```
public func indexOf(element: Self.Generator.Element) -> Self.Index?
```

このメソッドは、引数「element」に指定された値を検索し、最初に見つかった場所のインデックス番号を返します。指定された値が見つからないときは、「nil」を返します。サンプルコードでは、「Forest」は配列内にあるので、1というインデックスが返っていますが、「Hill」は配列にないので、「nil」が返っています。

COLUMN	複数の要素を検索するには

　複数の要素を検索したい場合には、「indexOf」メソッドではなく、「for」を使って全要素をチェックしながら、インデックス番号を覚えていく方法や「NSArray」クラスの「indexesOfObjectsPassingTest」メソッドを使う方法を使用します。「indexesOfObjectsPassingTest」メソッドについては、390ページを参照してください。

COLUMN	部分検索するには

　配列全体ではなく、部分的に検索したい場合には、検索する範囲を指定することができる、「NSArray」クラスの「indexOfObject」メソッドを使うと便利です。

```
public func indexOfObject(anObject: AnyObject, inRange range: NSRange) -> Int
```

　「indexOfObject」メソッドは、引数「anObject」に指定した値を配列から検索して、そのインデックス番号を返します。見つからないときは、「NSNotFound」が返ります。検索する範囲は、引数「range」に指定した範囲に限定されます。

　たとえば、「次を検索する」という機能を作りたいときには、現在見つかっている場所を検索範囲から外すようにします。次のコードは、「次を検索する」を繰り返して、配列内から「Book」という単語のインデックス番号を列挙します。

```swift
import Foundation

// 配列を定義する
var array: NSArray = ["Car", "Book", "Tree", "Book", "Book"]

// コンソールに出力する
print(array)

// 最初は全体を検索する
var range = NSMakeRange(0, array.count)

// 繰り返す
for ;; {

    // 「Book」を検索する
    var idx = array.indexOfObject("Book", inRange: range)
    if idx == NSNotFound {
        // 見つからなかったのでループ終了
        break
    }
```

■ SECTION-107 ■ 配列の要素を検索する

```
    // インデックス番号をコンソールに出力
    print(idx)

    // 検索する範囲を見つかったインデックス番号の次から末尾までに変更
    range = NSMakeRange(idx + 1, array.count - (idx + 1))
}
```

このコードを実行すると、次のように出力されます。

```
(
    Car,
    Book,
    Tree,
    Book,
    Book
)
1
3
4
```

関連項目 ▶▶▶
- 「for」を使ったループを行う ……………………………………………………… p.98
- 条件を指定して要素を抽出する ……………………………………………………… p.389

SECTION-108

ディクショナリの要素を取得する

ここでは、ディクショナリの要素を取得する方法について解説します。

SAMPLE CODE

```
import Foundation

// ディクショナリを定義する
var dict = ["1st":1, "2nd":2, "3rd":3]

// キーが「1st」の値を取得する
var obj = dict["1st"]
// キーが「zero」の値を取得する
var obj2 = dict["zero"]

// コンソールに出力する
print("dict[1st] = \(obj)")
print("dict[zero]= \(obj2)")
```

このコードを実行すると、次のように出力されます。

```
dict[1st] = Optional(1)
dict[zero]= nil
```

> **ONEPOINT** ディクショナリから要素を取得するには「[]」演算子を使用する
>
> ディクショナリに格納されている要素を取得するには、次のように「[]」演算子を使用し、取得したい要素のキーを指定します。
>
> ```
> dictionary[キー]
> ```
>
> キーは、文字列や整数など任意のオブジェクトです。ディクショナリはキーと値をペアにして格納しています。指定したキーがディクショナリに含まれていない場合は、「nil」を返します。サンプルコードでは「1st」は格納されていますが、「zero」は格納されていないので、「zero」を指定した変数「obj2」は「nil」になっています。

関連項目 ▶▶▶

- リテラルについて ……………………………………………………………… p.56
- ディクショナリの要素数を取得する ………………………………………… p.408
- ディクショナリの要素を設定する …………………………………………… p.409
- ディクショナリの要素を削除する …………………………………………… p.411
- ディクショナリのキーをすべて取得する …………………………………… p.413
- ディクショナリの要素をすべて取得する …………………………………… p.414

SECTION-109

ディクショナリの要素数を取得する

ここでは、ディクショナリの要素数を取得する方法について解説します。

SAMPLE CODE

```
import Foundation

// ディクショナリを定義する
var dict = ["1st":1, "2nd":2, "3rd":3]

// 要素数を取得する
var n = dict.count

// コンソールに出力する
print("dict.count = \(n)")
```

このコードを実行すると、次のように出力されます。

```
dict.count = 3
```

ONEPOINT　ディクショナリの要素数を取得するには「count」プロパティを使用する

ディクショナリの要素数を取得するには、「Dictionary」の「count」プロパティを使用します。

```
public var count: Int { get }
```

「count」プロパティは、読み込み専用のプロパティで、ディクショナリの要素数が格納されます。

また、配列と同様に、空かどうかの判定には、「count」プロパティが0かどうかで判定するという方法と「isEmpty」プロパティを使う方法があります。詳しくは《配列の要素数を取得する》(p.386)を参照してください。

関連項目 ▶▶▶

- 配列の要素数を取得する ……………………………………………………… p.386
- ディクショナリの要素を取得する …………………………………………… p.407

SECTION-110

ディクショナリの要素を設定する

ここでは、ディクショナリの要素を設定する方法について解説します。

SAMPLE CODE

```swift
import Foundation

// ディクショナリを定義する
var dict = ["1st":1, "2nd":2, "3rd":3]

// コンソールに出力する
print(dict)

// キー「3rd」の値を更新する
var old = dict.updateValue(33, forKey: "3rd")

// キー「4th」を追加する
var old2 = dict.updateValue(4, forKey: "4th")

// コンソールに出力する
print(dict)
print("old = \(old), old2 = \(old2)")
```

このコードを実行すると、次のように出力されます。

```
["3rd": 3, "2nd": 2, "1st": 1]
["2nd": 2, "3rd": 33, "4th": 4, "1st": 1]
old = Optional(3), old2 = nil
```

ONEPOINT ディクショナリの要素を設定するには「updateValue」メソッドを使用する

ディクショナリの要素を設定するには、「Dictionary」の「updateValue」メソッドを使用します。

```swift
public mutating func updateValue(value: Value, forKey key: Key) -> Value?
```

「updateValue」メソッドは、引数「key」に指定したキーの値を引数「value」に設定します。すでに値が設定されている場合は置き換えとなり、設定されていない場合は挿入となります。この動作は、「[ ]」演算子を使って行う場合と同じです。異なる点は、「updateValue」メソッドは設定前の値を戻り値として返します。値が設定されていないときは「nil」が返されます。設定後に、設定前の値を使用する必要があるときなどには、便利でしょう。

■ SECTION-110 ■ ディクショナリの要素を設定する

| COLUMN | 「[]」演算子を使ってディクショナリの要素を設定する |

　ディクショナリの要素は「[]」演算子を使って設定することもできます。次のような構文で記述します。

```
dictionary[キー] = 新しい値
```

　「updateValue」メソッドと同様に、指定したキーがすでにディクショナリに格納されている場合は、値を変更し、格納されていない場合は追加します。

関連項目 ▶▶▶
- ディクショナリの要素を取得する ……………………………………………………… p.407
- ディクショナリの要素を削除する ……………………………………………………… p.411

SECTION-111

ディクショナリの要素を削除する

ここでは、ディクショナリの要素を削除する方法について解説します。

SAMPLE CODE

```
import Foundation

// ディクショナリを定義する
var dict = ["1st":1, "2nd":2, "3rd":3]

// コンソールに出力する
print(dict)

// キー「1st」の要素を削除する
dict.removeValueForKey("1st")

// コンソールに出力する
print(dict)
```

このコードを実行すると、次のように出力されます。

```
["3rd": 3, "2nd": 2, "1st": 1]
["2nd": 2, "3rd": 3]
```

ONEPOINT ディクショナリの要素を削除するには「removeValueForKey」メソッドを使用する

ディクショナリの要素を削除するには、「Dictionary」の「removeValueForKey」メソッドを使用します。

```
public mutating func removeValueForKey(key: Key) -> Value?
```

「removeValueForKey」メソッドは、引数「key」に指定された要素を削除します。ディクショナリに格納されていないキーを指定した場合は何もしませんので、削除しようとしているキーが、ディクショナリにあるかどうかを事前に調べる必要はありません。

■ SECTION-111 ■ ディクショナリの要素を削除する

| COLUMN | 全要素を削除するには |

ディクショナリの全要素を削除して空にするには、「removeAll」メソッドを使用します。

```
public mutating func removeAll(keepCapacity keepCapacity: Bool = default)
```

「removeAll」メソッドは格納されている全要素を削除します。引数「keepCapacity」には、削除後もメモリ領域は残しておくかどうかを指定します。ディクショナリがすでに空の状態で「removeAll」メソッドを呼び出した場合は、「removeAll」メソッドは何もしません。そのため、呼び出す前にディクショナリが空かどうかを調べる必要はありません。

```
import Foundation

// ディクショナリを定義する
var dict = ["1st":1, "2nd":2, "3rd":3]

// コンソールに出力する
print(dict)

// 全要素を削除する
dict.removeAll(keepCapacity: false)

// コンソールに出力する
print(dict)
```

このコードを実行すると、次のように出力されます。

```
["3rd": 3, "2nd": 2, "1st": 1]
[:]
```

関連項目 ▶▶▶

- ディクショナリの要素を取得する …………………………………………………… p.407
- ディクショナリの要素を設定する …………………………………………………… p.409

SECTION-112

ディクショナリのキーをすべて取得する

ここでは、ディクショナリのキーをすべて取得する方法について解説します。

SAMPLE CODE

```swift
import Foundation

// ディクショナリを定義する
var dict = ["1st":1, "2nd":2, "3rd":3]

// コンソールに出力する
print(dict)

// キーをすべて取得する
var keys = dict.keys

// コンソールに出力する
for key in keys {
    print(key)
}
```

このコードを実行すると、次のように出力されます。

```
["3rd": 3, "2nd": 2, "1st": 1]
3rd
2nd
1st
```

ONEPOINT ディクショナリのキーをすべて取得するには「keys」プロパティを使う

ディクショナリのキーをすべて取得するには、「Dictionary」の「keys」プロパティを使用します。

```swift
public var keys: LazyMapCollection<[Key : Value], Key> { get }
```

「keys」プロパティは読み込み専用のプロパティで、ディクショナリに格納されているキーがすべて格納されます。「LazyMapCollection」という構造体になっています。「LazyMapCollection」はコレクションの1つで、サンプルコードのように「for」を使って順次アクセスすることもできます。

関連項目 ▶▶▶
- ディクショナリの要素を取得する　　　　　　　　　　　　　　　　　　　p.407
- ディクショナリの要素をすべて取得する　　　　　　　　　　　　　　　　p.414

SECTION-113

ディクショナリの要素をすべて取得する

ここでは、ディクショナリの要素をすべて取得する方法について解説します。

SAMPLE CODE

```swift
import Foundation

// ディクショナリを定義する
var dict = ["1st":1, "2nd":2, "3rd":3]

// コンソールに出力する
print(dict)

// 要素をすべて取得する
var values = dict.values

// コンソールに出力する
for value in values {
    print(value)
}
```

このコードを実行すると、次のように出力されます。

```
["3rd": 3, "2nd": 2, "1st": 1]
3
2
1
```

ONEPOINT ディクショナリの要素をすべて取得するには「values」プロパティを使う

ディクショナリの要素をすべて取得するには、「Dictionary」の「values」プロパティを使用します。

```swift
public var values: LazyMapCollection<[Key : Value], Value> { get }
```

「values」プロパティは読み込み専用のプロパティで、ディクショナリに格納されている要素がすべて格納されます。「LazyMapCollection」という構造体になっています。「LazyMapCollection」はコレクションの1つで、サンプルコードのように「for」を使って順次アクセスすることもできます。

■ SECTION-113 ■ ディクショナリの要素をすべて取得する

COLUMN　「for」を使ったディクショナリの要素の順次アクセスについて

　ディクショナリの全要素に順次アクセスしたいときには、「for」を使うこともできます。各要素はキーと値が格納されたタプルになります。キーと値を格納する変数をそれぞれ指定してアクセスすることも可能です。

```
import Foundation

// ディクショナリを定義する
var dict = ["1st":1, "2nd":2, "3rd":3]

// 順次アクセスする
for v in dict {
    // コンソールに出力する
    print(v)
}

print("")

// キーと値を別々に取得する
for (key, value) in dict {
    // コンソールに出力する
    print("key=\(key), value=\(value)")
}
```

　このコードを実行すると、次のように出力されます。

```
("3rd", 3)
("2nd", 2)
("1st", 1)

key=3rd, value=3
key=2nd, value=2
key=1st, value=1
```

関連項目 ▶▶▶

- ディクショナリの要素を取得する ……………………………………………… p.407
- ディクショナリの要素を設定する ……………………………………………… p.409
- ディクショナリの要素を削除する ……………………………………………… p.411
- ディクショナリのキーをすべて取得する……………………………………… p.413

SECTION-114

セットを作成する

ここでは、セットを作成する方法について解説します。

SAMPLE CODE

```
import Foundation

// 空の文字列のセットを定義する
// 格納するオブジェクトがないので型の推論ができないため、明示する
var emptySet = Set<String>()

// オブジェクトを1つだけ格納したセットを定義する
var oneObjSet = Set(arrayLiteral: "Swift")

// オブジェクトを複数格納したセットを定義する
var mulObjSet = Set(arrayLiteral: "Swift", "Objective-C")

// 配列内の要素を格納したセットを定義する
var objArray = ["Swift", "Objective-C"]
var arraySet = Set(objArray)

// 配列リテラルのような表記方法で定義する
var arraySet2: Set = ["Swift", "Objective-C"]

// コンソールに出力する
print("emptySet  = \(emptySet)")
print("oneObjSet = \(oneObjSet)")
print("mulObjSet = \(mulObjSet)")
print("arraySet  = \(arraySet)")
print("arraySet2 = \(arraySet2)")
```

このコードを実行すると、次のように出力されます。

```
emptySet  = []
oneObjSet = ["Swift"]
mulObjSet = ["Objective-C", "Swift"]
arraySet  = ["Objective-C", "Swift"]
arraySet2 = ["Objective-C", "Swift"]
```

ONEPOINT　セットを作成するには「Set」を使う

セットを作成するには「Set」のインスタンスを確保します。「Set」はSwiftでセットを表す構造体で、Swift 2.0で追加されました。次のようなイニシャライザメソッドがあります。

SECTION-114 セットを作成する

```
// 空のセットを作成する
public init()

// 格納するオブジェクトを列挙してセットを作成する
// 格納するオブジェクトは「,」区切りで列挙する
public init(arrayLiteral elements: Element...)

// 配列に格納されたオブジェクトを格納したセットを作成する
public init<S : SequenceType where S.Generator.Element == Element>(_ sequence: S)
```

　使用目的に合わせて、適切なイニシャライザメソッドを使用してください。また、サンプルコードの「arraySet2」のように、何を格納するセットであるかということが明示できれば、配列リテラルと同じ構文で記述することもできます。

| COLUMN | セットを使って重複をなくす |

　セットは同じオブジェクトを持つことができないという特徴を使って、重複したオブジェクトを持つ配列をセットに格納して、それを取り出すことで重複をなくすことが可能です。ただし、この方法では順番が維持されないという点については注意が必要です。順番も維持したい場合には、セットで登録済みかどうかの判定を行いながら、新しい配列を作るということを行います。

　次のコードは、セットに配列を代入して、重複したオブジェクトがなくなることを確認しています。

```
import Foundation
// 配列を定義する
var array = [1, 1, 1, 2, 2, 3, 4, 4, 4, 5, 6]
// コンソールに出力する
print("array = \(array)")
// 配列からセットを作る
var set = Set(array)
// コンソールに出力する
print("set = \(set)")
```

　このコードを実行すると、次のように出力されます。

```
array = [1, 1, 1, 2, 2, 3, 4, 4, 4, 5, 6]
set = [5, 6, 2, 3, 1, 4]
```

　登録済み判定にセットを使う例については、419ページを参照してください。

関連項目 ▶ ▶ ▶
- Swiftでのコレクション ……………………………………………………………… p.376
- セットに要素を追加する ……………………………………………………………… p.418

SECTION-115

セットに要素を追加する

ここでは、セットに要素を追加する方法について解説します。

SAMPLE CODE
```
import Foundation

// 空のセットを作る
var set = Set<String>()

// コンソールに出力する
print(set)

// 要素を追加する
set.insert("Swift")

// コンソールに出力する
print(set)
```

このコードを実行すると、次のように出力されます。

```
[]
["Swift"]
```

ONEPOINT セットに要素を追加するには「insert」メソッドを使用する

セットに要素を追加するには、「Set」の「insert」メソッドを使用します。

```
public mutating func insert(member: Element)
```

「insert」メソッドは引数「member」に指定されたオブジェクトをセットに追加します。すでに格納済みの場合は追加されません。

COLUMN 重複したオブジェクトを削除した配列を作成する

　セットはオブジェクトが格納されているかどうかを確認する処理が、高速に行えるという特徴があります。これを利用して、セットで重複チェックをしながら、配列の要素を追加していくことで、重複したオブジェクトを削除した配列を作ることができます。セットにオブジェクトが格納されているかどうかを判定するには、「contains」メソッドを使用します。「contains」メソッドについては《セットに要素が含まれているかを調べる》(p.421)を参照してください。

```
import Foundation

// 元の配列を定義する
var srcArray = [1, 1, 2, 2, 3, 3, 4, 4, 5, 5]

// 新しい空の配列を定義する
var dstArray: [Int] = []

// 判定に使うセットを定義する
var set = Set<Int>()

// 「srcArray」の全要素に適用
for i in srcArray {
    // すでに登録済みではないか？
    if !set.contains(i) {
        // 配列に追加
        dstArray.append(i)

        // 判定用のセットに追加
        set.insert(i)
    }
}

// コンソールに出力
print(dstArray)
```

　このコードを実行すると、次のように出力されます。

```
[1, 2, 3, 4, 5]
```

関連項目 ▶▶▶

- 配列に要素を追加する……………………………………………………………………………p.391
- セットを作成する ………………………………………………………………………………p.416
- セットに要素が含まれているかを調べる ……………………………………………………p.421
- セットから要素を削除する ……………………………………………………………………p.422

SECTION-116

セットの要素数を取得する

ここでは、セットの要素数を取得する方法について解説します。

SAMPLE CODE

```
import Foundation

// セットを定義する
var set = Set<String>(arrayLiteral: "Swift", "C++", "Objective-C")

// 要素数を取得する
var n = set.count

// コンソールに出力する
print("set.count = \(n)")
```

このコードを実行すると、次のように出力されます。

```
set.count = 3
```

ONEPOINT　セットの要素数を取得するには「count」プロパティを使う

セットの要素数を取得するには、「Set」の「count」プロパティを使用します。

```
public var count: Int { get }
```

他のコレクションクラスや構造体と同様に、「count」プロパティの値は、格納している要素数となります。空のときは「0」です。

関連項目 ▶▶▶

- セットを作成する ……………………………………………………………… p.416
- セットに要素を追加する ……………………………………………………… p.418
- セットに要素が含まれているかを調べる …………………………………… p.421
- セットから要素を削除する …………………………………………………… p.422
- セットの要素をすべて取得する ……………………………………………… p.424

SECTION-117

セットに要素が含まれているかを調べる

ここでは、セットに要素が含まれているかを調べる方法について解説します。

SAMPLE CODE
```swift
import Foundation

// セットを定義する
var set = Set<String>(arrayLiteral: "Swift", "C++", "Objective-C")

// セットに「Swift」があるか調べる
var b1 = set.contains("Swift")
// セットに「SWIFT」があるか調べる
var b2 = set.contains("SWIFT")

// 結果をコンソールに出力する
print("set.contains(Swift) = \(b1)")
print("set.contains(SWIFT) = \(b2)")
```

このコードを実行すると、次のように出力されます。

```
set.contains(Swift) = true
set.contains(SWIFT) = false
```

ONEPOINT セットに要素が含まれているかを調べるには「contains」メソッドを使用する

セットに要素が含まれているかを調べるには、「Set」の「contains」メソッドを使用します。

```swift
public func contains(member: Element) -> Bool
```

「containsObject」メソッドは、引数「memeber」に指定されたオブジェクトがセットに格納済みなら「true」を返します。文字列の場合、大文字・小文字も区別されます。そのため、サンプルコードの「b2」のように、大文字・小文字が一致しない場合には、「false」が返ります。大文字・小文字を区別したくない場合には、あらかじめ、大文字や小文字だけの文字列に変換してから格納し、チェックするときも、それに合わせて変換した文字列でチェックするなどの工夫が必要です。

関連項目 ▶ ▶ ▶
- セットに要素を追加する ……………………………………………………………… p.418
- セットの要素数を取得する …………………………………………………………… p.420
- セットから要素を削除する …………………………………………………………… p.422
- セットの要素をすべて取得する ……………………………………………………… p.424
- セットから条件に合う要素を取得する ……………………………………………… p.425

SECTION-118

セットから要素を削除する

ここでは、セットから要素を削除する方法について解説します。

SAMPLE CODE
```swift
import Foundation

// セットを定義する
var set = Set<String>(arrayLiteral: "Swift", "C++", "Objective-C")

// コンソールに出力する
print(set)

// セットから「C++」を削除する
set.remove("C++")

// コンソールに出力する
print(set)
```

このコードを実行すると、次のように出力されます。

```
["Objective-C", "C++", "Swift"]
["Objective-C", "Swift"]
```

ONEPOINT セットから要素を削除するには「remove」メソッドを使用する

セットから要素を削除するには、「Set」の「remove」メソッドを使用します。

```
public mutating func remove(member: Element) -> Element?
```

「remove」メソッドは、引数「member」に指定されたオブジェクトをセットから削除します。指定されたオブジェクトがないときは何もしないので、事前に格納されているかどうかをチェックする必要はありません。

COLUMN　セットから全要素を削除するには

セットから全要素を削除するには、「Set」の「removeAll」メソッドを使用します。

```
public mutating func removeAll(keepCapacity keepCapacity: Bool = default)
```

「removeAll」メソッドは格納されている全要素を削除します。空のときは何もしないので、事前に空かどうかをチェックする必要はありません。

```swift
import Foundation

// セットを定義する
var set = Set<String>(arrayLiteral: "Swift", "C++", "Objective-C")

// コンソールに出力する
print(set)

// セットから全要素を削除する
set.removeAll()

// コンソールに出力する
print(set)
```

このコードを実行すると、次のように出力されます。

```
["Objective-C", "C++", "Swift"]
[]
```

関連項目 ▶▶▶

- セットに要素を追加する　……………………………………………………………… p.418
- 2つのセットの両方に含まれる要素を取得する ………………………………………… p.426
- 2つのセットを合成したセットを作成する　……………………………………………… p.428
- セットから別のセットに含まれる要素を削除する　……………………………………… p.429
- 2つのセットのいずれかにしか含まれない要素を取得する　…………………………… p.431

SECTION-119

セットの要素をすべて取得する

ここでは、セットの要素をすべて取得する方法について解説します。

SAMPLE CODE

```swift
import Foundation

// セットを定義する
var set = Set(arrayLiteral: "Swift", "C++", "Objective-C")

// セットから全要素を取得する
var array = (set as NSSet).allObjects

// コンソールに出力する
print(array)
```

このコードを実行すると、次のように出力されます。

```
[Objective-C, C++, Swift]
```

ONEPOINT　セットの要素をすべて取得するには「allObjects」プロパティを使う

セットの要素をすべて取得するには、「NSSet」クラスの「allObjects」プロパティを使用します。

```swift
public var allObjects: [AnyObject] { get }
```

「allObjects」プロパティは読み込み専用のプロパティで、セットに格納されている全オブジェクトが入っています。

関連項目 ▶▶▶

- セットの要素数を取得する ……………………………………………………… p.420
- セットに要素が含まれているかを調べる ……………………………………… p.421
- セットから条件に合う要素を取得する ………………………………………… p.425

SECTION-120

セットから条件に合う要素を取得する

ここでは、セットから条件に合う要素を取得する方法について解説します。

SAMPLE CODE

```
import Foundation
// セットを定義する
var set = Set(arrayLiteral: 1, 2, 3, 4, 5)
// セットから奇数のみ取得する
var set2 = (set as NSSet).objectsPassingTest { (obj, stop) -> Bool in
    // 「AnyObject」から「Int」にキャストする
    if let i = obj as? Int {
        // 奇数かどうかを判定
        return (i % 2 != 0)
    } else {
        return false;
    }
}
// コンソールに出力する
print(set2)
```

このコードを実行すると、次のように出力されます。

```
[3, 1, 5]
```

ONEPOINT セットから条件に合う要素を取得するには「objectsPassingTest」メソッドを使用する

セットから条件に合う要素を取得するには、「NSSet」クラスの「objectsPassingTest」メソッドを使用します。

```
public func objectsPassingTest(predicate:
    (AnyObject, UnsafeMutablePointer<ObjCBool>) -> Bool) -> Set<NSObject>
```

「objectsPassingTest」メソッドは、セット内の全要素に対して、引数「predicate」に指定した関数オブジェクトを適用します。関数オブジェクトは、2つの引数を取ります。最初の引数は適用する要素、2番目の引数はチェック処理を中断するかどうかを格納します。関数オブジェクトは取得対象かの確認を行い、取得対象ならば「true」を返します。「objectsPassingTest」メソッドは、関数オブジェクトが「true」を返した要素のみを格納したセットを返します。

関連項目 ▶▶▶

- セットの要素をすべて取得する ……………………………………………………… p.424

SECTION-121

2つのセットの両方に含まれる要素を取得する

ここでは、2つのセットの両方に含まれる要素を取得する方法について解説します。

SAMPLE CODE

```swift
import Foundation

// セットを定義する
var set = Set(arrayLiteral: 1, 2, 3, 4, 5)
var set2 = Set(arrayLiteral: 4, 5, 6, 7, 8, 9)

// 「set」と「set2」の両方に含まれる要素を残す
var set3 = set.intersect(set2)

// コンソールに出力する
print("set.intersect(set2) = \(set3)")
```

このコードを実行すると、次のように出力されます。

```
set.intersect(set2) = [5, 4]
```

ONEPOINT 2つのセットの両方に含まれる要素を取得するには「intersect」メソッドを使用する

2つのセットの両方に含まれる要素を取得するには、「Set」の「intersect」メソッドを使用します。

```swift
public func intersect<S : SequenceType where
    S.Generator.Element == Element>(sequence: S) -> Set<Element>
```

「intersect」メソッドは、引数「sequence」に指定したセットにも含まれている要素のみを格納したセットを作成します。新しいセットを作成するのではなく、セットの内容を変更したい場合には、「intersectInPlace」メソッドを使用します。

```swift
public mutating func intersectInPlace<S : SequenceType where
    S.Generator.Element == Element>(sequence: S)
```

「intersectInPlace」メソッドは引数「sequence」に指定したセットに含まれていないオブジェクトを削除します。

■ SECTION-121 ■ 2つのセットの両方に含まれる要素を取得する

| COLUMN | 2つのセットの両方に含まれる要素があるかを判定するには |

2つのセットの両方に含まれる要素があるかどうかのみを知りたい場合には、「intersect」メソッドでセットを作ってから要素数を調べるという方法ではなく、「NSSet」クラスの「intersectsSet」メソッドを使用します。

```
public func intersectsSet(otherSet: Set<NSObject>) -> Bool
```

「intersectsSet」クラスは、両方に含まれる要素があれば「true」を返します。

```
import Foundation

// セットを定義する
var set = Set(arrayLiteral: 1, 2, 3, 4, 5)
var set2 = Set(arrayLiteral: 4, 5, 6, 7, 8, 9)
var set3 = Set(arrayLiteral: 6, 7, 8)

// 「set」と「set2」、「set」と「set3」とで両方に含まれる
// 要素があるかを調べる
var b1 = (set as NSSet).intersectsSet(set2)
var b2 = (set as NSSet).intersectsSet(set3)

// コンソールに出力する
print("set.intersectsSet(set2) = \(b1)")
print("set.intersectsSet(set3) = \(b2)")
```

このコードを実行すると、次のように出力されます。

```
set.intersectsSet(set2) = true
set.intersectsSet(set3) = false
```

関連項目 ▶▶▶

- セットに要素が含まれているかを調べる ……………………………………………… p.421
- セットの要素をすべて取得する ……………………………………………………… p.424
- セットから条件に合う要素を取得する ……………………………………………… p.425
- 2つのセットを合成したセットを作成する …………………………………………… p.428
- セットから別のセットに含まれる要素を削除する …………………………………… p.429
- 2つのセットのいずれかにしか含まれない要素を取得する ………………………… p.431

SECTION-122

2つのセットを合成したセットを作成する

ここでは、2つのセットを合成したセットを作成する方法について解説します。

SAMPLE CODE
```
import Foundation
// セットを定義する
var set = Set(arrayLiteral: 1, 2, 3, 4, 5)
var set2 = Set(arrayLiteral: 4, 5, 6, 7, 8, 9)
// 「set」と「set2」を合成する
var set3 = set.union(set2)
// コンソールに出力する
print(set3)
```

このコードを実行すると、次のように出力されます。

```
[2, 4, 9, 5, 6, 7, 3, 1, 8]
```

ONEPOINT 2つのセットを合成したセットを作成する

2つのセットを合成したセットを作成するには、「Set」の「union」メソッドを使用します。

```
public func union<S : SequenceType where
    S.Generator.Element == Element>(sequence: S) -> Set<Element>
```

「union」メソッドは、引数「sequence」に指定したセットに格納されている要素を追加したセットを作成します。セットなので、重複する要素は追加されません。

新しいセットを作るのではなく、セットの内容を変更したい場合には「unionInPlace」メソッドを使用します。

```
public mutating func unionInPlace<S : SequenceType where
    S.Generator.Element == Element>(sequence: S)
```

「unionInPlace」メソッドは引数「sequence」に指定したセットに含まれているセットを追加します。

関連項目 ▶▶▶
- セットに要素が含まれているかを調べる …………………………………… p.421
- セットの要素をすべて取得する …………………………………………………… p.424
- セットから条件に合う要素を取得する ………………………………………… p.425
- 2つのセットの両方に含まれる要素を取得する………………………………… p.426
- セットから別のセットに含まれる要素を削除する ……………………………… p.429
- 2つのセットのいずれかにしか含まれない要素を取得する …………………… p.431

SECTION-123
セットから別のセットに含まれる要素を削除する

ここでは、セットから別のセットに含まれる要素を削除する方法について解説します。

SAMPLE CODE

```swift
import Foundation

// セットを定義する
var set = Set(arrayLiteral: 1, 2, 3, 4, 5)
var set2 = Set(arrayLiteral: 4, 5, 6)

// 「set」から「set2」に含まれる要素を削除する
var set3 = set.subtract(set2)

// コンソールに出力する
print(set3)
```

このコードを実行すると、次のように出力されます。

```
[2, 3, 1]
```

ONEPOINT セットから別のセットに含まれる要素を削除するには「subtract」メソッドを使用する

セットから別のセットに含まれる要素を削除するには、「Set」の「subtract」メソッドを使用します。

```swift
public func subtract<S : SequenceType where
    S.Generator.Element == Element>(sequence: S) -> Set<Element>
```

「subtract」メソッドは、引数「sequence」に指定したセットに格納された要素を削除したセットを作成します。指定するセットには、メソッドを実行するインスタンスには格納されていない要素が含まれていても構いません。両方に含まれる要素のみが削除されます。新しいセットを作成するのではなく、セットを変更したい場合には「subtractInPlace」メソッドを使用します。

```swift
public mutating func subtractInPlace<S : SequenceType where
    S.Generator.Element == Element>(sequence: S)
```

「subtractInPlace」メソッドは引数「sequence」に指定されたセットに含まれるオブジェクトを削除します。

■ SECTION-123 ■ セットから別のセットに含まれる要素を削除する

関連項目 ▶▶▶

- セットに要素が含まれているかを調べる …………………………………………… p.421
- セットから要素を削除する …………………………………………………………… p.422
- セットの要素をすべて取得する ……………………………………………………… p.424
- セットから条件に合う要素を取得する ……………………………………………… p.425
- 2つのセットの両方に含まれる要素を取得する …………………………………… p.426
- 2つのセットを合成したセットを作成する ………………………………………… p.428
- 2つのセットのいずれかにしか含まれない要素を取得する ……………………… p.431

SECTION-124
2つのセットのいずれかにしか含まれない要素を取得する

ここでは、2つのセットのいずれかにしか含まれない要素を取得する方法について解説します。

SAMPLE CODE

```
import Foundation

// セットを定義する
var set = Set(arrayLiteral: 1, 2, 3)
var set2 = Set(arrayLiteral: 2, 3, 4)

// 「set」と「set2」のいずれかにしか含まれない要素を取得する
var set3 = set.exclusiveOr(set2)

// コンソールに出力する
print(set3)
```

このコードを実行すると、次のように出力されます。

```
[4, 1]
```

ONEPOINT 2つのセットのいずれかにしか含まれない要素を取得するには「exclusiveOr」メソッドを使用する

2つのセットのいずれかにしか含まれない要素を取得するには「Set」の「exclusiveOr」メソッドを使用します。

```
public func exclusiveOr<S : SequenceType where
    S.Generator.Element == Element>(sequence: S) -> Set<Element>
```

「exclusiveOr」メソッドは、引数「sequence」に指定されたセットに含まれる要素と自身が持っている要素の中で、どちらかにしか含まれてない要素のみを格納したセットを作成します。新しいセットを作成するのではなく、セットを変更したい場合には「exclusiveOrInPlace」メソッドを使用します。

```
public mutating func exclusiveOrInPlace<S : SequenceType where
    S.Generator.Element == Element>(sequence: S)
```

「exclusiveOrInPlace」メソッドは、引数「sequence」に指定されたセットに含まれる要素と自信の要素の中で、いずれかのセットにしか含まれない要素のみで構成されたセットになるように、格納する要素を変更します。

SECTION-124 2つのセットのいずれかにしか含まれない要素を取得する

関連項目 ▶▶▶

- セットに要素が含まれているかを調べる …………………………………………… p.421
- セットから要素を削除する ………………………………………………………… p.422
- セットの要素をすべて取得する …………………………………………………… p.424
- セットから条件に合う要素を取得する …………………………………………… p.425
- 2つのセットの両方に含まれる要素を取得する…………………………………… p.426
- 2つのセットを合成したセットを作成する ……………………………………… p.428
- セットから別のセットに含まれる要素を削除する ……………………………… p.429

SECTION-125

インデックスセットを作る

ここでは、インデックスセットを作る方法について解説します。

SAMPLE CODE

```swift
import Foundation

// 空のインデックスセットを作る
var emptySet = NSIndexSet()

// インデックス番号を1つだけ持つインデックスセットを作る
var oneSet = NSIndexSet(index: 3)

// 指定した範囲のインデックス番号を持つインデックスセットを作る
var range = NSMakeRange(3, 5)
var rangeSet = NSIndexSet(indexesInRange: range)

// コンソールに出力する
print("emptySet = \(emptySet)")
print("oneSet = \(oneSet)")
print("rangeSet = \(rangeSet)")
```

このコードを実行すると、次のように出力されます。

```
emptySet = <_NSCachedIndexSet: 0x1024004f0>(no indexes)
oneSet = <_NSCachedIndexSet: 0x102400410>[number of indexes: 1 (in 1 ranges), indexes: (3)]
rangeSet = <NSIndexSet: 0x1024005a0>[number of indexes: 5 (in 1 ranges), indexes: (3-7)]
```

ONEPOINT インデックスセットを作るには「NSIndexSet」クラスのインスタンスを確保する

インデックスセットを作るには「NSIndexSet」クラスを使用します。インデックスセットに格納するインデックス番号は、インスタンスを確保するときのイニシャライザで指定します。イニシャライザには次のようなものがあります。

```swift
// インデックス番号を1つだけ持つインデックスセットを作る
public convenience init(index value: Int)

// 指定した範囲のインデックス番号を持つインデックスセットを作る
public init(indexesInRange range: NSRange)
```

「NSIndexSet」クラスは読み込み専用のクラスであるため、インスタンスを確保するときに、格納するインデックス番号も指定する必要があります。

■ SECTION-125 ■ インデックスセットを作る

| COLUMN | 変更可能なインデックスセットを作るには |

変更可能なインデックスセットを作るには、「NSIndexSet」クラスの代わりに「NSMutableIndexSet」クラスを使用します。インスタンスを確保するときに使用するイニシャライザも「NSIndexSet」クラスと同様のものが使用可能です。

```
import Foundation

// 空のインデックスセットを作る
var emptySet = NSMutableIndexSet()

// インデックス番号を1つだけ持つインデックスセットを作る
var oneSet = NSMutableIndexSet(index: 3)

// 指定した範囲のインデックス番号を持つインデックスセットを作る
var range = NSMakeRange(3, 5)
var rangeSet = NSMutableIndexSet(indexesInRange: range)

// コンソールに出力する
print("emptySet = \(emptySet)")
print("oneSet = \(oneSet)")
print("rangeSet = \(rangeSet)")
```

このコードを実行すると、次のように出力されます。

```
emptySet = <NSMutableIndexSet: 0x1023001d0>(no indexes)
oneSet = <NSMutableIndexSet: 0x102300250>[number of indexes: 1 (in 1 ranges), indexes: (3)]
rangeSet = <NSMutableIndexSet: 0x102300310>[number of indexes: 5 (in 1 ranges), indexes: (3-7)]
```

関連項目 ▶▶▶

- Swiftでのコレクション p.376

SECTION-126
インデックスセットからインデックス番号を取得する

ここでは、インデックスセットからインデックス番号を取得する方法について解説します。

SAMPLE CODE

```swift
import Foundation
// インデックスセットを定義する
var range = NSMakeRange(0, 5)
var set = NSIndexSet(indexesInRange: range)
// 先頭のインデックス番号を取得する
var i = set.firstIndex
// インデックス番号が見つからなくなるまでループする
while i != NSNotFound {
    print(i)    // コンソールに出力する
    // 次に大きなインデックス番号を取得する
    i = set.indexGreaterThanIndex(i)
}
```

このコードを実行すると、次のように出力されます。

```
0
1
2
3
4
```

ONEPOINT インデックスセットからインデックス番号を取得するには「firstIndex」プロパティと「indexGreaterThanIndex」メソッドを使う

インデックスセットからインデックス番号を取得するには、「NSIndexSet」クラスの「firstIndex」プロパティと「indexGreaterThanIndex」メソッドを使います。

```swift
// インデックスセットの先頭のインデックス番号
public var firstIndex: Int { get }
// 次に大きなインデックス番号を取得する
public func indexGreaterThanIndex(value: Int) -> Int
```

「firstIndex」プロパティはインデックスセットに格納されているインデックス番号の中から、先頭のインデックス番号を取得します。「indexGreaterThanIndex」メソッドは、引数「value」に指定された値よりも大きいインデックス番号の中で、最も小さいインデックス番号を返します。「firstIndex」プロパティと「indexGreaterThanIndex」メソッドは、返すべきインデックス番号が見つからないときは「NSNotFound」を返します。これを利用して、サンプルコードのように、「NSNotFound」が返されるまで繰り返すようにループさせることで、インデックスセットが持つインデックス番号をすべて取得することができます。

SECTION-126 インデックスセットからインデックス番号を取得する

COLUMN 降順にインデックス番号を取得するには

「firstIndex」プロパティと「indexGreaterThanIndex」メソッドを使った取得方法は、インデックス番号を昇順に取得していきます。逆に降順に取得したい場合には、「lastIndex」プロパティと「indexLessThanIndex」メソッドを組み合わせます。

```
// インデックスセットの最後のインデックス番号
public var lastIndex: Int { get }

// 次に小さなインデックス番号を取得する
public func indexLessThanIndex(value: Int) -> Int
```

「lastIndex」プロパティは、インデックスセットに格納されているインデックス番号の中から最後のインデックス番号を取得します。「indexLessThanIndex」メソッドは、引数「value」に指定された値よりも小さく、最も大きなインデックス番号を返します。次のコードは、このプロパティとメソッドを組み合わせて、インデックスセットに格納されているインデックス番号を降順にすべて取得しています。

```
import Foundation

// インデックスセットを定義する
var range = NSMakeRange(0, 5)
var set = NSIndexSet(indexesInRange: range)
// 最後のインデックス番号を取得する
var i = set.lastIndex
// インデックス番号が見つからなくなるまでループする
while i != NSNotFound {
    // コンソールに出力する
    print(i)
    // 次に小さなインデックス番号を取得する
    i = set.indexLessThanIndex(i)
}
```

このコードを実行すると、次のように出力されます。

```
4
3
2
1
0
```

関連項目 ▶▶▶

- インデックスセットを作る……………………………………………………………p.433
- インデックスセットにインデックス番号が含まれるかを調べる………………………p.437
- インデックスセットのインデックス番号の個数を取得する ……………………………p.441

SECTION-127
インデックスセットにインデックス番号が含まれるかを調べる

ここでは、インデックスセットにインデックス番号が含まれるかを調べる方法について解説します。

SAMPLE CODE

```swift
import Foundation

// インデックスセットを定義する
var range = NSMakeRange(0, 5)
var set = NSIndexSet(indexesInRange: range)

//「3」がインデックスセットに含まれるかを調べる
var b1 = set.containsIndex(3)

//「6」がインデックスセットに含まれるかを調べる
var b2 = set.containsIndex(6)

// コンソールに出力する
print("set.containsIndex(3) = \(b1)")
print("set.containsIndex(6) = \(b2)")
```

このコードを実行すると、次のように出力されます。

```
set.containsIndex(3) = true
set.containsIndex(6) = false
```

> **ONEPOINT** インデックスセットにインデックス番号が含まれるかを調べるには「containsIndex」メソッドを使う
>
> インデックスセットにインデックス番号が含まれるかを調べるには、「NSIndexSet」クラスの「containsIndex」メソッドを使用します。
>
> ```swift
> public func containsIndex(value: Int) -> Bool
> ```
>
> 「containsIndex」メソッドは、引数「value」に指定したインデックス番号がインデックスセットに含まれる場合は「true」を返します。

COLUMN 指定した範囲のインデックス番号がインデックスセットに含まれるかを調べるには

指定した範囲のインデックス番号がインデックスセットに含まれるかを調べるには、「containsIndexesInRange」メソッドを使用します。

```
public func containsIndexesInRange(range: NSRange) -> Bool
```

「containsIndexesInRange」メソッドは、引数「range」に指定した範囲のインデックス番号が、インデックスセットに含まれる場合は、「true」を返すメソッドです。一部分しか含まれない場合や、まったく含まれない場合には「false」を返します。

次のコードは、全体が含まれる範囲、一部分のみが含まれる範囲、まったく含まれない範囲のそれぞれを指定して、メソッドが上記のように戻り値を返すかどうかを確認しています。

```
import Foundation

// インデックスセットを定義する
var range = NSMakeRange(0, 5)
var set = NSIndexSet(indexesInRange: range)

// 判定する範囲を定義
// インデックスセットに含まれる範囲
var range2 = NSMakeRange(2, 2)

// インデックスセットに一部が含まれる範囲
var range3 = NSMakeRange(4, 3)

// インデックスセットに含まれない範囲
var range4 = NSMakeRange(6, 2)

// 各範囲を判定する
var b2 = set.containsIndexesInRange(range2)
var b3 = set.containsIndexesInRange(range3)
var b4 = set.containsIndexesInRange(range4)

// 結果をコンソールに出力する
print("b2 = \(b2)")
print("b3 = \(b3)")
print("b4 = \(b4)")
```

このコードを実行すると、次のように出力されます。

```
b2 = true
b3 = false
b4 = false
```

COLUMN 指定した範囲のインデックス番号がインデックスセットに一部でも含まれるかを調べるには

指定した範囲のインデックス番号が、一部分でもインデックスセットに含まれているかどうかを調べたいときには、「intersectsIndexesInRange」メソッドを使用します。

```
public func intersectsIndexesInRange(range: NSRange) -> Bool
```

「intersectsIndexesInRange」メソッドは、引数「range」に指定した範囲のインデックス番号がインデックスセットにまったく含まれない場合のみ「false」を返し、一部分でも含まれる場合には「true」を返します。

次のコードは、全体が含まれる範囲、一部分のみが含まれる範囲、まったく含まれない範囲のそれぞれを指定して、メソッドが上記のように戻り値を返すかどうかを確認しています。

```
import Foundation

// インデックスセットを定義する
var range = NSMakeRange(0, 5)
var set = NSIndexSet(indexesInRange: range)

// 判定する範囲を定義
// インデックスセットに含まれる範囲
var range2 = NSMakeRange(2, 2)

// インデックスセットに一部が含まれる範囲
var range3 = NSMakeRange(4, 3)

// インデックスセットに含まれない範囲
var range4 = NSMakeRange(6, 2)

// 各範囲を判定する
var b2 = set.intersectsIndexesInRange(range2)
var b3 = set.intersectsIndexesInRange(range3)
var b4 = set.intersectsIndexesInRange(range4)

// 結果をコンソールに出力する
print("b2 = \(b2)")
print("b3 = \(b3)")
print("b4 = \(b4)")
```

このコードを実行すると、次のように出力されます。

```
b2 = true
b3 = true
b4 = false
```

SECTION-127 インデックスセットにインデックス番号が含まれるかを調べる

COLUMN 別のインデックスセットに格納されているインデックス番号が含まれるかを調べるには

　別のインデックスセットに格納されているインデックス番号が、インデックスセットに含まれるかを調べるには、「NSIndexSet」クラスの「containsIndexes」メソッドを使用します。

```
public func containsIndexes(indexSet: NSIndexSet) -> Bool
```

　「containsIndexes」メソッドは、引数「indexSet」に指定されたインデックスセットに格納されたインデックス番号が、すべてインデックスセットに含まれている場合に「true」を返し、一部しか含まれない場合には「false」を返すメソッドです。ただし、引数「indexSet」に空のインデックスセットを指定した場合も「true」が返るので注意が必要です。

　次のコードは、インデックスセットに含まれるインデックス番号を持つインデックスセット、一部分のみ含まれるインデックス番号を持つインデックスセット、含まれないインデックス番号を持つインデックスセットのそれぞれを指定して判定するコードです。

```
import Foundation
// インデックスセットを定義する
var range = NSMakeRange(0, 5)
var set = NSIndexSet(indexesInRange: range)
// 判定するインデックスセットを定義
var set1 = NSIndexSet(index: 2)
// 一部のみが含まれるインデックス番号を持つインデックスセット
range = NSMakeRange(4, 3)
var set2 = NSIndexSet(indexesInRange: range)
// 含まれないインデックス番号を持つインデックスセット
var set3 = NSIndexSet(index: 10)
// 各インデックスセットについて含まれるか判定する
var b1 = set.containsIndexes(set1)
var b2 = set.containsIndexes(set2)
var b3 = set.containsIndexes(set3)
// 結果をコンソールに出力する
print("b1 = \(b1)")
print("b2 = \(b2)")
print("b3 = \(b3)")
```

　このコードを実行すると、次のように出力されます。

```
b1 = true
b2 = false
b3 = false
```

関連項目 ▶▶▶

- インデックスセットを作る……………………………………………………………p.433
- インデックスセットからインデックス番号を取得する　………………………………………p.435
- インデックスセットのインデックス番号の個数を取得する　………………………………p.441

SECTION-128
インデックスセットからインデックス番号の個数を取得する

ここでは、インデックスセットからインデックス番号の個数を取得する方法について解説します。

SAMPLE CODE

```
import Foundation

// インデックスセットを定義する
var range = NSMakeRange(0, 5)
var set = NSIndexSet(indexesInRange: range)

// インデックス番号の個数を取得する
var n = set.count

// コンソールに出力する
print("set.count = \(n)")
```

このコードを実行すると、次のように出力されます。

```
set.count = 5
```

ONEPOINT　インデックスセットからインデックス番号の個数を取得するには「count」プロパティを使う

インデックスセットから、格納しているインデックス番号の個数を取得するには、「NSIndexSet」クラスの「count」プロパティを使います。

```
public var count: Int { get }
```

配列やディクショナリなど、他のコレクションと同様に、「count」プロパティは格納している要素数が入っています。

■ SECTION-128 ■ インデックスセットからインデックス番号の個数を取得する

| COLUMN | 特定の範囲のインデックス番号の個数を取得する |

インデックスセット全体の要素数ではなく、特定の範囲の要素数のみを知りたいときには、「NSIndexSet」クラスの「countOfIndexesInRange」メソッドを使用します。

```
public func countOfIndexesInRange(range: NSRange) -> Int
```

「countOfIndexesInRange」は引数「range」に指定した範囲での、インデックス番号の個数を取得します。

```
import Foundation

// インデックスセットを定義する
var range = NSMakeRange(0, 5)
var set = NSIndexSet(indexesInRange: range)

// インデックス番号の個数を取得する
var n = set.count

// インデックス番号4から6までの範囲で個数を取得する
range = NSMakeRange(4, 3)
var n2 = set.countOfIndexesInRange(range)

// コンソールに出力する
print("set.count = \(n)")
print("set.countOfIndexesInRange = \(n2)")
```

このコードを実行すると、次のように出力されます。

```
set.count = 5
set.countOfIndexesInRange = 1
```

関連項目 ▶▶▶

- インデックスセットを作る……………………………………………………………… p.433
- インデックスセットからインデックス番号を取得する ………………………………… p.435
- インデックスセットにインデックス番号を追加する …………………………………… p.443
- インデックスセットからインデックス番号を削除する ………………………………… p.446

SECTION-129
インデックスセットにインデックス番号を追加する

ここでは、インデックスセットにインデックス番号を追加する方法について解説します。

SAMPLE CODE

```swift
import Foundation

// インデックスセットを定義する
var set = NSMutableIndexSet()

// コンソールに出力する
print(set)

// インデックス番号を追加する
set.addIndex(2)
set.addIndex(4)

// コンソールに出力する
print(set)
```

このコードを実行すると、次のように出力されます。

```
<NSMutableIndexSet: 0x1024001d0>(no indexes)
<NSMutableIndexSet: 0x1024001d0>[number of indexes: 2 (in 2 ranges), indexes: (2 4)]
```

ONEPOINT インデックスセットにインデックス番号を追加するには「addIndex」メソッドを使う

インデックスセットにインデックス番号を追加するには、「NSMutableIndexSet」クラスの「addIndex」メソッドを使用します。

```swift
public func addIndex(value: Int)
```

「addIndex」メソッドは、引数「value」に指定されたインデックス番号を追加します。インデックスセットは重複したインデックス番号は格納しないので、すでに格納済みのインデックス番号を追加されません。

インデックスセットを作るときにインデックス番号を指定するという方法だけでは、連続していないインデックス番号を格納できませんが、「addIndex」メソッドやこのセクションで解説しているメソッドを組み合わせることで、連続していないインデックス番号も扱うことができます。

■ SECTION-129 ■ インデックスセットにインデックス番号を追加する

COLUMN 範囲を指定してインデックス番号を追加するには

　範囲を指定してインデックス番号を追加するには、「NSMutableIndexSet」クラスの「addIndexesInRange」メソッドを使用します。

```
public func addIndexesInRange(range: NSRange)
```

　「addIndexesInRange」メソッドは、引数「range」に指定した範囲のインデックス番号を追加します。次のコードは、2つの範囲をインデックスセットに追加しているコードです。最初に格納されていたインデックス番号が、追加した範囲に含まれるため、内部では合成されていることもコンソールに出力される内容から確認できます。

```
import Foundation

// インデックスセットを定義する
var set = NSMutableIndexSet(index: 5)

// コンソールに出力する
print(set)

// 範囲を指定してインデックス番号を追加する
set.addIndexesInRange(NSMakeRange(0, 10))
set.addIndexesInRange(NSMakeRange(20, 10))

// コンソールに出力する
print(set)
```

　このコードを実行すると、次のように出力されます。

```
<NSMutableIndexSet: 0x102505a70>[number of indexes: 1 (in 1 ranges), indexes: (5)]
<NSMutableIndexSet: 0x102505a70>[number of indexes: 20 (in 2 ranges), indexes: (0-9 20-29)]
```

COLUMN 他のインデックスセットに格納されているインデックス番号を追加するには

他のインデックスセットに格納されているインデックス番号を追加するには、「NSMutableIndexSet」クラスの「addIndexes」メソッドを使用します。

```
public func addIndexes(indexSet: NSIndexSet)
```

「addIndexes」メソッドは、引数「indexSet」に指定したインデックスセットに格納されているインデックス番号を追加します。別々に作られたインデックスセットを合成したいときなどにも便利です。

```
import Foundation

// インデックスセットを定義する
var set = NSMutableIndexSet()

// コンソールに出力する
print(set)

// 追加するインデックス番号を持ったインデックスセットを定義する
var set1 = NSIndexSet(index: 2)
var set2 = NSIndexSet(indexesInRange: NSMakeRange(5, 5))

// インデックスセットを追加する
set.addIndexes(set1)
set.addIndexes(set2)

// コンソールに出力する
print(set)
```

このコードを実行すると、次のように出力されます。

```
<NSMutableIndexSet: 0x1023001d0>(no indexes)
<NSMutableIndexSet: 0x1023001d0>[number of indexes: 6 (in 2 ranges), indexes: (2 5-9)]
```

関連項目 ▶▶▶
- インデックスセットを作る……………………………………………………………… p.433
- インデックスセットからインデックス番号を削除する ………………………………… p.446

SECTION-130
インデックスセットからインデックス番号を削除する

ここでは、インデックスセットからインデックス番号を削除する方法について解説します。

SAMPLE CODE

```swift
import Foundation

// インデックスセットを定義する
var range = NSMakeRange(0, 10)
var set = NSMutableIndexSet(indexesInRange: range)

// コンソールに出力する
print(set)

// インデックス番号を1つ削除する
set.removeIndex(5)

// コンソールに出力する
print(set)
```

このコードを実行すると、次のように出力されます。

```
<NSMutableIndexSet: 0x100708ae0>[number of indexes: 10 (in 1 ranges), indexes: (0-9)]
<NSMutableIndexSet: 0x100708ae0>[number of indexes: 9 (in 2 ranges), indexes: (0-4 6-9)]
```

ONEPOINT インデックスセットからインデックス番号を削除するには「removeIndex」メソッドを使う

インデックスセットからインデックス番号を削除するには、「NSMutableIndexSet」クラスの「removeIndex」メソッドを使用します。

```swift
public func removeIndex(value: Int)
```

「remeoveIndex」メソッドは引数「value」に指定されたインデックス番号を削除します。格納されていないインデックス番号が指定された場合には何も行わないので、事前にチェックする必要はありません。

サンプルコードでは、1つの範囲で表現されていた情報が削除されたことで、内部でも2つの範囲に分割されたことが確認できます。

SECTION-130 インデックスセットからインデックス番号を削除する

COLUMN 範囲を指定してインデックス番号を削除するには

範囲を指定してインデックス番号を削除するには、「NSMutableIndexSet」クラスの「removeIndexesInRange」メソッドを使用します。

```
public func removeIndexesInRange(range: NSRange)
```

「removeIndexesInRange」メソッドは、引数「range」に指定した範囲のインデックス番号を削除します。格納されていないインデックス番号が含まれる範囲を指定した場合でも、指定された範囲に含まれるインデックス番号を削除します。格納されていないインデックス番号のみが該当する範囲を指定した場合は何も行いません。

```
import Foundation

// インデックスセットを定義する
var range = NSMakeRange(0, 10)
var set = NSMutableIndexSet(indexesInRange: range)

// コンソールに出力する
print(set)

// 範囲を指定して削除する
range = NSMakeRange(2, 7)
set.removeIndexesInRange(range)

// コンソールに出力する
print(set)
```

このコードを実行すると、次のように出力されます。

```
<NSMutableIndexSet: 0x102008f80>[number of indexes: 10 (in 1 ranges), indexes: (0-9)]
<NSMutableIndexSet: 0x102008f80>[number of indexes: 3 (in 2 ranges), indexes: (0-1 9)]
```

COLUMN 他のインデックスセットに格納されているインデックス番号を削除するには

　他のインデックスセットに格納されているインデックス番号を削除するには、「NSMutableIndexSet」クラスの「removeIndexes」メソッドを使用します。

```
public func removeIndexes(indexSet: NSIndexSet)
```

　「removeIndexes」メソッドは引数「indexSet」に指定されたインデックスセットが格納しているインデックス番号を削除します。すでに別の処理などでインデックスセットが作成済みのときに便利です。

```
import Foundation

// インデックスセットを定義する
var range = NSMakeRange(0, 10)
var set = NSMutableIndexSet(indexesInRange: range)

// コンソールに出力する
print(set)

// 削除するインデックス番号を入れたインデックスセットを作る
var set1 = NSMutableIndexSet()
set1.addIndex(1)
set1.addIndex(3)
set1.addIndex(5)

// インデックスセットから削除する
set.removeIndexes(set1)

// コンソールに出力する
print(set)
```

　このコードを実行すると、次のように出力されます。

```
<NSMutableIndexSet: 0x102300890>[number of indexes: 10 (in 1 ranges), indexes: (0-9)]
<NSMutableIndexSet: 0x102300890>[number of indexes: 7 (in 4 ranges), indexes: (0 2 4 6-9)]
```

■ SECTION-130 ■ インデックスセットからインデックス番号を削除する

| COLUMN | インデックス番号をすべて削除するには |

　インデックス番号をすべて削除するには、「NSMutableIndexSet」クラスの「removeAllIndexes」メソッドを使用します。

```
public func removeAllIndexes()
```

　「removeAllIndexes」メソッドは、格納しているインデックス番号をすべて削除します。すでに空になっているインデックスセットの場合には何も行わないので、事前に空かどうかをチェックする必要はありません。

```
import Foundation

// インデックスセットを定義する
var range = NSMakeRange(0, 10)
var set = NSMutableIndexSet(indexesInRange: range)

// コンソールに出力する
print(set)

// インデックス番号をすべて削除する
set.removeAllIndexes()

// コンソールに出力する
print(set)
```

　このコードを実行すると、次のように出力されます。

```
<NSMutableIndexSet: 0x10070c050>[number of indexes: 10 (in 1 ranges), indexes: (0-9)]
<NSMutableIndexSet: 0x10070c050>(no indexes)
```

関連項目 ▶▶▶
- インデックスセットを作る……………………………………………………………… p.433
- インデックスセットにインデックス番号を追加する ………………………………… p.443

CHAPTER 07
Objective-Cや C言語との組み合わせ

SECTION-131

トールフリーブリッジについて

■ トールフリーブリッジとは

　iOSやOS Xの開発では、Swiftがネイティブで持っている配列やディクショナリ、セット、文字列などとは別に、「Foundation」フレームワークや「Core Foundation」フレームワークが持っている配列クラスやディクショナリクラス、文字列クラスなども使用します。これらはObjective-CやC言語を使った開発でも使用します。

　トールフリーブリッジとは、これらのクラスやオブジェクト間、および、Swiftの該当する構造体やクラスなどで、相互利用するための仕組みです。特別な変換処理を行わなくとも、互換性がある同士のクラスやオブジェクトは、互換性のある他方のオブジェクトとして使用可能です。

　たとえば、「Foundation」フレームワークの「NSString」クラスのインスタンスを引数に取る関数に、Swiftの文字列クラスや「Core Foundation」フレームワークの「CFString」を「NSString」クラスのインスタンスとして渡すことができます。

　たとえば、次のコードは、「Core Foundation」フレームワークの「CFShow」という関数に、Swiftの文字列や「NSString」クラスの文字列を渡している例です。「CFShow」関数は「CFString」を引数に取りますが、「CFString」とSwiftの文字列や「NSString」クラスはトールフリーブリッジの関係を持っているので、「CFString」として扱えます。

```
import Foundation

// 文字列を定義する
let str = "Swift Native String"
let nsstr = NSString(string: "NSString")

// 「CFShowStr」関数でコンソールに出力する
CFShow(str)
CFShow(nsstr)
```

　このコードを実行すると、次のように出力されます。

```
Swift Native String
NSString
```

■ トールフリーブリッジによる相互利用が可能なクラス

　トールフリーブリッジによる相互利用が可能なクラスやオブジェクトには次ページの表のようなものがあります。ここでは、Swiftのネイティブ構造体との間で互換性があるもののみを記載しています。「Foundation」フレームワークと「Core Foundation」フレームワークとの間でトールフリーブリッジが利用可能なものは、もっと多くあります。詳しくは、SDKのドキュメントなどを参照してください。

■ SECTION-131 ■ トールフリーブリッジについて

Swiftの ネイティブ構造体	「Foundation」 フレームワーク のクラス	「Core Foundation」 フレームワーク のオブジェクト	説明
String	NSString	CFString	文字列
Array	NSArray	CFArray	配列
Dictionary	NSDictionary	CFDictionary	ディクショナリ
Set	NSSet	CFSet	セット
Int, UInt, Float, Double, Bool	NSNumber	CFNumber	数値

　なお、「Core Foundation」フレームワークのオブジェクトは、Objective-Cなどからは「Ref」というサフィックスが付いた名前で定義されています。たとえば、「CFStringRef」などです。Swiftでも「Ref」が付いた名称も使用可能です。たとえば、「CFStringRef」の場合は、次のように定義され、どちらも使用可能になっています。

```
typealias CFStringRef = CFString
```

関連項目 ▶▶▶

- ダウンキャストを行う ………………………………………………………… p.257
- 「AnyObject」と「Any」と「NSObject」クラス ……………………………… p.259
- 文字列について ………………………………………………………………… p.286
- Swiftでのコレクション ………………………………………………………… p.376
- C言語の関数を呼ぶ …………………………………………………………… p.467
- データについて ………………………………………………………………… p.486
- 日時について …………………………………………………………………… p.524
- ファイルアクセスについて …………………………………………………… p.580

SECTION-132

ブリッジヘッダーファイルの設定

ブリッジヘッダーファイルについて

ブリッジヘッダーファイルは、Swiftから使用する、C言語やObjective-Cのヘッダーファイル読み込むためのファイルです。C言語の関数プロトタイプやクラスの宣言をブリッジヘッダーファイルで読み込むと、Swiftから呼ぶことができるようになります。

ブリッジヘッダーファイルの追加方法

Swiftのプロジェクトに、Objective-Cのクラスを初めて追加する操作を行うと、ブリッジヘッダーファイルを設定するかどうかを確認するシートが表示されます。そこで追加するように選択すると、プロジェクトにブリッジヘッダーファイルが追加されます。具体的には、次のように操作します。

❶ Swiftをメインで使うように選択してプロジェクトを作成します。プロジェクトの作成方法については41ページを参照してください。

❷ 「File」メニューから「New」→「File」を選択します。

❸ カテゴリから「iOS」の「Source」を選択し、「Cocoa Touch Class」を選択して、「Next」ボタンをクリックします。

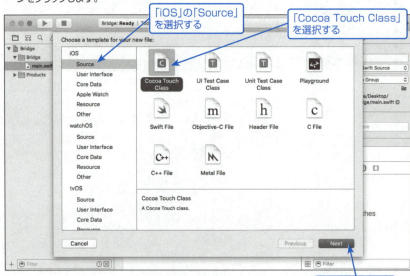

❹ 「Class」にクラス名、「Subclass of」にスーパークラスを入力し、「Language」から「Objective-C」を選択し、「Next」ボタンをクリックします。

■ SECTION-132 ■ ブリッジヘッダーファイルの設定

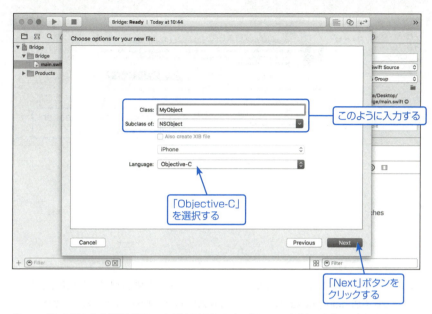

❺ ファイルの保存先を選択するシートが表示されます。「Create」ボタンをクリックします。

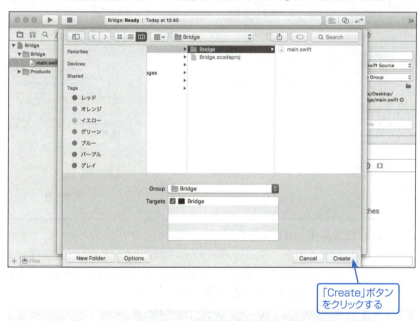

❻ ブリッジヘッダーファイル設定するかどうか確認するシートが表示されます。「Create Bridging Header」ボタンをクリックします。

455

■ SECTION-132 ■ ブリッジヘッダーファイルの設定

「Create Bridging Header」ボタンをクリックする

❼ プロジェクトに作成したクラスとブリッジヘッダーファイルが追加されます。次の図では、「プロジェクト名-Bridging-Header.h」という名前のファイルがブリッジヘッダーファイルです。

ブリッジヘッダーファイルが追加される

　手順❸で、「Cocoa Touch Class」ではなく、「C File」など、ブリッジヘッダーファイルを必要とするファイルを選択したときも、ブリッジヘッダーファイルを設定するか確認するシートが表示されます。また、Objective-Cをメインで使用するように設定したプロジェクトに、Swiftのコードを初めて追加作成するときも確認シートが表示されます。

関連項目 ▶▶▶

- プロジェクトについて ……………………………………………………………………… p.41
- Objective-Cのクラスを呼ぶ ……………………………………………………………… p.457
- C言語の関数を呼ぶ ………………………………………………………………………… p.467
- Objective-CのクラスのサブクラスをSwiftで作成する …………………………… p.479

SECTION-133

Objective-Cのクラスを呼ぶ

ここでは、Objective-Cのクラスを呼ぶ方法について解説します。

SAMPLE CODE 「Calc.h」ファイル

```objectivec
#import <Foundation/Foundation.h>

// 「Calc」クラスの宣言
@interface Calc : NSObject

// 三角系の面積を計算するメソッド
// 引数「base」は底辺の長さ、引数「height」は高さ
// 戻り値は面積
- (double)calcAreaOfTriangleWithBase:(double)base
                              height:(double)height;

@end
```

SAMPLE CODE 「Calc.m」ファイル

```objectivec
#import "Calc.h"

// 「Calc」クラスの実装
@implementation Calc

// 「calcAreaOfTriangleWithBase:height:」メソッドの実装
- (double)calcAreaOfTriangleWithBase:(double)base
                              height:(double)height
{
    // 面積を計算
    double area = base * height / 2.0;
    
    // 計算結果を返す
    return area;
}

@end
```

SAMPLE CODE 「ObjC-Bridging-Header.h」ファイル

```objectivec
// ブリッジヘッダーファイル
// 他の言語の関数やメソッドをSwiftから呼び出すときの橋渡し

// 「Calc」クラスを使うために、「Calc.h」ファイルをインポート
#import "Calc.h"
```

■ SECTION-133 ■ Objective-Cのクラスを呼ぶ

SAMPLE CODE　「main.swift」ファイル

```swift
import Foundation

// Objective-Cで書かれた「Calc」クラスのインスタンスを確保する
var calc = Calc()

// 「calcAreaOfTriangleWithBase:height:」メソッドを呼ぶ
var area = calc.calcAreaOfTriangleWithBase(3, height: 4)

// コンソールに出力
print("area = \(area)")
```

このコードを実行すると、次のように出力されます。

```
area = 6.0
```

HINT
このコードを実行するには、ブリッジヘッダーファイルの設定が必要です。ブリッジヘッダーファイルの設定方法については、《ブリッジヘッダーファイルの設定》(p.454)を参照してください。

ONEPOINT　Objective-Cのクラスを呼ぶにはブリッジヘッダーファイルでクラスのヘッダーファイルを読み込む

　Objective-Cで書かれたクラスを呼ぶには、ブリッジヘッダーファイルで、クラスの宣言が書かれたヘッダーファイルを読み込みます。読み込む方法は、次のように「#import」ディレクティブを使用します。

```
#import "ヘッダファイル名"
```

　ブリッジヘッダーファイルで、Objective-Cのクラスの宣言を読み込むと、Swiftのコード内で使用できるようになります。Xcodeでコードを記述すると、コード補完機能が働きます。このときにも読み込んだクラス名が表示されるようになります。

　Objective-Cのメソッドで定義した引数のラベルは、Swiftでの引数の外部引数名にマッピングされます。Xcodeのコード補完機能を使うと、この部分も補完されるので、変換を意識せずにコードを書くことができ、便利です。

■ SECTION-133 ■ Objective-Cのクラスを呼ぶ

COLUMN 「init」以外のイニシャライザメソッドを呼ぶには

Objective-Cで、「init」以外のイニシャライザメソッドを定義した場合も、メソッド名や引数のラベルを元に、適切な外部引数名にマッピングされたSwiftのイニシャライザメソッドになります。次のコードは、Objective-Cで「StringTransform」というクラスを定義しています。「StringTransform」クラスは3つのイニシャライザメソッドを定義し、それぞれ、引数やラベルが異なります。

SAMPLE CODE 「StringTransform.h」ファイル

```objectivec
#import <Foundation/Foundation.h>

// 「StringTransform」クラスの宣言
@interface StringTransform : NSObject

// 引数が1つあるイニシャライザ
- (id)initWithPrefix:(NSString *)prefix;

// 引数が2つあるイニシャライザ
- (id)initWithPrefix:(NSString *)prefix
              suffix:(NSString *)suffix;

// プレフィックス文字列を入れるプロパティ
@property (strong, nonatomic) NSString *prefix;

// サフィックス文字列を入れるプロパティオ
@property (strong, nonatomic) NSString *suffix;

// 単語の順番を逆にするメソッド
- (NSString *)reverseWordsInString:(NSString *)str;


@end
```

SAMPLE CODE 「StringTransform.m」ファイル

```objectivec
#import "StringTransform.h"

// 「StringTransform」クラスの実装
@implementation StringTransform
@synthesize prefix = _prefix, suffix = _suffix;

// デフォルトのイニシャライザ
- (id)init
{
    return [self initWithPrefix:nil
                         suffix:nil];
```

■ SECTION-133 ■ Objective-Cのクラスを呼ぶ

```objc
}

// 引数が1つあるイニシャライザ
- (id)initWithPrefix:(NSString *)prefix
{
    return [self initWithPrefix:prefix
                         suffix:nil];
}

// 引数が2つあるイニシャライザ
- (id)initWithPrefix:(NSString *)prefix
              suffix:(NSString *)suffix
{
    self = [super init];
    if (self)
    {
        _prefix = prefix;
        _suffix = suffix;
    }
    return self;
}

// 単語の順番を逆にするメソッド
- (NSString *)reverseWordsInString:(NSString *)str
{
    // 単語単位に分割する
    NSArray *words;
    words = [str componentsSeparatedByString:@" "];

    // 変更可能な文字列を定義
    NSMutableString *ret;
    ret = [NSMutableString stringWithCapacity:0];

    // プレフィックスが指定されていたら出力
    if (self.prefix)
    {
        [ret appendString:self.prefix];
    }

    // 単語を逆順にして出力
    NSUInteger n = words.count;
    [words enumerateObjectsWithOptions:NSEnumerationReverse
        usingBlock:^(NSString *word, NSUInteger idx, BOOL *stop) {
                    // 先頭以外のときは、スペースを出力
                    NSUInteger i = n - idx - 1;

                    if (i > 0)
```

```
                        {
                            [ret appendString:@" "];
                        }

                        // 単語を出力
                        [ret appendString:word];
                    }];

    // サフィックスが指定されていたら出力
    if (self.suffix)
    {
        [ret appendString:self.suffix];
    }

    return ret;
}

@end
```

SAMPLE CODE 「ObjC-Bridging-Header.h」ファイル

```
// ブリッジヘッダーファイル
// 他の言語の関数やメソッドをSwiftから呼び出すときの橋渡し

// 「StringTransform」クラスを使う
#import "StringTransform.h"
```

SAMPLE CODE 「main.swift」ファイル

```
import Foundation

// Objective-Cで書かれた「StringTransform」クラスのインスタンスを確保する
var t1 = StringTransform()

// 引数が1つあるイニシャライザを使う
var t2 = StringTransform(prefix: "> ")

// 引数が2つあるイニシャライザを使う
var t3 = StringTransform(prefix: "'", suffix: "'")

// 文字列を定義
var baseStr = "Swift With Programming"

// メソッドを呼ぶ
var ret1 = t1.reverseWordsInString(baseStr)
var ret2 = t2.reverseWordsInString(baseStr)
var ret3 = t3.reverseWordsInString(baseStr)
```

■ SECTION-133 ■ Objective-Cのクラスを呼ぶ

```
// コンソールに出力する
print("ret1 = \(ret1)")
print("ret2 = \(ret2)")
print("ret3 = \(ret3)")
```

このコードを実行すると、次のように出力されます。

```
ret1 = Programming With Swift
ret2 = > Programming With Swift
ret3 = 'Programming With Swift'
```

COLUMN　クラスメソッドを呼ぶには

　Objective-Cで書かれたクラスメソッドもインスタンスメソッドと同様に呼ぶことができます。Swiftでのコードの記述方法は、Swiftで書かれたタイプメソッドと同様に記述します。

SAMPLE CODE　「StringTransform.h」ファイル

```objectivec
#import <Foundation/Foundation.h>

// 「StringTransform」クラスの宣言
@interface StringTransform : NSObject

// 単語の順番を逆にするクラスメソッド
+ (NSString *)reverseWordsInString:(NSString *)str;

@end
```

SAMPLE CODE　「StringTransform.m」ファイル

```objectivec
#import "StringTransform.h"

// 「StringTransform」クラスの実装
@implementation StringTransform

// 単語の順番を逆にするメソッド
+ (NSString *)reverseWordsInString:(NSString *)str
{
    // 単語単位に分割する
    NSArray *words;
    words = [str componentsSeparatedByString:@" "];

    // 変更可能な文字列を定義
    NSMutableString *ret;
    ret = [NSMutableString stringWithCapacity:0];
```

```objc
    // 単語を逆順にして出力
    NSUInteger n = words.count;
    [words enumerateObjectsWithOptions:NSEnumerationReverse
        usingBlock:^(NSString *word, NSUInteger idx, BOOL *stop) {
                        // 先頭以外のときは、スペースを出力
                        NSUInteger i = n - idx - 1;

                        if (i > 0)
                        {
                            [ret appendString:@" "];
                        }

                        // 単語を出力
                        [ret appendString:word];
                    }];

    return ret;
}

@end
```

SAMPLE CODE 「ObjC-Bridging-Header.h」ファイル

```objc
// ブリッジヘッダーファイル
// 他の言語の関数やメソッドをSwiftから呼び出すときの橋渡し

// 「StringTransform」クラスを使う
#import "StringTransform.h"
```

SAMPLE CODE 「main.swift」ファイル

```swift
import Foundation

// 文字列を定義
var baseStr = "Swift With Programming"

// メソッドを呼ぶ
var ret = StringTransform.reverseWordsInString(baseStr)

// コンソールに出力する
print("ret = \(ret)")
```

このコードを実行すると、次のように出力されます。

```
ret = Programming With Swift
```

COLUMN　Objective-C++と組み合わせてC++のコードを実行する

　C++のコードをSwiftから使用するには、Objective-C++やC++でラッパークラスやラッパー関数を作り、それを呼び出すようにします。ラッパークラスやラッパー関数というのは、直接呼び出すことができない処理を、呼び出すことができるクラスや関数内で実行するようにして、間接的に呼び出す方法です。

　次のコードは、C++のクラスを呼び出す処理を、Objective-C++で記述し、Swiftから実行しています。

SAMPLE CODE 「CalcCpp.h」ファイル

```cpp
#ifndef __ObjC__CalcCpp__
#define __ObjC__CalcCpp__

#include <vector>

// C++で書かれた「CalcCpp」クラスの宣言
class CalcCpp {
public:
    CalcCpp();
    virtual ~CalcCpp();

    // 合計を計算する
    double Sum(const std::vector<double>& v);
};

#endif /* defined(__ObjC__CalcCpp__) */
```

SAMPLE CODE 「CalcCpp.cpp」ファイル

```cpp
#include "CalcCpp.h"
#include <algorithm>

// コンストラクタ
CalcCpp::CalcCpp()
{
}

// デストラクタ
CalcCpp::~CalcCpp()
{
}

// 合計を計算する
double CalcCpp::Sum(const std::vector<double> &v)
{
    double ret = 0;
```

```
    // 全要素を足す
    std::for_each(std::begin(v), std::end(v),
                  [&ret](double value) mutable {
                      ret += value;
                  });

    return ret;
}
```

SAMPLE CODE 「Calc.h」ファイル

```
#import <Foundation/Foundation.h>

//「CalcCpp」クラスのラッパークラス
@interface Calc : NSObject

//「CalcCpp::Sum」メソッドを使って合計を計算する
- (double)sum:(NSArray *)valueArray;

@end
```

SAMPLE CODE 「Calc.mm」ファイル

```
#import "Calc.h"

#import <vector>
#import "CalcCpp.h"

@implementation Calc

- (double)sum:(NSArray *)valueArray
{
    //「Sum」メソッドに渡せるように、「std::vector」に代入する
    std::vector<double> v;

    for (NSNumber *num in valueArray)
    {
        v.push_back([num doubleValue]);
    }

    //「CalcCpp」クラスを使って合計を計算する
    CalcCpp calc;
    double ret = calc.Sum(v);

    return ret;
}

@end
```

SECTION-133 Objective-Cのクラスを呼ぶ

SAMPLE CODE 「ObjC-Bridging-Header.h」ファイル

```
// ブリッジヘッダーファイル
// 他の言語の関数やメソッドをSwiftから呼び出すときの橋渡し

#import "Calc.h"
```

SAMPLE CODE 「main.swift」ファイル

```swift
import Foundation

// 合計を計算する数値の配列を定義する
var array = [1, 2, 3, 4, 5, 6, 7, 8, 9, 10]

// 「Calc」クラスを使って合計を計算する
var calc = Calc()
var ret = calc.sum(array)

// コンソールに出力する
print("ret = \(ret)")
```

このコードを実行すると、次のように出力されます。

```
ret = 55.0
```

少し遠回りな方法ですが、すでにC++で書かれたコード資産を活かすことができます。新たにSwiftですべて記述することもできますが、実際の開発は1回で終わるものではないので、他のOS用のアプリの保守なども考えると、OSに依存せずに共通で使用可能な部分は、C++やC言語で書き、SwiftやObjective-Cから利用するというのもよいでしょう。

関連項目 ▶▶▶

- ブリッジヘッダーファイルの設定……………………………………………………p.454
- C言語の関数を呼ぶ……………………………………………………………………p.467
- Objective-CのクラスからSwiftのクラスを呼ぶ ……………………………………p.474

SECTION-134

C言語の関数を呼ぶ

ここでは、C言語の関数を呼ぶ方法について解説します。

SAMPLE CODE 「Calc.h」ファイル

```
#ifndef __CCode__Calc__
#define __CCode__Calc__

#include <unistd.h>

// 整数の合計を計算する
int32_t calcSum(int32_t *values, int32_t n);

#endif /* defined(__CCode__Calc__) */
```

SAMPLE CODE 「Calc.c」ファイル

```
#include "Calc.h"

// 整数の合計を計算する
int32_t calcSum(int32_t *values, int32_t n)
{
    int32_t ret = 0;
    
    for (int32_t i = 0; i < n; i++)
    {
        ret += values[i];
    }
    
    return ret;
}
```

SAMPLE CODE 「CCode-Bridging-Header.h」ファイル

```
#include "Calc.h"
```

SAMPLE CODE 「main.swift」ファイル

```swift
import Foundation

// C言語のポインタは「UnsafeMutablePointer」構造体にマッピングされる
// 10個分の「Int32」を入れられるバッファを確保
var values = UnsafeMutablePointer<Int32>.alloc(10)

// バッファを初期化
values.initialize(0)
```

■ SECTION-134 ■ C言語の関数を呼ぶ

```
// 値を埋める
for i in 0..<10 {
    values[i] = i + 1
}

// C言語の関数を使って計算する
var ret = calcSum(values, 10)

// バッファを解放する
values.dealloc(10)

// コンソールに出力する
print("ret = \(ret)")
```

このコードを実行すると、次のように出力されます。

```
ret = 55
```

HINT
このコードを実行するには、ブリッジヘッダーファイルの設定が必要です。ブリッジヘッダーファイルの設定方法については、《ブリッジヘッダーファイルの設定》(p.454)を参照してください。

ONEPOINT　C言語の関数を呼ぶにはブリッジヘッダーファイルでC言語のヘッダーファイルを読み込む

　C言語の関数を、Swiftのコードから呼ぶには、ブリッジヘッダーファイルでC言語のヘッダーファイルを読み込みます。ブリッジヘッダーファイルで読み込むことにより、C言語の関数はSwiftの関数にマッピングされて、使用可能になります。

　サンプルコードでは、「int32_t」型のポイントと、「int32_t」型の値を引数に取る関数を呼び出しています。Swiftでは「int32_t」は「Int32」にマッピングされ、ポインタは「UnsafeMutablePointer」にマッピングされます。「UnsafeMutablePointer」は、書き換え可能なメモリ領域の確保とアクセスを行う構造体です。「UnsafeMutablePointer」については、《データを作成する》(p.487)や《データのバッファにアクセスする》(p.490)を参照してください。

■ SECTION-134 ■ C言語の関数を呼ぶ

COLUMN　C言語の構造体について

　C言語の構造体は、Swiftの構造体にマッピングされます。イニシャライザメソッドは、構造体のメンバーの値を引数に取るメソッドが生成されます。また、構造体のメンバーはプロパティとして読み書き可能です。

SAMPLE CODE　「Calc.h」ファイル

```
#ifndef __CCode__Calc__
#define __CCode__Calc__

#include <unistd.h>

// 構造体「Rectangle」を定義する
typedef struct {
    int     left;
    int     top;
    int     right;
    int     bottom;
} Rectangle;

// 長方形の面積を計算する
int calcAreaOfRect( Rectangle rt );

#endif /* defined(__CCode__Calc__) */
```

SAMPLE CODE　「Calc.c」ファイル

```
#include "Calc.h"

#include <stdlib.h>

// 長方形の面積を計算する
int calcAreaOfRect( Rectangle rt )
{
    int w = abs(rt.right - rt.left);
    int h = abs(rt.bottom - rt.top);
    int area = w * h;
    return area;
}
```

SAMPLE CODE　「CCode-Bridging-Header.h」ファイル

```
#include "Calc.h"
```

SAMPLE CODE　「main.swift」ファイル

```
import Foundation
```

▼

SECTION-134 ■ C言語の関数を呼ぶ

```
// C言語の構造体は、Swiftの構造体にマッピングされる
var rt = Rectangle(left: 0, top: 0, right: 10, bottom: 5)

// C言語の関数を使って面積を計算する
var ret = calcAreaOfRect(rt)

// コンソールに出力する
print("ret = \(ret)")
```

このコードを実行すると、次のように出力されます。

```
ret = 50
```

COLUMN 独自の関数で「Core Foundation」フレームワークのオブジェクトを返すには

「Core Foundation」のオブジェクトは、Objective-CやC言語、C++のコード内では、「CFRetain」関数や「CFRelease」関数を使って、メモリ管理を行う必要がありますが、Swiftでは、自動的に管理されます。そのため、Objective-CやC言語で実装した独自の関数から「Core Foundation」のオブジェクトを返すときには、Swiftが返されたオブジェクトをどのように管理したらよいかを指定する必要があります。指定するには、次の2つのアノテーションを使用します。

- CF_RETURNS_RETAINED
- CF_RETURNS_NOT_RETAINED

「CF_RETURNS_RETAINED」は「CFRelease」によって解放する必要があることを示し、「CF_RETURNS_NOT_RETAINED」は解放しないでよいことを示します。次のサンプルコードのように、関数の前に書いて宣言します。

SAMPLE CODE 「Rectangle.h」ファイル

```
#ifndef __CCode__Rectangle__
#define __CCode__Rectangle__

#include <CoreFoundation/CoreFoundation.h>

// 構造体「Rectangle」を定義する
typedef struct {
    int     left;
    int     top;
    int     right;
    int     bottom;
} Rectangle;
```

```
// 頂点座標の配列を返す
// 返される値は、x, y, x, y, ...の順に格納される
CF_RETURNS_RETAINED
CFArrayRef createVertexesArray(Rectangle rt);

// 頂点の配列からX座標を取得する
CF_RETURNS_NOT_RETAINED
CFNumberRef pointX(CFArrayRef vertexes, CFIndex index);

// 頂点の配列からY座標を取得する
CF_RETURNS_NOT_RETAINED
CFNumberRef pointY(CFArrayRef vertexes, CFIndex index);

#endif /* defined(__CCode__Rectangle__) */
```

SAMPLE CODE 「Rectangle.c」ファイル

```
#include "Rectangle.h"

// 頂点座標の配列を返す
// 返される値は、x, y, x, y, ...の順に格納される
CF_RETURNS_RETAINED
CFArrayRef createVertexesArray(Rectangle rt)
{
    // 座標を計算
    int xy[8];
    xy[0] = rt.left;
    xy[1] = rt.top;
    xy[2] = rt.right;
    xy[3] = rt.top;
    xy[4] = rt.right;
    xy[5] = rt.bottom;
    xy[6] = rt.left;
    xy[7] = rt.bottom;

    // 変更可能な配列を作る
    CFMutableArrayRef array;
    array = CFArrayCreateMutable(kCFAllocatorDefault,
                                 0,
                                 &kCFTypeArrayCallBacks);

    // 配列に値を入れる
    int n = sizeof(xy) / sizeof(xy[0]);
    for (int i = 0; i < n; i++)
    {
        CFNumberRef num = CFNumberCreate(kCFAllocatorDefault,
                                         kCFNumberIntType,
```

■ SECTION-134 ■ C言語の関数を呼ぶ

```c
                                    &xy[i]);
        CFArrayAppendValue(array, num);
        CFRelease(num);
    }

    return array;
}

// 頂点の配列からX座標を取得する
CF_RETURNS_NOT_RETAINED
CFNumberRef pointX(CFArrayRef vertexes, CFIndex index)
{
    CFNumberRef num;
    num = CFArrayGetValueAtIndex(vertexes, index * 2);
    return num;
}

// 頂点の配列からY座標を取得する
CF_RETURNS_NOT_RETAINED
CFNumberRef pointY(CFArrayRef vertexes, CFIndex index)
{
    CFNumberRef num;
    num = CFArrayGetValueAtIndex(vertexes, index * 2 + 1);
    return num;
}
```

SAMPLE CODE 「CCode-Bridging-Header.h」ファイル

```c
#include "Rectangle.h"
```

SAMPLE CODE 「main.swift」ファイル

```swift
import Foundation

// C言語の構造体は、Swiftの構造体にマッピングされる
var rt = Rectangle(left: 1, top: 2, right: 3, bottom: 4)

// 頂点の配列を作る
var array = createVertexesArray(rt)

// 右上の頂点座標を取得する
var x = pointX(array, 1)
var y = pointY(array, 1)

// コンソールに出力する
print("vertexes = \(array)")
print("Right-Top = (\(x), \(y))")
```

■ SECTION-134 ■ C言語の関数を呼ぶ

このコードを実行すると、次のように出力されます。

```
vertexes = (
    1,
    2,
    3,
    2,
    3,
    4,
    1,
    4
)
Right-Top = (3, 2)
```

関連項目 ▶▶▶

- 構造体やクラスを定義する ……………………………………………………………… p.156
- トールフリーブリッジについて ………………………………………………………… p.452
- ブリッジヘッダーファイルの設定 ……………………………………………………… p.454
- Objective-Cのクラスを呼ぶ …………………………………………………………… p.457
- データについて …………………………………………………………………………… p.486
- データを作成する ………………………………………………………………………… p.487
- データのバッファにアクセスする ……………………………………………………… p.490

SECTION-135
Objective-CのクラスからSwiftのクラスを呼ぶ

ここでは、Objective-CのクラスからSwiftのクラスを呼ぶ方法について解説します。

SAMPLE CODE　「Triangle.swift」ファイル

```swift
import Foundation

// 「Point」クラスを定義する
// Objective-C側のコードで、「NSArray」に格納されたインスタンス
// として扱いたいので、「NSObject」の派生クラスにする
public class MyPoint: NSObject {
    var x: Int
    var y: Int
    
    init(x: Int, y: Int) {
        self.x = x
        self.y = y
    }
}

// 「Triangle」クラスを定義する
public class Triangle: NSObject {
    var vertexes: [MyPoint]
    
    override init() {
        self.vertexes = [
            MyPoint(x: 0, y: 0),
            MyPoint(x: 2, y: 0),
            MyPoint(x: 2, y: 4)]
    }
}
```

SAMPLE CODE　「MyObject.h」ファイル

```objc
#import <Foundation/Foundation.h>

// 「MyObject」クラスの宣言
@interface MyObject : NSObject

- (void)printTriangle;

@end
```

SECTION-135 Objective-CのクラスからSwiftのクラスを呼ぶ

SAMPLE CODE　「MyObject.m」ファイル

```objc
#import "MyObject.h"

// Swiftで書かれたクラスは、「プロジェクト名-Swift.h」で読み込む
#import "ObjC-Swift.h"

// 「MyObject」クラスの実装
@implementation MyObject

- (void)printTriangle
{
    // Swiftで実装された「Triangle」クラスのインスタンスを確保する
    Triangle *t = [[Triangle alloc] init];

    // 頂点の配列を取得する
    NSArray *vertexes = t.vertexes;

    // 配列をコンソールに出力する
    for (MyPoint *pt in vertexes)
    {
        NSLog(@"(%d, %d)", (int)pt.x, (int)pt.y);
    }
}

@end
```

SAMPLE CODE　「ObjC-Bridging-Header.h」ファイル

```objc
#import "MyObject.h"
```

SAMPLE CODE　「main.swift」ファイル

```swift
import Foundation

// Objective-Cで書かれた「MyObject」クラスのインスタンス確保
var myObj = MyObject()

// 「printTriangle」メソッドを呼ぶ
myObj.printTriangle()
```

このコードを実行すると、次のように出力されます。

```
2015-11-02 15:08:55.063 ObjC[4518:1491441] (0, 0)
2015-11-02 15:08:55.063 ObjC[4518:1491441] (2, 0)
2015-11-02 15:08:55.063 ObjC[4518:1491441] (2, 4)
```

HINT
このコードを実行するには、ブリッジヘッダーファイルの設定が必要です。ブリッジヘッダーファイルの設定方法については、《ブリッジヘッダーファイルの設定》(p.454)を参照してください。

■ SECTION-135 ■ Objective-CのクラスからSwiftのクラスを呼ぶ

ONEPOINT Objective-CのクラスからSwiftのクラスを呼ぶには
「プロジェクト名-Swift.h」ファイルを読み込む

　Objective-CのクラスからSwiftのクラスを呼ぶには、「プロジェクト名-Swift.h」という名前で自動生成されるヘッダファイルを、Objective-Cのコードで読み込むようにします。読み込みは、他のヘッダファイルと同様に、「#import」ディレクティブを使用します。サンプルコードではプロジェクト名「ObjC」なので、次のようにして読み込んでいます。

```
#import "ObjC-Swift.h"
```

　Objective-C側のコードで利用可能なクラスは、「NSObject」クラスの派生クラスです。また、どのようなクラス宣言が生成されているかは、ビルド後であれば、Xcode上で「#import "ObjC-Swift.h"」をコマンドキーを押しながらクリックすることで表示できます。
　また、Objective-Cから使用するクラスは「NSObject」クラスのサブクラスにします。「NSObject」クラスのサブクラスにすることで、「ObjC-Swift.h」ファイルに定義が書き出されます。Swift 2.0未満では「@objc」を付けるだけで出力されましたが、Swift 2.0では、「@objc」を付けることができるクラスは、「NSObject」クラスの派生クラスに限定されています。

COLUMN Objective-CとSwiftでの名前空間について

　ライブラリを開発するときなど、クラス名の付け方が問題になることがあります。1つのプログラムの中では、一般的には同じ名前のクラスが複数存在することはできません。しかし、小規模なプログラムなら重複しないようにするのは容易ですが、大規模になると複数のスタティックライブラリなども組み合わさり、重複しないようにするのは、大変な作業になることがあります。
　Objective-Cでは、名前空間がないので、特定のライブラリを意味するプレフィックス文字を付けるなどの工夫をしていました。C++であれば、名前空間があるので、ライブラリごとに異なる名前空間を指定することで、重複しないようにできます。Swiftでは暗黙的な名前空間が導入されているので、モジュール単位(つまり、Xcodeのターゲット単位)で名前空間が独立し、ライブラリとライブラリを利用するプログラムとで同じクラス名を使用しても、重複しないようになっています。
　しかし、Objective-Cのコードと組み合わせるとき、この特徴が不具合を生むこともあります。本来であれば、Objective-C側のコードをSwiftの動作に合わせて変更すればよいのですが、たとえば、「NSArchiver」クラスでアーカイブしたデータなど、そうできないときには、Objective-C側に出力される名前を変更するようにします。Objective-C側に出力される名前を変更するには、「@objc」を使って次のように記述します。

```
@objc(Objective-C側に出力される名前)
public class クラス名 : NSObject {
}
```

■ SECTION-135 ■ Objective-CのクラスからSwiftのクラスを呼ぶ

次のコードは、「@objc」を指定したクラスと指定していないクラスの名前を、SwiftとObjective-Cのそれぞれで出力する例です。

SAMPLE CODE 「MySwiftClass.swift」ファイル

```
import Foundation

// クラス名を指定して定義する
@objc(MySwiftClass)
public class MySwiftClass : NSObject {

}

// 「@objc」は付けたが、クラス名は指定せずに定義する
@objc
public class MySwiftClass2 : NSObject {

}

// 「@objc」を付けずに定義する
public class MySwiftClass3 : NSObject {

}
```

SAMPLE CODE 「MyObjCClass.h」ファイル

```
#import <Foundation/Foundation.h>

@interface MyObjCClass : NSObject

- (void)printClassNames;

@end
```

SAMPLE CODE 「MyObjCClass.m」ファイル

```
#import "MyObjCClass.h"
#import "ObjC-Swift.h"

@implementation MyObjCClass

- (void)printClassNames
{
    // Swift側で定義しているクラスの名前を出力する
    NSLog(@"%@", [MySwiftClass class]);
    NSLog(@"%@", [MySwiftClass2 class]);
    NSLog(@"%@", [MySwiftClass3 class]);

    // Objective-C側で定義しているクラスの名前を出力する
    NSLog(@"%@", [MyObjCClass class]);
```

```
}
@end
```

SAMPLE CODE　「ObjC-Bridging-Header.h」ファイル

```
#import "MyObjCClass.h"
```

SAMPLE CODE　「main.swift」ファイル

```
import Foundation

// Objective-C側で出力する
print("*** FROM Objective-C ***")
let objCClass = MyObjCClass()
objCClass.printClassNames()
// Swift側で出力する
print("*** FROM Swift ***")
print(MySwiftClass.className())
print(MySwiftClass2.className())
print(MySwiftClass3.className())
print(MyObjCClass.className())
```

このコードを実行すると、次のように出力されます。

```
*** FROM Objective-C ***
2015-11-02 15:12:13.027 ObjC[4633:1520096] MySwiftClass
2015-11-02 15:12:13.027 ObjC[4633:1520096] ObjC.MySwiftClass2
2015-11-02 15:12:13.027 ObjC[4633:1520096] ObjC.MySwiftClass3
2015-11-02 15:12:13.028 ObjC[4633:1520096] MyObjCClass
*** FROM Swift ***
MySwiftClass
ObjC.MySwiftClass2
ObjC.MySwiftClass3
MyObjCClass
```

　このコードでは、Objective-C側での出力と、Swift側での出力は同じになります。「@objc」を使って「MySwiftClass」というクラス名を指定した「MySwiftClass」クラスは、クラス名に名前空間が含まれていないことが確認できます。「@objc」を使っても名前を指定していない「MySwiftClass2」クラスや、「@objc」を使っていない「MySwiftClass3」クラスは「ObjC」という名前空間が付けられていることが確認できます。また、Objective-C側で定義した「MyObjCClass」は名前空間がないことも確認できます。

関連項目 ▶▶▶

- 「AnyObject」と「Any」と「NSObject」クラス ……………………………………… p.259
- ブリッジヘッダーファイルの設定 …………………………………………………… p.454
- Objective-Cのクラスを呼ぶ …………………………………………………………… p.457
- SwiftのプロトコルをObjective-Cのクラスで使用する ………………………… p.482

SECTION-136
Objective-CのクラスのサブクラスをSwiftで作成する

ここでは、Objective-CのクラスのサブクラスをSwiftで作成する方法について解説します。

SAMPLE CODE 「MyObject.h」ファイル

```objc
#import <Foundation/Foundation.h>

// 「MyObject」クラスの宣言
@interface MyObject : NSObject

- (NSString *)myClassName;

@end
```

SAMPLE CODE 「MyObject.m」ファイル

```objc
#import "MyObject.h"

// 「MyObject」クラスの実装
@implementation MyObject

- (NSString *)myClassName
{
    return @"MyObject class";
}

@end
```

SAMPLE CODE 「ObjC-Bridging-Header.h」ファイル

```objc
#import "MyObject.h"
```

SAMPLE CODE 「main.swift」ファイル

```swift
import Foundation

// Objective-Cで書いた「MyObject」クラスのサブクラスを定義する
class MySwiftObject: MyObject {
    
    // 「myClassName」メソッドをオーバーライドする
    override func myClassName() -> String! {
        return "MySwiftObject class"
    }
    
}
```

■ SECTION-136 ■ Objective-CのクラスのサブクラスをSwiftで作成する

```
// 「MyObject」クラスのインスタンスを確保する
var myObj = MyObject()

// 「MySwiftObject」クラスのインスタンスを確保する
var myObj2 = MySwiftObject()

// 「myClassName」メソッドを呼び出して、オーバーライド
// できていることを確認する
var name = myObj.myClassName()
var name2 = myObj2.myClassName()

// コンソールに出力
print("name  = \(name)")
print("name2 = \(name2)")
```

このコードを実行すると、次のように出力されます。

```
name  = MyObject class
name2 = MySwiftObject class
```

> **HINT**
> このコードを実行するには、ブリッジヘッダーファイルの設定が必要です。ブリッジヘッダーファイルの設定方法については、《ブリッジヘッダーファイルの設定》(p.454)を参照してください。

ONEPOINT Objective-CのクラスのサブクラスをSwiftで作成するには通常のサブクラスを定義する方法で行う

　Objective-Cで実装されたクラスのサブクラスを、Swiftで作成するには、通常のサブクラスを定義する方法で行います。Objective-Cのクラスであっても、Swiftのクラスであっても、サブクラスを定義する方法は同じです。ただし、SwiftでObjective-Cのクラスを認識するためには、ブリッジヘッダーファイルで、そのクラスの定義を読み込んでおく必要があります。ブリッジヘッダーファイル内で「#import」ディレクティブを使って、ヘッダファイルを読み込むことを忘れないように注意しましょう。

　サンプルコードでは、Objective-Cで実装した「MyObject」クラスのサブクラス、「MySwiftObject」クラスを実装しています。「MySwiftObject」クラスは「myClassName」メソッドをオーバーライドしており、Objective-Cのクラスのメソッドも、Swiftのクラスのメソッドと同様にオーバーライドできることを確認しています。

> **COLUMN　SwiftのクラスのサブクラスをObjective-Cで実装することはできない**
>
> 　Swiftのクラスのサブクラスを、Objective-Cで実装することはできません。実際に行うと、次のようなエラーメッセージが表示され、ビルドに失敗します。
>
> ```
> Cannot subclass a class with objc_subclassing_restricted attribute
> ```
>
> 　Objective-CからSwiftのクラスを使用するために、自動生成されるヘッダーファイル内で、「objc_subclassing_restricted」という属性が指定されて、定義されているために、サブクラスを作ることが制限されています。

関連項目 ▶▶▶

- 構造体やクラスを定義する ……………………………………………………………… p.156
- サブクラスを定義する …………………………………………………………………… p.198
- ブリッジヘッダーファイルの設定 ……………………………………………………… p.454
- SwiftのプロトコルをObjective-Cのクラスで使用する ……………………………… p.482

SECTION-137
SwiftのプロトコルをObjective-Cのクラスで使用する

ここでは、SwiftのプロトコルをObjective-Cのクラスで使用する方法について解説します。

SAMPLE CODE 「Area.swift」ファイル

```swift
import Foundation

// プロトコル「Area」を定義する
@objc public protocol Area {
    // 「printInfo」メソッドを定義する
    func printInfo()
}

// 「TriangleArea」クラスを定義する
// 外部には公開せず、外部からはプロトコル「Area」を通してアクセスする
private class TriangleArea: Area {
    // プロパティを定義する
    var base: Double = 0
    var height: Double = 0

    // プロトコルで定義されたメソッドを実装する
    @objc func printInfo() {
        print("TriangleArea " +
            "(base=\(self.base), height=\(self.height))")
    }
}

// 「Factory」クラスを定義する
// Objective-Cからも使えるように、「NSObject」のサブクラスにする
public class Factory : NSObject {

    // デフォルトの値を入れた「TriangleArea」クラスのインスタンスを返す
    public class func defaultTriangle() -> Area {
        let ret = TriangleArea()
        ret.base = 3
        ret.height = 10
        return ret
    }

}
```

SAMPLE CODE 「MyObject.h」ファイル

```
#import <Foundation/Foundation.h>
```

■ SECTION-137 ■ SwiftのプロトコルをObjective-Cのクラスで使用する

```objc
// 「MyObject」クラスを定義する
@interface MyObject : NSObject

// メソッドを定義する
- (void)work;

@end
```

SAMPLE CODE 「MyObject.m」ファイル

```objc
#import "MyObject.h"
#import "ObjC-Swift.h"

// 「MyObject」クラスの実装
@implementation MyObject

// 「work」メソッドの実装
- (void)work
{
    // 「TriangleArea」クラスのインスタンスを関数経由で作成
    // Swiftで定義されたプロトコルを使用する
    id<Area> triangle;
    triangle = [Factory defaultTriangle];

    // プロトコルで定義された「printInfo」メソッドを呼ぶ
    [triangle printInfo];
}

@end
```

SAMPLE CODE 「ObjC-Bridging-Header.h」ファイル

```objc
#import "MyObject.h"
```

SAMPLE CODE 「main.swift」ファイル

```swift
import Foundation

// 「MyObject」クラスのインスタンスを確保
var myObj = MyObject()

// Objective-C側で実装されたメソッドを呼び出し、
// Objective-CのメソッドからSwiftのプロトコルを使用する
myObj.work()
```

このコードを実行すると、次のように出力されます。

```
TriangleArea (base=3.0, height=10.0)
```

■ SECTION-137 ■ SwiftのプロトコルをObjective-Cのクラスで使用する

> **ONEPOINT** SwiftのプロトコルをObjective-Cで使用するには「@objc」を使う
>
> 　SwiftのプロトコルをObjective-Cで使用するには、「@objc」を使用し、次のようにプロトコルを定義します。
>
> ```
> @objc public protocol プロトコル名 {
>     // プロトコルの定義
> }
> ```
>
> 　「@objc」を付けると、ビルド時にプロトコルがブリッジヘッダーファイルに出力され、Objective-C側でも使用可能になります。プロトコルを実装したクラスを定義するときには、サンプルコードの「TriangleArea」のように、各メソッドの定義時にも「@objc」を付けて定義します。

関連項目 ▶▶▶	
●構造体やクラスを定義する	p.156
●プロトコルを定義する	p.220
●Objective-CのクラスからSwiftのクラスを呼ぶ	p.474
●Objective-CのクラスのサブクラスをSwiftで作成する	p.479

CHAPTER 08

データ

SECTION-138

データについて

Swiftで使用可能なデータの種類

アプリが使用する変数やメモリ領域は、スタック領域と呼ばれる、関数やスコープを抜けると自動的に解放される領域の他、ヒープ領域と呼ばれる、関数やスコープを抜けても解放されない領域に確保することができます。ヒープ領域は、大きな領域も扱うことができ、たとえば、ファイルの内容などはヒープ領域に確保した領域に読み込ませて使用します。

Swiftでは、次のような構造体やクラス、オブジェクトを使って、ヒープ領域の確保や読み書きを行えます。

▶「NSData」クラスと「NSMutableData」クラス

「Foundation」フレームワークが定義しているデータクラスです。「NSData」クラスは読み込み専用です。インスタンス確保時に格納する内容を指定します。「NSMutableData」は変更可能です。「CFDataRef」や「CFMutableDataRef」とトールフリーブリッジ関係になっており、相互利用が可能です。トールフリーブリッジについては《トールフリーブリッジについて》(p.452)を参照してください。

「NSData」クラスや「NSMutableData」クラスはARCの管理対象となり、使われなくなると自動的に解放されます。

▶「CFDataRef」と「CFMutableDataRef」

「Core Foundation」が定義しているデータオブジェクトです。「CFDataRef」は読み込み専用です。オブジェクト確保時に格納する内容を指定します。「CFMutableDataRef」は変更可能です。「NSData」クラスや「NSMutableData」クラスとトールフリーブリッジ関係になっており、相互利用が可能です。

「CFDataRef」と「CFMutableDataRef」はSwiftでは自動管理の対象となり、必要なくなると自動的に解放されます。

▶「UnsafePointer」構造体と「UnsafeMutablePointer」構造体

Swiftがネイティブで定義しているデータ操作のための構造体です。「UnsafePointer」構造体は読み込み専用の領域を扱い、「UnsafeMutablePointer」構造体は、変更可能な領域を扱います。C言語の関数をSwiftから利用するときに、ポインタは「UnsafePointer」構造体や「UnsafeMutablePointer」構造体にマッピングされます。SwiftからC言語の「malloc」関数を使った場合も確保した領域へのポインタは、「UnsafeMutablePointer」構造体で返されます。

「UnsafePointer」構造体と「UnsafeMutablePointer」構造体が扱う確保するメモリ領域は、自動管理の対象外です。アプリ側から解放しないと、解放されないままとなり、メモリリークの原因になります。必要なくなったら必ず手動で解放する必要があります。

関連項目 ▶▶▶
- トールフリーブリッジについて……………………………………………………………p.452
- C言語の関数を呼ぶ…………………………………………………………………………p.467

SECTION-139

データを作成する

ここでは、データを作成し、メモリ領域を確保する方法について解説します。

SAMPLE CODE

```
import Foundation

// データを作成する
// ここでは128バイトの長さで確保している
var data = NSMutableData(length: 128)

// コンソールに出力する
print(data)
```

このコードを実行すると、次のように出力され、確保された領域が「0」でクリアされていることも確認できます。

```
Optional(<00000000 00000000 00000000 00000000 00000000 00000000 00000000 00000000
00000000 00000000 00000000 00000000 00000000 00000000 00000000 00000000
00000000 00000000 00000000 00000000 00000000 00000000 00000000 00000000
00000000 00000000 00000000 00000000 00000000 00000000>)
```

ONEPOINT データを作成するには「NSMutableData」クラスのインスタンスを確保する

データを作成するには、「NSMutableData」クラスのインスタンスを確保します。インスタンス確保時に確保するメモリ領域の大きさも指定します。

```
public init?(length: Int)
```

確保するメモリ領域の大きさは、引数「length」にバイト単位で指定します。「init」メソッドの戻り値はオプショナル型になっています。メモリ不足などにより、指定した領域が確保できないときは「nil」が返ります。「NSData」クラスのインスタンスを確保することも可能ですが、「NSData」クラスは読み込み専用のため、格納する内容がすでに存在し、変更しないときに使用します。「NSData」クラスについては、《データを複製する》(p.495)を参照してください。

「NSData」クラスおよび「NSMutableData」クラスによって確保されたメモリ領域は、インスタンスが解放されるときに同時に解放されます。

SECTION-139 データを作成する

COLUMN　ポインタを指定してデータを作成するには

「UInt8」の配列を使ってデータを作りたいときや、構造体を使ってデータを作りたいときには、これらの情報へのポインタを指定してデータを作ることもできます。構造体や配列のポインタの取得については《演算子について》(p.70)を参照してください。

```
import Foundation

// 構造体を定義する
struct Point3D {
    var x: Int32
    var y: Int32
    var z: Int32
}

// データの作成元の配列を作る
var intArray: [UInt16] = [0xFFFF, 0xAAAA, 0x1234]
// データの作成元の構造体のインスタンスを確保する
var pt = Point3D(x: 1, y: 2, z: 3)
// データの作成元の整数を定義する
var i: UInt32 = 0x5678

// 各変数のポインタを取得してデータ化する
var intArrayData = NSData(bytes: intArray,
    length: sizeof(UInt16) * intArray.count)

var ptData = NSData(bytes: &pt,
    length: sizeof(pt.dynamicType))

var intData = NSData(bytes: &i,
    length: sizeof(i.dynamicType))

// コンソールに出力する
print("intArrayData\n  \(intArrayData)")
print("ptData\n  \(ptData)")
print("intData\n  \(intData)")
```

このコードを実行すると、次のように出力されます。

```
intArrayData
  <ffffaaaa 3412>
ptData
  <01000000 02000000 03000000>
intData
  <78560000>
```

COLUMN 自動管理されないメモリ領域を確保するには

自動管理されないメモリ領域を確保するには、「UnsafeMutablePointer」構造体を使用します。

「UnsafeMutablePointer」構造体にはメモリ領域を確保するメソッドがありますが、メモリ確保に失敗したときにクラッシュしてしまうので、C言語の「malloc」関数を使った方が扱いやすく、ここでは、「malloc」関数を使った方法を紹介します。

1 「malloc」関数を使ってメモリ領域を確保する。
2 必要な処理を行う。
3 必要なくなったら「free」関数を使って解放する。

次のコードは、「NSMutableData」のサンプルコードと同様に128バイトのメモリ領域を確保している例です。

```swift
import Foundation

// 確保する容量を定義する
let bufSize = 128

// 自動管理されないメモリ領域を確保する
// ここでは128バイト確保している
var data = malloc(bufSize)

if data != nil {
    // ... 必要な処理を行う ...
    
    // 必要なくなったので、解放する
    free(data)
    
} else {
    // 確保失敗
    print("Failed Allocate")
}
```

関連項目 ▶▶▶

- 演算子について ……………………………………………………………… p.70
- データのバッファにアクセスする ………………………………………… p.490
- データを複製する …………………………………………………………… p.495

SECTION-140

データのバッファにアクセスする

ここでは、データのバッファにアクセスする方法について解説します。

SAMPLE CODE

```swift
import Foundation

// 確保する容量を定義する
let bufSize = 20 // 4バイトの整数 * 5個

// データを確保する
var data = NSMutableData(length: bufSize)

// データの確保に成功しているか?
if data != nil {
    // 「Int32」が連続した領域としてバッファにアクセスする
    var p = unsafeBitCast(data!.mutableBytes,
        UnsafeMutablePointer<Int32>.self)

    // 1から5までの整数を埋める
    for i in 0..<5 {
        p[i] = i + 1
    }
}

// コンソールに出力する
print(data)
```

このコードを実行すると、次のように出力されます。

```
Optional(<01000000 02000000 03000000 04000000 05000000>)
```

ONEPOINT　データのバッファにアクセスするには「mutableBytes」プロパティを使用する

　データのバッファにアクセスするには、「NSMutableData」クラスの「mutableBytes」プロパティを使用します。

```
public var mutableBytes: UnsafeMutablePointer<Void> { get }
```

　「mutableBytes」プロパティは、データが内部で持っているバッファへのポインタを返します。取得した「UnsafeMutablePointer<Void>」を使用したい型にキャストして使用します。このときに使用するキャストは、「as」を使ったダウンキャストではなく、強制的なキャストを行うので「unsafeBitCast」を使用します。強制的なキャストが必要な理由は、「Void」と「Int32」の間には継承関係がなく、「as」を使った方法ではキャストできないからです。「unsafeBitCast」は次のように定義されています。

```
public func unsafeBitCast<T, U>(x: T, _: U.Type) -> U
```

　引数「x」にはキャストするインスタンス、2番目の引数にはキャスト後の型を指定します。
　サンプルコードでは、「Int32」のポインタとして扱いましたが、「UInt8」のポインタとして扱った方が、バイト単位のアクセスができ、バイナリデータを操作するコードが書きやすいと思います。

COLUMN　読み込み専用のデータの場合

　読み込み専用のデータの場合、「NSMutableData」クラスではなく、「NSData」クラスを使います。「NSData」クラスから内部のポインタを取得するには、「bytes」プロパティを使用します。

```
public var bytes: UnsafePointer<Void> { get }
```

　読み込み専用なので、ポインタは「UnsafeMutablePointer」ではなく「UnsafePointer」を使用します。なお、「NSMutableData」クラスは「NSData」クラスのサブクラスなので、読み込み処理のみが必要なメソッドでは、「NSData」クラスを受け取るようにしておき、「UnsafePointer」を使ってバッファの内容を読み込むように実装すると、「NSMutableData」にも対応できます。次のコードは、引数に渡された「UnsafePointer<Void>」の内容をコンソールに出力するという例です。

```
import Foundation

// ポインタの内容をコンソールに出力する
func printPointer(pointer: UnsafePointer<Void>, len: Int) {
    // 「UInt8」のポインタとして扱う
    let p = unsafeBitCast(pointer, UnsafePointer<UInt8>.self)
```

■ SECTION-140 ■ データのバッファにアクセスする

```swift
        // 16進数でバイトを文字列にする
        var str = ""
        for i in 0 ..< len {
            str.appendContentsOf(String(format: "%02X ", p[i]))
        }

        // コンソールに出力する
        print (str)
}


// 確保する容量を定義する
let bufSize = 20  // 4バイトの整数 * 5個

// データを確保する
var data = NSMutableData(length: bufSize)

// データの確保に成功しているか?
if data != nil {
    // 「Int32」が連続した領域としてバッファにアクセスする
    var p = unsafeBitCast(data!.mutableBytes,
        UnsafeMutablePointer<Int32>.self)

    // 1から5までの整数を埋める
    for i in 0..<5 {
        p[i] = i + 1
    }

    // コンソールに出力する
    printPointer(data!.bytes, len: bufSize)
}
```

このコードを実行すると、次のように出力されます。

```
01 00 00 00 02 00 00 00 03 00 00 00 04 00 00 00 05 00 00 00
```

関連項目 ▶▶▶

- データを作成する……………………………………………………………p.487
- データを追加する……………………………………………………………p.501
- データを置き換える…………………………………………………………p.506

SECTION-141

データのバッファを配列で指定する

ここでは、データのバッファを配列で指定する方法について解説します。

SAMPLE CODE
```swift
import Foundation

// 配列を定義する
// 「UInt16」が連続したデータにするので、配列も「UInt16」の配列とする
var array: [UInt16] = [1, 2, 3, 4, 5]
// 長さは、バイト単位となるので、要素数 * 2バイト(「UInt16」は2バイトのため)
var data = NSData(bytesNoCopy: &array,
    length: array.count * 2, freeWhenDone: false)

// コンソールに出力する
print(data)
```

このコードを実行すると、次のように出力されます。

```
<01000200 03000400 0500>
```

> **ONEPOINT** データのバッファを配列で指定するには
> 「NSData」のイニシャライザに配列のポインタを指定する
>
> データのバッファを配列で指定するには、「&」演算子を使って、配列へのポインタを「NSData」クラスの次のイニシャライザに指定します。
>
> ```swift
> public init(bytesNoCopy bytes: UnsafeMutablePointer<Void>,
>     length: Int, freeWhenDone b: Bool)
> ```
>
> 引数「length」にはバイト列としてサイズを指定するので、配列の要素数ではなく、配列の各要素に必要なバイト数に要素数を掛けた値にします。引数「freeWhenDone」は、引数に指定したバッファを解放するかどうかを指定します。ここでは、配列をバッファとして使用するので、解放されないように「false」にします。
>
> 「NSMutableData」クラスでも同様の方法で、配列を使って初期化したデータを作ることが可能です。バッファを指定したデータの作成については、《データを複製する》(p.495)を参照してください。
>
> また、配列の内容をコピーして、配列とは無関係にしたデータを作りたい場合には、次のイニシャライザを使用します。
>
> ```swift
> public init(bytes: UnsafePointer<Void>, length: Int)
> ```
>
> このイニシャライザについては、488ページを参照してください。

■ SECTION-141 ■ データのバッファを配列で指定する

関連項目 ▶▶▶
●リテラルについて ……………………………………………………………… p.56
●Swiftでのコレクション ……………………………………………………… p.376
●データを作成する……………………………………………………………… p.487
●データのバッファにアクセスする …………………………………………… p.490
●データを複製する……………………………………………………………… p.495

SECTION-142

データを複製する

ここでは、データを複製する方法について解説します。

SAMPLE CODE
```swift
import Foundation

// 元のデータを作成する
var i: UInt32 = 0xABCD1234
var srcData = NSData(bytes: &i,
    length: sizeof(i.dynamicType))

// 読み取り専用のデータとして複製する
var newData = NSData(data: srcData)

// 変更可能なデータとして複製する
var newData2 = NSMutableData(data: srcData)

// コンソールに出力する
print("srcData = \(srcData)")
print("newData = \(newData)")
print("newData2= \(newData2)")
```

このコードを実行すると、次のように出力されます。

```
srcData = <3412cdab>
newData = <3412cdab>
newData2= <3412cdab>
```

ONEPOINT データを複製するには複製元データを指定してインスタンスを確保する

データを複製するには、複製元データを指定してインスタンスを確保します。インスタンスを確保するときに、複製元データを指定するには、「NSData」クラスの次のイニシャライザメソッドを使用します。

```swift
public init(data: NSData)
```

変更可能なデータにしたい場合は、「NSMutableData」クラスを使用します。

■ SECTION-142 ■ データを複製する

COLUMN バッファを複製するには

　バッファを複製するには、複製元のバッファと同じサイズのメモリ領域を確保し、「memcpy」関数を使ってバッファをコピーします。

```
public func memcpy(_: UnsafeMutablePointer<Void>,
    _: UnsafePointer<Void>, _: Int) -> UnsafeMutablePointer<Void>
```

　「memcpy」関数はC言語の関数で、2番目の引数に指定したバッファの内容を、先頭の引数に指定したバッファにコピーします。コピーする長さは、3番目の引数に指定します。

```
import Foundation

// バッファを複製して読み込み専用のバッファを作る
func dupMutableBuffer(src: UnsafeMutablePointer<Void>, len: Int) ->
    UnsafeMutablePointer<Void> {

        // 新しいバッファを確保する
        let dst = malloc(len)

        if dst != nil {
            // バッファの内容をコピーする
            memcpy(dst, src, len)
        }

        return dst
}

// バッファの内容をコンソールに出力する関数
func printBuffer(msg: String, p: UnsafePointer<UInt8>, len: Int) {
    print(msg)

    var str = ""
    for i in 0..<len {
        str.appendContentsOf(String(format: "%02X ", p[i]))
    }

    print(str)
}

// データを確保する
var data = NSMutableData(length: 5)

// データの確保に成功しているか?
if data != nil {
```

▼

```
    // 「UInt8」のポインタを取得する
    var p = unsafeBitCast(data!.mutableBytes,
        UnsafeMutablePointer<UInt8>.self)

    // 1から5までの整数を埋める
    for i in 0..<5 {
        p[i] = UInt8(i + 1)
    }

    // データのバッファを複製して、変更可能なバッファを作る
    var readwrite = dupMutableBuffer(p, len: 5)

    // 作成したバッファの内容をコンソールに出力する
    p = unsafeBitCast(readwrite, UnsafeMutablePointer<UInt8>.self)
    printBuffer("readwrite", p: p, len: 5)

    // バッファを解放する
    free(readwrite)
}
```

このコードを実行すると、次のように出力されます。

```
readwrite
01 02 03 04 05
```

COLUMN 同じバッファを参照するデータを作成するには

　他のデータに入っているバッファを参照する、新しいデータを作る方法も用意されています。これは、すでに他の方法でバッファが確保されており、その内容が設定されているときに、呼び出したいメソッドの引数が「NSData」になっていて、複製するのではなく、一時的にそのバッファを使ったデータを作ったほうが効率が良く、メモリ消費量も抑えられるというメリットがあります。

　バッファを指定して「NSData」クラスのインスタンスを確保するには、次のイニシャライザを使用します。

```
public init(bytesNoCopy bytes: UnsafeMutablePointer<Void>,
    length: Int, freeWhenDone b: Bool)
```

　引数「bytes」には、参照するポインタを指定し、引数「length」にはバッファの長さを指定します。引数「freeWhenDone」は、インスタンスを解放するときにバッファを解放するかどうかを指定します。同じバッファを参照するという目的で使用する場合は「false」を指定し、解放されないようにします。解放されてしまうと、もともとそのバッファを使っているデータ側がおかしくなってしまいます。

SECTION-142 データを複製する

```swift
import Foundation

// データを確保する
var srcData = NSMutableData(length: 5)!

// 内容を設定する
var p = unsafeBitCast(srcData.mutableBytes,
    UnsafeMutablePointer<UInt8>.self)

for i in 0 ..< 5 {
    p[i] = UInt8(i + 1)
}

// 同じバッファを参照する読み込み専用のデータを確保する
var dstData = NSData(bytesNoCopy: srcData.mutableBytes,
    length: 5, freeWhenDone: false)
// コンソールに出力する
print("srcData = \(srcData), buf = \(srcData.mutableBytes)")
print("dstData = \(dstData), buf = \(dstData.bytes)")

// 「srcData」のバッファの内容を変更する
for i in 0 ..< 5 {
    p[i] = UInt8(i + 10)
}
// コンソールに出力する
print("srcData = \(srcData), buf = \(srcData.mutableBytes)")
print("dstData = \(dstData), buf = \(dstData.bytes)")
```

このコードを実行すると、次のように出力されます。参照しているバッファが同じなので、片方を変更すると、もう片方も内容が変更されることが確認できます。

```
srcData = <01020304 05>, buf = 0x0000000102205aa0
dstData = <01020304 05>, buf = 0x0000000102205aa0
srcData = <0a0b0c0d 0e>, buf = 0x0000000102205aa0
dstData = <0a0b0c0d 0e>, buf = 0x0000000102205aa0
```

なお、「NSMutableData」クラスでもこのイニシャライザメソッドを使うことはできますが、バッファは新しく確保され、内容がコピーされたデータになります。「NSMutableData」クラスは、内容を変更することができるので、常に変更可能な新しいバッファが確保されるという実装になっているようです。

関連項目 ▶▶▶
- データを作成する……………………………………………………………………p.487
- データのバッファを配列で指定する …………………………………………………p.493
- データから一部分を取り出す ………………………………………………………p.499

SECTION-143

データから一部分を取り出す

ここでは、データから一部分を取り出す方法について解説します。

SAMPLE CODE
```
import Foundation
// 配列を定義する
// 「UInt8」のポインタにするので、配列も「UInt8」の配列とする
var array: [UInt8] = [1, 2, 3, 4, 5]
// 配列の内容をコピーしたデータを作る
var data = NSData(bytesNoCopy: &array,
    length: array.count, freeWhenDone: false)
// コンソールに出力する
print(data)
// データの一部分を取り出す
// ここでは、インデックス番号1を含めて3バイト取得する
var range = NSMakeRange(1, 3)
var subData = data.subdataWithRange(range)
// コンソールに出力する
print(subData)
```

このコードを実行すると、次のように出力されます。

```
<01020304 05>
<020304>
```

ONEPOINT データから一部分を取り出すには「subdataWithRange」メソッドを使用する

データから一部分を取り出すには、「NSData」クラスの「subdataWithRange」メソッドを使用します。

```
public func subdataWithRange(range: NSRange) -> NSData
```

「subdataWithRange」メソッドは、引数「range」に指定した範囲のデータを抜き出したサブデータを作るメソッドです。範囲外になるような範囲を指定した場合はクラッシュしてしまいますので、範囲外にならないように注意してください。範囲外になるかどうか、チェックする必要があるときは、データの長さを取得してください。データの長さの取得については《データの長さを取得する》(p.500)を参照してください。

関連項目 ▶▶▶
- データを作成する……………………………………………………………………… p.487
- データのバッファにアクセスする ……………………………………………………… p.490
- データを複製する ……………………………………………………………………… p.495

SECTION-144

データの長さを取得する

ここでは、データの長さを取得する方法について解説します。

SAMPLE CODE

```swift
import Foundation

// データを作成する
var data = NSMutableData(length: 10)
var emptyData = NSData()

if data != nil {
    // データの長さを取得する
    var len = data!.length

    // コンソールに出力する
    print("data.length = \(len)")
}

// データの長さを取得する
var len = emptyData.length

// コンソールに出力する
print("emptyData.length = \(len)")
```

このコードを実行すると、次のように出力されます。

```
data.length = 10
emptyData.length = 0
```

ONEPOINT データの長さを取得するには「length」プロパティを使う

データの長さを取得するには、「length」プロパティを使用します。

```swift
public var length: Int { get }
```

「length」プロパティは読み込み専用のプロパティで、データの長さが格納されます。データが空のときは、サンプルコードのように0が格納されます。

関連項目 ▶▶▶
- データのバッファにアクセスする …………………………………………………… p.490
- データを追加する………………………………………………………………………… p.501

SECTION-145

データを追加する

ここでは、データを追加する方法について解説します。

SAMPLE CODE

```
import Foundation

// データを作成する
var data = NSMutableData()

// コンソールに出力する
print(data)

// データに追加する内容を格納した配列を作る
var array: [UInt8] = [1, 2, 3, 4, 5]

// データに追加する
// 「appendBytes」メソッドの引数は「UnsafePointer」構造体なので
// 配列を渡すこともできる
data.appendBytes(array, length: array.count)

// コンソールに出力する
print(data)
```

このコードを実行すると、次のように出力されます。

```
<>
<01020304 05>
```

ONEPOINT　データを追加するには「appendBytes」メソッドを使用する

データを追加するには、「NSMutableData」クラスの「appendBytes」メソッドを使用します。

```
public func appendBytes(bytes: UnsafePointer<Void>, length: Int)
```

「appendBytes」メソッドは、引数「bytes」に指定されたバッファの内容をデータの末尾に追加します。追加する長さは引数「length」に指定します。追加するときに、データが持っているバッファが足りなければ内部で拡張されて格納されます。

■ SECTION-145 ■ データを追加する

> **COLUMN** 追加回数が多いときは別の方法を検討する
>
> 「NSMutableData」クラスは、バッファが足りなければ自動的に拡張しますが、これが問題になることがあります。たとえば、非常に多くの追加を繰り返すと、メソッドを呼び出すオーバーヘッドが馬鹿にならなくなります。このようなときは、ある程度、まとまったデータを追加するようにして、回数を減らしたり、最初から必要な容量だけメモリ領域を確保し、バッファにアクセスして内容を設定するなど、別の方法を検討した方がよいでしょう。
>
> たとえば、次のコードは、1バイトずつデータを追加するときに、「appendBytes」メソッドの呼び出し回数の違いでどの程度、速度に差が出るかを試しているコードです。また、「appendBytes」メソッドを呼び出さずに、一括で確保したメモリ領域に、ループで値をセットした場合にはどのように速度が変わるかも確認できます。

```
import Foundation

// 「appendBytes」メソッドを繰り返して、データを構築する
// totalLengthにデータの合計サイズ、pieceLengthに1回の追加で使用するバッファサイズを
// 指定する
// 作業に必要だった時間と「appendBytes」メソッドの呼び出し回数が返る
func buildData(totalLength: Int, pieceLength: Int) -> (Double, Int) {

    // バッファを確保する
    let buf = malloc(pieceLength)
    guard buf != nil else {
        return (0, 0)
    }
    let bufPtr = unsafeBitCast(buf, UnsafeMutablePointer<UInt8>.self)

    // 変更可能なデータを確保する
    let data = NSMutableData()

    // ここから時間を計測する
    let startDate = NSDate()

    var dataLen: Int = 0
    var value = 0
    var count = 0

    while dataLen < totalLength {
        // 追加する情報をバッファに設定する
        var bufLen = pieceLength
        if bufLen > (totalLength - dataLen) {
            bufLen = totalLength - dataLen
        }
```

▼

```swift
        for i in 0 ..< bufLen {
            bufPtr[i] = UInt8(value)
            value++

            if value > 255 {
                value = 0
            }
        }

        data.appendBytes(bufPtr, length: bufLen)
        count++
        dataLen += bufLen
    }

    // 経過時間を計算する
    let dt = NSDate().timeIntervalSinceDate(startDate)

    // バッファを解放する
    free(buf)

    return (dt, count)
}

// 一括でデータを確保して、バッファに直接アクセスして設定する
func buildDataOnce(totalLength: Int) -> Double {
    // データを確保する
    let data = NSMutableData(length: totalLength)

    // ここから時間を計測する
    let startDate = NSDate()

    // バッファを取得する
    let p = unsafeBitCast(data!.mutableBytes,
        UnsafeMutablePointer<UInt8>.self)

    var value = 0

    for i in 0 ..< totalLength {
        p[i] = UInt8(value)
        value++

        if value > 255 {
            value = 0
        }
    }
```

SECTION-145 データを追加する

```
    // 経過時間を計算する
    let dt = NSDate().timeIntervalSinceDate(startDate)

    return dt
}

// データのサイズを定義する
let dataLen = 10000000

// 一括確保の結果を取得する
var dt = buildDataOnce(dataLen)
var str = String(format: "Allocate at Once, Time = %.7f sec", dt)
print(str)

// 「appendBytes」メソッドで追加するバイト長を定義する
let pieceLengthArray = [10000, 1000, 100, 10, 1]

// 各バイト長で呼び出して、結果を出力する
for pieceLen in pieceLengthArray {
    var ret = buildData(dataLen, pieceLength: pieceLen)
    var str = String(format: "BufLen = %d, NumOfCalled = %d, Time = %.7f sec",
        pieceLen, ret.1, ret.0)
    print(str)
}
```

　このコードを実行すると、次のように出力されます。回数が少ないほど、必要な時間も減ることが確認できます。このサンプルコードでは、ループの繰り返しの度にバッファの内容を設定しているので、バッファを構築するオーバーヘッドもありますが、実際のコードでも追加する内容はその場で計算したり、別の場所から取得したりするので、同様のオーバーヘッドは発生します。それを含めて、回数が少ない方が必ず時間が少ないとは言えないまでも、必要な時間が少なくなる傾向があるということは確認できます。

```
Allocate at Once, Time = 0.0597870 sec
BufLen = 10000, NumOfCalled = 1000, Time = 0.0791010 sec
BufLen = 1000, NumOfCalled = 10000, Time = 0.0628570 sec
BufLen = 100, NumOfCalled = 100000, Time = 0.0658120 sec
BufLen = 10, NumOfCalled = 1000000, Time = 0.0845300 sec
BufLen = 1, NumOfCalled = 10000000, Time = 0.2691340 sec
```

SECTION-145 データを追加する

COLUMN 他のデータに格納されている内容を追加するには

他のデータに格納されている内容を追加したいときには、「NSMutableData」クラスの「appendData」メソッドを使用します。

```
public func appendData(other: NSData)
```

「appendData」メソッドは、引数「other」に指定されたデータを末尾に追加します。

```
import Foundation

// 変更可能なデータを定義する
var i = UInt32(0x11223344)
var data = NSMutableData(bytes: &i,
    length: sizeof(i.dynamicType))

// コンソールに出力する
print(data)

// 追加する内容を入れたデータを作る
var j = UInt32(0xAABBCCDD)
var intData = NSData(bytes: &j, length: 4)

// データを追加する
data.appendData(intData)

// コンソールに出力する
print(data)
```

このコードを実行すると、次のように出力されます。

```
<44332211>
<44332211 ddccbbaa>
```

関連項目 ▶▶▶

- データのバッファにアクセスする …………………………………………………… p.490
- データの長さを取得する………………………………………………………………… p.500
- データを置き換える……………………………………………………………………… p.506
- 日時の差を計算する……………………………………………………………………… p.545

SECTION-146
データを置き換える

ここでは、データを置き換える方法について解説します。

SAMPLE CODE
```
import Foundation

// 変更可能なデータを作る
var array: [UInt8] = [1, 2, 7, 10, 11, 5]
var data = NSMutableData(bytes: &array, length: 6)

// コンソールに出力する
print(data)

// 置き換え後の情報を定義する
var array2: [UInt8] = [3, 4]

// インデックス番号2から3バイトの範囲を「array2」の
// 内容に置き換える
var range = NSMakeRange(2, 3)
data.replaceBytesInRange(range, withBytes: &array2, length: 2)

// コンソールに出力する
print(data)
```

このコードを実行すると、次のように出力されます。

```
<0102070a 0b05>
<01020304 05>
```

ONEPOINT データを置き換えるには「replaceBytesInRange」メソッドを使用する

データを置き換えるには、「NSMutableData」クラスの「replaceBytesInRange」メソッドを使用します。

```
public func replaceBytesInRange(range: NSRange,
    withBytes bytes: UnsafePointer<Void>)

public func replaceBytesInRange(range: NSRange,
    withBytes replacementBytes: UnsafePointer<Void>,
    length replacementLength: Int)
```

「replaceBytesInRange」メソッドは引数の違いにより2つありますが、どちらもデータの一部分を置き換えるメソッドです。引数「range」に指定された範囲のバイト列を、引数

「bytes」もしくは「replacementBytes」に指定されたバッファに格納されたバイト列で置き換えます。引数「replacementLength」は、コピーするバッファの長さです。この引数がないメソッドは、引数「range」の長さと同じ長さをコピーします。

このように、引数「replacementLength」がある方のメソッドを使えば、置き換える前後で長さが変わっても、サンプルコードのように置き換えることができます。

COLUMN データの途中に挿入するには

「repalceBytesInRange」メソッドで、置き換える範囲の長さを「0」にすることで、データを途中に挿入することができます。

```
import Foundation

// 変更可能なデータを作る
var array: [UInt8] = [1, 2, 5]
var data = NSMutableData(bytes: &array, length: 3)

// コンソールに出力する
print(data)

// 挿入する内容を定義する
var array2: [UInt8] = [3, 4]

// インデックス番号2の位置に挿入する
var range = NSMakeRange(2, 0)
data.replaceBytesInRange(range, withBytes: &array2, length: 2)

// コンソールに出力する
print(data)
```

このコードを実行すると、次のように出力されます。

```
<010205>
<01020304 05>
```

COLUMN　データの一部分を削除するには

「replaceBytesInRange」メソッドで、置き換え後のデータをNULLにすることで、データの一部分を削除するという処理を実装できます。ただし、「replaceBytesInRange」メソッドの引数「replacementBytes」はオプショナル変数ではないので「nil」を指定することはできません。そのため、「UnsafePointer<Void>」の次のイニシャライザメソッドを使って確保したインスタンスを指定します。

```
public init()
```

このイニシャライザメソッドを使って確保したインスタンスは、Swift 2.0ではNULLポインタを意味します。Swift 2.0未満では「null」メソッドを使用するとNULLポインタを取得できます。

```
import Foundation

// 変更可能なデータを作る
var array: [UInt8] = [1, 2, 3, 3, 3, 4]
var data = NSMutableData(bytes: &array, length: 6)

// コンソールに出力する
print(data)

// インデックス番号3から2バイト削除する
var range = NSMakeRange(3, 2)
data.replaceBytesInRange(range,
    withBytes: UnsafePointer<Void>(), length: 0)

// コンソールに出力する
print(data)
```

このコードを実行すると、次のように出力されます。

```
<01020303 0304>
<01020304>
```

関連項目 ▶▶▶
- データのバッファにアクセスする ……………………………………………… p.490
- データを追加する………………………………………………………………… p.501

SECTION-147

データをファイルに書き出す

ここでは、データをファイルに書き出す方法について解説します。

SAMPLE CODE
```
import Foundation

// 「Swift」というテキストデータを作る
var text = "Swift\n"

if let textData = text.dataUsingEncoding(
    NSUTF8StringEncoding, allowLossyConversion: false) {
    
    // デスクトップに書き出す
    var path = NSString(string:
        "~/Desktop/Test.txt").stringByExpandingTildeInPath
    var ret = textData.writeToFile(path, atomically: true)
    
    if ret {
        print("Successed")
    } else {
        print("Failed")
    }
}
```

このコードを実行すると、次のように出力されます。

```
Successed
```

また、デスクトップに次のように書き込まれた「Test.txt」ファイルが作成されます。

```
Swift
```

サンプルコードの「path」の内容を、存在しないディレクトリにするなど、書き出しができないようにすると、「Failed」と出力され、書き出しに失敗することも確認できます。

■ SECTION-147 ■ データをファイルに書き出す

> **ONEPOINT** データをファイルに書き出すには「writeToFile」メソッドを使う
>
> 　データをファイルに書き出すには、「NSData」クラスの「writeToFile」メソッドを使用します。
>
> ```
> public func writeToFile(path: String, atomically useAuxiliaryFile: Bool) -> Bool
> ```
>
> 　「writeToFile」メソッドは、引数「path」に指定されたファイルパスにデータの内容を書き出します。すでにファイルが存在するときは上書きされます。書き出しに成功すると「true」を返し、失敗すると「false」を返します。引数「useAuxiliaryFile」は、書き出し時にテンポラリファイルを使うか、最終ファイルを使うかを指定します。速度的な問題がなければ、通常は「true」でよいでしょう。

> **COLUMN** URLを指定して書き出すには
>
> 　ファイルの出力先を、ファイルパスではなく、URLで指定したい場合は「writeToURL」メソッドを使用します。
>
> ```
> public func writeToURL(url: NSURL, atomically: Bool) -> Bool
> ```
>
> 　ただし、アップロード機能はサポートされていません。そのため、指定できるURLはローカルファイルに対するURLのみです。

関連項目 ▶▶▶
- 文字列からテキストデータを取得する ………………………………………………… p.299
- ファイルからデータを読み込む ………………………………………………………… p.511
- ファイルを部分的に書き込む …………………………………………………………… p.604
- ファイルを部分的に読み込む …………………………………………………………… p.608

SECTION-148

ファイルからデータを読み込む

ここでは、ファイルからデータを読み込む方法について解説します。

SAMPLE CODE

```swift
import Foundation

// 読み込むファイルを作成する
func writeTestFile() -> String {
    
    // 書き出すデータを作る
    let bytes: [UInt8] = [0, 1, 2, 3, 4, 5]
    let data = NSData(bytes: bytes, length: bytes.count)
    
    // 書き出すファイルパス
    let path = NSString(string:
        "~/Desktop/Test.dat").stringByExpandingTildeInPath
    
    // ファイルに書き出す
    data.writeToFile(path, atomically: true)
    
    // ファイルパスを返す
    return path
}

// テスト用のファイルを作成する
let path = writeTestFile()

// ファイルを読み込む
let data = NSData(contentsOfFile: path)

// 読み込んだデータをコンソールに出力する
print(data)
```

このコードを実行すると、次のように出力されます。

```
Optional(<00010203 0405>)
```

■ SECTION-148 ■ ファイルからデータを読み込む

ONEPOINT ファイルからデータを読み込むには
ファイルパスを指定できるイニシャライザメソッドを使う

　ファイルからデータを読み込むには、「NSData」クラスのインスタンスを確保するときに、ファイルパスを指定します。

```
public init?(contentsOfFile path: String)
```

　このイニシャライザメソッドは、引数「path」に指定されたファイルの内容を読み込みます。ファイルが存在しないなど、読み込めないときは「nil」になります。
　変更可能なデータとして読み込みたい場合は「NSMutableData」クラスを使用します。

COLUMN URLを指定して読み込むには

　読み込むファイル名を、ファイルパスではなくURLで指定したい場合には、URLを引数に取るイニシャライザメソッドを使用します。

```
public init?(contentsOfURL url: NSURL)
```

　読み込みたいファイルのURLは「NSURL」クラスのインスタンスで指定します。ローカルファイルだけではなく、インターネット上のファイルを指定することもできます。読み込み処理は同期処理となりますので、インターネット上のファイルを指定した場合は、時間がかかる可能性もあるので、注意が必要です。

関連項目 ▶▶▶
- データをファイルに書き出す ……………………………………………………… p.509
- ファイルを部分的に書き込む ……………………………………………………… p.604
- ファイルを部分的に読み込む ……………………………………………………… p.608

SECTION-149

データをBase64でエンコードする

ここでは、データをBase64でエンコードする方法について解説します。

SAMPLE CODE

```swift
import Foundation

// 元のデータを作成する
var data = NSMutableData(length: 256)
var p = unsafeBitCast(data!.mutableBytes,
    UnsafeMutablePointer<UInt8>.self)

for i in 0 ..< 256 {
    p[i] = UInt8(i)
}
// BASE64でエンコードされた文字列を作る
// 64文字ごとに改行を入れる
var base64Str = data!.base64EncodedStringWithOptions(
    .Encoding64CharacterLineLength)
// コンソールに出力する
print(base64Str)
```

このコードを実行すると、次のように出力されます。

```
AAECAwQFBgcICQoLDA0ODxAREhMUFRYXGBkaGxwdHh8gISIjJCUmJygpKissLS4v
MDEyMzQ1Njc4OTo7PD0+P0BBQkNERUZHSElKS0xNTk9QUVJTVFVWV1hZWltcXV5f
YGFiY2RlZmdoaWprbG1ub3BxcnN0dXZ3eHl6e3x9fn+AgYKDhIWGh4iJiouMjY6P
kJGSk5SVlpeYmZqbnJ2en6ChoqOkpaanqKmqq6ytrq+wsbKztLW2t7i5uru8vb6/
wMHCw8TFxsfIycrLzM3Oz9DR0tPU1dbX2Nna29zd3t/g4eLj5OXm5+jp6uvs7e7v
8PHy8/T19vf4+fr7/P3+/w==
```

ONEPOINT データをBase64でエンコードするには「base64EncodedStringWithOptions」メソッドを使う

データをBase64でエンコードするには、「NSData」クラスの「base64EncodedStringWithOptions」メソッドを使用します。

```swift
public func base64EncodedStringWithOptions(
    options: NSDataBase64EncodingOptions) -> String
```

「base64EncodedStringWithOptions」メソッドは、データに格納されているバイト列をBASE64でエンコードした文字列を作ります。Base64は、7ビットの文字列以外の文字を使用することができない環境で、それ以外のデータも送信するための符号化の方法です。

COLUMN　エンコードするときのオプションについて

　Base64でエンコードするときに指定可能なオプションには次のものがあります。排他関係にないオプションについては組み合わせて指定可能です。組み合わせるときには、「[]」演算子を使用して配列リテラルのように記述します。

オプション	説明
Encoding64CharacterLineLength	64文字ごとに改行する
Encoding76CharacterLineLength	76文字ごとに改行する
EncodingEndLineWithCarriageReturn	改行するときにCRを使う
EncodingEndLineWithLineFeed	改行するときにLFを使う

　なお、「Encoding64CharacterLineLength」と「Encoding76CharacterLineLength」のどちらも指定しない場合は、改行なしとなります。

　改行するように指定し、かつ、「EncodingEndLineWithCarriageReturn」と「EncodingEndLineWithLineFeed」のどちらも指定しなかった場合は、「CR」+「LF」で改行されます。

COLUMN　Base64でエンコードされたデータを作るには

　Base64でエンコードされた文字列ではなく、直接、ファイルに書き込みできるように、Base64でエンコードされたデータを作成したいときには、「base64EncodedDataWithOptions」メソッドを使用します。

```swift
public func base64EncodedDataWithOptions(
    options: NSDataBase64EncodingOptions) -> NSData
```

　「base64EncodedDataWithOptions」メソッドは、Base64でエンコードされたデータを作成します。

```swift
import Foundation

// 元のデータを作成する
var data = NSMutableData(length: 256)
var p = unsafeBitCast(data!.mutableBytes,
    UnsafeMutablePointer<UInt8>.self)

for i in 0 ..< 256 {
    p[i] = UInt8(i)
}

// BASE64でエンコードされたデータを作る
// 64文字ごとに改行を入れる
var base64Data = data!.base64EncodedDataWithOptions(
    .Encoding64CharacterLineLength)
```

■ SECTION-149 ■ データをBase64でエンコードする

```
// 書き込むファイルパス
var path = NSString(string:
    "~/Desktop/Base64.txt").stringByExpandingTildeInPath

// 書き込む
base64Data.writeToFile(path, atomically: true)
```

　このコードを実行すると、デスクトップに「Base64.txt」というファイルが作成され、Base64でエンコードされたテキストデータが書き込まれます。

関連項目 ▶▶▶
- Base64をデコードしたデータを作る ……………………………………………… p.516

SECTION-150

Base64をデコードしたデータを作る

ここでは、Base64をデコードして、データを作る方法について解説します。

SAMPLE CODE

```
import Foundation

// Base64でエンコードされた文字列
// ここでは「Swift」をUTF-8で出力したデータをエンコードしている
var base64Str = "U3dpZnQ="

// Base64をデコードする
var data = NSData(base64EncodedString: base64Str,
    options: NSDataBase64DecodingOptions())

// 読み込んだデータから文字列を作る
var str = NSString(data: data!, encoding: NSUTF8StringEncoding)

// コンソールに出力する
print(str!)
```

このコードを実行すると、次のように出力されます。

```
Swift
```

ONEPOINT Base64をデコードしたデータを作るにはイニシャライザメソッドでBase64の文字列を指定する

Base64をデコードしたデータを作るには、Base64の文字列を引数にとるイニシャライザメソッドを使用します。

```
public init?(base64EncodedString base64String: String,
    options: NSDataBase64DecodingOptions)
```

このイニシャライザメソッドは、引数「base64String」に指定されたBase64の文字列をデコードして、データを作ります。デコードに失敗した場合は「nil」が返ります。引数「options」には、デコード時のオプションを指定します。サンプルコードではデフォルトオプションを使うため、何も指定していません。指定可能な値には次のものがあります。

オプション	説明
IgnoreUnknownCharacters	Base64とは無関係の文字列を無視する。改行文字も無視の対象

■ SECTION-150 ■ Base64をデコードしたデータを作る

> **COLUMN** **Base64のデータをデコードするには**
>
> 　Base64の文字列ではなく、データをデコードするには、次のイニシャライザメソッドを使用します。
>
> ```
> public init?(base64EncodedData base64Data: NSData,
>     options: NSDataBase64DecodingOptions)
> ```
>
> 　このイニシャライザメソッドは、引数「base64Data」に指定されたBase64のデータをデコードします。デコードに失敗した場合は「nil」が返ります。
> 　次のコードは514ページで出力したデータを読み込んでデコードしている例です。デコードするデータには改行文字が含まれるので「IgnoreUnknownCharacters」を指定しています。
>
> ```
> import Foundation
>
> // 読み込むファイルのファイルパス
> var path = NSString(string:
>     "~/Desktop/Base64.txt").stringByExpandingTildeInPath
>
> // ファイルを読み込む
> var base64Data = NSData(contentsOfFile: path)
>
> // Base64でデコードする
> var data = NSData(base64EncodedData: base64Data!,
>     options: .IgnoreUnknownCharacters)
>
> // コンソールに出力する
> print(data!)
> ```
>
> 　このコードを実行すると、次のように出力されます。
>
> ```
> <00010203 04050607 08090a0b 0c0d0e0f 10111213 14151617 18191a1b 1c1d1e1f 20212223 24252627
> 28292a2b 2c2d2e2f 30313233 34353637 38393a3b 3c3d3e3f 40414243 44454647 48494a4b 4c4d4e4f
> 50515253 54555657 58595a5b 5c5d5e5f 60616263 64656667 68696a6b 6c6d6e6f 70717273 74757677
> 78797a7b 7c7d7e7f 80818283 84858687 88898a8b 8c8d8e8f 90919293 94959697 98999a9b 9c9d9e9f
> a0a1a2a3 a4a5a6a7 a8a9aaab acadaeaf b0b1b2b3 b4b5b6b7 b8b9babb bcbdbebf c0c1c2c3 c4c5c6c7
> c8c9cacb cccdcecf d0d1d2d3 d4d5d6d7 d8d9dadb dcdddedf e0e1e2e3 e4e5e6e7 e8e9eaeb ecedeeef
> f0f1f2f3 f4f5f6f7 f8f9fafb fcfdfeff>
> ```

関連項目 ▶ ▶ ▶

● データをBase64でエンコードする …………………………………………… p.513

SECTION-151

JSONデータを作る

ここでは、JSONデータを作る方法について解説します。

SAMPLE CODE
```swift
import Foundation

// JSON化するオブジェクトを作成する
var str = "The String"
var intValue = 10
var floatingValue = 0.123
var array = [1, 2, 3, 4, 5]
var dict = ["Key":"Value", "Key2":"Value2"]

var topObj = [
    "String":str,
    "Integer":intValue,
    "Floating":floatingValue,
    "Array":array,
    "Dictionary":dict
]

do {
    var jsonData = try NSJSONSerialization.dataWithJSONObject(
        topObj, options: .PrettyPrinted)
    
    // 文字列化する
    if let jsonStr = NSString(data: jsonData,
        encoding: NSUTF8StringEncoding) {
            // コンソールに出力する
            print(jsonStr)
    }
} catch let error as NSError {
    // JSONデータ化失敗時
    print("Failed")
}
```

このコードを実行すると、次のように出力されます。

```
{
  "Dictionary" : {
    "Key" : "Value",
    "Key2" : "Value2"
  },
  "Array" : [
```

```
    1,
    2,
    3,
    4,
    5
  ],
  "Floating" : 0.123,
  "String" : "The String",
  "Integer" : 10
}
```

> **ONEPOINT** JSONデータを作るには「dataWithJSONObject」メソッドを使う

JSONデータを作るには、「NSJSONSerialization」クラスの「dataWithJSONObject」メソッドを使用します。

```
public class func dataWithJSONObject(obj: AnyObject,
    options opt: NSJSONWritingOptions) throws -> NSData
```

「dataWithJSONObject」メソッドは、引数「obj」に指定されたオブジェクトをトップオブジェクトにしたJSONデータを作ります。JSONデータはUTF-8のテキストデータになります。作成に失敗した場合はエラーが投げられ、エラー制御に処理が移ります。引数「options」には、JSON化するときのオプションを指定します。執筆時点で定義済みのオプションは次の通りです。

オプション	説明
PrettyPrinted	改行やスペースを入れて、人間が読みやすい形にする

Swiftで実行すると、引数「obj」に配列やディクショナリ以外のオブジェクトを渡すと、例外が発生し、クラッシュします。そのため、JSON化できるかを事前にチェックしてください。チェック方法については次のCOLUMNを参照してください。

> **COLUMN** JSON化できるか確認するには

JSON化できるかを確認するには、「NSJSONSerialization」クラスの「isValidJSONObject」メソッドを使用します。

```
public class func isValidJSONObject(obj: AnyObject) -> Bool
```

「isValidJSONObject」メソッドは、引数「obj」に指定されたオブジェクトがJSON化可能ならば「true」を返します。「dataWithJSONObject」メソッドでJSON化する前に、このメソッドを使って、JSON化することができるかをチェックできます。
次のコードは、いくつかのオブジェクトをトップオブジェクトにしたJSONが作れるかどうか

SECTION-151 JSONデータを作る

をチェックして、結果を出力します。

```
import Foundation

// JSON化するオブジェクトを作成する
var str = "The String"
var intValue = 10
var floatingValue = 0.123
var array = [1, 2, 3, 4, 5]
var dict = ["Key":"Value", "Key2":"Value2"]

var topObj = [
    "String":str,
    "Integer":intValue,
    "Floating":floatingValue,
    "Array":array,
    "Dictionary":dict
]

// 各オブジェクトをトップオブジェクトにしたJSONが作れるか調べる
var topObjArray = [str, intValue, floatingValue,
    array, dict, topObj
]

for obj in topObjArray {
    var typeName = obj.className
    var b = NSJSONSerialization.isValidJSONObject(obj)
    print("isValidJSONObject(\(typeName)) = \(b)")
}
```

このコードを実行すると、次のように出力されます。

```
isValidJSONObject(Swift._NSContiguousString) = false
isValidJSONObject(__NSCFNumber) = false
isValidJSONObject(__NSCFNumber) = false
isValidJSONObject(Swift._SwiftDeferredNSArray) = true
isValidJSONObject(_TtGCSs29_NativeDictionaryStorageOwnerSSSS_) = true
isValidJSONObject(__NSDictionaryI) = true
```

関連項目 ▶▶▶
- JSONデータを読み込む ……………………………………………………… p.521

SECTION-152

JSONデータを読み込む

ここでは、JSONデータを読み込む方法について解説します。

SAMPLE CODE

```swift
import Foundation

// JSON文字列を定義する
var jsonStr = "{\"Integers\":[1, 2, 3, 4, 5]}"

// UTF-8のデータを作る
var jsonData = jsonStr.dataUsingEncoding(NSUTF8StringEncoding,
    allowLossyConversion: false)

do {
    // JSONをデコードする
    var obj = try NSJSONSerialization.JSONObjectWithData(jsonData!,
        options: NSJSONReadingOptions())
    // コンソールに出力する
    print(obj)
} catch let error as NSError {
    // デコード失敗
    print("Faield: \(error)")
}
```

このコードを実行すると、次のように出力されます。

```
{
    Integers =     (
        1,
        2,
        3,
        4,
        5
    );
}
```

ONEPOINT JSONデータを読み込むには「JSONObjectWithData」メソッドを使う

JSONデータを読み込むには、「NSJSONSerialization」クラスの「JSONObjectWithData」メソッドを使用します。

```swift
public class func JSONObjectWithData(data: NSData,
    options opt: NSJSONReadingOptions) throws -> AnyObject
```

■ SECTION-152 ■ JSONデータを読み込む

　「JSONObjectWithData」メソッドは、引数「data」に指定したJSONデータをデコードして、「Dictionary」や「Array」など、Swiftのオブジェクトに変換して返すメソッドです。変換できないときはエラーが投げられ、エラー制御に処理が移ります。
　サンプルコードでは、ディクショナリの中に、整数の配列が入っているJSONを読み込ませています。「JSONObjectWithData」メソッドは、トップオブジェクトを返すので、上記の構造になっている「Dictionary」が返っています。

COLUMN　サポートされている文字コード(テキストエンコーディング)

　「JSONObjectWithData」メソッドがサポートしている文字コード(テキストエンコーディング)には、次のものがあります。
- UTF-8
- UTF-16 LE
- UTF-16 BE
- UTF-32 LE
- UTF-32 BE

　上記以外のものはサポートされないので、上記のいずれかになるように変換してから、使用してください。

COLUMN　読み込みオプションについて

　「JSONObjectWithData」メソッドの引数「opt」に指定可能なオプションには、次のものがあります。

オプション	説明
MutableContainers	配列やディクショナリを変更可能なオブジェクトにする
MutableLeaves	作成するオブジェクトを変更可能なオブジェクトにする
AllowFragments	トップオブジェクトが、配列、または、ディクショナリのどちらでもない場合も読み込む

　Swiftでは、通常はディクショナリや配列は変更可能なオブジェクトですが、「JSONObjectWithData」メソッドが作るのは、「Foundation」フレームワークの「NSDictionary」クラスや「NSArray」クラスのインスタンスです。そのため、上記のオプションで変更可能なオブジェクトを作成するようにしていない場合には、作成されたディクショナリや配列を変更しようとすると、例外が発生し、クラッシュしてしまいます。
　変更可能なオブジェクトが必要なときは、上記のオプションを指定してください。

関連項目 ▶▶▶
- JSONデータを作る………………………………………………………………p.518

CHAPTER 09
日時・ロケール

SECTION-153

日時について

■ Swiftでの日時対応について

　Swiftでは、ネイティブで日時を表す型はないので、「Foundation」フレームワークの、日時を扱うクラスや、POSIXに準拠した日時を扱うシステムコールを使って、日時の処理を行います。本書では、「Foundation」フレームワークの日時を扱うクラスを使った方法について解説します。

　「Foundation」フレームワークの日時を扱うクラスおよび関連クラスには、次のものがあります。

▶「NSDate」クラス
　「NSDate」クラスは日時を表すクラスです。

▶「NSCalendar」クラス
　「NSCalendar」クラスは、カレンダー情報を表すクラスです。通常用いられるグレゴリオ暦の他にも和暦などにも対応しています。

▶「NSDateComponents」クラス
　日時を年月日時分秒に分割して表現するためのクラスです。「NSDate」クラスから年月日などを取り出したいときや、指定した年月日から「NSDate」クラスのインスタンスを作りたいときなどに使用します。

▶「NSTimeZone」クラス
　タイムゾーンを表すクラスです。タイムゾーンは、協定世界時（UTC）からの時差を表します。

▶「NSLocale」クラス
　「NSLocale」クラスは、ロケール情報を表すクラスです。通貨の単位や年月日を文字列化するときのルールなど、地域によって異なる情報を扱います。

SECTION-154

日時のオブジェクトを作成する

ここでは、日時のオブジェクトを作成する方法について解説します。

SAMPLE CODE
```
import Foundation

// 現在日時を入れた付のオブジェクトを作成する
var date = NSDate()

// コンソールに出力する
print(date)
```

このコードを実行すると、次のように出力されます。出力される値は世界協定時での実行日時です。

```
2015-11-09 13:02:43 +0000
```

ONEPOINT 日時のオブジェクトを作成するには
「NSDate」クラスのインスタンスを確保する

日時のオブジェクトを作成するには、「NSDate」クラスのインスタンスを確保します。引数を取らないイニシャライザメソッドでインスタンスを確保すると、現在日時が格納されたインスタンスが確保されます。

指定した日時を格納した「NSDate」クラスのインスタンスを確保する方法については《指定した日時のオブジェクトを作成する》(p.526)を参照してください。

関連項目 ▶▶▶
- 指定した日時のオブジェクトを作成する……………………………………………p.526
- 指定した日時だけ経過した日時を取得する …………………………………………p.529
- 日時の情報を取得する………………………………………………………………p.532

SECTION-155

指定した日時のオブジェクトを作成する

ここでは、指定した日時のオブジェクトを作成する方法について解説します。

SAMPLE CODE

```
import Foundation

// グレゴリオ暦用のカレンダーを取得する
var calendar = NSCalendar(
    calendarIdentifier: NSCalendarIdentifierGregorian)

// 取得する日時を定義する
// ここでは「2015年3月4日 13時52分16秒」を指定している
var comps = NSDateComponents()
comps.year = 2015
comps.month = 3
comps.day = 4
comps.hour = 13
comps.minute = 52
comps.second = 16

// 日時を取得する
var date = calendar!.dateFromComponents(comps)

// コンソールに出力する
print(date)
```

このコードを実行すると、次のように出力されます。コンソールに出力される値は、協定世界時(UTC)での日時になっています。一方、指定している値はユーザーのシステム設定に基づいているので、コードとは違う値になっていますが、同じ日時を指しています。

```
Optional(2015-03-04 04:52:16 +0000)
```

ONEPOINT 指定した日時のオブジェクトを作成するには「dateFromComponents」メソッドを使用する

指定した日時のオブジェクトを作成するには、「NSCalendar」クラスの「dateFromComponents」メソッドを使用します。

```
public func dateFromComponents(comps: NSDateComponents) -> NSDate?
```

「dateFromComponents」メソッドは、引数「comps」に指定した日時を格納した「NSDate」クラスのインスタンスを確保します。「dateFromComponents」メソッドを呼ぶためには、まず、「NSCalendar」クラスのインスタンスが必要です。ここでは、西暦で日時

を指定したいのでグレゴリオ暦用のカレンダーを取得するため「NSCalendarIdentifierGregorian」を指定して、インスタンスを確保しています。

引数「comps」は相対的な値を指定することも可能です、相対値を指定したときの動作については《指定した日時だけ経過した日時を取得する》(p.529)を参照してください。

COLUMN 和暦を使用するには

「NSCalendar」クラスのインスタンスを確保するときに「NSCalendarIdentifierJapanese」を指定すると、年月日を和暦で指定することができます。たとえば、次のカレンダーは「平成27年1月1日0時0分0秒」取得しているコードです。

```
import Foundation

// 和暦用のカレンダーを取得する
var calendar = NSCalendar(
    calendarIdentifier: NSCalendarIdentifierJapanese)

// 取得する日時を定義する
// ここでは「平成27年1月1日0時0分0秒」を指定している
var comps = NSDateComponents()
comps.year = 27
comps.month = 1
comps.day = 1
comps.hour = 0
comps.minute = 0
comps.second = 0

// 日時を取得する
var date = calendar!.dateFromComponents(comps)

// コンソールに出力する
print(date)
```

このコードを実行すると、次のように出力されます。実行例はタイムゾーンが「東京」になっているので、世界協定時では、西暦2014年12月31日15時0分0秒になるので、その値が出力されます。

```
Optional(2014-12-31 15:00:00 +0000)
```

SECTION-155 指定した日時のオブジェクトを作成する

COLUMN ユーザーが設定したカレンダーを取得するには

　テキストフィールドなどで、ユーザーから日時の入力を受け付ける場合、西暦や和暦などをアプリから指定せずに、ユーザーが設定しているカレンダーでの値を使用したい場合があります。このようなときは、「NSCalendar」クラスの「currentCalendar」メソッドや「autoupdatingCurrentCalendar」メソッドを使用します。

```
public class func currentCalendar() -> NSCalendar
```

```
public class func autoupdatingCurrentCalendar() -> NSCalendar
```

　どちらのメソッドも、ユーザーがシステム設定で指定しているカレンダーが返ります。2つのメソッドの違いは、「autoupdatingCurrentCalendar」メソッドで返されたカレンダーはユーザーが設定を変更すると自動的に内容が更新されるカレンダーが返り、「currentCalendar」が返したカレンダーは呼び出し時点での情報のまま更新されない点です。

```
import Foundation

// システム設定のカレンダーを取得する
var calendar = NSCalendar.currentCalendar()

// 取得する日時を定義する
// ここでは「2015年1月1日0時0分0秒」を指定している
// 本書での実行環境はシステム設定は「西暦」になっている
var comps = NSDateComponents()
comps.year = 2015
comps.month = 1
comps.day = 1
comps.hour = 0
comps.minute = 0
comps.second = 0
// 日時を取得する
var date = calendar.dateFromComponents(comps)
// コンソールに出力する
print(date)
```

　このコードを実行すると、次のように出力されます。

```
Optional(2014-12-31 15:00:00 +0000)
```

関連項目 ▶ ▶ ▶

- 日時のオブジェクトを作成する ……………………………………………………… p.525
- 指定した日時だけ経過した日時を取得する ………………………………………… p.529
- 日時の情報を取得する………………………………………………………………… p.532

SECTION-156
指定した日時だけ経過した日時を取得する

ここでは、指定した日時だけ経過した日時を取得する方法について解説します。

SAMPLE CODE

```
import Foundation

// システム設定のカレンダーを取得する
var calendar = NSCalendar.currentCalendar()

// 現在の日時を取得する
var now = NSDate()

// 34日後の日時を取得する
var comps = NSDateComponents()
comps.day = 34

var date1 = calendar.dateByAddingComponents(comps,
    toDate: now, options: [])

// 13時間30分前の日時を取得する
comps = NSDateComponents()
comps.hour = -13
comps.minute = -30

var date2 = calendar.dateByAddingComponents(comps,
    toDate: now, options: [])

// コンソールに出力する
print("now = \(now)")
print("+34 days = \(date1)")
print("-13:30 = \(date2)")
```

このコードを実行すると、次のように出力されます(現在日時を取得しているので、実行時の日時に依存して値は変わります)。

```
now = 2015-11-09 13:05:21 +0000
+34 days = Optional(2015-12-13 13:05:21 +0000)
-13:30 = Optional(2015-11-08 23:35:21 +0000)
```

SECTION-156 指定した日時だけ経過した日時を取得する

ONEPOINT 指定した日時だけ経過した日時を取得するには「dateByAddingComponents」メソッドを使用する

指定した日時だけ経過した日時を取得するには、「NSCalendar」クラスの「dateByAddingComponents」メソッドを使用します。

```
public func dateByAddingComponents(comps: NSDateComponents,
    toDate date: NSDate, options opts: NSCalendarOptions) -> NSDate?
```

「dateByAddingComponents」メソッドは、引数「comps」だけ経過した日時を取得します。基準日時は引数「date」に指定します。サンプルコードでは、現在日時を指定していますが、特定の日時を指定することで、特定の日時からの経過日時を取得することも可能です。また、引数「comps」に指定する値は、負の値も使用可能です。負の値を使うことで、基準日時よりも前の日時を取得できます。サンプルコードでは、「13時間30分前」という日時を取得しています。

引数「opts」にはオプションが指定可能です。サンプルコードでは、特に指定しないので空の配列を指定しています。

COLUMN 指定したコンポーネント以外に影響させないで日時を取得するには

「dateByAddingComponents」メソッドは、指定した値だけずらすと、各コンポーネントの最大値を超えてしまうときや、最小値を下回るときに別のコンポーネントを変化させます。これを、別のコンポーネントには影響させずに、値をラップしたいというときには、引数「opts」に「NSCalendarOptions.WrapComponents」を指定します。たとえば、次のコードは25時間後の日時を取得していますが、「date2」はラップさせているので日付が変わりません。

```
import Foundation

// システム設定のカレンダーを取得する
var calendar = NSCalendar.currentCalendar()

// 現在の日時を取得する
var now = NSDate()

// 25時間後の日時を取得する
var comps = NSDateComponents()
comps.hour = 25

var date1 = calendar.dateByAddingComponents(comps,
    toDate: now, options: [])

var date2 = calendar.dateByAddingComponents(comps, toDate: now,
    options: NSCalendarOptions.WrapComponents)
```

▼

```
// コンソールに出力する
print("now   = \(now)")
print("date1 = \(date1)")
print("date2 = \(date2)")
```

　このコードを実行すると、次のように出力されます。

```
now   = 2015-11-09 13:06:18 +0000
date1 = Optional(2015-11-10 14:06:18 +0000)
date2 = Optional(2015-11-09 14:06:18 +0000)
```

COLUMN	指定した秒数だけ異なる日時を取得するには

　アプリの中では、数秒先の日時のオブジェクトを作成したいときが多々あります。たとえば、タイマーを作成するときや、特定の処理のタイムアウト時間を作りたいときなどがあります。このようなときは、「NSDate」クラスの「dateByAddingTimeInterval」メソッドを使うことも可能です。

```
public func dateByAddingTimeInterval(ti: NSTimeInterval) -> Self
```

　「dateByAddingTimeInterval」メソッドは、引数「ti」に指定した秒数だけ経過した日時を作成します。浮動小数点数を指定可能なので、「0.5秒後」のような指定も可能です。

```
import Foundation

// 現在の日時を取得する
var now = NSDate()
// 5秒後の日時を取得する
var date = now.dateByAddingTimeInterval(5)

// コンソールに出力する
print("now  = \(now)")
print("date = \(date)")
```

　このコードを実行すると、次のように出力されます。

```
now  = 2015-11-09 13:06:50 +0000
date = 2015-11-09 13:06:55 +0000
```

関連項目 ▶▶▶

- 日時のオブジェクトを作成する ……………………………………………………… p.525
- 指定した日時のオブジェクトを作成する……………………………………………… p.526
- 日時の情報を取得する………………………………………………………………… p.532
- 日時の差を計算する…………………………………………………………………… p.545

SECTION-157

日時の情報を取得する

ここでは、日時の情報を取得する方法について解説します。

SAMPLE CODE

```
import Foundation

// 現在の日時を取得する
var now = NSDate()

// グレゴリオ暦(西暦)のカレンダーを取得する
var cal1 = NSCalendar(
    calendarIdentifier: NSCalendarIdentifierGregorian)

// 和暦のカレンダーを取得する
var cal2 = NSCalendar(
    calendarIdentifier: NSCalendarIdentifierJapanese)

// 日時の情報を取得する
// グレゴリオ歴(西暦)のカレンダーから取得
var comps1 = cal1!.components(
    [.Year, .Month, .Day, .Hour, .Minute, .Second],
    fromDate: now)

// 和暦のカレンダーから取得
var comps2 = cal2!.components(
    [.Year, .Month, .Day, .Hour, .Minute, .Second],
    fromDate: now)

// コンソールに出力する
print("\(comps1.year).\(comps1.month).\(comps1.day)" +
    " \(comps1.hour):\(comps1.minute):\(comps1.second)")

print("H.\(comps2.year).\(comps2.month).\(comps2.day)" +
    " \(comps2.hour):\(comps2.minute):\(comps2.second)")
```

このコードを実行すると、次のように出力されます。

```
2015.11.9 22:7:27
H.27.11.9 22:7:27
```

■ SECTION-157 ■ 日時の情報を取得する

> **ONEPOINT** 日時の情報を取得するには「components」メソッドを使う

日時の情報を取得するには、「NSCalendar」クラスの「components」メソッドを使用します。

```
public func components(unitFlags: NSCalendarUnit,
    fromDate date: NSDate) -> NSDateComponents
```

「components」メソッドは、引数「date」に指定した日時の情報を入れた「NSDateComponents」クラスのインスタンスを返します。返される値は、カレンダーの種類によって異なります。西暦の値が欲しいときは、グレゴリオ暦（西暦）用のカレンダーを使用し、和暦が欲しいときは、和暦のカレンダーを使用します。

引数「unitFlags」には、返される値に格納する情報の種類を指定します。

> **COLUMN** 引数「unitFlags」に指定可能な値について

「components」メソッドの引数「unitFlags」には次のような値を指定可能です。値は「NSCalendarUnit」クラスのプロパティになっており、複数の値を指定するときは配列リテラルで記述します。

```
// 時代や紀元
public static var Era: NSCalendarUnit { get }

// 年
public static var Year: NSCalendarUnit { get }

// 月
public static var Month: NSCalendarUnit { get }

// 日
public static var Day: NSCalendarUnit { get }

// 時
public static var Hour: NSCalendarUnit { get }

// 分
public static var Minute: NSCalendarUnit { get }

// 秒
public static var Second: NSCalendarUnit { get }

// 曜日
public static var Weekday: NSCalendarUnit { get }
```

▼

SECTION-157 日時の情報を取得する

```swift
// 月の第何曜日か
public static var WeekdayOrdinal: NSCalendarUnit { get }

// 第何四半期か
public static var Quarter: NSCalendarUnit { get }

// 月の第何週目か
public static var WeekOfMonth: NSCalendarUnit { get }

// 年の第何週目か
public static var WeekOfYear: NSCalendarUnit { get }

// 「WeekOfYear」の計算に使った年
public static var YearForWeekOfYear: NSCalendarUnit { get }

// ナノ秒
public static var Nanosecond: NSCalendarUnit { get }

// カレンダー
public static var Calendar: NSCalendarUnit { get }

// タイムゾーン
public static var TimeZone: NSCalendarUnit { get }
```

COLUMN 別のタイムゾーンでの日時を取得する

別のタイムゾーンでの日時を取得するには、「NSCalendar」クラスの「timeZone」プロパティに、取得したいタイムゾーンを設定します。デフォルト状態では、ローカルタイムゾーンになっており、システムに設定されたタイムゾーンでの値が取得されます。

```swift
@NSCopying public var timeZone: NSTimeZone
```

タイムゾーンを取得する方法については《指定した名前のタイムゾーンを取得する》(p.555)や《GMTオフセットを指定してタイムゾーンを取得する》(p.558)を参照してください。

```swift
import Foundation

// 現在の日時を取得する
var now = NSDate()

// カレンダーを取得する
var cal = NSCalendar(
    calendarIdentifier: NSCalendarIdentifierGregorian)
```

SECTION-157 日時の情報を取得する

```swift
// 日時の情報を取得する
var comps1 = cal!.components(
    [.Year, .Month, .Day, .Hour, .Minute, .Second, .TimeZone],
    fromDate: now)


// 協定世界時(UTC)での日時の情報を取得する
cal!.timeZone = NSTimeZone(forSecondsFromGMT: 0)

var comps2 = cal!.components(
    [.Year, .Month, .Day, .Hour, .Minute, .Second, .TimeZone],
    fromDate: now)


// コンソールに出力する
print("\(comps1.year).\(comps1.month).\(comps1.day)" +
    " \(comps1.hour):\(comps1.minute):\(comps1.second)" +
    " \(comps1.timeZone!)")

print("\(comps2.year).\(comps2.month).\(comps2.day)" +
    " \(comps2.hour):\(comps2.minute):\(comps2.second)" +
    " \(comps2.timeZone!)")
```

このコードを実行すると、次のように出力されます。

```
2015.11.9 22:8:40 Asia/Tokyo (JST) offset 32400
2015.11.9 13:8:40 GMT (GMT) offset 0
```

関連項目 ▶▶▶

- 指定した日時のオブジェクトを作成する …………………………………………… p.526
- 指定した日時だけ経過した日時を取得する ………………………………………… p.529
- 日時を文字列にする………………………………………………………………… p.539
- 指定した名前のタイムゾーンを取得する …………………………………………… p.555
- GMTオフセットを指定してタイムゾーンを取得する ……………………………… p.558
- タイムゾーンの名前を取得する ……………………………………………………… p.560

SECTION-158

日時を比較する

ここでは、日時を比較する方法について解説します。

SAMPLE CODE

```swift
import Foundation

// 比較した結果を文字列で返す
func stringWithCompareResult(
    result: NSComparisonResult) -> String {
        switch result {
        case .OrderedSame:
            return "OrderedSame"

        case .OrderedAscending:
            return "OrderedAscending"

        case .OrderedDescending:
            return "OrderedDescending"
        }
}

// グレゴリオ暦(西暦)のカレンダーを取得する
var cal = NSCalendar(
    calendarIdentifier: NSCalendarIdentifierGregorian)

// 2015年1月1日0時0分0秒のオブジェクトを作る
var comps = NSDateComponents()
comps.year = 2015
comps.month = 1
comps.day = 1
comps.hour = 0
comps.minute = 0
comps.second = 0

var baseDate = cal!.dateFromComponents(comps)

// 同じ日時、1日前、1日後のオブジェクトを作る
var date1 = cal!.dateFromComponents(comps)

comps = NSDateComponents()
comps.day = -1
var date2 = cal!.dateByAddingComponents(comps,
    toDate: baseDate!, options: [])
```

```
comps = NSDateComponents()
comps.day = 1
var date3 = cal!.dateByAddingComponents(comps,
    toDate: baseDate!, options: [])

// 「baseDate」と各オブジェクトを比較する
var ret1 = baseDate!.compare(date1!)
var ret2 = baseDate!.compare(date2!)
var ret3 = baseDate!.compare(date3!)

// コンソールに出力する
print("compare(date1) = \(stringWithCompareResult(ret1))")
print("compare(date2) = \(stringWithCompareResult(ret2))")
print("compare(date3) = \(stringWithCompareResult(ret3))")
```

このコードを実行すると、次のように出力されます。

```
compare(date1) = OrderedSame
compare(date2) = OrderedDescending
compare(date3) = OrderedAscending
```

> **ONEPOINT** 日時を比較するには「compare」メソッドを使用する
>
> 日時を比較するには、「NSDate」クラスの「compare」メソッドを使用します。
>
> ```
> public func compare(other: NSDate) -> NSComparisonResult
> ```
>
> 「compare」メソッドは、引数「other」に指定した日時が同じ日時ならば、「NSComparisonResult.OrderedSame」を返します。また、前の日時ならば「NSComparisonResult.OrderedDescending」を返し、後の日時ならば「NSComparisonResult.OrderedAscending」を返します。

■ SECTION-158 ■ 日時を比較する

> **COLUMN** 「compare」メソッド以外の比較メソッドについて
>
> 「compare」メソッド以外にも、「NSDate」クラスには日時を比較するメソッドがあります。
>
> ```
> // 同じ日時かどうかを返す
> public func isEqualToDate(otherDate: NSDate) -> Bool
>
> // 引数「anotherDate」と比較して、前になる日時を返す
> public func earlierDate(anotherDate: NSDate) -> NSDate
>
> // 引数「anotherDate」と比較して、後になる日時を返す
> public func laterDate(anotherDate: NSDate) -> NSDate
> ```
>
> 単純に、同じ日時かどうかを知りたいときには「isEqualToDate」メソッドを使用します。比較した後、前になる日時を使いたいときや後になる日時を使いたいなど、比較だけではなく、比較した結果の日時を使いたいときには、「earlierDate」メソッドや「laterDate」メソッドの方が、「compare」メソッドよりもコードをシンプルにできるでしょう。

関連項目 ▶▶▶

- 日時の差を計算する……………………………………………………………… p.545

SECTION-159

日時を文字列にする

ここでは、日時を文字列にする方法について解説します。

SAMPLE CODE

```
import Foundation

// フォーマッタを作成
var formatter = NSDateFormatter()

// 日時ともに中くらいの情報量で文字列化する
formatter.dateStyle = .MediumStyle
formatter.timeStyle = .MediumStyle

// 現在日時を文字列化する
var str = formatter.stringFromDate(NSDate())

// コンソールに出力する
print(str)
```

このコードを実行すると、次のように出力されます(現在日時を文字列化しているので、値は実行時の日時に依存します)。

```
2015/11/09 22:12:38
```

ONEPOINT 日時を文字列化するには「stringFromDate」メソッドを使う

日時を文字列化するには、「NSDateFormatter」クラスの「stringFromDate」メソッドを使用します。

```
public func stringFromDate(date: NSDate) -> String
```

「stringFromDate」メソッドは、引数「date」に指定された日時を、ロケールやタイムゾーン、カレンダーの情報に基づいて文字列化します。文字列化するときの書式は、「dateStyle」プロパティと「timeStyle」プロパティに指定します。サンプルコードでは、「NSDateFormatterStyle.MediumStyle」を指定し、中くらいの情報量で文字列化しています。

■ SECTION-159 ■ 日時を文字列にする

COLUMN	「dateStyle」プロパティと「timeStyle」プロパティに指定可能な値について

「dateStyle」プロパティと「timeStyle」プロパティに指定可能な値には、次のものが定義されています。

- NoStyle
- ShortStyle
- MediumStyle
- LongStyle
- FullStyle

「dateStyle」プロパティに指定する値を変更すると、次のように文字列が変化します。

「dateStyle」の値	出力例
NoStyle	出力なし
ShortStyle	2015/03/04
MediumStyle	2015/03/04
LongStyle	2015年3月4日
FullStyle	2015年3月4日水曜日

「timeStyle」プロパティに指定する値を変更すると、次のように文字列が変化します。

「timeStyle」の値	出力例
NoStyle	出力なし
ShortStyle	17:54
MediumStyle	17:54:45
LongStyle	17:54:45 JST
FullStyle	17時54分45秒 日本標準時

文字列化はカレンダーやロケールの設定にも依存します。「dateStyle」プロパティの出力例のように、「ShortStyle」と「MediumStyle」が同じ出力になることもあります。

COLUMN	使用するカレンダーを変更する

「NSDateFormatter」クラスは、使用するカレンダーによっても、作成される文字列が変わります。使用するカレンダーは、「calendar」プロパティに設定します。

次のコードは、和暦のカレンダーを設定して文字列を作成しています。

```
import Foundation

// フォーマッタを作成
var formatter = NSDateFormatter()

// 文字列化するスタイルを設定
formatter.dateStyle = .LongStyle
```

```
formatter.timeStyle = .MediumStyle

// 和暦のカレンダーを使用する
formatter.calendar = NSCalendar(
    calendarIdentifier: NSCalendarIdentifierJapanese)

// 現在日時を文字列化する
var str = formatter.stringFromDate(NSDate())

// コンソールに出力する
print(str)
```

このコードを実行すると、次のように出力されます(値は実行時の現在日時に依存します)。

```
平成27年11月9日 22:13:51
```

COLUMN 使用するロケールを変更する

「NSDateFormatter」クラスは、使用するロケールによっても、作成される文字列が変わります。使用するロケールは、「locale」プロパティに設定します。

次のコードは、「en_US」という識別子のロケール情報を使用するように設定して、文字列を作成しています。

```
import Foundation

// フォーマッタを作成
var formatter = NSDateFormatter()
// 文字列化するスタイルを設定
formatter.dateStyle = .LongStyle
formatter.timeStyle = .MediumStyle

// ロケールを変更する
formatter.locale = NSLocale(localeIdentifier: "en_US")

// 現在日時を文字列化する
var str = formatter.stringFromDate(NSDate())
// コンソールに出力する
print(str)
```

このコードを実行すると、次のように出力されます(値は実行時の現在日時に依存します)。

```
November 9, 2015 at 10:14:42 PM
```

COLUMN 使用するタイムゾーンを変更する

「NSDateFormatter」クラスは、使用するタイムゾーンによっても、作成される文字列が変わります。使用するタイムゾーンは、「timeZone」プロパティに設定します。デフォルト状態では、ローカルタイムゾーンになっており、システム設定に依存しています。

次のコードは、ローカルタイムゾーンと協定世界時（UTC）のそれぞれで文字列化するという例です。

```
import Foundation

// フォーマッタを作成
var formatter = NSDateFormatter()

// 文字列化するスタイルを設定
formatter.dateStyle = .LongStyle
formatter.timeStyle = .LongStyle

// 現在日時を文字列化する
var now = NSDate()
var str = formatter.stringFromDate(now)

// タイムゾーンを変更する
formatter.timeZone = NSTimeZone(forSecondsFromGMT: 0)

// 文字列化する
var str2 = formatter.stringFromDate(now)

// コンソールに出力する
print(str)
print(str2)
```

このコードを実行すると、次のように出力されます（値は実行時の現在日時に依存します）。

```
2015年11月9日 22:15:26 JST
2015年11月9日 13:15:26 GMT
```

■ SECTION-159 ■ 日時を文字列にする

| COLUMN | 書式をカスタムで指定するには |

　定義済みの書式ではなく、書式をカスタムで指定して、日時を文字列化するには、書式文字列を「NSDateFormatter」クラスの「dateFormat」プロパティに設定します。

```
public var dateFormat: String!
```

　書式文字列は、フォーマット指定子を使った文字列です。指定可能なフォーマット指定子はUnicodeの仕様で定義されており、よく使われるフォーマット指定子は次の表のようになります。

フォーマット指定子	説明
G	「西暦」や「紀元前」など
y、yy、yyy、yyyy	年
M、MM	月を数字で出力する
MMM	月を「Dec」など省略形で出力する。日本語環境では「12月」のように「月」が付く
MMMM	月を「December」などのように文字列で出力する。日本語環境では「MMM」と同じ
w	年の中で第何周か
W	月の中で第何周か
d、dd	日
D、DD、DDD	年の中で何日目か
F	月の中で何番目の曜日か
E、EE、EEE	曜日の省略形
EEEE	曜日
a	午前か午後
h、hh	12時間表記での時
H、HH	24時間表記での時
m、mm	分
s、ss	秒
z、zz、zzz	タイムゾーンの省略形
zzzz	タイムゾーン
Z、ZZ、ZZZ	タイムゾーンのGMT表記の省略形
ZZZZ	タイムゾーンのGMT表記

　次のコードは書式文字列を指定して文字列化する例です。

```
import Foundation

// フォーマッタを作成
var formatter = NSDateFormatter()

// 書式を指定する
formatter.dateFormat = "yyyy/MM/dd HH:mm:ss"

// 現在日時を文字列化する
let str = formatter.stringFromDate(NSDate())
```

■ SECTION-159 ■ 日時を文字列にする

```
// コンソールに出力する
print(str)
```

このコードを実行すると、次のように出力されます(日時は実行時の日時です)。

```
2015/12/28 17:31:53
```

関連項目 ▶ ▶ ▶
- 日時の情報を取得する……………………………………………………………………p.532
- 指定した名前のタイムゾーンを取得する ……………………………………………p.555
- GMTオフセットを指定してタイムゾーンを取得する ………………………………p.558
- タイムゾーンの名前を取得する …………………………………………………………p.560
- 指定した識別子のロケールを取得する …………………………………………………p.577

SECTION-160
日時の差を計算する

ここでは、日時の差を計算する方法について解説します。

SAMPLE CODE
```
import Foundation

// カレンダーを取得
var cal = NSCalendar(
    calendarIdentifier: NSCalendarIdentifierGregorian)

// 2015年1月1日0時0分0秒の日時を取得する
var comps = NSDateComponents()
comps.year = 2015
comps.month = 1
comps.day = 1

var date = cal!.dateFromComponents(comps)

// 1分後の日時を取得する
comps.minute = 1

var date2 = cal!.dateFromComponents(comps)

// 「date2」と「date」の差を計算する
var dt = date2!.timeIntervalSinceDate(date!)

// コンソールに出力する
print("dt = \(dt) sec")
```

このコードを実行すると、次のように出力されます。

```
dt = 60.0 sec
```

■ SECTION-160 ■ 日時の差を計算する

> **ONEPOINT** 日時の差を計算するには「timeIntervalSinceDate」メソッドを使う
>
> 日時の差を計算するには、「NSDate」クラスの「timeIntervalSinceDate」メソッドを使用します。
>
> ```
> public func timeIntervalSinceDate(anotherDate: NSDate) -> NSTimeInterval
> ```
>
> 「timeIntervalSinceDate」メソッドは、引数「anotherDate」に指定した日時との差を秒単位で返します。「NSTimeInterval」は浮動小数点数になっているため、「0.2秒」など、小数点以下の秒数も表現できます。
>
> サンプルコードでは、1分後の日時との差のため、60秒となるので、「timeIntervalSinceDate」メソッドは「60」を返しています。

> **COLUMN** 秒単位以外の単位で差を取得するには
>
> 日時の差を元に取得したい情報が、秒単位での差ではなく、日数など別の単位での差を取得したいときには「components」メソッドを使用します。
>
> ```
> func components(unitFlags: NSCalendarUnit,
>     fromDate startingDate: NSDate, toDate resultDate: NSDate,
>     options opts: NSCalendarOptions) -> NSDateComponents
> ```
>
> 「components」メソッドは、日時の情報を取得するときにも使用しますが、そのメソッドとは引数が異なる別のメソッドです。このメソッドは、引数「startingDate」に指定した日時から、引数「toDate」に指定した日時までの差を「NSDateComponents」クラスのインスタンスで返します。返される値をどのような形で欲しいかは、引数「unitFlags」に指定します。
>
> 次のコードは、532日後の日時との差を、年数・月数・日数の組み合わせで取得しているコードです。
>
> ```
> import Foundation
>
> // カレンダーを取得
> var cal = NSCalendar(
>     calendarIdentifier: NSCalendarIdentifierGregorian)
>
> // 2015年1月1日0時0分0秒の日時を取得する
> var comps = NSDateComponents()
> comps.year = 2015
> comps.month = 1
> comps.day = 1
>
> var date = cal!.dateFromComponents(comps)
> ```

```
// 532日後の日時を取得する
comps.day = 532

var date2 = cal!.dateFromComponents(comps)

// 「date2」と「date」の差を計算する
comps = cal!.components([.Year, .Month, .Day],
    fromDate: date!, toDate: date2!, options: [])

// コンソールに出力する
print("\(comps.year) years, \(comps.month) months and \(comps.day) days.")
```

このコードを実行すると、次のように出力されます。

```
1 years, 5 months and 14 days.
```

> **COLUMN** 現在日時からの差を計算するには
>
> ある日時と現在日時との差は、「dateFromComponents」メソッドや「components」メソッドを使って求めることができますが、専用のプロパティもあります。
>
> ```
> public var timeIntervalSinceNow: NSTimeInterval { get }
> ```
>
> 「timeIntervalSinceNow」プロパティは、プロパティを呼び出したときの現在日時からの経過時間を返します。
>
> ```
> import Foundation
>
> // カレンダーを取得
> var cal = NSCalendar(
>     calendarIdentifier: NSCalendarIdentifierGregorian)
>
> // 2015年1月1日0時0分0秒の日時を取得する
> var comps = NSDateComponents()
> comps.year = 2015
> comps.month = 1
> comps.day = 1
>
> var date = cal!.dateFromComponents(comps)
>
> // 現在の日時との差を求める
> var dt = date!.timeIntervalSinceNow
> ```

SECTION-160 日時の差を計算する

```
// 現在日時を求める
var now = NSDate()

print("now = \(now)")
print("dt = \(dt)")
```

このコードを実行すると、次のように出力されます。「date」に入っている日時は、本書では実行時よりも過去の日時のため、負の値が出力されています。

```
now = 2015-11-09 13:21:30 +0000
dt  = -27037290.666501
```

COLUMN エポックタイムや基準日時からの差を計算するには

エポックタイムや基準日時からの差を取得するには、「NSDate」クラスの次のようなプロパティを使用します。

```
// エポックタイムを取得する
public var timeIntervalSince1970: NSTimeInterval { get }

// 基準日時からの経過秒数を取得する
public var timeIntervalSinceReferenceDate: NSTimeInterval { get }
```

エポックタイムは協定世界時（UTC）で「1970年1月1日0時0分0秒」からの経過秒数です。「UNIX時間」などとも呼ばれる時刻表現方式の1つです。基準日時は、iOSやOS Xでの時刻表現方式の1つで、協定世界時（UTC）で「2001年1月1日0時0分0秒」からの経過秒数です。

C言語のライブラリを使うときなどに、エポックタイムや基準日時で時刻を渡す必要があるときや、通信プロトコルなどエポックタイムを使うように定義されているときには、これらのプロパティを使って、「NSDate」から値を取得して渡すようにします。

COLUMN エポックタイムや基準日時からの差を指定して日時を作るには

　エポックタイムや基準日時からの差を指定して、日時を作るには、次のイニシャライザメソッドを使って、差を秒数で指定して「NSDate」クラスのインスタンスを確保します。

```
// エポックタイムを指定してインスタンスを確保する
public convenience init(timeIntervalSince1970 secs: NSTimeInterval)
```

```
// 基準日時からの経過秒数を指定してインスタンスを確保する
public init(timeIntervalSinceReferenceDate ti: NSTimeInterval)
```

```
import Foundation

// エポックタイムから60秒後の日時を取得する
var date = NSDate(timeIntervalSince1970: 60)

// 基準日時から60秒後の日時を取得する
var date2 = NSDate(timeIntervalSinceReferenceDate: 60)

// コンソールに出力する
print("date  = \(date)")
print("date2 = \(date2)")
```

　このコードを実行すると、次のように出力されます。

```
date  = 1970-01-01 00:01:00 +0000
date2 = 2001-01-01 00:01:00 +0000
```

関連項目 ▶▶▶

- 指定した日時だけ経過した日時を取得する …………………………………………… p.529
- 日時の情報を取得する………………………………………………………………… p.532
- 日時を比較する………………………………………………………………………… p.536

SECTION-161

ローカルタイムゾーンを取得する

ここでは、ローカルタイムゾーンを取得する方法について解説します。

SAMPLE CODE

```
import Foundation

// ローカルタイムゾーンを取得する
var tz = NSTimeZone.localTimeZone()

// コンソールに出力する
print(tz)
```

このコードを実行すると、次のように出力されます。

```
Local Time Zone (Asia/Tokyo (JST) offset 32400)
```

ONEPOINT　ローカルタイムゾーンを取得するには「localTimeZone」メソッドを使う

ローカルタイムゾーンを取得するには、「NSTimeZone」クラスの「localTimeZone」メソッドを使用します。

```
public class func localTimeZone() -> NSTimeZone
```

ローカルタイムゾーンは、システムの設定やデフォルトタイムゾーンの設定などに基づいて、アプリが使うべきデフォルトのタイムゾーンです。サンプルコードの実行環境では、タイムゾーンは「東京」になっているので、「Asia/Tokyo」と出力されています。

通常は、ローカルタイムゾーンが返すタイムゾーンをアプリでは使用するのがよいでしょう。

COLUMN　システムタイムゾーンを取得するには

システムに設定されているタイムゾーンを取得するには、「NSTimeZone」クラスの「systemTimeZone」メソッドを使用します。

```
public class func systemTimeZone() -> NSTimeZone
```

次のコードは、ローカルタイムゾーンとシステムタイムゾーンの値を出力するコードです。

```
import Foundation

// ローカルタイムゾーンを取得する
var tz = NSTimeZone.localTimeZone()
```

▼

```
// システムタイムゾーンを取得する
var sysTz = NSTimeZone.systemTimeZone()

// コンソールに出力する
print(tz)
print(sysTz)
```

このコードを実行すると、次のように出力されます。

```
Local Time Zone (Asia/Tokyo (JST) offset 32400)
Asia/Tokyo (JST) offset 32400
```

COLUMN　デフォルトタイムゾーンについて

　デフォルトタイムゾーンは、アプリが使うデフォルトのタイムゾーンです。デフォルトタイムゾーンを設定すると、ローカルタイムゾーンも変更されます。デフォルトタイムゾーンの設定と取得は「NSTimeZone」クラスの次のメソッドで行います。

```
// デフォルトタイムゾーンを取得する
public class func defaultTimeZone() -> NSTimeZone

// デフォルトタイムゾーンを設定する
public class func setDefaultTimeZone(aTimeZone: NSTimeZone)
```

　アプリ側で使用するタイムゾーンを変更したいときには、デフォルトタイムゾーンに設定します。ローカルタイムゾーン、システムタイムゾーン、デフォルトタイムゾーンの関係は次のようなコードで確認できます。

```
import Foundation

// ローカルタイムゾーンを取得する
var tz = NSTimeZone.localTimeZone()

// システムタイムゾーンを取得する
var sysTz = NSTimeZone.systemTimeZone()

// デフォルトタイムゾーンを取得する
var defTz = NSTimeZone.defaultTimeZone()

// コンソールに出力する
print(tz)
print(sysTz)
print(defTz)
```

SECTION-161 ローカルタイムゾーンを取得する

```
// デフォルトタイムゾーンを変更する
print("****** Change Default Time Zone *******")

var utc = NSTimeZone(forSecondsFromGMT: 0)
NSTimeZone.setDefaultTimeZone(utc)

// ローカルタイムゾーンを取得する
tz = NSTimeZone.localTimeZone()

// システムタイムゾーンを取得する
sysTz = NSTimeZone.systemTimeZone()

// デフォルトタイムゾーンを取得する
defTz = NSTimeZone.defaultTimeZone()

// コンソールに出力する
print(tz)
print(sysTz)
print(defTz)
```

このコードを実行すると、次のように出力されます。

```
Local Time Zone (Asia/Tokyo (JST) offset 32400)
Asia/Tokyo (JST) offset 32400
Asia/Tokyo (JST) offset 32400
****** Change Default Time Zone *******
Local Time Zone (GMT (GMT) offset 0)
Asia/Tokyo (JST) offset 32400
GMT (GMT) offset 0
```

関連項目 ▶▶▶

- 指定した名前のタイムゾーンを取得する …………………………………………… p.555
- GMTオフセットを指定してタイムゾーンを取得する ……………………………… p.558

SECTION-162

タイムゾーンの一覧を取得する

ここでは、タイムゾーンの一覧を取得する方法について解説します。

SAMPLE CODE

```swift
import Foundation

// タイムゾーンの一覧を取得する
var names = NSTimeZone.knownTimeZoneNames()

// コンソールに出力する
print("Number of Names : \(names.count)")

for name in names {
    print(name)
}
```

このコードを実行すると、次のように出力されます。

```
Number of Names : 427
Africa/Abidjan
Africa/Accra
Africa/Addis_Ababa
Africa/Algiers
Africa/Asmara
Africa/Bamako
Africa/Bangui
Africa/Banjul
Africa/Bissau
Africa/Blantyre
Africa/Brazzaville
Africa/Bujumbura
Africa/Cairo
Africa/Casablanca
Africa/Ceuta
Africa/Conakry
Africa/Dakar
Africa/Dar_es_Salaam
Africa/Djibouti
Africa/Douala
Africa/El_Aaiun
Africa/Freetown
Africa/Gaborone
Africa/Harare
 ... 中略 ...
```

SECTION-162 ■ タイムゾーンの一覧を取得する

```
Pacific/Guam
Pacific/Honolulu
Pacific/Johnston
Pacific/Kiritimati
Pacific/Kosrae
Pacific/Kwajalein
Pacific/Majuro
Pacific/Marquesas
Pacific/Midway
Pacific/Nauru
Pacific/Niue
Pacific/Norfolk
Pacific/Noumea
Pacific/Pago_Pago
Pacific/Palau
Pacific/Pitcairn
Pacific/Pohnpei
Pacific/Ponape
Pacific/Port_Moresby
Pacific/Rarotonga
Pacific/Saipan
Pacific/Tahiti
Pacific/Tarawa
Pacific/Tongatapu
Pacific/Truk
Pacific/Wake
Pacific/Wallis
```

> **ONEPOINT** タイムゾーンの一覧を取得するには
> 「knownTimeZoneNames」メソッドを使う
>
> タイムゾーンの一覧を取得するには、「NSTimeZone」クラスの「knownTimeZoneNames」メソッドを使用します。
>
> ```
> public class func knownTimeZoneNames() -> [String]
> ```
>
> 「knownTimeZoneNames」メソッドは、システムに登録されているタイムゾーン名の一覧が返します。返された名前を使って、タイムゾーンを取得することもできます。名前を指定してタイムゾーンを取得する方法については、《指定した名前のタイムゾーンを取得する》(p.555)を参照してください。

関連項目 ▶▶▶

- ローカルタイムゾーンを取得する ……………………………………………………… p.550
- 指定した名前のタイムゾーンを取得する ……………………………………………… p.555
- GMTオフセットを指定してタイムゾーンを取得する ………………………………… p.558
- タイムゾーンの名前を取得する ………………………………………………………… p.560

SECTION-163

指定した名前のタイムゾーンを取得する

ここでは、名前を指定してタイムゾーンを取得する方法について解説します。

SAMPLE CODE

```swift
import Foundation

// 「GMT」という名前のタイムゾーンを取得する
var utc = NSTimeZone(name: "GMT")

// 「Asia/Tokyo」という名前のタイムゾーンを取得する
var tokyo = NSTimeZone(name: "Asia/Tokyo")

// コンソールに出力する
print(utc)
print(tokyo)
```

このコードを実行すると、次のように出力されます。

```
Optional(GMT (GMT) offset 0)
Optional(Asia/Tokyo (JST) offset 32400)
```

ONEPOINT 指定した名前のタイムゾーンを取得するには名前を指定してインスタンスを確保する

指定した名前のタイムゾーンを取得するには、名前を指定して、「NSTimeZone」クラスのインスタンスを確保します。次のイニシャライザメソッドを使用します。

```swift
public init?(name tzName: String)
```

このイニシャライザメソッドは、指定した名前のタイムゾーンが取得できないときには「nil」が返ります。サンプルコードでは「GMT」を指定して、世界協定時(UTC)に対するタイムゾーンと、「Asia/Tokyo」を指定して、東京に対するタイムゾーンを取得しています。指定可能な名前を取得する方法については、《タイムゾーンの一覧を取得する》(p.553)を参照してください。

■ SECTION-163 ■ 指定した名前のタイムゾーンを取得する

| COLUMN | 省略名を指定してタイムゾーンを取得するには |

　省略名を指定してタイムゾーンを取得するには、省略名を指定して「NSTimeZone」クラスのインスタンスを確保します。

```
public convenience init?(abbreviation: String)
```

　このイニシャライザメソッドは、引数「abbreviation」に指定された省略名を持つタイムゾーンを取得します。指定した省略名のタイムゾーンが取得できないときは「nil」を返します。次のコードでは、「JST」を指定してタイムゾーンを取得しています。「JST」は東京に対するタイムゾーンの省略名です。そのため、コンソールには、「Asia/Tokyo」を指定して取得したときと同じ内容が出力されます。

```
import Foundation

// 「JST」という省略名のタイムゾーンを取得する
var tokyo = NSTimeZone(abbreviation: "JST")

// コンソールに出力する
print(tokyo)
```

　このコードを実行すると、次のように出力されます。

```
Optional(Asia/Tokyo (JST) offset 32400)
```

関連項目 ▶▶▶
- 日時の情報を取得する……………………………………………………………p.532
- 日時を文字列にする………………………………………………………………p.539
- ローカルタイムゾーンを取得する………………………………………………p.550
- タイムゾーンの一覧を取得する…………………………………………………p.553
- GMTオフセットを指定してタイムゾーンを取得する ………………………p.558
- タイムゾーンの名前を取得する…………………………………………………p.560

SECTION-164

タイムゾーンからGMTオフセットを取得する

ここでは、タイムゾーンからGMTオフセットを取得する方法について解説します。

SAMPLE CODE

```
import Foundation

// 「GMT」という名前のタイムゾーンを取得する
var utc = NSTimeZone(name: "GMT")

// 「Asia/Tokyo」という名前のタイムゾーンを取得する
var tokyo = NSTimeZone(name: "Asia/Tokyo")

// GMTオフセットを取得する
var utcOffset = utc!.secondsFromGMT
var tokyoOffset = tokyo!.secondsFromGMT

// 取得した秒単位の値を出力する
print(utcOffset)
print(tokyoOffset)
```

このコードを実行すると、次のように出力されます。

```
0
32400
```

> **ONEPOINT** タイムゾーンからGMTオフセットを取得するには「secondsFromGMT」プロパティを使う
>
> タイムゾーンからGMTオフセットを取得するには、「NSTimeZone」クラスの「secondsFromGMT」プロパティを使用します。
>
> ```
> public var secondsFromGMT: Int { get }
> ```
>
> 「secondsFromGMT」プロパティは、GMTオフセットを秒単位で格納します。GMTオフセットは、世界協定時（UTC）から何秒間ずれているかを表します。たとえば、サンプルコードで出力している東京の場合は、9時間進んでいるので、9時間 = 32400秒となります。

関連項目 ▶▶▶
- GMTオフセットを指定してタイムゾーンを取得する p.558

SECTION-165
GMTオフセットを指定してタイムゾーンを取得する

ここでは、GMTオフセットを指定してタイムゾーンを取得する方法について解説します。

SAMPLE CODE

```
import Foundation

// GMTオフセット0のタイムゾーンを取得する
var utc = NSTimeZone(forSecondsFromGMT: 0)

// GMTオフセット+09:00のタイムゾーンを取得する
var tz1 = NSTimeZone(forSecondsFromGMT: 9 * 60 * 60)

// GMTオフセット-10:00のタイムゾーンを取得する
var tz2 = NSTimeZone(forSecondsFromGMT: -10 * 60 * 60)

// コンソールに出力する
print(utc)
print(tz1)
print(tz2)
```

このコードを実行すると、次のように出力されます。

```
GMT (GMT) offset 0
GMT+0900 (GMT+9) offset 32400
GMT-1000 (GMT-10) offset -36000
```

ONEPOINT GMTオフセットを指定してタイムゾーンを取得するには
GMTオフセットを指定してインスタンスを確保する

　GMTオフセットを指定してタイムゾーンを取得するには、「NSTimeZone」クラスのインスタンスを確保するときに、GMTオフセットを指定します。

```
public convenience init(forSecondsFromGMT seconds: Int)
```

　このイニシャライザメソッドは、引数「seconds」に指定されたGMTオフセットのタイムゾーンを取得します。サンプルコードのように負の値も指定可能です。ただし、GMTオフセットを指定して取得したタイムゾーンには、名前や省略名などの情報は含まれません。たとえば、サンプルコードの「tz1」の名前と省略名を取得すると、次のようになっています。

種類	値
名前	GMT+0900
省略名	GMT+9

■ SECTION-165 ■ GMTオフセットを指定してタイムゾーンを取得する

関連項目 ▶▶▶

- 日時の情報を取得する……………………………………………………………p.532
- 日時を文字列にする………………………………………………………………p.539
- ローカルタイムゾーンを取得する ………………………………………………p.550
- タイムゾーンの一覧を取得する …………………………………………………p.553
- タイムゾーンからGMTオフセットを取得する …………………………………p.557
- タイムゾーンの名前を取得する …………………………………………………p.560

SECTION-166

タイムゾーンの名前を取得する

ここでは、タイムゾーンの名前を取得する方法について解説します。

SAMPLE CODE
```
import Foundation

// ローカルタイムゾーンを取得する
var tz = NSTimeZone.localTimeZone()

// タイムゾーンの名前を取得する
var name = tz.name

// コンソールに出力する
print(name)
```

このコードを実行すると、次のように出力されます。

```
Asia/Tokyo
```

ONEPOINT　タイムゾーンの名前を取得するには「name」プロパティを使う

タイムゾーンの名前を取得するには、「NSTimeZone」クラスの「name」プロパティを使用します。

```
public var name: String { get }
```

「name」プロパティは読み込み専用のプロパティで、タイムゾーンの名前が格納されます。ただし、GMTオフセットから取得したタイムゾーンの場合には、「GMT+0900」のように単純に数値を文字列化しただけの名前になっているので注意してください。

■ SECTION-166 ■ タイムゾーンの名前を取得する

COLUMN　タイムゾーンの省略名を取得するには

　タイムゾーンの省略名を取得するには、「NSTimeZone」クラスの「abbreviation」プロパティを使用します。

```
public var abbreviation: String? { get }
```

　「abbreviation」プロパティは読み込み専用のプロパティで、タイムゾーンの省略名が格納されます。取得できない時は「nil」です。ただし、GMTオフセットから取得したタイムゾーンの場合には、「GMT+9」のように単純に数値を文字列化しただけの文字列になっているので注意してください。

```
import Foundation

// ローカルタイムゾーンを取得する
var tz = NSTimeZone.localTimeZone()

// タイムゾーンの省略名を取得する
if let name = tz.abbreviation {
    // コンソールに出力する
    print(name)
}
```

　このコードを実行すると、次のように出力されます。

```
JST
```

関連項目 ▶▶▶

- 日時の情報を取得する……………………………………………………………… p.532
- 日時を文字列にする………………………………………………………………… p.539
- タイムゾーンの一覧を取得する …………………………………………………… p.553
- 指定した名前のタイムゾーンを取得する ………………………………………… p.555
- GMTオフセットを指定してタイムゾーンを取得する ……………………………… p.558

SECTION-167

カレントロケールを取得する

ここでは、カレントロケールを取得する方法について解説します。

SAMPLE CODE
```
import Foundation

// 現在のロケールを取得する
var locale = NSLocale.autoupdatingCurrentLocale()

// ロケールの識別子を出力する
print(locale.localeIdentifier)
```

このコードを実行すると、次のように出力されます。

```
ja_JP
```

ONEPOINT　カレントロケールを取得するには「autoupdatingCurrentLocale」メソッドを使用する

カレントロケールを取得するには、「NSLocale」クラスの「autoupdatingCurrentLocale」メソッドや「currentLocale」メソッドを使用します。

```
public class func autoupdatingCurrentLocale() -> NSLocale
```

```
public class func currentLocale() -> NSLocale
```

この2つのメソッドはどちらも現在の設定に基づいて、アプリが使うべきロケール情報を取得します。この2つのメソッドの違いは、「autoupdatingCurrentLocale」メソッドが返したロケール情報は、ユーザーがシステムの設定を変更するとそれに合わせて内容が自動的に更新されます。一方、「currentLocale」メソッドが返したロケール情報は呼び出した時点の情報に基づいており、更新されません。

■ SECTION-167 ■ カレントロケールを取得する

| COLUMN | ロケール識別子について |

　ロケール識別子は、ロケールを区別するためのコードです。次のように言語コードと国コードで構成されています。

言語コード_国コード

　ロケール情報からロケール識別子を取得するには、サンプルコードのように「NSLocale」クラスの「localeIdentifier」プロパティを使用します。

```
public var localeIdentifier: String { get }
```

　このプロパティは読み込み専用のプロパティでロケール識別子が格納されます。

| COLUMN | システムロケールを取得するには |

　システムロケールを取得するには、「NSLocale」クラスの「systemLocale」メソッドを使用します。

```
public class func systemLocale() -> NSLocale
```

　システムロケールは、ユーザーの設定に合わせた、ローカライズなどを行いたくないときに使用するロケール情報です。ロケール識別子も空文字列になっています。次のコードはシステムロケールを取得して、識別子を出力しています。

```
import Foundation

// システムのロケールを取得する
var locale = NSLocale.systemLocale()

// ロケールの識別子を出力する
print("'\(locale.localeIdentifier)'")
```

　このコードを実行すると、次のように出力され、システムロケールの識別子は空文字列になっていることが確認できます。

```
''
```

関連項目 ▶▶▶

- ロケールの情報を取得する……………………………………………………………p.564
- 指定した識別子のロケールを取得する………………………………………………p.577

SECTION-168

ロケールの情報を取得する

ここでは、ロケールの情報を取得する方法について解説します。

SAMPLE CODE

```
import Foundation

// カレントロケールを取得する
var locale = NSLocale.autoupdatingCurrentLocale()

// 取得する情報のキー配列を作る
var keys = [NSLocaleIdentifier, NSLocaleLanguageCode,
    NSLocaleCountryCode, NSLocaleScriptCode,
    NSLocaleVariantCode, NSLocaleExemplarCharacterSet,
    NSLocaleCalendar, NSLocaleCollationIdentifier,
    NSLocaleUsesMetricSystem, NSLocaleMeasurementSystem,
    NSLocaleDecimalSeparator, NSLocaleGroupingSeparator,
    NSLocaleCurrencySymbol, NSLocaleCurrencyCode,
    NSLocaleCollatorIdentifier, NSLocaleQuotationBeginDelimiterKey,
    NSLocaleQuotationEndDelimiterKey,
    NSLocaleAlternateQuotationBeginDelimiterKey,
    NSLocaleAlternateQuotationEndDelimiterKey]

// 各情報を取得してコンソールに出力する
for key in keys {
    if let value = locale.objectForKey(key) {
        print("\(key) : \(value)")
    } else {
        print("\(key) : nil")
    }
}
```

このコードを実行すると、次のように出力されます。

```
kCFLocaleIdentifierKey : ja_JP
kCFLocaleLanguageCodeKey : ja
kCFLocaleCountryCodeKey : JP
kCFLocaleScriptCodeKey : nil
kCFLocaleVariantCodeKey : nil
kCFLocaleExemplarCharacterSetKey : <__NSCFCharacterSet: 0x102000570>
kCFLocaleCalendarKey : <__NSCFCalendar: 0x102601450>
collation : nil
kCFLocaleUsesMetricSystemKey : 1
kCFLocaleMeasurementSystemKey : Metric
kCFLocaleDecimalSeparatorKey : .
```

■ SECTION-168 ■ ロケールの情報を取得する

```
kCFLocaleGroupingSeparatorKey : ,
kCFLocaleCurrencySymbolKey : ¥
currency : JPY
kCFLocaleCollatorIdentifierKey : ja
kCFLocaleQuotationBeginDelimiterKey : 「
kCFLocaleQuotationEndDelimiterKey : 」
kCFLocaleAlternateQuotationBeginDelimiterKey : 『
kCFLocaleAlternateQuotationEndDelimiterKey : 』
```

ONEPOINT　ロケールの情報を取得するには「objectForKey」メソッドを使う

　ロケールの情報を取得するには、「NSLocale」メソッドの「objectForKey」メソッドを使用します。

```
public func objectForKey(key: AnyObject) -> AnyObject?
```

　「objectForKey」メソッドは、引数「key」に指定した情報をロケール情報から取得します。取得された情報のクラスは、取得する情報により異なります。そのため、戻り値の型は「AnyObject」になっているので、取得した情報に合わせて適切なキャストが必要になるでしょう。また、取得できない情報は「nil」が返ります。

　サンプルコードでは、キーも出力していますが、実際に出力されているキーは「kCFLocale」から始まっているものが多くあります。これは、「NSLocale」クラスは「Core Foundation」フレームワークの「CFLocale」とトールフリーブリッジになっており、内部ではそのまま使っているためです。

COLUMN　定義されているキーについて

「objectForKey」に指定可能なキーには、次のものが定義されています。

キー	説明
NSLocaleIdentifier	ロケール識別子
NSLocaleLanguageCode	言語コード
NSLocaleCountryCode	国コード
NSLocaleScriptCode	スクリプトコード
NSLocaleVariantCode	バリアントコード
NSLocaleExemplarCharacterSet	見本のキャラクタセット
NSLocaleCalendar	カレンダー
NSLocaleCollationIdentifier	ロケールに関連付けられた照合の識別子
NSLocaleUsesMetricSystem	メートル法を使うかどうか
NSLocaleMeasurementSystem	測定単位
NSLocaleDecimalSeparator	小数点
NSLocaleGroupingSeparator	桁区切り
NSLocaleCurrencySymbol	通貨記号

■ SECTION-168 ■ ロケールの情報を取得する

キー	説明
NSLocaleCurrencyCode	通貨コード
NSLocaleCollatorIdentifier	照合の識別子
NSLocaleQuotationBeginDelimiterKey	引用符の開始記号
NSLocaleQuotationEndDelimiterKey	引用符の終了記号
NSLocaleAlternateQuotationBeginDelimiterKey	代替の引用符の開始記号
NSLocaleAlternateQuotationEndDelimiterKey	代替の引用符の終了記号

> **COLUMN** 表示用文字列を取得する
>
> 「objectForKey」メソッドが文字列を返した場合は、表示用の文字列を取得できる場合があります。表示用の文字列を取得するには、「NSLocalize」クラスの「displayNameForKey」メソッドを使用します。
>
> ```
> public func displayNameForKey(key: AnyObject, value: AnyObject) -> String?
> ```
>
> 「displayNameForKey」メソッドは、引数「key」と引数「value」の組み合わせから、表示用の文字列を取得します。表示用の文字列が取得できない場合は、「nil」が返ります。
>
> 次のコードは、表示用の文字列が取得できたもののみをコンソールに出力します。
>
> ```
> import Foundation
>
> // カレントロケールを取得する
> var locale = NSLocale.autoupdatingCurrentLocale()
>
> // 取得する情報のキー配列を作る
> var keys = [NSLocaleIdentifier, NSLocaleLanguageCode,
>     NSLocaleCountryCode, NSLocaleScriptCode,
>     NSLocaleVariantCode, NSLocaleExemplarCharacterSet,
>     NSLocaleCalendar, NSLocaleCollationIdentifier,
>     NSLocaleUsesMetricSystem, NSLocaleMeasurementSystem,
>     NSLocaleDecimalSeparator, NSLocaleGroupingSeparator,
>     NSLocaleCurrencySymbol, NSLocaleCurrencyCode,
>     NSLocaleCollatorIdentifier, NSLocaleQuotationBeginDelimiterKey,
>     NSLocaleQuotationEndDelimiterKey,
>     NSLocaleAlternateQuotationBeginDelimiterKey,
>     NSLocaleAlternateQuotationEndDelimiterKey]
>
> // 各情報を取得してコンソールに出力する
> for key in keys {
>     // 文字列の値を取得する
>     if let value = locale.objectForKey(key) as? String {
>         // 表示用文字列を取得する
>         if let str = locale.displayNameForKey(key, value: value) {
>             print("\(key) : \(value) -> \(str)")
> ```

```
      }
   }
}
```

このコードを実行すると、次のように出力されます。

```
kCFLocaleIdentifierKey : ja_JP -> 日本語 (日本)
kCFLocaleLanguageCodeKey : ja -> 日本語
kCFLocaleCountryCodeKey : JP -> 日本
currency : JPY -> 日本円
```

関連項目 ▶▶▶
- カレントロケールを取得する ……………………………………………………… p.562
- ISO言語コードの一覧を取得する ………………………………………………… p.568
- 指定した識別子のロケールを取得する …………………………………………… p.577

SECTION-169

ISO言語コードの一覧を取得する

ここでは、ISO言語コードの一覧を取得する方法について解説します。

SAMPLE CODE
```
import Foundation

// ISO言語コードの一覧を取得する
var langs = NSLocale.ISOLanguageCodes()

// コンソールに出力する
print("Number of codes: \(langs.count)")

for code in langs {
    print("\(code)")
}
```

このコードを実行すると、次のように出力されます。

```
Number of codes: 560
aa
ab
ace
ach
ada
ady
ae
af
afa
afh
agq
ain
ak
akk
ale
alg
alt
am
an
ang
anp
apa
ar
arc
... 中略 ...
```

SECTION-169 ISO言語コードの一覧を取得する

```
wae
wak
wal
war
was
wen
wo
xal
xh
xog
yao
yap
yav
ybb
yi
yo
ypk
yue
za
zap
zbl
zen
zgh
zh
znd
zu
zun
zxx
zza
```

> **ONEPOINT** ISO言語コードの一覧を取得するには「ISOLanguageCodes」メソッドを使う

ISO言語コードの一覧を取得するには、「NSLocale」クラスの「ISOLanguageCodes」メソッドを使用します。

```
public class func ISOLanguageCodes() -> [String]
```

「ISOLanguageCodes」メソッドは、システムに登録されているISO言語コードの一覧を配列にして返します。各要素は文字列になっています。日本語は「ja」です。

関連項目 ▶▶▶

- ロケールの情報を取得する……………………………………………………………p.564
- ISO国コードの一覧を取得する ………………………………………………………p.570
- ISO通貨コードの一覧を取得する ……………………………………………………p.572
- ロケール識別子の一覧を取得する……………………………………………………p.575

SECTION-170

ISO国コードの一覧を取得する

ここでは、ISO国コードの一覧を取得する方法について解説します。

SAMPLE CODE
```swift
import Foundation

// ISO国コードの一覧を取得する
var codes = NSLocale.ISOCountryCodes()

// コンソールに出力する
print("Number of codes: \(codes.count)")

for code in codes {
    print(code)
}
```

このコードを実行すると、次のように出力されます。

```
Number of codes: 249
AD
AE
AF
AG
AI
AL
AM
AO
AQ
AR
AS
AT
AU
AW
AX
AZ
BA
BB
BD
BE
BF
BG
BH
BI
... 中略 ...
```

SECTION-170 ISO国コードの一覧を取得する

ONEPOINT ISO国コードの一覧を取得するには「ISOCountryCodes」メソッドを使う

ISO国コードの一覧を取得するには、「NSLocale」クラスの「ISOCountryCodes」メソッドを使用します。

```
public class func ISOCountryCodes() -> [String]
```

「ISOCountryCodes」メソッドは、システムに登録されているISO国コードの一覧を返します。各要素は文字列になっています。日本は「JP」です。

関連項目 ▶▶▶

- ロケールの情報を取得する ……………………………………………………… p.564
- ISO言語コードの一覧を取得する ……………………………………………… p.568
- ISO通貨コードの一覧を取得する ……………………………………………… p.572
- ロケール識別子の一覧を取得する ……………………………………………… p.575

SECTION-171

ISO通貨コードの一覧を取得する

ここでは、ISO通貨コードの一覧を取得する方法について解説します。

SAMPLE CODE
```
import Foundation

// ISO通貨コードの一覧を取得する
var codes = NSLocale.ISOCurrencyCodes()

// コンソールに出力する
print("Number of codes: \(codes.count)")

for code in codes {
    print(code)
}
```

このコードを実行すると、次のように出力されます。

```
Number of codes: 299
ADP
AED
AFA
AFN
ALK
ALL
AMD
ANG
AOA
AOK
AON
AOR
ARA
ARL
ARM
ARP
ARS
ATS
AUD
AWG
AZM
AZN
BAD
BAM
... 中略 ...
```

SECTION-171 ISO通貨コードの一覧を取得する

XAG	
XAU	
XBA	
XBB	
XBC	
XBD	
XCD	
XDR	
XEU	
XFO	
XFU	
XOF	
XPD	
XPF	
XPT	
XRE	
XSU	
XTS	
XUA	
XXX	
YDD	
YER	
YUD	
YUM	
YUN	
YUR	
ZAL	
ZAR	
ZMK	
ZMW	
ZRN	
ZRZ	
ZWL	
ZWR	
ZWD	

ONEPOINT ISO通貨コードの一覧を取得するには「ISOCurrencyCodes」メソッドを使う

ISO通貨コードの一覧を取得するには、「NSLocale」クラスの「ISOCurrencyCodes」メソッドを使用します。

```
public class func ISOCurrencyCodes() -> [String]
```

「ISOCurrencyCodes」メソッドは、システムに登録されている通貨コードの一覧を返します。各要素は文字列になっています。日本円は「JPY」です。

COLUMN ISO共通通貨コードの一覧を取得する

ISO共通通貨コードの一覧を取得したい場合には、「NSLocale」クラスの「commonISOCurrencyCodes」メソッドを使用します。

```
public class func commonISOCurrencyCodes() -> [String]
```

「commonISOCurrencyCodes」メソッドは、システムに登録されている共通通貨コードの一覧を返します。各要素は文字列になっています。

```
import Foundation

// ISO共通通貨コードの一覧を取得する
var codes = NSLocale.commonISOCurrencyCodes()

// コンソールに出力する
print("Number of codes: \(codes.count)")

for code in codes {
    print(code)
}
```

このコードを実行すると、次のように出力されます。

```
Number of codes: 161
AED
AFN
ALL
AMD
ANG
AOA
ARS
... 中略 ...
AF
XCD
XOF
XPF
YER
ZAR
ZMW
```

関連項目 ▶▶▶
- ロケールの情報を取得する……………………………………………………p.564
- ISO言語コードの一覧を取得する ……………………………………………p.568
- ISO国コードの一覧を取得する ………………………………………………p.570
- ロケール識別子の一覧を取得する……………………………………………p.575

SECTION-172

ロケール識別子の一覧を取得する

ここでは、ロケール識別子の一覧を取得する方法について解説します。

SAMPLE CODE

```
import Foundation

// ロケール識別子の一覧を取得する
var identifiers = NSLocale.availableLocaleIdentifiers()

// コンソールに出力する
print("Number of identifiers: \(identifiers.count)")

for identifier in identifiers {
    print(identifier)
}
```

このコードを実行すると、次のように出力されます。

```
Number of identifiers: 731
eu
hr_BA
en_CM
rw_RW
en_SZ
tk_Latn
he_IL
ar
uz_Arab
en_PN
as
en_NF
rwk_TZ
zh_Hant_TW
gsw_LI
th_TH
ta_IN
es_EA
fr_GF
ar_001
en_RW
tr_TR
de_CH
ee_TG
... 中略 ...
```

SECTION-172 ロケール識別子の一覧を取得する

```
sr_Cyrl_XK
ksf
en_SX
bg_BG
en_PL
af
el
cs_CZ
fr_TD
zh_Hans_HK
is
ksh
my
en
it
dsb_DE
ii_CN
smn
iu
eo
en_ZA
en_AD
ak
en_RU
kkj_CM
am
es
et
uk_UA
```

> **ONEPOINT** ロケール識別子の一覧を取得するには
> 「availableLocaleIdentifiers」メソッドを使う
>
> ロケール識別子の一覧を取得するには、「NSLocale」クラスの「availableLocaleIdentifiers」メソッドを使用します。
>
> ```
> public class func availableLocaleIdentifiers() -> [String]
> ```
>
> 「availableLocaleIdentifiers」メソッドはシステム登録されているロケール識別子の一覧を返します。各要素は文字列です。日本語設定の標準的なロケールは、「ja_JP」です。

関連項目 ▶▶▶
- ISO言語コードの一覧を取得する ……………………………………………… p.568
- ISO国コードの一覧を取得する ………………………………………………… p.570
- ISO通貨コードの一覧を取得する ……………………………………………… p.572
- 指定した識別子のロケールを取得する ……………………………………… p.577

SECTION-173
指定した識別子のロケールを取得する

ここでは、指定した識別子のロケールを取得する方法について解説します。

SAMPLE CODE

```swift
import Foundation

// 「ja_JP」という識別子を持つロケールを取得する
var locale = NSLocale(localeIdentifier: "ja_JP")

// 「en_US」という識別子を持つロケールを取得する
var locale2 = NSLocale(localeIdentifier: "en_US")

// 取得したロケールの通貨コードを取得して、意図したロケールが
// 取得できているか確認する
// (システムに登録されているものが正しく取得できていれば、通貨コードを
// 正しく取得できる)
if let currency =
    locale.objectForKey(NSLocaleCurrencyCode) as? String {
        print(currency)
}

if let currency =
    locale2.objectForKey(NSLocaleCurrencyCode) as? String {
        print(currency)
}
```

このコードを実行すると、次のように出力されます。

```
JPY
USD
```

■ SECTION-173 ■ 指定した識別子のロケールを取得する

| ONEPOINT | 指定した識別子のロケールを取得するには
ロケール識別子を指定してインスタンスを確保する |

　指定した識別子のロケールを取得するには、ロケール識別子を指定して「NSLocale」クラスのインスタンスを確保します。

```
public init(localeIdentifier string: String)
```

　このイニシャライザメソッドを使い、引数にロケール識別子を文字列で指定すると、ロケールが返されます。システムに登録されている識別子を指定すると、そのロケールの情報が格納された「NSLocale」クラスのインスタンスが返ります。システムに登録されていない識別子を指定した場合も、「NSLocale」クラスのインスタンスは確保されますが、通貨コードなどの情報は「nil」になっています。

関連項目 ▶▶▶
- 日時を文字列にする……………………………………………………………p.539
- カレントロケールを取得する ……………………………………………………p.562
- ロケールの情報を取得する………………………………………………………p.564
- ロケール識別子の一覧を取得する………………………………………………p.575

CHAPTER 10
ファイルアクセス

SECTION-174

ファイルアクセスについて

Swiftでのファイルアクセス

Swiftで、ファイルやディレクトリを操作する処理を実装するには、次のような方法があります。
- 「Foundation」フレームワークのクラスを使う
- POSIXに準拠したC言語の関数を使う

「Foundation」フレームワークのクラスを使ったファイルアクセス

「Foundation」フレームワークには、ファイルアクセスをするために、次のような機能が用意されています。本書では、「Foundation」フレームワークのクラスを使ったファイルアクセスを解説します。

▶「NSString」クラス

テキストファイル全体を読み書きするメソッドが用意されています。テキストエンコーディングの指定も可能です。テキストファイルの読み込みについては《ファイルから文字列を読み込む》(p.312)、テキストファイルの書き込みについては《文字列をファイルに書き出す》(p.310)を参照してください。

▶「NSArray」クラスと「NSDictionary」クラス

プロパティリストファイルに配列やディクショナリを書き出すメソッドや、プロパティリストファイルから配列やディクショナリを読み込むメソッドが用意されています。詳しくは《プロパティリストデータを作成する》(p.699)や《プロパティリストデータを読み込む》(p.701)を参照してください。

▶「NSFileManager」クラス

ファイルやディレクトリを操作するメソッドが用意されています。本書で解説しているファイルやディレクトリの操作は、「NSFileManager」クラスを使っています。

▶アーカイバクラス

インスタンスのシリアライズ(永続化)処理を実装しています。次のようなクラスがあります。
- NSArchiver
- NSUnarchiver
- NSKeyedArchiver
- NSKeyedUnarchiver

現在のOSでは、「NSArchiver」クラスと「NSUnarchiver」クラスよりも、「NSKeyedArchiver」クラスと「NSKeyedUnarchiver」クラスの方が推奨されています。本書でも「NSKeyedArchiver」クラスと「NSKeyedUnarchiver」クラスを使った方法を解説しています。詳しくは《インスタンスをシリアライズする》(p.688)や《シリアライズしたインスタンスを読み込む》(p.691)を参照してください。

■ SECTION-174 ■ ファイルアクセスについて

▶「NSPropertyListSerialization」クラス

　プロパティリストファイルの読み書き処理を実装しています。「NSArray」クラスや「NSDictionary」クラスにもプロパティリストファイルの読み書きメソッドは実装されていますが、「NSPropertyListSerialization」クラスは、読み込み時に変更可能（Mutable）なオブジェクトにするかなどのオプションが指定できます。

　詳しくは《プロパティリストデータを作成する》(p.699)や《プロパティリストデータを読み込む》(p.701)を参照してください。

▶「NSFileHandle」クラス

　ファイルの部分的な読み書きを行います。詳しくは《ファイルを部分的に書き込む》(p.604)や《ファイルを部分的に読み込む》(p.608)を参照してください。

POSIXに準拠したC言語の関数を使った方法

　本書では解説していませんが、POSIXに準拠したC言語の「fopen」や「fwrite」、「fread」などのファイルストリーム関数、「open」や「write」などの入出力関数などを使った方法です。Swiftからもこれらの関数を呼べるようになっています。

関連項目 ▶▶▶
● 文字列をファイルに書き出す ……………………………………………… p.310
● ファイルから文字列を読み込む …………………………………………… p.312
● ファイルを部分的に書き込む ……………………………………………… p.604
● ファイルを部分的に読み込む ……………………………………………… p.608
● インスタンスをシリアライズする ………………………………………… p.688
● シリアライズしたインスタンスを読み込む ……………………………… p.691
● プロパティリストデータを作成する ……………………………………… p.699
● プロパティリストデータを読み込む ……………………………………… p.701

SECTION-175

文字列からURLを作成する

ここでは、文字列からURLを作成する方法について解説します。

SAMPLE CODE
```swift
import Foundation

// URLを入れた文字列を定義する
var urlStr = "http://www.rk-k.com/"

// 文字列からURLを作る
var url = NSURL(string: urlStr)

// コンソールに出力する
print(url)
```

このコードを実行すると、次のように出力されます。

```
Optional(http://www.rk-k.com/)
```

ONEPOINT 文字列からURLを作成するには
文字列を指定して「NSURL」クラスのインスタンスを確保する

文字列からURLを作成するには、次のイニシャライザメソッドを使って、URLの文字列を指定して、「NSURL」クラスのインスタンスを確保します。

```swift
public convenience init?(string URLString: String)
```

引数「URLString」に指定した文字列内に、URLには使用できない文字列が含まれていると、このイニシャライザメソッドは「nil」を返します。たとえば、ひらがなが含まれているとURLが作成できずに「nil」が返ります。一般的に、URLには使用できない文字が含まれる場合には、URLエンコーディングを行う必要があります。URLエンコーディングを行う方法については《文字列のURLエンコーディングを行う》(p.373)を参照してください。

関連項目 ▶▶▶
- 文字列のURLエンコーディングを行う ……………………………………………… p.373
- ファイルパスからURLを作成する ……………………………………………… p.583
- 相対URLを作成する ……………………………………………… p.585
- 相対URLから絶対URLを取得する ……………………………………………… p.586

SECTION-176

ファイルパスからURLを作成する

ここでは、ファイルパスからURLを作成する方法について解説します。

SAMPLE CODE

```swift
import Foundation

// ファイルパスを入れた文字列を作成する
var filePath = "/Users/UserName/Test.txt"

// ファイルパスからURLを作成する
var url = NSURL(fileURLWithPath: filePath)

// コンソールに出力する
print(url)
```

このコードを実行すると、次のように出力されます。

```
file:///Users/UserName/Test.txt
```

> **ONEPOINT　ファイルパスからURLを作成するには
> ファイルパスを指定してインスタンスを確保する**
>
> ファイルパスを指定して、URLを作成するには、次のイニシャライザメソッドを使い、ファイルパスを指定して「NSURL」クラスのインスタンスを確保します。
>
> ```swift
> public init(fileURLWithPath path: String)
> ```
>
> このイニシャライザメソッドを使ってURLを作成すると、スキームが「file」となる、ファイル参照のURLが作成されます。

■ SECTION-176 ■ ファイルパスからURLを作成する

| COLUMN | ディレクトリかどうかを指定してURLを作成するには |

ディレクトリへのURLを作成する場合には、次のイニシャライザメソッドを使い、ディレクトリかどうかを指定してインスタンスを確保します。

```
public init(fileURLWithPath path: String, isDirectory isDir: Bool)
```

このイニシャライザメソッドの引数「isDir」を「true」にすると、ディレクトリへのURLとなります。次のコードは、同じパスを指定して、引数「isDir」を変更したときに、どのようなURLになるかを出力します。

```
import Foundation

// パスを入れた文字列を作成する
var path = "/Users/UserName/Test"

// ディレクトリへのURLを作る
var dirUrl = NSURL(fileURLWithPath: path, isDirectory: true)

// ファイルへのURLを作る
var fileUrl = NSURL(fileURLWithPath: path, isDirectory: false)

// コンソールに出力する
print("dirUrl  = \(dirUrl)")
print("fileUrl = \(fileUrl)")
```

このコードを実行すると、次のように出力されます。

```
dirUrl  = file:///Users/UserName/Test/
fileUrl = file:///Users/UserName/Test
```

関連項目 ▶▶▶

- 文字列からURLを作成する …………………………………………………………… p.582
- 相対URLを作成する ……………………………………………………………………… p.585
- 相対URLから絶対URLを取得する ………………………………………………… p.586

SECTION-177

相対URLを作成する

　ここでは、相対URLを作成する方法について解説します。

SAMPLE CODE
```
import Foundation

// ベースURLを作成する
var baseUrlStr = "http://www.rk-k.com/"
var baseUrl = NSURL(string: baseUrlStr)

// ベースURLから相対URLを作成する
var url = NSURL(string: "blog", relativeToURL: baseUrl)

// コンソールに出力する
print(url)
```

　このコードを実行すると、次のように出力されます。

```
Optional(blog -- http://www.rk-k.com/)
```

ONEPOINT 相対URLを作成するには
ベースURLと相対パスを指定してインスタンスを確保する

　相対URLを作成するには、次のイニシャライザメソッドを使い、ベースURLと相対パスを指定して、「NSURL」クラスのインスタンスを確保します。

```
public init?(string URLString: String, relativeToURL baseURL: NSURL?)
```

　相対URLは、特定のURLから見て、相対的な場所を示すURLです。ここではその特定のURLを「ベースURL」と呼んでいます。ベースURLは引数「baseURL」に指定し、相対パスは引数「URLString」に指定します。

関連項目 ▶▶▶
- 文字列からURLを作成する ……………………………………………………… p.582
- ファイルパスからURLを作成する ……………………………………………… p.583
- 相対URLから絶対URLを取得する ……………………………………………… p.586
- URLのパスを正規化する ………………………………………………………… p.602

SECTION-178

相対URLから絶対URLを取得する

ここでは、相対URLから絶対URLを取得する方法について解説します。

SAMPLE CODE

```swift
import Foundation

// ベースURLを作成する
var baseUrlStr = "http://www.rk-k.com/"
var baseUrl = NSURL(string: baseUrlStr)

// ベースURLから相対URLを作成する
var relativeUrl = NSURL(string: "blog", relativeToURL: baseUrl)
// 絶対URLを作成する
var absoluteUrl = relativeUrl!.absoluteURL

// コンソールに出力する
print("relativeUrl = \(relativeUrl)")
print("absoluteUrl = \(absoluteUrl)")
```

このコードを実行すると、次のように出力されます。

```
relativeUrl = Optional(blog -- http://www.rk-k.com/)
absoluteUrl = http://www.rk-k.com/blog
```

ONEPOINT 相対URLから絶対URLを取得するには「absoluteURL」プロパティを取得する

相対URLから絶対URLを取得するには、「NSURL」クラスの「absoluteURL」プロパティを使用します。

```swift
@NSCopying public var absoluteURL: NSURL { get }
```

相対URLは、ベースURLとベースURLからの相対的な位置を示す、相対パスで構成されています。「absoluteURL」は同じ位置を示すURLを取得します。絶対URLを格納している「NSURL」クラスのインスタンスの「absoluteURL」プロパティからも同じURLを取得することができます。そのため、絶対URLが必要なときに、「absoluteURL」プロパティを取得する前に、相対URLかどうかを判定する必要はありません。

関連項目 ▶▶▶

- 文字列からURLを作成する ……………………………………………………… p.582
- ファイルパスからURLを作成する ……………………………………………… p.583
- 相対URLを作成する ……………………………………………………………… p.585
- URLを構成するパーツに分割する ……………………………………………… p.587

SECTION-179

URLを構成するパーツに分割する

ここでは、URLを構成するパーツに分割する方法について解説します。

SAMPLE CODE

```
import Foundation

// URLを作成する
var urlStr = "http://www.rk-k.com/archives/?p=1545#test"
var url = NSURL(string: urlStr)
// URLをスキームとリソース指定子に分割する
var scheme = url!.scheme
var resSpec = url!.resourceSpecifier
// リソース指定子を構成するパーツに分割する
var host = url!.host
var path = url!.path
var fragment = url!.fragment
var paramStr = url!.parameterString
var query = url!.query
// コンソールに出力する
print("scheme = \(scheme)")
print("resourceSpecifier = \(resSpec)")
print("")
print("host = \(host)")
print("path = \(path)")
print("frament = \(fragment)")
print("query = \(query)")
```

このコードを実行すると、次のように出力されます。

```
scheme = http
resourceSpecifier = //www.rk-k.com/archives/?p=1545#test

host = Optional("www.rk-k.com")
path = Optional("/archives")
frament = Optional("test")
query = Optional("p=1545")
```

ONEPOINT URLを構成するパーツに分割するには対応するプロパティを取得する

URLを、構成するパーツに分割するには、「NSURL」クラスの対応するプロパティを取得します。URLは大きく2つの部分に分かれます。「:」よりも前の部分が「スキーム」、後ろの部分が「リソース指定子」です。「リソース指定子」はさらにいくつかのパーツに

■ SECTION-179 ■ URLを構成するパーツに分割する

分割されます。このそれぞれについて、値を取得するためのプロパティが用意されています。用意されているプロパティには次のようなものがあります。

```
// スキーム
public var scheme: String { get }

// リソース指定子
public var resourceSpecifier: String { get }

// ホスト名
public var host: String? { get }

// ポート番号
@NSCopying public var port: NSNumber? { get }

// ユーザー名
public var user: String? { get }

// パスワード
public var password: String? { get }

// パス
public var path: String? { get }

// フラグメント
public var fragment: String? { get }

// パラメータ文字列
public var parameterString: String? { get }

// クエリー
public var query: String? { get }

// 相対パス
public var relativePath: String? { get }
```

関連項目 ▶▶▶

- URLのパスをコンポーネントに分割する …………………………………………… p.589
- URLのパスから最後のコンポーネントを取得する ……………………………… p.590
- URLのパスから拡張子を取得する………………………………………………… p.592
- URLのパスにコンポーネントを追加する ………………………………………… p.594
- URLのパスから最後のコンポーネントを削除する ……………………………… p.596
- URLのパスに拡張子を追加する ………………………………………………… p.598
- URLのパスを正規化する ………………………………………………………… p.602

SECTION-180

URLのパスをコンポーネントに分割する

ここでは、URLのパスをコンポーネントに分割する方法について解説します。

SAMPLE CODE

```
import Foundation

// URLを作成する
var urlStr = "http://www.rk-k.com/archives/date/2015/03"
var url = NSURL(string: urlStr)

// パスをコンポーネントに分割する
var components = url!.pathComponents

// コンソールに出力する
print(components)
```

このコードを実行すると、次のように出力されます。

```
Optional(["/", "archives", "date", "2015", "03"])
```

ONEPOINT　URLのパスをコンポーネントに分割するには「pathComponents」プロパティを使う

URLのパスをコンポーネントに分割するには、「NSURL」クラスの「pathComponents」プロパティを使用します。

```
public var pathComponents: [String]? { get }
```

「pathComponents」プロパティは読み込み専用のプロパティで、URLのパスをコンポーネントに分割した配列を取得できます。URLにフラグメントやクエリーが含まれていても、パスの部分のみが分割された配列を取得できます。

関連項目 ▶▶▶

- パス文字列をコンポーネントに分割する ………………………………… p.355
- URLを構成するパーツに分割する ………………………………………… p.587
- URLのパスから最後のコンポーネントを取得する ……………………… p.590
- URLのパスから拡張子を取得する ………………………………………… p.592
- URLのパスにコンポーネントを追加する ………………………………… p.594
- URLのパスから最後のコンポーネントを削除する ……………………… p.596
- URLのパスに拡張子を追加する …………………………………………… p.598
- URLのパスから拡張子を削除する ………………………………………… p.600
- URLのパスを正規化する …………………………………………………… p.602

SECTION-181
URLのパスから最後のコンポーネントを取得する

ここでは、URLのパスから最後のコンポーネントを取得する方法について解説します。

SAMPLE CODE
```
import Foundation

// URLを作成する
var urlStr = "http://www.rk-k.com/archives/date/2015/03?a=test#test"
var url = NSURL(string: urlStr)

// パスの最後のコンポーネントを取得する
var lastComponent = url!.lastPathComponent

// コンソールに出力する
print(lastComponent)
```

このコードを実行すると、次のように出力されます。

```
Optional("03")
```

ONEPOINT URLのパスから最後のコンポーネントを取得するには「lastPathComponent」プロパティを使う

URLのパスから最後のコンポーネントを取得するには、「NSURL」クラスの「lastPathComponent」プロパティを使用します。

```
public var lastPathComponent: String? { get }
```

このプロパティは読み込み専用のプロパティで、URLのパスの最後のコンポーネントを取得します。サンプルコードのように、クエリーやフラグメントが付いている場合でも正しくパスの部分から取得します。

なお、URLのパスをコンポーネントに分割して取得する、「pathComponents」プロパティを使って、次のように記述しても同様の結果を得られます。

```
if let components = url!.pathComponents {
    lastComponent = components.last as? String
}
```

■ SECTION-181 ■ URLのパスから最後のコンポーネントを取得する

関連項目 ▶▶▶

- パス文字列の最後のコンポーネントを取得する ……………………………………… p.357
- URLを構成するパーツに分割する ……………………………………………………… p.587
- URLのパスをコンポーネントに分割する ……………………………………………… p.589
- URLのパスから拡張子を取得する ……………………………………………………… p.592
- URLのパスにコンポーネントを追加する ……………………………………………… p.594
- URLのパスから最後のコンポーネントを削除する …………………………………… p.596
- URLのパスに拡張子を追加する ………………………………………………………… p.598
- URLのパスから拡張子を削除する ……………………………………………………… p.600
- URLのパスを正規化する ………………………………………………………………… p.602

SECTION-182

URLのパスから拡張子を取得する

ここでは、URLのパスから拡張子を取得する方法について解説します。

SAMPLE CODE
```
import Foundation

// URLを作成する
var urlStr = "/Users/MyName/Desktop/Sample.txt"
var url = NSURL(fileURLWithPath: urlStr)

// 拡張子を取得する
var pathExt = url.pathExtension

// コンソールに出力する
print(pathExt)
```

このコードを実行すると、次のように出力されます。

```
Optional("txt")
```

ONEPOINT　URLのパスから拡張子を取得するには「pathExtension」プロパティを使う

URLのパスから拡張子を取得するには、「NSURL」クラスの「pathExtension」プロパティを使用します。

```
public var pathExtension: String? { get }
```

このプロパティは、URLが指すファイルの拡張子を取得します。拡張子がないURLの場合には空の文字列が返ります。

なお、「path」プロパティと「String」の「pathExtension」プロパティと組み合わせて、次のように記述しても、同様の結果が得られます。

```
if let path = url!.path {
    pathExt = path.pathExtension
}
```

■ SECTION-182 ■ URLのパスから拡張子を取得する

関連項目 ▶▶▶

- パス文字列から拡張子を取得する ……………………………………………… p.359
- URLを構成するパーツに分割する ……………………………………………… p.587
- URLのパスをコンポーネントに分割する ……………………………………… p.589
- URLのパスから最後のコンポーネントを取得する …………………………… p.590
- URLのパスにコンポーネントを追加する ……………………………………… p.594
- URLのパスから最後のコンポーネントを削除する …………………………… p.596
- URLのパスに拡張子を追加する ………………………………………………… p.598
- URLのパスから拡張子を削除する ……………………………………………… p.600
- URLのパスを正規化する ………………………………………………………… p.602

SECTION-183

URLのパスにコンポーネントを追加する

ここでは、URLのパスにコンポーネントを追加する方法について解説します。

SAMPLE CODE

```
import Foundation

// URLを作成する
var urlStr = "/Users/MyName/Desktop"
var url = NSURL(fileURLWithPath: urlStr)

// パスコンポーネントを追加したURLを作る
url = url.URLByAppendingPathComponent("Sample.txt")

// コンソールに出力する
print(url)
```

このコードを実行すると、次のように出力されます。

```
file:///Users/MyName/Desktop/Sample.txt
```

> **ONEPOINT** URLのパスにコンポーネントを追加するには
> 「URLByAppendingPathComponent」メソッドを使う
>
> URLのパスにコンポーネントを追加するには、「NSURL」クラスの「URLByAppending PathComponent」メソッドを使用します。
>
> ```
> public func URLByAppendingPathComponent(pathComponent: String) -> NSURL
> ```
>
> このメソッドは、URLのパスに引数「pathComponent」に指定したコンポーネントを追加したURLを作成して、返します。

■ SECTION-183 ■ URLのパスにコンポーネントを追加する

| COLUMN | 追加するコンポーネントがディレクトリかどうかを指定するには |

　追加するコンポーネントがディレクトかどうかを指定するには、「URLByAppendingPathComponent」メソッドの引数が2つある方を使用します。

```
public func URLByAppendingPathComponent(pathComponent: String,
    isDirectory: Bool) -> NSURL
```

　このメソッドは、ONEPOINTで紹介したメソッドと同様に、引数「pathComponent」に指定したコンポーネントを追加したURLを作成します。追加するコンポーネントがディレクトリかどうかを引数「isDirectory」に指定できるようになっています。

　次のコードは、同じコンポーネントを追加してURLを作っていますが、引数「isDirectory」の値によって作られるURLがどのように変わるかを確認しています。

```
import Foundation

// URLを作成する
var urlStr = "/Users/MyName/Desktop"
var url = NSURL(fileURLWithPath: urlStr)

// パスコンポーネントを追加したURLを作る
var fileUrl = url.URLByAppendingPathComponent("Sample",
    isDirectory: false)
var dirUrl = url.URLByAppendingPathComponent("Sample",
    isDirectory: true)

// コンソールに出力する
print("fileUrl = \(fileUrl)")
print("dirUrl  = \(dirUrl)")
```

　このコードを実行すると、次のように出力されます。

```
fileUrl = file:///Users/MyName/Desktop/Sample
dirUrl  = file:///Users/MyName/Desktop/Sample/
```

関連項目 ▶▶▶

- パス文字列にコンポーネントを追加する ……………………………………… p.361
- URLを構成するパーツに分割する……………………………………………… p.587
- URLのパスをコンポーネントに分割する ……………………………………… p.589
- URLのパスから最後のコンポーネントを取得する …………………………… p.590
- URLのパスから拡張子を取得する……………………………………………… p.592
- URLのパスから最後のコンポーネントを削除する …………………………… p.596
- URLのパスに拡張子を追加する ………………………………………………… p.598
- URLのパスから拡張子を削除する……………………………………………… p.600
- URLのパスを正規化する ………………………………………………………… p.602

SECTION-184
URLのパスから最後のコンポーネントを削除する

ここでは、URLのパスから最後のコンポーネントを削除する方法について解説します。

SAMPLE CODE

```
import Foundation

// URLを作成する
var urlStr = "/Users/MyName/Desktop"
var url = NSURL(fileURLWithPath: urlStr)

// パスコンポーネントを追加したURLを作る
var fileUrl = url.URLByAppendingPathComponent("Sample.txt",
    isDirectory: false)
var dirUrl = url.URLByAppendingPathComponent("SampleDir",
    isDirectory: true)

// 最後のコンポーネントを削除する
var url1 = fileUrl.URLByDeletingLastPathComponent
var url2 = dirUrl.URLByDeletingLastPathComponent

// コンソールに出力する
print("fileUrl = \(fileUrl)")
print(url1)
print("dirUrl  = \(dirUrl)")
print(url2)
```

このコードを実行すると、次のように出力されます。

```
fileUrl = file:///Users/MyName/Desktop/Sample.txt
Optional(file:///Users/MyName/Desktop/)
dirUrl  = file:///Users/MyName/Desktop/SampleDir/
Optional(file:///Users/MyName/Desktop/)
```

■ SECTION-184 ■ URLのパスから最後のコンポーネントを削除する

| ONEPOINT | URLのパスから最後のコンポーネントを削除するには
「URLByDeletingLastPathComponent」プロパティを使う |

URLのパスから最後のコンポーネントを削除するには、「NSURL」クラスの「URLByDeletingLastPathComponent」プロパティを使用します。

```
@NSCopying public var URLByDeletingLastPathComponent: NSURL? { get }
```

このプロパティは、URLのパスから最後のコンポーネントを削除したURLを作成します。削除前のURLがディレクトリを指している場合（パスが「/」で終わっているとき）でも、正しく最後のコンポーネントが削除されたURLが取得されます。

関連項目 ▶▶▶

- パス文字列の最後のコンポーネントを削除する …………………………………………… p.367
- URLを構成するパーツに分割する……………………………………………………………… p.587
- URLのパスをコンポーネントに分割する …………………………………………………… p.589
- URLのパスから最後のコンポーネントを取得する ………………………………………… p.590
- URLのパスから拡張子を取得する…………………………………………………………… p.592
- URLのパスにコンポーネントを追加する …………………………………………………… p.594
- URLのパスに拡張子を追加する ……………………………………………………………… p.598
- URLのパスから拡張子を削除する……………………………………………………………… p.600
- URLのパスを正規化する ……………………………………………………………………… p.602

SECTION-185

URLのパスに拡張子を追加する

ここでは、URLのパスに拡張子を追加する方法について解説します。

SAMPLE CODE

```swift
import Foundation

// URLを作成する
var urlStr = "/Users/MyName/Desktop"
var url = NSURL(fileURLWithPath: urlStr)

// パスコンポーネントを追加したURLを作る
var fileUrl = url.URLByAppendingPathComponent("Sample",
    isDirectory: false)
var dirUrl = url.URLByAppendingPathComponent("SampleDir",
    isDirectory: true)

// 拡張子を追加する
var url1 = fileUrl.URLByAppendingPathExtension("txt")
var url2 = dirUrl.URLByAppendingPathExtension("txt")

// コンソールに出力する
print("fileUrl = \(fileUrl)")
print(url1)
print("dirUrl  = \(dirUrl)")
print(url2)
```

このコードを実行すると、次のように出力されます。

```
fileUrl = file:///Users/MyName/Desktop/Sample
file:///Users/MyName/Desktop/Sample.txt
dirUrl  = file:///Users/MyName/Desktop/SampleDir/
file:///Users/MyName/Desktop/SampleDir.txt/
```

■ SECTION-185 ■ URLのパスに拡張子を追加する

ONEPOINT　URLのパスに拡張子を追加するには「URLByAppendingPathExtension」メソッドを使う

URLのパスに拡張子を追加するには、「NSURL」クラスの「URLByAppendingPathExtension」メソッドを使用します。

```
public func URLByAppendingPathExtension(pathExtension: String) -> NSURL
```

このメソッドは引数に指定した拡張子を追加したURLを作成して返します。ディレクトリを指すURLの場合(「/」で終わるURLの場合)も正しくディレクトリ名に拡張子を追加したURLを作成します。また、指定する拡張子は「.」を含まない文字列を指定します。「.」を含む文字列を指定すると、「Sample..txt」のように、「.」が2つあるURLになってしまいます。

関連項目 ▶ ▶ ▶

- パス文字列に拡張子を追加する……………………………………………………p.363
- URLを構成するパーツに分割する…………………………………………………p.587
- URLのパスをコンポーネントに分割する …………………………………………p.589
- URLのパスから最後のコンポーネントを取得する ………………………………p.590
- URLのパスから拡張子を取得する…………………………………………………p.592
- URLのパスにコンポーネントを追加する …………………………………………p.594
- URLのパスから最後のコンポーネントを削除する ………………………………p.596
- URLのパスから拡張子を削除する…………………………………………………p.600
- URLのパスを正規化する ……………………………………………………………p.602

SECTION-186

URLのパスから拡張子を削除する

ここでは、URLのパスから拡張子を削除する方法について解説します。

SAMPLE CODE

```
import Foundation

// URLを作成する
var urlStr = "/Users/MyName/Desktop/Sample.txt"
var fileUrl = NSURL(fileURLWithPath: urlStr)

var urlStr2 = "/Users/MyName/Desktop/Sample"
var noExtUrl = NSURL(fileURLWithPath: urlStr2)
var dirUrl = NSURL(fileURLWithPath: urlStr2, isDirectory: true)

// 拡張子を削除したURLを作成する
var fileUrl2 = fileUrl.URLByDeletingPathExtension
var noExtUrl2 = noExtUrl.URLByDeletingPathExtension
var dirUrl2 = dirUrl.URLByDeletingPathExtension

// コンソールに出力する
print("fileUrl  = \(fileUrl)")
print(fileUrl2)
print("noExtUrl = \(noExtUrl)")
print(noExtUrl2)
print("dirUrl   = \(dirUrl)")
print(dirUrl2)
```

このコードを実行すると、次のように出力されます。

```
fileUrl  = file:///Users/MyName/Desktop/Sample.txt
Optional(file:///Users/MyName/Desktop/Sample)
noExtUrl = file:///Users/MyName/Desktop/Sample
Optional(file:///Users/MyName/Desktop/Sample)
dirUrl   = file:///Users/MyName/Desktop/Sample/
Optional(file:///Users/MyName/Desktop/Sample/)
```

■ SECTION-186 ■ URLのパスから拡張子を削除する

| ONEPOINT | URLのパスから拡張子を削除するには
「URLByDeletingPathExtension」プロパティを使う |

　URLのパスから拡張子を削除するには、「NSURL」クラスの「URLByDeletingPathExtension」プロパティを使用します。

```
@NSCopying public var URLByDeletingPathExtension: NSURL? { get }
```

　このプロパティは、URLのパスから拡張子を削除したURLを作成して返します。拡張子がない場合にはそのまま同じURLが返ります。サンプルコードでは、「noExtUrl」と「dirUrl」は拡張子を持っていないURLです。このURLの「URLByDeletingPathExtension」プロパティの値はそれぞれ「noExtUrl2」と「dirUrl2」です。どちらの変数も拡張子を削除する前のURLと同じURLになっています。

関連項目 ▶▶▶

- パス文字列の拡張子を削除する……………………………………………p.369
- URLを構成するパーツに分割する…………………………………………p.587
- URLのパスをコンポーネントに分割する …………………………………p.589
- URLのパスから最後のコンポーネントを取得する ………………………p.590
- URLのパスから拡張子を取得する…………………………………………p.592
- URLのパスにコンポーネントを追加する …………………………………p.594
- URLのパスから最後のコンポーネントを削除する ………………………p.596
- URLのパスに拡張子を追加する ……………………………………………p.598
- URLのパスを正規化する ……………………………………………………p.602

SECTION-187

URLのパスを正規化する

ここでは、URLのパスを正規化する方法について解説します。

SAMPLE CODE

```
import Foundation

// URLを作成する
var urlStr = "/Users/MyName/Desktop/Test/../Sample.txt"
var absUrl = NSURL(fileURLWithPath: urlStr)

// 相対URLを作成する
var relUrl = NSURL(string: "Test2/../Sample2.txt",
    relativeToURL: absUrl)

// URLを正規化する
var absUrl2 = absUrl.URLByStandardizingPath
var relUrl2 = relUrl!.URLByStandardizingPath

// コンソールに出力する
print("absUrl = \(absUrl)")
print(absUrl2)
print("relUrl = \(relUrl)")
print(relUrl2)
```

このコードを実行すると、次のように出力されます。

```
absUrl = file:///Users/MyName/Desktop/Test/../Sample.txt
Optional(file:///Users/MyName/Desktop/Sample.txt)
relUrl = Optional(Test2/../Sample2.txt -- file:///Users/MyName/Desktop/Test/../Sample.txt)
Optional(file:///Users/MyName/Desktop/Sample2.txt)
```

■ SECTION-187 ■ URLのパスを正規化する

| ONEPOINT | URLのパスを正規化するには
「URLByStandardizingPath」プロパティを使う |

　URLのパスを正規化するには、「NSURL」クラスの「URLByStandardizingPath」プロパティを使用します。

```
@NSCopying public var URLByStandardizingPath: NSURL? { get }
```

　このプロパティは、URLのパスに書かれた「../」などの相対的な位置を示すシーケンスを置き換えて、正規化したURLを取得します。絶対パスでも相対パスでも、正規化が可能です。サンプルコードのように、相対パスのベースURLと相対位置の両方を正規化する必要がある場合も、正しく正規化されます。また、正規化するURLが相対URLの場合、取得されるURLは、相対URLではなく絶対URLになります。

関連項目 ▶▶▶

- パス文字列を正規化する……………………………………………………………p.371
- 相対URLを作成する ……………………………………………………………p.585
- URLを構成するパーツに分割する……………………………………………………p.587
- URLのパスをコンポーネントに分割する ……………………………………………p.589
- URLのパスから最後のコンポーネントを取得する …………………………………p.590
- URLのパスから拡張子を取得する……………………………………………………p.592
- URLのパスにコンポーネントを追加する ……………………………………………p.594
- URLのパスから最後のコンポーネントを削除する …………………………………p.596
- URLのパスに拡張子を追加する ……………………………………………………p.598
- URLのパスから拡張子を削除する……………………………………………………p.600

SECTION-188

ファイルを部分的に書き込む

ここでは、ファイルを部分的に書き込む方法について解説します。

SAMPLE CODE

```swift
import Foundation

// 書き込み先のファイルパス
var path = NSString(string: "~/Test.txt").stringByExpandingTildeInPath

// 書き込み先にファイルが存在したら削除する
var fm = NSFileManager()

if fm.fileExistsAtPath(path) {
    do {
        try fm.removeItemAtPath(path)
    } catch let error as NSError {
        
    }
}

// 空のファイルを作成する
fm.createFileAtPath(path, contents: nil, attributes: nil)

// 書き込み用のファイルハンドルを取得する
var fh = NSFileHandle(forWritingAtPath: path)

if fh != nil {
    // 「Swift」と書き込む
    var data = NSData(bytes: "Swift", length: 5)
    fh!.writeData(data)
    
    // 「 and Objective-C」と書き込む
    data = NSData(bytes: " and Objective-C", length: 16)
    fh!.writeData(data)
    
    // ファイルを閉じる
    fh!.closeFile()
}
```

このコードを実行すると、ホームディレクトリに「Test.txt」というファイルが作成され、次のように書き込まれます。ファイルがすでに存在する場合は削除されて、新しいファイルが作成されます。

```
Swift and Objective-C
```

■ SECTION-188 ■ ファイルを部分的に書き込む

ONEPOINT　ファイルを部分的に書き込むには「NSFileHandle」を書き込みモードで使う

　ファイルを部分的に書き込むには、「NSFileHandle」クラスの次のイニシャライザメソッドを使い、書き込みモードでインスタンスを確保します。

```
// ファイルパスを指定して、書き込みモードで開く
public convenience init?(forWritingAtPath path: String)
```

```
// URLを指定して、書き込みモードで開く
public convenience init(forWritingToURL url: NSURL) throws
```

　上記のイニシャライザメソッドは、ファイルパス、もしくは、URLで指定したファイルを書き込みモードで開きます。書き込みモードで開いたファイルは、任意の位置にデータを書き込むことができます。しかし、読み込むことはできません。読み込みも行いたい場合には、更新モードを使う必要があります。

　また、「NSFileHandle」クラスは、存在するファイルに対して行う必要があり、ファイルがないときにはエラーが投げられ、エラー制御に遷移します。そのため、サンプルコードでも空のファイルを作成してから、「NSFileHandle」クラスのインスタンスを確保しています。

　なお、「NSFileHandle」クラスはファイル専用ではありません。デバイスや名前付きソケットに対しても使用できます。

COLUMN　ファイルを更新モードで開くには

　ファイルを更新モードで開くには、「NSFileHandle」クラスの次のイニシャライザメソッドを使用します。

```
// ファイルを指定して、更新モードで開く
public convenience init?(forUpdatingAtPath path: String)
```

```
// URLを指定して、更新モードで開く
public convenience init(forUpdatingURL url: NSURL) throws
```

　更新モードで開くと、読み書きの両方が許可されます。ファイルを部分的に更新する必要があるときに、たとえば、書かれている情報によって処理が変わる場合や、書かれているデータを使って計算した結果を書き込む必要があるときなどには、更新モードを使用します。

　次のコードは、更新モードでファイルを開き、書き込みと読み込みの両方を行っています。

```
import Foundation

// 書き込み先のファイルパス
var path = NSString(string: "~/Test.dat").stringByExpandingTildeInPath
```

▼

■ SECTION-188 ■ ファイルを部分的に書き込む

```swift
// 書き込み先にファイルが存在したら削除する
var fm = NSFileManager()

if fm.fileExistsAtPath(path) {
    do {
        try fm.removeItemAtPath(path)
    } catch let error as NSError {

    }
}

// 空のファイルを作成する
fm.createFileAtPath(path, contents: nil, attributes: nil)

// 書き込み用のファイルハンドルを取得する
var fh = NSFileHandle(forUpdatingAtPath: path)

if fh != nil {
    // 1, 2, 3, 4, 5を書き込む
    var array: [UInt8] = [1, 2, 3, 4, 5]
    fh!.writeData(NSData(bytes: &array, length: array.count))

    // ファイルポインタを先頭に移動する
    fh!.seekToFileOffset(0)

    // 書き込み済みの内容を読み込む
    var data = fh!.readDataToEndOfFile()

    // コンソールに出力する
    print(data)

    // 6, 7, 8, 9, 10を書き込む
    array = [6, 7, 8, 9, 10]
    fh!.writeData(NSData(bytes: &array, length: array.count))

    // ファイルポインタを先頭に移動する
    fh!.seekToFileOffset(0)

    // 書き込み済みの内容を読み込む
    data = fh!.readDataToEndOfFile()

    // コンソールに出力する
    print(data)

    // ファイルを閉じる
    fh!.closeFile()
```

■ SECTION-188 ■ ファイルを部分的に書き込む

}

　このコードを実行すると、次のように出力され、ホームディレクトリに「Test.dat」ファイルが作られ、出力された内容が書き込まれます。

```
<01020304 05>
<01020304 05060708 090a>
```

関連項目 ▶ ▶ ▶

- データをファイルに書き出す ……………………………………………………… p.509
- ファイルからデータを読み込む …………………………………………………… p.511
- ファイルアクセスについて ………………………………………………………… p.580
- ファイルを部分的に読み込む ……………………………………………………… p.608
- ファイルを任意の位置で読み書きする …………………………………………… p.611
- ファイルを作成する ………………………………………………………………… p.656
- ファイルやディレクトリが存在するか調べる …………………………………… p.678
- 読み込み可能なファイルかを調べる ……………………………………………… p.680
- 書き込み可能なファイルかを調べる ……………………………………………… p.682

SECTION-189

ファイルを部分的に読み込む

ここでは、ファイルを部分的に読み込む方法について解説します。

SAMPLE CODE

```swift
import Foundation
// ファイルパス
var path = NSString(string: "~/Test.txt").stringByExpandingTildeInPath
// 部分的に読み込むテストファイルを作成する
var str = "Swift"
do {
    try str.writeToFile(path, atomically: true,
        encoding: NSUTF8StringEncoding)
} catch let error as NSError {
}
// 読み込み用のファイルハンドルを取得する
var fh = NSFileHandle(forReadingAtPath: path)
if fh != nil {
    // 1バイトずつ読み込み、コンソールに出力する
    var reading = true
    while reading {
        // 1バイト読み込む
        var data = fh!.readDataOfLength(1)
        if data.length > 0 {
            // 読み込んだバイトを文字としてコンソールに出力
            var p = unsafeBitCast(data.bytes,
                UnsafePointer<CChar>.self)
            var c = String(format:"%c", p[0])
            print(c)
        } else {
            // 最後まで読み込み済み
            reading = false
        }
    }
    // ファイルを閉じる
    fh!.closeFile()
}
```

このコードを実行すると、次のように出力されます。

```
S
w
i
f
t
```

SECTION-189 ファイルを部分的に読み込む

ONEPOINT ファイルを部分的に読み込むには「readDataOfLength」メソッドを使う

ファイルを部分的に読み込むには、「NSFileHandle」クラスの「readDataOfLength」メソッドを使用します。

```
public func readDataOfLength(length: Int) -> NSData
```

「readDataOfLength」メソッドは、現在のファイルポインタから、引数に指定したバイト数だけ読み込みます。読み込んだデータは「NSData」クラスのインスタンスで返します。ファイルポインタがすでにファイルの末尾にあるなど、読み込めないときは空のデータが返ります。また、ファイルポインタから末尾までの容量が、引数に指定した容量以下のときは、末尾までのデータを読み込んで返します。

「readDataOfLength」メソッドは、読み込みと同時に、読み込んだ容量だけファイルポインタの位置も移動します。

ファイルポインタの設定や取得については、《ファイルを任意の位置で読み書きする》(p.611)を参照してください。

COLUMN ファイルを読み込みモードで開くには

ファイルハンドルを使って読み込みを行うには、ファイルを読み込みモード、もしくは、更新モードで開く必要があります。読み込みモードで開くには、次のメソッドを使用します。

```
// ファイルパスを指定して、読み込みモードで開く
public convenience init?(forReadingAtPath path: String)

// URLを指定して、読み込みモードで開く
public convenience init(forReadingFromURL url: NSURL) throws
```

更新モードについては、605ページを参照してください。

COLUMN ファイルを最後まで読み込むには

現在のファイルポインタの位置から、ファイルの末尾までデータを読み込むには、「readDataToEndOfFile」メソッドを使用します。

```
public func readDataToEndOfFile() -> NSData
```

「readDataToEndOfFile」メソッドは、ファイルの末尾までのデータを読み込み、「NSData」クラスのインスタンスで返します。

```
import Foundation
```

SECTION-189 ファイルを部分的に読み込む

```swift
// ファイルパス
var path = NSString(string: "~/Test.txt").stringByExpandingTildeInPath

// 部分的に読み込むテストファイルを作成する
var str = "Swift"
do {
    try str.writeToFile(path, atomically: true,
        encoding: NSUTF8StringEncoding)
} catch let error as NSError {

}

// 読み込み用のファイルハンドルを取得する
var fh = NSFileHandle(forReadingAtPath: path)

if fh != nil {

    // ファイルの末尾まで一気に読み込み、変更可能なデータにする
    var data = NSMutableData(data: fh!.readDataToEndOfFile())

    // 読み込んだデータを文字列として読み込む
    var text = String(bytesNoCopy: data.mutableBytes,
        length: data.length, encoding:NSUTF8StringEncoding,
        freeWhenDone:false)

    // コンソールに出力する
    print(text)

    // ファイルを閉じる
    fh!.closeFile()
}
```

このコードを実行すると、次のように出力されます。

```
Optional("Swift")
```

関連項目 ▶▶▶

- データをファイルに書き出す …………………………………………………… p.509
- ファイルからデータを読み込む ………………………………………………… p.511
- ファイルアクセスについて ……………………………………………………… p.580
- ファイルを部分的に書き込む …………………………………………………… p.604
- ファイルを任意の位置で読み書きする ………………………………………… p.611
- 読み込み可能なファイルかを調べる …………………………………………… p.680
- 書き込み可能なファイルかを調べる …………………………………………… p.682

SECTION-190

ファイルを任意の位置で読み書きする

ここでは、ファイルを任意の位置で読み書きする方法について解説します。

SAMPLE CODE

```
import Foundation

// テキストデータをコンソールに出力する関数
func printTextData(data: NSData) {
    
    // 文字列を作成する
    let str = String(data: data, encoding: NSUTF8StringEncoding)
    
    // コンソールに出力する
    print(str)
}

// ファイルパス
var path = NSString(string: "~/Test.txt").stringByExpandingTildeInPath

// 部分的に読み込むテストファイルを作成する
var str = "Swift Objective-C"
do {
    try str.writeToFile(path, atomically: true,
        encoding: NSUTF8StringEncoding)
} catch let error as NSError {
    
}

// 読み込み用のファイルハンドルを取得する
var fh = NSFileHandle(forReadingAtPath: path)

if fh != nil {
    
    // 先頭から6バイトの場所から、末尾まで読み込む
    fh!.seekToFileOffset(6)
    var data = fh!.readDataToEndOfFile()
    
    // コンソールに出力
    printTextData(data)
    
    // 先頭に移動して、5バイト読み込む
    fh!.seekToFileOffset(0)
    data = fh!.readDataOfLength(5)
```

■ SECTION-190 ■ ファイルを任意の位置で読み書きする

```
    // コンソールに出力
    printTextData(data)

    // ファイルを閉じる
    fh!.closeFile()
}
```

このコードを実行すると、次のように出力されます。

```
Optional("Objective-C")
Optional("Swift")
```

ONEPOINT ファイルを任意の位置で読み書きするには
「seekToFileOffset」メソッドを使う

　ファイルを任意の位置で読み書きするには、「NSFileHandle」クラスの「seekToFileOffset」メソッドを使用します。

```
public func seekToFileOffset(offset: UInt64)
```

　「seekToFileOffset」メソッドは、ファイルポイントを引数「offset」に指定された場所に移動します。「NSFileHandle」クラスでは、ファイルの読み書きはファイルポインタの位置から行われるので、ファイルポインタを移動することで、任意の位置での読み書きができるようになります。

COLUMN ファイルポインタの現在位置を取得するには

　ファイルポインタの現在位置を取得するには、「NSFileHandle」クラスの「offsetInFile」プロパティを使用します。「offsetInFile」プロパティの値は現在位置になっています。

```
public var offsetInFile: UInt64 { get }
```

　次のコードは、ファイルを読み込みながら、ファイルポインタの位置の出力します。

```
import Foundation

// テキストデータをコンソールに出力する関数
func printTextData(data: NSData) {

    // 文字列を作成する
    let str = String(data: data, encoding: NSUTF8StringEncoding)

    // コンソールに出力する
    print(str)
}
```

SECTION-190 ファイルを任意の位置で読み書きする

```swift
// ファイルパス
var path = NSString(string: "~/Test.txt").stringByExpandingTildeInPath

// 部分的に読み込むテストファイルを作成する
var str = "Swift Objective-C"
do {
    try str.writeToFile(path, atomically: true,
        encoding: NSUTF8StringEncoding)
} catch let error as NSError {

}

// 読み込み用のファイルハンドルを取得する
var fh = NSFileHandle(forReadingAtPath: path)

if fh != nil {
    // 先頭から6バイトの場所から、末尾まで読み込む
    fh!.seekToFileOffset(6)

    // ファイルポインタの位置を出力
    print("before: \(fh!.offsetInFile)")
    var data = fh!.readDataToEndOfFile()
    print("after: \(fh!.offsetInFile)")
    // コンソールに出力
    printTextData(data)

    // 先頭に移動して、5バイト読み込む
    fh!.seekToFileOffset(0)
    print("before: \(fh!.offsetInFile)")
    data = fh!.readDataOfLength(5)
    print("after: \(fh!.offsetInFile)")
    // コンソールに出力
    printTextData(data)

    // ファイルを閉じる
    fh!.closeFile()
}
```

このコードを実行すると、次のように出力されます。

```
before: 6
after: 17
Optional("Objective-C")
before: 0
after: 5
Optional("Swift")
```

COLUMN　ファイルの末尾にファイルポインタを移動するには

ファイルの末尾にファイルポインタを移動するには、「NSFileHandle」クラスの「seekToEndOfFile」メソッドを使用します。

```
public func seekToEndOfFile() -> UInt64
```

「seekToEndOfFile」メソッドは、ファイルポインタをファイルの末尾に移動します。次のコードは出力したファイルの末尾に文字列を追加出力し、そのテキストファイルを読み込んで、コンソールに出力します。

```
import Foundation

// ファイルパス
var path = NSString(string: "~/Test.txt").stringByExpandingTildeInPath

// テストファイルを作成する
var str = "Swift"
do {
    try str.writeToFile(path, atomically: true,
        encoding: NSUTF8StringEncoding)
} catch let error as NSError {

}


// ファイルハンドルを取得する
var fh = NSFileHandle(forWritingAtPath: path)

if fh != nil {

    // ファイルポインタを末尾に移動する
    fh!.seekToEndOfFile()

    // 「 Objective-C」を追記する
    str = " Objective-C"

    var data = str.dataUsingEncoding(NSUTF8StringEncoding,
        allowLossyConversion: false)

    if data != nil {
        fh!.writeData(data!)
    }

    // ファイルを閉じる
    fh!.closeFile()
```

■ SECTION-190 ■ ファイルを任意の位置で読み書きする

```
}

// ファイルを読み込む
do {
    let text = try String(contentsOfFile: path,
        encoding: NSUTF8StringEncoding)

    // コンソールに出力する
    print(text)
} catch let error as NSError {

}
```

このコードを実行すると、次のように出力されます。

```
Swift Objective-C
```

関連項目 ▶▶▶
- ファイルを部分的に書き込む ……………………………………………………… p.604
- ファイルを部分的に読み込む ……………………………………………………… p.608

SECTION-191

ファイルポインタ以降を切り捨てる

ここでは、ファイルポインタ以降を切り捨てる方法を解説します。

SAMPLE CODE

```swift
import Foundation

// ファイルパス
var path = NSString(string: "~/Test.txt").stringByExpandingTildeInPath

// テストファイルを作成する
var str = "Swift and Objective-C"
do {
    try str.writeToFile(path, atomically: true,
        encoding: NSUTF8StringEncoding)
} catch let error as NSError {

}

// ファイルハンドルを取得する
var fh = NSFileHandle(forWritingAtPath: path)

if fh != nil {

    // 5バイト目以降を切り捨てる
    fh!.truncateFileAtOffset(5)

    // ファイルを閉じる
    fh!.closeFile()
}

// ファイルを読み込む
do {
    let text = try String(contentsOfFile: path,
        encoding: NSUTF8StringEncoding)

    // コンソールに出力する
    print(text)
} catch let error as NSError {

}
```

■ SECTION-191 ■ ファイルポインタ以降を切り捨てる

　このコードを実行すると、ホームディレクトリに「Test.txt」というファイルが作成され、「Swift」とだけ書き込まれ、次のように出力されます。

```
Swift
```

> **ONEPOINT** ファイルポインタ以降を切り捨てるには
> 「truncateFileAtOffset」メソッドを使う
>
> 　ファイルポインタ以降を切り捨てるには、「NSFileHandle」クラスの「truncateFileAtOffset」メソッドを使用します。
>
> ```
> public func truncateFileAtOffset(offset: UInt64)
> ```
>
> 　「truncateFileAtOffset」メソッドは、引数「offset」に指定したファイルポインタ以降を切り捨てるメソッドです。「NSFileHandle」クラスでは、ファイルの末尾を超えて書き込むと、ファイルサイズが広がります。「truncateFileAtOffset」メソッドはこれとは逆に切り捨てて、ファイルサイズを小さくするメソッドです。

関連項目 ▶▶▶

- ファイルやディレクトリの情報を取得する ……………………………………………… p.663

SECTION-192

バンドルを取得する

ここでは、バンドルを取得する方法について解説します。

SAMPLE CODE
```swift
import Cocoa

@NSApplicationMain
class AppDelegate: NSObject, NSApplicationDelegate {

    @IBOutlet weak var window: NSWindow!

    // アプリ起動処理完了直後の処理
    func applicationDidFinishLaunching(aNotification: NSNotification) {
        // メインバンドル(ここではアプリ本体)を取得する
        let bundle = NSBundle.mainBundle()

        // コンソールに出力する
        print(bundle)
    }

}
```

このコードを実行すると、次のように出力されます(表示されるバンドルパスは、実行環境に依存します)。

```
NSBundle </Users/akira/Library/Developer/Xcode/DerivedData/Bundle-
emfsnpjnbwdocsejukldxgmxmezo/Build/Products/Debug/Bundle.app> (loaded)
```

HINT
このコードを実行するプロジェクトは「Command Line Tool」ではなく、「Cocoa Application」を指定して作成しています。また、アプリのため「AppDelegate.swift」(自動生成される)のコードを変更しています。

ONEPOINT バンドルを取得するには「mainBundle」メソッドを使う

バンドルを取得するには「NSBundle」クラスの「mainBundle」メソッドを使用します。

```swift
public class func mainBundle() -> NSBundle
```

「mainBundle」メソッドは、名前の通りメインバンドルを取得するメソッドです。メインバンドルは、アプリ本体のバンドルです。ライブラリをフレームワークとして作成し、そのフレームワークから実行した場合もアプリ本体のバンドルを取得します。

COLUMN　バンドルパスを指定してバンドルを取得するには

　バンドルパスを指定してバンドルを取得するには、次のイニシャライザメソッドを使い、バンドルパスを指定してインスタンスを確保します。

```
public init?(path: String)
```

　このイニシャライザメソッドは、引数に指定したパスにバンドルが存在すれば、インスタンスを返し、存在しない場合は「nil」を返します。
　次のコードは、システムに標準でインストールされているフレームワーク（フレームワークもバンドルの一種です）へのバンドルを取得します。また、存在しないパスを指定したときに「nil」が返ることも確認します。

```
import Foundation

// 「Foundation.framework」へのバンドルパス
var path = "/System/Library/Frameworks/Foundation.framework"

// バンドルを取得する
var bundle = NSBundle(path: path)

// 存在しないバンドルパス
path = "/System/Library/Frameworks/FoundationTest.framework"

// バンドルの取得を試みる
var bundle2 = NSBundle(path: path)

// コンソールに出力する
print("bundle  = \(bundle)")
print("bundle2 = \(bundle2)")
```

　このコードを実行すると、次のように出力されます。

```
bundle  = Optional(NSBundle </System/Library/Frameworks/Foundation.framework>
(not yet loaded))
bundle2 = nil
```

■ SECTION-192 ■ バンドルを取得する

| COLUMN | URLを指定してバンドルを取得するには |

　バンドルへのURLを指定して、バンドルを取得するには、次のイニシャライザメソッドを使い、URLを指定してインスタンスを確保します。

```
public convenience init?(URL url: NSURL)
```

　このイニシャライザメソッドは、引数に指定したURLにバンドルが存在すれば、インスタンスを返し、存在しなければ「nil」を返します。
　次のコードは、システムに標準でインストールされているフレームワークへのバンドルを取得します。また、存在しないURLを指定したときに「nil」が返ることも確認します。

```
import Foundation

// 「Foundation.framework」へのバンドルパス
var path = "/System/Library/Frameworks/Foundation.framework"

// URLを取得する
var url = NSURL(fileURLWithPath: path)

// バンドルを取得する
var bundle = NSBundle(URL: url)

// コンソールに出力する
print("bundle  = \(bundle)")

// 存在しないバンドルパス
path = "/System/Library/Frameworks/FoundationTest.framework"

// URLを取得する
url = NSURL(fileURLWithPath: path)

// バンドルの取得を試みる
var bundle2 = NSBundle(URL: url)

// コンソールに出力する
print("bundle2 = \(bundle2)")
```

　このコードを実行すると、次のように出力されます。

```
bundle  = Optional(NSBundle </System/Library/Frameworks/Foundation.framework>
(not yet loaded))
bundle2 = nil
```

■ SECTION-192 ■ バンドルを取得する

> **COLUMN　クラスを指定してバンドルを取得するには**
>
> 　クラスを指定してバンドルを取得するには、次のイニシャライザメソッドを使って、インスタンスを確保します。
>
> ```
> public init(forClass aClass: AnyClass)
> ```
>
> 　このイニシャライザメソッドは、指定したクラスのコードを持ったバンドルを返します。
> 　アプリがリンクしているフレームワークやロード済みのプラグインなどへのバンドルを取得したいときに使用します。
> 　次のコードは「Foundation」フレームワークの「NSString」クラスを指定して、バンドルを取得しています。
>
> ```swift
> import Foundation
>
> // 「NSString」クラスを実装しているバンドルを取得する
> if let strClass = NSClassFromString("NSString") {
>     // バンドルを取得する
>     var bundle = NSBundle(forClass: strClass)
>
>     // コンソールに出力する
>     print(bundle)
> }
> ```
>
> 　このコードを実行すると、次のように出力されます。
>
> ```
> NSBundle </System/Library/Frameworks/Foundation.framework> (loaded)
> ```

SECTION-192 バンドルを取得する

COLUMN 識別子を指定してバンドルを取得するには

　バンドルが持っている識別子を指定して、バンドルを取得するには、次のイニシャライザメソッドを使って、インスタンスを確保します。

```
public init?(identifier: String)
```

　このイニシャライザメソッドは、指定した識別子を持つバンドルを取得します。該当するバンドルが見つからないときは、「nil」を返します。

　次のコードは、「com.apple.Foundation」という識別子を持ったバンドルを取得します。このバンドルは、「Foundation.framework」です。また、存在しない「private.test.Framework」という識別子を指定して、「nil」が返ることも確認します。

```
import Foundation

// バンドル識別子を定義
var identifier = "com.apple.Foundation"

// バンドルを取得する
var bundle = NSBundle(identifier: identifier)

// 取得できないバンドル識別子を定義
identifier = "private.test.framework"

// バンドルの取得を試みる
var bundle2 = NSBundle(identifier: identifier)

// コンソールに出力する
print("bundle  = \(bundle)")
print("bundle2 = \(bundle2)")
```

　このコードを実行すると、次のように出力されます。

```
bundle  = Optional(NSBundle </System/Library/Frameworks/Foundation.framework> (loaded))
bundle2 = nil
```

関連項目 ▶ ▶ ▶

- プロジェクトについて p.41

SECTION-193
バンドルへのディレクトリパスを取得する

ここでは、バンドルへのディレクトリパスを取得する方法について解説します。

SAMPLE CODE

```swift
import Cocoa

@NSApplicationMain
class AppDelegate: NSObject, NSApplicationDelegate {

    @IBOutlet weak var window: NSWindow!

    // アプリ起動処理完了直後の処理
    func applicationDidFinishLaunching(aNotification: NSNotification) {
        // メインバンドル(ここではアプリ本体)を取得する
        let bundle = NSBundle.mainBundle()

        // バンドルパスを取得する
        let bundlePath = bundle.bundlePath

        // コンソールに出力する
        print(bundlePath)
    }

}
```

このコードを実行すると、次のように出力されます(出力される値は実行環境に依存します)。

```
/Users/akira/Library/Developer/Xcode/DerivedData/Bundle-emfsnpjnbwdocsejukldxgmxmezo/
Build/Products/Debug/Bundle.app
```

HINT

このコードを実行するプロジェクトは「Command Line Tool」ではなく、「Cocoa Application」を指定して作成しています。また、アプリのため「AppDelegate.swift」(自動生成される)のコードを変更しています。

■ SECTION-193 ■ バンドルへのディレクトリパスを取得する

> **ONEPOINT** バンドルパスを取得するには「bundlePath」プロパティを使う

バンドルパスを取得するには、「NSBundle」クラスの「bundlePath」プロパティを使用します。

```
public var bundlePath: String { get }
```

このプロパティを取得すると、バンドルパスが取得されます。サンプルコードのように、メインバンドルを取得したときや、バンドルパスを指定する方法以外の方法でバンドルを取得したときに、バンドルが配置されている場所を知りたいときに使用します。

> **COLUMN** バンドル内の定義済みファイルやディレクトリへのパスやURLを取得するには

「bundlePath」プロパティのように、バンドルに関係するパスやURLを取得するプロパティは、他にも定義されています。「NSURL」クラスに定義されているプロパティには次のようなものがあります。

```
// リソースディレクトリパス
// 「Contents/Resources」ディレクトリ
public var resourcePath: String? { get }

// 実行ファイルのパス
public var executablePath: String? { get }

// プライベートフレームワークディレクトリパス
// 「Contents/Frameworks」ディレクトリ
public var privateFrameworksPath: String? { get }

// 共有フレームワークディレクトリパス
// 「Contents/SharedFrameworks」ディレクトリ
public var sharedFrameworksPath: String? { get }

// 共有サポートファイルディレクトリパス
// 「Contents/SharedSupport」ディレクトリ
public var sharedSupportPath: String? { get }

// プラグインディレクトリパス
// 「Contents/PlugIns」ディレクトリ
public var builtInPlugInsPath: String? { get }

// バンドルURL
@NSCopying public var bundleURL: NSURL { get }
```

■ SECTION-193 ■ バンドルへのディレクトリパスを取得する

```
// リソースディレクトリURL
@NSCopying public var resourceURL: NSURL? { get }

// 実行ファイルURL
@NSCopying public var executableURL: NSURL? { get }

// プライベートフレームワークディレクトリURL
@NSCopying public var privateFrameworksURL: NSURL? { get }

// 共有フレームワークディレクトリURL
@NSCopying public var sharedFrameworksURL: NSURL? { get }

// 共有サポートファイルディレクトリURL
@NSCopying public var sharedSupportURL: NSURL? { get }

// プラグインディレクトリURL
@NSCopying public var builtInPlugInsURL: NSURL? { get }

// AppStoreのレシートURL
@NSCopying public var appStoreReceiptURL: NSURL? { get }
```

　上記のように、ファイルパスを取得するプロパティとURLを取得するプロパティが用意されています。URLを取得するプロパティは、取得対象が存在しない場合には、正しい値が取得できないので注意が必要です。

　また、リソースファイルに対するファイルパスやディレクトリパスを取得する場合には、ローカライズリソースの有無なども判断する必要があるので、上記のプロパティを使うよりも、専用のメソッドを使った方が確実です。リソースファイルの取得方法については、《バンドル内のリソースファイルを取得する》(p.626)を参照してください。

関連項目 ▶▶▶

- バンドル内のリソースファイルを取得する……………………………………………………p.626
- 指定したディレクトリ内のファイルやサブディレクトリを取得する …………………………p.641
- 定義済みのディレクトリを取得する ……………………………………………………………p.648

SECTION-194

バンドル内のリソースファイルを取得する

ここでは、バンドル内のリソースファイルを取得する方法について解説します。

SAMPLE CODE

```swift
import Cocoa

@NSApplicationMain
class AppDelegate: NSObject, NSApplicationDelegate {

    @IBOutlet weak var window: NSWindow!

    // アプリ起動処理完了直後の処理
    func applicationDidFinishLaunching(aNotification: NSNotification) {
        // メインバンドル(ここではアプリ本体)を取得する
        let bundle = NSBundle.mainBundle()

        // リソースとして組み込んだ「Test.txt」ファイルのパスを取得する
        let filePath = bundle.pathForResource("Test", ofType: "txt")

        // コンソールに出力する
        print(filePath)
    }

}
```

このコードを実行すると、次のように出力されます。参照している「Test.txt」はリソースファイルとしてアプリに組み込んでいます(ファイルパスの値は実行環境に依存します)。

```
Optional("/Users/akira/Library/Developer/Xcode/DerivedData/Bundle-
emfsnpjnbwdocsejukldxgmxmezo/Build/Products/Debug/Bundle.app/Contents/Resources/
Test.txt")
```

HINT

このコードを実行するプロジェクトは「Command Line Tool」ではなく、「Cocoa Application」を指定して作成しています。また、アプリのため「AppDelegate.swift」(自動生成される)のコードを変更しています。

■ SECTION-194 ■ バンドル内のリソースファイルを取得する

| ONEPOINT | バンドル内のリソースファイルを取得するには
「pathForResource」メソッドを使う |

　バンドル内に組み込んだリソースファイルを取得するには、「NSBundle」クラスの「pathForResource」メソッドを使用します。

```
public func pathForResource(name: String?, ofType ext: String?) -> String?

public func pathForResource(name: String?, ofType ext: String?,
    inDirectory subpath: String?) -> String?

public func pathForResource(name: String?, ofType ext: String?,
    inDirectory subpath: String?,
    forLocalization localizationName: String?) -> String?
```

　「pathForResource」メソッドは、バンドル内に組み込んだリソースファイルのファイルパスを取得します。取得するリソースファイルのファイル名を引数「name」に指定し、拡張子を引数「ext」に指定します。バンドルには各言語用にローカライズしたリソースを組み込めます。「pathForResource」メソッドは、バンドルが持っているローカライズデータとOSの設定との組み合わせから、適切なリソースファイルを取得します。

　また、「pathForResource」メソッドには、動作を詳細に設定できるように、引数が異なる複数のメソッドが定義されています。引数「inDirectory」は、リソースディレクトリ内にサブディレクトリを作っているリソースファイルを取得するときに、サブディレクトリの名前を指定します。引数「localizationName」はローカライズ言語を指定するときに使用します。

　なお、「pathForResource」メソッドは指定したリソースファイルがないときには「nil」を返します。これにより、リソースファイルが存在するかどうかの判定にも使えます。

| COLUMN | リソースファイルのURLを取得するには |

　リソースファイルのURLを取得するには、「NSBundle」クラスの「URLForResource」メソッドを使用します。

```
public func URLForResource(name: String?, withExtension ext: String?) -> NSURL?

public func URLForResource(name: String?, withExtension ext: String?,
    subdirectory subpath: String?) -> NSURL?

public func URLForResource(name: String?, withExtension ext: String?,
    subdirectory subpath: String?,
    localization localizationName: String?) -> NSURL?
```

　「URLForResource」メソッドは、バンドル内に組み込んだリソースファイルのURLを取得します。取得するリソースファイルのファイル名を引数「name」に指定し、拡張子を引数「ext」に指定します。「pathForResource」メソッドと同様にローカライズの設定なども

SECTION-194 バンドル内のリソースファイルを取得する

考慮してリソースファイルのURLを取得します。「pathForResource」メソッドと同様にサブディレクトリやローカライズ言語の指定の有無などによって、引数が異なる複数のメソッドが用意されています。指定したリソースファイルがないときには「nil」が返るという動作も同じです。

次のコードは、アプリ内に組み込んだリソースファイルのURLを取得するという例です。

```swift
import Cocoa

@NSApplicationMain
class AppDelegate: NSObject, NSApplicationDelegate {

    @IBOutlet weak var window: NSWindow!

    // アプリ起動処理完了直後の処理
    func applicationDidFinishLaunching(aNotification: NSNotification) {
        // メインバンドル(ここではアプリ本体)を取得する
        let bundle = NSBundle.mainBundle()

        // リソースとして組み込んだ「Test.txt」ファイルのURLを取得する
        let url = bundle.URLForResource("Test", withExtension: "txt")

        // コンソールに出力する
        print(url)
    }

}
```

このコードを実行すると、次のように出力されます(出力される値は実行環境に依存します)。

```
Optional(file:///Users/akira/Library/Developer/Xcode/DerivedData/Bundle-
emfsnpjnbwdocsejukldxgmxmezo/Build/Products/Debug/Bundle.app/Contents/Resources/
Test.txt)
```

■ SECTION-194 ■ バンドル内のリソースファイルを取得する

| COLUMN | 拡張子を指定してリソースファイルの配列を取得するには |

　拡張子を指定して、リソースファイルの配列を取得するには、「NSBundle」クラスの次のようなメソッドを使用します。

```
public func pathsForResourcesOfType(ext: String?,
    inDirectory subpath: String?) -> [String]

public func pathsForResourcesOfType(ext: String?,
    inDirectory subpath: String?,
    forLocalization localizationName: String?) -> [String]

public func URLsForResourcesWithExtension(ext: String?,
    subdirectory subpath: String?) -> [NSURL]?

public func URLsForResourcesWithExtension(ext: String?,
    subdirectory subpath: String?,
    localization localizationName: String?) -> [NSURL]?
```

　「pathsForResourcesOfType」メソッドは、引数「ext」に指定した拡張子を持つリソースファイルのファイルパスの配列を返します。該当するリソースファイルが存在しないときは、空の配列を返します。サブディレクトリ内を検索する場合は引数「subpath」に指定し、ローカライズ言語を指定したい場合には引数「localizationName」に指定します。

　「URLsForResourcesWithExtension」メソッドは、引数「ext」に指定した拡張子を持つリソースファイルのURLの配列を返します。該当するリソースファイルがないときには「pathsForResourcesOfType」メソッドと同様に空の配列を返します。サブディレクトリを指定したいときや、ローカライズ言語を指定したい場合にも同様に各メソッドに指定します。

　次のコードは、「txt」という拡張子を持つリソースファイルの配列を取得するコードです。

```
import Cocoa

@NSApplicationMain
class AppDelegate: NSObject, NSApplicationDelegate {

    @IBOutlet weak var window: NSWindow!

    // アプリ起動処理完了直後の処理
    func applicationDidFinishLaunching(aNotification: NSNotification) {
        // メインバンドル（ここではアプリ本体）を取得する
        let bundle = NSBundle.mainBundle()

        // 拡張子が「txt」のリソースファイルのパスの配列を取得する
        let paths = bundle.pathsForResourcesOfType("txt", inDirectory: nil)
```

■ SECTION-194 ■ バンドル内のリソースファイルを取得する

```
        // 拡張子が「txt」のリソースファイルのURLの配列を取得する
        let urls = bundle.URLsForResourcesWithExtension("txt", subdirectory: nil)

        // コンソールに出力する
        print(paths)
        print("")
        print(urls)

    }

}
```

このコードを実行すると、次のように出力されます。この実行例では、アプリパッケージ内に「Test.txt」と「Test2.txt」という2つのファイルをリソースファイルとして組み込んで実行しています。

```
["/Users/akira/Library/Developer/Xcode/DerivedData/Bundle-emfsnpjnbwdocsejukldxgmxmezo/
Build/Products/Debug/Bundle.app/Contents/Resources/Test.txt", "/Users/akira/Library/
Developer/Xcode/DerivedData/Bundle-emfsnpjnbwdocsejukldxgmxmezo/Build/Products/Debug/
Bundle.app/Contents/Resources/Test2.txt"]

Optional([Test.txt -- file:///Users/akira/Library/Developer/Xcode/DerivedData/Bundle-
emfsnpjnbwdocsejukldxgmxmezo/Build/Products/Debug/Bundle.app/Contents/Resources/,
Test2.txt -- file:///Users/akira/Library/Developer/Xcode/DerivedData/Bundle-
emfsnpjnbwdocsejukldxgmxmezo/Build/Products/Debug/Bundle.app/Contents/Resources/])
```

関連項目 ▶▶▶

- バンドルへのディレクトリパスを取得する ………………………………………………… p.623
- 指定したディレクトリ内のファイルやサブディレクトリを取得する ………………… p.641

SECTION-195

バンドル識別子を取得する

ここでは、バンドル識別子を取得する方法について解説します。

SAMPLE CODE
```
import Foundation

// バンドルパスを定義する
var path = "/System/Library/Frameworks/Foundation.framework"

// バンドルを取得する
if let bundle = NSBundle(path: path) {
    // バンドル識別子を取得する
    var identifier = bundle.bundleIdentifier

    // コンソールに出力する
    print(identifier)
}
```

このコードを実行すると、次のように出力されます。

```
Optional("com.apple.Foundation")
```

ONEPOINT バンドル識別子を取得するには「bundleIdentifier」プロパティを使う

バンドル識別子を取得するには、「NSBundle」クラスの「bundleIdentifier」プロパティを使用します。

```
public var bundleIdentifier: String? { get }
```

このプロパティはバンドルのバンドル識別子が格納されています。バンドル識別子は、バンドルを作成するときに指定されたユニークな識別子です。一般的には所有しているドメインを逆表記で書いたものをプレフィックスにし、その後に他のものと重複しないような文字列を与えます。バンドル識別子は「Info.plist」ファイルに書かれていますので、直接、ファイルを読み込む方法もありますが、特別な理由がなければ、このプロパティを使用した方がシンプルです。

関連項目 ▶▶▶
- バンドルの情報ディクショナリを取得する ……………………………………… p.632

SECTION-196

バンドルの情報ディクショナリを取得する

ここでは、バンドルの情報ディクショナリを取得する方法について解説します。

SAMPLE CODE

```swift
import Cocoa

@NSApplicationMain
class AppDelegate: NSObject, NSApplicationDelegate {

    @IBOutlet weak var window: NSWindow!

    // アプリ起動処理完了直後の処理
    func applicationDidFinishLaunching(aNotification: NSNotification) {
        // メインバンドル(ここではアプリ本体)を取得する
        let bundle = NSBundle.mainBundle()
        // バンドル情報ディクショナリを取得する
        let infoDict = bundle.infoDictionary
        // コンソールに出力する
        print(infoDict)
    }

}
```

このコードを実行すると、次のように出力されます(キーと値の内容については、開発環境のバージョンやプロジェクトの設定に依存します)。

```
Optional(["DTSDKName": macosx10.11, "CFBundleSupportedPlatforms": (
    MacOSX
), "NSHumanReadableCopyright": Copyright © 2015年 Akira Hayashi. All rights reserved.,
"CFBundleIdentifier": private.mycompany.Bundle, "CFBundleNumericVersion": 16809984,
"DTSDKBuild": 15A278, "BuildMachineOSBuild": 15B42, "CFBundleShortVersionString": 1.0,
"CFBundleInfoDictionaryVersion": 6.0, "DTCompiler": com.apple.compilers.llvm.clang.1_0,
 "DTXcodeBuild": 7B1005, "DTPlatformBuild": 7B1005, "CFBundleVersion": 1, "CFBundleSignature":
????, "NSPrincipalClass": NSApplication, "CFBundlePackageType": APPL, "DTPlatformVersion": GM,
"CFBundleExecutable": Bundle, "DTXcode": 0711, "CFBundleInfoPlistURL": Contents/Info.plist --
file:///Users/akira/Library/Developer/Xcode/DerivedData/Bundle-emfsnpjnbwdocsejukldxgmxmezo/
Build/Products/Debug/Bundle.app/, "NSMainNibFile": MainMenu, "CFBundleName": Bundle,
"CFBundleDevelopmentRegion": en, "LSMinimumSystemVersion": 10.11])
```

HINT

このコードを実行するプロジェクトは「Command Line Tool」ではなく、「Cocoa Application」を指定して作成しています。また、アプリのため「AppDelegate.swift」(自動生成される)のコードを変更しています。

■ SECTION-196 ■ バンドルの情報ディクショナリを取得する

| ONEPOINT | バンドルの情報ディクショナリを取得するには「infoDictionary」プロパティを使う |

　バンドルの情報ディクショナリを取得するには、「NSBundle」クラスの「infoDictionary」プロパティを使用します。

```
public var infoDictionary: [String : AnyObject]? { get }
```

　このプロパティはバンドルの「Info.plist」ファイルから作成した情報ディクショナリが格納されます。「Info.plist」ファイルにはバージョンやメインNibファイルなどの情報が格納されています。また、アプリを実行するのに必要なOSのバージョンなども書かれており、OSやFinderもこの情報を使用します。

| COLUMN | 情報ディクショナリの値を取得する |

　情報ディクショナリの値を取得するには、「infoDictionary」プロパティを使って情報ディクショナリを取得し、そのディクショナリから値を取得するという方法の他に、「NSBundle」クラスの「objectForInfoDictionaryKey」メソッドを使う方法があります。

```
public func objectForInfoDictionaryKey(key: String) -> AnyObject?
```

　「objectForInfoDictionaryKey」メソッドは、引数に指定したキーに対応する値を取得します。ディクショナリから取得する場合と、このメソッドを使って取得する場合との大きな違いは、ディクショナリはローカライズ情報が反映されませんが、「objectForInfoDictionaryKey」メソッドが返す値は、ローカライズ情報が反映されます。
　次のコードは、「CFBundleName」と「CFBundleVersion」の値を出力します。サンプルアプリには、日本語のローカライズデータを組み込み、「CFBundleName」はローカライズされるようにし、「CFBundleVersion」はローカライズデータを組み込まないようにします。

SAMPLE CODE　「AppDelegate」ファイル

```
import Cocoa

@NSApplicationMain
class AppDelegate: NSObject, NSApplicationDelegate {
    
    @IBOutlet weak var window: NSWindow!
    
    // アプリ起動処理完了直後の処理
    func applicationDidFinishLaunching(aNotification: NSNotification) {
        // メインバンドル(ここではアプリ本体)を取得する
        let bundle = NSBundle.mainBundle()
        
        // バンドル情報ディクショナリを取得する
        if let infoDict = bundle.infoDictionary {
```

■ SECTION-196 ■ バンドルの情報ディクショナリを取得する

```
        // ディクショナリから値を取得する
        let nameFromDict = infoDict["CFBundleName"]
        let versFromDict = infoDict["CFBundleVersion"]

        // コンソールに出力する
        print("nameFromDict = \(nameFromDict), " +
            "versFromDict = \(versFromDict)")
    }

    // メソッドを使って取得する
    let name = bundle.objectForInfoDictionaryKey("CFBundleName")
    let vers = bundle.objectForInfoDictionaryKey("CFBundleVersion")

    // コンソールに出力する
    print("name = \(name), vers = \(vers)")
  }

}
```

SAMPLE CODE 「Base.lproj/InfoPlist.strings」ファイル

```
CFBundleName="Bundle";
```

SAMPLE CODE 「ja.lproj/InfoPlist.strings」ファイル

```
CFBundleName="バンドル";
```

このコードを実行すると、次のように出力され、「objectForInfoDictionaryKey」メソッドはローカライズデータの有無によって、適切なデータを返します。

```
nameFromDict = Optional(Bundle), versFromDict = Optional(1)
name = Optional(バンドル), vers = Optional(1)
```

COLUMN ローカライズされた情報ディクショナリを取得するには

ローカライズされた情報ディクショナリを取得したい場合には、「NSBundle」クラスの「localizedInfoDictionary」プロパティを使用します。

```
public var localizedInfoDictionary: [String : AnyObject]? { get }
```

「localizedInfoDictionary」プロパティは、「InfoPlist.strings」ファイルから作成された情報ディクショナリを返します。ただし、気を付けなければいけない点があります。「localizedInfoDictionary」プロパティから取得できるディクショナリには、「InfoPlist.strings」に書かれている情報しか入っていません。つまり、ローカライズデータが提供されていない情報は、「infoDictionary」プロパティから取得する必要があります。そのため、値が必要なだけであれば、「objectForInfoDictionaryKey」メソッドを使う方が確実です。

■ SECTION-196 ■ バンドルの情報ディクショナリを取得する

SAMPLE CODE 「AppDelegate」ファイル

```
import Cocoa

@NSApplicationMain
class AppDelegate: NSObject, NSApplicationDelegate {

    @IBOutlet weak var window: NSWindow!

    // アプリ起動処理完了直後の処理
    func applicationDidFinishLaunching(aNotification: NSNotification) {
        // メインバンドル(ここではアプリ本体)を取得する
        let bundle = NSBundle.mainBundle()

        // バンドル情報ディクショナリを取得する
        let infoDict = bundle.infoDictionary

        // ローカライズ版情報ディクショナリを取得する
        let locInfoDict = bundle.localizedInfoDictionary

        // コンソールに出力する
        print("infoDict")
        print(infoDict)
        print("\nlocInfoDict")
        print(locInfoDict)
    }

}
```

SAMPLE CODE 「Base.lproj/InfoPlist.strings」ファイル

```
CFBundleName="Bundle";
```

SAMPLE CODE 「ja.lproj/InfoPlist.strings」ファイル

```
CFBundleName="バンドル";
```

このコードを実行すると、次のように出力されます。

```
infoDict
Optional(["DTSDKName": macosx10.11, "CFBundleSupportedPlatforms": (
    MacOSX
), "NSHumanReadableCopyright": Copyright © 2015年 Akira Hayashi. All rights reserved.,
"CFBundleIdentifier": private.mycompany.Bundle, "CFBundleNumericVersion": 16809984,
"DTSDKBuild": 15A278, "BuildMachineOSBuild": 15B42, "CFBundleShortVersionString": 1.0,
"CFBundleInfoDictionaryVersion": 6.0, "DTCompiler": com.apple.compilers.llvm.clang.1_0,
"DTXcodeBuild": 7B1005, "DTPlatformBuild": 7B1005, "CFBundleVersion": 1, "CFBundleSignature":
????, "NSPrincipalClass": NSApplication, "CFBundlePackageType": APPL, "DTPlatformVersion": GM,
"CFBundleExecutable": Bundle, "DTXcode": 0711, "CFBundleInfoPlistURL": Contents/Info.plist --
file:///Users/akira/Library/Developer/Xcode/DerivedData/Bundle-emfsnpjnbwdocsejukldxgmxmezo/
```

■ SECTION-196 ■ バンドルの情報ディクショナリを取得する

```
Build/Products/Debug/Bundle.app/, "NSMainNibFile": MainMenu, "CFBundleName": Bundle,
"CFBundleDevelopmentRegion": en, "LSMinimumSystemVersion": 10.11])

locInfoDict
Optional(["CFBundleName": バンドル])
```

関連項目 ▶ ▶ ▶

- バンドル識別子を取得する …………………………………………………………… p.631
- ローカライズ文字列を取得する ……………………………………………………… p.637
- バンドルが持つローカライズ言語を取得する ……………………………………… p.639

SECTION-197

ローカライズ文字列を取得する

ここでは、ローカライズ文字列を取得する方法について解説します。

SAMPLE CODE　「AppDelegate.swift」ファイル

```swift
import Cocoa

@NSApplicationMain
class AppDelegate: NSObject, NSApplicationDelegate {

    @IBOutlet weak var window: NSWindow!

    // アプリ起動処理完了直後の処理
    func applicationDidFinishLaunching(aNotification: NSNotification) {
        // メインバンドル(ここではアプリ本体)を取得する
        let bundle = NSBundle.mainBundle()

        // 文字列を取得する
        let message = bundle.localizedStringForKey("Message",
            value: nil, table: nil)
        let test = bundle.localizedStringForKey("Test",
            value: nil, table: nil)

        // 「Localizble.strings」ファイルに入っていない文字列の
        // 取得を試みる
        let unknown = bundle.localizedStringForKey("Unknown",
            value: nil, table: nil)

        // コンソールに出力する
        print(message)
        print(test)
        print(unknown)
    }
}
```

SAMPLE CODE　「Base.lproj/Localizable.strings」ファイル

```
Message = "Message";
Test = "Test";
```

SAMPLE CODE　「ja.lproj/Localizable.strings」ファイル

```
Message = "メッセージ";
```

■ SECTION-197 ■ ローカライズ文字列を取得する

このコードを実行すると、次のように出力されます。

```
メッセージ
Test
Unknown
```

> **HINT**
> このコードを実行するプロジェクトは「Command Line Tool」ではなく、「Cocoa Application」を指定して作成しています。また、アプリのため「AppDelegate.swift」(自動生成される)のコードを変更しています。

ONEPOINT ローカライズ文字列を取得するには「localizedStringForKey」メソッドを使う

ローカライズ文字列を取得するには、「NSBundle」クラスの「localizedStringForKey」メソッドを使用します。

```swift
public func localizedStringForKey(key: String,
    value: String?, table tableName: String?) -> String
```

このメソッドは、引数「key」に指定したキーを持つローカライズ文字列を取得します。ローカライズ文字列は、「Localizable.strings」というファイルに保存された文字列です。言語ごとにファイルを作成し、ユーザーの設定に合わせて適切なファイルがロードされます。

指定されたキーがファイルに存在しない場合は、引数「value」の値が返ります。サンプルコードのように「nil」を指定した場合は、引数「key」の値が返ります。サンプルコードの「test」を指定したときの動作のように、最も優先させる言語ファイルに書かれていない文字列であっても、他の文字列ファイルに書かれていれば、それが使われます。どのファイルの値が使われるかは、ユーザーの設定に従って、優先度のより高いものが使われます。

引数「tableName」は使用するファイルの名前です。「nil」を指定した場合は「Localizable.strings」ファイルが使われます。

関連項目 ▶▶▶
- バンドルの情報ディクショナリを取得する ……………………………………………… p.632
- バンドルが持つローカライズ言語を取得する ……………………………………………… p.639

SECTION-198
バンドルが持つローカライズ言語を取得する

ここでは、バンドルが持つローカライズ言語を取得する方法について解説します。

SAMPLE CODE
```swift
import Cocoa
@NSApplicationMain
class AppDelegate: NSObject, NSApplicationDelegate {
    @IBOutlet weak var window: NSWindow!
    // アプリ起動処理完了直後の処理
    func applicationDidFinishLaunching(aNotification: NSNotification) {
        // メインバンドル(ここではアプリ本体)を取得する
        let bundle = NSBundle.mainBundle()
        // 組み込まれている言語の配列を取得する
        let langs = bundle.localizations
        // コンソールに出力する
        print(langs)
    }
}
```

このコードを実行すると、次のように出力されます(この実行例では、アプリに4つの言語用の「Localizable.strings」ファイルを組み込んでいます)。

```
["Base", "es", "fr", "ja", "en"]
```

HINT
このコードを実行するプロジェクトは「Command Line Tool」ではなく、「Cocoa Application」を指定して作成しています。また、アプリのため「AppDelegate.swift」(自動生成される)のコードを変更しています。

ONEPOINT バンドルが持つローカライズ言語を取得するには「localizations」プロパティを使う

バンドルが持つローカライズ言語を取得するには、「NSBundle」クラスの「localizations」プロパティを使用します。

```swift
public var localizations: [String] { get }
```

言語は言語識別子で表され、ローカライズリソースフォルダ(「lproj」という拡張子を持つフォルダ)の名前から拡張子を取った文字列になっています。サンプルコードでは、「英語(Base)」「スペイン語」「フランス語」「日本語」の「Localizable.strings」を組み込んだので、3つの言語と「Base」を使っているので、4つの言語識別子と「Base」が出力されています。

■ SECTION-198 ■ バンドルが持つローカライズ言語を取得する

| COLUMN | 使用するべき言語を取得する |

　ユーザーの設定に従って、使用するべき適切な言語を取得するには、「NSBundle」クラスの「preferredLocalizations」プロパティを使用します。

```
public var preferredLocalizations: [String] { get }
```

　返される配列は優先して使用するべき言語順に言語識別子が格納された配列です。バンドルが持っていない言語識別子は含まれません。また、通常は要素数も1つだけとなりますが、複数候補が考えられる場合には、優先するべき順になっているので、先頭の言語識別子を使用します。

```
import Cocoa

@NSApplicationMain
class AppDelegate: NSObject, NSApplicationDelegate {

    @IBOutlet weak var window: NSWindow!

    // アプリ起動処理完了直後の処理
    func applicationDidFinishLaunching(aNotification: NSNotification) {
        // メインバンドル（ここではアプリ本体）を取得する
        let bundle = NSBundle.mainBundle()

        // 使用するべき言語を取得する
        let langs = bundle.preferredLocalizations

        // コンソールに出力する
        print(langs)
    }

}
```

　このコードを実行すると、次のように出力されます（この実行例では、アプリに4つの言語用の「Localizable.strings」ファイルを組み込んでいます）。

```
["ja"]
```

関連項目 ▶ ▶ ▶
● バンドルの情報ディクショナリを取得する ……………………………………………… p.632
● ローカライズ文字列を取得する ………………………………………………………… p.637

SECTION-199
指定したディレクトリ内のファイルやサブディレクトリを取得する

　ここでは、指定したディレクトリ内のファイルやサブディレクトリを取得する方法について解説します。

SAMPLE CODE
```
import Foundation

// 内容を取得するディレクトリのパス
var path = "/System/Library"

// ファイルマネージャーのインスタンス確保
var fm = NSFileManager()

// ディレクトリの内容を取得する
do {
    let dirContents = try fm.contentsOfDirectoryAtPath(path)

    // コンソールに出力する
    print(dirContents)
} catch let error as NSError {

}
```

　このコードを実行すると、次のように出力されます(実行環境によって実際に表示される内容は変わります)。

```
[".localized", "Accessibility", "Accounts", "Address Book Plug-Ins", "Assistant",
"Automator", "BridgeSupport", "CacheDelete", "Caches", "Colors", "ColorSync",
"Components", "Compositions", "ConfigurationProfiles", "CoreServices", "CryptoTokenKit",
"DirectoryServices", "Displays", "DTDs", "DuetKnowledgeBase", "Extensions",
"Filesystems", "Filters", "Fonts", "Frameworks", "Graphics", "IdentityServices",
"Image Capture", "Input Methods", "Intelligent Suggestions", "InternetAccounts",
"Java", "KerberosPlugins", "Kernels", "Keyboard Layouts", "Keychains", "LaunchAgents",
"LaunchDaemons", "LinguisticData", "LocationBundles", "LoginPlugins", "Messages",
"Metadata", "MonitorPanels", "OpenDirectory", "OpenSSL", "Password Server Filters",
"Perl", "PreferencePanes", "PrelinkedKernels", "Printers", "PrivateFrameworks",
"QuickLook", "QuickTime", "Receipts", "Recents", "Sandbox", "Screen Savers",
"ScreenReader", "ScriptingAdditions", "ScriptingDefinitions", "SDKSettingsPlist",
"Security", "Services", "Sounds", "Speech", "Spotlight", "StartupItems", "SyncServices",
"SystemConfiguration", "SystemProfiler", "Tcl", "TextEncodings", "User Template",
"UserEventPlugins", "Video", "WidgetResources"]
```

SECTION-199 指定したディレクトリ内のファイルやサブディレクトリを取得する

ONEPOINT 指定したディレクトリ内のファイルやサブディレクトリを取得するには「contentsOfDirectoryAtPath」メソッドを使う

指定したディレクトリ内のファイルやサブディレクトリを取得するには、「NSFileManager」クラスの「contentsOfDirectoryAtPath」メソッドを使用します。

```
public func contentsOfDirectoryAtPath(path: String) throws -> [String]
```

このメソッドは、引数「path」に指定されたディレクトリ内のファイルやサブディレクトリの名前の配列を返します。取得したディレクトリやファイルにアクセスするには、返された名前と引数「path」に指定したディレクトリパスからフルパスを作り、アクセスします。フルパスを作る方法については、《パス文字列にコンポーネントを追加する》(p.361)を参照してください。

指定されたディレクトリが存在しないときなど、取得できない時にはエラーが投げられ、「catch」に処理が遷移します。サンプルコードのようにして、「NSError」クラスでエラー情報を取得することができ、取得したエラー情報をコンソールに出力すると、次のように出力されます。

```
Error Domain=NSCocoaErrorDomain Code=260 "The folder "Library123" doesn't exist."
UserInfo={NSFilePath=/System/Library123, NSUserStringVariant=(
    Folder
), NSUnderlyingError=0x102207010 {Error Domain=NSOSStatusErrorDomain Code=-43 "fnfErr:
File not found"}}
```

COLUMN URLで指定したディレクトリ内の項目を取得するには

内容を取得するディレクトリをディレクトリパスではなく、URLで指定したい場合には「NSFileManager」クラスの「contentsOfDirectoryAtURL」メソッドを使用します。

```
public func contentsOfDirectoryAtURL(url: NSURL,
    includingPropertiesForKeys keys: [String]?,
    options mask: NSDirectoryEnumerationOptions) throws -> [NSURL]
```

このメソッドは、引数「url」に指定したディレクトリ内のファイルやサブディレクトリのURLを入れた配列を返します。「contentsOfDirectoryAtPath」メソッドは、サブディレクトリ内を再帰的に取得する処理は行いませんが、「contentsOfDirectoryAtURL」メソッドは再帰的にサブディレクトリ内も取得します。引数「mask」に「SkipsSubdirectoryDescendants」を指定すると、再帰処理を行いません。引数「mask」は「NSDirectoryEnumerationOptions」構造体になっており、次の値を指定できます。組み合わせるときは、配列リテラルの構文で記述します。

SECTION-199　指定したディレクトリ内のファイルやサブディレクトリを取得する

値	説明
SkipsSubdirectoryDescendants	サブディレクトリ内への再帰処理を行わない
SkipsPackageDescendants	パッケージ内への再帰処理を行わない
SkipsHiddenFiles	不可視ファイルをスキップする

引数「keys」には、項目取得時に同時に取得する情報を指定します。「nil」を指定するとデフォルトの値を取得し、空の配列を指定すると、何も取得しません。項目のURLが欲しいだけのときは空の配列を指定するとよいでしょう。情報の取得については《**ファイルやディレクトリの情報を取得する**》(p.663)を参照してください。

指定したディレクトリが存在しない場合は、エラー制御に処理が遷移します。

```
import Foundation

// 内容を取得するディレクトリのパス
var path = "/System/Library"

// ファイルマネージャーのインスタンス確保
var fm = NSFileManager()

// URLを作成する
let url = NSURL(fileURLWithPath: path)

do {
    // ディレクトリの内容を取得する
    let dirContents = try fm.contentsOfDirectoryAtURL(url,
        includingPropertiesForKeys: nil,
        options: .SkipsSubdirectoryDescendants)
    
    // コンソールに出力する
    print(dirContents)
} catch let error as NSError {
    // エラー情報を出力する
    print(error)
}
```

このコードを実行すると、次のように出力されます。

```
[file:///System/Library/.localized, file:///System/Library/Accessibility/, file:///
System/Library/Accounts/, file:///System/Library/Address%20Book%20Plug-Ins/, file:///
System/Library/Assistant/, file:///System/Library/Automator/, file:///System/Library/
BridgeSupport/, file:///System/Library/CacheDelete/, file:///System/Library/Caches/,
... 中略 ...
file:///System/Library/SystemConfiguration/, file:///System/Library/SystemProfiler/,
file:///System/Library/Tcl/, file:///System/Library/TextEncodings/, file:///System/
Library/User%20Template/, file:///System/Library/UserEventPlugins/, file:///System/
Library/Video/, file:///System/Library/WidgetResources/]
```

SECTION-199 ■ 指定したディレクトリ内のファイルやサブディレクトリを取得する

COLUMN 順次アクセスしてディレクトリ内の項目を取得するには

　ディレクトリの内容を一気に取得するのではなく、順次取得しながら、処理を行うには「NSDirectoryEnumerator」クラスを使用します。任意のディレクトリにアクセスする「NSDirectoryEnumerator」クラスのインスタンスを取得するには、「NSFileManager」クラスの次のようなメソッドを使用します。

```
public func enumeratorAtPath(path: String) -> NSDirectoryEnumerator?

public func enumeratorAtURL(url: NSURL,
    includingPropertiesForKeys keys: [String]?,
    options mask: NSDirectoryEnumerationOptions,
    errorHandler handler: ((NSURL, NSError) -> Bool)?) -> NSDirectoryEnumerator?
```

　「enumeratorAtPath」メソッドは順次アクセスするディレクトリをディレクトリパスで指定します。「enumeratorAtURL」メソッドはURLで指定するメソッドです。
　「NSDirectoryEnumerator」クラスは次の「nextObject」メソッドを呼ぶ度にディレクトリの内容を1つ返します。

```
public func nextObject() -> AnyObject?
```

　「nextObject」メソッドが返すインスタンスは、「NSDirectoryEnumerator」クラスのインスタンスをどのように取得したかによって変わります。「enumeratorAtPath」メソッドで取得した場合はディレクトリからの相対パスを返します。「enumeratorAtURL」メソッドで取得した場合はURLを返します。
　「NSDirectoryEnumerator」は何もしないとサブディレクトリ内に再帰的に潜っていきます。サブディレクトリ内に潜らないようにするには、次のメソッドを呼びます。

```
public func skipDescendants()
```

　このメソッドを呼ぶと、次の「nextObject」メソッドの呼び出しのときにサブディレクトリ内に潜りません。また、「NSDirectoryEnumerator」メソッドは次のようなプロパティを持っており、取得したファイルやディレクトリの情報を取得することもできます。

```
// ファイル情報
public var fileAttributes: [String : AnyObject]? { get }
// ディレクトリ情報
public var directoryAttributes: [String : AnyObject]? { get }
```

　使用可能なキーについては《ファイルやディレクトリの情報を取得する》(p.663)を参照してください。
　次のコードは、「enumeratorAtPath」メソッドを使ってディレクトリ内のファイルやサブディレクトリを順次取得しながらコンソールに出力する例です。

SECTION-199 指定したディレクトリ内のファイルやサブディレクトリを取得する

```swift
import Foundation

// 内容を取得するディレクトリのパス
var path = "/System/Library"

// ファイルマネージャーのインスタンス確保
var fm = NSFileManager()

// ディレクトリの内容を順次アクセスする
if let enumerator = fm.enumeratorAtPath(path) {

    // 内容を取得する
    while let subPath = enumerator.nextObject() as? String {

        // ファイルタイプを取得する
        if let type = enumerator.fileAttributes![NSFileType]
            as? String {
                if type == NSFileTypeDirectory {
                    print("\(subPath)\t[DIR]")
                } else {
                    print(subPath)
                }
        }
        // サブディレクトリはスキップする
        enumerator.skipDescendants()
    }
}
```

このコードを実行すると、次のように出力されます。

```
.localized
Accessibility    [DIR]
Accounts    [DIR]
Address Book Plug-Ins    [DIR]
Assistant    [DIR]
Automator    [DIR]
BridgeSupport    [DIR]
... 中略 ...
Video    [DIR]
WidgetResources [DIR]
```

関連項目 ▶▶▶

- パス文字列にコンポーネントを追加する ……………………………………………… p.361
- ボリュームの一覧を取得する ……………………………………………………………… p.646
- 定義済みのディレクトリを取得する ……………………………………………………… p.648
- ファイルやディレクトリの情報を取得する ……………………………………………… p.663

SECTION-200

ボリュームの一覧を取得する

ここでは、ボリュームの一覧を取得する方法について解説します。

SAMPLE CODE
```
import Foundation

// ファイルマネージャーのインスタンス確保
var fm = NSFileManager()

// マウントされているボリュームのURLの配列を取得する
var array =
fm.mountedVolumeURLsIncludingResourceValuesForKeys(
    nil, options: [])

if let urlArray = array {
    for url in urlArray {
        // コンソールに出力する
        print(url)
    }
}
```

このコードを実行すると、次のように出力されます(出力される名称は実行環境に依存します)。

```
file:///
file:///home/
file:///net/
file:///Volumes/Data/
```

ONEPOINT ボリュームの一覧を取得するには「mountedVolumeURLsIncludingResourceValuesForKeys」メソッドを使う

マウントされているボリュームの一覧を取得するには、「NSFileManager」クラスの「mountedVolumeURLsIncludingResourceValuesForKeys」メソッドを使用します。

```
public func mountedVolumeURLsIncludingResourceValuesForKeys(
    propertyKeys: [String]?, options: NSVolumeEnumerationOptions) -> [NSURL]?
```

このメソッドはマウントされているボリュームのURLの配列を返します。引数「propertyKeys」には同時に取得するボリューム情報を指定します。キーについては《ファイルやディレクトリの情報を取得する》(p.663)を参照してください。引数「options」には次のような値を指定可能です。組み合わせる場合は配列リテラルで記述します。サンプルコードでは、何も指定していません。

値	説明
SkipHiddenVolumes	不可視ボリュームをスキップする
ProduceFileReferenceURLs	パスを使ったURLではなく、ファイル参照を使ったURLを作成する

なお、iOSデバイスではボリュームを取得することができないので「nil」が返ります(iOS 8.2にて確認)。

関連項目 ▶▶▶
- 指定したディレクトリ内のファイルやサブディレクトリを取得する …………………………… p.641
- ファイルやディレクトリの情報を取得する ……………………………………………………… p.663

SECTION-201

定義済みのディレクトリを取得する

ここでは、定義済みのディレクトリを取得する方法について解説します。

SAMPLE CODE

```
import Foundation

// ファイルマネージャーのインスタンス確保
var fm = NSFileManager()

do {
    // ドキュメントディレクトリを取得する
    let url = try fm.URLForDirectory(.DocumentDirectory,
        inDomain: .UserDomainMask, appropriateForURL: nil,
        create: false)

    // コンソールに出力する
    print(url)
} catch let error as NSError {
    // エラー情報を出力する
    print(error)
}
```

このコードを実行すると、次のように出力されます。

```
file:///Users/akira/Documents/
```

ONEPOINT　定義済みのディレクトリを取得するには「URLForDirectory」メソッドを使う

定義済みのディレクトリを取得するには、「NSFileManager」クラスの「URLForDirectory」メソッドを使用します。

```
public func URLForDirectory(directory: NSSearchPathDirectory,
    inDomain domain: NSSearchPathDomainMask,
    appropriateForURL url: NSURL?,
    create shouldCreate: Bool) throws -> NSURL
```

このメソッドは、引数「directory」に指定された定義済みの特殊ディレクトリへのURLを取得します。取得できなかった場合は、エラーが投げられ、エラー制御に処理が遷移します。また、特殊ディレクトリは、同じ名称のディレクトリが、複数の場所に存在します。それぞれ使用目的によって異なります。たとえば、「Library」フォルダは、ルートディレクトリ、「System」ディレクトリ内、ホームディレクト内にあります。これをドメインと呼んで区別します。ドメインは引数「domain」に指定します。次ページの表の値が定義されています。

■ SECTION-201 ■ 定義済みのディレクトリを取得する

値	説明
UserDomainMask	ユーザードメイン（ホームディレクトリ）
LocalDomainMask	ローカルドメイン（ルートディレクトリ）
NetworkDomainMask	ネットワークドメイン
SystemDomainMask	システムドメイン（「/System」ディレクトリ）

COLUMN　取得可能なディレクトリについて

引数「directory」に指定可能な値には次のものが定義されています。

値	説明
ApplicationDirectory	アプリケーションディレクトリ 例：/Applications
DemoApplicationDirectory	デモアプリケーションディレクトリ 例：/Applications/Demos
AdminApplicationDirectory	ユーティリティディレクトリ 例：/Applications/Utilities
LibraryDirectory	ライブラリディレクトリ 例：/Library
UserDirectory	ホームディレクトリを入れるディレクトリ 例：/Users
DocumentationDirectory	ドキュメンテーションディレクトリ 例：/Library/Documentation
DocumentDirectory	ドキュメントディレクトリ 例：~/Documents
CoreServiceDirectory	コアサービスディレクトリ 例：/System/Library/CoreServices
AutosavedInformationDirectory	自動保存ディレクトリ 例：~/Library/Autosave Information
DesktopDirectory	デスクトップディレクトリ 例：~/Desktop
CachesDirectory	キャッシュファイルディレクトリ 例：~/Library/Caches
ApplicationSupportDirectory	アプリケーションサポートディレクトリ 例：~/Library/Application Support
DownloadsDirectory	ダウンロードディレクトリ 例：~/Downloads
InputMethodsDirectory	インプットメソッドディレクトリ 例：/Library/Input Methods
MoviesDirectory	ムービーディレクトリ 例：~/Movies
MusicDirectory	ミュージックディレクトリ 例：~/Music
PicturesDirectory	ピクチャディレクトリ 例：~/Pictures
PrinterDescriptionDirectory	プリンタ定義ファイルディレクトリ 例：/System/Library/Printers/PPDs
SharedPublicDirectory	共有ディレクトリ 例：~/Public
PreferencePanesDirectory	環境設定の項目 例：/Library/PreferencePanes

■ SECTION-201 ■ 定義済みのディレクトリを取得する

値	説明
ItemReplacementDirectory	テンポラリディレクトリ取得時に使用する 例：/private/var/folders/11/jdz8wlrs5sj7g1672zfsx21w0000gn/T/TemporaryItems/(A Document Being Saved By File)
AllApplicationsDirectory	アプリケーションが格納されるディレクトリ （複数取得可能なメソッドで有効） 例：/Applications, /Applications/Utilities, /Developer/Applications, /Applications/Demos
AllLibrariesDirectory	ライブラリディレクトリ （複数取得可能なメソッドで有効） 例：/Library, /Developer
TrashDirectory	ゴミ箱 例：~/.Trash

COLUMN　複数のドメインのURLを一括で取得するには

複数のドメインのURLを一括で取得したいときや、「AllApplicationsDirectory」を指定したときなど、複数のディレクトリが対象になるときは、次のメソッドを使用します。

```
public func URLsForDirectory(directory: NSSearchPathDirectory,
    inDomains domainMask: NSSearchPathDomainMask) -> [NSURL]
```

このメソッドは引数「directory」に指定されたディレクトリのURLの配列を取得します。取得するドメインは引数「domainMask」に指定します。複数のドメインを指定するには、配列リテラルの構文で記述します。

次のコードは、3つのドメインのライブラリディレクトリを取得している例です。

```
import Foundation
// ファイルマネージャーのインスタンス確保
var fm = NSFileManager()
// 3つのドメインのURLを取得する
let array = fm.URLsForDirectory(.LibraryDirectory,
    inDomains: [.UserDomainMask, .LocalDomainMask, .SystemDomainMask])
// コンソールに出力する
for url in array {
    print(url)
}
```

このコードを実行すると、次のように出力されます（ユーザードメインのURLは実行環境に依存します）。

```
file:///Users/akira/Library/
file:///Library/
file:///System/Library/
```

■ SECTION-201 ■ 定義済みのディレクトリを取得する

| COLUMN | 定義済みのディレクトリのディレクトリパスを取得するには |

定義済みのディレクトリのディレクトリパスを取得するには、「URLForDirectory」メソッドや「URLsForDirectory」メソッドで取得したURLのパスを取得するという方法の他に、次の関数を使う方法があります。

```
public func NSSearchPathForDirectoriesInDomains(
    directory: NSSearchPathDirectory,
    _ domainMask: NSSearchPathDomainMask,
    _ expandTilde: Bool) -> [String]
```

この関数は、引数「directory」に指定したディレクトリのディレクトリパスの配列を返します。対象とするドメインは引数「domainMask」に指定します。ユーザードメインの場合はホームディレクトリの配下になります。このときに「~」記号を実際のパスに展開するかどうかを引数「expandTilde」に指定します。

次のコードは、ローカルドメインを対象に全アプリケーションディレクトリを取得している例です。

```
import Foundation

// 全アプリケーションディレクトリを取得する
let array = NSSearchPathForDirectoriesInDomains(
    .AllApplicationsDirectory, .LocalDomainMask, true)

// コンソールに出力する
for path in array {
    print(path)
}
```

このコードを実行すると、次のように出力されます。

```
/Applications
/Applications/Utilities
/Developer/Applications
/Applications/Demos
```

関連項目 ▶▶▶

- バンドルへのディレクトリパスを取得する …………………………………………… p.623
- 指定したディレクトリ内のファイルやサブディレクトリを取得する ………………… p.641
- テンポラリディレクトリを取得する ……………………………………………………… p.652

SECTION-202

テンポラリディレクトリを取得する

ここでは、テンポラリディレクトリを取得する方法について解説します。

SAMPLE CODE

```
import Foundation

// テンポラリディレクトリを取得する
var tempDirPath = NSTemporaryDirectory()

// コンソールに出力する
print(tempDirPath)
```

このコードを実行すると、次のように出力されます(パスそのものは、実行環境に依存して変わります)。

```
/var/folders/m3/y2j2bm9d5gvd0_wn06v72x040000gn/T/
```

ONEPOINT テンポラリディレクトリを取得するには「NSTemporaryDirectory」関数を使う

テンポラリディレクトリを取得するには「NSTemporaryDirectory」関数を使用します。

```
public func NSTemporaryDirectory() -> String
```

この関数はテンポラリディレクトリへのディレクトリパスを返します。一時的な作業ファイルを作りたいときなどに、この関数を使って取得したディレクトリ内や、サブディレクトリを作成して、作業ファイルを保存します。作業が終わったら、アプリ側で一時作業ファイルや作成したサブディレクトリを削除します。このディレクトリ自体は削除しないようにしてください。OS X上などでサンドボックス化されていないときには、他のアプリも同じディレクトリを使っています。

COLUMN 「ItemReplacementDirectory」を使った方法について

アプリで作成したドキュメントを保存するときに、直接最終保存先にファイルを作成せずに、他の場所に作って成功したら、そのファイルを移動や置き換えで本来の場所に配置するという処理にするときには、一時的な作業ディレクトリが必要になります。このようなときに、「NSTemporaryDirectory」関数を使ってテンポラリディレクトリを取得するという方法の他に、「URLForDirectory」メソッドに「ItemReplacementDirectory」を指定して作業ディレクトリを作るという方法があります。

■ SECTION-202 ■ テンポラリディレクトリを取得する

次のコードは、取得したテンポラリディレクトリをコンソールに出力しています。取得したディレクトリは、引数「create」を「true」にしているため、専用のサブディレクトリが作られたものになっています。そのため、作業が完了したら、作られたサブディレクトリごと削除します。削除しない状態で呼ぶと、新たなサブディレクトリが作られます。

```
import Foundation

var fm = NSFileManager()

do {
    // 本来の保存先のURLを取得する
    let docUrl = try fm.URLForDirectory(.DocumentDirectory,
        inDomain: .UserDomainMask,
        appropriateForURL: nil, create: false)

    let saveUrl = docUrl.URLByAppendingPathComponent("Test.txt")

    // テンポラリディレクトリを取得する
    let url = try fm.URLForDirectory(.ItemReplacementDirectory,
        inDomain: .UserDomainMask,
        appropriateForURL: saveUrl,
        create: true)

    // コンソールに出力する
    print(url)

    // 作成したディレクトリを削除する
    try fm.removeItemAtURL(url)
} catch let error as NSError {
    // 取得したエラー情報を出力する
    print(error)
}
```

このコードを実行すると、次のように出力されます（パスそのものは、実行環境に依存して変わります）。

```
file:///private/var/folders/m3/y2j2bm9d5gvd0_wn06v72x040000gn/T/TemporaryItems/
(A%20Document%20Being%20Saved%20By%20File)/
```

関連項目 ▶ ▶ ▶
- 定義済みのディレクトリを取得する ……………………………………………………… p.648

SECTION-203

ディレクトリを作成する

ここでは、ディレクトリを作成する方法について解説します。

SAMPLE CODE

```swift
import Foundation

// ファイルマネージャーのインスタンス確保
var fm = NSFileManager()

// 作成するディレクトリのパスを定義する
var path = NSString(string: "~/Test").stringByExpandingTildeInPath

do {
    // ディレクトリを作成する
    try fm.createDirectoryAtPath(path,
        withIntermediateDirectories: false,
        attributes: nil)
} catch let error as NSError {
    // エラー情報を出力する
    print(error)
}
```

このコードを実行すると、ホームディレクトリに「Test」というディレクトリが作成されます。

ONEPOINT　ディレクトリを作成するには「createDirectoryAtPath」メソッドを使う

ディレクトリを作成するには、「NSFileManager」クラスの「createDirectoryAtPath」メソッドを使用します。

```swift
public func createDirectoryAtPath(path: String,
    withIntermediateDirectories createIntermediates: Bool,
    attributes: [String : AnyObject]?) throws
```

このメソッドは引数「path」に指定されたディレクトリパスにディレクトリを作成します。作成できなかった場合はエラーが投げられ、エラー制御に処理が遷移します。引数「createIntermediates」は中間のディレクトリパスに含まれる中間のディレクトリが存在しないときに作成するかどうかを指定します。「true」を指定すると、存在しないディレクトリを作成します。ディレクトリを作成するには、作成するディレクトリが保存されるディレクトリが存在している必要があります。引数「attributes」には作成するディレクトリの属性を指定します。「nil」を指定するとデフォルトの設定で作成します。

COLUMN　作成するディレクトリをURLで指定するには

作成するディレクトリを、ディレクトリパスではなくURLで指定したい場合には、次のメソッドを使用します。

```
public func createDirectoryAtURL(url: NSURL,
    withIntermediateDirectories createIntermediates: Bool,
    attributes: [String : AnyObject]?) throws
```

このメソッドは引数「url」に指定されたディレクトリを作成します。その他の引数は「createDirectoryAtPath」メソッドと同じです。

次のコードは、URLで指定したディレクトリを作成している例です。

```
import Foundation

// ファイルマネージャーのインスタンス確保
var fm = NSFileManager()

// 作成するディレクトリのパスを定義する
var path = NSString(string: "~/Test2").stringByExpandingTildeInPath

// URLを取得する
var url = NSURL(fileURLWithPath: path, isDirectory: true)

do {
    // ディレクトリを作成する
    try fm.createDirectoryAtURL(url,
        withIntermediateDirectories: false, attributes: nil)
} catch let error as NSError {
    // エラー情報を出力する
    print(error)
}
```

このコードを実行すると、ホームディレクトリに「Test2」というディレクトリを作成します。

関連項目 ▶▶▶

- ファイルを作成する ……………………………………………………………… p.656
- シンボリックリンクを作成する ………………………………………………… p.658
- ファイルやディレクトリをコピーする ………………………………………… p.671
- ファイルやディレクトリを移動する …………………………………………… p.673
- ファイルやディレクトリを削除する …………………………………………… p.676

SECTION-204

ファイルを作成する

ここでは、ファイルを作成する方法について解説します。

SAMPLE CODE

```
import Foundation

// ファイルマネージャーのインスタンス確保
var fm = NSFileManager()

// 作成するファイルのパスを定義する
var path = NSString(string: "~/Test.txt").stringByExpandingTildeInPath

// ファイルを作成する
var data = NSData(bytes: "NEW FILE", length: 8)
fm.createFileAtPath(path, contents: data, attributes: nil)
```

このコードを実行すると、ホームディレクトリに「Test.txt」というファイルが作成され、次のテキストが書き込まれます。

```
NEW FILE
```

ONEPOINT　ファイルを作成するには「createFileAtPath」メソッドを使う

ファイルを作成するには、「NSFileManager」クラスの「createFileAtPath」メソッドを使用します。

```
public func createFileAtPath(path: String,
    contents data: NSData?,
    attributes attr: [String : AnyObject]?) -> Bool
```

このメソッドは引数「path」に指定されたファイルパスに新しいファイルを作成し、「true」を返します。失敗すると「false」を返します。作成されるファイルの内容は引数「data」に指定します。引数「data」を「nil」にすると空のファイルが作成されます。

このメソッドは指定されたファイルパスにすでにファイルが存在するときには上書きしますので注意してください。上書きされては困る場合には、先にファイルが存在するかどうかを確認し、ファイルが存在しないときに呼び出すようにしてください。

■SECTION-204■ ファイルを作成する

関連項目 ▶▶▶

- 文字列をファイルに書き出す ……………………………………………………… p.310
- データをファイルに書き出す ……………………………………………………… p.509
- ファイルを部分的に書き込む ……………………………………………………… p.604
- ディレクトリを作成する …………………………………………………………… p.654
- シンボリックリンクを作成する…………………………………………………… p.658
- ファイルやディレクトリをコピーする …………………………………………… p.671
- ファイルやディレクトリを移動する ……………………………………………… p.673
- ファイルやディレクトリを削除する ……………………………………………… p.676
- インスタンスをシリアライズする ………………………………………………… p.688
- プロパティリストデータを作成する……………………………………………… p.699

SECTION-205

シンボリックリンクを作成する

ここでは、シンボリックリンクを作成する方法について解説します。

SAMPLE CODE

```
import Foundation

// ファイルマネージャーのインスタンス確保
var fm = NSFileManager()

// 作成するファイルのパスを定義する
var path = NSString(string: "~/Test.txt").stringByExpandingTildeInPath
var symPath = NSString(string: "~/TestSym.txt").stringByExpandingTildeInPath

// ファイルを作成する
var data = NSData(bytes: "NEW FILE", length: 8)
fm.createFileAtPath(path, contents: data, attributes: nil)

do {
    // シンボリックリンクを作成する
    try fm.createSymbolicLinkAtPath(symPath,
        withDestinationPath: path)
} catch let error as NSError {
    // エラー情報を出力する
    print(error)
}
```

このコードを実行すると、ホームディレクトリに「Test.txt」というファイルと「TestSym.txt」というシンボリックリンクを作成します。

ONEPOINT シンボリックリンクを作成するには「createSymbolicLinkAtPath」メソッドを使う

シンボリックリンクを作成するには、「NSFileManager」クラスの「createSymbolicLinkAtPath」メソッドを使用します。

```
public func createSymbolicLinkAtPath(path: String,
    withDestinationPath destPath: String) throws
```

このメソッドは引数「path」に指定したファイルパスにシンボリックリンクを作成し、「true」を返します。シンボリックリンクが参照する先は「destPath」に指定します。サンプルコードでは引数「destPath」に絶対パスを指定していますが、相対パスを指定すると、シンボリックリンクを起点とした相対パスを参照するシンボリックリンクになります。エラーが起きると、エラー情報が投げられ、エラー制御に処理が遷移します。

■ SECTION-205 ■ シンボリックリンクを作成する

| COLUMN | URLを指定してシンボリックリンクを作成するには |

シンボリックリンクの作成先と参照先をURLで指定したい場合には、「NSFileManager」クラスの「createSymbolicLinkAtURL」メソッドを使用します。

```
public func createSymbolicLinkAtURL(url: NSURL,
    withDestinationURL destURL: NSURL) throws
```

このメソッドは引数「url」で指定された場所にシンボリックリンクを作成します。作成に失敗すると、エラーが投げられ、エラー制御に処理が遷移します。シンボリックリンクの参照先は、引数「destURL」にURLで指定します。

次のコードはURLを指定してシンボリックリンクを作成する例です。

```
import Foundation

// ファイルマネージャーのインスタンス確保
var fm = NSFileManager()

// 作成するファイルのパスを定義する
var path = NSString(string: "~/Test.txt").stringByExpandingTildeInPath
var symPath = NSString(string: "~/TestSym.txt").stringByExpandingTildeInPath

// URLを作成する
var url = NSURL(fileURLWithPath: path)
var symUrl = NSURL(fileURLWithPath: symPath)

// ファイルを作成する
var data = NSData(bytes: "NEW FILE", length: 8)
data.writeToURL(url, atomically: true)

do {
    // シンボリックリンクを作成する
    try fm.createSymbolicLinkAtURL(symUrl, withDestinationURL: url)
} catch let error as NSError {
    // エラー情報を出力する
    print(error)
}
```

このコードを実行すると、ホームディレクトリに「Test.txt」というファイルと「TestSym.txt」というシンボリックリンクを作成します。

関連項目 ▶ ▶ ▶

- シンボリックリンクの指している先を調べる ………………………………………… p.660
- ファイルやディレクトリの情報を取得する ……………………………………………… p.663

659

SECTION-206
シンボリックリンクの指している先を調べる

ここでは、シンボリックリンクが指している先を調べる方法について解説します。

SAMPLE CODE
```swift
import Foundation

// ファイルマネージャーのインスタンス確保
var fm = NSFileManager()

// 作成するファイルのパスを定義する
var path = NSString(string: "~/Test.txt").stringByExpandingTildeInPath
var symPath = NSString(string: "~/TestSym.txt").stringByExpandingTildeInPath

// ファイルを作成する
var data = NSData(bytes: "NEW FILE", length: 8)
data.writeToFile(path, atomically: true)

do {
    // シンボリックリンクを作成する
    try fm.createSymbolicLinkAtPath(symPath,
        withDestinationPath: path)
    
    // シンボリックリンクが指している先を取得する
    var dst = try fm.destinationOfSymbolicLinkAtPath(symPath)
    
    // コンソールに出力する
    print(dst)
} catch let error as NSError {
    // エラー情報を出力する
    print(error)
}
```

このコードを実行すると、次のように出力されます（ホームディレクトリのため、パスそのものは実行環境に依存します）。

```
/Users/akira/Test.txt
```

ONEPOINT シンボリックリンクの指している先を取得するには「destinationOfSymbolicLinkAtPath」メソッドを使う

シンボリックリンクの指している先を取得するには、「NSFileManager」クラスの「destinationOfSymbolicLinkAtPath」メソッドを使用します。

```
public func destinationOfSymbolicLinkAtPath(path: String) throws -> String
```

このメソッドは、引数「path」にシンボリックリンクを指定すると、シンボリックリンクが参照している先のファイルパスを返します。シンボリックリンクが指定されたパスにないときなど、指している先を取得できないときは、エラーが投げられます。

COLUMN シンボリックリンクが指している先をURLで取得するには

シンボリックリンクが指している先をURLで取得するには、「NSURL」クラスの「URLByResolvingSymlinksInPath」プロパティを使用します。

```
@NSCopying public var URLByResolvingSymlinksInPath: NSURL? { get }
```

このプロパティは、URLがシンボリックリンクの場合は、そのシンボリックリンクが指している先のURLを取得します。URLがシンボリックリンクではない場合には、そのURLがそのまま返ります。

次のコードは、シンボリックリンクを作成して、その指している先のURLを取得する例です。

```
import Foundation

// ファイルマネージャーのインスタンス確保
var fm = NSFileManager()

// 作成するファイルのパスを定義する
var path = NSString(string: "~/Test.txt").stringByExpandingTildeInPath
var symPath = NSString(string: "~/TestSym.txt").stringByExpandingTildeInPath

// ファイルを作成する
var data = NSData(bytes: "NEW FILE", length: 8)
data.writeToFile(path, atomically: true)

do {
    // シンボリックリンクを作成する
    try fm.createSymbolicLinkAtPath(symPath, withDestinationPath: path)

    // シンボリックリンクのURLを作成する
    let symUrl = NSURL(fileURLWithPath: symPath)
```

■SECTION-206■ シンボリックリンクの指している先を調べる

```
    // シンボリックリンクが指しているURLを取得する
    var dstUrl = symUrl.URLByResolvingSymlinksInPath

    // コンソールに出力する
    print(dstUrl)

} catch let error as NSError {
    // エラー情報を出力する
    print(error)
}
```

　このコードを実行すると、次のように出力されます(ホームディレクトリのため、パスそのものは実行環境に依存します)。

```
Optional(file:///Users/akira/Test.txt)
```

関連項目 ▶▶▶

- シンボリックリンクを作成する……………………………………………………… p.658

SECTION-207

ファイルやディレクトリの情報を取得する

ここでは、ファイルやディレクトリの情報を取得する方法について解説します。

SAMPLE CODE

```swift
import Foundation

// ファイルマネージャーのインスタンス確保
var fm = NSFileManager()
// 情報を取得するディレクトリのパスを定義
// ここではホームディレクトリを取得する
var path = NSString(string: "~").stringByExpandingTildeInPath

do {
    // 情報を取得する
    var attr = try fm.attributesOfItemAtPath(path)
    // コンソールに出力する
    print(attr)
} catch let error as NSError {
    // エラー情報を出力する
    print(error)
}
```

このコードを実行すると、次のように出力されます。

```
["NSFileCreationDate": 2015-10-08 17:16:21 +0000, "NSFileGroupOwnerAccountName": staff,
"NSFileType": NSFileTypeDirectory, "NSFileSystemNumber": 16777217, "NSFileOwnerAccountName":
akira, "NSFileReferenceCount": 29, "NSFileModificationDate": 2015-11-14 14:30:38 +0000,
"NSFileExtensionHidden": 0, "NSFileSize": 986, "NSFileGroupOwnerAccountID": 20,
"NSFileOwnerAccountID": 501, "NSFilePosixPermissions": 493, "NSFileSystemFileNumber": 443650]
```

ONEPOINT ファイルやディレクトリの情報を取得するには「attributesOfItemAtPath」メソッドを使う

ファイルやディレクトリの情報を取得するには、「NSFileManager」クラスの「attributesOfItemAtPath」メソッドを使用します。

```swift
public func attributesOfItemAtPath(
    path: String) throws -> [String : AnyObject]
```

このメソッドは、引数「path」に指定したファイルやディレクトリの情報を入れたディクショナリを返します。情報が取得できない場合はエラーが投げられ、エラー制御に遷移します。返されたディクショナリのキーは、SDKで定数が定義されています。定数については次のCOLUMNを参照してください。

COLUMN　ファイル属性キーについて

「attributesOfItemAtPath」メソッドなどで使用するファイル属性キーには次のようなものが定義されています。

定数	説明
NSFileAppendOnly	定義名からはわかりにくいが、ファイルが読み込み専用かどうかを表す。読み込み専用の場合は「true」。Finder上でロックやパーミッションの設定を変更しても、この属性は変更されない。ファイル作成時に指定したときや、アプリから明示的に設定したときに付与される
NSFileBusy	ファイルが読み書き中かどうか。読み書き中は「true」になる
NSFileCreationDate	作成日時。「NSDate」クラスのインスタンス
NSFileModificationDate	変更日時。「NSDate」クラスのインスタンス
NSFileOwnerAccountName	所有者名
NSFileOwnerAccountID	所有者ID
NSFileGroupOwnerAccountName	グループ名
NSFileGroupOwnerAccountID	グループID
NSFileDeviceIdentifier	デバイス識別子
NSFileExtensionHidden	拡張子を非表示にするかどうか。非表示にする場合は「true」
NSFileHFSCreatorCode	HFSクリエーターコード
NSFileHFSTypeCode	HFSファイルタイプコード
NSFileImmutable	ファイルがロックされているかどうか。「true」の場合はファイルがロックされている。Finder上で「情報を見る」で表示されるウインドウの「ロック」というチェックボックスに対応する値
NSFilePosixPermissions	POSIXのアクセス権設定。「Int16」の値
NSFileReferenceCount	ファイル参照カウント
NSFileSize	ファイルサイズ。「UInt64」の値
NSFileSystemFileNumber	ファイルシステムのファイル番号。「Int」の値
NSFileType	ファイルタイプ
NSFileProtectionKey	ファイルの保護状態。iOSでのみの使用可能。OS Xでは定義されていない

「NSFileType」を使って格納されるファイルタイプで使用される値は、次のように定義されています。

```
// ディレクトリ
public let NSFileTypeDirectory: String

// 通常のファイル
public let NSFileTypeRegular: String

// シンボリックリンク
public let NSFileTypeSymbolicLink: String
```

```
// ソケット
public let NSFileTypeSocket: String

// スペシャルキャラクタファイル
public let NSFileTypeCharacterSpecial: String

// スペシャルブロックファイル
public let NSFileTypeBlockSpecial: String

// 未知のファイル
public let NSFileTypeUnknown: String
```

「NSFileProtectionKey」を使って格納される保護状態で使用される値は、次のように定義されています。

```
// 保護なし
public let NSFileProtectionNone: String

// 暗号化されたディスクに保存されており、ロック中や起動処理中は読み書きできない
public let NSFileProtectionComplete: String

// 暗号化されたディスクに保存されており、
// 閉じられるとロック解除されるまで読み書きできなくなる
public let NSFileProtectionCompleteUnlessOpen: String

// 暗号化されたディスクに保存されており、
// 起動されてユーザーが初回のロック解除をするまでは読み書きできない
public let NSFileProtectionCompleteUntilFirstUserAuthentication: String
```

COLUMN ファイルシステムに関する情報を取得するには

ファイルシステムに関する情報を取得するには、「NSFileManager」クラスの「attributesOfFileSystemForPath」メソッドを使用します。

```
public func attributesOfFileSystemForPath(
    path: String) throws -> [String : AnyObject]
```

このメソッドは引数「path」に指定されたファイルやディレクトリのファイルシステムの情報を格納したディクショナリを返します。取得できないときは、エラーが投げられ、エラー制御に遷移します。

返されるディクショナリで使用されるキーは、次のようなものが定義されています。

定数	説明
NSFileSystemSize	ファイルシステム上でのファイルサイズ
NSFileSystemFreeSize	空き容量

SECTION-207 ファイルやディレクトリの情報を取得する

定数	説明
NSFileSystemNodes	ノード数
NSFileSystemFreeNodes	空きノード数
NSFileSystemNumber	ファイルシステム番号

次のコードは、空のテストファイルを作成して、そのファイルのファイルシステムに関する情報を取得する例です。

```
import Foundation

// ファイルマネージャーのインスタンス確保
var fm = NSFileManager()

// 情報を取得するファイルのパスを定義
var path = NSString(string: "~/Test.txt").stringByExpandingTildeInPath

// ファイルを作成する
fm.createFileAtPath(path, contents: nil, attributes: nil)

do {
    // 情報を取得する
    let attr = try fm.attributesOfFileSystemForPath(path)

    // コンソールに出力する
    print(attr)
} catch let error as NSError {
    // エラー情報を出力する
    print(error)
}
```

このコードを実行すると、次のように出力されます（値は実行環境に依存します）。

```
["NSFileSystemFreeNodes": 38073549, "NSFileSystemNodes": 61069440, "NSFileSystemSize": 250140434432, "NSFileSystemNumber": 16777217, "NSFileSystemFreeSize": 155949256704]
```

COLUMN ファイルやディレクトリの情報を設定するには

ファイルやディレクトリの情報を設定するには、「NSFileManager」クラスの「setAttributes」メソッドを使用します。

```
public func setAttributes(attributes: [String : AnyObject],
    ofItemAtPath path: String) throws
```

このメソッドは引数「path」に指定したファイルやディレクトリの属性を変更します。変更する属性は、引数「attributes」に指定します。複数の値を格納することも可能です。変更したい情報のみを格納したディクショナリを指定します。

次のコードは、テストファイルを作成し、ロックをするという例です。

```
import Foundation

// ファイルマネージャーのインスタンス確保
var fm = NSFileManager()

// 情報を設定するファイルのパスを定義
var path = NSString(string: "~/Test.txt").stringByExpandingTildeInPath

// ファイルを作成する
fm.createFileAtPath(path, contents: nil, attributes: nil)

do {
    // ファイルをロックする
    var attr = [NSFileImmutable: true]
    try fm.setAttributes(attr, ofItemAtPath: path)

} catch let error as NSError {
    // エラー情報を出力する
    print(error)
}
```

このコードを実行すると、ホームディレクトリに「Test.txt」というファイルが作られ、ファイルがロックされます。ロック状態はFinder上で確認できます。

COLUMN　URLで指定したファイルやディレクトリの情報を設定・取得するには

URLで指定したファイルやディレクトリの情報を設定・取得するには、「NSURL」クラスの次のようなメソッドを使用します。

```
public func getResourceValue(
    value: AutoreleasingUnsafeMutablePointer<AnyObject?>,
    forKey key: String) throws

public func resourceValuesForKeys(keys: [String]) throws -> [String : AnyObject]

public func setResourceValue(value: AnyObject?, forKey key: String) throws

public func setResourceValues(keyedValues: [String : AnyObject]) throws
```

「getResourceValue」メソッドは、引数「key」に指定した情報を取得し引数「value」に格納し、「true」を返します。取得できないときはエラー情報を投げて、エラー制御に遷移します。

「resourceValuesForKeys」メソッドは、引数「keys」に指定された情報を取得し、ディ

SECTION-207 ファイルやディレクトリの情報を取得する

クショナリにして返します。

「setResourceValue」メソッドは、引数「key」に指定した情報を、引数「value」に指定した値に設定します。

「setResourceValues」メソッドは、引数「keyedValues」に指定された情報を設定します。この引数には、設定する情報と設定値をペアにしたディクショナリを指定します。

これらのメソッドで使用するキーは、「attributesOfItemAtPath」メソッドで使用するものとは別のものが定義されており、非常に多く、「attributesOfItemAtPath」よりも多くの情報が取れるようになっています。具体的なキーについては、SDKのドキュメントを参照してください。

次のコードは、実行する度にホームディレクトリの「Test.txt」ファイルのロック状態を切り替えるというコード例です。ファイルが存在しないときは、空のファイルを作成します。

```swift
import Foundation
// ファイルのパスを定義
let path = NSString(string: "~/Test.txt").stringByExpandingTildeInPath
// URLを作成
let url = NSURL(fileURLWithPath: path)
// ファイルマネージャーのインスタンス確保
let fm = NSFileManager()
// ファイルが存在しないときは作成する
if !fm.fileExistsAtPath(path) {
    fm.createFileAtPath(path, contents: nil, attributes: nil)
}
var value: AnyObject?
do {
    // ファイルのロック状態を取得する
    try url.getResourceValue(&value, forKey: NSURLIsUserImmutableKey)
    if let readonly = value as? Bool {
        // ロック状態を反転させる
        try url.setResourceValue(!readonly,
            forKey: NSURLIsUserImmutableKey)
    }
} catch let error as NSError {
    // エラー情報を出力する
    print(error)
}
```

関連項目 ▶▶▶

- シンボリックリンクの指している先を調べる ………………………………………… p.660
- 読み込み可能なファイルかを調べる ……………………………………………… p.680
- 書き込み可能なファイルかを調べる ……………………………………………… p.682
- 削除可能なファイルかを調べる …………………………………………………… p.684
- 実行可能なファイルかを調べる …………………………………………………… p.686

SECTION-208
ファイルやディレクトリの表示用の名前を取得する

ここでは、ファイルやディレクトリの表示用の名前を取得する方法について解説します。

SAMPLE CODE

```swift
import Foundation

// ファイルマネージャーのインスタンス確保
var fm = NSFileManager()

// ドキュメントフォルダのパスを取得する
var array = NSSearchPathForDirectoriesInDomains(.DocumentDirectory,
    .UserDomainMask, true)

// 表示用の名前を取得する
var name = fm.displayNameAtPath(array[0])

// コンソールに出力する
print("path = \(array[0])")
print("name = \(name)")
```

このコードを実行すると次のように出力されます。

```
path = /Users/akira/Documents
name = 書類
```

ONEPOINT　ファイルやディレクトリの表示用の名前を取得するには「displayNameAtPath」メソッドを使う

ファイルやディレクトリの表示用の名前を取得するには、「NSFileManager」クラスの「displayNameAtPath」メソッドを使用します。

```swift
public func displayNameAtPath(path: String) -> String
```

このメソッドは、引数「path」に指定されたパスにあるファイルやフォルダの表示用の名前を取得します。OS Xのホームディレクトリ内のフォルダには、実際のパスで使われている文字列と、表示されるときの文字列が異なり、ユーザーの表示言語に合わせて変わるようになっているものがあります。また、アプリ名などもローカライズできるようになっています。このメソッドを使うとこれらのローカライズ後の名前を取得することができます。

表示用の名前が特に設定されていない項目については、パスと同じ文字列が返されます。

COLUMN　URLから表示用の名前を取得するには

　URLから表示用の名前を取得するには、「NSURL」クラスの「getResourceValue」メソッドや「resourceValuesForKeys」メソッドを使用します。取得する情報のキーには、「NSURLLocalizedNameKey」を指定します。これらのメソッドについては《ファイルやディレクトリの情報を取得する》(p.663)を参照してください。

　次のコードは、URLを使ってドキュメントフォルダの表示用の名前を取得する例です。

```swift
import Foundation

// ファイルマネージャーのインスタンス確保
var fm = NSFileManager()

do {
    // ドキュメントフォルダのURLを取得する
    let url = try fm.URLForDirectory(.DocumentDirectory,
        inDomain: .UserDomainMask,
        appropriateForURL: nil, create: false)

    // 表示用の名前を取得する
    var value: AnyObject?
    try url.getResourceValue(&value,
        forKey: NSURLLocalizedNameKey)

    if let name = value as? String {

        // コンソールに出力する
        print("url  =  \(url)")
        print("name = \(name)")
    }
} catch let error as NSError {
    // エラー情報を出力する
    print(error)
}
```

　このコードを実行すると、次のように出力されます。

```
url  =  file:///Users/akira/Documents/
name = 書類
```

関連項目 ▶ ▶ ▶

- ファイルやディレクトリの情報を取得する ……………………………………… p.663

SECTION-209

ファイルやディレクトリをコピーする

ここでは、ファイルやディレクトリをコピーする方法について解説します。

SAMPLE CODE

```
import Foundation

// ファイルマネージャーのインスタンス確保
var fm = NSFileManager()

do {
    // テストファイルを作る
    let srcPath = NSString(string: "~/Test.txt").stringByExpandingTildeInPath
    try ("TEST FILE").writeToFile(srcPath,
        atomically: true, encoding: NSUTF8StringEncoding)
    // コピー先
    let dstPath = NSString(string: "~/Test Copy.txt").stringByExpandingTildeInPath
    try fm.copyItemAtPath(srcPath, toPath: dstPath)
} catch let error as NSError {
    // エラー情報を出力する
    print(error)
}
```

このコードを実行すると、ホームディレクトリに「Test.txt」ファイルを作成し、作成したファイルをコピーして「Test Copy.txt」ファイルが作成されます。すでにコピー先のファイルが存在するときなど、失敗した場合にはエラー情報が出力されます。

> **ONEPOINT** ファイルやディレクトリをコピーするには「copyItemAtPath」メソッドを使う
>
> ファイルやディレクトリをコピーするには、「NSFileManager」の「copyItemAtPath」メソッドを使用します。
>
> ```
> public func copyItemAtPath(srcPath: String, toPath dstPath: String) throws
> ```
>
> このメソッドは、引数「srcPath」に指定されたパスにある項目を、引数「dstPath」に指定したパスにコピーします。「dstPath」に指定するパスで名前を変更すると、コピーしつつ名称を変更するという動作になります。コピーに失敗すると、エラーが投げられ、エラー制御に処理が遷移します。
>
> また、このメソッドは、コピー先にすでにファイルが存在するときには、置き換えではなく、失敗となります。上書きでよい場合には、先にファイルが存在するか調べ、存在する場合は削除するなどの処理はアプリ側で実装します。上書きしない場合には、コピー先のファイル名を変更するなどの処理もアプリ側で実装してください。

SECTION-209 ファイルやディレクトリをコピーする

COLUMN URLで指定したファイルやディレクトリをコピーするには

コピー元とコピー先のファイルやディレクトリをURLで指定したい場合には、「NSFileManager」クラスの「copyItemAtURL」メソッドを使用します。

```
public func copyItemAtURL(srcURL: NSURL, toURL dstURL: NSURL) throws
```

このメソッドは、引数「srcURL」に指定されたファイルやディレクトリをコピーします。コピーに失敗した場合はエラーが投げられ、エラー制御に遷移します。コピー先は引数「dstURL」に指定します。この引数に指定するURLのファイル名を変更すると、コピーしつつ名称を変更するという動作になります。

次のコードは、このメソッドを使ってファイルをコピーする例です。

```swift
import Foundation

// ファイルマネージャーのインスタンス確保
let fm = NSFileManager()

do {
    // テストファイルを作る
    let srcPath = NSString(string: "~/Test.txt").stringByExpandingTildeInPath
    try ("TEST FILE").writeToFile(srcPath,
        atomically: true, encoding: NSUTF8StringEncoding)
    // コピー元とコピー先のURLを作成する
    let srcUrl = NSURL(fileURLWithPath: srcPath)
    
    let dstPath = NSString(string: "~/Test Copy.txt").stringByExpandingTildeInPath
    let dstUrl = NSURL(fileURLWithPath: dstPath)
    // コピーする
    try fm.copyItemAtURL(srcUrl, toURL: dstUrl)
} catch let error as NSError {
    // エラー情報を出力する
    print(error)
}
```

このコードを実行すると、ホームディレクトリに「Test.txt」ファイルを作成し、作成したファイルをコピーして「Test Copy.txt」ファイルが作成されます。失敗した場合にはエラー情報がコンソールに出力されます。

関連項目 ▶▶▶
- ディレクトリを作成する ……………………………………………………………… p.654
- ファイルを作成する …………………………………………………………………… p.656
- ファイルやディレクトリを移動する ………………………………………………… p.673
- ファイルやディレクトリを削除する ………………………………………………… p.676
- ファイルやディレクトリが存在するか調べる ……………………………………… p.678

SECTION-210
ファイルやディレクトリを移動する

ここでは、ファイルやディレクトリを移動する方法について解説します。

SAMPLE CODE

```swift
import Foundation

// ファイルマネージャーのインスタンス確保
let fm = NSFileManager()

do {
    // テストファイルを作る
    let srcPath = NSString(string: "~/Test.txt").stringByExpandingTildeInPath
    try ("TEST FILE").writeToFile(srcPath,
        atomically: true, encoding: NSUTF8StringEncoding)
    
    // 移動先
    let dstPath = NSString(string: "~/Test Moved.txt").stringByExpandingTildeInPath
    
    // 移動
    try fm.moveItemAtPath(srcPath, toPath: dstPath)
    
} catch let error as NSError {
    // エラー情報を出力する
    print(error)
}
```

このコードを実行すると、ホームディレクトリに「Test.txt」というファイルを作成し、作成したファイルを移動して「TEST Moved.txt」という名前に変更します。失敗した場合はエラー情報が出力されます。

■ SECTION-210 ■ ファイルやディレクトリを移動する

> **ONEPOINT** ファイルやディレクトリを移動するには
> 「moveItemAtPath」メソッドを使う

　ファイルやディレクトリを移動するには、「NSFileManager」クラスの「moveItemAtPath」メソッドを使用します。

```
public func moveItemAtPath(srcPath: String, toPath dstPath: String) throws
```

　このメソッドは、引数「srcPath」に指定されたファイルやディレクトリを移動します。移動に失敗するとエラーが投げられ、エラー制御に遷移します。移動先は引数「dstPath」に指定します。移動元と移動先とでファイル名が異なる場合は、名前を変更しつつ移動となります。移動元と移動先が同じディレクトリの場合は、ファイル名やディレクトリ名の変更処理になります。

　また、このメソッドは移動先にファイルやディレクトリが存在すると、失敗します。移動先にすでにファイルがあるかどうかによって、どのような処理にするかは、アプリ側で実装してください。

> **COLUMN** URLで指定したファイルやディレクトリを移動するには

　ファイルやディレクトリの移動処理で、移動先や移動元をURLで指定したい場合には、「NSFileManager」クラスの「moveItemAtURL」メソッドを使用します。

```
public func moveItemAtURL(srcURL: NSURL, toURL dstURL: NSURL) throws
```

　このメソッドは引数「srcURL」に指定されたファイルやディレクトリを移動します。失敗した場合はエラーが投げられ、エラー制御に遷移します。移動先のURLは引数「dstURL」に指定します。移動元と移動先で名前を変更したURLにすると、移動しつつ名称を変更するという動作になります。また、移動先にすでにファイルやディレクトリが存在する場合には、このメソッドは失敗になります。移動先がすでに存在する場合にどのようにするかは、アプリ側での実装となります。

　次のコードは、URLを指定してファイルを移動する例です。同じディレクトリ内なので、ファイル名の変更動作となります。

```
import Foundation

// ファイルマネージャーのインスタンス確保
let fm = NSFileManager()

do {
    // テストファイルを作る
    let srcPath = NSString(string: "~/Test.txt").stringByExpandingTildeInPath
    try ("TEST FILE").writeToFile(srcPath,
        atomically: true, encoding: NSUTF8StringEncoding)
```

▼

```
    // 移動元と移動先のURLを作成する
    let srcUrl = NSURL(fileURLWithPath: srcPath)

    let dstPath = NSString(string: "~/Test Moved.txt").stringByExpandingTildeInPath
    let dstUrl = NSURL(fileURLWithPath: dstPath)

    // コピーする
    try fm.moveItemAtURL(srcUrl, toURL: dstUrl)

} catch let error as NSError {
    // エラー情報を出力する
    print(error)
}
```

このコードを実行すると、ホームディレクトリに「Test.txt」というファイルを作成し、作成したファイルを「Test Moved.txt」という名前に変更します。失敗した場合はエラー情報がコンソールに出力されます。

関連項目 ▶▶▶

- ディレクトリを作成する ……………………………………………………………… p.654
- ファイルを作成する …………………………………………………………………… p.656
- ファイルやディレクトリをコピーする ……………………………………………… p.671
- ファイルやディレクトリを削除する ………………………………………………… p.676
- ファイルやディレクトリが存在するか調べる ……………………………………… p.678

SECTION-211

ファイルやディレクトリを削除する

ここでは、ファイルやディレクトリを削除する方法について解説します。

SAMPLE CODE
```swift
import Foundation

// ファイルマネージャーのインスタンス確保
let fm = NSFileManager()

do {
    // 削除する項目
    let path = NSString(string: "~/DeleteTest").stringByExpandingTildeInPath
    // 削除
    try fm.removeItemAtPath(path)

} catch let error as NSError {
    // エラー情報を出力する
    print(error)
}
```

　このコードを実行すると、ホームディレクトリの「DeleteTest」という名前のファイル、もしくは、ディレクトリを削除します。削除に失敗した場合は、エラー情報を出力します。存在チェックを行っていないので、削除してある状態で実行することで、エラー出力についても確認ができます。

> **HINT**
> このサンプルコードで削除する「DeleteTest」ファイル、もしくは、フォルダ(ディレクトリ)はFinderなどで手動で作成してください。

ONEPOINT ファイルやディレクトリを削除するには「removeItemAtPath」メソッドを使う

　ファイルやディレクトリを削除するには、「NSFileManager」クラスの「removeItemAtPath」メソッドを使用します。

```swift
public func removeItemAtPath(path: String) throws
```

　このメソッドは、引数「path」に指定されたパスにあるファイルやディレクトリを削除します。削除に失敗した場合は、エラーが投げられ、エラー制御に遷移します。すでにファイルが存在しないときなどもエラーとなるので、呼び出す前に削除しようとしているファイルやディレクトリが存在するかチェックするようにしてください。存在するかチェックする方法については《ファイルやディレクトリが存在する調べる》(p.678)を参照してください。

■ SECTION-211 ■ ファイルやディレクトリを削除する

| COLUMN | 削除するファイルやディレクトリをURLで指定するには |

　削除するファイルやディレクトリをURLで指定するには、「NSFileManager」クラスの「removeItemAtURL」メソッドを使用します。

```
public func removeItemAtURL(URL: NSURL) throws
```

　このメソッドは引数「URL」に指定されたファイルやディレクトリを削除します。失敗するとエラーを投げて、エラー制御に遷移します。「removeItemAtPath」メソッドと同様にすでに存在しないファイルやディレクトリを指定するとエラーになります。そのため、呼び出す前に削除しようとしているファイルやディレクトリが存在するかチェックするようにしてください。

　次のコードは、ホームディレクトリの「DeleteTest」というファイル、もしくは、フォルダ（ディレクトリ）をURLで指定して削除する例です。存在チェックを行っていないので、削除してある状態で実行することで、エラー出力についても確認ができます。

```
import Foundation

// ファイルマネージャーのインスタンス確保
let fm = NSFileManager()

do {
    // 削除する項目
    let path = NSString(string: "~/DeleteTest").stringByExpandingTildeInPath
    let url = NSURL(fileURLWithPath: path)
    
    // 削除
    try fm.removeItemAtURL(url)
    
} catch let error as NSError {
    // エラー情報を出力する
    print(error)
}
```

関連項目 ▶▶▶
●ディレクトリを作成する …………………………………………………… p.654
●ファイルを作成する ……………………………………………………… p.656
●ファイルやディレクトリをコピーする …………………………………… p.671
●ファイルやディレクトリを移動する ……………………………………… p.673
●ファイルやディレクトリが存在するか調べる …………………………… p.678
●削除可能なファイルかを調べる ………………………………………… p.684

SECTION-212

ファイルやディレクトリが存在するか調べる

ここでは、ファイルやディレクトリが存在するか調べる方法について解説します。

SAMPLE CODE

```
import Foundation

// ファイルマネージャーのインスタンス確保
let fm = NSFileManager()

// 「/System/Library」ディレクトリが存在するか調べる
let path1 = "/System/Library"
let isExist = fm.fileExistsAtPath(path1)

// 「/System/Library_」ディレクトリが存在するか調べる
let path2 = "/System/Library_"
let isExist2 = fm.fileExistsAtPath(path2)

// コンソールに出力する
print("\(path1): \(isExist)")
print("\(path2): \(isExist2)")
```

このコードを実行すると、次のように出力されます。

```
/System/Library: true
/System/Library_: false
```

ONEPOINT　ファイルやディレクトリが存在するか調べるには「fileExistsAtPath」メソッドを使う

ファイルやディレクトリが存在するか調べるには、「NSFileManager」クラスの「fileExistsAtPath」メソッドを使用します。

```
public func fileExistsAtPath(path: String) -> Bool
```

このメソッドは引数「path」に指定されたパスに、ファイルやディレクトリが存在すると「true」を返し、存在しない場合は「false」を返します。チェックするパスの大文字・小文字を区別するかどうかは、ファイルシステムの設定に依存します。

■ SECTION-212 ■ ファイルやディレクトリが存在するか調べる

| COLUMN | 指定された項目がディレクトリかどうかを判定するには |

　指定された項目がディレクトリかどうかを判定するには、ファイルやディレクトリの情報を取得する方法を使って、情報を取得し、ディレクトリかどうかを判定するという方法がありますが、その他に、「NSFileManager」クラスの「fileExistsAtPath」メソッドを使う方法もあります。使用するのは、次のような引数が2つある方のメソッドです。

```
public func fileExistsAtPath(path: String,
    isDirectory: UnsafeMutablePointer<ObjCBool>) -> Bool
```

　ディレクトリかどうかは、引数「isDirectory」に返されます。「ObjCBool」構造体の「boolValue」プロパティから「Bool」の値を取得できます。

　次のコードは、「/System/Library」ディレクトリに対して実行し、ディレクトリかどうかを判定している例です。

```
import Foundation

// ファイルマネージャーのインスタンス確保
let fm = NSFileManager()

// 「/System/Library」ディレクトリが存在するか調べる
let path = "/System/Library"
var isDir = ObjCBool(false)
let isExist = fm.fileExistsAtPath(path, isDirectory: &isDir)

// コンソールに出力する
print(path)
print("isDir = \(isDir.boolValue)")
print("isExist = \(isExist)")
```

　このコードを実行すると、次のように出力されます。

```
/System/Library
isDir = true
isExist = true
```

関連項目 ▶▶▶
- ファイルやディレクトリの情報を取得する ……………………………………………… p.663

SECTION-213

読み込み可能なファイルかを調べる

ここでは、読み込み可能なファイルかを調べる方法について解説します。

SAMPLE CODE

```
import Foundation

// ファイルマネージャーのインスタンス確保
let fm = NSFileManager()

// 「~/Normal.txt」が読み込み可能か調べる
let path = NSString(string: "~/Normal.txt").stringByExpandingTildeInPath
let possible = fm.isReadableFileAtPath(path)

// 「~/WriteOnly.txt」が読み込み可能か調べる
let path2 = NSString(string: "~/WriteOnly.txt").stringByExpandingTildeInPath
let possible2 = fm.isReadableFileAtPath(path2)

// コンソールに出力する
print("\(path) : \(possible)")
print("\(path2) : \(possible2)")
```

ファイルを作成してから、このコードを実行すると、次のように出力されます。

```
/Users/akira/Normal.txt : true
/Users/akira/WriteOnly.txt : false
```

HINT
「WriteOnly.txt」ファイルは、コード実行前に読み込み権限を外してあります。

ONEPOINT　読み込み可能なファイルかを調べるには「isReadableFileAtPath」メソッドを使う

読み込み可能なファイルかを調べるには、「NSFileManager」クラスの「isReadableFileAtPath」メソッドを使用します。

```
public func isReadableFileAtPath(path: String) -> Bool
```

このメソッドは、引数「path」に指定したファイルが読み込める場合には「true」を返し、読み込めない場合は「false」を返します。存在しないファイルパスを指定した場合も、「false」が返ります。

■ SECTION-213 ■ 読み込み可能なファイルかを調べる

COLUMN　URLで指定したファイルが読み込み可能かを調べるには

　URLで指定したファイルが読み込み可能かを調べるには、「NSURL」クラスの「getResourceValue」メソッドや「resourceValuesForKeys」メソッドを使い、取得するキーに「NSURLIsReadableKey」を指定します。これらのメソッドについては《**ファイルやディレクトリの情報を取得する**》(p.663)を参照してください。

COLUMN　読み込み権限を外すには

　ファイルの読み込み権限を外すには、ターミナルで「chmod」プログラムを使用します。たとえば、ホームディレクトリにある「WriteOnly.txt」ファイルの読み込み権限を外すには、次のように操作します。

❶ ターミナルを起動します。

❷ 次のように入力します。

```
chmod 200 WriteOnly.txt
```

❸ 次のように入力すると、設定できたか確認できます。

```
ls -all | grep WriteOnly.txt
```

❹ 次のように、アクセス権のところに「--w-------」というように「w」が表示されれば成功です。自分のみに書き込み権限があり、その他のユーザーはアクセス不可能に設定されています。

```
--w-------   1 akira  staff      0 12 26 22:38 WriteOnly.txt
```

関連項目 ▶▶▶

- ファイルやディレクトリの情報を取得する …………………………………………… p.663
- 書き込み可能なファイルかを調べる …………………………………………………… p.682
- 削除可能なファイルかを調べる ………………………………………………………… p.684
- 実行可能なファイルかを調べる ………………………………………………………… p.686

SECTION-214

書き込み可能なファイルかを調べる

ここでは、書き込み可能なファイルかを調べる方法について解説します。

SAMPLE CODE

```swift
import Foundation

// ファイルマネージャーのインスタンス確保
let fm = NSFileManager()

// 「~/Normal.txt」が書き込み可能か調べる
let path = NSString(string: "~/Normal.txt").stringByExpandingTildeInPath
let possible = fm.isWritableFileAtPath(path)

// 「~/ReadOnly.txt」が書き込み可能か調べる
let path2 = NSString(string: "~/ReadOnly.txt").stringByExpandingTildeInPath
let possible2 = fm.isWritableFileAtPath(path2)

// コンソールに出力する
print("\(path) : \(possible)")
print("\(path2) : \(possible2)")
```

このコードを実行すると、次のように出力されます。

```
/Users/akira/Normal.txt : true
/Users/akira/ReadOnly.txt : false
```

HINT
「ReadOnly.txt」ファイルは、コード実行前に書き込み権限を外してあります。

ONEPOINT　書き込み可能なファイルかを調べるには「isWritableFileAtPath」メソッドを使う

書き込み可能なファイルかを調べるには、「NSFileManager」クラスの「isWritableFileAtPath」メソッドを使用します。

```swift
public func isWritableFileAtPath(path: String) -> Bool
```

このメソッドは引数「path」に指定されたファイルが書き込み可能ならば「true」を返し、不可能な場合は「false」を返します。ファイルが存在しない場合には、ファイルをその場所に作成可能であっても「false」を返します。

■ SECTION-214 ■ 書き込み可能なファイルかを調べる

| COLUMN | URLで指定したファイルが書き込み可能かを調べるには |

　URLで指定したファイルが書き込み可能かを調べるには、「NSURL」クラスの「getResourceValue」メソッドや「resourceValuesForKeys」メソッドを使い、取得するキーに「NSURLIsWritableKey」を指定します。これらのメソッドについては《**ファイルやディレクトリの情報を取得する**》(p.663)を参照してください。

| COLUMN | 書き込み権限を外すには |

　ファイルの書き込み権限を外すには、ターミナルで「chmod」プログラムを使用します。たとえば、ホームディレクトリにある「ReadOnly.txt」ファイルの書き込み権限を外すには、次のように操作します。

❶ ターミナルを起動します。

❷ 次のように入力します。

```
chmod 400 ReadOnly.txt
```

❸ 次のように入力すると、設定できたか確認できます。

```
ls -all | grep ReadOnly.txt
```

❹ 次のように、アクセス権のところに「-r--------」というように「r」が表示されれば成功です。自分のみに読み込み権限があり、その他のユーザーはアクセス不可能に設定されています。

```
-r--------   1 akira  staff     0 12 26 22:50 ReadOnly.txt
```

関連項目 ▶▶▶

- ファイルやディレクトリの情報を取得する ……………………………………………… p.663
- 読み込み可能なファイルかを調べる ……………………………………………………… p.680
- 削除可能なファイルかを調べる …………………………………………………………… p.684
- 実行可能なファイルかを調べる …………………………………………………………… p.686

SECTION-215

削除可能なファイルかを調べる

ここでは、削除可能なファイルかを調べる方法について解説します。

SAMPLE CODE

```
import Foundation

// ファイルマネージャーのインスタンス確保
let fm = NSFileManager()

// 「~/Normal.txt」が削除可能か調べる
let path = NSString(string: "~/Normal.txt").stringByExpandingTildeInPath
let possible = fm.isDeletableFileAtPath(path)

// 「~/LockedDir/Normal.txt」が削除可能か調べる
let path2 = NSString(string: "~/LockedDir/Normal.txt").stringByExpandingTildeInPath
let possible2 = fm.isDeletableFileAtPath(path2)

// コンソールに出力する
print("\(path) : \(possible)")
print("\(path2) : \(possible2)")
```

このコードを実行すると、次のように出力されます。

```
/Users/akira/Normal.txt : true
/Users/akira/LockedDir/Normal.txt : false
```

> **HINT**
> 「LockedDir」ディレクトリは実行前にロックしてあります。

> **ONEPOINT** 削除可能なファイルかを調べるには「isDeletableFileAtPath」メソッドを使う

削除可能なファイルかを調べるには、「NSFileManager」クラスの「isDeletableFileAtPath」メソッドを使用します。

```
public func isDeletableFileAtPath(path: String) -> Bool
```

このメソッドは、引数「path」に指定されたファイルが削除可能ならば「true」を返します。存在しないファイルを指定した場合も「true」が返ってくるので注意してください。

■ SECTION-215 ■ 削除可能なファイルかを調べる

| COLUMN | ディレクトリをロックするには |

ディレクトリをロックするには、「Finder」で次のように操作します。
❶ ロックしたいディレクトリのフォルダを選択します。
❷ 「ファイル」メニューから「情報を見る」コマンドを選択します。もしくは、「Command」キーを押しながら「I」キーを押します。
❸ 選択したフォルダの情報ウインドウが表示されるので、「ロック」をONにします。

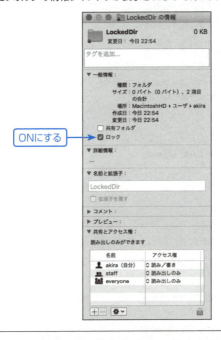

関連項目 ▶ ▶ ▶

- ファイルやディレクトリの情報を取得する ……………………………………………… p.663
- ファイルやディレクトリを削除する ……………………………………………………… p.676
- 読み込み可能なファイルかを調べる …………………………………………………… p.680
- 書き込み可能なファイルかを調べる …………………………………………………… p.682
- 実行可能なファイルかを調べる ………………………………………………………… p.686

SECTION-216

実行可能なファイルかを調べる

ここでは、実行可能なファイルかを調べる方法について解説します。

SAMPLE CODE

```swift
import Foundation

// ファイルマネージャーのインスタンス確保
let fm = NSFileManager()

// 「~/Normal.txt」が実行可能か調べる
let path = NSString(string: "~/Normal.txt").stringByExpandingTildeInPath
let possible = fm.isExecutableFileAtPath(path)

// 「~/Script」が実行可能か調べる
let path2 = NSString(string: "~/Script").stringByExpandingTildeInPath
let possible2 = fm.isExecutableFileAtPath(path2)

// コンソールに出力する
print("\(path) : \(possible)")
print("\(path2) : \(possible2)")
```

このコードを実行すると、次のように出力されます。

```
/Users/akira/Normal.txt : false
/Users/akira/Script : true
```

HINT

「Script」ファイルは、コード実行前に実行権限を付与しています。

ONEPOINT 実行可能なファイルかを調べるには「isExecutableFileAtPath」メソッドを使う

実行可能なファイルかを調べるには「NSFileManager」クラスの「isExecutableFileAtPath」メソッドを使用します。

```swift
public func isExecutableFileAtPath(path: String) -> Bool
```

このメソッドは引数「path」に指定されたファイルが実行可能ならば「true」を返します。実行可能かどうかは、実行ファイルかどうかではなく、パーミッションを見ており、実行権限が付与されていれば「true」を返します。

■ SECTION-216 ■ 実行可能なファイルかを調べる

COLUMN　URLで指定したファイルが実行可能かを調べるには

　URLで指定したファイルが実行可能かどうかを調べるには、「NSURL」クラスの「getResourceValue」メソッドや「resourceValuesForKeys」メソッドを使い、取得するキーに「NSURLIsExecutableKey」を指定します。これらのメソッドについては《ファイルやディレクトリの情報を取得する》(p.663)を参照してください。

COLUMN　実行権限を付与するには

　ファイルに実行権限を付与するには、ターミナルで「chmod」プログラムを使用します。たとえば、ホームディレクトリにある「Script」ファイルに実行権限を付与するには、次のように操作します。

❶ ターミナルを起動します。

❷ 次のように入力します。

```
chmod 755 Script.txt
```

❸ 次のように入力すると、設定できたか確認できます。

```
ls -all | grep Script
```

❹ 次のように、アクセス権のところに「-rwxr-xr-x」というように「x」が表示されれば成功です。自分だけではなく、その他のユーザーにも実行権限が付与されています。

```
-rwxr-xr-x   1 akira  staff      0 12 26 23:05 Script
```

関連項目 ▶▶▶

- ファイルやディレクトリの情報を取得する ……………………………………………… p.663
- 読み込み可能なファイルかを調べる ……………………………………………………… p.680
- 書き込み可能なファイルかを調べる ……………………………………………………… p.682
- 削除可能なファイルかを調べる …………………………………………………………… p.684

SECTION-217

インスタンスをシリアライズする

ここでは、インスタンスをシリアライズする方法について解説します。

SAMPLE CODE

```
import Foundation

// シリアライズするインスタンスを確保する
var numArray = [0, 1, 2, 3, 4]

// シリアライズしたデータを作る
var data = NSKeyedArchiver.archivedDataWithRootObject(numArray)

// ファイルに保存する
var path = NSString(string: "~/NumArray.dat").stringByExpandingTildeInPath
data.writeToFile(path, atomically: true)
```

このコードを実行すると、変数「numArray」がシリアライズされ、「~/NumArray.dat」ファイルに保存されます。

ONEPOINT インスタンスをシリアライズするには「archivedDataWithRootObject」メソッドを使用する

インスタンスをシリアライズするには、「NSKeyedArchiver」クラスの「archivedDataWithRootObject」メソッドを使用します。

```
public class func archivedDataWithRootObject(rootObject: AnyObject) -> NSData
```

このメソッドは引数「rootObject」に指定したインスタンスをシリアライズしたデータを返します。プロトコル「NSCoding」を実装したクラスのインスタンスのみシリアライズすることが可能です。対応していないクラスのインスタンスが含まれ、シリアライズできない場合には、例外が投げられ、次のようなメッセージがコンソールに出力されます。

```
2015-11-16 10:56:11.361 File[1568:4822673] -[File.A encodeWithCoder:]: unrecognized selector sent to instance 0x1022093f0
2015-11-16 10:56:11.363 File[1568:4822673] *** Terminating app due to uncaught exception 'NSInvalidArgumentException', reason: '-[File.A encodeWithCoder:]: unrecognized selector sent to instance 0x1022093f0'
*** First throw call stack:
(
    0   CoreFoundation                      0x00007fff88ec5e32 __exceptionPreprocess + 178
    1   libobjc.A.dylib                     0x00007fff8d5c2dd4 objc_exception_throw + 48
    2   CoreFoundation                      0x00007fff88f2f34d -[NSObject(NSObject) doesNotRecognizeSelector:] + 205
    3   CoreFoundation                      0x00007fff88e36661 ___forwarding___ + 1009
    4   CoreFoundation                      0x00007fff88e361e8 _CF_forwarding_prep_0 + 120
    5   Foundation                          0x00007fff8be2f81c _encodeObject + 1186
    6   Foundation                          0x00007fff8be30e46 -[NSKeyedArchiver _encodeArrayOfObjects:forKey:] + 442
    7   Foundation                          0x00007fff8be2f81c _encodeObject + 1186
    8   Foundation                          0x00007fff8be6bee5 +[NSKeyedArchiver archivedDataWithRootObject:] + 162
    9   File                                0x000000010024faab main + 379
    10  libdyld.dylib                       0x00007fff8c4745ad start + 1
    11  ???                                 0x0000000000000001 0x0 + 1
)
libc++abi.dylib: terminating with uncaught exception of type NSException
```

この例では、クラス「A」が対応していないため、必要なメソッドが実装されていないことが出力されています。

SECTION-217 インスタンスをシリアライズする

COLUMN シリアライズされたデータについて

　シリアライズされたデータは、バイナリプロパティリストという形式で保存されます。プロパティリストの一種で、XMLではなくバイナリデータになっているプロパティリストです。プロパティリストは、ディクショナリのように、キーと値のペアで構成されています。値は、文字列や数値、浮動小数点点数、論理値、配列、ディクショナリなどが使用可能です。
　バイナリプロパティリストに対応しているアプリを使うと編集することもできます。拡張子を「plist」にすれば、Xcodeでも開くことができます。

COLUMN インスタンスをシリアライズしたファイルを作るには

　インスタンスをシリアライズしたファイルを作るには、「NSKeyedArchiver」クラスの「archiveRootObject」メソッドを使用します。

```
public class func archiveRootObject(
    rootObject: AnyObject, toFile path: String) -> Bool
```

　このメソッドは、引数「rootObject」に指定されたインスタンスをシリアライズし、引数「path」に指定したファイルに保存し、「true」を返します。失敗すると「false」を返します。
　次のコードは整数の配列をシリアライズしたファイルを作成する例です。

```
import Foundation

// シリアライズするインスタンスを確保する
var numArray = [0, 1, 2, 3, 4]

// シリアライズしたデータを作る
var path = NSString(string: "~/NumArray").stringByExpandingTildeInPath
var data = NSKeyedArchiver.archivedDataWithRootObject(numArray)
NSKeyedArchiver.archiveRootObject(numArray, toFile: path)
```

関連項目 ▶▶▶
- ファイルを作成する ……………………………………………………………… p.656
- シリアライズしたインスタンスを読み込む ………………………………………… p.691
- 独自のクラスをアーカイバ対応にする ………………………………………… p.693
- プロパティリストデータを作成する………………………………………………… p.699

SECTION-218

シリアライズしたインスタンスを読み込む

ここでは、シリアライズしたインスタンスを読み込む方法について解説します。

SAMPLE CODE

```swift
import Foundation

// シリアライズするインスタンスを確保する
var numArray = [0, 1, 2, 3, 4]

// シリアライズしたデータを作る
var data = NSKeyedArchiver.archivedDataWithRootObject(numArray)

// データを読み込んで、インスタンスを作る
// (「numArray」と同じものができる)
var newArray = NSKeyedUnarchiver.unarchiveObjectWithData(data)

// コンソールに出力する
print(newArray)
```

このコードを実行すると、次のように出力されます。

```
Optional((
    0,
    1,
    2,
    3,
    4
))
```

ONEPOINT シリアライズしたインスタンスを読み込むには「unarchiveObjectWithData」メソッドを使う

シリアライズしたインスタンスを読み込むには、「NSKeyedUnarchiver」クラスの「unarchiveObjectWithData」メソッドを使用します。

```swift
public class func unarchiveObjectWithData(data: NSData) -> AnyObject?
```

このメソッドは、引数「data」にシリアライズしたデータを渡すと、データを読み込み、新しいインスタンスを確保して返します。サンプルコードでは、整数の配列をシリアライズしたデータを渡しているので、そのデータが読み込まれ、整数の配列が返されます。

■ SECTION-218 ■ シリアライズしたインスタンスを読み込む

COLUMN　シリアライズしたファイルを読み込む

　シリアライズしたファイルを読み込むには、「NSKeyedUnarchiver」クラスの「unarchiveObjectWithFile」メソッドを使用します。

```
public class func unarchiveObjectWithFile(path: String) -> AnyObject?
```

　このメソッドはシリアライズしたデータを引数に指定したファイルから読み込んで、インスタンスを生成します。生成されたインスタンスはメソッドの戻り値で返します。

　次のコードは、整数の配列をシリアライズしたファイルを作成し、それを読み込む例です。

```
import Foundation

// シリアライズするインスタンスを確保する
var numArray = [0, 1, 2, 3, 4]

// シリアライズしたデータを作る
var path = NSString(string: "~/NumArray").stringByExpandingTildeInPath
var data = NSKeyedArchiver.archivedDataWithRootObject(numArray)
NSKeyedArchiver.archiveRootObject(numArray, toFile: path)

// データを読み込んで、インスタンスを作る
// (「numArray」と同じものができる)
var newArray = NSKeyedUnarchiver.unarchiveObjectWithFile(path)

// コンソールに出力する
print(newArray)
```

　このコードを実行すると、次のように出力されます。

```
Optional((
    0,
    1,
    2,
    3,
    4
))
```

関連項目 ▶ ▶ ▶
- インスタンスをシリアライズする ……………………………………………… p.688
- 独自のクラスをアーカイバ対応にする ………………………………………… p.693

SECTION-219

独自のクラスをアーカイバ対応にする

ここでは、独自のクラスをアーカイバ対応にする方法について解説します。

SAMPLE CODE

```
import Foundation

// クラスを定義する
// Objective-Cと互換性を取るために「@objc」を使用する
@objc(ArchiverTest)
public class ArchiverTest : NSObject, NSCoding {

    public var message: String = ""

    // 初期化
    public override init() {
        // スーパークラスの処理を呼ぶ
        super.init()
    }

    // シリアライズしたデータからインスタンスを生成するときに使用するメソッド
    public required convenience init?(coder aDecoder: NSCoder) {
        // 初期化する
        self.init();

        // 文字列を読み込む
        if let str = aDecoder.decodeObjectForKey("message") as? String {
            message = str
        }
    }

    // インスタンスをシリアライズする
    public func encodeWithCoder(aCoder: NSCoder) {
        // 文字列をシリアライズする
        aCoder.encodeObject(self.message, forKey: "message")
    }
}

// インスタンスを確保
var obj = ArchiverTest()

// プロパティを変更する
obj.message = "Serialize with NSKeyedArchiver"
```

■ SECTION-219 ■ 独自のクラスをアーカイバ対応にする

```
// シリアライズする
var data = NSKeyedArchiver.archivedDataWithRootObject(obj)

// デコードする
if let sub2 =
    NSKeyedUnarchiver.unarchiveObjectWithData(data) as? ArchiverTest {
        // デコードしたインスタンスのプロパティをコンソールに出力する
        print(sub2.message)
}
```

このコードを実行すると、次のように出力されます。

```
Serialize with NSKeyedArchiver
```

ONEPOINT 独自のクラスをアーカイバ対応にするには「NSCoding」プロトコルを実装する

　独自のクラスをアーカイバ対応にし、「NSKeyedArchiver」クラスや「NSKeyedUnarchiver」クラスを使ってシリアライズしたり、デコードしたりできるようにするには、「NSCoding」プロトコルを実装します。具体的には、次のメソッドを実装します。

```
// デコード処理を実装する
public init?(coder aDecoder: NSCoder)

// エンコード処理を実装する
public func encodeWithCoder(aCoder: NSCoder)
```

　イニシャライザメソッドでは、デコード処理を実装します。情報は引数「aDecoder」に格納されています。「NSCoder」クラスのメソッドを使ってデコードします。ここでは、文字列を「message」というキーでエンコードしているので、「decodeObjectForKey」メソッドを使ってデコードしています。

　エンコード処理は「encodeWithCoder」メソッドで実装します。「NSCoder」クラスのメソッドを使って、格納したい情報をエンコードします。ここでは、プロパティ「message」の内容をキー「message」で格納したいので、「encodeObject」メソッドを使用しています。キーを使った、エンコード・デコード処理は「NSKeyedArchiver」クラスと「NSKeyedUnarchiver」クラスを使って行います。

　また、Swiftでシリアライズしたデータを Objective-C で読み込むには、クラス名などのエンコード方法を Objective-C と互換性を持たせる必要があります。そのため、「@objc」を使って名前を指定し、互換性を持たせるようにしています。

COLUMN　情報の読み書きメソッドについて

「NSCoder」クラスに定義されている、インスタンスやバッファなどの情報の読み書きを行うメソッドには、次のようなものがあります。

```
// アーカイバに対応したクラスのインスタンスをエンコードする
public func encodeObject(objv: AnyObject?, forKey key: String)

// 「Bool」をエンコードする
public func encodeBool(boolv: Bool, forKey key: String)

// 「Int」をエンコードする
public func encodeInteger(intv: Int, forKey key: String)

// 「Int32」をエンコードする
public func encodeInt(intv: Int32, forKey key: String)
public func encodeInt32(intv: Int32, forKey key: String)

// 「Int64」をエンコードする
public func encodeInt64(intv: Int64, forKey key: String)

// 「Float」をエンコードする
public func encodeFloat(realv: Float, forKey key: String)

// 「Double」をエンコードする
public func encodeDouble(realv: Double, forKey key: String)

// バッファ(バイト列)をエンコードする
public func encodeBytes(bytesp: UnsafePointer<UInt8>,
    length lenv: Int, forKey key: String)

// アーカイバに対応したクラスのインスタンスをデコードする
public func decodeObjectForKey(key: String) -> AnyObject?

// 「Bool」をデコードする
public func decodeBoolForKey(key: String) -> Bool

// 「Int」をデコードする
public func decodeIntegerForKey(key: String) -> Int

// 「Int32」をデコードする
public func decodeIntForKey(key: String) -> Int32
public func decodeInt32ForKey(key: String) -> Int32

// 「Int64」をデコードする
public func decodeInt64ForKey(key: String) -> Int64
```

```
// 「Float」をデコードする
public func decodeFloatForKey(key: String) -> Float

// 「Double」をデコードする
public func decodeDoubleForKey(key: String) -> Double

// バッファ(バイト列)をデコードする
public func decodeBytesForKey(key: String,
    returnedLength lengthp: UnsafeMutablePointer<Int>) -> UnsafePointer<UInt8>
```

また、指定されたキーの情報があるかどうかを調べるには、「containsValueForKey」メソッドを使用します。このメソッドは引数「key」に指定されたキーを持った情報があるかどうかを返します。

```
public func containsValueForKey(key: String) -> Bool
```

COLUMN　派生クラスでもアーカイバに対応した処理を実装するには

「NSCoding」プロトコルを実装したクラスのサブクラスを定義するときには、少し工夫が必要です。デコード処理は「required」が指定されたコンビニエンス・イニシャライザになっています。そのため、サブクラスでも実装する必要がありますが、スーパークラスの方で実装した処理も呼ぶ必要がありますが、コンビニエンス・イニシャライザからスーパークラスのコンビニエンス・イニシャライザを呼ぶことができません。そのため、デザイネーテッド・イニシャライザを独自に定義して、デコード処理を定義した方のメソッドで行うようにし、コンビニエンス・イニシャライザから呼び出すようにします。デザイネーテッド・イニシャライザは、スーパークラスのデザイネーテッド・イニシャライザを呼ぶことができますので、スーパークラスの処理を実行して、サブクラスの処理も実行するということが可能になります。

たとえば、次のようなコードを記述します。

```
import Foundation

// クラスを定義する
@objc(ArchiverTest)
public class ArchiverTest : NSObject, NSCoding {
    
    public var message: String = ""
    
    // 初期化
    public override init() {
        // スーパークラスの処理を呼ぶ
        super.init()
```

```swift
    }

    // シリアライズしたデータからインスタンスを生成するときに使用するメソッド
    public required convenience init?(coder aDecoder: NSCoder) {
        // 別定義したイニシャライザを呼ぶ
        self.init(decoder: aDecoder)
    }

    // シリアライズしたデータのデコード処理
    // 派生クラスから呼べるようにDesignatedイニシャライザとする
    public init(decoder aDecoder: NSCoder) {
        // 初期化する
        super.init();

        // 文字列を読み込む
        if let str = aDecoder.decodeObjectForKey("message") as? String {
            message = str
        }
    }

    // インスタンスをシリアライズする
    public func encodeWithCoder(aCoder: NSCoder) {
        // 文字列をシリアライズする
        aCoder.encodeObject(self.message, forKey: "message")
    }
}

// サブクラスを定義する
@objc(ArchiverTestSub)
public class ArchiverTestSub : ArchiverTest {

    public var number: Int = 0

    public override init() {
        super.init()
    }

    // シリアライズしたデータからインスタンスを生成するときに使用するメソッド
    public convenience required init?(coder aDecoder: NSCoder) {
        // 別定義したイニシャライザを呼ぶ
        self.init(decoder: aDecoder)
    }

    // シリアライズしたデータのデコード処理
    public override init(decoder aDecoder: NSCoder) {
        // 親クラスの処理を呼ぶ
        super.init(decoder: aDecoder)
```

```
        // 整数をデコードする
        self.number = aDecoder.decodeIntegerForKey("number")
    }

    // インスタンスをシリアライズする
    public override func encodeWithCoder(aCoder: NSCoder) {
        // 親クラスの処理を呼ぶ
        super.encodeWithCoder(aCoder)

        // 整数をエンコードする
        aCoder.encodeInteger(self.number, forKey: "number")
    }
}


// インスタンスを確保
var obj = ArchiverTestSub()

// プロパティを変更する
obj.message = "Serialize with NSKeyArchiver"
obj.number = 1234

// シリアライズする
var data = NSKeyedArchiver.archivedDataWithRootObject(obj)

// デコードする
if let obj2 =
    NSKeyedUnarchiver.unarchiveObjectWithData(data) as? ArchiverTestSub {
        // デコードしたインスタンスのプロパティをコンソールに出力する
        print(obj2.message)
        print(obj2.number)
}
```

このコードを実行すると、次のように出力されます。

```
Serialize with NSKeyArchiver
1234
```

関連項目 ▶▶▶

- インスタンスをシリアライズする ……………………………………………… p.688
- シリアライズしたインスタンスを読み込む ……………………………………… p.691

SECTION-220

プロパティリストデータを作成する

ここでは、プロパティリストデータを作成する方法について解説します。

SAMPLE CODE
```swift
import Foundation

// プロパティリストにするディクショナリを作成する
var dict = ["LangName":"Swift", "Vers":1.2]

do {
    // プロパティリストのデータを作成する
    let data = try NSPropertyListSerialization.dataWithPropertyList(
        dict, format: .XMLFormat_v1_0, options: 0)
    
    // ファイルに書き出す
    var path = NSString(string: "~/Dict.plist").stringByExpandingTildeInPath
    data.writeToFile(path, atomically: true)
} catch let error as NSError {
    // エラー情報を出力する
    print(error)
}
```

このコードを実行すると、プロパティリストのデータが作成され、「~/Dict.plist」に書き出されます。

ONEPOINT プロパティリストデータを作成するには「dataWithPropertyList」メソッドを使う

プロパティリストデータを作成するには、「NSPropertyListSerialization」クラスの「dataWithPropertyList」メソッドを使用します。

```swift
public class func dataWithPropertyList(plist: AnyObject,
    format: NSPropertyListFormat,
    options opt: NSPropertyListWriteOptions) throws -> NSData
```

このメソッドは、引数「plist」に指定したインスタンスからプロパティリストのデータを作成して返します。作成できないときはエラーが投げられ、エラー制御に遷移します。引数「opt」にはオプションを指定しますが、本書の執筆時点では特にないので「0」を渡します。引数「format」にはプロパティリストの形式を指定します。次の2つが使用可能です。

定数	説明
XMLFormat_v1_0	XML形式
BinaryFormat_v1_0	バイナリプロパティリスト形式

■ SECTION-220 ■ プロパティリストデータを作成する

| COLUMN | プロパティリストファイルを作成するには |

　プロパティリストファイルを作成するには、「NSPropertyListSerialization」クラスを使って作成したデータをファイルに書き込むという方法の他に、「NSArray」クラスや「NSDictionary」クラスの「writeToFile」メソッドや「writeToURL」メソッドを使う方法もあります。

```
public func writeToFile(path: String, atomically useAuxiliaryFile: Bool) -> Bool
public func writeToURL(url: NSURL, atomically: Bool) -> Bool
```

　「writeToFile」メソッドは、引数「path」にプロパティリストファイルを出力します。「writeToURL」メソッドは引数「url」に出力します。「NSPropertyListSerialization」クラスのように、フォーマットを指定するということはできませんが、単純に保存したいというときには便利なメソッドです。

関連項目 ▶▶▶
- ファイルアクセスについて ……………………………………………………………… p.580
- ファイルを作成する ……………………………………………………………………… p.656
- インスタンスをシリアライズする ……………………………………………………… p.688
- プロパティリストデータを読み込む …………………………………………………… p.701
- プロパティリストに変換可能かを調べる……………………………………………… p.703

SECTION-221

プロパティリストデータを読み込む

ここでは、プロパティリストデータを読み込む方法について解説します。

SAMPLE CODE

```swift
import Foundation

// プロパティリストにするディクショナリを作成する
var dict = ["LangName":"Swift", "Vers":1.2]

do {
    // プロパティリストのデータを作成する
    let data = try NSPropertyListSerialization.dataWithPropertyList(
        dict, format: .XMLFormat_v1_0, options: 0)

    // この変数は「propertyListWithData」が情報を格納する先として使うだけなので、
    // 値自体は有効な値なら何でも良い
    var format = NSPropertyListFormat.BinaryFormat_v1_0

    // 作成したデータを読み込んで、インスタンスを生成する
    var dict2 = try NSPropertyListSerialization.propertyListWithData(data,
        options: [.Immutable], format: &format)

    // コンソールに出力する
    print(dict2)
} catch let error as NSError {
    // エラー情報を出力する
    print(error)
}
```

このコードを実行すると、次のように出力されます。

```
{
    LangName = Swift;
    Vers = "1.2";
}
```

■ SECTION-221 ■ プロパティリストデータを読み込む

> **ONEPOINT** プロパティリストデータを読み込むには
> 「propertyListWithData」メソッドを使う

プロパティリストデータを読み込むには、「NSPropertyListSerialization」クラスの「propertyListWithData」メソッドを使用します。

```
public class func propertyListWithData(data: NSData,
    options opt: NSPropertyListReadOptions,
    format: UnsafeMutablePointer<NSPropertyListFormat>) throws -> AnyObject
```

このメソッドは引数「data」に指定したプロパティリストデータを読み込んで、ルートオブジェクトを返します。エラーが投げられ、エラー制御に遷移します。引数「opt」にはオプションを指定します。オプションは次のような値が定義されています。

値	説明
Immutable	読み込み専用のオブジェクトを作成する
MutableContainers	配列やディクショナリなどのコンテナは変更可能なオブジェクト、それ以外は読み込み専用のオブジェクトを作成する
MutableContainersAndLeaves	変更可能なオブジェクトを作成する

引数「format」には、渡したプロパティリストデータの形式が返されます。サンプルコードのように、「NSPropertyListFormat」の変数に何でもよいので、有効な値を入れて、そのポインタを渡します。

> **COLUMN** プロパティリストファイルを読み込むには
>
> プロパティリストファイルを読み込むには、「NSData」クラスを使ってファイル全体を読み込んだデータを「propertyListWithData」メソッドに渡すという方法がありますが、ルートオブジェクトが配列かディクショナリかがわかっているときには、「NSArray」クラスや「NSDictionary」クラスの次のイニシャライザを使う方法もあります。
>
> ```
> public convenience init?(contentsOfFile path: String)
> public convenience init?(contentsOfURL url: NSURL)
> ```
>
> これらのイニシャライザを使った方法はオプションを指定することはできませんが、ルートオブジェクトのクラスがわかっているときには、便利なメソッドです。

関連項目 ▶ ▶ ▶
- インスタンスをシリアライズする ……………………………………………… p.688
- プロパティリストデータを作成する……………………………………………… p.699
- プロパティリストに変換可能かを調べる……………………………………… p.703

SECTION-222

プロパティリストに変換可能かを調べる

ここでは、プロパティリストに変換可能かを調べる方法について解説します。

SAMPLE CODE

```
import Foundation

// ディクショナリを作成する
var dict = ["LangName":"Swift", "Vers":1.2]
var dict2 = ["Comment":"Has Index Set", "indexset":NSIndexSet()]
// プロパティリストに変換可能かを調べる
var b = NSPropertyListSerialization.propertyList(dict,
    isValidForFormat: .XMLFormat_v1_0)
var b2 = NSPropertyListSerialization.propertyList(dict2,
    isValidForFormat: .XMLFormat_v1_0)

// コンソールに出力する
print("dict  -> \(b)")
print("dict2 -> \(b2)")
```

このコードを実行すると、次のように出力されます。

```
dict  -> true
dict2 -> false
```

ONEPOINT プロパティリストに変換可能かを調べるには「propertyList」メソッドを使う

プロパティリストに変換可能かを調べるには、「NSPropertyListSerialization」クラスの「propertyList」メソッドを使用します。

```
public class func propertyList(plist: AnyObject,
    isValidForFormat format: NSPropertyListFormat) -> Bool
```

このメソッドは、引数「format」に指定した形式で、引数「plist」に指定したインスタンスをルートオブジェクトとしたプロパティリストが作成可能ならば「true」を返します。

サンプルコードでは、変数「dict」はプロパティリストに変換可能なクラスのみを使用しているので、プロパティリストに変換ができますが、変数「dict2」は、プロパティリストに使用できない「NSIndexSet」を使っているため、変換できません。そのため、メソッドの戻り値も変数「dict」に対しては「true」、変数「dict2」に対しては「false」となっています。

関連項目 ▶▶▶

- プロパティリストデータを作成する……………………………………………………p.699

CHAPTER 11
ネットワークアクセス

SECTION-223

ネットワークアクセスについて

■ Swiftでのネットワークアクセスについて

　Swiftで、ネットワークにアクセスする処理を実装するには、「Foundation」フレームワークが用意しているクラスや「Core Foundation」フレームワークが用意している機能を使うなど、OSが提供するネットワークアクセス機能を利用します。Swiftからもこれらの機能を使うことができます。本書では、「Foundation」フレームワークのクラスを使う方法を解説します。

■ 「NSURLSession」クラスについて

　「NSURLSession」クラスは、HTTPを使った通信処理を提供するクラスです。「NSURLSession」クラスを使った通信処理では、通信の目的に応じて、次のようなタスクを作成します。

- ダウンロードタスク
- アップロードタスク
- データタスク

　通信処理は非同期で実行されます。非同期実行なので、通信完了後に何か処理を行いたいときには、完了処理をタスクに設定しておきます。

▶ ダウンロードタスク

　ダウンロードタスクは、データのダウンロードを実行するタスクです。「NSURLSessionDownloadTask」クラスによって実装されています。詳しくは《ダウンロードタスクを使ってダウンロードする》(p.712)を参照してください。

▶ アップロードタスク

　アップロードタスクは、データのアップロードを実行するタスクです。「NSURLSessionUploadTask」クラスによって実装されています。詳しくは《アップロードタスクを使ってアップロードする》(p.716)を参照してください。

▶ データタスク

　データタスクは、アップロードとダウンロードを両方行うなど、どちらか一方とならない通信処理を実装したいときに使用します。「NSURLSessionDataTask」クラスによって実装されています。詳しくは《データタスクを使って通信を行う》(p.719)を参照してください。

▶ 「NSURLSession」クラスでは実行できないとき

　何らかの理由で「NSURLSession」クラスでは実現したいことが実現できないときには、本書では解説していませんが、「CFStream」やPOSIXのAPIなど、別のAPIセットを使用します。ただし、携帯電話のネットワークでは使用不可能なものなどもあり、「NSURLSession」クラスよりも注意して扱う必要があります。

■「NSURLConnection」クラス

「NSURLConnection」クラスは、URLに接続して通信する処理を、「NSURLSession」とは違った方法で行う通信クラスです。「NSURLConnection」クラスでは、次のタイミングごとにデリゲートメソッドが用意されており、アプリ側はデリゲートメソッドを実装して、アプリの独自処理を実装します。

- レスポンスを受信したとき
- データを受信したとき
- データの受信が完了したとき
- エラーになったとき

なお、「NSURLConnection」クラスを使った通信方法は、iOS 9.0以降では非推奨となってしまいました。iOS 9.0以降で推奨される通信方法は「NSURLSession」クラスを使った方法です。本書でも「NSURLSession」クラスを使った通信方法を解説しています。

関連項目 ▶▶▶
- ダウンロードタスクを使ってダウンロードする ……………………………………… p.712
- アップロードタスクを使ってアップロードする ……………………………………… p.716
- データタスクを使って通信を行う ……………………………………………………… p.719

SECTION-224

URLへの接続要求を作成する

ここでは、URLへの接続要求を作成する方法について解説します。

SAMPLE CODE

```
import Foundation

// 接続先のURL
if let url = NSURL(string: "http://www.rk-k.com/test/test.txt") {
    // 接続要求を作成する
    var req = NSURLRequest(URL: url)
    
    // コンソールに出力する
    print(req)
}
```

このコードを実行すると、次のように出力されます。

```
<NSURLRequest: 0x102200680> { URL: http://www.rk-k.com/test/test.txt }
```

ONEPOINT URLへの接続要求を作成するには「NSURLRequest」クラスを使う

URLへの接続要求を作成するには、「NSURLRequest」クラスのインスタンスを作成します。

```
public convenience init(URL: NSURL)
```

接続先のURLは、イニシャライザメソッドの引数「URL」に指定します。作成した接続要求をネットワーク接続する機能を持ったクラスやメソッドに渡すことで、指定したURLに接続し、データのダウンロードやアップロードを行うことができます。接続機能を持ったクラスやメソッドについては、このセクションの関連項目を参照してください。

「NSURLRequest」クラスはインスタンス確保時に必要な情報を指定します。接続時に必要なその他の情報を設定するには、「NSMutableURLRequest」クラスを使用します。「NSMutableURLRequest」クラスは情報を変更可能な接続要求クラスで、「NSURLRequest」クラスのサブクラスです。

■ SECTION-224 ■ URLへの接続要求を作成する

| COLUMN | HTTPのヘッダを設定するには |

　　HTTPを使って接続するときに、サーバーに送信するHTTP接続のヘッダを設定するには、「NSMutableURLRequest」クラスの以下のメソッドを使用します。

```
// HTTPヘッダを追加する
public func addValue(value: String, forHTTPHeaderField field: String)
```

```
// HTTPヘッダを設定する
public func setValue(value: String?, forHTTPHeaderField field: String)
```

　「addValue」メソッドは引数「field」に指定されたフィールド名のHTTPヘッダを追加します。値は引数「value」に指定されたものが使われ、すでに設定されているフィールドの場合には、値が追加されます。「setValue」メソッドは引数「field」に指定されたフィールド名のHTTPヘッダを設定します。値は引数「value」に指定されたものが使われ、すでに設定されているフィールドの場合には、置き換えが行われます。

　設定されているHTTPヘッダを取得するには「allHTTPHeaderFields」プロパティを使用します。

```
// 設定されているHTTPヘッダを取得する
public var allHTTPHeaderFields: [String : String]?
```

　なお、「NSURLConnection」クラスや「NSURLSession」クラスを使用して接続する場合には、次のフィールドは設定するべきではないとされています。

- Authorization
- Connection
- Host
- WWW-Authenticate

　しかし、OAuthを使用するときやサーバー側の仕様によってなど、アプリ側で設定する必要があるときもあります。
　次のコードは、HTTPヘッダを設定して、結果をコンソールに出力します。

```
import Foundation

// 接続先のURL
if let url = NSURL(string: "http://www.rk-k.com/test/test.txt") {
    // 接続要求を作成する
    var req = NSMutableURLRequest(URL: url)
    
    // ヘッダに「User-Agent」を設定する
    req.setValue("MyTestProgram/1.0", forHTTPHeaderField: "User-Agent")
```

```
    // HTTPヘッダを取得する
    var fields = req.allHTTPHeaderFields

    // コンソールに出力する
    print(fields)
}
```

このコードを実行すると、次のように出力されます。

```
Optional(["User-Agent": "MyTestProgram/1.0"])
```

COLUMN　HTTPのメソッドを設定するには

HTTPを使って接続するときに使用する、HTTPのメソッドを設定するには、「NSMutableURLRequest」クラスの「HTTPMethod」プロパティに設定します。初期状態では「GET」が設定されています。

```
public var HTTPMethod: String
```

次のコードは、接続要求を作成して、メソッドに「POST」を指定している例です。

```
import Foundation

// 接続先のURL
if let url = NSURL(string: "http://www.rk-k.com/test/test.txt") {
    // 接続要求を作成する
    var req = NSMutableURLRequest(URL: url)

    // メソッドを「POST」にする
    req.HTTPMethod = "POST"
}
```

COLUMN　HTTPのボディデータを設定するには

HTTPのボディデータを設定するには、「NSMutableURLRequest」クラスの「HTTPBody」プロパティもしくは「HTTPBodyStream」プロパティを使用します。

```
@NSCopying public var HTTPBody: NSData?
public var HTTPBodyStream: NSInputStream?
```

この2つのプロパティの違いは、ボディデータの渡し方です。「HTTPBody」プロパティは「NSData」クラスのインスタンスとして渡すので、メモリ中にあるものや、比較的小さなデータをアップロードするときなどに便利な方法です。「HTTPBodyStream」プロパティ

は、ボディデータを読み取るためのストリームを指定します。ストリームを使って、ファイルから直接、読み取らせるようにすることで、メモリ中に確保できないような大きなファイルの内容をボディデータとして使うことができます。たとえば、動画ファイルをアップロードしたいときなどに使用します。

COLUMN　接続時のタイムアウトやキャッシュポリシーを指定するには

接続時のタイムアウトやキャッシュポリシーを指定するには、「NSURLRequest」クラスの次のイニシャライザを使用します。

```
public init(URL: NSURL, cachePolicy: NSURLRequestCachePolicy,
    timeoutInterval: NSTimeInterval)
```

キャッシュポリシーは引数「cachePolicy」に指定し、タイムアウトは引数「timeoutInterval」に指定します。引数「timeoutInterval」の単位は秒です。引数「cachePolicy」に指定可能な値には次のようなものが定義されています。

定数(enum値)	説明
UseProtocolCachePolicy	デフォルト設定。プロトコルの実装で定義された方法に従う
ReloadIgnoringLocalCacheData	キャッシュを使用せず、オリジナルデータを読み込む
ReturnCacheDataElseLoad	キャッシュがあれば古くても使用する。キャッシュがない場合はオリジナルデータを読み込む
ReturnCacheDataDontLoad	キャッシュがあれば古くても使用する。キャッシュがない場合はエラーとする

また、「NSMutableURLRequest」クラスの場合は、後から次のプロパティを使って値を変更することもできます。

```
public var cachePolicy: NSURLRequestCachePolicy
public var timeoutInterval: NSTimeInterval
```

関連項目 ▶▶▶
- ダウンロードタスクを使ってダウンロードする ……………………………… p.712
- アップロードタスクを使ってアップロードする ……………………………… p.716
- データタスクを使って通信を行う ……………………………………………… p.719

SECTION-225

ダウンロードタスクを使ってダウンロードする

ここでは、ダウンロードタスクを使って、ファイルやデータをダウンロードする方法について解説します。

SAMPLE CODE

```swift
import Cocoa

@NSApplicationMain
class AppDelegate: NSObject, NSApplicationDelegate {

    @IBOutlet weak var window: NSWindow!

    // アプリ起動時の処理
    func applicationDidFinishLaunching(aNotification: NSNotification) {
        // 接続先のURL
        if let url = NSURL(string: "http://www.rk-k.com/test/test.txt") {
            // 接続要求を作成する
            let req = NSURLRequest(URL: url)

            // セッションを作成する
            let config = NSURLSessionConfiguration.defaultSessionConfiguration()
            let session = NSURLSession(configuration: config)

            // ダウンロードタスクを作る
            let task = session.downloadTaskWithRequest(req,
                completionHandler: { (location, resp, error) -> Void in
                    // 完了時の処理
                    // エラーチェックとHTTPのステータスコードをチェックする
                    var statusCode = 0
                    if let httpResp = resp as? NSHTTPURLResponse {
                        statusCode = httpResp.statusCode
                    }

                    if statusCode == 200 && error == nil {

                        do {
                            // テンポラリファイルからテキストデータとして読み込む
                            let text = try NSString(contentsOfURL: location!,
                                encoding: NSUTF8StringEncoding)

                            // コンソールに出力する
                            print(text)
                        } catch let error as NSError {
```

▼

■ SECTION-225 ■ ダウンロードタスクを使ってダウンロードする

```
                    // エラー情報を出力する
                    print(error)
                }
            }
        })
        
        // タスクを開始する
        task.resume()
    }
}
```

　このコードを実行すると、「http://www.rk-k.com/test/test.txt」からダウンロードしたデータをテキストファイルとして読み込んで、コンソールに出力します。次の実行例は「http://www.rk-k.com/test/test.txt」に置かれたファイルに「The Test Text File On The Web Site.」と入力されているときの例です。

```
The Test Text File On The Web Site.
```

H I N T
このコードを実行するプロジェクトは「Command Line Tool」ではなく、「Cocoa Application」を指定して作成しています。また、アプリのため「AppDelegate.swift」(自動生成される)のコードを変更しています。

ONEPOINT ダウンロードタスクを使ってダウンロードするには「downloadTaskWithRequest」メソッドを使用する

　ダウンロードタスクを使って、ファイルやデータをダウンロードするには「NSURLSession」クラスの「downloadTaskWithRequest」メソッドを使用します。

```
public func downloadTaskWithRequest(request: NSURLRequest,
    completionHandler: (NSURL?, NSURLResponse?, NSError?) -> Void)
    -> NSURLSessionDownloadTask
```

　このメソッドは、引数「request」に指定されたURL接続要求を使って、ダウンロードを行うダウンロードタスクを作成します。タスクが完了したときの処理は、引数「completionHandler」に指定します。引数「completionHandler」に指定する関数オブジェクトは、3つの引数を取ります。最初の引数はダウンロードされたデータを格納したテンポラリファイルへのURLです。ダウンロードしたデータはこのファイルから読み込みます。2番目の引数はサーバーのレスポンスデータです。HTTP接続の場合は「NSHTTPURLResponse」クラスのインスタンスになります。3番目の引数はエラー情報が格納されます。

　作成したタスクは、「NSURLSessionDownloadTask」クラスの「resume」メソッドで開始します。タスクが開始されると、ダウンロードを開始します。

COLUMN　セッションの作成について

　セッションを作成するには、「NSURLSession」クラスのインスタンスを確保します。セッションの設定は「NSURLSessionConfiguration」クラスのインスタンスで、イニシャライザに渡します。

　「NSURLSessionConfiguration」クラスには、次のような3つのタイプメソッドがあり、使用したい設定に合わせたものを使用します。

```
// デフォルト設定
public class func defaultSessionConfiguration() -> NSURLSessionConfiguration

// デフォルト設定と同様の設定だが、ストレージへの書き込みを行わない
public class func ephemeralSessionConfiguration() -> NSURLSessionConfiguration

// バックグラウンドで通信する設定
public class func backgroundSessionConfigurationWithIdentifier(
    identifier: String) -> NSURLSessionConfiguration
```

COLUMN　レスポンスのHTTPステータスコードを取得するには

　HTTPのステータスコードを取得するには、「NSHTTPURLSession」クラスの「statusCode」プロパティの値を取得します。

```
public var statusCode: Int { get }
```

　「NSURLSession」クラスの「downloadTaskWithRequest」メソッドなどで指定可能な完了処理の引数は「NSURLResponse」クラスになっています。「NSHTTPURLSession」クラスは「NSURLResponse」クラスの派生クラスで、HTTP/HTTPS接続を行ったときは、実際には「NSHTTPURLResponse」クラスのインスタンスが渡されます。そのため、ステータスコードを取得したい場合には、サンプルコードのようにダウンキャストを行い、「NSHTTPURLResponse」クラスにキャストして、「statusCode」プロパティを取得します。

■ SECTION-225 ■ ダウンロードタスクを使ってダウンロードする

COLUMN　App Transport Security(ATS)への対応について

　App Transport Security（以下、ATSと表記）はiOS 9およびOS X 10.11で導入されたセキュリティ機能です。ATSにより暗号化されていないhttpを使った通信はできなくなり、httpsを使う必要があります。また、httpsなら何でもよいというわけではなく、暗号化のプロトコルとSSLハンドシェイクも決められたものを使う必要があります。本書のサンプルコードも例外ではなく、ATSのもとではサーバー側が対応するか、「Info.plist」ファイルでATSを無効にする設定を行わないと実行することができません。

　本書のサンプルコードではATSを完全に無効にする設定を行っています。この設定を行うには、「Info.plist」ファイルに次のような設定を追加します。

```
<key>NSAppTransportSecurity</key>
<dict>
    <key>NSAllowsArbitraryLoads</key>
    <true/>
</dict>
```

　ATSについての詳細については、SDKのリファレンスなどを参照してください。

関連項目 ▶▶▶
- アップロードタスクを使ってアップロードする …………………………………………p.716
- データタスクを使って通信を行う ………………………………………………………p.719

SECTION-226

アップロードタスクを使ってアップロードする

ここでは、アップロードタスクを使って、データをアップロードする方法について解説します。

SAMPLE CODE

```swift
import Cocoa

@NSApplicationMain
class AppDelegate: NSObject, NSApplicationDelegate {
    
    @IBOutlet weak var window: NSWindow!
    
    // アプリ起動時の処理
    func applicationDidFinishLaunching(aNotification: NSNotification) {
        // 接続先のURL
        if let url = NSURL(string: "http://localhost:8080/CH11Web/UploadTask") {
            
            do {
                // 接続要求を作成する
                let req = NSMutableURLRequest(URL: url)
                
                // メソッドをPOSTにする
                req.HTTPMethod = "POST"
                
                // ボディデータを作る
                let dict = ["Param1": "1", "Param2": "Test"]
                let bodyData = try NSJSONSerialization.dataWithJSONObject(dict,
                    options: .PrettyPrinted)
                
                // セッションを作成する
                let config = NSURLSessionConfiguration.defaultSessionConfiguration()
                let session = NSURLSession(configuration: config)
                
                // アップロードタスクを作る
                let task = session.uploadTaskWithRequest(req, fromData: bodyData,
                    completionHandler: { (respData, resp, error) -> Void in
                        // 完了時の処理。このサンプルでは特に何もしない
                })
                
                // タスクを開始する
                task.resume()
            } catch let error as NSError {
                // エラー情報を出力する
                print(error)
            }
```

```
        }
    }
}
```

このコードを実行すると、「http://localhost:8080/CH11Web/UploadTask」にデータをアップロードします。アップロードするデータはHTTPのボディに指定したJSONデータです。「http://localhost:8080/CH11Web/UploadTask」が受信したデータを出力すると、次のように表示されます。

```
{
"Param2" : "Test",
"Param1" : "1"
}
```

HINT
このコードを実行するプロジェクトは「Command Line Tool」ではなく、「Cocoa Application」を指定して作成しています。また、アプリのため「AppDelegate.swift」（自動生成される）のコードを変更しています。

ONEPOINT アップロードタスクを使ってアップロードするには「uploadTaskWithRequest」メソッドを使う

アップロードタスクを使って、データをアップロードするには「NSURLSession」クラスの「uploadTaskWithRequest」メソッドを使用します。

```
public func uploadTaskWithRequest(request: NSURLRequest,
    fromData bodyData: NSData?,
    completionHandler: (NSData?, NSURLResponse?, NSError?) -> Void)
    -> NSURLSessionUploadTask
```

このメソッドは、引数「request」に指定した接続要求を使って、引数「bodyData」に指定したデータをアップロードします。アップロード完了時の処理は、引数「completionHandler」に関数オブジェクトで指定します。この関数オブジェクトは引数を3個取ります。最初の引数はサーバーが返したデータが渡されます。2番目の引数にはレスポンス情報が渡されます。3番目の引数にはエラー情報が渡されます。このサンプルコードでは特に何もすることがありませんが、通常はレスポンスデータに、サーバー側から何らかの情報が返され、その内容をデコードして必要な処理を行います。

作成したタスクは、他の種類のタスクと同様に「resume」メソッドで開始します。

SECTION-226 アップロードタスクを使ってアップロードする

COLUMN アップロードタスクのテスト環境を構築するには

アップロードタスクをテストするためにはサーバー側の環境構築が必要になります。テストサーバーを物理的に用意するという方法や、仮想マシンを使って構築するという方法もあります。ここでは、手軽にローカルマシンだけで構築する方法を紹介します。

① 「http://www.oracle.com/technetwork/java/javase/downloads/index.html」から「JDK」をダウンロードします。

② 「https://ja.netbeans.org」から「Netbeans」をダウンロードします。「Netbeans」はJavaを使った統合開発環境の1つです。

③ 「JDK」「Nebeans」の順にインストールします。

④ 「Netbeans」を起動し、「ツール」メニューから「プラグイン」を選択します。

⑤ 「インストール済み」タブを選択します。

⑥ 「Java SE」と「Java WebおよびEE」をONして、「アクティブ化」ボタンをクリックします。以降、画面の指示に従って操作します。

⑦ 「ファイル」メニューから「プロジェクトを開く」を選択します。

⑧ サンプルコードの「CH11Web」というプロジェクトを選択し、「プロジェクトを開く」ボタンをクリックします。

⑨ 「デバッグ」メニューから「プロジェクト(CH11Web)をデバッグ」コマンドを選択します。

ブラウザが起動しますが、無視して構いません。この状態で、サンプルコードを実行すると、「Netbeans」がサーバーとなり、「Netbeans」の「出力」パネルの「GrassFish Server 4.1.1」(バージョン番号は実行環境に依存)にアップロードされた情報がログ出力されます。

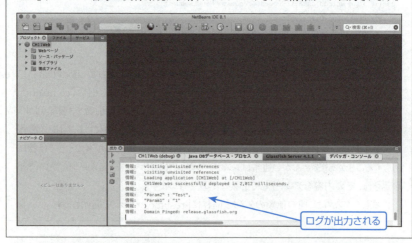

ログが出力される

関連項目 ▶ ▶ ▶

- ダウンロードタスクを使ってダウンロードする …………………………………… p.712
- データタスクを使って通信を行う ………………………………………………… p.719

SECTION-227

データタスクを使って通信を行う

ここでは、データタスクを使って通信を行う方法について解説します。

SAMPLE CODE

```swift
import Cocoa


@NSApplicationMain
class AppDelegate: NSObject, NSApplicationDelegate {

    @IBOutlet weak var window: NSWindow!
    // アプリ起動時の処理
    func applicationDidFinishLaunching(aNotification: NSNotification) {
        // 接続先のURL
        if let url = NSURL(string: "http://localhost:8080/CH11Web/DataTask") {
            do {
                // 接続要求を作成する
                let req = NSMutableURLRequest(URL: url)

                // メソッドをPOSTにする
                req.HTTPMethod = "POST"

                // ボディデータを作る
                let dict = ["NumberArray": [1, 2, 3, 4, 5]]
                let bodyData = try NSJSONSerialization.dataWithJSONObject(dict,
                    options: .PrettyPrinted)
                // ボディデータを設定する
                req.HTTPBody = bodyData

                // セッションを作成する
                let config = NSURLSessionConfiguration.defaultSessionConfiguration()
                let session = NSURLSession(configuration: config)

                // データタスクを作る
                let task = session.dataTaskWithRequest(req,
                    completionHandler: { (respData, resp, error) -> Void in
                        // 完了時の処理。レスポンスデータを文字列化してコンソールに出力する
                        if respData != nil {
                            let text = NSString(data: respData!,
                                encoding: NSUTF8StringEncoding)
                            print(text)
                        }
                })
                // タスクを開始する
                task.resume()
```

SECTION-227 データタスクを使って通信を行う

```
        } catch let error as NSError {
            // エラー情報を出力する
            print(error)
        }
    }
}
}
```

このコードを実行すると、「http://localhost:8080/CH11Web/DataTask」にJSONで数列がアップロードされます。アップロード完了後、受信したレスポンスデータをコンソールに出力します。たとえば、次の実行例はサーバー側がアップロードされた数列の合計値を返した場合の例です。

```
Optional(15)
```

HINT
このコードを実行するプロジェクトは「Command Line Tool」ではなく、「Cocoa Application」を指定して作成しています。また、アプリのため「AppDelegate.swift」(自動生成される)のコードを変更しています。

ONEPOINT　データタスクを使って通信を行うには「dataTaskWithRequest」メソッドを使う

データタスクを使って通信を行うには、「NSURLSession」クラスの「dataTaskWithRequest」メソッドを使用します。

```
public func dataTaskWithRequest(request: NSURLRequest,
    completionHandler: (NSData?, NSURLResponse?, NSError?) -> Void)
    -> NSURLSessionDataTask
```

このメソッドは、引数「request」に指定された接続要求を使って通信を行うデータタスクを作ります。通信完了時の引数「completionHandler」に関数オブジェクトで指定します。この関数オブジェクトは引数3個取ります。最初の引数には、サーバーから受信したデータが渡されます。2番目の引数にはレスポンス情報が渡されます。3番目の引数にはエラー情報が渡されます。

作成したタスクは、他の種類のタスクと同様に「resume」メソッドで開始します。データタスクは、ダウンロードタスクと同様にデータをダウンロードすることや、アップロードタスクと同様にデータを送信することもできます。WebAPIなどで、双方向のやり取りを行うときに便利です。

関連項目 ▶▶▶
- ダウンロードタスクを使ってダウンロードする ……………………………………… p.712
- アップロードタスクを使ってアップロードする ……………………………………… p.716

CHAPTER 12
ユーザーデフォルト・ノーティフィケーション

SECTION-228
設定情報をユーザーデフォルトに保存する

ここでは、設定情報をユーザーデフォルトに保存する方法について解説します。

SAMPLE CODE

```
import Foundation

// ユーザーデフォルトを取得する
var ud = NSUserDefaults.standardUserDefaults()

// 「level」というキーで「2」を保存する
ud.setInteger(2, forKey: "level")

// 「name」というキーで「Player」を保存する
ud.setObject("Player", forKey: "name")
```

このコードを実行すると、整数と文字列がユーザーデフォルトに保存されます。

ONEPOINT 設定情報をユーザーデフォルトに保存するには「NSUserDefaults」クラスの設定メソッドを使う

設定情報をユーザーデフォルトに保存するには、「NSUserDefaults」クラスの設定メソッドを使用します。ユーザーデフォルトは、アプリの設定情報を保存するデータベースです。設定情報は、識別するためのキーごとに値を持つ、キー・バリューストアになります。キーが重複する場合は置き換えになります。「NSUserDefaults」クラスには、次のような設定メソッドがあり、これらを使用して、アプリは設定情報を保存することができます。

```
// 「Bool」を保存する
public func setBool(value: Bool, forKey defaultName: String)

// 「Float」を保存する
public func setFloat(value: Float, forKey defaultName: String)

// 「Double」を保存する
public func setDouble(value: Double, forKey defaultName: String)

// 「Int」を保存する
public func setInteger(value: Int, forKey defaultName: String)

// 「NSURL」を保存する
public func setURL(url: NSURL?, forKey defaultName: String)

// オブジェクトを保存する
public func setObject(value: AnyObject?, forKey defaultName: String)
```

■ SECTION-228 ■ 設定情報をユーザーデフォルトに保存する

「setObject」メソッドで保存可能なオブジェクトは、プロパティリストに対応しているオブジェクトのみです。つまり、配列、ディクショナリ、文字列、データ（「NSData」）のいずれかです。また、配列やディクショナリについては、格納しているオブジェクトもプロパティリストに対応しているオブジェクトになっている必要があります。

COLUMN　プロパティリストに対応していないオブジェクトを保存するには

ユーザーデフォルトに、プロパティリストに対応していないオブジェクトを保存するには、プロパティリストに対応しているオブジェクトでプロパティの値を保存しておき、読み込んだときにプロパティを再設定するという方法や、「NSKeyedArchiver」クラスを使ってシリアライズして、データを作成し、そのデータを保存するという方法を使用します。「NSKeyedArchiver」クラスについては、《インスタンスをシリアライズする》(p.688)や《独自のクラスをアーカイバ対応にする》(p.693)などを参照してください。

COLUMN　ストレージに即時書き込みするには

「NSUserDefaults」クラスのメソッドを使って保存した情報は、実際にストレージに書き込まれるまでに少し間があります。「NSUserDefaults」クラスは定期的にデータベースの内容をストレージに書き込むようになっています。そのため、アプリ終了直前に保存した情報は、そのままではストレージに書き込まれず、次回起動してから読み込むと、設定前の値になってしまいます。

設定した情報をストレージに即時に書き込むには、「NSUserDefaults」クラスの「synchronize」メソッドを使用します。

```
public func synchronize() -> Bool
```

このメソッドは、呼ばれるとデータベースの内容をストレージに書き込みます。アプリ終了直前に保存するときなど、即座に書き込みたい場合には、保存処理を行った後に、このメソッドを呼んでください。

関連項目 ▶ ▶ ▶

- インスタンスをシリアライズする …………………………………………………… p.688
- 独自のクラスをアーカイバ対応にする ……………………………………………… p.693
- 設定情報をユーザーデフォルトから取得する ……………………………………… p.724
- 初期値をユーザーデフォルトに登録する …………………………………………… p.726
- 設定情報を削除する …………………………………………………………………… p.728

SECTION-229

設定情報をユーザーデフォルトから取得する

ここでは、設定情報をユーザーデフォルトから取得する方法について解説します。

SAMPLE CODE

```
import Foundation

// ユーザーデフォルトを取得する
var ud = NSUserDefaults.standardUserDefaults()

// 「level」というキーで「2」を保存する
ud.setInteger(2, forKey: "level")

// 「name」というキーで「Player」を保存する
ud.setObject("Player", forKey: "name")

// 保存した情報を取得する
var level = ud.integerForKey("level")
var name = ud.stringForKey("name")

// コンソールに出力する
print("level = \(level)")
print("name  = \(name)")
```

このコードを実行すると、次のように出力されます。

```
level = 2
name  = Optional("Player")
```

ONEPOINT 設定情報をユーザーデフォルトから取得するには「NSUserDefaults」クラスの取得メソッドを使う

設定情報をユーザーデフォルトから取得するには、「NSUserDefaults」クラスの取得メソッドを使用します。取得メソッドには次のようなメソッドがあります。

```
// 「Bool」を取得する
public func boolForKey(defaultName: String) -> Bool

// 「Float」を取得する
public func floatForKey(defaultName: String) -> Float

// 「Double」を取得する
public func doubleForKey(defaultName: String) -> Double
```

▼

■ SECTION-229 ■ 設定情報をユーザーデフォルトから取得する

```
// 「Int」を取得する
public func integerForKey(defaultName: String) -> Int

// 「NSURL」を取得する
public func URLForKey(defaultName: String) -> NSURL?

// オブジェクトを取得する
public func objectForKey(defaultName: String) -> AnyObject?

// 文字列を取得する
public func stringForKey(defaultName: String) -> String?

// 配列を取得する
public func arrayForKey(defaultName: String) -> [AnyObject]?

// 文字列の配列を取得する
public func stringArrayForKey(defaultName: String) -> [String]?

// ディクショナリを取得する
public func dictionaryForKey(defaultName: String) -> [String : AnyObject]?

// データを取得する
public func dataForKey(defaultName: String) -> NSData?
```

> **COLUMN** 保存していないキーで読み込んだときに取得される値について
>
> 　保存していないキーで値を取得すると、初期値が設定されている場合には初期値が取得されます。初期値が設定されていない場合には、数値の場合は「0」と等価な値、「Bool」の場合は「false」、文字列なども含めてオブジェクトの場合は「nil」が取得されます。初期値を設定する方法については《初期値をユーザーデフォルトに登録する》(p.726)を参照してください。

関連項目 ▶▶▶
- 設定情報をユーザーデフォルトに保存する ……………………………………… p.722
- 初期値をユーザーデフォルトに登録する ………………………………………… p.726
- 設定情報をディクショナリにして取得する ……………………………………… p.730

SECTION-230

初期値をユーザーデフォルトに登録する

ここでは、初期値をユーザーデフォルトに登録する方法について解説します。

SAMPLE CODE

```
import Foundation

// ユーザーデフォルトを取得する
var ud = NSUserDefaults.standardUserDefaults()

// 初期値を登録する
var dict = ["title": "untitled", "color": "gray"]
ud.registerDefaults(dict)

// 初期値を登録したキーの値を取得する
var title = ud.stringForKey("title")
var color = ud.stringForKey("color")

// コンソールに出力する
print("title = \(title)")
print("color = \(color)")

// 値を変更する
ud.setObject("Swift", forKey: "title")

// 値を取得する
title = ud.stringForKey("title")

// コンソールに出力する
print("title = \(title)")
```

このコードを実行すると、次のように出力されます。

```
title = Optional("untitled")
color = Optional("gray")
title = Optional("Swift")
```

■ SECTION-230 ■ 初期値をユーザーデフォルトに登録する

ONEPOINT	初期値をユーザーデフォルトに登録するには 「registerDefaults」メソッドを使う

　初期値をユーザーデフォルトに登録するには、「NSUserDefaults」クラスの「register Defaults」メソッドを使用します。

```
public func registerDefaults(registrationDictionary: [String : AnyObject])
```

　このメソッドは、引数に指定されたディクショナリの内容をユーザーデフォルトの初期値として登録します。指定するディクショナリのキーはユーザーデフォルトのキーとして使われ、値は、ユーザーデフォルトの値として使われます。

　設定メソッドで設定していないキーの値を取得すると、登録した初期値が取得されます。設定メソッドで値を変更した後は、設定した値が取得されます。

関連項目 ▶▶▶
- 設定情報をユーザーデフォルトに保存する ………………………………………… p.722
- 設定情報をユーザーデフォルトから取得する ……………………………………… p.724

SECTION-231

設定情報を削除する

ここでは、設定情報を削除する方法について解説します。

SAMPLE CODE

```
import Foundation

// ユーザーデフォルトを取得する
var ud = NSUserDefaults.standardUserDefaults()

// 値を設定する
ud.setObject("Swift", forKey: "title")

// 値を取得する
var title = ud.stringForKey("title")

// コンソールに出力する
print("title = \(title)")

// 設定値を削除する
ud.removeObjectForKey("title")

// 値を取得する
title = ud.stringForKey("title")

// コンソールに出力する
print("title = \(title)")
```

このコードを実行すると、次のように出力されます。

```
title = Optional("Swift")
title = nil
```

■ SECTION-231 ■ 設定情報を削除する

> **ONEPOINT** 設定情報を削除するには「removeObjectForKey」メソッドを使う
>
> ユーザーデフォルトに設定した設定情報を削除するには、「NSUserDefaults」クラスの「removeObjectForKey」メソッドを使用します。
>
> ```
> public func removeObjectForKey(defaultName: String)
> ```
>
> このメソッドは引数「defaultName」に指定したキーの設定情報を、ユーザーデフォルトから削除します。削除した後に取得される値は初期値となります。初期値を登録していない場合は、サンプルコードのように「nil」となり、初期値を登録してある場合には、登録した初期値が取得されます。初期値の登録については《初期値をユーザーデフォルトに登録する》(p.726)を参照してください。

関連項目 ▶ ▶ ▶
- 設定情報をユーザーデフォルトに保存する ……………………………………………… p.722
- 初期値をユーザーデフォルトに登録する ……………………………………………… p.726

SECTION-232

設定情報をディクショナリにして取得する

ここでは、設定情報をディクショナリにして登録する方法について解説します。

SAMPLE CODE

```swift
import Foundation

// ユーザーデフォルトを取得する
var ud = NSUserDefaults.standardUserDefaults()

// 初期値を登録する
var dict = ["title": "Untitled"]
ud.registerDefaults(dict)

// 値を設定する
ud.setObject("White", forKey: "color")

// ディクショナリ化する
var udDict = ud.dictionaryRepresentation()

// コンソールに出力する
print(udDict)
```

このコードを実行すると、次のように出力されます(出力される項目と値は、実行環境に依存します)。

```
["com.apple.updatesettings_did_disable_ftp": 1, "com.apple.preferences.timezone.selected_city": {
    CountryCode = JP;
    GeonameID = 1850147;
    Latitude = "35.6895";
    LocalizedNames =     {
        ar = "\U0637\U0648\U0643\U064a\U0648";
        ca = "T\U00f2quio";
        cs = Tokio;
        da = Tokyo;
        de = Tokyo;
        el = "\U03a4\U03cc\U03ba\U03b9\U03bf";
        en = Tokyo;
        es = Tokyo;
        "es-MX" = Tokyo;
        fi = Tokio;
        fr = Tokyo;
        he = "\U05d8\U05d5\U05e7\U05d9\U05d5";
        hr = Tokio;
```

■ SECTION-232 ■ 設定情報をディクショナリにして取得する

```
            hu = "Toki\U00f3";
            id = Tokyo;
            it = Tokyo;
            ja = "\U6771\U4eac";
            ko = "\Ub3c4\Ucfc4";
            ms = Tokyo;
            nb = Tokyo;
            nl = Tokio;
            pl = Tokio;
            pt = "T\U00f3quio";
            "pt-PT" = "T\U00f3quio";
            ro = Tokio;
            ru = "\U0422\U043e\U043a\U0438\U043e";
            sk = Tokio;
            sv = Tokyo;
            th = "\U0e42\U0e15\U0e40\U0e01\U0e35\U0e22\U0e27";
            tr = Tokyo;
            uk = "\U0422\U043e\U043a\U0456\U043e";
            vi = Tokyo;
            "zh-Hans" = "\U4e1c\U4eac";
            "zh-Hant" = "\U6771\U4eac";
        };
        Longitude = "139.6917";
        Name = Tokyo;
        Population = 8336599;
        TimeZoneName = "Asia/Tokyo";
    ... 中略 ...
    ja,
    en
), "AKDeviceUnlockState": 0, "NSPersonNameDefaultShortNameFormat": 0]
```

> **ONEPOINT** 設定情報をディクショナリにして取得するには
> 「dictionaryRepresentation」メソッドを使う

　設定情報をディクショナリにして取得するには、「NSUserDefaults」クラスの「dictionaryRepresentation」メソッドを使用します。

```
public func dictionaryRepresentation() -> [String : AnyObject]
```

　このメソッドは、ユーザーデフォルトに設定されている値をディクショナリにして返すメソッドです。アプリが明示的に設定メソッドで設定した情報だけではなく、初期値やOSが自動的に登録した値なども含まれます。デバッグ時や不具合報告を受けるときにも便利です。

関連項目 ▶▶▶

● 設定情報をユーザーデフォルトから取得する ……………………………………… p.724

SECTION-233

ノーティフィケーションを投げる

ここでは、ノーティフィケーションを投げる方法について解説します。

SAMPLE CODE 「Notifier.swift」ファイル

```swift
import Foundation
// ノーティフィケーションの名前を定義
let NotifierTestNotification = "NotifierTestNotification"
// クラスを定義する
class Notifier: NSObject {
    // ノーティフィケーションの名前を定義
    // ノーティフィケーションを投げるメソッド
    func post() {
        // ノーティフィケーションセンターを取得する
        let center = NSNotificationCenter.defaultCenter()
        // 通知を投げる
        center.postNotificationName(NotifierTestNotification, object: self)
    }
}
```

SAMPLE CODE 「main.swift」ファイル

```swift
import Foundation
// 「Notifier」クラスのインスタンスを確保する
var notifier = Notifier()
// ノーティフィケーションを投げる
notifier.post()
```

このコードを実行すると、「NotifierTestNotification」という名前のノーティフィケーションを投げます。

> **ONEPOINT** ノーティフィケーションを投げるには「postNotificationName」メソッドを使う
>
> ノーティフィケーションを投げるには、「NSNotificationCenter」クラスの「postNotification」メソッドを使用します。
>
> ```
> public func postNotificationName(aName: String, object anObject: AnyObject?)
> ```
>
> ```
> public func postNotificationName(aName: String, object anObject: AnyObject?,
>     userInfo aUserInfo: [NSObject : AnyObject]?)
> ```
>
> 「postNotificationName」メソッドは、引数の違いから2種類あります。機能はどちらも同じで、引数が少ないメソッドは、引数が多いメソッドの引数に「nil」を指定して省略した状態と同じ動作になります。
>
> このメソッドは、引数「aName」に指定された名前のノーティフィケーションを投げます。投

■ SECTION-233 ■ ノーティフィケーションを投げる

げるオブジェクトは引数「anyObject」に指定します。このオブジェクトにより、受信側は同じ名前のノーティフィケーションでも受け取るかどうかをコントロールできます。引数「aUserInfo」は追加情報です。ノーティフィケーションに付与したい追加情報をしています。これらの引数の動作については、《ノーティフィケーションを受信する》(p.734)を参照してください。

また、「NSNotificationCenter」クラスのインスタンスは「NSNotificationCenter」クラスの「defaultCenter」メソッドで取得します。

```
public class func defaultCenter() -> NSNotificationCenter
```

COLUMN　ノーティフィケーションとデリゲート

ノーティフィケーションは、何らかのイベントが起きたときなど、アプリ内全体に、起きたことを通知する目的で使用します。ノーティフィケーションを投げる側は、誰が受信するかということを考えずに、「起きた」ということだけをノーティフィケーションセンターに依頼して伝えます。

受信側は、事前に受け取りたいノーティフィケーションをノーティフィケーションセンターに登録しておきます。ノーティフィケーションが投げられると、ノーティフィケーションセンターを通して、受信側はノーティフィケーションを受け取ります。

このように、ノーティフィケーションはノーティフィケーションセンターを通した間接的な通知手段として動作します。また、1対多という関係も前提になっています。

一方、デリゲートは、デリゲートメソッドを呼ぶ側に、呼ばれる側のオブジェクトを登録して、直接、メソッドを呼び出すという方法です。直接、やり取りする関係なので、相互的なやり取りも可能であるという点が異なります。基本的には1対1の関係であり、1対多の関係にするには、デリゲートを呼び出す側で工夫するようにします。

ノーティフィケーションとデリゲートは使われる場面がよく似ていますが、その目的を考えると、違いがあり、得手不得手があります。「何をしたいのか」ということを考えて、適切なものを使うとよいでしょう。

COLUMN　ノーティフィケーションとスレッド

ノーティフィケーションは、基本的には同期処理です。そのため、ノーティフィケーションを投げたスレッドと同じスレッドで受け取り側も動作します。マルチスレッドやディスパッチキューなどで複数のスレッドで動作する場合には、排他制御や同期処理が必要になることもあるので、注意してください。

関連項目 ▶▶▶
- ノーティフィケーションを受信する ……………………………………………………… p.734

SECTION-234

ノーティフィケーションを受信する

ここでは、ノーティフィケーションを受信する方法について解説します。

SAMPLE CODE 「Notifier.swift」ファイル

```swift
import Foundation

// ノーティフィケーションの名前を定義
let NotifierTestNotification = "NotifierTestNotification"

// クラスを定義する
class Notifier: NSObject {
    
    // ノーティフィケーションの名前を定義
    // ノーティフィケーションを投げるメソッド
    func post() {
        // ノーティフィケーションセンターを取得する
        let center = NSNotificationCenter.defaultCenter()
        
        // 通知を投げる
        center.postNotificationName(NotifierTestNotification, object: self)
    }
    
}
```

SAMPLE CODE 「Observer.swift」ファイル

```swift
import Foundation

class Observer: NSObject {
    
    // インスタンス解放時の処理
    deinit {
        // ノーティフィケーションの通知受け取り解除
        let center = NSNotificationCenter.defaultCenter()
        center.removeObserver(self)
    }
    
    // ノーティフィケーションの受信準備
    func setupObserver() {
        // ノーティフィケーションを受信する
        let center = NSNotificationCenter.defaultCenter()
        center.addObserver(self, selector: "testNotification:",
            name: NotifierTestNotification, object: nil)
    }
```

▼

■ SECTION-234 ■ ノーティフィケーションを受信する

```swift
    // ノーティフィケーション受信時の処理
    func testNotification(notification: NSNotification) {
        // コンソールにメッセージを表示する
        print("Received Notification")
    }
}
```

SAMPLE CODE 「main.swift」ファイル

```swift
import Foundation

// 「Observer」クラスのインスタンスを確保する
var observer = Observer()
// ノーティフィケーションを受信する
observer.setupObserver()
// 「Notifier」クラスのインスタンスを確保する
var notifier = Notifier()
// ノーティフィケーションを投げる
notifier.post()
```

このコードを実行すると、次のように出力されます。

```
Received Notification
```

ONEPOINT ノーティフィケーションを受信するには「addObserver」メソッドを使う

　ノーティフィケーションを受信するには、「NSNotificationCenter」クラスの「addObserver」メソッドを使用します。

```swift
public func addObserver(observer: AnyObject,
    selector aSelector: Selector,
    name aName: String?,
    object anObject: AnyObject?)
```

　このメソッドは、引数「name」に指定したノーティフィケーションを、引数「observer」に指定したオブジェクトが受信するように設定します。ノーティフィケーションを受信したときに呼び出すメソッドは、セレクタの形式で引数「aSelector」に指定します。このサンプルコードでは、「testNotification」というメソッドを指定しています。指定するメソッドは、次のように「NSNotification」クラスを引数に取る、次の形式のメソッドを指定します。

```swift
public func methodName(notification: NSNotification)
```

　引数「anObject」はノーティフィケーションを投げたオブジェクトによって、フィルタリングするときに使用します。具体的な例は738ページを参照してください。

COLUMN 受信設定の解除について

「addObserver」メソッドで設定した受信設定は、インスタンスが削除されるときには必ず解除する必要があります。解除するには、「NSNotificationCenter」クラスの「removeObserver」メソッドを使用します。

```
public func removeObserver(observer: AnyObject)

public func removeObserver(observer: AnyObject,
    name aName: String?, object anObject: AnyObject?)
```

「removeObserver」メソッドは、引数「observer」に指定したオブジェクトの受信設定を解除します。引数「name」と引数「object」は、解除するノーティフィケーションを名前や通知オブジェクトで限定するときに使用します。サンプルコードでは、「deinit」で受信解除することで、インスタンスが破棄されるときに、破棄されるインスタンスを設定した受信設定をすべて解除しています。

COLUMN 追加情報を取得するには

ノーティフィケーションは、投げるときに追加情報を付与することができます。付与された追加情報は、「NSNotification」クラスの「userInfo」プロパティから取得することができます。

```
public var userInfo: [NSObject : AnyObject]? { get }
```

追加情報は、ディクショナリで指定します。キーや値に制限はないので、アプリ側で自由に設定します。システムが投げるノーティフィケーションも、ノーティフィケーションごとに必要な情報を定義して、付与しています。

次のコードは、追加情報を付与して投げて、受信側で取得する例です。

SAMPLE CODE 「Notifier.swift」ファイル

```swift
import Foundation

// ノーティフィケーションの名前を定義
let NotifierTestNotification = "NotifierTestNotification"
let NotifierMessage = "message"

// クラスを定義する
class Notifier: NSObject {
    
    // プロパティを定義する
    var message: String
```

```swift
    // イニシャライザ
    init(message msg: String) {
        message = msg
    }
    
    // ノーティフィケーションの名前を定義
    // ノーティフィケーションを投げるメソッド
    func post() {
        // ノーティフィケーションセンターを取得する
        let center = NSNotificationCenter.defaultCenter()
        
        // 付与する情報を作る
        let userInfo = [NotifierMessage: self.message]
        
        // 通知を投げる
        center.postNotificationName(NotifierTestNotification, object: self,
            userInfo: userInfo)
    }
    
}
```

SAMPLE CODE 「Observer.swift」ファイル

```swift
import Foundation

class Observer: NSObject {
    
    // インスタンス解放時の処理
    deinit {
        // ノーティフィケーションの通知受け取り解除
        let center = NSNotificationCenter.defaultCenter()
        center.removeObserver(self)
    }
    
    // ノーティフィケーションの受信準備
    func setupObserver() {
        // ノーティフィケーションを受信する
        let center = NSNotificationCenter.defaultCenter()
        center.addObserver(self, selector: "testNotification:",
            name: NotifierTestNotification, object: nil)
    }
    
    // ノーティフィケーション受信時の処理
    func testNotification(notification: NSNotification) {
        // 追加情報を取得する
        if let userInfo = notification.userInfo {
```

```swift
            // 付与されたメッセージを取得する
            if let msg = userInfo[NotifierMessage] as? String {
                // コンソールにメッセージを表示する
                print(msg)
            }
        }
    }
}
```

SAMPLE CODE 「main.swift」ファイル

```swift
import Foundation

// 「Observer」クラスのインスタンスを確保する
var observer = Observer()

// ノーティフィケーションを受信する
observer.setupObserver()

// 「Notifier」クラスのインスタンスを確保する
let notifier = Notifier(message: "Message 1")

// ノーティフィケーションを投げる
notifier.post()
```

このコードを実行すると、次のように出力されます。

```
Message 1
```

COLUMN ノーティフィケーションを投げたオブジェクトでフィルタリングするには

同じ名前のノーティフィケーションを投げるオブジェクトが複数あるときに、投げたオブジェクトを限定してノーティフィケーションを受信したいときには、「addObserver」メソッドでオブジェクトを指定します。たとえば、次のコードは「Notifier」クラスのインスタンスを2つ確保していて、イニシャライザで「Message 2」を指定した方のオブジェクトが投げたノーティフィケーションだけを受け取るという例です。

SAMPLE CODE 「Notifier.swift」ファイル

```swift
import Foundation

// ノーティフィケーションの名前を定義
let NotifierTestNotification = "NotifierTestNotification"
let NotifierMessage = "message"
```

```swift
// クラスを定義する
class Notifier: NSObject {
    
    // プロパティを定義する
    var message: String
    
    // イニシャライザ
    init(message msg: String) {
        message = msg
    }
    
    // ノーティフィケーションの名前を定義
    // ノーティフィケーションを投げるメソッド
    func post() {
        // ノーティフィケーションセンターを取得する
        let center = NSNotificationCenter.defaultCenter()
        
        // 付与する情報を作る
        let userInfo = [NotifierMessage: self.message]
        
        // 通知を投げる
        center.postNotificationName(NotifierTestNotification, object: self,
            userInfo: userInfo)
    }
    
}
```

SAMPLE CODE 「Observer.swift」ファイル

```swift
import Foundation

class Observer: NSObject {
    
    // インスタンス解放時の処理
    deinit {
        // ノーティフィケーションの通知受け取り解除
        let center = NSNotificationCenter.defaultCenter()
        center.removeObserver(self)
    }
    
    // ノーティフィケーションの受信準備
    func setupObserver(notifier: AnyObject) {
        // ノーティフィケーションを受信する
        let center = NSNotificationCenter.defaultCenter()
        center.addObserver(self, selector: "testNotification:",
            name: NotifierTestNotification, object: notifier)
    }
```

SECTION-234 ノーティフィケーションを受信する

```swift
    // ノーティフィケーション受信時の処理
    func testNotification(notification: NSNotification) {
        // 追加情報を取得する
        if let userInfo = notification.userInfo {
            // 付与されたメッセージを取得する
            if let msg = userInfo[NotifierMessage] as? String {
                // コンソールにメッセージを表示する
                print(msg)
            }
        }
    }
}
```

SAMPLE CODE 「main.swift」ファイル

```swift
import Foundation

// 「Notifier」クラスのインスタンスを確保する
var notifier = Notifier(message: "Message 1")
var notifier2 = Notifier(message: "Message 2")

// 「Observer」クラスのインスタンスを確保する
var observer = Observer()

// ノーティフィケーションを受信する
observer.setupObserver(notifier2)

// ノーティフィケーションを投げる
notifier.post()
notifier2.post()
```

このコードを実行すると、次のように出力されます。

```
Message 2
```

関連項目 ▶▶▶

- ノーティフィケーションを投げる …………………………………………………… p.732

CHAPTER 13
ランループ・
タイマー・並列処理

SECTION-235

ランループを取得する

ここでは、ランループを取得する方法について解説します。

SAMPLE CODE

```
import Foundation

// 現在のランループ(実行中のスレッドのランループ)を取得する
var runLoop = NSRunLoop.currentRunLoop()

// コンソールに出力する
print(runLoop)
```

このコードを実行すると、次のように出力されます。

```
<CFRunLoop 0x102305a80 [0x7fff7c9a5390]>{wakeup port = 0xe03, stopped = false, ignoreWakeUps = true,
current mode = (none),
common modes = <CFBasicHash 0x102305b40 [0x7fff7c9a5390]>{type = mutable set, count = 1,
entries =>
    2 : <CFString 0x7fff7c8b7750 [0x7fff7c9a5390]>{contents = "kCFRunLoopDefaultMode"}
}
,
common mode items = (null),
modes = <CFBasicHash 0x102305ba0 [0x7fff7c9a5390]>{type = mutable set, count = 1,
entries =>
    2 : <CFRunLoopMode 0x102305be0 [0x7fff7c9a5390]>{name = kCFRunLoopDefaultMode, port set = 0xf03, queue = 0x102305cb0, source = 0x102305d40 (not fired), timer port = 0x1203,
    sources0 = (null),
    sources1 = (null),
    observers = (null),
    timers = (null),
    currently 469806697 (940771038683) / soft deadline in: 1.84467431e+10 sec (@ -1) / hard deadline in: 1.84467431e+10 sec (@ -1)
},

}
}
```

SECTION-235 ランループを取得する

> **ONEPOINT** ランループを取得するには「currentRunLoop」メソッドを使う

ランループを取得するには、「NSRunLoop」クラスの「currentRunLoop」メソッドを使用します。

```
public class func currentRunLoop() -> NSRunLoop
```

このメソッドは、現在のランループを返します。現在のランループとは、実行中のスレッドのランループです。ランループはスレッド単位で自動的に作成されるイベントループです。タイマーの実行やOSから発生したイベント、ユーザー操作によって発生したイベントなどはランループによって処理されます。

> **COLUMN** メインランループを取得するには

サブスレッドで実行しているときに、メインスレッドのランループを取得したいときには、「NSRunLoop」クラスの「mainRunLoop」メソッドを使用します。

```
public class func mainRunLoop() -> NSRunLoop
```

たとえば、明示的にタイマーをメインスレッドにセットしたいときなどに使用します。

関連項目 ▶▶▶
- ランループを手動で実行する …………………………………………………………… p.744
- タイマーを作成する ……………………………………………………………………… p.747

SECTION-236

ランループを手動で実行する

ここでは、ランループを手動で実行する方法について解説します。

SAMPLE CODE
```
import Foundation

// 現在のランループ(実行中のスレッドのランループ)を取得する
var runLoop = NSRunLoop.currentRunLoop()

// 現在の日時を取得する
var startDate = NSDate()

var isContinue = true
while isContinue {
    // どのような処理が呼ばれるかわからないため
    // 念のため、自動解放プールを使う
    autoreleasepool {
        // ランループを0.5秒実行する
        print("will runUntilDate \(NSDate())")
        runLoop.runUntilDate(NSDate(timeIntervalSinceNow: 0.5))
        print("did runUntilDate  \(NSDate())")

        // 経過時間を取得する
        var dt = NSDate().timeIntervalSinceDate(startDate)
        if dt > 5 {
            // 5秒以上経過したので終了
            isContinue = false;
        }
    }
}

print("Terminate")
```

このコードを実行すると、次のように出力され、5秒間、ランループを動かします。

```
will runUntilDate 2015-11-21 14:35:08 +0000
did runUntilDate  2015-11-21 14:35:09 +0000
will runUntilDate 2015-11-21 14:35:09 +0000
did runUntilDate  2015-11-21 14:35:09 +0000
will runUntilDate 2015-11-21 14:35:09 +0000
did runUntilDate  2015-11-21 14:35:10 +0000
will runUntilDate 2015-11-21 14:35:10 +0000
did runUntilDate  2015-11-21 14:35:10 +0000
will runUntilDate 2015-11-21 14:35:10 +0000
```

■ SECTION-236 ■ ランループを手動で実行する

```
did  runUntilDate  2015-11-21 14:35:11 +0000
will runUntilDate  2015-11-21 14:35:11 +0000
did  runUntilDate  2015-11-21 14:35:11 +0000
will runUntilDate  2015-11-21 14:35:11 +0000
did  runUntilDate  2015-11-21 14:35:12 +0000
will runUntilDate  2015-11-21 14:35:12 +0000
did  runUntilDate  2015-11-21 14:35:12 +0000
will runUntilDate  2015-11-21 14:35:12 +0000
did  runUntilDate  2015-11-21 14:35:13 +0000
will runUntilDate  2015-11-21 14:35:13 +0000
did  runUntilDate  2015-11-21 14:35:13 +0000
Terminate
```

> **ONEPOINT** ランループを手動で実行するには「runUntilDate」メソッドを使う

ランループを手動で実行するには、「NSRunLoop」クラスの「runUntilDate」メソッドを使用します。

```
public func runUntilDate(limitDate: NSDate)
```

このメソッドは、引数に指定した時間までランループを動かします。通常、手動で動かす場合には、短い時間を指定してランループを動かし、自分が実行したい処理もサンプルコードのように混ぜて実行します。ランループの手動実行は、このサンプルコードのようにシステムには制御戻さずに、アプリ側のコード内でループ処理をしているときなどに、システム側にも必要な処理を実行させたいときに行います。また、システム側が処理したときに、どのような処理が実行されるかはわからないので、念のため、自動解放プールを使って、確保されたメモリを解放するタイミングも作っています。

■ SECTION-236 ■ ランループを手動で実行する

| COLUMN | モードを指定して手動実行するには |

ランループにはいくつかのモードがあり、手動でランループを実行するときも、どのモードを動かすか指定することができます。モードを指定して手動実行するには、次のメソッドを使います。

```
public func runMode(mode: String, beforeDate limitDate: NSDate) -> Bool
```

このメソッドは、引数「mode」に指定したモードでランループを手動実行します。モードには次のようなものを指定できます。

モード	説明
NSDefaultRunLoopMode	デフォルトモード
NSRunLoopCommonModes	デフォルトモードも含めて、その他のモードも実行するときに使う定数
UITrackingRunLoopMode	イベントに対してユーザーの操作をトラッキングしているときのランモード（iOS専用）
NSEventTrackingRunLoopMode	イベントに対してユーザーの操作をトラッキングしているときのランモード（OS X専用）
NSModalPanelRunLoopMode	モーダルダイアログ用のランモード（OS X専用）

関連項目 ▶▶▶

● ランループを取得する……………………………………………………………………p.742

SECTION-237

タイマーを作成する

ここでは、タイマーを作成する方法について解説します。

SAMPLE CODE　「CountDown.swift」ファイル

```swift
import Foundation

// カウントダウンを行うクラス
class CountDown: NSObject {
    // カウンター
    var counter: Int = 5
    
    // タイマー
    var timer: NSTimer?
    
    // カウントダウンを開始するメソッド
    func startCountDown() {
        // タイマーを作成する
        // ここでは1秒ごとに呼び出すタイマーを作っている
        self.timer = NSTimer.scheduledTimerWithTimeInterval(1,
            target: self, selector: "countDownByTimer:",
            userInfo: nil, repeats: true)
        
        // 開始時のカウンターを出力する
        print(self.counter)
    }
    
    // タイマーで実行するメソッド
    func countDownByTimer(timer: NSTimer) {
        // カウンターをデクリメント
        self.counter--
        
        // カウンターを出力する
        print(self.counter)
        
        // 0になったらタイマーを停止する
        if self.counter == 0 {
            timer.invalidate()
            self.timer = nil
        }
    }
}
```

■ SECTION-237 ■ タイマーを作成する

SAMPLE CODE 「main.swift」ファイル

```swift
import Foundation

// インスタンスを確保する
var countDown = CountDown()

// カウントダウンを開始する
countDown.startCountDown()

// ランループを取得する
var runLoop = NSRunLoop.currentRunLoop()

// 開始時刻を取得する
var startDate = NSDate()

// 7秒経過するまでランループを手動実行する
// コンソールアプリのために手動実行しているが、
// CocoaやCocoa touchのアプリでは自動実行されている
var isContinue = true
while isContinue {
    autoreleasepool{
        // 経過時間を取得する
        var dt = NSDate().timeIntervalSinceDate(startDate)
        
        if dt > 7 {
            // 7秒以上経過したら終了
            isContinue = false
        }
        
        // ランループを実行する
        runLoop.runUntilDate(NSDate(timeIntervalSinceNow: 0.1))
    }
}
```

このコードを実行すると、1秒ごとにカウントダウンを表示します。

```
5
4
3
2
1
0
```

■ SECTION-237 ■ タイマーを作成する

| ONEPOINT | タイマーを作成するには
「scheduledTimerWithTimeInterval」メソッドを使う |

　タイマーを作成するには、「NSTimer」クラスの「scheduledTimerWithTimeInterval」メソッドを使用します。

```
public class func scheduledTimerWithTimeInterval(ti: NSTimeInterval,
    target aTarget: AnyObject,
    selector aSelector: Selector,
    userInfo: AnyObject?,
    repeats yesOrNo: Bool) -> NSTimer
```

　このメソッドは、タイマーを作成して現在のランループに、デフォルトモードで実行されるタイマーをセットします。タイマーの呼び出し間隔は引数「ti」に指定します。タイマーによって実行する処理は、メソッドで実装し、引数「aTarget」にメソッドを実行するインスタンス、実行するメソッドを引数「aSelector」に指定します。タイマーに渡す追加オブジェクトは引数「userInfo」に指定します。引数「repeats」はタイマーを繰り返し実行するかどうかです。サンプルコードでは1秒ごとに繰り返し呼ぶために「true」を指定しています。このメソッドは戻し値で作成したタイマーを戻します。
　タイマーで実行するメソッドは、次のように「NSTimer」を引数に取るメソッドにします。

```
func myTimerProc(timer: NSTimer)
```

　サンプルコードでは、カウントダウン完了後にタイマーを停止しています。タイマーの停止については《タイマーを停止する》(p.755)を参照してください。

| COLUMN | 作成時に指定した追加情報を取得するには |

　タイマーを作成するときに指定した追加情報を取得するには、「NSTimer」クラスの「userInfo」プロパティを使用します。

```
public var userInfo: AnyObject? { get }
```

　このプロパティを利用することで、タイマーごとに異なった情報をタイマーで実行されるメソッドに渡すことができます。ターゲットとして指定するオブジェクトに追加情報を持たせることもできますが、同じターゲットで、同じメソッドで、タイマーごとに異なる情報となると、ターゲットとして指定するオブジェクトが複数の情報を管理する必要があり、煩雑になります。「userInfo」プロパティを使うと、タイマーのオブジェクトが持つことになるので、同じターゲットで、同じメソッドでも容易に管理できます。
　次のコードは、同じターゲット、同じメソッドで、タイマーごとに異なる文字列を出力しています。

SECTION-237 タイマーを作成する

SAMPLE CODE 「Delay.swift」ファイル

```swift
import Foundation

// タイマーで実行する処理を実装したクラス
class Delay: NSObject {
    // タイマーの配列
    var timers: [NSTimer] = []

    // タイマーを作成する
    func startTimers() {
        // 1秒ごとに実行するタイマーを作る
        var timer = NSTimer.scheduledTimerWithTimeInterval(1,
            target: self, selector: "timerProc:",
            userInfo: "Timer A", repeats: true)
        timers.append(timer)

        // 0.4秒ごとに実行するタイマーを作る
        timer = NSTimer.scheduledTimerWithTimeInterval(0.4,
            target: self, selector: "timerProc:",
            userInfo: "Timer B", repeats: true)
        timers.append(timer)

        // 1.2秒ごとに実行するタイマーを作る
        timer = NSTimer.scheduledTimerWithTimeInterval(1.2,
            target: self, selector: "timerProc:",
            userInfo: "Timer C", repeats: true)
        timers.append(timer)
    }

    // タイマーで実行するメソッド
    func timerProc(timer: NSTimer) {
        // 追加情報を取得する。このサンプルでは文字列として取得する
        if let str = timer.userInfo as? String {
            // コンソールに出力する
            print(str)
        }
    }
}
```

SAMPLE CODE 「main.swift」ファイル

```swift
import Foundation

// インスタンスを確保する
var delay = Delay()

// タイマーを開始する
delay.startTimers()
```

■ SECTION-237 ■ タイマーを作成する

```
// ランループを取得する
var runLoop = NSRunLoop.currentRunLoop()
// 開始時刻を取得する
var startDate = NSDate()

// 5秒経過するまでランループを手動実行する
// コンソールアプリのために手動実行しているが、
// CocoaやCocoa touchのアプリでは自動実行されている
var isContinue = true
while isContinue {
    autoreleasepool{
        // 経過時間を取得する
        var dt = NSDate().timeIntervalSinceDate(startDate)

        if dt > 5 {
            // 5秒以上経過したら終了
            isContinue = false
        }
        // ランループを実行する
        runLoop.runUntilDate(NSDate(timeIntervalSinceNow: 0.1))
    }
}
```

このコードを実行すると、次のように出力されます。

```
Timer B
Timer B
Timer A
Timer B
Timer C
Timer B
Timer A
Timer B
Timer B
Timer C
Timer B
Timer A
Timer B
Timer B
Timer C
Timer A
Timer B
Timer B
Timer B
Timer C
Timer A
```

■ SECTION-237 ■ タイマーを作成する

COLUMN 任意のランループで任意のランループモードでタイマーをセットするには

任意のランループに、任意のランループモードでタイマーをセットするには、「NSTimer」クラスのインスタンスを次のイニシャライザを使って確保します。

```
public init(fireDate date: NSDate,
    interval ti: NSTimeInterval,
    target t: AnyObject,
    selector s: Selector,
    userInfo ui: AnyObject?,
    repeats rep: Bool)
```

このイニシャライザを使うと、タイマーが作成されますが、「scheduledTimerWithTimeInterval」メソッドと違って、ランループにタイマーがセットされません。作成されたタイマーが実行されるように、ランループに設定するために、「NSRunLoop」クラスの「addTimer」メソッドを使用します。

```
public func addTimer(timer: NSTimer, forMode mode: String)
```

このメソッドは、引数「timer」に指定されたタイマーをランループに追加して、タイマーが動くようにします。タイマーは引数「mode」に指定されたランループモードで動作します。

COLUMN 遅延処理の実装にタイマーを使う

遅延処理の実装には、一度しか実行されないタイマーを作ると便利です。たとえば、ユーザーが操作してから、0.5秒後に実行する処理などを実装したいときに、タイマーを使って、0.5秒後に一度だけ実行されるタイマーを作ります。このとき、0.5秒までの間にユーザーが操作したら、さらに0.5秒遅らせるという処理を行いたいときには、「NSTimer」クラスの「fireDate」プロパティに0.5秒後の時間をセットするようにします。

```
@NSCopying public var fireDate: NSDate
```

たとえば、次のコードは、ループが回る度に3秒間までは「delayOperation」メソッドを呼んでいます。「delayOperation」メソッドは、タイマーを1秒遅らせます。これにより、3秒間までは1秒ずつ遅らせられるので、タイマーが実行されず、その後、タイマーが実行されます。タイマーが実行されると、プロパティ「exit」が「true」になり、ループを抜けて、プログラムが終了します。

SAMPLE CODE 「Delay.swift」ファイル

```
import Foundation

// タイマーで実行する処理を実装したクラス
class Delay: NSObject {
```

SECTION-237 タイマーを作成する

```swift
// タイマー
var timer: NSTimer?

// 終了フラグ
var exit: Bool = false

// タイマーの作成または遅延
func delayOperation() {
    // タイマーが作成済みか？
    if self.timer != nil {
        // 作成済みなので、実行時間を1秒後にセットする
        self.timer!.fireDate = NSDate(timeIntervalSinceNow: 1)
    } else {
        // タイマーを作成する
        self.timer = NSTimer.scheduledTimerWithTimeInterval(1,
            target: self, selector: "timerProc:",
            userInfo: nil, repeats: false)
    }
}

// タイマーで実行するメソッド
func timerProc(timer: NSTimer) {
    // コンソールにメッセージを出力する
    print("The timer is fired")

    // 終了フラグをセット
    self.exit = true
}
}
```

SAMPLE CODE　「main.swift」ファイル

```swift
import Foundation

// インスタンスを確保する
var delay = Delay()

// ランループを取得する
var runLoop = NSRunLoop.currentRunLoop()

// 開始日時を取得
var startDate = NSDate()

// ランループを手動実行する
// コンソールアプリのために手動実行しているが、
// CocoaやCocoa touchのアプリでは自動実行されている
while !delay.exit {
```

SECTION-237 タイマーを作成する

```
autoreleasepool{
    // 経過時間を取得する
    var dt = NSDate().timeIntervalSinceDate(startDate)
    
    // 3秒以内なら遅延させる
    if dt <= 3 {
        delay.delayOperation()
    }
    
    // コンソールに「.」を出力
    print(".")
    
    // ランループを実行する
    runLoop.runUntilDate(NSDate(timeIntervalSinceNow: 0.1))
    }
}

// 経過日時を取得
var dt = NSDate().timeIntervalSinceDate(startDate)

// コンソールに出力
print("\(dt) sec")
```

このコードを実行すると、次のように実行されます。

```
.
.
.
.
.
.
.
(中略)
.
.
.
.
.
The timer is fired
4.00554901361465 sec
```

関連項目 ▶▶▶

- ランループを取得する……………………………………………………………p.742
- ランループを手動で実行する……………………………………………………p.744
- タイマーを停止する………………………………………………………………p.755
- ディスパッチキューで遅延実行する……………………………………………p.799

SECTION-238

タイマーを停止する

ここでは、タイマーを停止する方法について解説します。

SAMPLE CODE　「Delay.swift」ファイル

```swift
import Foundation

// タイマーで実行する処理を実装したクラス
class Delay: NSObject {
    // タイマー
    var timer: NSTimer?
    
    // タイマーの作成
    func startTimer() {
        self.timer = NSTimer.scheduledTimerWithTimeInterval(1,
            target: self, selector: "timerProc:",
            userInfo: nil, repeats: true)
    }
    
    // タイマーで実行するメソッド
    func timerProc(timer: NSTimer) {
        // コンソールに文字列を出力
        print(".")
    }
}
```

SAMPLE CODE　「main.swift」ファイル

```swift
import Foundation

// インスタンスを確保する
var delay = Delay()

// タイマー開始
delay.startTimer()

// ランループを取得する
var runLoop = NSRunLoop.currentRunLoop()

// 開始日時を取得
var startDate = NSDate()

// ランループを手動実行する
// コンソールアプリのために手動実行しているが、
// CocoaやCocoa touchのアプリでは自動実行されている
var isContinue = true
```

SECTION-238 タイマーを停止する

```
while isContinue {
    autoreleasepool{
        // ランループを実行する
        runLoop.runUntilDate(NSDate(timeIntervalSinceNow: 0.1))
        // 5秒を超えたらタイマー停止
        var dt = NSDate().timeIntervalSinceDate(startDate)
        if dt > 5 && delay.timer != nil {
            delay.timer!.invalidate()
            delay.timer = nil
        }
        // 10秒を超えたら処理中止
        if dt > 10 {
            isContinue = false
        }
    }
}
// コンソールに出力
print("Exit")
```

このコードを実行すると、1秒ごとに「.」が出力されます。5秒経過するとタイマーを停止するので「.」の出力が行われなくなり、10秒経過する終了します。

```
.
.
.
.
.
Exit
```

ONEPOINT タイマーを停止するには「invalidate」メソッドを使う

タイマーを停止するには、「NSTimer」クラスの「invalidate」メソッドを使用します。

```
public func invalidate()
```

このメソッドはタイマーを停止します。繰り返し実行されるタイマーの場合、「invalidate」メソッドが呼ばれるまでタイマーは動き続けます。ランループに追加されたタイマーは、解放されずにランループによって保持されます。そのため、アプリ側で持っているインスタンスを解放（変数やプロパティに「nil」を代入）しても、動き続けます。繰り返し実行されるタイマーを停止するには、「invalidate」メソッドを呼ぶ必要があります。

関連項目 ▶▶▶

- ランループを取得する ……………………………………………………………………… p.742
- ランループを手動で実行する ……………………………………………………………… p.744
- タイマーを作成する ………………………………………………………………………… p.747

SECTION-239

オペレーションキューを作成する

ここでは、オペレーションキューを作成する方法について解説します。

SAMPLE CODE

```
import Foundation

// オペレーションキューを作る
var queue = NSOperationQueue()

// オペレーションキュー上で処理させる
queue.addOperationWithBlock { () -> Void in
    var i = 0
    var sum = 0
    
    // ループさせて1から10までの総和を計算する
    for i in 1 ... 10 {
        // 足す
        sum += i
        
        // 現在値を出力
        print("+\(i): \(sum)")
        
        // このキューのスレッドを1秒間スリープ
        NSThread.sleepForTimeInterval(1)
    }
}

// メインスレッドを15秒間スリープ
NSThread.sleepForTimeInterval(15)
```

このコードを実行すると、次のように出力されます。

```
+1: 1
+2: 3
+3: 6
+4: 10
+5: 15
+6: 21
+7: 28
+8: 36
+9: 45
+10: 55
```

■ SECTION-239 ■ オペレーションキューを作成する

ONEPOINT オペレーションキューを作成するには
「NSOperationQueue」クラスのインスタンスを作成する

　オペレーションキューを作成するには、「NSOperationQueue」クラスのインスタンスを確保します。オペレーションキューは、その名前の通り、オペレーションを入れるキュークラスです。オペレーションは非同期で実行される処理をカプセル化したオブジェクトで、「NSOperation」クラスのインスタンスです。このサンプルコードでは「addOperationWithBlock」メソッドを使って、処理内容をクロージャーで記述していますが、内部的には指定した処理を実行する「NSOperation」クラスのインスタンスが確保され、キューに追加されています。

　オペレーションキューは追加されたオペレーションを順番に処理しますが、その処理は並列実行されます。また、オペレーションキューの処理は別のスレッドで実行されるため、メインスレッドが停止していても、独立して動作します。サンプルコードでは、メインスレッドをスリープさせていますが、オペレーションキューは独立したスレッドのために動作し続けています。また、オペレーションキューを複数作成した場合には、それぞれのキューが独立したスレッドとなります。

COLUMN iOSやOS Xでの非同期並列処理について

　非同期並列処理を行う方法は、一般的にはスレッドを作って、別のスレッド上で処理を実行させます。iOSやOS Xでも同様にスレッドを作ることができますが、現在はオペレーションキューやディスパッチキューを使って並列処理を実装し、スレッドの作成や破棄といった処理は、オペレーションキューやディスパッチキューに任せてしまう方が簡単です。本書でもスレッドを直接扱う方法ではなく、オペレーションキューやディスパッチキューを通して使う方法を解説しています。

　スレッド、オペレーションキュー、ディスパッチキューのいずれも非同期並列処理を扱う方法です。それぞれ、次のような特徴があります。

▶ スレッド

　最も低レベル（ハードウェアやOSの基本処理に近いという意味合いでの低レベル）な処理であり、注意して扱う必要があります。著者の場合は、他のプラットフォームでも使用するライブラリなどを実装するときなど、スレッドを直接扱うことが必須なときに使用しています。スレッドを内部に隠蔽できる場合にはオペレーションキューやディスパッチキューを使用します。

▶ オペレーションキュー

　複数の並列処理をキューとして処理したい場合に向いています。比較的、長期間にわたる並列処理の実装に向いています。

▶ ディスパッチキュー

　オーバーヘッドが少ない並列処理のオブジェクトです。短い単位での並列処理を記述するのに向いており、小回りが利きます。

■ SECTION-239 ■ オペレーションキューを作成する

| COLUMN | メインオペレーションキューを取得するには |

　メインスレッド上で実行されるメインオペレーションキューを取得するには、「NSOperation Queue」クラスの「mainQueue」メソッドを使用します。

```
public class func mainQueue() -> NSOperationQueue
```

　このメソッドはメインオペレーションキューを返します。メインオペレーションキューに追加されたオペレーションは、メインスレッド上で実行されます。また、メインオペレーションキューの処理は並列実行されないため、必ず、追加された順番に実行されます。
　メインスレッド以外では実行できない、GUIに関する処理などを別のオペレーションキューで実行されているオペレーションから、実行させたいときには、メインオペレーションキューに実行させたい処理のオペレーションを追加して、実行させるようにします。

関連項目 ▶▶▶
- オペレーションキューにオペレーションを追加する ……………………………………… p.760
- スレッドをスリープさせる ……………………………………………………………………… p.778

SECTION-240
オペレーションキューにオペレーションを追加する

ここでは、オペレーションキューにオペレーションを追加する方法について解説します。

SAMPLE CODE

```
import Foundation

// オペレーションキューを作る
var queue = NSOperationQueue()

// オペレーションキュー上で処理させる
queue.addOperationWithBlock { () -> Void in
    var i = 0
    var sum = 0

    // ループさせて1から10までの総和を計算する
    for i in 1 ... 10 {
        // 足す
        sum += i

        // 現在値を出力
        print("+\(i): \(sum)")

        // このキューのスレッドを1秒間スリープ
        NSThread.sleepForTimeInterval(1)
    }
}

// オペレーションキュー上で処理させる
queue.addOperationWithBlock { () -> Void in
    var i = 0
    for i in 0 ..< 20 {
        // 日付を出力
        print(NSDate())

        // 0.5秒スリープ
        NSThread.sleepForTimeInterval(0.5)
    }
}

// メインスレッドを15秒間スリープ
NSThread.sleepForTimeInterval(15)
```

このコードを実行すると、次のように出力されます。

■ SECTION-240 ■ オペレーションキューにオペレーションを追加する

```
2015-11-23 01:56:07 +0000
+1: 1
2015-11-23 01:56:07 +0000
2015-11-23 01:56:08 +0000
+2: 3
2015-11-23 01:56:08 +0000
+3: 6
2015-11-23 01:56:09 +0000
2015-11-23 01:56:09 +0000
+4: 10
2015-11-23 01:56:10 +0000
2015-11-23 01:56:10 +0000
+5: 15
2015-11-23 01:56:11 +0000
2015-11-23 01:56:11 +0000
+6: 21
2015-11-23 01:56:12 +0000
2015-11-23 01:56:12 +0000
+7: 28
2015-11-23 01:56:13 +0000
2015-11-23 01:56:13 +0000
+8: 36
2015-11-23 01:56:14 +0000
2015-11-23 01:56:14 +0000
+9: 45
2015-11-23 01:56:15 +0000
2015-11-23 01:56:15 +0000
+10: 55
2015-11-23 01:56:16 +0000
2015-11-23 01:56:16 +0000
```

> **ONEPOINT** オペレーションキューにオペレーションを追加するには
> 「addOperationWithBlock」メソッドを使う

　オペレーションキューにオペレーションを追加するには、「NSOperationQueue」クラスの「addOperationWithBlock」メソッドを使用します。

```
public func addOperationWithBlock(block: () -> Void)
```

　このメソッドは、引数に指定された関数オブジェクトを実行する「NSOperation」クラスのインスタンスを作成して、キューに追加します。追加された処理はオペレーションキューの設定や状態に応じて、実行されます。たとえば、サンプルコードの場合は追加された2つのオペレーションは並列実行されるので、ログには2つのオペレーションがそれぞれ出力したログが、割り込むような形で出力されています。並列実行数を変更する方法については、《オペレーションキューで並列実行されるオペレーション数を制限する》(p.776)を参照してください。

■ SECTION-240 ■ オペレーションキューにオペレーションを追加する

COLUMN　オペレーションクラスのサブクラスでオペレーションの処理を実装する

　オペレーションキューに追加するオペレーションは、「NSOperation」クラスのサブクラスで実装することも可能です。処理と関連する情報などをカプセル化する場合、処理単位でオブジェクトを作った方が都合が良いことが多いです。そのようなときは、「NSOperation」クラスのサブクラスを定義し、「main」メソッドをオーバーライドして、オペレーションで実行したい処理を実装します。

　定義したサブクラスは、インスタンスを確保し、「NSOperationQueue」クラスの次のメソッドを使って、キューに追加することができます。

```
public func addOperation(op: NSOperation)

public func addOperations(ops: [NSOperation], waitUntilFinished wait: Bool)
```

　「addOperation」メソッドは、オペレーションを1つ追加するメソッドです。「addOperations」メソッドは複数のオペレーションを追加します。引数「wait」を「true」にすると、オペレーションが完了するまで待機（スリープ）します。「addOperation」メソッドで追加したオペレーションや、引数「wait」を「false」にした場合でも、任意の場所で終了まで待機することがもできます。待機する方法については《オペレーションキューのオペレーション完了まで待機する》(p.765)を参照してください。

　次のコードは、「SumOperation」クラスを定義しています。「SumOperation」クラスはプロパティ「minValue」とプロパティ「maxValue」の範囲の整数の総和をスリープしながら計算して出力します。また、ここでは出力を常にメインキューで行うようにしています。

SAMPLE CODE　「SumOperation.swift」ファイル

```swift
import Foundation

// クラスを定義する
class SumOperation: NSOperation {
    // 最小値
    var minValue: Int = 0
    // 最大値
    var maxValue: Int = 0
    
    // オペレーションの処理
    override func main() {
        var sum: Int = 0
        
        for i in minValue ... maxValue {
            // 加算する
            sum += i
```

▼

SECTION-240 オペレーションキューにオペレーションを追加する

```
            // 現在の値をコンソールに出力する
            // スリープ時間が同じであり、複数のスレッドからほぼ同時に出力されると
            // 結果が正しくなくなるので、ここではメインキューで出力する
            NSOperationQueue.mainQueue().addOperationWithBlock({ () -> Void in
                print("\(i): \(sum)")
            })

            // 1秒間スリープする
            NSThread.sleepForTimeInterval(1)
        }
    }
}
```

SAMPLE CODE 「main.swift」ファイル

```
import Foundation

// オペレーションキューを作る
var queue = NSOperationQueue()

// オペレーションを3つ作る
var op1 = SumOperation()
op1.minValue = 0
op1.maxValue = 5

var op2 = SumOperation()
op2.minValue = 50
op2.maxValue = 55

var op3 = SumOperation()
op3.minValue = 100
op3.maxValue = 105

// キューに追加する
queue.addOperations([op1, op2, op3], waitUntilFinished: false)

// 開始日時を取得する
var startDate = NSDate()

// ランループを取得する
var runLoop = NSRunLoop.currentRunLoop()

// 7秒間ランループを手動で動かす
var isContinue = true
while isContinue {
    autoreleasepool{
```

SECTION-240 オペレーションキューにオペレーションを追加する

```
            // ランループを手動実行する
            runLoop.runUntilDate(NSDate(timeIntervalSinceNow: 0.1))

            // 15秒間経過したか？
            var dt = NSDate().timeIntervalSinceDate(startDate)
            if dt > 7 {
                // 経過した
                isContinue = false
            }
        }
    }
}
```

このコードを実行すると、次のように出力されます。なお、出力される順番は、実行時の状況によって変わります。

```
50: 50
100: 100
0: 0
101: 201
51: 101
1: 1
102: 303
52: 153
2: 3
53: 206
103: 406
3: 6
104: 510
54: 260
4: 10
105: 615
55: 315
5: 15
```

関連項目 ▶▶▶

- オペレーションキューを作成する ……………………………………………………… p.757
- オペレーションキューのオペレーション完了まで待機する ………………………… p.765
- オペレーションキューで並列実行されるオペレーション数を制限する ………… p.776
- スレッドをスリープさせる ……………………………………………………………… p.778

SECTION-241
オペレーションキューの
オペレーション完了まで待機する

ここでは、オペレーションキューのオペレーション完了まで待機する方法について解説します。

SAMPLE CODE 「SumOperation.swift」ファイル

```swift
import Foundation

// クラスを定義する
class SumOperation: NSOperation {
    // 最小値
    var minValue: Int = 0
    // 最大値
    var maxValue: Int = 0
    
    // オペレーションの処理
    override func main() {
        var sum: Int = 0
        
        for i in minValue ... maxValue {
            // 加算する
            sum += i
            
            // 1秒間スリープする
            NSThread.sleepForTimeInterval(1)
        }
        
        // 結果を出力する
        print("sum(\(self.minValue)...\(self.maxValue)): \(sum)")
    }
}
```

SAMPLE CODE 「main.swift」ファイル

```swift
import Foundation

// オペレーションキューを作る
var queue = NSOperationQueue()

// オペレーションを3つ作る
var op1 = SumOperation()
op1.minValue = 0
op1.maxValue = 10

var op2 = SumOperation()
op2.minValue = 0
```

SECTION-241 オペレーションキューのオペレーション完了まで待機する

```
op2.maxValue = 5

var op3 = SumOperation()
op3.minValue = 0
op3.maxValue = 7

// キューに追加する
queue.addOperations([op1, op2, op3], waitUntilFinished: false)

// キューに入れたオペレーションが完了するまで待機する
queue.waitUntilAllOperationsAreFinished()

// メッセージを出力
print("completed")
```

このコードを実行すると、次のように出力されます。

```
sum(0...5): 15
sum(0...7): 28
sum(0...10): 55
completed
```

> **ONEPOINT** オペレーションキューのオペレーション完了まで待機するには
> 「waitUntilAllOperationsAreFinished」メソッドを使う
>
> オペレーションキューのオペレーションがすべて完了するまで待機するには、「NSOperationQueue」クラスの「waitUntilAllOperationsAreFinished」メソッドを使用します。
>
> ```
> public func waitUntilAllOperationsAreFinished()
> ```
>
> このメソッドは、オペレーションキューのオペレーションがすべて完了するまで、スレッドをスリープさせて待機します。注意しなければいけない点は、待機している間、スレッドがスリープしてしまうので、「waitUntilAllOperationsAreFinished」メソッドを呼び出したスレッド上のタイマーも動かず停止してしまいます。通常はメインスレッドで呼び出すことが多く、サブスレッドからメインスレッド(メインキュー)で実行するようにしている処理も、待機中は呼ばれません。これが原因でデッドロックを起こすこともあるので、使用するときは注意してください。

COLUMN　追加したオペレーションが完了するまで待機する

「addOperations」メソッドを使ってオペレーションを追加し、引数「wait」を「true」にすると、追加したオペレーションが完了するまで待機します。

```
public func addOperations(ops: [NSOperation], waitUntilFinished wait: Bool)
```

注意点は、このメソッドが待機するのは、引数「ops」で指定したオペレーションのみです。オペレーションキュー内の全オペレーションではありません。

たとえば、次のコードは、「op4」は最初に追加していますが、最も時間がかかり、最後に終わるオペレーションです。このオペレーションは「addOperation」メソッドで追加し、「op1」「op2」「op3」は、「addOperations」メソッドで待機するように追加しています。「addOperations」メソッドが待機するのは、「op1」「op2」「op3」だけなので、「op4」が完了する前に待機状態を抜けてしまい、「Completed」と表示してプログラムが終了します。

SAMPLE CODE　「SumOperation.swift」ファイル

```swift
import Foundation

// クラスを定義する
class SumOperation: NSOperation {
    // 最小値
    var minValue: Int = 0
    // 最大値
    var maxValue: Int = 0
    
    // オペレーションの処理
    override func main() {
        var sum: Int = 0
        
        for i in minValue ... maxValue {
            // 加算する
            sum += i
            
            // 1秒間スリープする
            NSThread.sleepForTimeInterval(1)
        }
        
        // 結果を出力する
        print("sum(\(self.minValue)...\(self.maxValue)): \(sum)")
    }
}
```

SAMPLE CODE　「main.swift」ファイル

```swift
import Foundation
```

SECTION-241 オペレーションキューのオペレーション完了まで待機する

```
// オペレーションキューを作る
var queue = NSOperationQueue()

// オペレーションを3つ作る
var op1 = SumOperation()
op1.minValue = 0
op1.maxValue = 10

var op2 = SumOperation()
op2.minValue = 0
op2.maxValue = 5

var op3 = SumOperation()
op3.minValue = 0
op3.maxValue = 7

var op4 = SumOperation()
op4.minValue = 0
op4.maxValue = 20

// キューに追加する
queue.addOperation(op4)

// キューに追加する。これら3つのオペレーションは完了まで待機する
queue.addOperations([op1, op2, op3], waitUntilFinished: true)

// メッセージを出力
print("completed")
```

このコードを実行すると、次のように出力されます。

```
sum(0...5): 15
sum(0...7): 28
sum(0...10): 55
completed
```

COLUMN 特定のオペレーションが完了するまで待機する

特定のオペレーションが完了するまで待機したい場合には、「NSOperation」クラスの「waitUntilFinished」メソッドを使用します。

```
public func waitUntilFinished()
```

このメソッドはオペレーションが完了するまで待機します。次のコードは、「op2」が完了するまで待機し、「op1」と「op3」は待機しない場合の例です。

■ SECTION-241 ■ オペレーションキューのオペレーション完了まで待機する

SAMPLE CODE 「SumOperation.swift」ファイル

```swift
import Foundation

// クラスを定義する
class SumOperation: NSOperation {
    // 最小値
    var minValue: Int = 0
    // 最大値
    var maxValue: Int = 0
    // 結果を入れるプロパティ
    var result: Int = 0
    
    // オペレーションの処理
    override func main() {
        var sum: Int = 0
        
        for i in minValue ... maxValue {
            // 加算する
            sum += i
            
            // 1秒間スリープする
            NSThread.sleepForTimeInterval(1)
            
            // キャンセル状態になっているか?
            if self.cancelled {
                // キャンセル状態なので中止
                break
            }
        }
        
        self.result = sum;
    }
}
```

SAMPLE CODE 「main.swift」ファイル

```swift
import Foundation

// オペレーションキューを作る
var queue = NSOperationQueue()

// オペレーションを3つ作る
var op1 = SumOperation()
op1.minValue = 0
op1.maxValue = 10

var op2 = SumOperation()
op2.minValue = 0
```

■ SECTION-241 ■ オペレーションキューのオペレーション完了まで待機する

```
op2.maxValue = 5

var op3 = SumOperation()
op3.minValue = 0
op3.maxValue = 7

// キューに追加する
queue.addOperations([op1, op2, op3], waitUntilFinished: false)

// 「op2」が完了するまで待機する
op2.waitUntilFinished()

// 結果を出力する
print(op1.result)
print(op2.result)
print(op3.result)

// メッセージを出力
print("completed")
```

このコードを実行すると、次のように出力されます。

```
0
15
0
completed
```

関連項目 ▶▶▶
- オペレーションキューにオペレーションを追加する ……………………………………… p.760
- オペレーションキューのオペレーションをキャンセルする ……………………………… p.771

SECTION-242
オペレーションキューのオペレーションを
キャンセルする

ここでは、オペレーションキューのオペレーションをキャンセルする方法について解説します。

SAMPLE CODE 「SumOperation.swift」ファイル

```swift
import Foundation

// クラスを定義する
class SumOperation: NSOperation {
    // 最小値
    var minValue: Int = 0
    // 最大値
    var maxValue: Int = 0
    // 結果を入れるプロパティ
    var result: Int = 0
    
    // オペレーションの処理
    override func main() {
        var sum: Int = 0
        
        for i in minValue ... maxValue {
            // 加算する
            sum += i
            
            // 1秒間スリープする
            NSThread.sleepForTimeInterval(1)
            
            // キャンセル状態になっているか?
            if self.cancelled {
                // キャンセル状態なので中止
                break
            }
        }
        
        self.result = sum;
    }
}
```

SAMPLE CODE 「main.swift」ファイル

```swift
import Foundation

// オペレーションキューを作る
var queue = NSOperationQueue()
```

SECTION-242 オペレーションキューのオペレーションをキャンセルする

```
// オペレーションを3つ作る
var op1 = SumOperation()
op1.minValue = 0
op1.maxValue = 10

var op2 = SumOperation()
op2.minValue = 0
op2.maxValue = 5

var op3 = SumOperation()
op3.minValue = 0
op3.maxValue = 7

// キューに追加する
queue.addOperations([op1, op2, op3], waitUntilFinished: false)

// 2秒間スリープする
NSThread.sleepForTimeInterval(2)

// キャンセルする
queue.cancelAllOperations()

// 全オペレーションがキャンセルされて完了するまで待機する
queue.waitUntilAllOperationsAreFinished()

// 結果を出力する
print(op1.result)
print(op2.result)
print(op3.result)

// メッセージを出力
print("completed")
```

このコードを実行すると、次のように出力され、途中でキャンセルされていることが確認できます。ただし、スレッドの同期処理などの理由により「cancelAllOperations」メソッドは瞬時にフラグを切り替えることはできず、キャンセル状態が設定されたときに、「SumOperation」がスリープ中かなどのタイミングにより、プロパティをチェックして中断されるまでの時間が変化するため、出力される値、多少変化します。

```
3
3
3
completed
```

SECTION-242 オペレーションキューのオペレーションをキャンセルする

ONEPOINT オペレーションキューのオペレーションをキャンセルするには「cancelAllOperations」メソッドを使う

オペレーションキューのオペレーションをキャンセルするには、「NSOperationQueue」クラスの「cancelAllOperations」メソッドを使用します。

```
public func cancelAllOperations()
```

このメソッドはオペレーションキューに登録されているオペレーションの状態をキャンセル状態に変更します。注意する必要があるのは、このメソッドが行うのはキャンセル状態にするだけで、実行中のオペレーションを中断しないということです。キャンセル状態にするというのは、「NSOperation」クラスの「cancelled」プロパティを「true」に変更するということです。実行中のオペレーションは、中断可能なタイミングで、「NSOperation」クラスの「cancelled」プロパティが「true」になっていないかを確認し、「true」になっていたら、自分で処理を中断する必要があります。

また、「cancelAllOperations」メソッドは状態を変更したら即座にアプリに制御を戻します。したがって、実際にキャンセルされるまで待機する必要があるときは、アプリ側で待機する必要があります。サンプルコードでは「waitUntilAllOperationsAreFinished」メソッドを使って、オペレーションが完了状態（キャンセルされたことにより完了した状態）になるまで待機しています。

COLUMN 特定のオペレーションをキャンセルするには

特定のオペレーションをキャンセルしたいときには、「NSOperation」クラスの「cancel」メソッドを使用します。

```
public func cancel()
```

このメソッドは、オペレーションをキャンセル状態に変更します。実際にキャンセルする処理は、オペレーションで実行している処理が「cancelled」プロパティの値が「true」になったら、処理を中断することで実装します。

次のコードは、「op1」のみ途中でキャンセルしています。

SAMPLE CODE 「SumOperation.swift」ファイル

```swift
import Foundation

// クラスを定義する
class SumOperation: NSOperation {
    // 最小値
    var minValue: Int = 0
    // 最大値
    var maxValue: Int = 0
```

■ SECTION-242 ■ オペレーションキューのオペレーションをキャンセルする

```swift
    // 結果を入れるプロパティ
    var result: Int = 0

    // オペレーションの処理
    override func main() {
        var sum: Int = 0

        for i in minValue ... maxValue {
            // 加算する
            sum += i

            // 1秒間スリープする
            NSThread.sleepForTimeInterval(1)

            // キャンセル状態になっているか?
            if self.cancelled {
                // キャンセル状態なので中止
                break
            }
        }

        self.result = sum;
    }
}
```

SAMPLE CODE 「main.swift」ファイル

```swift
import Foundation

// オペレーションキューを作る
var queue = NSOperationQueue()

// オペレーションを3つ作る
var op1 = SumOperation()
op1.minValue = 0
op1.maxValue = 10

var op2 = SumOperation()
op2.minValue = 0
op2.maxValue = 5

var op3 = SumOperation()
op3.minValue = 0
op3.maxValue = 7

// キューに追加する
queue.addOperations([op1, op2, op3], waitUntilFinished: false)
```

```
// 2秒間スリープする
NSThread.sleepForTimeInterval(2)

// 「op1」をキャンセルする
op1.cancel()

// 全オペレーションが完了するまで待機する
queue.waitUntilAllOperationsAreFinished()

// 結果を出力する
print(op1.result)
print(op2.result)
print(op3.result)

// メッセージを出力
print("completed")
```

このコードを実行すると、次のように出力されます。

```
1
15
28
completed
```

COLUMN　オペレーションの状態を取得するプロパティ

オペレーションの状態を取得するプロパティには、「cancelled」の他にも次のようなものがあります。

```
// 実行中か
public var executing: Bool { get }

// 完了状態か
public var finished: Bool { get }

// 実行可能か
public var ready: Bool { get }
```

関連項目 ▶▶▶
- オペレーションキューのオペレーション完了まで待機する …………………………… p.765

SECTION-243
オペレーションキューで並列実行されるオペレーション数を制限する

ここでは、オペレーションキューで並列実行されるオペレーション数を制限する方法について解説します。

SAMPLE CODE　「SumOperation.swift」ファイル

```swift
import Foundation

// クラスを定義する
class SumOperation: NSOperation {
    // 最小値
    var minValue: Int = 0
    // 最大値
    var maxValue: Int = 0
    
    // オペレーションの処理
    override func main() {
        var sum: Int = 0
        
        for i in minValue ... maxValue {
            // 加算する
            sum += i
            
            // 1秒間スリープする
            NSThread.sleepForTimeInterval(1)
        }
        
        // 結果を出力する
        print("sum\(self.minValue)...\(self.maxValue): \(sum))")
    }
}
```

SAMPLE CODE　「main.swift」ファイル

```swift
import Foundation

// オペレーションキューを作る
var queue = NSOperationQueue()

// オペレーションを3つ作る
var op1 = SumOperation()
op1.minValue = 0
op1.maxValue = 10

var op2 = SumOperation()
```

▼

SECTION-243 オペレーションキューで並列実行されるオペレーション数を制限する

```
op2.minValue = 0
op2.maxValue = 5

var op3 = SumOperation()
op3.minValue = 0
op3.maxValue = 7

// 並列実行可能なオペレーション数を1つにする
queue.maxConcurrentOperationCount = 1

// キューに追加する
queue.addOperations([op1, op2, op3], waitUntilFinished: false)

// 全オペレーションが完了するまで待機する
queue.waitUntilAllOperationsAreFinished()

// メッセージを出力
print("completed")
```

このコードを実行すると、並列実行されないため、順番にオペレーションが完了してから、次のオペレーションが動くのが確認できます。

```
sum(0...10: 55)
sum(0...5: 15)
sum(0...7: 28)
completed
```

ONEPOINT オペレーションキューで並列実行されるオペレーション数を制限するには「maxConcurrentOperationCount」プロパティを使う

オペレーションキューで並列実行されるオペレーション数を制限するには、「maxConcurrentOperationCount」プロパティに、並列実行可能なオペレーション数を指定します。

```
public var maxConcurrentOperationCount: Int
```

サンプルコードのように、このプロパティの値を1にすると、並列実行されないので、オペレーションキューに登録されたオペレーションが順番に処理されるようになります。実際のアプリでは、登録した順番に処理される方が望ましいというケースが多くありますが、その場合は、この値を1にします。

関連項目 ▶▶▶

- オペレーションキューを作成する ……………………………………………… p.757
- オペレーションキューにオペレーションを追加する ……………………………… p.760
- オペレーションキューのオペレーション完了まで待機する ……………………… p.765

SECTION-244

スレッドをスリープさせる

ここでは、スレッドをスリープさせる方法について解説します。

SAMPLE CODE

```
import Foundation

// 現在の日時をコンソールに出力する
var date = NSDate()
print(date)

// スレッド5秒間スリープさせる
NSThread.sleepForTimeInterval(5)

// 現在の日時をコンソールに出力する
date = NSDate()
print(date)
```

このコードを実行すると、次のように出力され、途中で5秒間スリープすることが確認できます。

```
2015-11-23 03:07:31 +0000
2015-11-23 03:07:36 +0000
```

ONEPOINT スレッドをスリープさせるには「sleepForTimeInterval」メソッドを使う

スレッドをスリープさせるには、「NSThread」クラスの「sleepForTimeInterval」メソッドを使用します。

```
public class func sleepForTimeInterval(ti: NSTimeInterval)
```

このメソッドは、引数「ti」に指定した秒数だけメソッドを実行したスレッドをスリープさせます。スリープ中は、そのスレッドのランループに設定されたタイマーや遅延処理も停止されるので注意してください。たとえば、サブスレッドからメインスレッドで処理を実行するようにし、実行後にサブスレッドを再開するという処理を実行したときに、メインスレッドがスリープしていると、サブスレッドから依頼された処理も実行されず、サブスレッドも待機状態のままとなり、デッドロックになってしまいます。

■ SECTION-244 ■ スレッドをスリープさせる

| COLUMN | 指定した日時までスリープさせるには |

　指定した日時までスリープさせるには、「NSThread」クラスの「sleepUntilDate」メソッドを使用します。

```
public class func sleepUntilDate(date: NSDate)
```

　このメソッドは、引数に指定された日時までメソッドを呼び出したスレッドをスリープさせます。

　たとえば、次のコードは「sleepUntilDate」メソッドを使って5秒間スリープさせる例です。

```
import Foundation

// 現在の日時をコンソールに出力する
var date = NSDate()
print(date)

// 5秒後の日時を取得する
date = NSDate(timeIntervalSinceNow: 5)

// スレッドをスリープさせる
NSThread.sleepUntilDate(date)

// 現在の日時をコンソールに出力する
date = NSDate()
print(date)
```

　このコードを実行すると、次のように出力され、5秒間スリープすることが確認できます。

```
2015-11-23 03:11:35 +0000
2015-11-23 03:11:40 +0000
```

関連項目 ▶▶▶
- 日時のオブジェクトを作成する ……………………………………………………… p.525
- 指定した日時のオブジェクトを作成する …………………………………………… p.526
- 指定した日時だけ経過した日時を取得する ………………………………………… p.529

SECTION-245

ロックを使って排他制御を行う

ここでは、排他制御を行う方法について解説します。

SAMPLE CODE 「Calc.swift」ファイル

```swift
import Foundation

class Calc: NSObject {
    // 排他制御に使うロック
    var lockObj: NSLock
    
    // 計算結果
    var result: Int = 0
    
    // イニシャライザ
    override init() {
        // ロックを確保する
        lockObj = NSLock()
    }
    
    // 足し算を行う
    func plus(i: Int) {
        // ロックする
        self.lockObj.lock()
        
        // 値を変更する
        self.result += i
        
        // コンソールに出力する
        print("result = \(self.result)")
        
        // ロック解除する
        self.lockObj.unlock()
    }
}
```

SAMPLE CODE 「main.swift」ファイル

```swift
import Foundation

// オペレーションキューを作成する
var queue = NSOperationQueue()
var queue2 = NSOperationQueue()
```

■ SECTION-245 ■ ロックを使って排他制御を行う

```swift
// 複数のスレッドから同時アクセスするインスタンスを確保する
var calc = Calc()

// 1足すオペレーションを複数確保して、複数スレッドで同時アクセスさせる
for i in 0 ..< 5 {
    queue.addOperationWithBlock({ () -> Void in
        calc.plus(1)
    })
    queue2.addOperationWithBlock({ () -> Void in
        calc.plus(1)
    })
}

// 全オペレーション完了まで待機する
queue.waitUntilAllOperationsAreFinished()
queue2.waitUntilAllOperationsAreFinished()
```

このコードを実行すると、次のように出力され、複数のスレッドからほぼ同時にアクセスしていても、排他制御されるため、正しく値が加算され、コンソールにも正しく出力されます。

```
result = 1
result = 2
result = 3
result = 4
result = 5
result = 6
result = 7
result = 8
result = 9
result = 10
```

なお、排他制御を行わなかった場合は、不安定な動作となり、たとえば、次のような出力になります。

```
rrrrererrerreseseeseesusussussulululuuluurltltltlltllet t tt tts = =  =   u= = == ==l 9 9   9   t9
9
99
99




 = 10
```

■ SECTION-245 ■ ロックを使って排他制御を行う

> **ONEPOINT**　**ロックを使って排他制御を行うには「NSLock」クラスを使う**

ロックを使って排他制御を行うには、「NSLock」クラスを使用します。「NSLock」クラスは複数のスレッドからアクセスされる可能性があるコードについて、複数のスレッドが同時にコードを実行しないようにするための排他制御を行います。「NSLock」クラスを使って排他制御を行うには、「lock」メソッドと「unlock」メソッドを使用します。

```
public func lock()
public func unlock()
```

「lock」メソッドはロックオブジェクトをロックします。すでに他のスレッドによってロックされている場合には、ロックが解除されるまで待機し、解除され次第、ロックして、アプリに制御を戻します。ロックできたら、排他制御を行う必要があるコードを実行し、必要なくなったら「unlock」メソッドでロック解除します。

同じメモリ領域へのアクセスを複数のスレッドから同時に行うと、クラッシュしたり、結果が不安定になったりします。このようなことを防止するため、複数のスレッドから呼ばれる可能性があるコードでは、同時実行してはいけない場所について、排他制御を行う必要があります。サンプルコードでは、排他制御を行っていない方の出力は、足し算結果は正しく10になっていますが、コンソールの出力は崩壊しています。足し算結果もたまたま上手くいっているだけで、常に正しくなるという保証はありません。複数のスレッドから同じオブジェクトの同じ変数やメモリ領域にアクセスするときは、必ず排他制御を行ってください。

> **COLUMN**　**ロックできるまでのタイムアウトを指定するには**

「lock」メソッドは、ロックできるまでずっと待機します。本来はいつロックできるかわからないので、これは正しいのですが、複雑なケースの場合、デッドロックになる可能性が高くなり、危険なケースもあります。このような場合には、ロックできるまで待機する最大時間を指定することができる、「lockBeforeDate」メソッドやロックできないときは即座に戻る「tryLock」メソッドを使用します。

```
public func tryLock() -> Bool
public func lockBeforeDate(limit: NSDate) -> Bool
```

「tryLock」メソッドはロックできる場合はロックし、できない場合でも即座にアプリに制御を戻します。「lockBeforeDate」メソッドは、引数「limit」に指定した時間までロックできなかった場合にはアプリに制御を戻します。どちらのメソッドもロックできた場合は「true」を返し、ロックできなかった場合は「false」を返します。

COLUMN　Objective-Cの「@synchronized」について

　Objective-Cには、排他制御の仕組みとして、「@synchronized」という構文がありましたが、Swiftには用意されていません。そのため、「NSLock」クラスなどの「Foundation」フレームワークに用意されているロックオブジェクトクラスを使用したり、POSIX ThreadのMutexを使うなど、他の排他制御の機構を使うか、「@synchronized」構文によってコンパイラが使用する関数を直接、使用します。

```swift
public func objc_sync_enter(obj: AnyObject!) -> Int32
public func objc_sync_exit(obj: AnyObject!) -> Int32
```

　「objc_sync_enter」関数は引数「obj」に指定したオブジェクトを使って、ロックします。「objc_sync_exit」関数はロック解除です。「@synchronized」構文でもオブジェクトを指定しますが、それと同じです。
　次のコードは、「objc_sync_enter」関数と「objc_sync_exit」関数を使って排他制御を行っている例です。

SAMPLE CODE　「Calc.swift」ファイル

```swift
import Foundation

class Calc: NSObject {
    // 計算結果
    var result: Int = 0
    
    // 足し算を行う
    func plus(i: Int) {
        // ロックする
        objc_sync_enter(self)
        
        // 値を変更する
        self.result += i
        
        // コンソールに出力する
        print("result = \(self.result)")
        
        // ロック解除する
        objc_sync_exit(self)
    }
}
```

SAMPLE CODE　「main.swift」ファイル

```swift
import Foundation

// オペレーションキューを作成する
var queue = NSOperationQueue()
```

```
var queue2 = NSOperationQueue()

// 複数のスレッドから同時アクセスするインスタンスを確保する
var calc = Calc()

// 1足すオペレーションを複数確保して、複数スレッドで同時アクセスさせる
for i in 0 ..< 5 {
    queue.addOperationWithBlock({ () -> Void in
        calc.plus(1)
    })
    queue2.addOperationWithBlock({ () -> Void in
        calc.plus(1)
    })
}

// 全オペレーション完了まで待機する
queue.waitUntilAllOperationsAreFinished()
queue2.waitUntilAllOperationsAreFinished()
```

このコードを実行すると、次のように出力されます。

```
result = 1
result = 2
result = 3
result = 4
result = 5
result = 6
result = 7
result = 8
result = 9
result = 10
```

関連項目 ▶▶▶

- オペレーションキューを作成する ………………………………………… p.757
- オペレーションキューにオペレーションを追加する ………………………………… p.760
- オペレーションキューのオペレーション完了まで待機する ………………………… p.765
- 再帰ロックを使って排他制御を行う ……………………………………… p.785
- コンディションロックを使って排他制御を行う …………………………… p.788

SECTION-246

再帰ロックを使って排他制御を行う

ここでは、再帰ロックを使って排他制御を行う方法について解説します。

SAMPLE CODE 「Calc.swift」ファイル

```swift
import Foundation

class Calc: NSObject {
    // 計算結果
    var result: Int = 0
    
    // ロックオブジェクト
    var lockObj: NSRecursiveLock
    
    // イニシャライザ
    override init() {
        // 再帰ロックオブジェクトを確保する
        lockObj = NSRecursiveLock()
    }
    
    // 足し算を行う
    func plus(i: Int) {
        // ロックする
        lockObj.lock()
        
        // 値を変更する
        self.result += i
        
        // 結果を出力する
        printResult()
        
        // ロック解除する
        lockObj.unlock()
    }
    
    // 結果を出力するメソッド
    func printResult() {
        // ロックする
        lockObj.lock()
        
        // コンソールに出力する
        print("result = \(self.result)")
        
        // ロック解除する
        lockObj.unlock()
```

SECTION-246 再帰ロックを使って排他制御を行う

```
    }
}
```

SAMPLE CODE 「main.swift」ファイル

```swift
import Foundation

// オペレーションキューを作成する
var queue = NSOperationQueue()
var queue2 = NSOperationQueue()

// 複数のスレッドから同時アクセスするインスタンスを確保する
var calc = Calc()

// 1足すオペレーションを複数確保して、複数スレッドで同時アクセスさせる
for i in 0 ..< 5 {
    queue.addOperationWithBlock({ () -> Void in
        calc.plus(1)
    })
    queue2.addOperationWithBlock({ () -> Void in
        calc.plus(1)
    })
}

// 全オペレーション完了まで待機する
queue.waitUntilAllOperationsAreFinished()
queue2.waitUntilAllOperationsAreFinished()
```

このコードを実行すると、次のように出力されます。

```
result = 1
result = 2
result = 3
result = 4
result = 5
result = 6
result = 7
result = 8
result = 9
result = 10
```

■ SECTION-246 ■ 再帰ロックを使って排他制御を行う

> **ONEPOINT** 再帰ロックを使って排他制御を行うには
> 「NSRecursiveLock」クラスを使う

　再帰ロックを使って排他制御を行うには、「NSRecursiveLock」クラスを使用します。「NSRecursiveLock」クラスは「NSLock」クラスと同様に、複数のスレッドからアクセスされる可能性があるコードについて、複数のスレッドが同時にコードを実行しないようにするための排他制御を行います。「NSLock」クラスと異なる点は、同じスレッドで同じロックオブジェクトを、ロック中にさらにロックをしようとしたときの動作です。「NSLock」クラスはさらにロックすることはできないので、そのまま待機してしまいます。それに対して、「NSRecursiveLock」クラスは待機せずにロックすることができます。

　サンプルコードでは「plus」メソッドでロックした状態で、「printResult」メソッドを呼び出しています。「printResult」メソッドでもロックするので、再帰ロックでは正常に動作しますが、通常のロックでは永遠にロックできない状態である「デッドロック」になってしまいます。デッドロックになると、Swiftでは次のようなログが表示されます。

```
2015-11-23 13:22:20.479 Lock[1669:572088] *** -[NSLock lock]: deadlock (<NSLock: 0x102307b30> '(null)')
2015-11-23 13:22:20.479 Lock[1669:572088] *** Break on _NSLockError() to debug.
```

関連項目 ▶▶▶
- オペレーションキューを作成する ……………………………………………… p.757
- オペレーションキューにオペレーションを追加する ………………………… p.760
- オペレーションキューのオペレーション完了まで待機する ………………… p.765
- ロックを使って排他制御を行う ………………………………………………… p.780
- コンディションロックを使って排他制御を行う ……………………………… p.788

SECTION-247

コンディションロックを使って排他制御を行う

ここでは、コンディションロックを使って排他制御を行う方法について解説します。

SAMPLE CODE 「Calc.swift」ファイル

```swift
import Foundation

class Calc: NSObject {
    // ロックオブジェクト
    var lockObj: NSConditionLock

    // 計算結果を入れる変数
    var result: Int = 0

    // イニシャライザ
    override init() {
        // 再帰ロックオブジェクトを確保する
        lockObj = NSConditionLock(condition: 0)
    }

    // 計算処理
    func calc() -> Int {

        // ロックする
        self.lockObj.lock()

        var n: Int = 0

        for i in 1 ... 5 {
            n += i
            NSThread.sleepForTimeInterval(1)
        }

        // 状態変数を1に変更してロック解除する
        self.lockObj.unlockWithCondition(1)

        return n
    }
}
```

SAMPLE CODE 「main.swift」ファイル

```swift
import Foundation
```

■ SECTION-247 ■ コンディションロックを使って排他制御を行う

```
// オペレーションキューを作成する
var queue = NSOperationQueue()

// 複数のスレッドからアクセスするインスタンスを確保する
var calc = Calc()

// 計算処理を別スレッドで開始する
queue.addOperationWithBlock { () -> Void in
    calc.result = calc.calc()
}

// 1秒スリープさせて、計算処理が先に動くようにする
NSThread.sleepForTimeInterval(1)

// 状態変数の値が1になるまで待機する
print("Wait")
calc.lockObj.lockWhenCondition(1)

// 結果を出力する
print("Result = \(calc.result)")

// ロック解除
calc.lockObj.unlock()
```

このコードを実行すると、次のように出力され、コンディションロックの状態変数が指定した状態になるまで待機します。

```
Wait
```

コンディションロックの状態変数が変わると動きだし、次のように出力され、終了します。

```
Result = 15
```

■ SECTION-247 ■ コンディションロックを使って排他制御を行う

ONEPOINT コンディションロックを使って排他制御を行うには
「NSConditionLock」クラスを使う

　コンディションロックを使って、排他制御を行うには「NSConditionLock」クラスを使用します。「NSConditionLock」クラスは「NSLock」クラスのサブクラスで、「NSLock」クラスと同様の排他制御を行うことができ、それに加えて、状態変数による排他制御を行うことができます。状態変数は、「Int」型の整数値で、その値の意味はアプリ側で定義します。「NSConditionLock」クラスは、この状態変数を持ち、状態変数が指定した値になるまで待機するなどの排他制御を行うことができます。

　排他制御の初期値は、サンプルコードのようにインスタンスを確保するときに、次のイニシャライザを使って指定します。

```
public init(condition: Int)
```

　状態変数の値を設定するには、「lock」メソッドなどでロックして、解除するときに「unlockWithCondition」メソッドを使って設定する値を指定します。このように、状態変数を変更することができるのはロックしている間だけなので、状態変数についても排他制御を行うことができます。

```
public func unlockWithCondition(condition: Int)
```

　状態変数が指定した値になったらロックするには、次のいずれかのメソッドを使用します。

```
public func lockWhenCondition(condition: Int)
public func lockWhenCondition(condition: Int, beforeDate limit: NSDate) -> Bool
public func tryLockWhenCondition(condition: Int) -> Bool
```

　これらのメソッドはいずれも、引数「condition」に指定した値になったらロックするというメソッドです。引数「limit」はロックするまで待機する処理のタイムアウトを指定したいときに使用します。指定した日時になってもロックできない場合には、あきらめて「false」を返します。「tryLockWhenCondition」メソッドは、ロックできてもできなくても、即座に処理をアプリに戻すメソッドです。ロックできたかどうかは、メソッドの戻り値で確認します。ロックできた場合は「true」、できなかった場合は「false」を返します。

関連項目 ▶▶▶

- オペレーションキューを作成する ……………………………………………………… p.757
- オペレーションキューにオペレーションを追加する ………………………………… p.760
- オペレーションキューのオペレーション完了まで待機する ………………………… p.765
- ロックを使って排他制御を行う ………………………………………………………… p.780
- 再帰ロックを使って排他制御を行う …………………………………………………… p.785

SECTION-248

ディスパッチキューを作成する

ここでは、ディスパッチキューを作成する方法について解説します。

SAMPLE CODE

```swift
import Foundation

// 無名のディスパッチキューを作成する
var queue = dispatch_queue_create(nil, nil)

// 名前付きのディスパッチキューを作成する
var queue2 = dispatch_queue_create("MyDispatchQueue", nil)

// コンソールに出力する
print(queue)
print(queue2)
```

このコードを実行すると、次のように出力されます。

```
<OS_dispatch_queue: [0x1023000d0]>
<OS_dispatch_queue: MyDispatchQueue[0x102300750]>
```

ONEPOINT ディスパッチキューを作成するには「dispatch_queue_create」関数を使う

ディスパッチキューを作成するには、「dispatch_queue_create」関数を使用します。

```swift
public func dispatch_queue_create(label: UnsafePointer<Int8>,
    _ attr: dispatch_queue_attr_t!) -> dispatch_queue_t!
```

この関数は、引数「label」に指定した名前(ラベル)を持つディスパッチキューを作成します。作成されたディスパッチキューに追加された処理は、別スレッドで独立して動作します。ディスパッチキューに処理を追加するには《ディスパッチキューで同期実行する》(p.794)や《ディスパッチキューで非同期実行する》(p.795)を参照してください。引数「attr」には作成するディスパッチキューの属性を指定します。指定可能な定数は次の通りです。

定数	説明
DISPATCH_QUEUE_SERIAL	シリアルキューを作成する
DISPATCH_QUEUE_CONCURRENT	コンカレントキューを作成する

ディスパッチキューは、ARC(Automatic Reference Counting)の管理対象です。解放や保持はARCによって管理されます。

> COLUMN **GCDとは**

「GCD」は「Grand Central Dispatch」の略で、システムおよびランタイムライブラリによって並列処理を実現する仕組みです。複数のCPUや複数のCPUコアに効率的に処理を分散して並列実行する技術です。ディスパッチキューは、この技術を使った並列処理を行うためのキューです。ディスパッチキューに実行したい処理を追加することで、自動的に効率的な分散実行が行われます。

ディスパッチキューには次のような3つの種類があります。

種類	説明
メインキュー	処理をメインスレッド上で実行するキュー。シリアルキューと同様にFIFO(「First In First Out」の略。先入れ先出し)で処理される
コンカレントキュー	処理をサブスレッドで並列実行するキュー。FIFOで処理をキューから取り出すが、並列実行されるため、処理が完了するタイミングは不定となる
シリアルキュー	処理をサブスレッドで順番に実行するキュー。FIFOで処理をキューから取り出し、その順番に処理を行う。1つのキューの中での並列実行は行わないが、複数のシリアルキューは並列に実行される

> COLUMN **メインキューやグローバルキューを取得するには**

メインキューやグローバルキューを取得するには、次の関数を使用します。

```
public func dispatch_get_main_queue() -> dispatch_queue_t!
public func dispatch_get_global_queue(
    identifier: Int, _ flags: UInt) -> dispatch_queue_t!
```

「dispatch_get_main_queue」関数はメインキューを取得します。メインキューに処理を追加すると、メインスレッド上で実行されます。

「dispatch_get_global_queue」関数はグローバルキューを取得します。グローバルキューはシステムによって定義されているキューです。引数「identifier」に指定可能な定数は次のものが定義されています。

定数	説明
QOS_CLASS_USER_INTERACTIVE	ユーザーによるGUI操作など優先度が最も高いキュー
QOS_CLASS_USER_INITIATED	ユーザーが開始したタスクなど、相対的に優先度が高いキュー
QOS_CLASS_DEFAULT	デフォルトの優先度
QOS_CLASS_UTILITY	アプリによって開始されたタスクなど、優先度が中くらいのキュー
QOS_CLASS_BACKGROUND	バックグラウンドタスクなど、優先度が低いキュー

また、優先度を表す定数を指定することもできます。

優先度の定数	マッピングされる定数
DISPATCH_QUEUE_PRIORITY_HIGH	QOS_CLASS_USER_INITIATED
DISPATCH_QUEUE_PRIORITY_DEFAULT	QOS_CLASS_DEFAULT
DISPATCH_QUEUE_PRIORITY_LOW	QOS_CLASS_UTILITY
DISPATCH_QUEUE_PRIORITY_BACKGROUND	QOS_CLASS_BACKGROUND

引数「flags」に指定可能な値は本書の執筆時点では定義されていません。「0」を指定します。

関連項目 ▶▶▶

- ディスパッチキューで同期実行する …………………………………………………… p.794
- ディスパッチキューで非同期実行する ………………………………………………… p.795
- ディスパッチキューで遅延実行する …………………………………………………… p.799
- 一度しか実行されない処理を作成する ………………………………………………… p.801

SECTION-249

ディスパッチキューで同期実行する

ここでは、ディスパッチキューで同期実行する方法について解説します。

SAMPLE CODE
```
import Foundation
// 無名のディスパッチキューを作成する
var queue = dispatch_queue_create(nil, nil)
for i in 0 ... 5 {
    // キューに同期実行する処理を追加する
    dispatch_sync(queue, { () -> Void in
        print("i = \(i)")    // コンソールに値を出力する
    })
}
```

このコードを実行すると、次のように出力されます。

```
i = 0
i = 1
i = 2
i = 3
i = 4
i = 5
```

ONEPOINT ディスパッチキューで同期実行するには「dispatch_sync」関数を使う

ディスパッチキューで同期実行するには「dispatch_sync」関数を使用します。

```
public func dispatch_sync(queue: dispatch_queue_t, _ block: dispatch_block_t)
```

この関数は引数「queue」に指定したディスパッチキュー上で、引数「block」に指定した関数オブジェクトを同期実行します。同期実行のため、関数を実行したディスパッチキューは、「dispatch_sync」関数で指定した関数オブジェクトの処理が完了するまで待機します。そのため、関数を呼び出したディスパッチキューを、「dispatch_sync」関数の引数「queue」に指定すると、デッドロック状態となり、プログラムが停止してしまいますので、注意してください。

また、「dispatch_sync」関数は同期実行のため、コンカレントキューであっても実際には渡した順に処理が実行されます。

関連項目 ▶▶▶
- ディスパッチキューを作成する ……………………………………………………… p.791
- ディスパッチキューで非同期実行する ……………………………………………… p.795
- ディスパッチキューで遅延実行する ………………………………………………… p.799
- 一度しか実行されない処理を作成する ……………………………………………… p.801

SECTION-250

ディスパッチキューで非同期実行する

ここでは、ディスパッチキューで非同期実行する方法について解説します。

SAMPLE CODE

```
import Foundation

// 乱数の初期化
srandom(UInt32(NSDate.timeIntervalSinceReferenceDate()))

// コンカレントキューを作成する
var queue = dispatch_queue_create(nil, DISPATCH_QUEUE_CONCURRENT)

// シリアルキューを作成する
var serialQueue = dispatch_queue_create(nil, DISPATCH_QUEUE_SERIAL)

for i in 0 ... 5 {
    // キューに同期実行する処理を追加する
    dispatch_async(queue, { () -> Void in
        // 乱数でスリープ時間をランダムにする
        NSThread.sleepForTimeInterval(NSTimeInterval(random() % 3))
        
        // 出力する文字列を作る
        var str = "i = \(i)"
        
        /// コンソールへの出力は呼び出し順にするためシリアルキューで行う
        dispatch_async(serialQueue, { () -> Void in
            print(str)
        })
    })
}

// キューに追加した処理が完了するまで待機するためスリープする
NSThread.sleepForTimeInterval(15)
```

このコードを実行すると、次のように出力されます（実際に出力される順番は毎回、変わります）。

```
i = 2
i = 4
i = 3
i = 0
i = 1
i = 5
```

■ SECTION-250 ■ ディスパッチキューで非同期実行する

ONEPOINT ディスパッチキューで非同期実行するには「dispatch_async」関数を使う

ディスパッチキューで処理を非同期実行するには、「dispatch_async」関数を使用します。

```
public func dispatch_async(queue: dispatch_queue_t, _ block: dispatch_block_t)
```

この関数は引数「queue」に指定したディスパッチキュー上で、引数「block」に指定した処理を非同期実行します。非同期実行のため、処理の完了を待たずに関数は即座に戻ります。サンプルコードでは、コンカレントキュー上で非同期実行しているため、追加した処理が並列実行されます。各処理は、乱数によってランダムなスリープを行うため、完了までにかかる時間が異なります。そのため、完了時に行われるコンソールへの文字列出力の順番はキューに追加した順番と異なるようになります。また、コンソールへの出力はシリアルキューを使用し、出力処理を開始した順番に出力されるようにしています。シリアルキューを使わなかった場合は、出力処理中に別のキューからの出力処理が開始されてしまい、コンソールの出力結果が壊れてしまいます。

最後に行っているスリープは、2つのキューで行っている処理が完了するまでプログラムを終了しないようにするために行っている処理です。スリープしている間にキューに追加した処理が完了します。

COLUMN 乱数について

このセクションのサンプルコードでは、乱数を使用しています。Swiftでの乱数の生成は、C言語の乱数生成関数を使います。乱数は、本当の意味での乱数ではなく疑似乱数です。疑似乱数は数学的な手法でランダムな数値を生成する手法で、初期値もランダムにするために、乱数の種を毎回、変更する必要があります。変更するには「srandom」関数を使用します。

```
public func srandom(_: UInt32)
```

一般的には、時刻を渡すことで、実行したタイミングによって変わるようにします。乱数の生成は「random」関数を使用します。

```
public func random() -> Int
```

ここでは、乱数を0から2に限定したいため、乱数を3で割った余りを使っています。

COLUMN　特定のタイミングでコンカレントキュー上の処理の完了を待機するには

　「dispatch_async」関数を使って非同期実行しているときに、ある特定の場所で追加済みの処理を完了するまで、次の処理を実行しないようにしたいという場合があります。このようなときには、「dispatch_barrier_sync」関数や「dispatch_barrier_async」関数を使用します。

```
public func dispatch_barrier_sync(
    queue: dispatch_queue_t, _ block: dispatch_block_t)

public func dispatch_barrier_async(
    queue: dispatch_queue_t, _ block: dispatch_block_t)
```

　「dispatch_barrier_sync」関数は「dispatch_sync」関数と同様に指定したディスパッチキューで処理を同期実行します。「dispatch_barrier_async」関数は「dispatch_async」関数と同様に指定したディスパッチキューで処理を非同期実行します。「dispatch_sync」関数や「dispatch_async」関数と異なる点は、「dispatch_barrier_sync」関数と「dispatch_barrier_async」関数は、指定した処理をすぐには実行せず、指定したキューに追加済みの処理が完了するまで待ってから、最後に指定した処理を実行するという点です。これにより、特定のタイミングで非同期実行している処理の完了を同期することができます。

　次のコードは、コンカレントキューに処理を非同期実行し、最後に「END」と出力する例です。「dispatch_barrier_sync」関数を使っているので、指定した非同期実行処理が完了するまで待機するという動作になります。

```
import Foundation

// 乱数の初期化
srandom(UInt32(NSDate.timeIntervalSinceReferenceDate()))

// コンカレントキューを作成する
var queue = dispatch_queue_create(nil, DISPATCH_QUEUE_CONCURRENT)

// シリアルキューを作成する
var serialQueue = dispatch_queue_create(nil, DISPATCH_QUEUE_SERIAL)

for i in 0 ... 5 {
    // キューに同期実行する処理を追加する
    dispatch_async(queue, { () -> Void in
        // 乱数でスリープ時間をランダムにする
        NSThread.sleepForTimeInterval(NSTimeInterval(random() % 3))
        
        // 出力する文字列を作る
        var str = "i = \(i)"
```

■ SECTION-250 ■ ディスパッチキューで非同期実行する

```
        /// コンソールへの出力は呼び出し順にするためシリアルキューで行う
        dispatch_async(serialQueue, { () -> Void in
            print(str)
        })
    })
}

// 追加済みの処理完了後にコンソールに出力する
dispatch_barrier_sync(queue, { () -> Void in
    dispatch_sync(serialQueue, { () -> Void in
        print("END")
    })
})
```

このコードを実行すると、次のように出力されます（実際には「END」以外の行は、乱数によって出力される順番が変わります）。

```
i = 1
i = 0
i = 4
i = 2
i = 5
i = 3
END
```

関連項目 ▶▶▶

- ディスパッチキューを作成する …………………………………………………………… p.791
- ディスパッチキューで同期実行する ……………………………………………………… p.794
- ディスパッチキューで遅延実行する ……………………………………………………… p.799
- 一度しか実行されない処理を作成する …………………………………………………… p.801

SECTION-251

ディスパッチキューで遅延実行する

ここでは、ディスパッチキューを使って遅延実行する方法について解説します。

SAMPLE CODE

```swift
import Foundation

// ディスパッチキューを作成する
var queue = dispatch_queue_create(nil, nil)

// コンソールに現在日時を出力
print(NSDate())

// 2秒後にコンソールに出力する
var dt = dispatch_time(DISPATCH_TIME_NOW, Int64(NSEC_PER_SEC * 2))
dispatch_after(dt, queue) { () -> Void in
    print(NSDate())
}

// 完了するまで待機するために少しスリープ
NSThread.sleepForTimeInterval(5)
```

このコードを実行すると、次のように出力されます。

```
2015-11-23 04:38:13 +0000
2015-11-23 04:38:15 +0000
```

■ SECTION-251 ■ ディスパッチキューで遅延実行する

> **ONEPOINT** ディスパッチキューで遅延実行するには「dispatch_after」関数を使う
>
> ディスパッチキューで遅延実行するには「dispatch_after」関数を使用します。
>
> ```
> public func dispatch_after(when: dispatch_time_t,
>     _ queue: dispatch_queue_t, _ block: dispatch_block_t)
> ```
>
> この関数は、引数「when」に指定した日時に、引数「block」に指定した処理を実行します。処理は、引数「queue」に指定したディスパッチキュー上で実行されます。「dispatch_get_main_queue」関数を使用して、メインキューを取得し、「dispatch_after」関数に指定すると、メインスレッド上での遅延処理となります。
>
> 引数「when」に指定する日時は、「dispatch_time」関数を使って取得します。
>
> ```
> public func dispatch_time(
>     when: dispatch_time_t, _ delta: Int64) -> dispatch_time_t
> ```
>
> この関数は引数「when」を起点に、引数「delta」だけ経過した日時を返します。現在日時を起点にする場合は「DISPATCH_TIME_NOW」を指定します。引数「delta」に指定する値はナノ秒単位です。サンプルコードのように「NSEC_PER_SEC」に秒数を掛けると、簡単にナノ秒単位での時間を取得できます。

関連項目 ▶▶▶
- タイマーを作成する……………………………………………………………… p.747
- ディスパッチキューを作成する ………………………………………………… p.791
- ディスパッチキューで同期実行する …………………………………………… p.794
- ディスパッチキューで非同期実行する ………………………………………… p.795
- 一度しか実行されない処理を作成する ………………………………………… p.801

SECTION-252
一度しか実行されない処理を作成する

ここでは、一度しか実行されない処理を作成する方法について解説します。

SAMPLE CODE
```swift
import Foundation

// 管理変数を定義
var predicate: dispatch_once_t = 0
dispatch_once(&predicate, { () -> Void in
    // コンソールに出力
    print("Executed")
})

// 一度しか実行されないので、同じ管理変数を
// 使って実行しようとしても実行されない
dispatch_once(&predicate, { () -> Void in
    // コンソールに出力
    print("Executed")
})
```

このコードを実行すると、次のように出力されます。

```
Executed
```

SECTION-252 一度しか実行されない処理を作成する

ONEPOINT 一度しか実行されない処理を作成するには「dispatch_once」関数を使う

一度しか実行されない処理を作成するには「disaptch_once」関数を使用します。

```
public func dispatch_once(
    predicate: UnsafeMutablePointer<dispatch_once_t>,
    _ block: dispatch_block_t)
```

　この関数は、引数「block」に指定された処理を、アプリの中で一度だけ実行します。一度だけの定義は、同じ管理変数を使っている場合に、指定した処理はアプリが起動してから終了するまでの間に一度だけという意味です。この方法を使うと、シングルトンパターンのように、アプリ内で共有して使用するインスタンスを確保するというときに、インスタンスの確保処理を指定することで、インスタンスがアプリ起動中に一度しか作られないことが保証できます。もちろん、直接、インスタンスを確保するという方法で、複数のインスタンスを確保することはできてしまいますが、少なくとも、共有インスタンスを取得するメソッド経由ならば、1つになることを保証できます。

　また、管理変数は必ずグローバル変数、もしくは、「static」を付けたスタティック変数にする必要があります。自動解放される変数(たとえば、関数やメソッド内で「static」を付けないで定義されたローカル変数)を指定した場合の動作は保証されません。また、管理変数単位で管理されるので、同じ処理に対しては、同じ管理変数を使うようにしてください。

関連項目 ▶▶▶

- ディスパッチキューを作成する ……………………………………………………… p.791
- ディスパッチキューで同期実行する ………………………………………………… p.794
- ディスパッチキューで非同期実行する ……………………………………………… p.795
- ディスパッチキューで遅延実行する ………………………………………………… p.799

INDEX

記号・数字

^	74
^=	75
_	61,93,103,177,189
__COLUMN__	58
__FILE__	58
__FUNCTION__	58
__LINE__	58
-	70
--	71
-=	75
->	117
:	61
!	62,72
!=	72
!==	72
?	62
??	76
.	145,162
...	88
..<	88
"	57
[]	213,382,388,407,410
*	70
*=	75
/	70
/* 〜 */	59
//	59
/=	75
\()	69,270
&	74,77,120
&*	75
&&	72
&%	75
&+	75
&=	75
%	70
%=	75
+	70,288
++	71
+=	75,288,391
<	72
<<	74
<<=	75
<=	72
=	61,378
==	72,348
===	72
>	72
>=	72
>>	74
>>=	75
|	74
|=	75
||	72
~	74,365
@available	141
@NSCopying	80
@objc	222,266,484
@synchronized	783
#available	140,263
#import	458,476,480
2進数	56
8進数	56
10進数	56
16進数	56,353

A

abbreviationプロパティ	561
absoluteURLプロパティ	586
addCharactersInRangeメソッド	333
addCharactersInStringメソッド	333
addIndexesInRangeメソッド	444
addIndexesメソッド	445
addIndexメソッド	443
addObserverメソッド	279,735
addOperationsメソッド	762,767
addOperationWithBlockメソッド	761
addOperationメソッド	762
addTimerメソッド	752
addValueメソッド	709
advancedByメソッド	292,297
allHTTPHeaderFieldsプロパティ	709
allObjectsプロパティ	424
alphanumericCharacterSetメソッド	332
Any	259
AnyObject	259
API	263

803

INDEX

appendBytesメソッド	501
appendContentsOfメソッド	289,392
appendDataメソッド	505
appendFormatメソッド	318
appendStringメソッド	292
appendメソッド	289,392
Apple Developer Program	33
appStoreReceiptURLプロパティ	625
App Transport Security	715
ARC	30,248
archivedDataWithRootObjectメソッド	689
archiveRootObjectメソッド	690
arch()関数	139
arrayForKeyメソッド	725
Array構造体	376
as!	258
as?	257
Associated Type	239
ATS	715
attributesOfFileSystemForPathメソッド	665
attributesOfItemAtPathメソッド	663
autoreleasepool関数	249
autoupdatingCurrentCalendarメソッド	528
autoupdatingCurrentLocaleメソッド	562
availableLocaleIdentifiersメソッド	576
availableStringEncodingsメソッド	302

B

Base64	513,516
base64EncodedDataWithOptionsメソッド	514
base64EncodedStringWithOptionsメソッド	513
boolForKeyメソッド	724
boolValueプロパティ	679
Bool型	57,64
break	85,99,101,105
builtInPlugInsPathプロパティ	624
builtInPlugInsURLプロパティ	625
bundleIdentifierプロパティ	631
bundlePathプロパティ	624
bundleURLプロパティ	624
bytesプロパティ	491

C

C++	464
cachePolicyプロパティ	711
calendarプロパティ	540
cancelAllOperationsメソッド	773
cancelledプロパティ	773
cancelメソッド	773
capitalizedLetterCharacterSetメソッド	332
capitalizedStringプロパティ	322
case	85
catch	242
CFArrayRef	376,378
CFDataRef	486
CFDictionaryRef	377,378
CFMutableArrayRef	378
CFMutableDataRef	486
CFMutableDictionaryRef	378
CFMutableSetRef	378
CFSetRef	377,378
CFShow関数	48
characterIsMemberメソッド	332
charactersプロパティ	293,296
Character型	57
class	156
classNameプロパティ	264
commonISOCurrencyCodesメソッド	574
compareメソッド	348,537
componentsSeparatedByCharactersInSetメソッド	326
componentsSeparatedByStringメソッド	325
componentsメソッド	533,546
containsIndexesInRangeメソッド	438
containsIndexesメソッド	440
containsIndexメソッド	437
containsメソッド	419,421
contentsOfDirectoryAtPathメソッド	642

INDEX

contentsOfDirectoryAtURLメソッド ……………………………………… 642
continue …………………… 99,101,105
controlCharacterSetメソッド ………… 332
Convenience Initializer ……………… 181
copyItemAtPathメソッド ……………… 671
copyItemAtURLメソッド ……………… 672
copyメソッド ……………………………… 379
countOfIndexesInRangeメソッド …… 442
countプロパティ
…………………… 293,386,408,420,441
createDirectoryAtPathメソッド ……… 654
createDirectoryAtURLメソッド ……… 655
createFileAtPathメソッド ……………… 656
createSymbolicLinkAtPathメソッド… 658
createSymbolicLinkAtURLメソッド … 659
cStringUsingEncodingメソッド ……… 306
currentCalendarメソッド ……………… 528
currentLocaleメソッド …………………… 562
currentRunLoopメソッド ……………… 743
C言語の関数 ……………………………… 467
C言語の構造体 …………………………… 469
C文字列 …………………………… 305,307

D

dataForKeyメソッド ……………………… 725
dataTaskWithRequestメソッド ……… 720
dataUsingEncodingメソッド …………… 299
dataWithJSONObjectメソッド ……… 519
dataWithPropertyListメソッド ……… 699
dateByAddingComponentsメソッド
……………………………………………… 530
dateByAddingTimeIntervalメソッド … 531
dateFromComponentsメソッド ……… 526
dateStyleプロパティ ………………539,540
decimalDigitCharacterSetメソッド … 332
decodeBoolForKeyメソッド …………… 695
decodeBytesForKeyメソッド ………… 696
decodeDoubleForKeyメソッド ……… 696
decodeFloatForKeyメソッド ………… 696
decodeInt32ForKeyメソッド ………… 695
decodeInt64ForKeyメソッド ………… 695
decodeIntegerForKeyメソッド ……… 695
decodeIntForKeyメソッド ……………… 695

decodeObjectForKeyメソッド …… 694,695
decomposableCharacterSetメソッド
……………………………………………… 332
default ………………………………… 85,124
defaultCenterメソッド ………………… 733
defaultTimeZoneメソッド……………… 551
defer ……………………………………… 110
deinit ……………………………………… 180
Designated Initializer ……………… 181
destinationOfSymbolicLink
　AtPathメソッド ………………………… 661
dictionaryForKeyメソッド …………… 725
dictionaryRepresentationメソッド … 731
Dictionary構造体 ……………………… 377
didSet …………………………………… 174
disaptch_once関数 …………………… 802
dispatch_after関数 …………………… 800
dispatch_async関数 ………………… 796
dispatch_barrier_async関数 ……… 797
dispatch_barrier_sync関数 ………… 797
dispatch_get_global_queue関数…… 792
dispatch_get_main_queue関数 …… 792
dispatch_queue_create関数………… 791
dispatch_sync関数 …………………… 794
dispatch_time関数 …………………… 800
displayNameAtPathメソッド ………… 669
displayNameForKeyメソッド ………… 566
do ………………………………………… 242
doubleForKeyメソッド ………………… 724
Double型 …………………………………… 64
downloadTaskWithRequestメソッド
……………………………………………… 713
dynamic ………………………………… 279
dynamicType ……………………………… 63

E

e …………………………………………… 56
earlierDateメソッド……………………… 538
else ………………………………………… 81
encodeBoolメソッド …………………… 695
encodeBytesメソッド ………………… 695
encodeDoubleメソッド ………………… 695
encodeFloatメソッド …………………… 695
encodeInt32メソッド …………………… 695

encodeInt64メソッド	695	get	171
encodeIntegerメソッド	695	GET	710
encodeIntメソッド	695	getResourceValueメソッド	667,670
encodeObjectメソッド	695	GMTオフセット	557,558
encodeWithCoderメソッド	694	Grand Central Dispatch	792
endIndexプロパティ	292	guard	96,113
enum	144		
enumerateLinesメソッド	334		
enumeratorAtPathメソッド	644	**H**	
enumeratorAtURLメソッド	644	hasPrefixメソッド	323
ErrorTypeプロトコル	242	hasSuffixメソッド	324
exclusiveOrInPlaceメソッド	431	hostプロパティ	588
exclusiveOrメソッド	431	HTTPBodyStreamプロパティ	710
executablePathプロパティ	624	HTTPBodyプロパティ	710
executableURLプロパティ	625	HTTPステータスコード	714
executingプロパティ	775	HTTPのボディデータ	710
extension	216	HTTPのメソッド	710
External Parameter Name	121	HTTPヘッダ	709

F		**I**	
fallthrough	86	if	81
fileExistsAtPathメソッド	678	illegalCharacterSetメソッド	332
filterメソッド	389	indexesOfObjectsPassingTestメソッド	
final	202		390,405
finishedプロパティ	775	indexGreaterThanIndexメソッド	435
firstIndexプロパティ	435	indexLessThanIndexメソッド	436
firstプロパティ	384	indexOfObjectメソッド	405
floatForKeyメソッド	724	indexOfメソッド	404
Float型	64	Index構造体	292
for	98	infoDictionaryプロパティ	633
for i	403	Info.plistファイル	633
for in	100	init	176
formIntersection		inout	120
WithCharacterSetメソッド	333	insertContentsOfメソッド	290
formUnionWithCharacterSetメソッド		insertStringメソッド	292
	333	insertメソッド	393,418
Foundationフレームワーク	286,379	Int8型	64
fragmentプロパティ	588	Int16型	64
freopen関数	48	Int32型	64
func	184,204	Int64型	64
		integerForKeyメソッド	725
		internal	246
G		intersectInPlaceメソッド	426
GCD	792	intersectsIndexesInRangeメソッド	439

intersectsSetメソッド	427
intersectメソッド	426
Int型	64
invalidateメソッド	756
invertメソッド	333
is	253,255
isDeletableFileAtPathメソッド	684
isEmptyプロパティ	294,387,408
isEqualToDateメソッド	538
isEqual:メソッド	72
isExecutableFileAtPathメソッド	686
ISOCountryCodesメソッド	571
ISOCurrencyCodesメソッド	573
ISOLanguageCodesメソッド	569
ISO共通通貨コード	574
ISO国コード	570
ISO言語コード	568
ISO通貨コード	572
isReadableFileAtPathメソッド	680
isValidJSONObjectメソッド	519
isWritableFileAtPathメソッド	682

J

JSONObjectWithDataメソッド	521
JSONデータ	518,521

K

keysプロパティ	413
Key Value Coding	273
knownTimeZoneNamesメソッド	554
KVC	273
KVO	278

L

lastIndexプロパティ	436
lastPathComponentプロパティ	357,590
lastプロパティ	384
laterDateメソッド	538
lazy	168
LazyMapCollection構造体	413,414
lengthOfBytesUsingEncoding:メソッド	294
lengthプロパティ	500
let	66
letterCharacterSetメソッド	332
localeプロパティ	541
localizationsプロパティ	639
localizedInfoDictionaryプロパティ	634
localizedNameOfStringEncodingメソッド	302
localizedStringForKeyメソッド	638
Local Parameter Name	121
localTimeZoneメソッド	550
lockBeforeDateメソッド	782
lockメソッド	782,790
longCharacterIsMemberメソッド	332
lowercaseLetterCharacterSetメソッド	332
lowercaseStringプロパティ	321

M

mainBundleメソッド	618
mainQueueメソッド	759
mainRunLoopメソッド	743
malloc関数	489
mapメソッド	402
maxConcurrentOperationCountプロパティ	777
maxプロパティ	64
memberwiseイニシャライザ	180
memcpy関数	496
minプロパティ	64
mountedVolumeURLsIncludingResourceValuesForKeysメソッド	647
moveItemAtPathメソッド	674
moveItemAtURLメソッド	674
mutableBytesプロパティ	491
mutableCopyメソッド	379
mutating	194

N

nameプロパティ	560
newlineCharacterSetメソッド	332
nextObjectメソッド	644
nil	60,62

INDEX

nil coalescing ……………………… 76
nonBaseCharacterSetメソッド ……… 332
NSArchiverクラス …………………… 580
NSArrayクラス …………… 376,378,580
NSCalendarクラス …………………… 524
NSCharacterSetクラス ……………… 332
NSClassFromString関数 …………… 268
NSCodingプロトコル ………………… 694
NSConditionLockクラス ……………… 790
NSDataクラス ………………………… 486
NSDateComponentsクラス ………… 524
NSDateクラス …………………… 524,525
NSDictionaryクラス ……… 377,378,580
NSDirectoryEnumeratorクラス……… 644
NSFileHandleクラス ……………… 581,605
NSFileManagerクラス ………………… 580
NSHTTPURLResponseクラス ……… 713
NSHTTPURLSessionクラス ………… 714
NSIndexSetクラス ……………… 378,433
NSKeyedArchiverクラス ………… 580,723
NSKeyedUnarchiverクラス ………… 580
NSLocaleクラス ………………… 524,578
NSLockクラス ………………………… 782
NSLog関数 ……………………………… 48
NSMutableArrayクラス ……………… 378
NSMutableCharacterSetクラス …… 333
NSMutableDataクラス ………… 486,487
NSMutableDictionaryクラス ……… 378
NSMutableIndexSetクラス …… 378,434
NSMutableSetクラス ………………… 378
NSMutableStringクラス ……………… 291
NSMutableURLRequestクラス …… 711
NSNotificationCenterクラス …… 732,735
NSObjectクラス ………………… 259,261
NSOperationQueueクラス ………… 758
NSOperationクラス ………………… 773
NSPropertyListSerializationクラス… 581
NSRecursiveLockクラス …………… 787
NSRunLoopクラス ……………… 743,745
NSSearchPathForDirectories
　InDomains関数 …………………… 651
NSSelectorFromString関数 ………… 272
NSSetクラス ……………………… 377,378
NSStringFromClass関数 …………… 265
NSStringFromSelector関数 ………… 269
NSStringクラス …………………… 286,580
NSTemporaryDirectory関数 ………… 652
NSThreadクラス……………………… 778
NSTimerクラス ……………………… 749
NSTimeZoneクラス ………………… 524
NSUnarchiverクラス ………………… 580
NSURLConnectionクラス …………… 707
NSURLRequestクラス ……………… 708
NSURLSessionConfigurationクラス
………………………………………… 714
NSURLSessionDataTaskクラス …… 706
NSURLSessionDownloadTaskクラス
………………………………… 706,713
NSURLSessionUploadTaskクラス … 706
NSURLSessionクラス …………… 706,714
NSURLクラス …………… 582,583,585
NSUserDefaultsクラス ………… 722,724

O

ObjCBool構造体 …………………… 679
objectForInfoDictionaryKeyメソッド
………………………………………… 633
objectForKeyメソッド …………… 565,725
Objective-C……………………………… 32
Objective-C++ ……………………… 464
Objective-Cのクラス ……… 457,474,482
Objective-Cのクラスのサブクラス …… 479
objectsPassingTestメソッド ………… 425
observeValueForKeyPathメソッド … 280
offsetInFileプロパティ ……………… 612
operator ……………………………… 210
optional ……………………………… 222
Organization Identifer ……………… 43
os()関数 ……………………………… 139
override ……………………………… 201

P

p ………………………………………… 56
parameterStringプロパティ………… 588
passwordプロパティ ………………… 588
pathComponentsプロパティ …… 355,589
pathExtensionプロパティ………… 359,592
pathForResourceメソッド ………… 627
pathsForResourcesOfTypeメソッド… 629

pathWithComponentsメソッド	356
pathプロパティ	588
Playground	31, 35
portプロパティ	588
POST	710
postfix	205
postNotificationNameメソッド	732
preferredLocalizationsプロパティ	640
prefix	204
println関数	48
print関数	48
private	246
privateFrameworksPathプロパティ	624
privateFrameworksURLプロパティ	625
propertyListWithDataメソッド	702
propertyListメソッド	703
protocol	221
public	246
punctuationCharacterSetメソッド	332

Q

queryプロパティ	588

R

random関数	796
rangeOfStringメソッド	336
Raw Value	152
rawValueプロパティ	153
readDataOfLengthメソッド	609
readDataToEndOfFileメソッド	609
readyプロパティ	775
registerDefaultsメソッド	727
relativePathプロパティ	588
removeAllIndexesメソッド	449
removeAllメソッド	395, 412, 423
removeAtIndexメソッド	394
removeCharactersInRangeメソッド	333
removeCharactersInStringメソッド	333
removeIndexesInRangeメソッド	447
removeIndexesメソッド	448
removeIndexメソッド	446
removeItemAtPathメソッド	676
removeItemAtURLメソッド	677
removeLastメソッド	396
removeObjectForKeyメソッド	729
removeObserverメソッド	280, 736
removeRangeメソッド	394
removeValueForKeyメソッド	411
removeメソッド	422
repeat	106
REPL	31
replaceBytesInRangeメソッド	506, 508
replaceCharactersInRangeメソッド	345
replaceRangeメソッド	345, 397
resourcePathプロパティ	624
resourceSpecifierプロパティ	588
resourceURLプロパティ	625
resourceValuesForKeysメソッド	667, 670
respondsToSelectorメソッド	261
resumeメソッド	713, 717, 720
rethrows	243
return	117, 171
ReverseRandomAccessCollection構造体	401
reverseメソッド	401
runUntilDateメソッド	745

S

scheduledTimerWithTimeIntervalメソッド	749
schemeプロパティ	588
secondsFromGMTプロパティ	557
seekToEndOfFileメソッド	614
seekToFileOffsetメソッド	612
selfプロパティ	173, 195, 196
set	171
setAttributesメソッド	666
setBoolメソッド	722
setDefaultTimeZoneメソッド	551
setDoubleメソッド	722
setFloatメソッド	722
setIntegerメソッド	722
setObjectメソッド	722
setResourceValuesメソッド	668
setResourceValueメソッド	668
setURLメソッド	722

INDEX

setValueメソッド ……………… 274,709
Set構造体 ……………………… 377,416
sharedFrameworksPathプロパティ … 624
sharedFrameworksURLプロパティ … 625
sharedSupportPathプロパティ ……… 624
sharedSupportURLプロパティ ……… 625
sizeofValue関数 ………………………… 282
sizeof関数 ………………………………… 281
sleepForTimeIntervalメソッド ………… 778
sleepUntilDateメソッド ………………… 779
sortInPlaceメソッド ……………………… 398
sortメソッド ………………………………… 399
srandom関数 ……………………………… 796
startIndexプロパティ ……………… 292,297
static ………………………………… 164,191
statusCodeプロパティ …………………… 714
stringArrayForKeyメソッド ……………… 725
stringByAddingPercentEncoding
　　WithAllowedCharactersメソッド … 373
stringByAppendingFormatメソッド …… 318
stringByAppendingPath
　　Componentメソッド ………………… 361
stringByAppendingPathExtensionメソッド
　………………………………………… 363
stringByDeletingLastPath
　　Componentプロパティ ……………… 367
stringByDeletingPathExtensionプロパティ
　………………………………………… 369
stringByExpandingTildeInPathプロパティ
　………………………………………… 365
stringByRemovingPercent
　　Encodingプロパティ ………………… 374
stringByStandardizingPathプロパティ
　………………………………………… 371
stringForKeyメソッド …………………… 725
stringFromDateメソッド ………………… 539
String型 …………………………………… 57,64
String構造体 ……………………………… 286
struct ……………………………………… 156
subdataWithRangeメソッド …………… 499
subscript ………………………………… 213
substringFromIndexメソッド …………… 329
substringToIndexメソッド ……………… 329
substringWithRangeメソッド …………… 328
subtractInPlaceメソッド ………………… 429
subtractメソッド …………………………… 429

superプロパティ ……………………… 178,201
Swift ………………………………………… 30
switch …………………………………… 84,107
symbolCharacterSetメソッド …………… 332
synchronizeメソッド …………………… 723
systemLocaleメソッド …………………… 563
systemTimeZoneメソッド ……………… 550

T

throw ……………………………………… 242
throws …………………………………… 242
timeIntervalSince1970プロパティ … 548
timeIntervalSinceDateメソッド ……… 546
timeIntervalSinceNowプロパティ …… 547
timeIntervalSince
　　ReferenceDateプロパティ ………… 548
timeoutIntervalプロパティ …………… 711
timeStyleプロパティ ……………… 539,540
timeZoneプロパティ ……………… 534,542
Trailing Closure ……………………… 136
truncateFileAtOffsetメソッド ………… 617
try ………………………………………… 242
try! ……………………………………… 243
tryLockメソッド ………………………… 782

U

UInt8型 ……………………………………… 64
UInt16型 …………………………………… 64
UInt32型 …………………………………… 64
UInt64型 …………………………………… 64
UInt型 ……………………………………… 64
unarchiveObjectWithDataメソッド … 691
unarchiveObjectWithFileメソッド …… 692
unionInPlaceメソッド …………………… 428
unionメソッド……………………………… 428
UNIX時間 ………………………………… 548
unlockWithConditionメソッド ………… 790
unlockメソッド …………………………… 782
unsafeBitCast関数 ……………………… 79
UnsafeMutablePointer構造体
　……………………………………… 77,486,489
UnsafePointer構造体 ……………… 77,486
updateValueメソッド …………………… 409

INDEX

uploadTaskWithRequestメソッド …… 717
uppercaseLetterCharacterSetメソッド
　……………………………………… 332
uppercaseStringプロパティ ………… 320
URL …………… 582,583,587,589,590,
　592,594,596,598,600,602,708
URLByAppendingPathComponentメソッド
　……………………………………… 594
URLByAppendingPathExtensionメソッド
　……………………………………… 599
URLByDeletingLastPath
　Componentプロパティ…………… 597
URLByDeletingPathExtensionプロパティ
　……………………………………… 601
URLByResolvingSymlinks
　InPathプロパティ ………………… 661
URLByStandardizingPathプロパティ
　……………………………………… 603
URLForDirectoryメソッド ………… 648,652
URLForKeyメソッド………………………… 725
URLForResourceメソッド……………… 627
URLsForDirectoryメソッド ……………… 650
URLsForResources
　WithExtensionメソッド…………… 629
URLエンコーディング …………………… 373
userInfoプロパティ ………………… 736,749
userプロパティ ……………………………… 588
UTC ……………………………………… 524

V

valueForKey:メソッド …………………… 273
valuesプロパティ…………………………… 414
var ……………………………………………… 60
Void ………………………………………… 126

W

waitUntilAllOperationsAre
　Finishedメソッド…………………… 766
waitUntilFinishedメソッド ……………… 768
weak ………………………………………… 250
where ………………………………… 227,238
while ………………………………………… 104

whitespaceAndNewline
　CharacterSetメソッド ……………… 332
whitespaceCharacterSetメソッド … 332
willSet ……………………………………… 174
writeToFileメソッド………………… 310,510,700
writeToURLメソッド ……… 311,510,700

X

Xcode ………………………………………… 33

あ行

アーカイバクラス …………………………… 580
アーカイバ対応 ……………………………… 693
アクセスレベル ……………………………… 246
アクセサメソッド …………………………… 262
アソシエーテッドタイプ…………………… 239
値 ……………………………………………… 376
値渡し ………………………………………… 65
アップロード ………………………………… 716
アップロードタスク ……………… 706,716
アンダーフロー演算子 ……………………… 75
アンラップ ……………………………… 62,165
移動……………………………………………… 673
イニシャライザメソッド ……… 158,176,459
インクリメント ……………… 71,153,206
インスタンス
　…………………157,158,248,252,260,688
インスタンスの大きさ …………………… 282
インデックス ………………………………… 292
インデックスセット
　…………………433,435,437,441,443,446
インデックス番号 …………………………… 435
インデックス番号の個数 ………………… 441
エクステンション ………………… 215,223
エスケープ文字 ……………………………… 287
エポックタイム ……………………………… 548
エラー制御……………………………… 32,114,241
エンコード ………………………………… 513
演算子…………………………………… 70,203
オーバーフロー演算子 ……………………… 75
オーバーライド …………………… 198,200
オーバーロード ……………………………… 203
オープンソース化 …………………………… 30

INDEX

大文字 …………………………………… 320,322
置き換え ………………………………… 345,397,506
オブジェクト指向 ……………………………… 30
オプショナル・チェイニング ………………… 62
オプショナル変数 ……………………… 31,62,161
オペレーションキュー
　……………………… 757,758,760,765,771,776
親クラス ………………………………… 178,198

か行

開発環境 …………………………………………… 33
外部引数名 ……………………… 118,121,177,186
解放 ……………………………………… 180,248
書き込み ………………………………………… 310
書き込み可能 …………………………………… 682
書き込み権限 …………………………………… 683
書き込みモード ………………………………… 605
書き出し ………………………………………… 509
拡張子
　……… 359,363,369,592,598,600,629
確保 ……………………………………… 158,248
加工 ……………………………………………… 402
カスタム演算子 ………………………………… 210
型 ……………………………………… 61,63,67,160
型の大きさ ……………………………………… 281
可変引数 ………………………………………… 124
空 ……………………………………… 294,387,408
空の配列 ………………………………………… 385
カレンダー ……………………………… 528,540
カレンダー情報 ………………………………… 524
カレントロケール ……………………………… 562
関係演算子 ……………………………… 72,209
監視 ……………………………………………… 278
関数 ……………………………………………… 117
関数オブジェクト ……………………………… 126
関数の入れ子定義 ……………………………… 130
関連値 …………………………………………… 148
偽 ………………………………………………… 57
キー ……………………………………… 376,407,413
キーパス ………………………………………… 275
基準日時 ………………………………………… 548
キャスト ………………………………………… 79
キャッシュポリシー …………………………… 711
キャラクタセット ……………………… 331,332

キャラクタビュー ……………………………… 296
キャンセル ……………………………………… 771
行単位 …………………………………………… 334
協定世界時 ……………………………………… 524
クラス …………………………………… 156,234,252
クラス階層 ……………………………………… 198
クラスタイプ …………………………………… 267
クラス名 ………………………………… 264,267
クラスメソッド ………………………………… 462
クロージャー …………………………… 32,132
グローバルキュー ……………………………… 792
経過 ……………………………………………… 529
桁数 ……………………………………………… 316
結合 ……………………………………… 70,288
現在位置 ………………………………………… 612
検索 ……………………………………… 336,404
更新モード ……………………………………… 605
合成 ……………………………………………… 428
構造体 …………………………………… 156,194,232
後置 ……………………………………………… 71
後置演算子 ……………………………………… 205
コールスタック ………………………………… 53
コールバック関数 ……………………………… 126
子クラス ………………………………………… 198
コピー …………………………………………… 671
コメント ………………………………………… 59
小文字 …………………………………… 321,322
コレクション …………………………………… 376
コンソールエリア ……………………………… 48
コンディションロック ………………………… 788
コンピューテッド・プロパティ …………… 169
コンポーネント ……………………… 355,357,361,
　　　　　　　　　367,589,590,594,596

さ行

再帰ロック ……………………………………… 785
最後の要素 ……………………………… 384,396
削除 ……………………… 346,367,369,394,411,
　　　　422,429,446,508,596,600,676,728
削除可能 ………………………………………… 684
差し替え ………………………………………… 195
サフィックス …………………………………… 324
サブクラス ……………………………… 198,200
サブスクリプト ………………………… 212,218

INDEX

サブディレクトリ …………………………… 641
サブデータ ………………………………… 499
サブ配列 …………………………………… 388
三項演算子 ………………………………… 76
算術演算子 ………………………………… 70
参照カウンタ ……………………………… 248
参照保持 …………………………………… 134
参照渡し …………………………………… 65
ジェネリック …………………… 32,232,234
ジェネリック関数 ………………………… 230
識別子 ……………………………………… 622
辞書 ………………………………………… 30
システムタイムゾーン …………………… 550
システムロケール ………………………… 563
実行可能 …………………………………… 686
実行権限 …………………………………… 687
自動解放 …………………………………… 249
手動 ………………………………………… 744
循環参照 …………………………………… 249
条件 ………………………………… 389,425
条件分岐 …………………………………… 81,84
小数点 ……………………………………… 317
省略演算子 ………………………………… 75,205
初期化 ……………………………………… 176
初期値 ……………………………………… 726
書式 ………………………………………… 543
シリアライズ ……………………………… 688,691
真 …………………………………………… 57
シンボリックリンク ……………………… 658,660
シンボル …………………………………… 138
数値 ………………………………………… 56,351
スーパークラス …………………………… 198
スキーム …………………………………… 587
スキップ …………………………………… 99,105
スコープ …………………………………… 110,134
ステップ実行 ……………………………… 51
ストアド・プロパティ …………………… 169
スマートポインタ ………………………… 248
スリープ …………………………………… 778
スレッド ………………………… 733,758,778
正規化 ……………………………………… 371,602
正規表現 …………………………………… 344
制限 ………………………………………… 776
制約 ………………………………………… 238
セッション ………………………………… 714
接続要求 …………………………………… 708

絶対URL …………………………………… 586
設定情報 ……………………… 722,724,728,730
セット …………………… 377,416,418,420,
422,424,426,428,431
前置 ………………………………………… 71
前置演算子 ………………………………… 204
先頭の要素 ………………………………… 384
相対URL ………………………………… 585,586
挿入 ………………………………………… 290,393
ソート ……………………………………… 398
存在 ………………………………………… 678

た行

ターゲット ………………………………… 47
待機 ………………………………………… 765
代入 ………………………………………… 61
代入演算子 ………………………………… 286
タイプパラメータ ……………… 231,233,236,238
タイププロパティ ………………………… 164
タイプメソッド …………………………… 191
タイマー ………………………………… 747,755
タイムアウト …………………………… 711,782
タイムゾーン ……………………… 524,534,542,
553,555,557,558,560
ダウンキャスト …………………………… 257
ダウンロード ……………………………… 712
ダウンロードタスク …………………… 706,712
タプル ……………………………………… 31,88
単語 ………………………………………… 322
遅延実行 …………………………………… 799
遅延処理 …………………………………… 752
遅延プロパティ …………………………… 167
抽出 ………………………………………… 389
中断 ………………………………………… 99,105
重複 ………………………………………… 417
追加 …………………………… 289,361,363,391,
418,443,501,594,598,760
通信 ………………………………………… 719
ツールバー ………………………………… 44
強い参照関係 ……………………………… 250
ディクショナリ ……………… 30,102,376,407,
408,411,413,414,730
ディクショナリリテラル ………………… 58
停止 ………………………………………… 755

INDEX

定数 …………………………………… 66, 163
ディスパッチキュー
　……………………… 758, 791, 794, 795, 799
ディレクトリ ………………………… 641, 648, 654,
　669, 671, 673, 676, 678
ディレクトリの情報 ……………………………… 663
ディレクトリパス ………………………………… 623
データ …………… 486, 487, 490, 493, 495,
　499, 506, 509, 511, 513, 516
データタスク ………………………………… 706, 719
データの長さ ……………………………………… 500
テキストエンコーディング ………………… 294, 301
テキストデータ …………………………… 299, 303
デクリメント ………………………………… 71, 206
デコード ……………………………………………… 516
デッドロック ……………………………………… 787
デバッガ ……………………………………………… 50
デバッグ ……………………………………………… 50
デバッグナビゲータ ……………………………… 53
デフォルトタイムゾーン ………………………… 551
デフォルト値 ………………………………… 122, 124
デリゲート ………………………………………… 733
テンポラリディレクトリ ………………………… 652
同期実行 …………………………………………… 794
統合開発環境 ……………………………………… 33
トークン …………………………………………… 325
トールフリーブリッジ …………………………… 452
トレイリングクロージャー ……………………… 136

な行

内部引数名 ………………………………… 118, 121
ナビゲータエリア ………………………………… 44
名前空間 …………………………………………… 266
日時 ………… 524, 525, 526, 529, 536, 539
日時の差 …………………………………………… 545
日時の情報 ………………………………………… 532
ネイティブコード ………………………………… 30
ネットワークアクセス …………………………… 706
ノーティフィケーション ……………………… 732, 734

は行

排他制御 ……………………………… 780, 785, 788

配列 …… 30, 78, 317, 376, 382, 386, 391,
　394, 397, 398, 400, 402, 404, 493
配列のインスタンスの大きさ …………………… 283
配列リテラル ……………………………………… 57
バインディング …………………………………… 90
破棄 ………………………………………………… 248
パス文字列 …………………………… 355, 357, 359, 361,
　363, 365, 367, 369, 371
バッファ ……………………………… 490, 493, 496
範囲演算子 …………………………………… 87, 102
反転 ………………………………………………… 400
バンドル …………………… 43, 618, 623, 626, 639
バンドル識別子 ……………………………… 43, 631
バンドルの情報ディクショナリ ………………… 632
比較 …………………………………… 347, 381, 536
比較演算子 ………………………………………… 381
引数 ………………………………………… 118, 122
必須条件 …………………………………………… 96
ビット演算子 ……………………………………… 74
ビット長 …………………………………………… 65
非同期実行 ………………………………………… 795
非同期並列処理 …………………………………… 758
標準エラー ………………………………………… 48
標準出力 …………………………………………… 48
表示用の名前 ……………………………………… 669
ビルド ……………………………………………… 47
ビルド設定 ………………………………………… 138
ファイル … 310, 312, 509, 511, 604, 608,
　611, 641, 656, 669, 671, 673, 676, 678
ファイルアクセス ………………………………… 580
ファイル属性キー ………………………………… 664
ファイルの情報 …………………………………… 663
ファイルパス ……………………………………… 583
ファイルポインタ …………………… 612, 614, 616
ブーリアン ………………………………………… 57
フォーマット ……………………………………… 314
フォーマット指定子 …………………………… 315, 543
フォーマット文字列 ……………………………… 314
複製 …………………………………… 378, 495, 496
符号 ………………………………………………… 316
符号付き整数 ……………………………………… 65
符号なし整数 ……………………………………… 65
浮動小数点数 ……………………………………… 352
部分文字列 ………………………………………… 328
ブリッジヘッダーファイル ……………………… 454
ブレークポイント ………………………………… 50

INDEX

フレームワーク ……………………… 124
プレフィックス ……………………… 56,323
プロジェクト …………………………… 41
プロジェクトウインドウ ……………… 44
プロトコル ……………… 220,222,255
プロトコルエクステンション ………… 225,227
プロパティ
……… 157,159,174,216,262,273,278
プロパティ監視 …………………………… 174
プロパティリスト ……………… 703,723
プロパティリストデータ …………… 699,701
プロパティリストファイル ……………… 581
分割 ……………………… 325,355,587,589
変換可能 …………………………………… 703
編集エリア ………………………………… 45
変数 ………………………………………… 60
変数ビュー ………………………………… 52
ポインタ ………………………………… 488
ポインタ参照 ……………………………… 77
ホームディレクトリ文字 ……………… 365
保持 ……………………………………… 248
ボリューム ……………………………… 646

ま行

末尾 ……………………………………… 614
無限ループ ……………………………… 100
命名規則 …………………………………… 68
メインオペレーションキュー ………… 759
メインキュー …………………………… 792
メインランループ ……………………… 743
メソッド ……… 157,184,260,269,271
メモリ管理 ………………………… 30,248
メモリリーク ……………………… 134,250
メモリ領域 ……………………………… 489
文字 ………………………………… 57,296
モジュール分割 ………………………… 245
文字列 ……… 57,69,271,286,351,582
文字列化 …………………………… 269,539
文字列の長さ …………………………… 293
文字列リテラル …………………… 69,270
戻り値 …………………………………… 117

や行

ユーザーデフォルト ……… 722,724,726
ユーティリティエリア …………………… 45
要素 …………………………………… 382,407
要素数 ………………………… 386,408,420
読み書き ………………………………… 611
読み込み ……………………… 312,512,609
読み込み可能 …………………………… 680
読み込み権限 …………………………… 681
読み込み専用のデータ ………………… 491
読み込み専用のプロパティ ……… 163,171
読み込みモード ………………………… 609
弱い参照関係 …………………………… 250

ら行

ラッパー関数 …………………………… 464
ラッパークラス ………………………… 464
ラベル …………………………………… 107
乱数 ……………………………………… 796
ランループ ……………… 742,744,752
リソース指定子 ………………………… 587
リソースファイル ……………………… 626
リテラル …………………………………… 56
ループ …………………………… 98,104,107
列挙 ……………………………… 144,148,152
連想配列 ………………………………… 376
ローカライズ言語 ……………………… 639
ローカライズ文字列 …………………… 637
ローカルタイムゾーン ………………… 550
ロケール …………………………… 541,577
ロケール識別子 …………………… 563,575
ロケール情報 …………………………… 524
ロケールの情報 ………………………… 564
ロック ……………………………… 685,780
論理演算子 ………………………………… 72

わ行

和暦 ……………………………………… 527

815

■著者紹介

林 晃（はやし あきら） アールケー開発代表。企業からの受託開発を行う。iOSアプリの開発のほか、OS X向けの開発や異なるシステム間でのプログラムの移植、デバイス制御プログラムや画像処理プログラムの開発には長い経験を持つ。著書に『Objective-C逆引きハンドブック』(C&R研究所)などがあり、ソフト開発に関するセミナーでの講師や、オンライン教育での講師や教材開発も行っている。オンラインソフトウェアの代表作には「MultiTextConverter」などがあり、Webサイトで公開している。

● アールケー開発 Webサイト
http://www.rk-k.com/

編集担当：吉成明久

● 特典がいっぱいのWeb読者アンケートのお知らせ

C&R研究所ではWeb読者アンケートを実施しています。アンケートにお答えいただいた方の中から、抽選でステキなプレゼントが当たります。詳しくは次のURLからWeb読者アンケートのページをご覧ください。

C&R研究所のホームページ http://www.c-r.com/

携帯電話からのご応募は、右のQRコードをご利用ください。

Swift逆引きハンドブック

2016年2月1日　初版発行

著　者	林晃
発行者	池田武人
発行所	株式会社 シーアンドアール研究所
	本　　社　新潟県新潟市北区西名目所4083-6（〒950-3122）
	東京支社　東京都千代田区飯田橋2-12-10日高ビル3F（〒102-0072）
	電話　03-3288-8481　　FAX　03-3239-7822
印刷所	株式会社 ルナテック

ISBN978-4-86354-175-7 C3055

©Hayashi Akira,2016　　　　　　　　　　　　　　Printed in Japan

本書の一部または全部を著作権法で定める範囲を越えて、株式会社シーアンドアール研究所に無断で複写、複製、転載、データ化、テープ化することを禁じます。

落丁・乱丁が万一ございました場合には、お取り替えいたします。弊社東京支社までご連絡ください。